乙級電腦硬體裝修學術科祕笈－2024 藍牙版(最新圖說)

許聯國　編著

全華圖書股份有限公司

國家圖書館出版品預行編目資料

乙級電腦硬體裝修學術科祕笈 : 2024 藍牙版(最新圖說) / 許聯國編著. -- 初版. -- 新北市 : 全華圖書股份有限公司, 2024.03
面 ; 公分

ISBN 978-626-328-870-6(平裝)

1.CST: 電腦硬體 2.CST: 電腦維修

471.5 113002246

乙級電腦硬體裝修學術科祕笈－2024 藍牙版(最新圖說)

編著者／許聯國

發行人／陳本源

執行編輯／李孟霞

出版者／全華圖書股份有限公司

郵政帳號／0100836-1 號

圖書編號／06529-202404

定價／新台幣 520 元

ISBN／978-626-328-870-6 (平裝)

全華圖書／www.chwa.com.tw

全華網路書店 Open Tech／www.opentech.com.tw

若您對本書有任何問題，歡迎來信指導 book@chwa.com.tw

臺北總公司(北區營業處)
地址：23671 新北市土城區忠義路 21 號
電話：(02) 2262-5666
傳真：(02) 6637-3695、6637-3696

南區營業處
地址：80769 高雄市三民區應安街 12 號
電話：(07) 381-1377
傳真：(07) 862-5562

中區營業處
地址：40256 臺中市南區樹義一巷 26 號
電話：(04) 2261-8485
傳真：(04) 3600-9806(高中職)
(04) 3601-8600(大專)

作者序

本書是依據勞動部勞動力發展署技能檢定中心公告修正技術士技能檢定電腦硬體裝修乙級術科測試應檢人參考資料修正。（修訂日期：112 年 9 月 15 日），自 113 年 1 月 1 日起報檢者適用。

新增修訂的部分在檢定注意事項中都有明載，並用紅字標示，讓應檢人了解新增的項目，不要只練到去年的動作要求，所以鼓起勇氣，分享好的作法讓看到這本書的考生，就算自修也能看得輕鬆做得容易。

本書是一本技能類的書籍，目的在協助應考人通過乙級檢定，不是為供研究探索的書籍，所以內容有所取捨，儘量以簡單化、快速完成又不違反通過檢定之扣分項目又能符合動作要求之作法，與學校老師的教學相輔相成，就算自修也能看得懂知所以然，跟隨書本的步驟 Step by Step，一定會發現本書的精簡之處，讓應檢者順利取得考照，就是筆者最大的期望。

筆者本身很喜歡運動打球，球場上的競技過程有時會深感人生的一些啓示，獲得勝利是球隊的終極目標，就算過程有些瑕疵甚至故意犯規，獲得勝利留下永恆的記錄，足球、籃球、網球…等等皆是，勝者為王，獎盃上刻上你的名字，有誰還會記得你曾經中場故意犯規而獲勝。最算是世界上最會打網路的明星，世界上已經沒有人能比的球王，為什麼還須要教練？你不能說教練你跟我較量一下看看，教練是過來人，熟知勝利的方式，他會看出你的弱點，也會看出對手的缺點，可以教你如何贏得勝利的方法。檢定也是一樣，通過檢定，取得證照，永久有效。有誰會在意你故意少焊接了一個元件。所以筆者要將多年累積的經驗及好的方法教給應考人，學校的老師也可以參考一下來教導學生通過硬裝乙級檢定，提供簡易的作法，例如省略一些不足影響功能的元件，先把功能做出來，先取得入門票，否則你焊得再好，佈線如何精美，時間到了沒有完成，你還是 0 分。因為乙級電腦硬體裝修檢定不要求美觀，以功能為導向，元件佈置也沒有硬性規定，所以筆者提供簡便而快速有效的佈局參考，而且建議使用裸線直接拉線，省去了剝線再焊接的時間，而且裸線不會在焊接過程中亂飄移，尤其是一個焊點焊 2 條線的時候，就能感覺，裸線可撓性高，高一實習就學過，可說是很好的檢定線材。

第一站軟體的部分，為了爭取時間，考生都是用背程式的方式，固然很好，不用再思考而是能在最短的時間內完成，問題在於出現錯誤時的排解能力，你可能會遺漏了一行或錯了什麼，但不知所措，結果錯失了通過檢定的契機。所以筆者將整個程式分三階段來完成，逐項來背來寫，第一階段正確了，再寫下一階段，有錯馬上可以發現什麼錯了，偵錯很容易。筆者認為分階段的默寫是非常有效的方式，一定要多次的練習才能不慌亂，資電的學生寫程式是本業本行，十分鐘以內就能完成程式。

因為筆者深刻認為通過乙級不是那麼難而是簡單的事，為什麼不要公開這些很好的作法，不要因為幾年後的退休就丟掉了多年教練的教本。

筆者本身是歷經超過 25 年的技藝競賽 - 電腦修護職種的指導教練，檢定的內容其實是近期技藝競賽 - 電腦修護的競技題目移轉改編而成，已經經過數次的競賽測試，已經通過了數百人測試驗證過了才變成檢定的新題目，筆者認為乙級檢定考題命得很好很恰當。

因為是新題目，需要再三的確認做法上是否正確？特地找了一些學生幫忙焊接、幫忙測試網路、幫忙尋找測試有沒有更好更簡單的做法。感謝蔡奕棕、謝邵丞同學幫忙佈局焊接，邵丞同學是獲得 2023 年電腦修護金手獎的選手，感謝伍柏霖、謝邵丞同學協助測試網路架構，柏霖同學是 2022 年雲端運算全國第 3 的高手，也是 2023 年技能競賽 - 資訊與網路技術分區賽 - 中區第一名的選手。

知識是漸進的學習累積，技術技能是磨鍊出來的，知識當背景，從學習、嘗試、觀摩、測試再學習，不斷的重複這個過程，技能就能精進變成專業人才。本書希望能幫助你學習，領悟其中的道理，一些時日之後，你將也能理出自已的做法，走出自已的一條康莊大道。

筆者

Contents

應檢人需知與試題說明

0-1 應檢人須知

一、測試內容分為：個人電腦介面卡製作及控制、個人電腦拆裝、測試、故障檢測、電腦組態設定、硬碟機規劃、軟體安裝、區域網路規劃與架設；共分成二站，二站成績皆60 分 (含) 以上者為及格，術科測試成績評定為及格。

二、測試內容要點：

(一) 個人電腦介面卡製作及控制。

(二) 個人電腦零組件、介面卡之拆卸與組裝。

(三) 個人電腦故障檢測及零組件更換。

(四) 電腦組裝設定 (Setup)、硬碟規劃、軟體安裝。

(五) 個人電腦區域網路規劃與架。

三、注意事項：

(一) 應檢人須攜帶准考證或術科測試通知單及足資證明身分之相關文件，經查驗手續完妥者，始准予參加測試。

(二) 術科測試時，應檢人應按時進場，測試時間開始後逾 15 分鐘尚未進場者，不准進場應檢。

(三) 應檢人需依術科測試辦理單位所提供之個人電腦零組件、器材、術科測試辦理單位之裝置及必要工具等，於規定時間內完成試題之要求。

(四) 測試開始後，應檢人須在 20 分鐘內自行檢查所須使用之器材，如有問題應立即報告監評人員處理。

(五) 應檢人於測試完畢後，應將場地適當整理。

(六) 應檢人於應檢時，經監評人員評定後，不得要求更改。

(七) 應檢人於各站測試時間內逕自要求提早評分或離場，視同已完成測試，經監評人員評定後，不得要求更改或要求繼續測試。

(八) 應檢人得依試題要求，自備下列合法使用權軟體，須於測試日 3 天前送達術科測試辦理單位核備。

1. 程式語言。
2. 視窗作業系統。
3. 網路作業系統。
4. USB 開機製作軟體。
5. 虛擬電腦軟體。(2024 年新增)
6. 藍牙序列埠模組組態設定軟體。(2024 年新增)

（九） 應檢人依規定所攜帶之軟體須具有合法使用權，否則需以術科測試辦理單位提供之軟體應檢。

（十） 有以下情形者以不及格論：

1. 應檢人夾帶本試題規定外之任何圖說或器材配件等進場。
2. 應檢人將試場內之任何器材、圖說或零組件等攜出場外。
3. 應檢人接受他人協助或協助他人應檢，雙方均視爲作弊。
4. 通電檢驗時，發生短路現象。
5. 應檢人蓄意毀損檢定單位之電腦、介面卡、儀器設備、器材及隨身碟者，須照價賠償。

（十一） 應檢人須注意術科測試辦理單位寄交之資料，應包含第一站符合試題要求之藍牙序列埠模組操作範例、呼叫範例、第二站 USB 開機製作軟體及操作說明，或由術科測試辦理單位提供檔案下載網址，以提供應檢人參考。

（十二） 應檢人不論是缺考，或應檢時是否完成試題之動作要求，都不得攜走成品或材料。

（十三） 場地所提供機具設備規格，係依據本職類乙級術科測試場地及機具設備評鑑自評表最新規定準備，應檢人如需參考，可至技能檢定中心全球資訊網 / 技能檢定 / 術科測試場地 / 術科測試場地及機具設備評鑑自評表下載參考。

（十四） 其他相關事項由監評人員說明，未盡事宜，應依「技術士技能檢定及發證辦法」、「技術士技能檢定作業及試場規則」等相關規定辦理。

0-2 試題使用說明

一、本試題係採測試前公開試題。

二、本試題共分兩站，第一站共 10 題，第二站共 2 題，兩站合計 12 題，每一位應檢人應完成兩站術科測試，各站檢定名稱如下：

第一站：個人電腦介面卡製作及控制，含 10 題。

第 1 題：個人電腦介面卡製作與單只 LED 向左移閃爍控制。

第 2 題：個人電腦介面卡製作與單只 LED 向右移閃爍控制。

第 3 題：個人電腦介面卡製作與兩只 LED 向左移閃爍控制。

第 4 題：個人電腦介面卡製作與兩只 LED 向右移閃爍控制。

第 5 題：個人電腦介面卡製作與 LED 向左逐一點亮控制。

第 6 題：個人電腦介面卡製作與 LED 向右逐一點亮控制。

第 7 題：個人電腦介面卡製作與 LED 由中間向左右兩側依序點亮控制。

第 8 題：個人電腦介面卡製作與 LED 由左右兩側向中間依序點亮控制。

第 9 題：個人電腦介面卡製作與 LED 由右向左再由左向右依序點亮控制。

第 10 題：個人電腦介面卡製作與 LED 由左向右再由右向左依序點亮控制。

第二站：個人電腦故障檢測及區域網路規劃與架設，含 2 題。

第 11 題：個人電腦故障檢測。

第 12 題：個人電腦區域網路規劃與架設。

三、試題抽題規定：

1. 由監評人員主持公開抽題 (無監評人員親自在場主持抽題時，該場次之測試無效)，術科測試現場應準備電腦、印表機及網路相關設備各二套 (第一站及第二站各一套)，術科辦理單位依時間配當表辦理抽題，場地試務人員應將電腦設置到抽題操作介面，會同監評人員、應檢人，全程參與抽題，處理電腦操作及列印簽名事項。應檢人依抽題結果進行測試，遲到者或缺席者不得有異議。
2. 檢定時由術科測試辦理單位將應檢人分為甲、乙兩組，分別至第一站及第二站同時測試；上午場次第一站由該組的術科測試編號最小之應檢人代表抽選崗位號碼入座測試，其餘應檢人 (含遲到或缺考) 依術科測試編號順序對應崗位號碼順序入座測試，經評分後，得可繼續參加下午場次第二站之測試；上午場次第二站亦由該組的術科測試編號最小之應檢人代表抽選崗位號碼入座測試，其餘應檢人 (含遲到或缺考) 依術科測試編號順序對應崗位號碼順序入座測試。應檢人需於同一工作崗位依序完成 2 題 (第 11 題及第 12 題)，並經評分後，得可繼續參加下午場次第一站測試；下午場次則由甲、乙兩組應檢人交換測試，其應檢人之崗位號碼，則比照上午場之模式，重新抽選後入座。

   例如：術科測試編號最小 (假設為第 1 號) 之應檢人抽中崗位號碼 6，則第 1 號應檢人入座崗位號碼為 6，第 2 號應檢人入座崗位號碼為 7，第 3 號應檢人入座崗位號碼為 8，其餘依此類推。

四、本職類乙級第一、二站術科測試成績均 60 分 (含) 以上者為及格，總評審結果為及格。

CHAPTER

1 第一站 - 試題說明

1-1 第一站 - 試題說明

第一站測試試題：個人電腦介面卡製作及控制

(一) 測試時間：150 分鐘 (含自備程式語言安裝時間)，前 20 分鐘為檢查設備與材料時間，應檢人應於規定時間內確實檢查，若有缺損或故障時得予更換，超過 20 分鐘再提出更換者，依評審表項目扣分。

(二) 試題說明：

1. 本題為測試應檢人能依本試題提供之「個人電腦介面卡參考電路圖」、「個人電腦介面卡零件配置參考圖」製作完成介面卡，並設計可達成試題要求之介面卡控制程式，使應檢人可具有熟悉個人電腦介面卡及控制的原理與製作能力。
2. 本站禁止應檢人攜帶未經許可之任何器材配件或程式 (含 USB 裝置及光碟片) 或圖說入場。

(三) 試題內容：本站共有 10 題，其試題題號與工作崗位號碼相同。

第 1 題：個人電腦介面卡製作與單只 LED 向左移閃爍控制。
第 2 題：個人電腦介面卡製作與單只 LED 向右移閃爍控制。
第 3 題：個人電腦介面卡製作與兩只 LED 向左移閃爍控制。
第 4 題：個人電腦介面卡製作與兩只 LED 向右移閃爍控制。
第 5 題：個人電腦介面卡製作與 LED 向左逐一點亮控制。
第 6 題：個人電腦介面卡製作與 LED 向右逐一點亮控制。
第 7 題：個人電腦介面卡製作與 LED 由中間向左右兩側依序點亮控制。
第 8 題：個人電腦介面卡製作與 LED 由左右兩側向中間依序點亮控制。
第 9 題：個人電腦介面卡製作與 LED 由右向左再由左向右依序點亮控制。
第 10 題：個人電腦介面卡製作與 LED 由左向右再由右向左依序點亮控制。

（四） 以上各試題之動作要求 LED1 ～ LED8 亮燈動作以圖形表示如下：

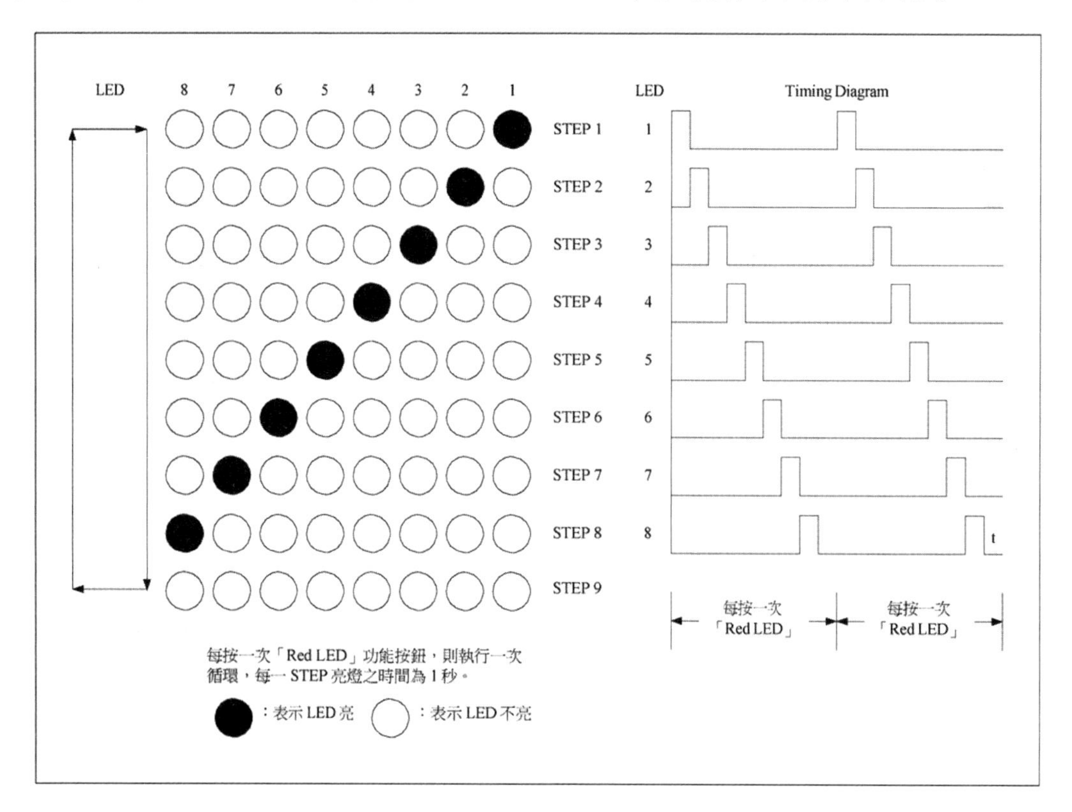

（五） 以上各試題之動作，若個人電腦介面卡未連接完成，以第 1 題爲例，電腦執行程式時，畫面顯示如下：

註：LED 為透明色（或白色）

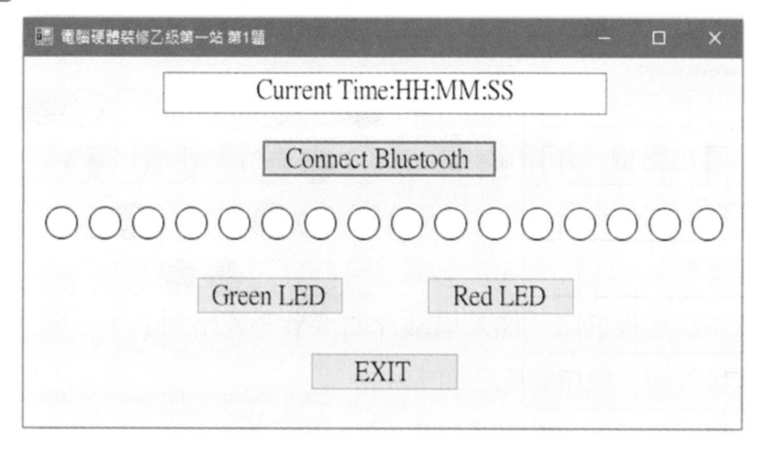

註 1：HH:MM:SS 表示系統現在時間，分別代表時：分：秒，時間格式不限。

註 2：畫面字型、字體、大小寫及按鈕樣式由應檢人自行決定，唯按鈕相對位置不可改變。

註 3：Connect Bluetooth 或 Disconnect Bluetooth 是一按鈕。

（六）　以上各試題之動作，若個人電腦介面卡已連接完成，以第 1 題為例，電腦執行程式時，畫面顯示如下：（右 8 個為紅色，左 8 個為綠色）

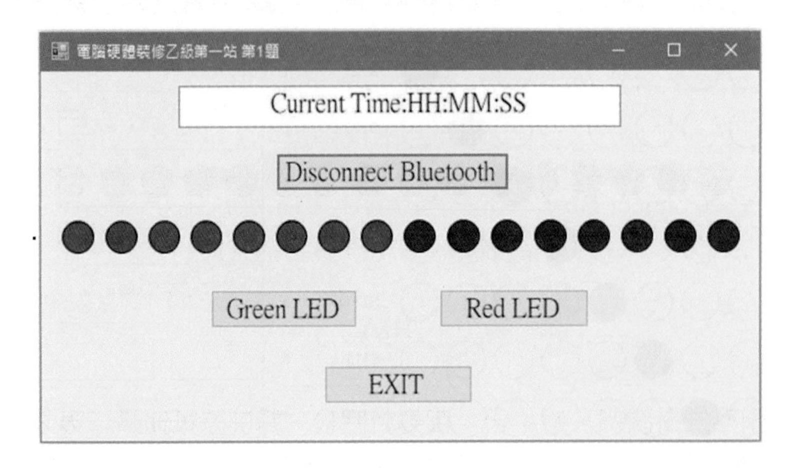

第一題

（一）　試題編號：12000-102201

（二）　試題名稱：個人電腦介面卡製作與單只 LED 向左移閃爍控制。

（三）　測試時間：150 分鐘，前 20 分鐘為檢查設備與材料時間，應檢人應於規定時間內確實檢查，若有缺損或故障時得予更換，超過 20 分鐘再提出更換者，依評審表項目扣分。

（四）　試題說明：

1. 本題為測試應檢人能依本試題提供之「個人電腦介面卡參考電路圖」、「個人電腦介面卡零件配置參考圖」製作完成介面卡，並設計可達成試題要求之介面卡控制程式，使應檢人可具有熟悉個人電腦介面卡及控制的原理與製作能力。
2. 本站禁止應檢人攜帶未經許可之任何器材配件或程式（含 USB 裝置及光碟片）或圖說入場。

（五）　動作要求：

1. 能依本試題提供之「個人電腦介面卡參考電路圖」、「個人電腦介面卡零件配置參考圖」製作完成介面卡。
2. 個人電腦介面卡通電期間黃色 LED 需恆亮。
3. 使用藍牙序列埠模組組態設定軟體透過 USB 轉 TTL 序列傳輸線，修改藍牙序列埠模組，藍牙名稱為「BTXX」(BT 大小寫均可)，XX 為工作崗位號碼，自訂配對密碼。
4. 在 Windows 作業系統中，需重新配對前項藍牙序列埠模組。
5. 配對完成後，至裝置管理員內查看「透過藍牙連結的標準序列 (COM)」號碼，提供給「個人電腦介面卡控制程式」使用。

6. 設計個人電腦介面卡控制程式，當程式執行時，利用前項所查看之「COM連接埠號碼」連接，在電腦螢幕畫面點選「Connect Bluetooth」功能按鈕，可將藍牙連線，「Connect Bluetooth」顯示變更爲「Disconnect Bluetooth」，LED1 ～ LED8 顯示紅色填滿，LED9 ～ 16 顯示綠色填滿；點選「Disconnect Bluetooth」功能按鈕，可將藍牙離線，同時「Disconnect Bluetooth」顯示變更爲「Connect Bluetooth」，LED1 ～ 16 應以中空顯示，並同步將「個人電腦介面卡」LED1 ～ 16 全滅。
7. 以第 (五)-6 項之程式執行時，若按「Red LED」功能按鈕，則可將 LEDl ～ LED8 依序向左逐一點亮，每一 LED 亮燈時間爲 1 秒，其餘的 LED 不發光，最後全滅；按「EXIT」功能按鈕，LED1 ～ 16 全滅，並結束程式。
8. 以第 (五)-6 項之程式控制 LED9 ～ LED16，其動作要求如下：
   當按「Green LED」功能按鈕，首先是 LED9 發光，其餘的 LED 不發光，其亮燈時間爲 1 秒，之後則 LED10 發光，接著 LED11 發光。其順序 LED9 → LED10 → LED11 → LED12 → LED13 → LED14 → LED15 → LED16，最後全部熄滅，每一 STEP 時間爲 1 秒。若再按「Green LED」功能按鈕，則再次循環；按「EXIT」功能按鈕，LED1 ～ 16 全滅，並結束程式。以圖形表示，則動作如下：

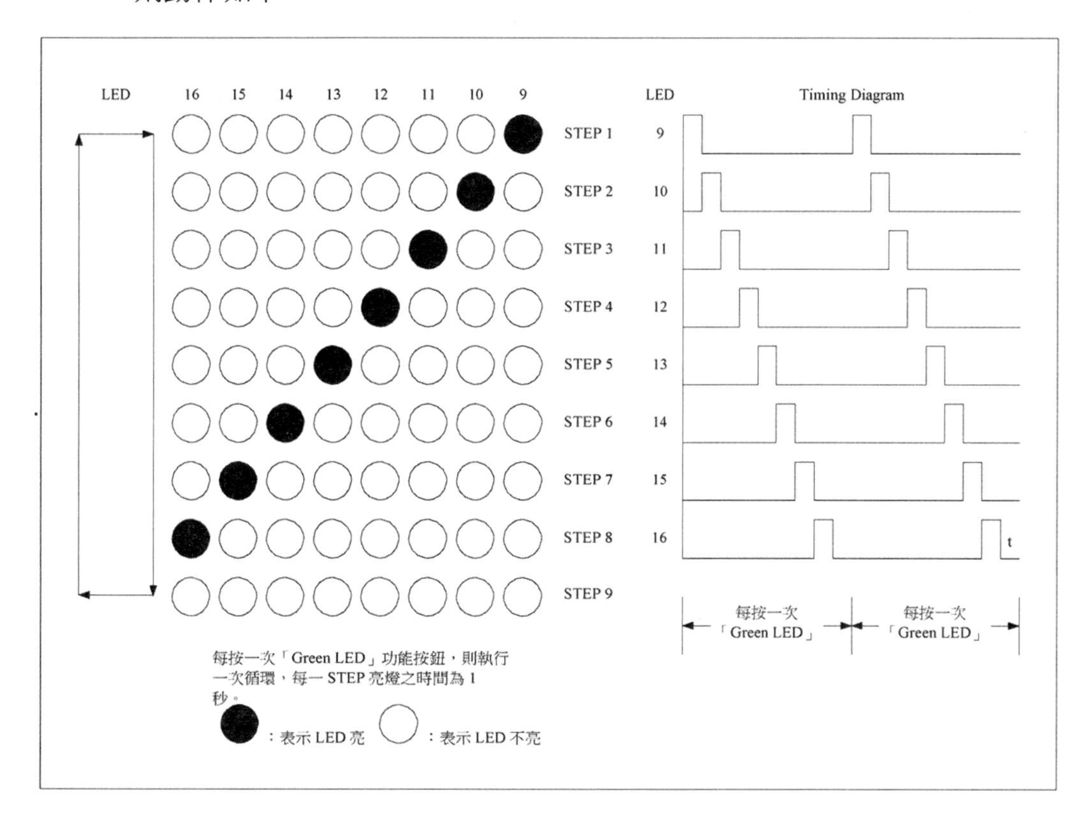

9. 執行上述程式時，電腦螢幕之 LED 應與介面卡同步顯示：

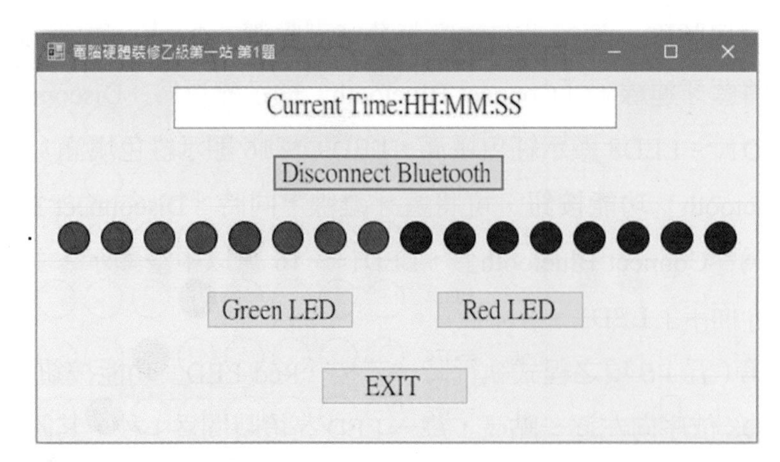

註 1：HH:MM:SS 表示系統現在時間，分別代表時：分：秒，時間格式不限。
註 2：畫面字型、字體、大小寫及按鈕樣式由應檢人自行決定，唯按鈕相對位置不可改變。

第二題

（一）　試題編號：12000-102202

（二）　試題名稱：個人電腦介面卡製作與單只 LED 向右移閃爍控制。

（三）　測試時間：150 分鐘，前 20 分鐘爲檢查設備與材料時間，應檢人應於規定時間內確實檢查，若有缺損或故障時得予更換，超過 20 分鐘再提出更換者，依評審表項目扣分。

（四）　試題說明：

1. 本題爲測試應檢人能依本試題提供之「個人電腦介面卡參考電路圖」、「個人電腦介面卡零件配置參考圖」製作完成介面卡，並設計可達成試題要求之介面卡控制程式，使應檢人可具有熟悉個人電腦介面卡及控制的原理與製作能力。
2. 本站禁止應檢人攜帶未經許可之任何器材配件或程式 (含 USB 裝置及光碟片) 或圖說入場。

（五）　動作要求：

1. 能依本試題提供之「個人電腦介面卡參考電路圖」、「個人電腦介面卡零件配置參考圖」製作完成介面卡。
2. 個人電腦介面卡通電期間黃色 LED 需恆亮。
3. 使用藍牙序列埠模組組態設定軟體透過 USB 轉 TTL 序列傳輸線，修改藍牙序列埠模組，藍牙名稱爲「BTXX」(BT 大小寫均可)，XX 爲工作崗位號碼，自訂配對密碼。
4. 在 Windows 作業系統中，需重新配對前項藍牙序列埠模組。

5. 配對完成後，至裝置管理員內查看「透過藍牙連結的標準序列 (COM)」號碼，提供給「個人電腦介面卡控制程式」使用。
6. 設計個人電腦介面卡控制程式，當程式執行時，利用前項所查看之「COM 連接埠號碼」連接，在電腦螢幕畫面點選「Connect Bluetooth」功能按鈕，可將藍牙連線，「Connect Bluetooth」顯示變更為「Disconnect Bluetooth」，LED1 ～ LED8 顯示紅色填滿，LED9 ～ 16 顯示綠色填滿；點選「Disconnect Bluetooth」功能按鈕，可將藍牙離線，同時「Disconnect Bluetooth」顯示變更為「Connect Bluetooth」，LED1 ～ 16 應以中空顯示，並同步將「個人電腦介面卡」LED1 ～ 16 全滅。
7. 以第 (五)-6 項之程式執行時，若按「Red LED」功能按鈕，則可將 LEDl ～ LED8 依序向左逐一點亮，每一 LED 亮燈時間為 1 秒，其餘的 LED 不發光，最後全滅；按「EXIT」功能按鈕，LED1 ～ 16 全滅，並結束程式。
8. 以第 (五)-6 項之程式控制 LED9 ～ LED16，其動作要求如下：

   當按「Green LED」功能按鈕，首先是 LED16 發光，其餘的 LED 不發光，其亮燈時間為 1 秒，之後則 LED15 發光，接著 LED14 發光。其順序 LED16 → LED15 → LED14 → LED13 → LED12 → LED11 → LED10 → LED9，最後全部熄滅，每一 STEP 時間為 1 秒。若再按「GreenLED」功能按鈕，則再次循環；按「EXIT」功能按鈕，LED1 ～ 16 全滅，並結束程式。

   以圖形表示，則動作如下：

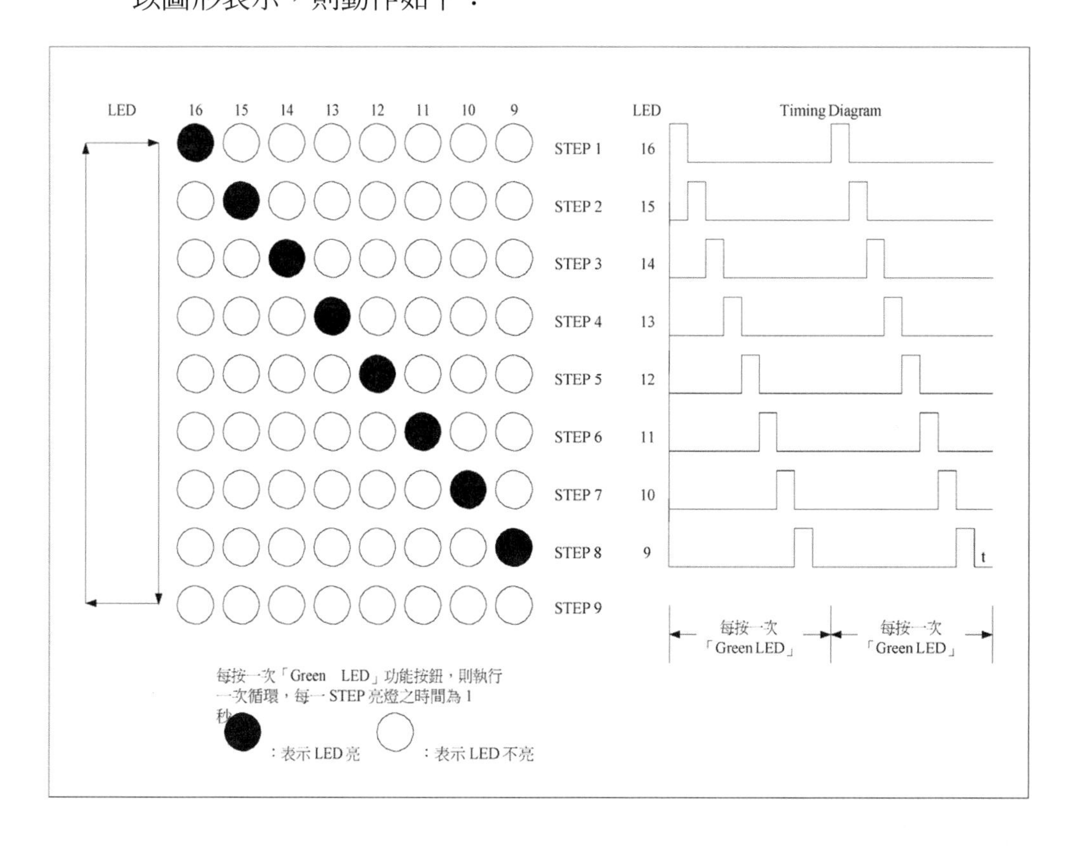

9. 執行上述程式時，電腦螢幕之 LED 應與介面卡同步顯示：

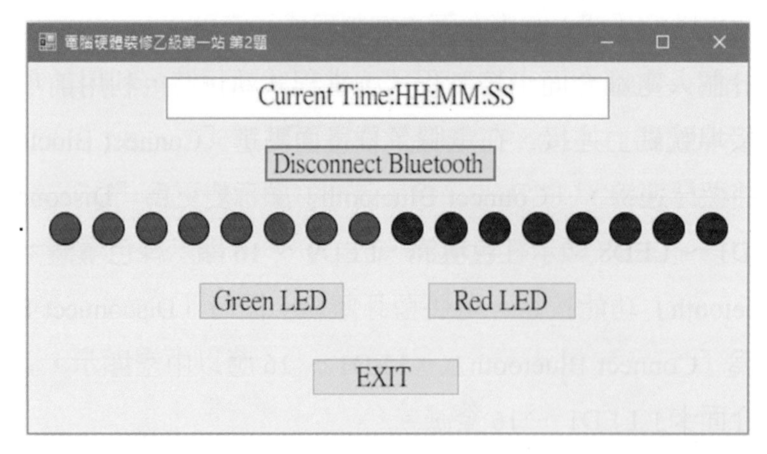

註 1：HH:MM:SS 表示系統現在時間，分別代表時：分：秒，時間格式不限。

註 2：畫面字型、字體、大小寫及按鈕樣式由應檢人自行決定，唯按鈕相對位置不可改變。

第三題

(一) 試題編號：12000-102203

(二) 試題名稱：個人電腦介面卡製作與兩只 LED 向左移閃爍控制。

(三) 測試時間：150 分鐘，前 20 分鐘爲檢查設備與材料時間，應檢人應於規定時間內確實檢查，若有缺損或故障時得予更換，超過 20 分鐘再提出更換者，依評審表項目扣分。

(四) 試題說明：

1. 本題爲測試應檢人能依本試題提供之「個人電腦介面卡參考電路圖」、「個人電腦介面卡零件配置參考圖」製作完成介面卡，並設計可達成試題要求之介面卡控制程式，使應檢人可具有熟悉個人電腦介面卡及控制的原理與製作能力。
2. 本站禁止應檢人攜帶未經許可之任何器材配件或程式 (含 USB 裝置及光碟片) 或圖說入場。

(五) 動作要求：

1. 能依本試題提供之「個人電腦介面卡參考電路圖」、「個人電腦介面卡零件配置參考圖」製作完成介面卡。
2. 個人電腦介面卡通電期間黃色 LED 需恆亮。
3. 使用藍牙序列埠模組組態設定軟體透過 USB 轉 TTL 序列傳輸線，修改藍牙序列埠模組，藍牙名稱爲「BTXX」(BT 大小寫均可)，XX 爲工作崗位號碼，自訂配對密碼。
4. 在 Windows 作業系統中，需重新配對前項藍牙序列埠模組。

5. 配對完成後，至裝置管理員內查看「透過藍牙連結的標準序列 (COM)」號碼，提供給「個人電腦介面卡控制程式」使用。
6. 設計個人電腦介面卡控制程式，當程式執行時，利用前項所查看之「COM 連接埠號碼」連接，在電腦螢幕畫面點選「Connect Bluetooth」功能按鈕，可將藍牙連線，「Connect Bluetooth」顯示變更爲「Disconnect Bluetooth」，LED1 ～ LED8 顯示紅色填滿，LED9 ～ 16 顯示綠色填滿；點選「Disconnect Bluetooth」功能按鈕，可將藍牙離線，同時「Disconnect Bluetooth」顯示變更爲「Connect Bluetooth」，LED1 ～ 16 應以中空顯示，並同步將「個人電腦介面卡」LED1 ～ 16 全滅。
7. 以第 (五)-6 項之程式執行時，若按「Red LED」功能按鈕，則可將 LEDl ～ LED8 依序向左逐一點亮，每一 LED 亮燈時間爲 1 秒，其餘的 LED 不發光，最後全滅；按「EXIT」功能按鈕，LED1 ～ 16 全滅，並結束程式。
8. 以第 (五)-6 項之程式控制 LED9 ～ LED16，其動作要求如下：
   當按「Green LED」功能按鈕，首先是 LED9,10 發光，其餘的 LED 不發光，其亮燈時間爲 1 秒，之後則 LED10,11 發光，接著 LED11,12 發光。其順序爲 LED9,10 → LED10,11 → LED11,12 → LED12,13 → LED13,14 → LED14,15 → LED15,16，最後全部熄滅，每一 STEP 時間爲 1 秒。若再按「Green LED」功能按鈕，則可再次循環；按「EXIT」功能按鈕，LED1 ～ 16 全滅，並結束程式。

   以圖形表示，則動作如下：

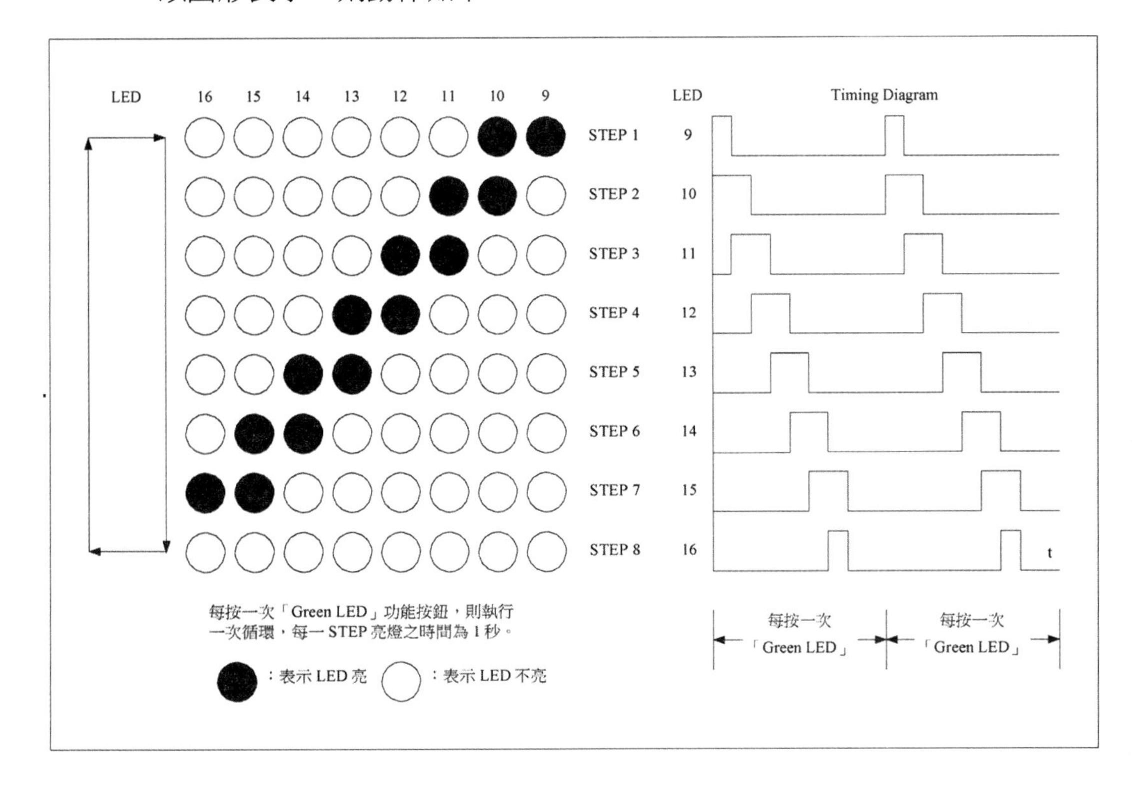

9. 執行上述程式時，電腦螢幕之 LED 應與介面卡同步顯示：

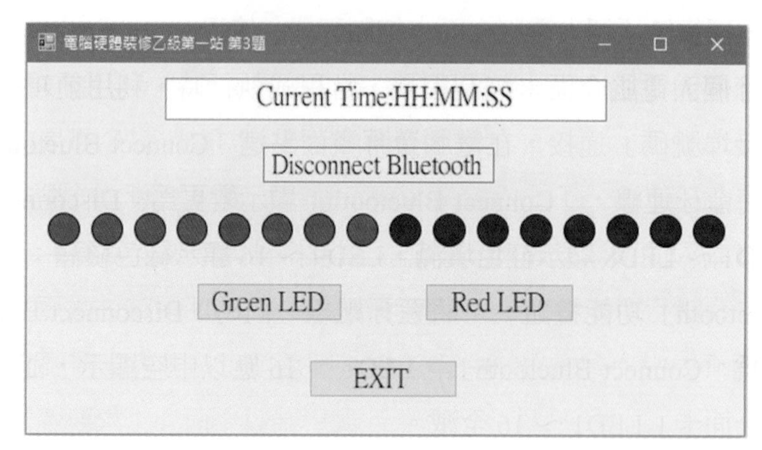

註 1：HH:MM:SS 表示系統現在時間，分別代表時：分：秒，時間格式不限。
註 2：畫面字型、字體、大小寫及按鈕樣式由應檢人自行決定，唯按鈕相對位置不可改變。

第四題

（一） 試題編號：12000-102204

（二） 試題名稱：個人電腦介面卡製作與兩只 LED 向右移閃爍控制。

（三） 測試時間：150 分鐘，前 20 分鐘爲檢查設備與材料時間，應檢人應於規定時間內確實檢查，若有缺損或故障時得予更換，超過 20 分鐘再提出更換者，依評審表項目扣分。

（四） 試題說明：

1. 本題爲測試應檢人能依本試題提供之「個人電腦介面卡參考電路圖」、「個人電腦介面卡零件配置參考圖」製作完成介面卡，並設計可達成試題要求之介面卡控制程式，使應檢人可具有熟悉個人電腦介面卡及控制的原理與製作能力。
2. 本站禁止應檢人攜帶未經許可之任何器材配件或程式 (含 USB 裝置及光碟片) 或圖說入場。

（五） 動作要求：

1. 能依本試題提供之「個人電腦介面卡參考電路圖」、「個人電腦介面卡零件配置參考圖」製作完成介面卡。
2. 個人電腦介面卡通電期間黃色 LED 需恆亮。
3. 使用藍牙序列埠模組組態設定軟體透過 USB 轉 TTL 序列傳輸線，修改藍牙序列埠模組，藍牙名稱爲「BTXX」(BT 大小寫均可)，XX 爲工作崗位號碼，自訂配對密碼。
4. 在 Windows 作業系統中，需重新配對前項藍牙序列埠模組。

5. 配對完成後，至裝置管理員內查看「透過藍牙連結的標準序列 (COM)」號碼，提供給「個人電腦介面卡控制程式」使用。
6. 設計個人電腦介面卡控制程式，當程式執行時，利用前項所查看之「COM 連接埠號碼」連接，在電腦螢幕畫面點選「Connect Bluetooth」功能按鈕，可將藍牙連線，「Connect Bluetooth」顯示變更爲「Disconnect Bluetooth」，LED1 ～ LED8 顯示紅色填滿，LED9 ～ 16 顯示綠色填滿；點選「Disconnect Bluetooth」功能按鈕，可將藍牙離線，同時「Disconnect Bluetooth」顯示變更爲「Connect Bluetooth」，LED1 ～ 16 應以中空顯示，並同步將「個人電腦介面卡」LED1 ～ 16 全滅。
7. 以第 (五)-6 項之程式執行時，若按「Red LED」功能按鈕，則可將 LEDl ～ LED8 依序向左逐一點亮，每一 LED 亮燈時間爲 1 秒，其餘的 LED 不發光，最後全滅；按「EXIT」功能按鈕，LED1 ～ 16 全滅，並結束程式。
8. 以第 (五)-6 項之程式控制 LED9 ～ LED16，其動作要求如下：
   當按「Green LED」功能按鈕，首先是 LED16,15 發光，其餘的 LED 不發光，其亮燈時間爲 1 秒，之後則 LED15,14 發光，接著 LED14,13 發光。其順序爲 LED16,15 → LED15,14 → LED14,13 → LED13,12 → LED12,11 → LED11,10 → LED10,9，最後全部熄滅，每一 STEP 時間爲 1 秒。若再按「Green LED」功能按鈕，則可再次循環；按「EXIT」功能按鈕，LED1 ～ 16 全滅，並結束程式。以圖形表示，則動作如下：

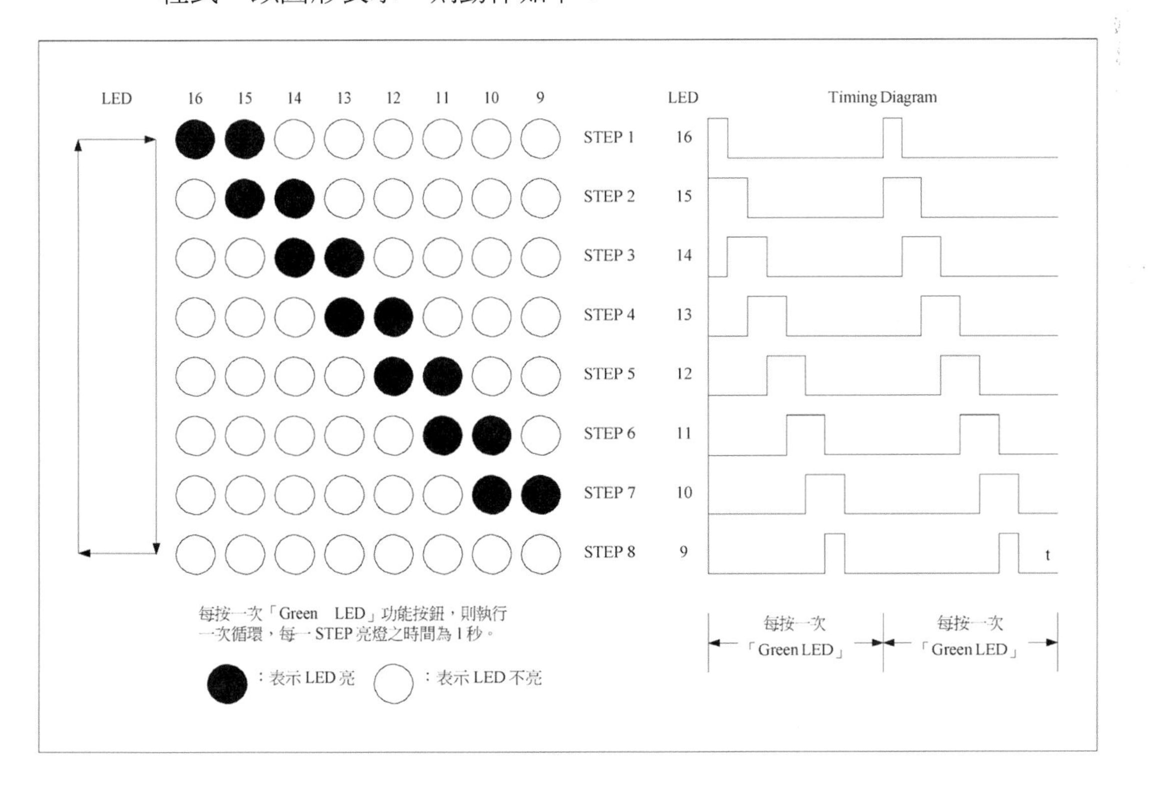

9. 執行上述程式時，電腦螢幕之 LED 應與介面卡同步顯示：

電腦硬體裝修乙級第一站 第4題

Current Time:HH:MM:SS

Disconnect Bluetooth

Green LED　Red LED

EXIT

註 1：HH:MM:SS 表示系統現在時間，分別代表時：分：秒，時間格式不限。

註 2：畫面字型、字體、大小寫及按鈕樣式由應檢人自行決定，唯按鈕相對位置不可改變。

第五題

（一） 試題編號：12000-102205

（二） 試題名稱：個人電腦介面卡製作與 LED 向左逐一點亮控制。

（三） 測試時間：150 分鐘，前 20 分鐘為檢查設備與材料時間，應檢人應於規定時間內確實檢查，若有缺損或故障時得予更換，超過 20 分鐘再提出更換者，依評審表項目扣分。

（四） 試題說明：

1. 本題為測試應檢人能依本試題提供之「個人電腦介面卡參考電路圖」、「個人電腦介面卡零件配置參考圖」製作完成介面卡，並設計可達成試題要求之介面卡控制程式，使應檢人可具有熟悉個人電腦介面卡及控制的原理與製作能力。
2. 本站禁止應檢人攜帶未經許可之任何器材配件或程式 (含 USB 裝置及光碟片) 或圖說入場。

（五） 動作要求：

1. 能依本試題提供之「個人電腦介面卡參考電路圖」、「個人電腦介面卡零件配置參考圖」製作完成介面卡。
2. 個人電腦介面卡通電期間黃色 LED 需恆亮。
3. 使用藍牙序列埠模組組態設定軟體透過 USB 轉 TTL 序列傳輸線，修改藍牙序列埠模組，藍牙名稱為「BTXX」(BT 大小寫均可)，XX 為工作崗位號碼，自訂配對密碼。
4. 在 Windows 作業系統中，需重新配對前項藍牙序列埠模組。

5. 配對完成後，至裝置管理員內查看「透過藍牙連結的標準序列 (COM)」號碼，提供給「個人電腦介面卡控制程式」使用。
6. 設計個人電腦介面卡控制程式，當程式執行時，利用前項所查看之「COM 連接埠號碼」連接，在電腦螢幕畫面點選「Connect Bluetooth」功能按鈕，可將藍牙連線，「Connect Bluetooth」顯示變更爲「Disconnect Bluetooth」，LED1 ～ LED8 顯示紅色填滿，LED9 ～ 16 顯示綠色填滿；點選「Disconnect Bluetooth」功能按鈕，可將藍牙離線，同時「Disconnect Bluetooth」顯示變更爲「Connect Bluetooth」，LED1 ～ 16 應以中空顯示，並同步將「個人電腦介面卡」LED1 ～ 16 全滅。
7. 以第 (五)-6 項之程式執行時，若按「Red LED」功能按鈕，則可將 LEDl ～ LED8 依序向左逐一點亮，每一 LED 亮燈時間爲 1 秒，其餘的 LED 不發光，最後全滅；按「EXIT」功能按鈕，LED1 ～ 16 全滅，並結束程式。
8. 以第 (五)-6 項之程式控制 LED9 ～ LED16，其動作要求如下：
   當按「Green LED」功能按鈕，首先是 LED9 發光，其餘的 LED 不發光，其亮燈時間爲 1 秒，之後 LED9,10 發光，接著 LED9,10,11 發光。順序點亮各 LED，其點亮之順序爲 LED9 → LED10 → LED11 → LED12 → LED13 → LED14 → LED15 → LED16，至全部亮起，最後全部熄滅，每一 STEP 時間爲 1 秒。若再按「Green LED」功能按鈕，則再次循環；按「EXIT」功能按鈕，LED1 ～ 16 全滅，並結束程式。以圖形表示，則動作如下：

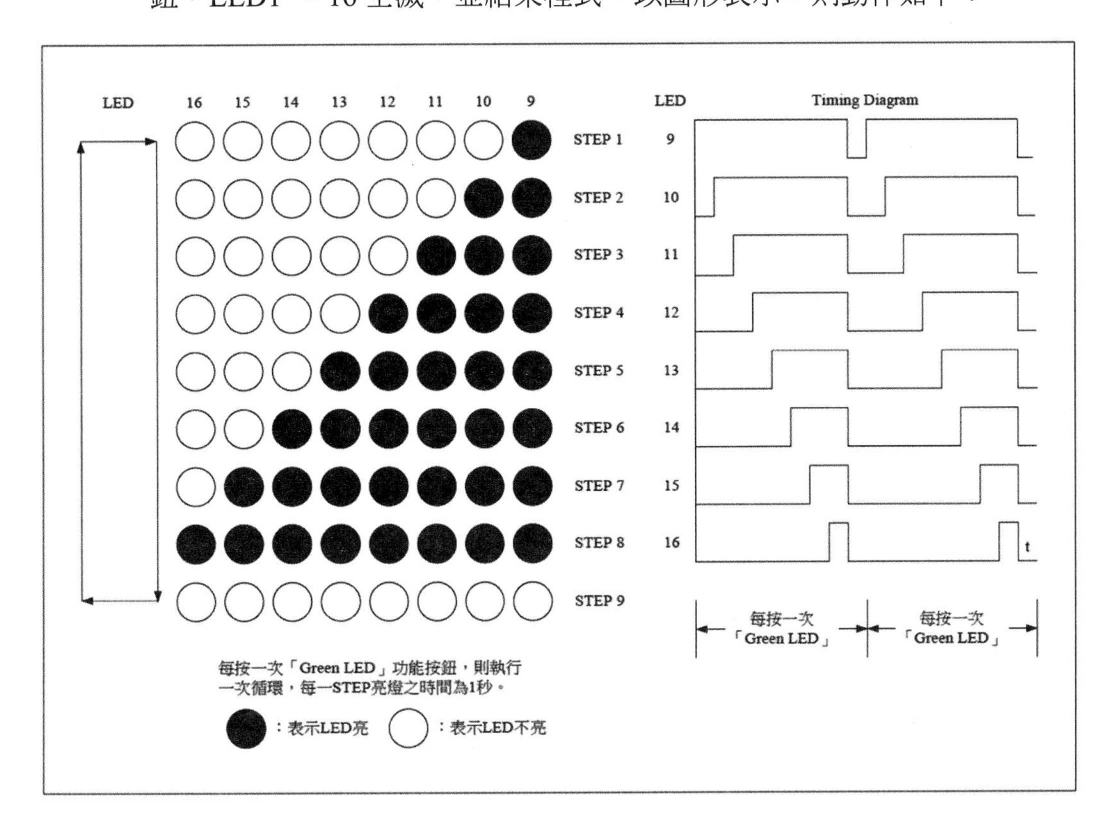

9. 執行上述程式時，電腦螢幕之 LED 應與介面卡同步顯示：

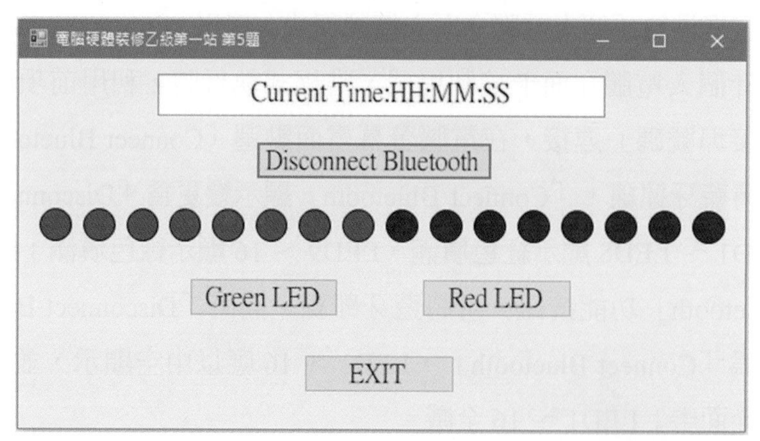

註 1：HH:MM:SS 表示系統現在時間，分別代表時：分：秒，時間格式不限。
註 2：畫面字型、字體、大小寫及按鈕樣式由應檢人自行決定，唯按鈕相對位置不可改變。

第六題

（一） 試題編號：12000-102206

（二） 試題名稱：個人電腦介面卡製作與 LED 向右逐一點亮控制。

（三） 測試時間：150 分鐘，前 20 分鐘爲檢查設備與材料時間，應檢人應於規定時間內確實檢查，若有缺損或故障時得予更換，超過 20 分鐘再提出更換者，依評審表項目扣分。

（四） 試題說明：

1. 本題爲測試應檢人能依本試題提供之「個人電腦介面卡參考電路圖」、「個人電腦介面卡零件配置參考圖」製作完成介面卡，並設計可達成試題要求之介面卡控制程式，使應檢人可具有熟悉個人電腦介面卡及控制的原理與製作能力。
2. 本站禁止應檢人攜帶未經許可之任何器材配件或程式 (含 USB 裝置及光碟片) 或圖說入場。

（五） 動作要求：

1. 能依本試題提供之「個人電腦介面卡參考電路圖」、「個人電腦介面卡零件配置參考圖」製作完成介面卡。
2. 個人電腦介面卡通電期間黃色 LED 需恆亮。
3. 使用藍牙序列埠模組組態設定軟體透過 USB 轉 TTL 序列傳輸線，修改藍牙序列埠模組，藍牙名稱爲「BTXX」(BT 大小寫均可)，XX 爲工作崗位號碼，自訂配對密碼。
4. 在 Windows 作業系統中，需重新配對前項藍牙序列埠模組。

5. 配對完成後，至裝置管理員內查看「透過藍牙連結的標準序列 (COM)」號碼，提供給「個人電腦介面卡控制程式」使用。
6. 設計個人電腦介面卡控制程式，當程式執行時，利用前項所查看之「COM 連接埠號碼」連接，在電腦螢幕畫面點選「Connect Bluetooth」功能按鈕，可將藍牙連線，「Connect Bluetooth」顯示變更爲「Disconnect Bluetooth」，LED1 ～ LED8 顯示紅色填滿，LED9 ～ 16 顯示綠色填滿；點選「Disconnect Bluetooth」功能按鈕，可將藍牙離線，同時「Disconnect Bluetooth」顯示變更爲「Connect Bluetooth」，LED1 ～ 16 應以中空顯示，並同步將「個人電腦介面卡」LED1 ～ 16 全滅。
7. 以第 (五)-6 項之程式執行時，若按「Red LED」功能按鈕，則可將 LEDl ～ LED8 依序向左逐一點亮，每一 LED 亮燈時間爲 1 秒，其餘的 LED 不發光，最後全滅；按「EXIT」功能按鈕，LED1 ～ 16 全滅，並結束程式。
8. 以第 (五)-6 項之程式控制 LED9 ～ LED16，其動作要求如下：
   當按「Green LED」功能按鈕，首先是 LED16 發光，其餘的 LED 不發光，其亮燈時間爲 1 秒，之後 LED16,15 發光，接著 LED16,15,14 發光。順序點亮各 LED，其點亮之順序爲 LED16 → LED15 → LED14 → LED13 → LED12 → LED11 → LED10 → LED9，至全部亮起，最後全部熄滅，每一 STEP 時間爲 1 秒。若再按「Green LED」功能按鈕，則再次循環；按「EXIT」功能按鈕，LED1 ～ 16 全滅，並結束程式。以圖形表示，則動作如下：

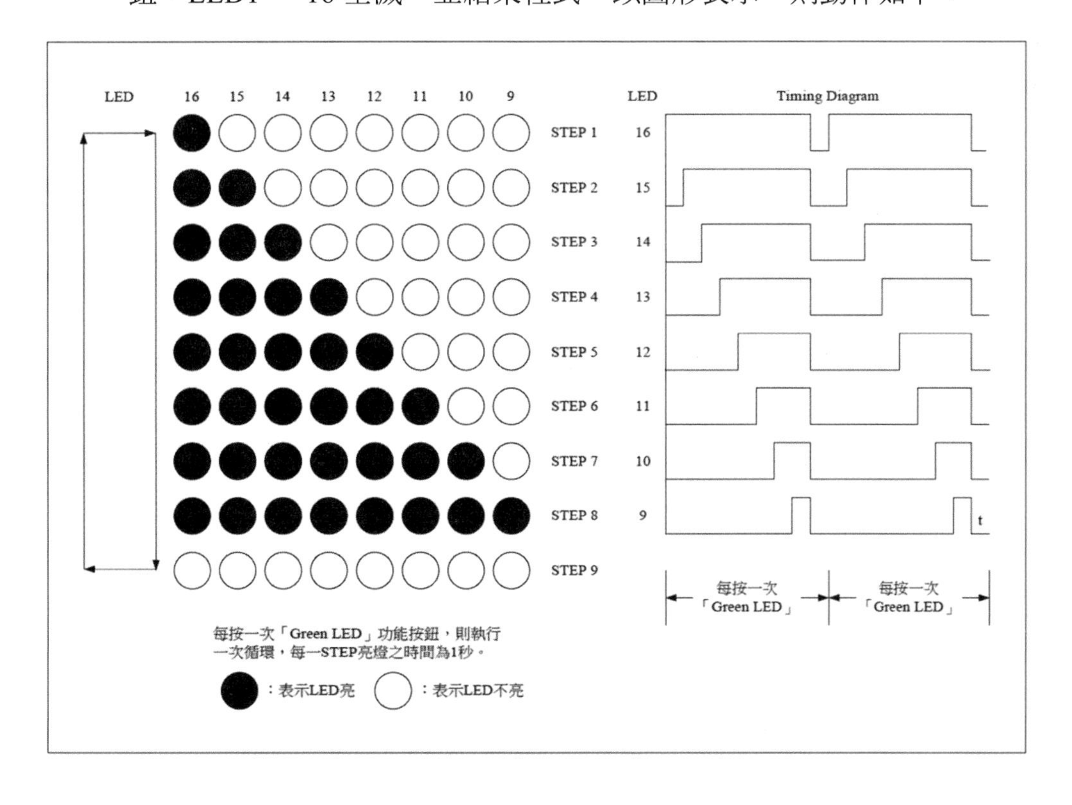

9. 執行上述程式時，電腦螢幕之 LED 應與介面卡同步顯示：

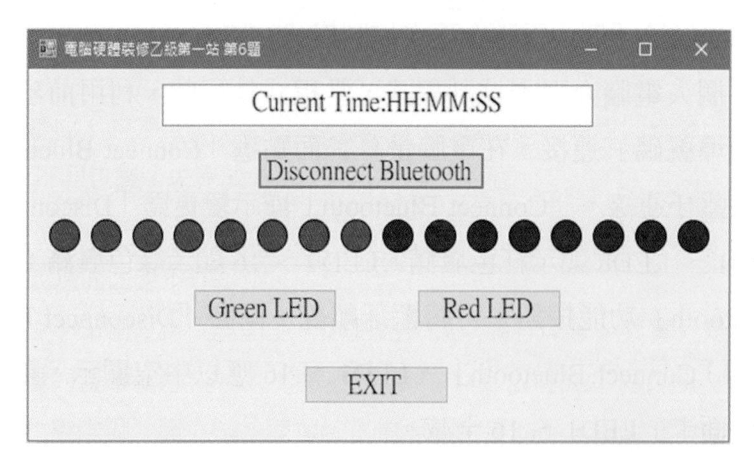

註 1：HH:MM:SS 表示系統現在時間，分別代表時：分：秒，時間格式不限。

註 2：畫面字型、字體、大小寫及按鈕樣式由應檢人自行決定，唯按鈕相對位置不可改變。

第七題

（一） 試題編號：12000-102207

（二） 試題名稱：個人電腦介面卡製作與 LED 由中間向左右兩側依序點亮控制。

（三） 測試時間：150 分鐘，前 20 分鐘為檢查設備與材料時間，應檢人應於規定時間內確實檢查，若有缺損或故障時得予更換，超過 20 分鐘再提出更換者，依評審表項目扣分。

（四） 試題說明：

1. 本題為測試應檢人能依本試題提供之「個人電腦介面卡參考電路圖」、「個人電腦介面卡零件配置參考圖」製作完成介面卡，並設計可達成試題要求之介面卡控制程式，使應檢人可具有熟悉個人電腦介面卡及控制的原理與製作能力。
2. 本站禁止應檢人攜帶未經許可之任何器材配件或程式 (含 USB 裝置及光碟片) 或圖說入場。

（五） 動作要求：

1. 能依本試題提供之「個人電腦介面卡參考電路圖」、「個人電腦介面卡零件配置參考圖」製作完成介面卡。
2. 個人電腦介面卡通電期間黃色 LED 需恆亮。
3. 使用藍牙序列埠模組組態設定軟體透過 USB 轉 TTL 序列傳輸線，修改藍牙序列埠模組，藍牙名稱為「BTXX」(BT 大小寫均可)，XX 為工作崗位號碼，自訂配對密碼。

4. 在 Windows 作業系統中，需重新配對前項藍牙序列埠模組。
5. 配對完成後，至裝置管理員內查看「透過藍牙連結的標準序列 (COM)」號碼，提供給「個人電腦介面卡控制程式」使用。
6. 設計個人電腦介面卡控制程式，當程式執行時，利用前項所查看之「COM 連接埠號碼」連接，在電腦螢幕畫面點選「Connect Bluetooth」功能按鈕，可將藍牙連線，「Connect Bluetooth」顯示變更爲「Disconnect Bluetooth」，LED1 ～ LED8 顯示紅色填滿，LED9 ～ 16 顯示綠色填滿；點選「Disconnect Bluetooth」功能按鈕，可將藍牙離線，同時「Disconnect Bluetooth」顯示變更爲「Connect Bluetooth」，LED1 ～ 16 應以中空顯示，並同步將「個人電腦介面卡」LED1 ～ 16 全滅。
7. 以第 (五)-6 項之程式執行時，若按「Red LED」功能按鈕，則可將 LEDl ～ LED8 依序向左逐一點亮，每一 LED 亮燈時間爲 1 秒，其餘的 LED 不發光，最後全滅；按「EXIT」功能按鈕，LED1 ～ 16 全滅，並結束程式。
8. 當按「Green LED」功能按鈕，則使中間 LED12、13 點亮，其亮燈時間爲 1 秒，接著往左右 LED 點亮，點亮之順序爲 LED12,13 → LED11,14 → LED10,15 → LED9,16，依序由中間往兩邊點亮，最後全部熄滅，每一 STEP 時間爲 1 秒。若再按「Green LED」功能按鈕，則再次循環；按「EXIT」功能按鈕，LED1 ～ 16 全滅，並結束程式。以圖形表示，則動作如下：

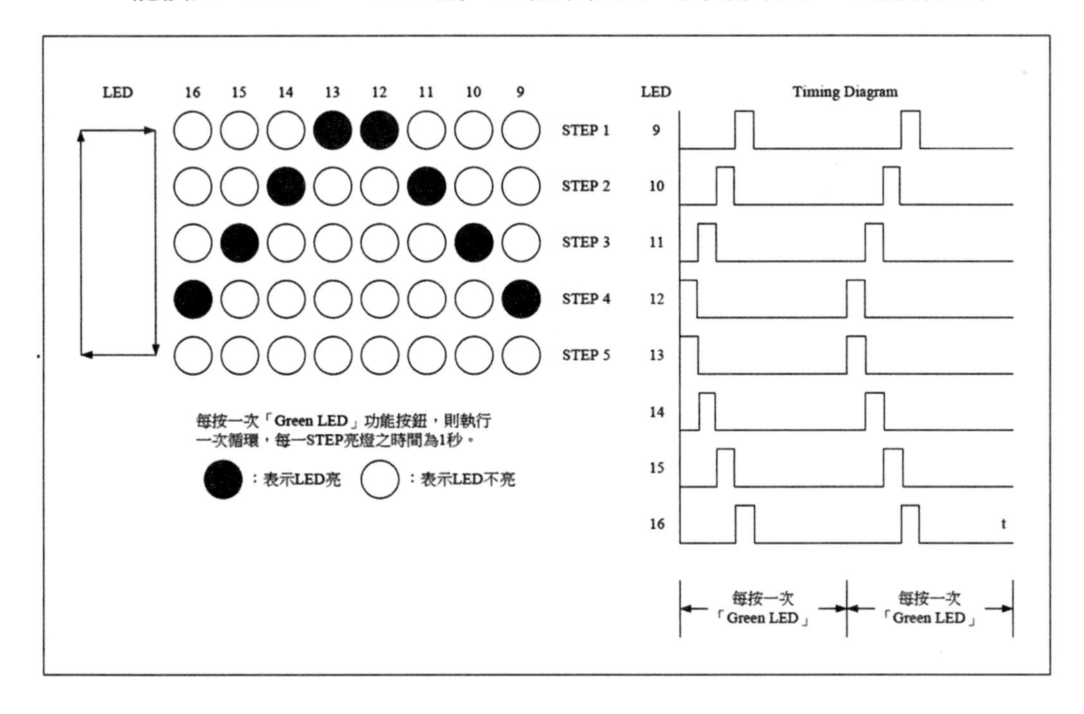

9. 執行上述程式時，電腦螢幕之 LED 應與介面卡同步顯示：

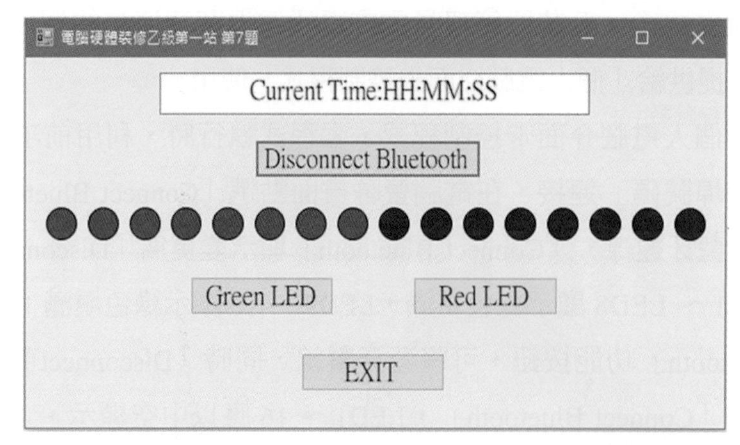

註 1：HH:MM:SS 表示系統現在時間，分別代表時：分：秒，時間格式不限。
註 2：畫面字型、字體、大小寫及按鈕樣式由應檢人自行決定，唯按鈕相對位置不可改變。

第八題

(一) 試題編號：12000-102208

(二) 試題名稱：個人電腦介面卡製作與 LED 由左右兩側向中間依序點亮控制。

(三) 測試時間：150 分鐘，前 20 分鐘爲檢查設備與材料時間，應檢人應於規定時間內確實檢查，若有缺損或故障時得予更換，超過 20 分鐘再提出更換者，依評審表項目扣分。

(四) 試題說明：

1. 本題爲測試應檢人能依本試題提供之「個人電腦介面卡參考電路圖」、「個人電腦介面卡零件配置參考圖」製作完成介面卡，並設計可達成試題要求之介面卡控制程式，使應檢人可具有熟悉個人電腦介面卡及控制的原理與製作能力。
2. 本站禁止應檢人攜帶未經許可之任何器材配件或程式 (含 USB 裝置及光碟片) 或圖說入場。

(五) 動作要求：

1. 能依本試題提供之「個人電腦介面卡參考電路圖」、「個人電腦介面卡零件配置參考圖」製作完成介面卡。
2. 個人電腦介面卡通電期間黃色 LED 需恆亮。
3. 使用藍牙序列埠模組組態設定軟體透過 USB 轉 TTL 序列傳輸線，修改藍牙序列埠模組，藍牙名稱爲「BTXX」(BT 大小寫均可)，XX 爲工作崗位號碼，自訂配對密碼。

4. 在 Windows 作業系統中，需重新配對前項藍牙序列埠模組。
5. 配對完成後，至裝置管理員內查看「透過藍牙連結的標準序列 (COM)」號碼，提供給「個人電腦介面卡控制程式」使用。
6. 設計個人電腦介面卡控制程式，當程式執行時，利用前項所查看之「COM 連接埠號碼」連接，在電腦螢幕畫面點選「Connect Bluetooth」功能按鈕，可將藍牙連線，「Connect Bluetooth」顯示變更為「Disconnect Bluetooth」，LED1 ～ LED8 顯示紅色填滿，LED9 ～ 16 顯示綠色填滿；點選「Disconnect Bluetooth」功能按鈕，可將藍牙離線，同時「Disconnect Bluetooth」顯示變更為「Connect Bluetooth」，LED1 ～ 16 應以中空顯示，並同步將「個人電腦介面卡」LED1 ～ 16 全滅。
7. 以第 (五)-6 項之程式執行時，若按「Red LED」功能按鈕，則可將 LEDl ～ LED8 依序向左逐一點亮，每一 LED 亮燈時間為 1 秒，其餘的 LED 不發光，最後全滅；按「EXIT」功能按鈕，LED1 ～ 16 全滅，並結束程式。
8. 以第 (五)-6 項之程式控制 LED9 ～ LED16，其動作要求如下：
   當按「Green LED」功能按鈕則使左右兩側 LED9,16 點亮，其亮燈時間為 1 秒，接著往中間 LED 點亮，其點亮之順序為 LED9,16 → LED10,15 → LED11,14 → LED12,13，依序由兩側往中間點亮，最後全部熄滅，每一 STEP 時間為 1 秒。若再按「Green LED」功能按鈕，則可再次循環；按「EXIT」功能按鈕，LED1 ～ 16 全滅，並結束程式。以圖形表示，則動作如下：

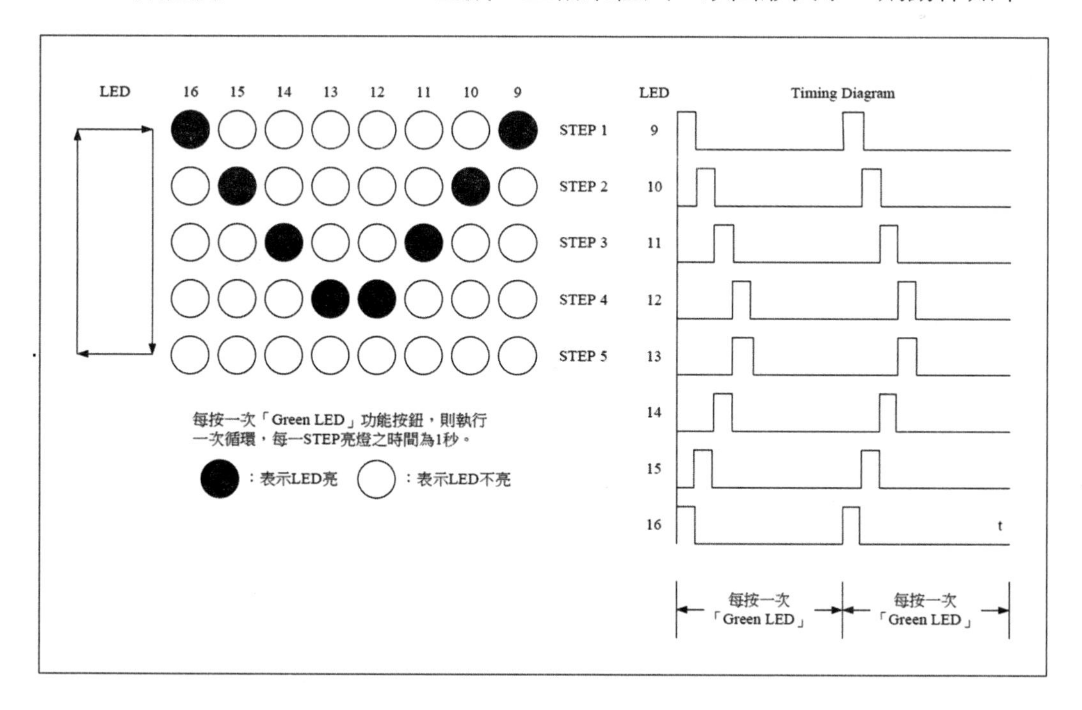

9. 執行上述程式時，電腦螢幕之 LED 應與介面卡同步顯示：

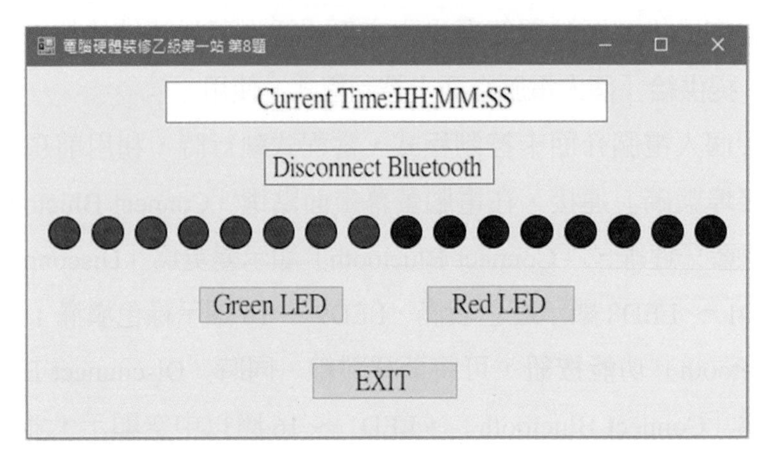

註 1：HH:MM:SS 表示系統現在時間，分別代表時：分：秒，時間格式不限。
註 2：畫面字型、字體、大小寫及按鈕樣式由應檢人自行決定，唯按鈕相對位置不可改變。

第九題

（一） 試題編號：12000-102209

（二） 試題名稱：個人電腦介面卡製作與 LED 由右向左再由左向右依序點亮控制。

（三） 測試時間：150 分鐘，前 20 分鐘為檢查設備與材料時間，應檢人應於規定時間內確實檢查，若有缺損或故障時得予更換，超過 20 分鐘再提出更換者，依評審表項目扣分。

（四） 試題說明：

1. 本題為測試應檢人能依本試題提供之「個人電腦介面卡參考電路圖」、「個人電腦介面卡零件配置參考圖」製作完成介面卡，並設計可達成試題要求之介面卡控制程式，使應檢人可具有熟悉個人電腦介面卡及控制的原理與製作能力。
2. 本站禁止應檢人攜帶未經許可之任何器材配件或程式（含 USB 裝置及光碟片）或圖說入場。

（五） 動作要求：

1. 能依本試題提供之「個人電腦介面卡參考電路圖」、「個人電腦介面卡零件配置參考圖」製作完成介面卡。
2. 個人電腦介面卡通電期間黃色 LED 需恆亮。

3. 使用藍牙序列埠模組組態設定軟體透過 USB 轉 TTL 序列傳輸線，修改藍牙序列埠模組，藍牙名稱爲「BTXX」(BT 大小寫均可)，XX 爲工作崗位號碼，自訂配對密碼。
4. 在 Windows 作業系統中，需重新配對前項藍牙序列埠模組。
5. 配對完成後，至裝置管理員內查看「透過藍牙連結的標準序列 (COM)」號碼，提供給「個人電腦介面卡控制程式」使用。
6. 設計個人電腦介面卡控制程式，當程式執行時，利用前項所查看之「COM 連接埠號碼」連接，在電腦螢幕畫面點選「Connect Bluetooth」功能按鈕，可將藍牙連線，「Connect Bluetooth」顯示變更爲「Disconnect Bluetooth」，LED1 ～ LED8 顯示紅色填滿，LED9 ～ 16 顯示綠色填滿；點選「Disconnect Bluetooth」功能按鈕，可將藍牙離線，同時「Disconnect Bluetooth」顯示變爲「Connect Bluetooth」，LED1 ～ 16 應以中空顯示，並同步將「個人電腦介面卡」LED1 ～ 16 全滅。
7. 以第 (五)-6 項之程式執行時，若按「Red LED」功能按鈕，則可將 LEDl ～ LED8 依序向左逐一點亮，每一 LED 亮燈時間爲 1 秒，其餘的 LED 不發光，最後全滅；按「EXIT」功能按鈕，LED1 ～ 16 全滅，並結束程式。
8. 以第 (五)-6 項之程式控制 LED9 ～ LED16，其動作要求如下：
9. 當按「Green LED」功能按鈕，首先是由右向左點亮 LED，其燈亮時間爲 1 秒，依序爲 LED9 → LED10 → LED11 → LED12 → LED13 → LED14 → LED15 → LED16，接著再由左向右依序點亮 LED16 → LED15 → … → LED9，最後全部熄滅，每一 STEP 時間爲 1 秒。若再按「Green LED」功能按鈕，則可再次循環；按「EXIT」功能按鈕，LED1 ～ 16 全滅，並結束程式。以圖形表示，則動作如下：

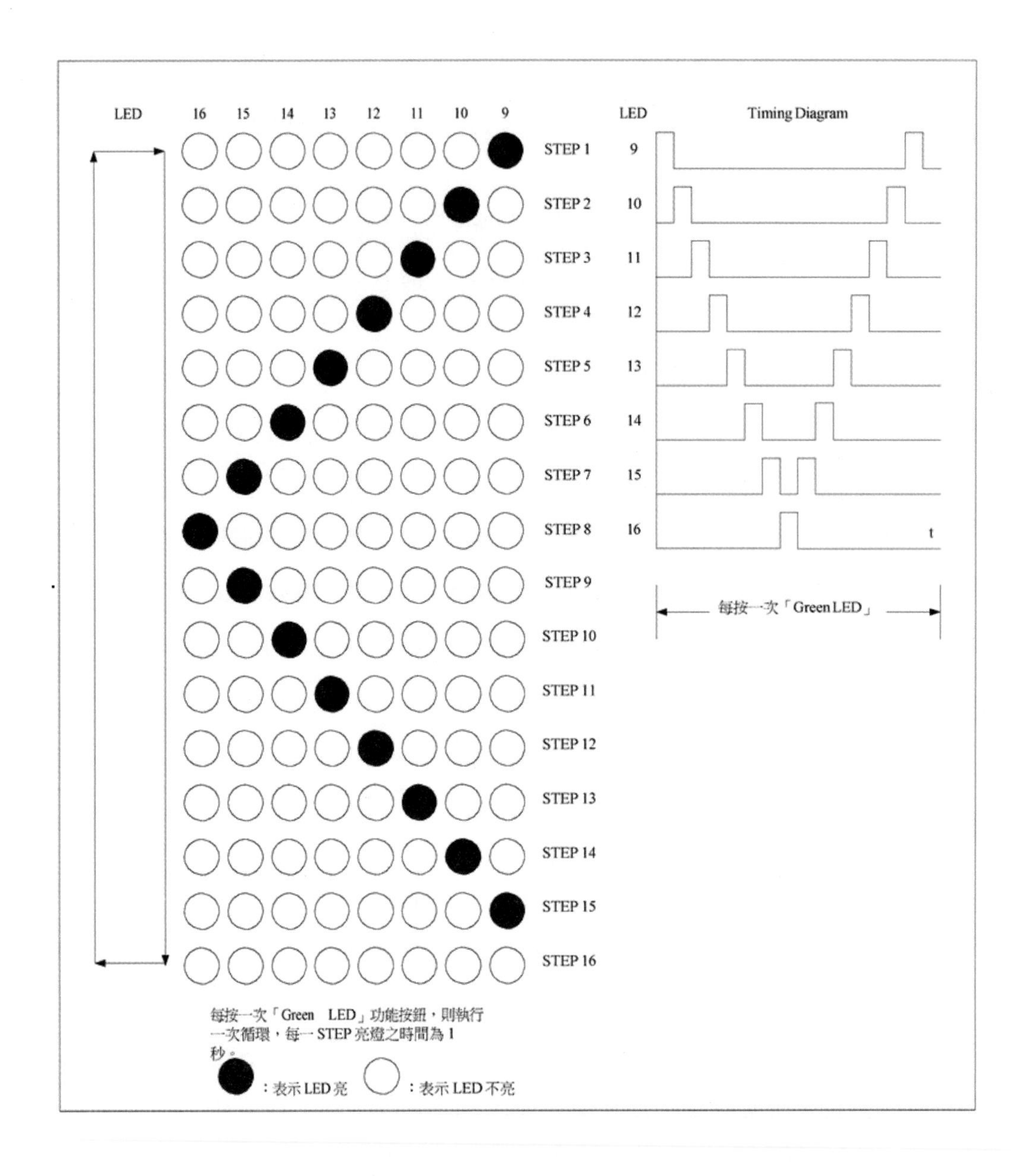

9. 執行上述程式時，電腦螢幕之 LED 應與介面卡同步顯示：

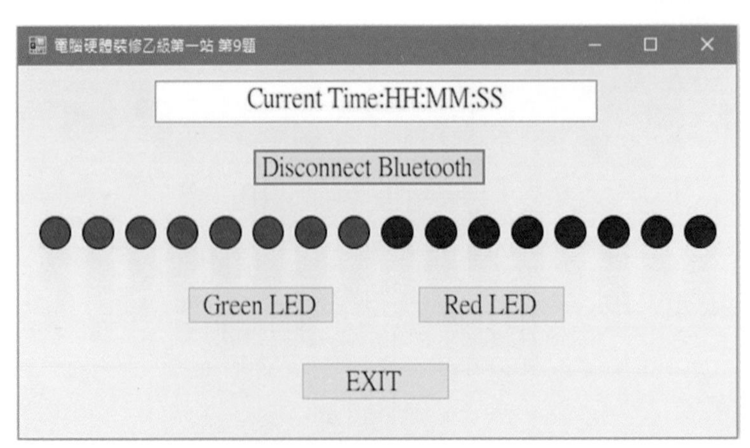

註 1：HH:MM:SS 表示系統現在時間，分別代表時：分：秒，時間格式不限。

註 2：畫面字型、字體、大小寫及按鈕樣式由應檢人自行決定，唯按鈕相對位置不可改變。

第十題

（一） 試題編號：12000-102210

（二） 試題名稱：個人電腦介面卡製作與 LED 由左向右再由右向左依序點亮控制。

（三） 測試時間：150 分鐘，前 20 分鐘爲檢查設備與材料時間，應檢人應於規定時間內確實檢查，若有缺損或故障時得予更換，超過 20 分鐘再提出更換者，依評審表項目扣分。

（四） 試題說明：

1. 本題爲測試應檢人能依本試題提供之「個人電腦介面卡參考電路圖」、「個人電腦介面卡零件配置參考圖」製作完成介面卡，並設計可達成試題要求之介面卡控制程式，使應檢人可具有熟悉個人電腦介面卡及控制的原理與製作能力。
2. 本站禁止應檢人攜帶未經許可之任何器材配件或程式 (含 USB 裝置及光碟片) 或圖說入場。

（五） 動作要求：

1. 能依本試題提供之「個人電腦介面卡參考電路圖」、「個人電腦介面卡零件配置參考圖」製作完成介面卡。
2. 個人電腦介面卡通電期間黃色 LED 需恆亮。
3. 使用藍牙序列埠模組組態設定軟體透過 USB 轉 TTL 序列傳輸線，修改藍牙序列埠模組，藍牙名稱爲「BTXX」(BT 大小寫均可)，XX 爲工作崗位號碼，自訂配對密碼。
4. 在 Windows 作業系統中，需重新配對前項藍牙序列埠模組。
5. 配對完成後，至裝置管理員內查看「透過藍牙連結的標準序列 (COM)」號碼，提供給「個人電腦介面卡控制程式」使用。
6. 設計個人電腦介面卡控制程式，當程式執行時，利用前項所查看之「COM 連接埠號碼」連接，在電腦螢幕畫面點選「Connect Bluetooth」功能按鈕，可將藍牙連線，「Connect Bluetooth」顯示變更爲「Disconnect Bluetooth」，LED1 ～ LED8 顯示紅色填滿，LED9 ～ 16 顯示綠色填滿；點選「Disconnect Bluetooth」功能按鈕，可將藍牙離線，同時「Disconnect Bluetooth」顯示變更爲「Connect Bluetooth」，LED1 ～ 16 應以中空顯示，並同步將「個人電腦介面卡」LED1 ～ 16 全滅。
7. 以第 (五)-6 項行時，若按「Red LED」功能按鈕，則可將 LEDl ～ LED8 依序向左逐一點亮，每一 LED 亮燈時間爲 1 秒，其餘的 LED 不發光，最後全滅；按「EXIT」功能按鈕，LED1 ～ 16 全滅，並結束程式。

8. 以第(五)-6 項之程式控制 LED9 ～ LED16，其動作要求如下：
   當按「Green LED」功能按鈕，首先是由左向右點亮 LED，其亮燈時間爲 1 秒，順序爲 LED16 → LED15 → LED14 → LED13 → LED12 → LED11 → LED10 → LED9，接著再由右向左點亮 LED9 → LED10 → … → LED16，最後全部熄滅，每一 STEP 時間爲 1 秒。若再按「Green LED」功能按鈕，則可再次循環；按「EXIT」功能按鈕，LED1 ～ 16 全滅，並結束程式。以圖形表示，則動作如下：

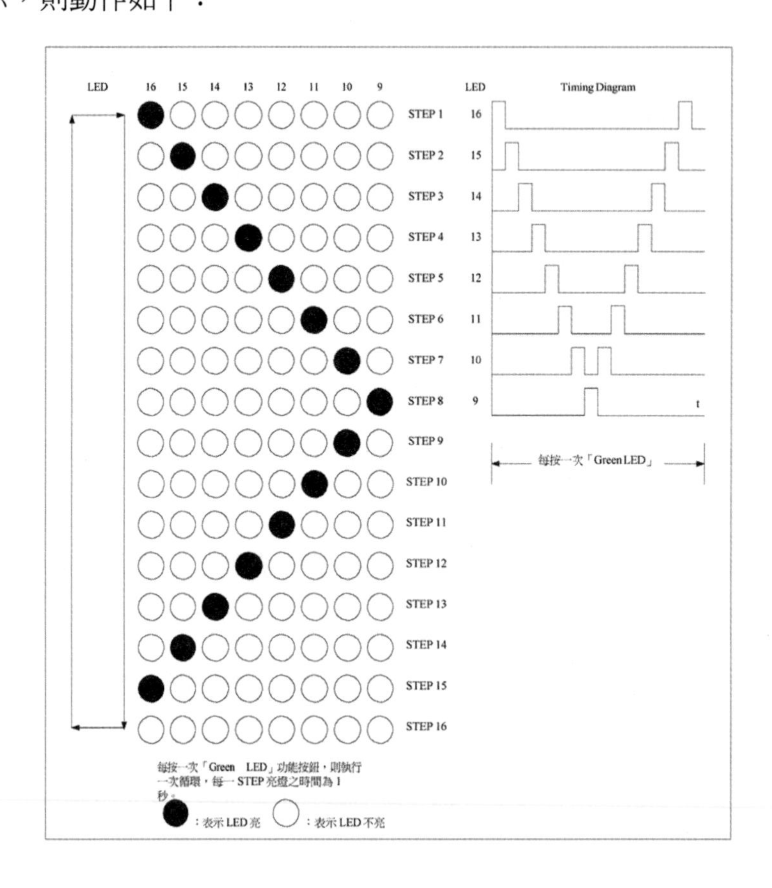

9. 執行上述程式時，電腦螢幕之 LED 應與介面卡同步顯示：

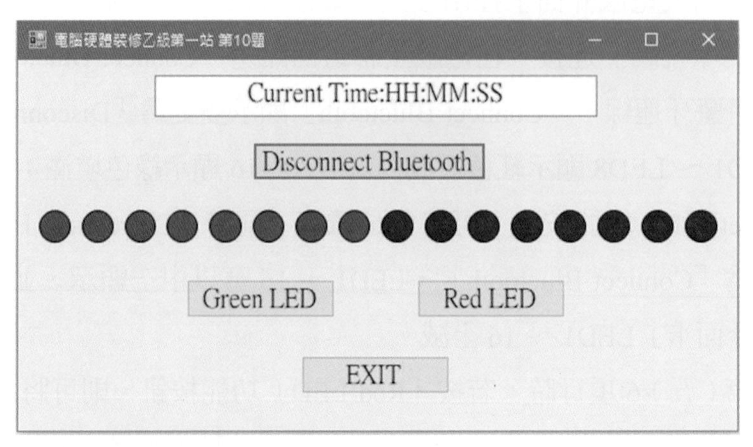

註 1：HH:MM:SS 表示系統現在時間，分別代表時：分：秒，時間格式不限。

註 2：畫面字型、字體、大小寫及按鈕樣式由應檢人自行決定，唯按鈕相對位置不可改變。

CHAPTER

2

第一站 - 個人電腦介面卡製作

勞動部術科測試應檢人參考資料修正版本(修訂日期：112 年 9 月 15 日)，自 113 年 1 月 1 日起報檢者適用，將原來 USB 的有線方式改爲無線藍牙版本，電路板的元件比較少，無疑是一項利多的好消息，但新增的藍牙裝置需與電腦端配對並要能熟悉如何修改藍牙名稱等一些參數，也是要多練習幾次，方能順利取得證照。

- 第一站介面卡製作，新試題測試時間不變，仍維持 150 分鐘(含自備程式語言安裝時間)，前 20 分鐘爲檢查設備與材料時間，應檢人應於規定時間內確實檢查，若有缺損或故障時得予更換，超過 20 分鐘再提出更換者，依評審表項目扣分。
- 依試題提供之硬體參考資料：電路圖及參考零件配置圖製作完成介面卡，並完成軟體設計：達成試題要求之介面卡控制程式。
- 電路板製作功能正常爲首要的目標，由歷年來應檢人未能通過硬乙檢定者發現，第一站焊接爲最大的挑戰，焊接未能在時間內完成就根本沒有評分的資格，除了硬體之外還要有足夠時間去寫 VB 的程式，通常發現焊接勉強完成，壓縮了寫軟體的時間，以致於沒有時間去 Debug 程式，缺少臨門一腳，非常可惜。
- 本章將教導應檢人如何用快、有效率、最精簡方式以功能爲導向完成硬體電路功能，並在軟體的部份將程式分三階段分批來寫並逐步完成測試，一有問題可以很快找到出問題的地方，並且也能理解程式執行的階段性任務，不但比較不會遺漏程式片段也容易 Debug，順利通過檢定第一站。

2-1 電路圖

一、官方公告線路圖

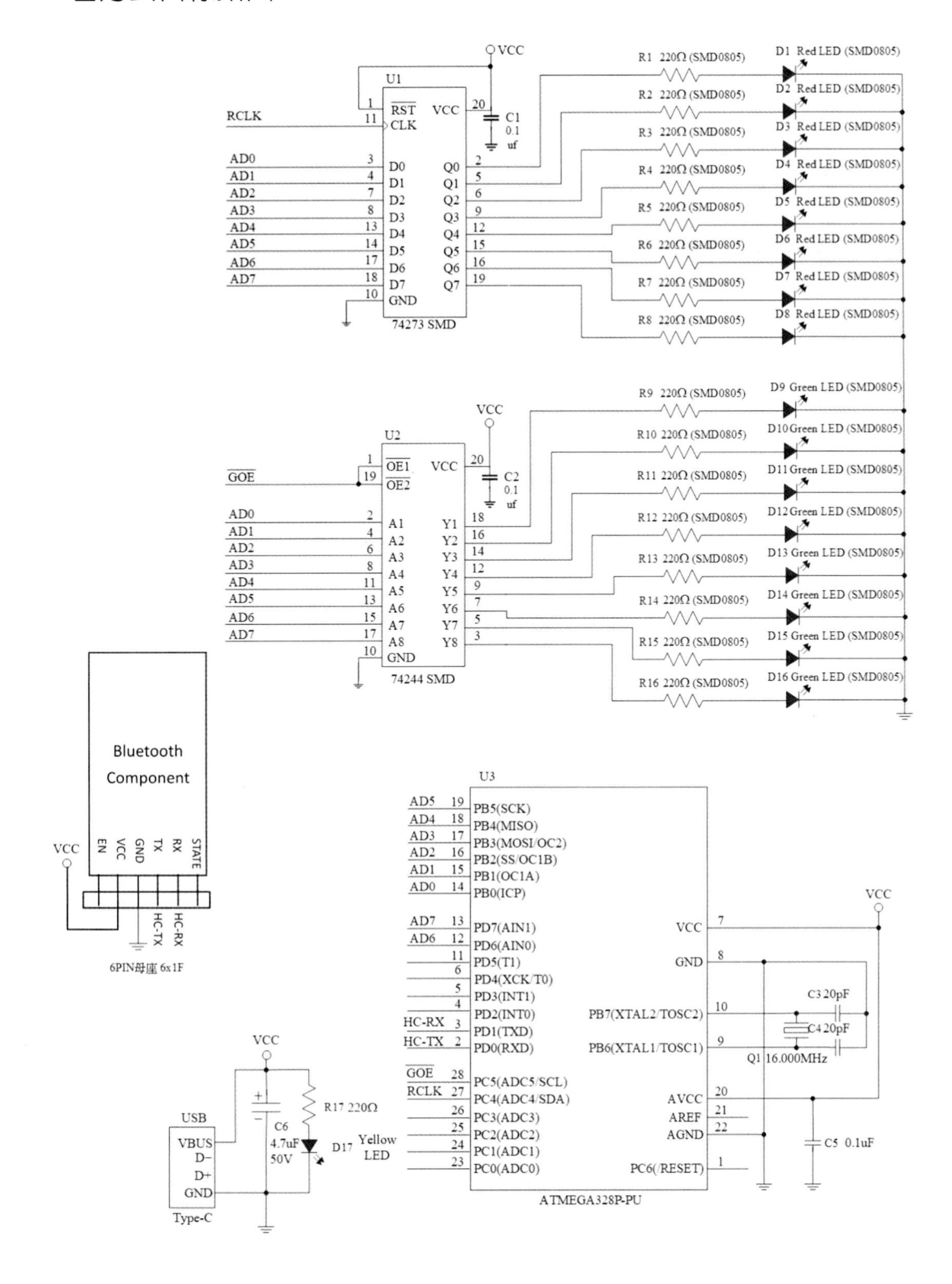

2-2 零件配置參考圖

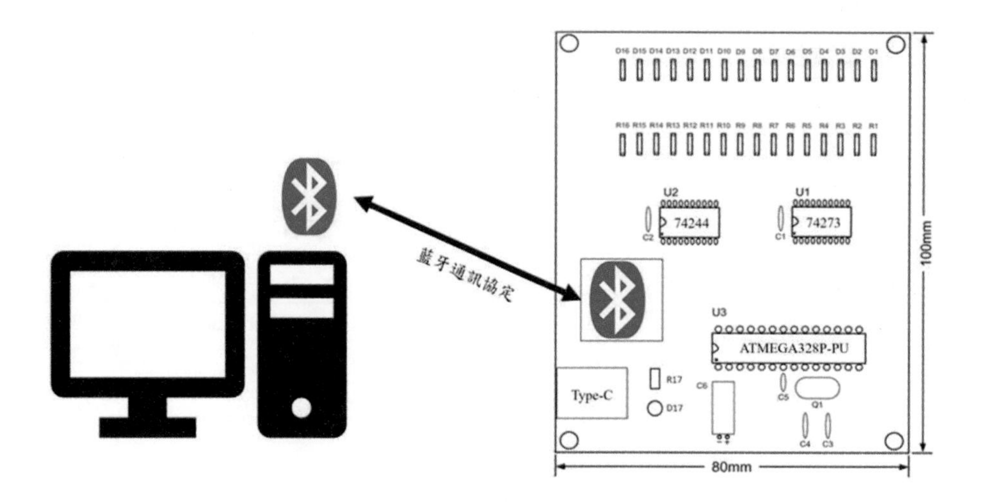
藍牙通訊協定
D16 D15 D14 D13 D12 D11 D10 D9 D8 D7 D6 D5 D4 D3 D2 D1
R16 R15 R14 R13 R12 R11 R10 R9 R8 R7 R6 R5 R4 R3 R2 R1
U2
74244
U1
74273
U3
ATMEGA328P-PU
Type-C
R17
D17
100mm
80mm

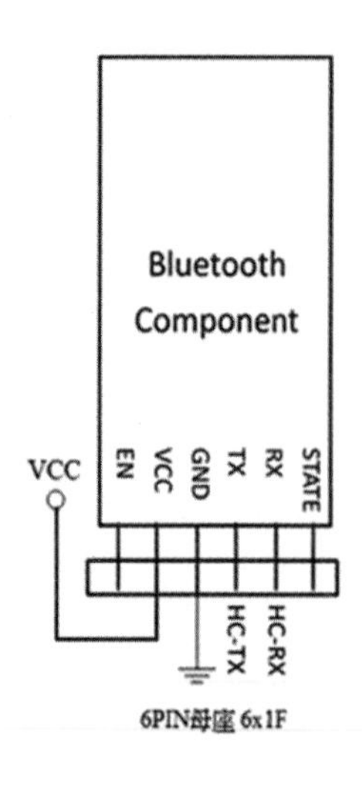
Bluetooth
Component
VCC
EN
VCC
GND
TX
RX
STATE
HC-TX
HC-RX
6PIN母座 6x1F

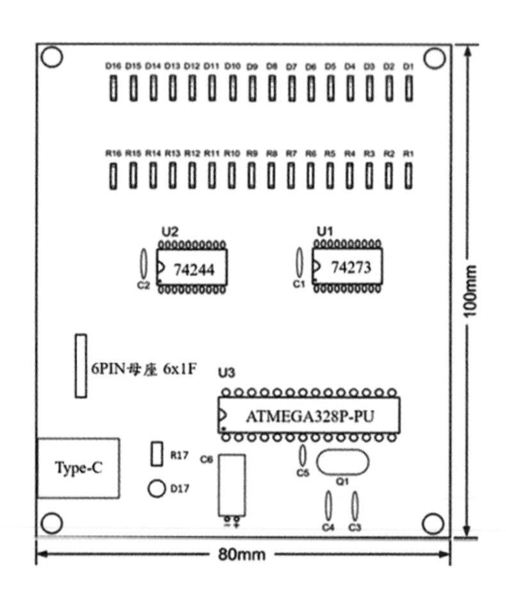
D16 D15 D14 D13 D12 D11 D10 D9 D8 D7 D6 D5 D4 D3 D2 D1
R16 R15 R14 R13 R12 R11 R10 R9 R8 R7 R6 R5 R4 R3 R2 R1
U2
74244
U1
74273
6PIN母座 6x1F
U3
ATMEGA328P-PU
Type-C
R17
D17
100mm
80mm

一、電路說明

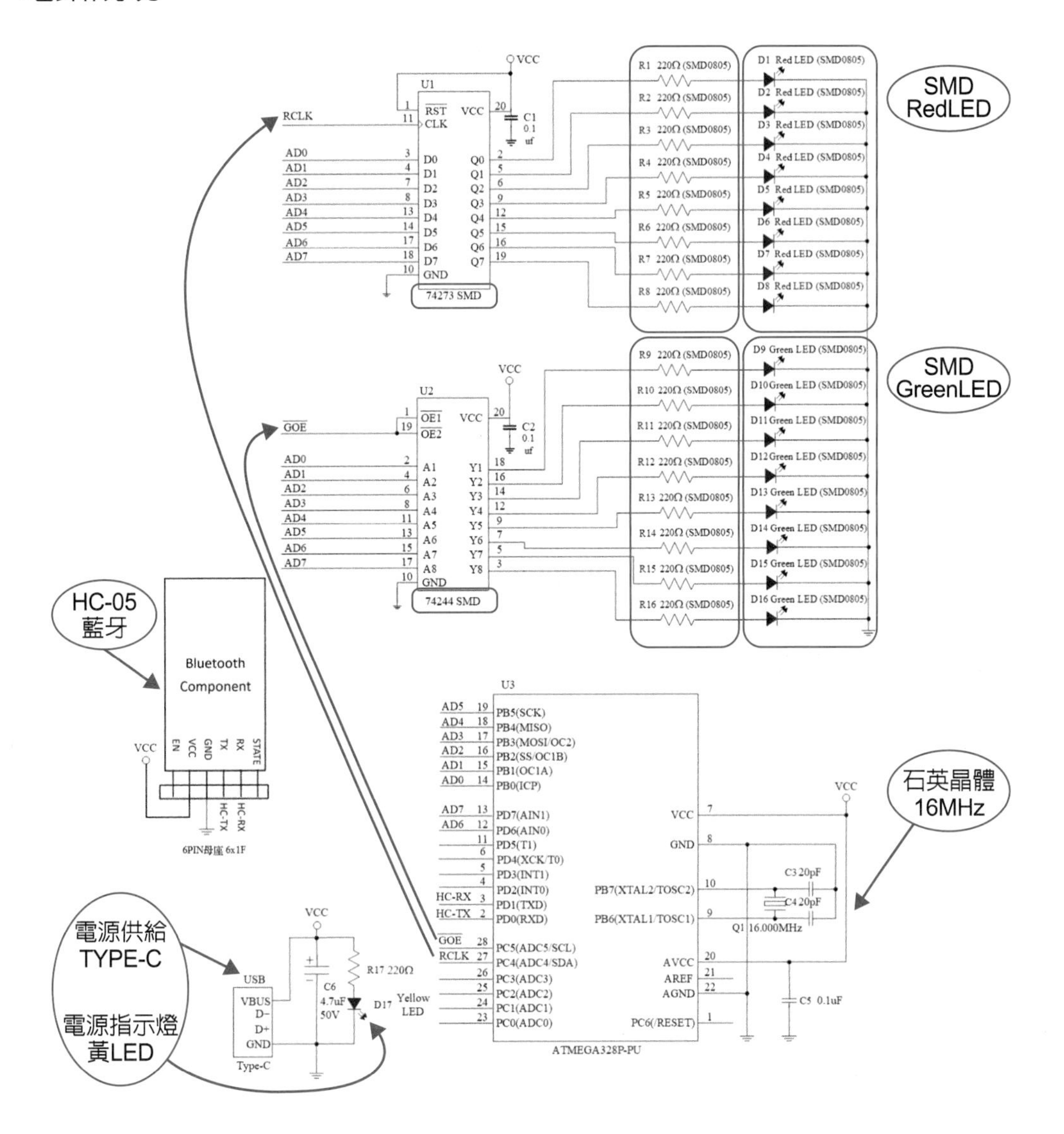

1. SMD 74273：

   Pin11 為驅動腳，控制紅 LED，連接 ATMEGA328-pin27，如果忘了接，紅色全不亮。

2. SMD 74244：

   Pin1+19，驅動腳，控制綠 LED，連接 ATMEGA328-pin28，如果忘了接，綠色全不亮。

3. SMD 電容：

   無極性，電源濾波，可先不焊，檢定時優先將整體功能做出來，再來補焊。

二、PC 板說明

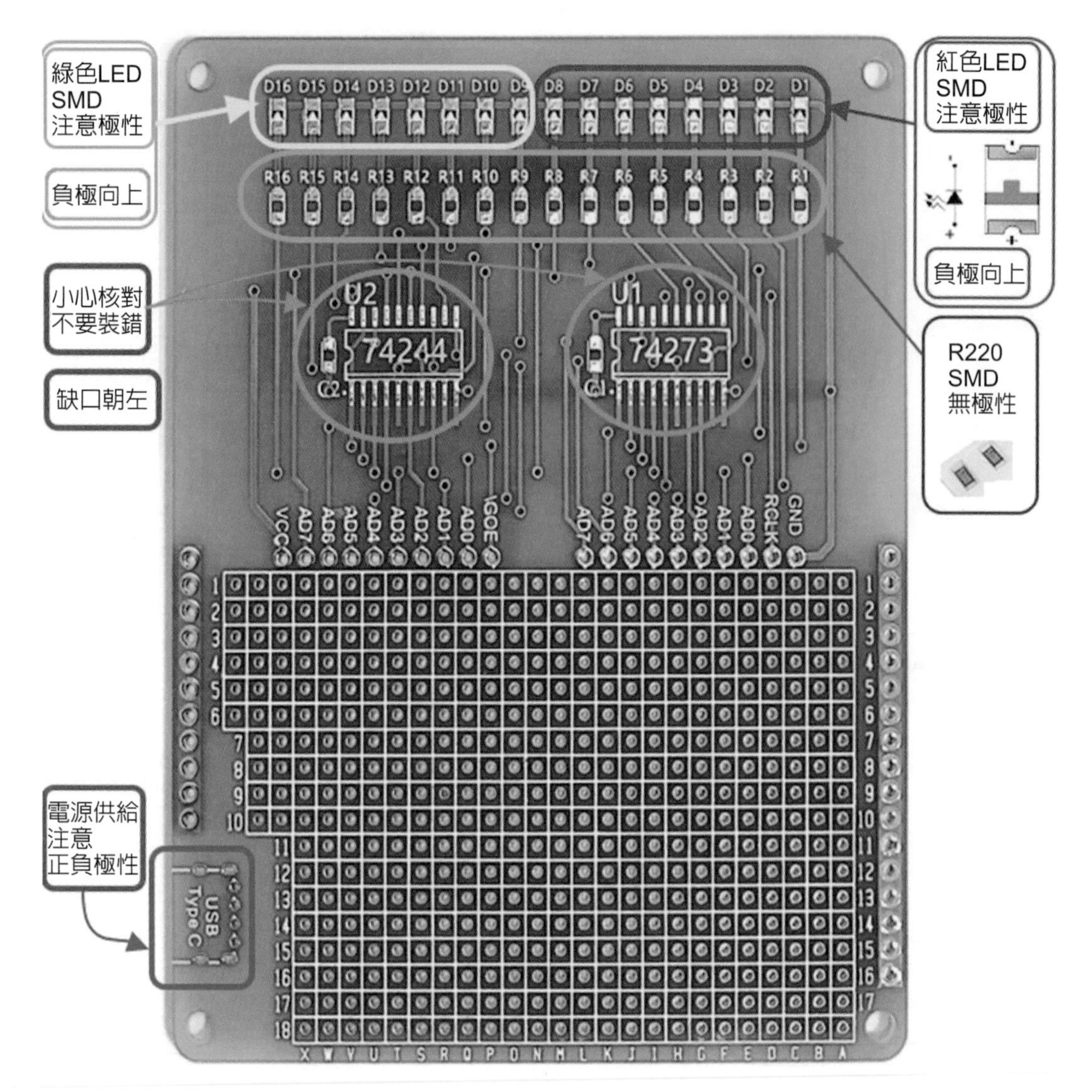

三、SMD LED 的安裝與量測

(一) SMD LED 安裝

SMD LED 很小，應使用專用的「SMD 夾」來協助焊接的進行。焊接時先單邊吃一點錫，焊接時用「SMD 夾」夾持，點上去即能焊住，如果有歪斜還能調整一下。8 個焊好了，再來統一補焊另一端。

LED 具有方向性，箭頭方向 (或綠色端點) 指向負極，千萬不能弄錯，請焊接第 1 個後馬上電表來確認，沒錯才繼續另 7 個焊接。

(二) 量測

指針式三用表 Ω 檔 R×1 或 R×10 檔，黑棒接 +，紅棒接－，正確會亮紅色。

右側 D1~D8 為紅色 LED，完成後紅棒接地 (GND)，黑棒從 D1 滑到 D8，可以看到一個一個逐一點亮，8 個都 OK 才拆開綠色的 LED 包裝繼續作業。

> 注意：千萬不可以將 2 種不同顏色的 LED 同時打開來，避免混雜在一起，很難由外觀辨識。
> 另外，最常見的情形是焊接時手撥到或夾持元件時不小心「彈飛」出去，就應該很難找回來了。可以舉手要求補發，但會依考場規則扣分。

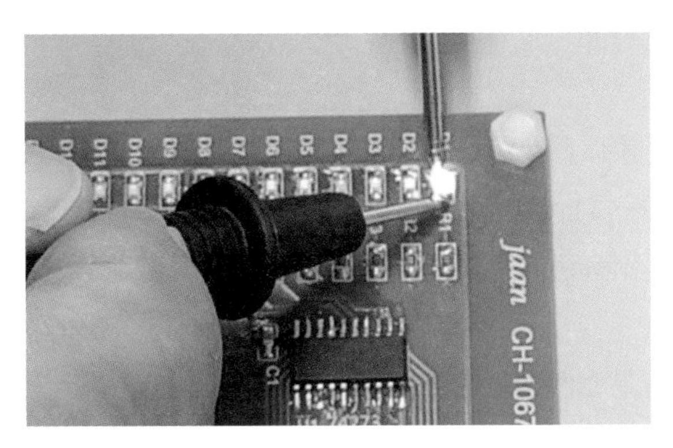

四、SMD 電阻的安裝與量測

(一) 安裝：R1~R16

無極性，作用是限流電阻，SMD 的字很小，標示 221，1 代表 1 個 0 的意思，檢定時只使用 220Ω 電阻，不會有混淆的困擾。焊接時 R1~R16 焊點上先單邊吃一點錫，焊接時用「SMD 夾」夾持，烙鐵點上去即能焊住，如果有歪斜還能調整一下，8 個焊好了，再來統一補焊另一端。

(二) 量測

全部焊接好電阻之後，什麼方法可以確認是否焊好了呢？很簡單，照剛剛量測 LED 的方式一樣，紅棒接在共同的地端 (GND)，黑棒從 R1 滑到 R16，可以看到 LED 一個一個逐一點亮，代表 LED 所串接的限流電阻 R1~R16 焊接也沒有問題。

五、SMD74244、SMD74273 的焊接

> 注意：兩個 SMD IC 面上的字很小，不容易辨識，在拆包裝的時候也同樣要一個一個來，不可以 2 個 IC 同時打開包裝，先完成 74244，再來焊另一個。
>
> 焊接要領：焊點加熱 → 吃錫→ 錫移開→ 烙鐵移開。
>
> 會有焊接不成功的因素不外乎：
>
> (1) 錫量太少：印刷電路板表面上一個亮點，誤以爲有焊好，其實只是反光，因此造成空焊，呈現的現象就是某 LED 恆亮，是因爲 TTL 數位 IC，輸入腳空接可視爲邏輯 1。
>
> (2) 錫未溶化就離開：因爲缺少練習，很怕焊到旁邊的點，所以草草離開焊點，也是造成空焊。
>
> (3) IC 沒擺正，腳歪斜和隔壁的點太近，很容易 2 個點就黏黏在一起，你濃我濃分不開。

(一) 安裝

電路板上找一個對角點，先吃一點錫，將 IC 擺上去務必很正，烙鐵點一下就能焊住，檢視一下是否歪斜？喬一下，再焊另一點，2 點焊住好，IC 就不會亂動了，再來焊接其它各腳。如果不小心左右 2 點黏在一起又分不開，你可以再多吃點錫變成錫團，靠錫的凝聚力及表面張力，可以將焊點的錫都吸過來，拿起板子輕敲桌面就能將錫團彈離，達到很好的修補，當然啦，使用吸錫器將整團的錫吸走是正確的方式。

> 注意：SMD 的焊接都儘可能不要使用吸錫器，因爲吸錫器種類很多品質互異，吸力太強或固定點反覆焊，造成溫度過高情況下使用吸錫器，很容易把銅箔吸掉，如果不幸發生，那就會歸組害了了 (台語) 很難修復。使用吸錫器應多加練習才能熟練，傾斜若干角度讓空氣能混入，可以避免吸力太強造成遺憾。

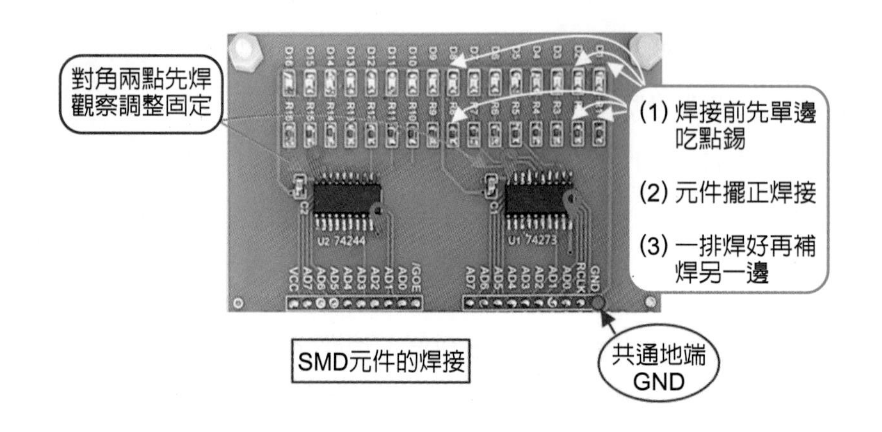

SMD元件的焊接

六、石英晶體，C3、C4、C5 的焊接

石英晶體 16MHz，附有接腳墊片，避免和底板短路。

C3、C4、C5 濾波電容，可先不焊，檢定時優先將整體功能做出來，再來補焊。

七、ATMEGA328P 的焊接

參考電路圖，有用到的腳才焊接，沒用到的保持空接即可，不需特別處理。

正負電源只接：pin7 +， pin8 –。

pin20+，pin22 – 可先不焊，檢定時優先將整體功能做出來，再來補焊。

八、焊接面，使用裸線

1. 8 對 8 資料線：ok 線
2. AD6、AD7：ok 線
3. pin27：ok 線
4. 其餘均用裸線來配線，不需剝線，拉直美觀，不會亂飄，可避開同一焊點要焊接 2 條 ok 線的難度。

九、Type-c 接頭的焊接

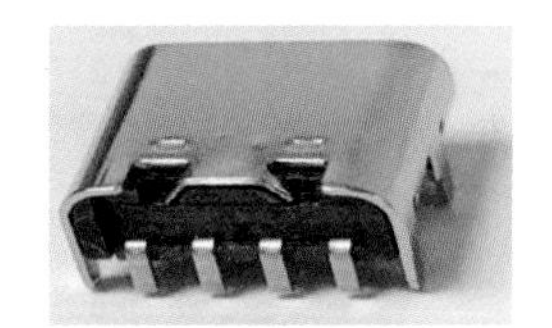

一般 PC 板的厚度是 1.6mm，Type-C 接腳長度很短，幾乎與 PC 板同高度，焊接時接腳無法密合銅箔，要加入較多的錫量，或插入一小段裸線再一起焊接，確保避免空焊。焊完馬上用三用表 R×1 測量正負電源接點是否因大多的錫量造成短路。千萬不可有發生電源短路的狀況，是屬於重大違規立刻判定不及格。

十、使用裸線 - 正反面對照圖

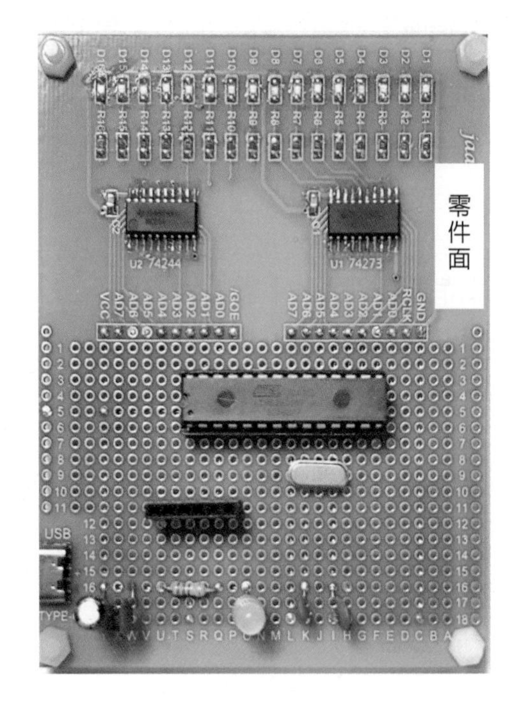

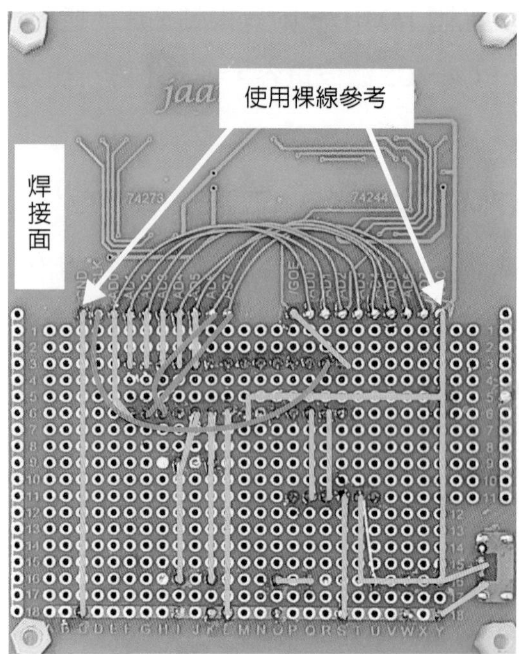

十一、省略電容器之版本，使用裸線正反面對照圖

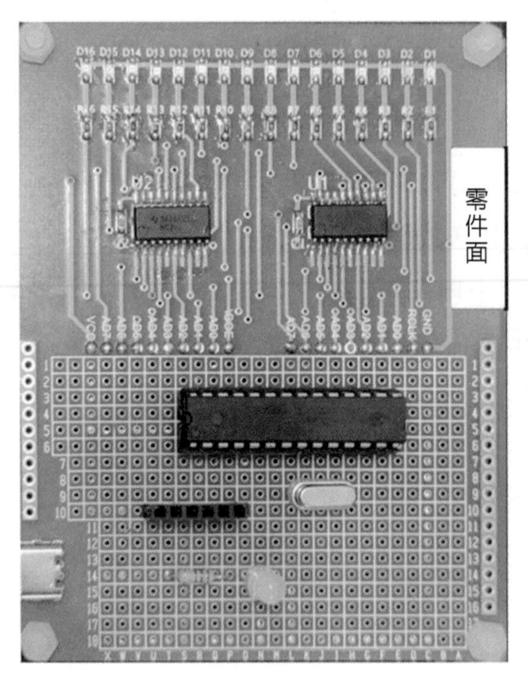

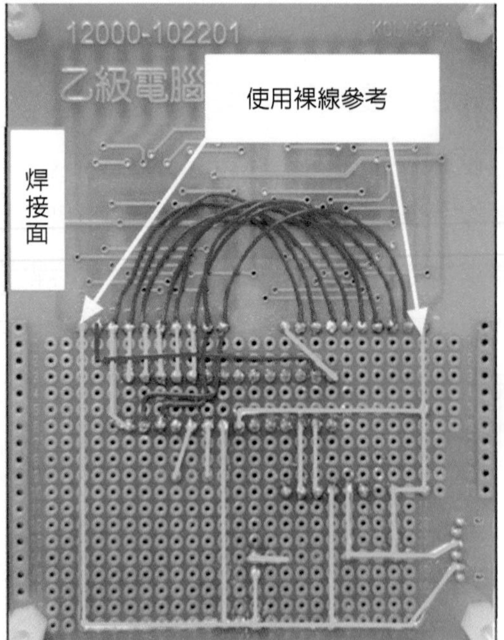

2-3 第一站測試材料表

項目	名稱	規格	單位	數量	備註
1	TTL IC	74244 (SMD)，不含接腳尺寸爲 5.30mm×12.60mm	個	1	配合第 16 項萬用電路板使用
2	TTL IC	74273 (SMD)，不含接腳尺寸爲 5.30mm×12.60mm	個	1	配合第 16 項萬用電路板使用
3	IC	ATMEGA328P-PU (內含檢定所需韌體)	個	1	含 IC 腳座
4	LED	紅色 (SMD 0805)	個	8	
5	LED	綠色 (SMD 0805)	個	8	
6	電阻	220 歐姆 (SMD 0805)	個	16	
7	LED	黃色 5mm	個	1	
8	電阻	220 歐姆，1/4W	個	1	
9	NPO 電容器	20pF	個	2	
10	電解質電容器	4.7μF/50V	個	1	
11	陶瓷電容器	0.1μF (SMD 0805)	個	2	
12	陶瓷電容器	0.1μF	個	1	
13	石英晶體	16.000MHz	個	1	含絕緣墊片
14	單排母座	2.54mm，6P 單排母座	個	1	
15	USB 連接頭	Type-C DIP 4 PIN 母座	個	1	
16	萬用電路板	約 100mm×80mm 玻璃纖維板，具 USB Type-C 連接點 (請參考介面卡零件配置參考圖)	片	1	
17	塑膠銅柱	約 0.5cm(含螺帽)	支	4	
18	單心線	AWG 30#(電子用)	米	2	
19	焊錫	0.6mmΦ，60% 錫 (含) 以上	米	3	

註 1：第 16 項之材料，在測試前必須由監評人員標示記號後，再發給應檢人使用。

註 2：應檢人應在檢查器材時間 20 分鐘內，確實檢查材料，若有缺損或故障時，得予更換，其餘時間更換器材，依評審表項目扣分。

2-4 材料包 & 成品圖

一、材料包

電腦硬體裝修乙級材料包，依個人的焊接配線之能力，應該至少要練習 3 次左右，才能確保正確性與提昇速度。在檢定場，每個工作崗位都會提供 1 份材料包。材料包的內容如圖所示，包含檢定 PC 板。

詳細的元件內容，請參考檢定材料表。

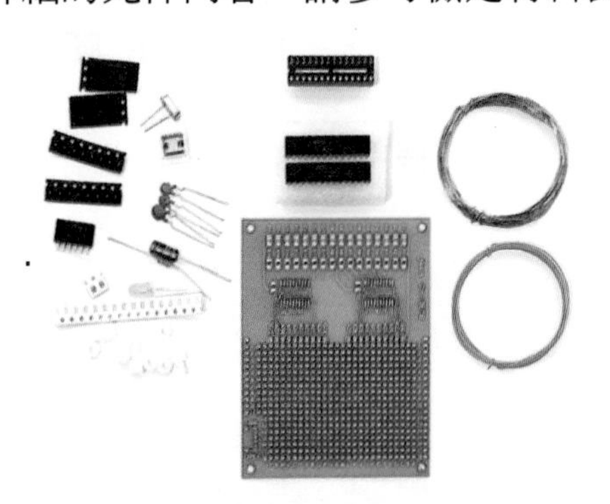

另外，檢定設備中，除了電腦設備之外，會提供放大鏡、藍牙 HC-05 及乙級偵錯板 (測試板) 一套，提供檢定時 IC 及石英晶體之測試。

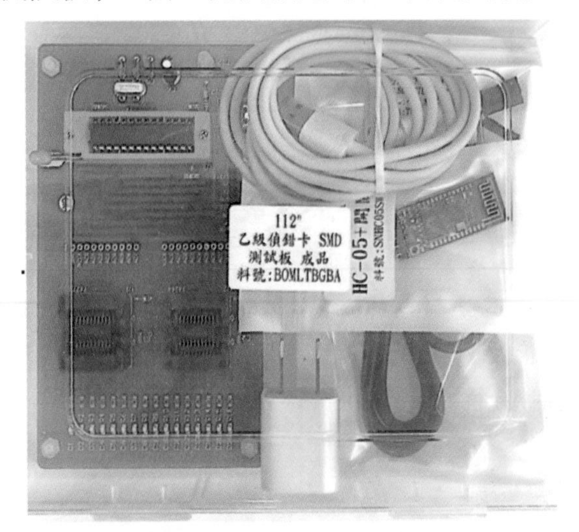

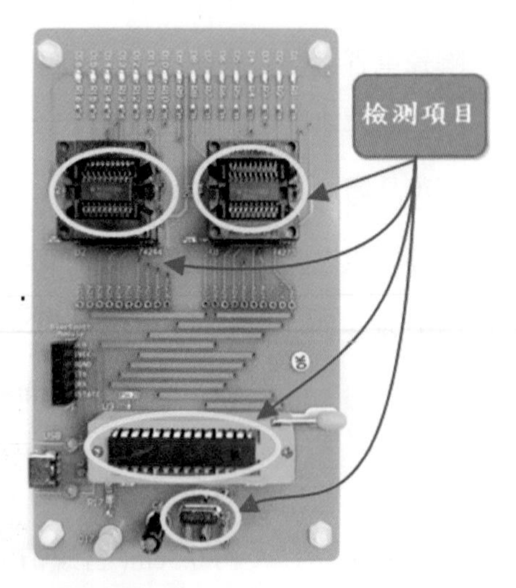

乙級偵錯板 (測試板)，提供檢定時 IC 及石英晶體之測試。檢定時，依監評老師的說明及操作，檢測下列元件：

(1) SMD IC：74273、74244

(2) DIP IC：ATmega328

(3) 石英晶體：16MHz

材料包零件通常都不會有什麼品質的問題，元件短少的情形也不多見，檢定時依規定必須在 20 分鐘內檢查完畢，若有短少者補件不扣分。

二、成品圖：(僅供參考)

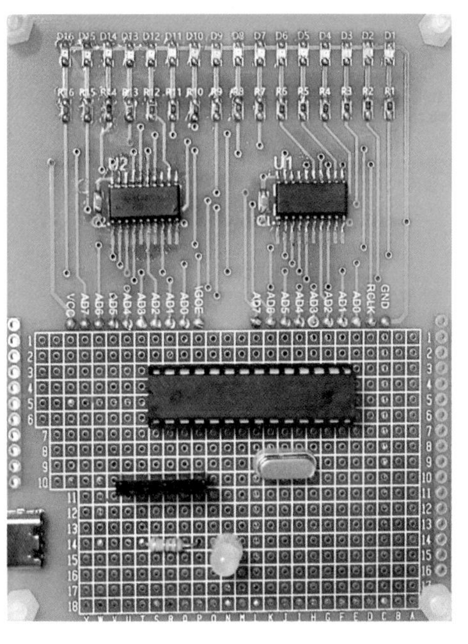

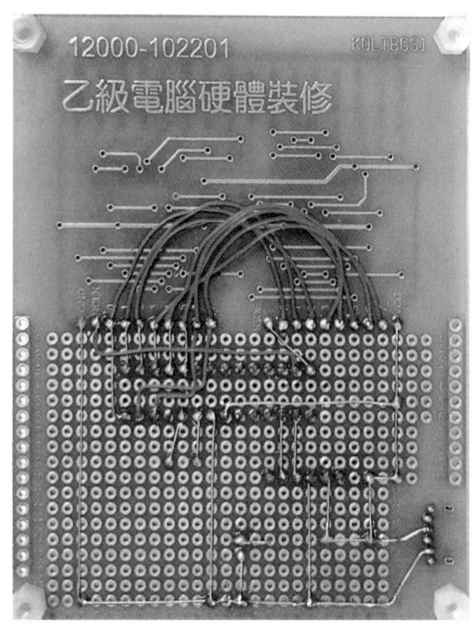

2-5 USB 轉 TTL 傳輸線

電腦硬體裝修乙級新試題改爲藍牙版，將舊版以 USB 連線改爲無線傳輸，以藍牙無線的方式與電腦端連線，首先必須在介面板上裝置藍牙元件 (如 HC-05)，而電腦端必須配置有藍牙裝置 (如筆電)，一般桌機並沒有藍牙裝置，可以購買市面上藍牙 5.X 適配器來練習。考場的設備中會建置此裝置。

藍牙的設定需要傳輸線，常用透過 PL2303 USB to Serial 轉換線以連接 HC 藍牙模組，考場的設備中也會提供此傳輸線，並已安裝好驅動程式，但應檢人應自購傳輸線來練習。檢定中必須依規定重設藍牙名稱 (如 BT01)，重設藍牙名稱是必要的項目，如果名稱相同，在多人同時使用藍牙的情形下，必然會互相干擾。考場上會根據「考場工作崗位編號與藍牙名稱對照表」來設定藍牙名稱，詳見 2-6。

相關的圖說如下：

(1) 傳輸線：USB 轉 TTL 序列埠傳輸線

名稱：PL2303

(2) 驅動程式下載：

USB 轉 TTL 原廠驅動程式：Download File:

Windows Driver Installer Setup Program (Win7 / Win8.1 / Win10 / Win11)

Installer version & Build date:4.0.1 (2022-02-25)

下載後，驅動程式的安裝：

1. 驅動程式安裝

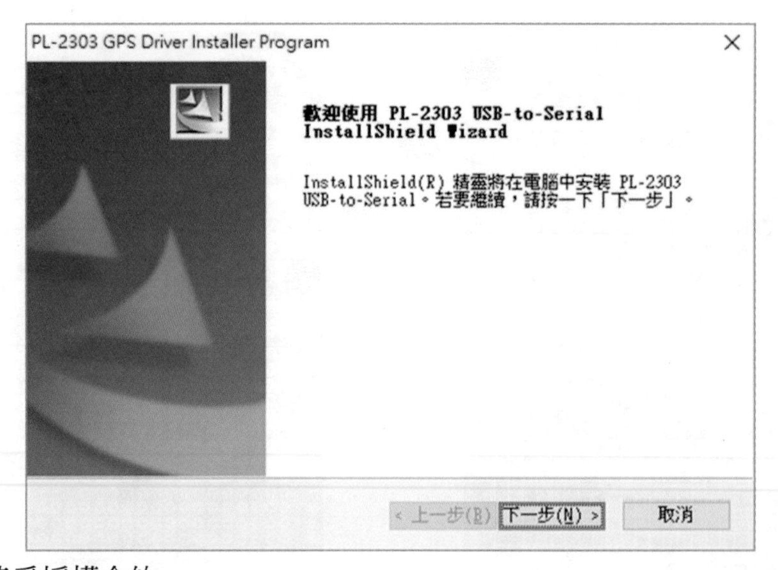

2. 下一步，接受授權合約

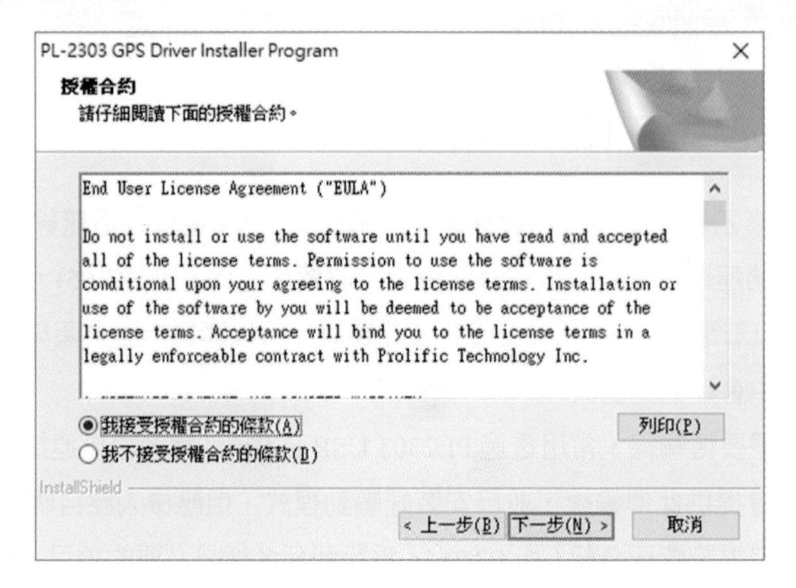

3. 安裝完成

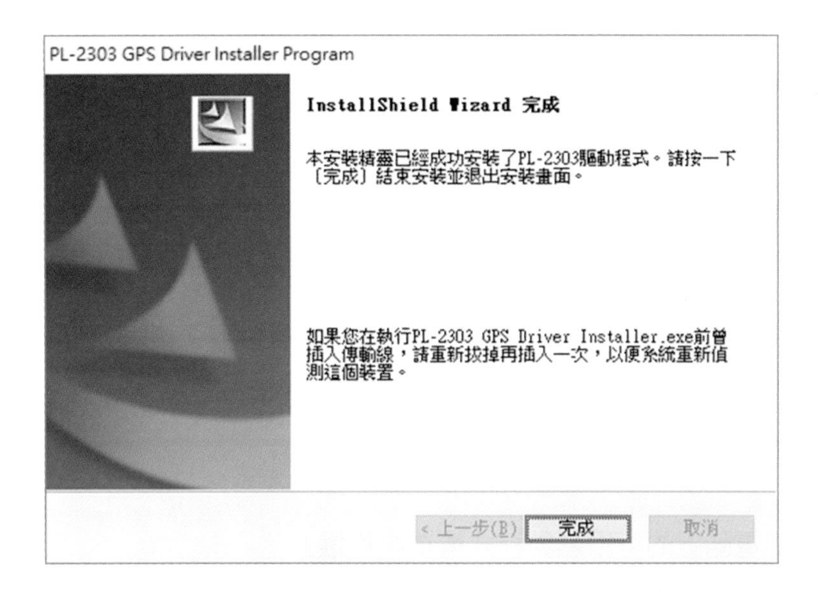

PL2303 驅動 - 出現錯誤訊息

發生原因：自 2012 年起，原廠已停產，不再支援

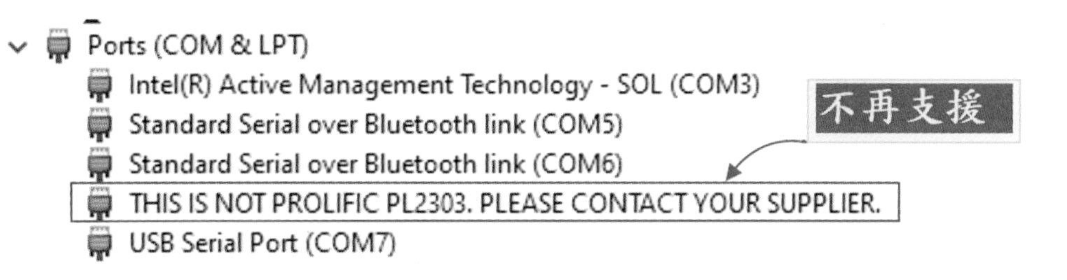

解決之道：下載較舊的版本

1. 請上網搜尋關鍵字：PL2303HXA 自 2012 已停產

   並點擊下載 Driver：「PL2303_Prolific_GPS_1013_20090319.exe」安裝

2. 完成後插入 USB 轉 TTL 傳輸線，並進入控制台 / 裝置管理員 /，點選後右鍵 / 更新驅動程式：

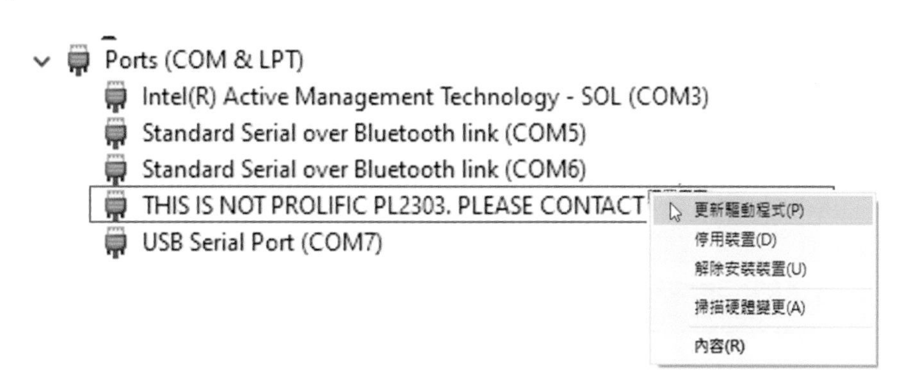

3. 點選「瀏覽電腦上的驅動程式」

← 更新驅動程式 - PL2303HXA自2012已停產，請聯繫您的購買廠商

您要如何搜尋驅動程式?

→ 自動搜尋驅動程式
Windows 會在您的電腦中搜尋最佳可用的驅動程式，並安裝到您的裝置上。(&S)

→ 瀏覽電腦上的驅動程式
手動尋找並安裝驅動程式 (&R)。

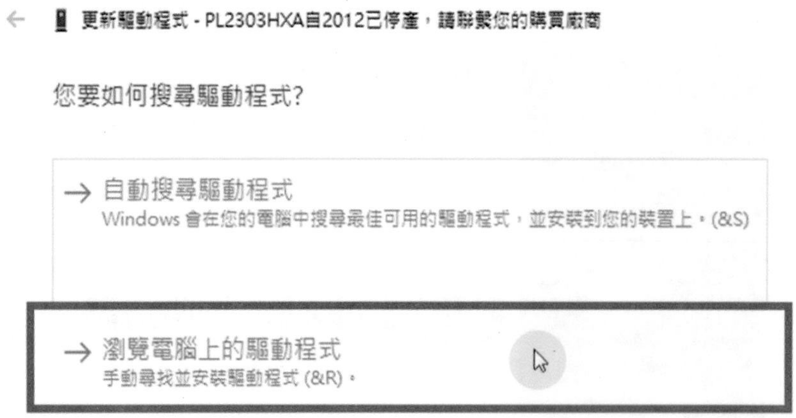

4. 點選「讓我從電腦上的可用驅動程式清單中挑選」

← 更新驅動程式 - PL2303HXA自2012已停產，請聯繫您的購買廠商

在您的電腦上瀏覽驅動程式

在此位置搜尋驅動程式:

C:\Users\webb\Downloads\CDM v2.12.28 WHQL Certified　瀏覽(R)...

☑ 包含子資料夾(I)

→ 讓我從電腦上的可用驅動程式清單中挑選(L)
此清單將會顯示與裝置相容的可用驅動程式，以及與裝置屬於同類別的所有驅動程式。

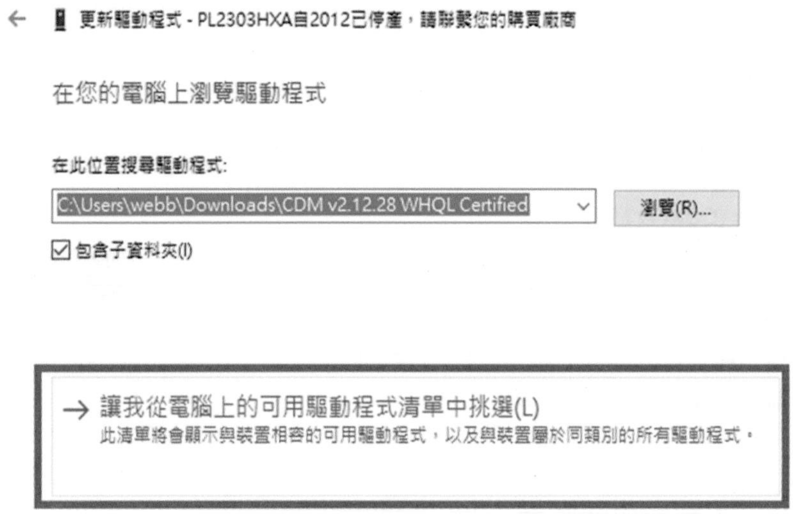

5. 選擇 [2008/10/27] 的較舊版本

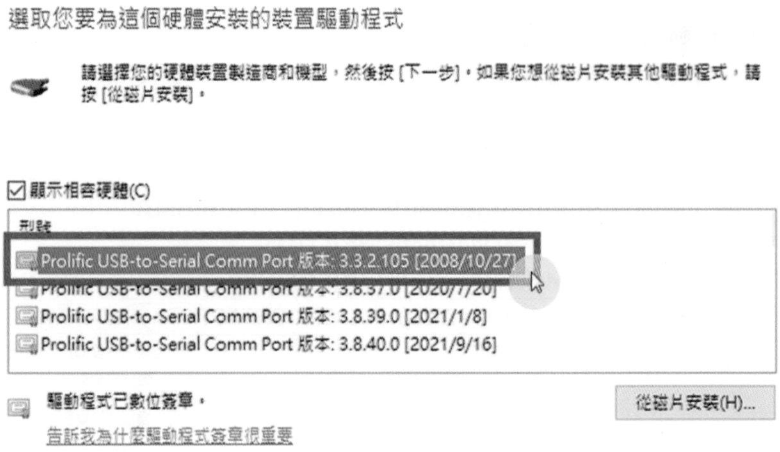

選取您要為這個硬體安裝的裝置驅動程式

請選擇您的硬體裝置製造商和機型，然後按 [下一步]。如果您想從磁片安裝其他驅動程式，請按 [從磁片安裝]。

☑ 顯示相容硬體(C)

型號
Prolific USB-to-Serial Comm Port 版本: 3.3.2.105 [2008/10/27]
Prolific USB-to-Serial Comm Port 版本: 3.8.37.0 [2020/7/20]
Prolific USB-to-Serial Comm Port 版本: 3.8.39.0 [2021/1/8]
Prolific USB-to-Serial Comm Port 版本: 3.8.40.0 [2021/9/16]

驅動程式已數位簽章。　從磁片安裝(H)...
告訴我為什麼驅動程式簽章很重要

6. 「Windows 已順利更新您的驅動程式」即完成

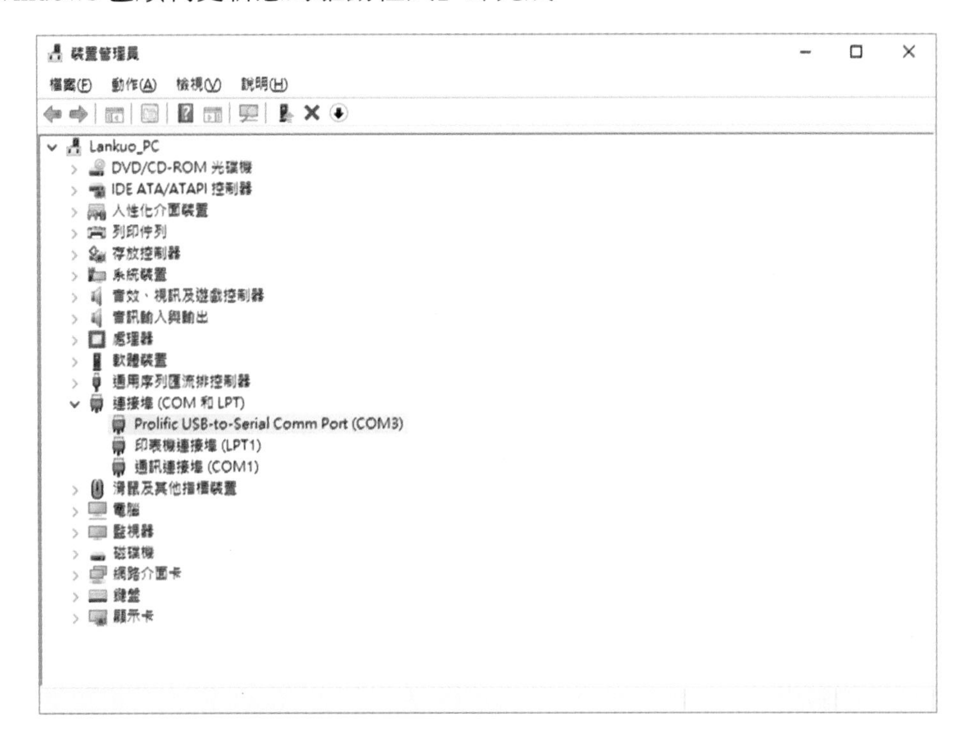

2-6 藍牙元件認識與設定

HC-05藍牙模組

藍牙模組常用 HC-05、HC-06，其中 HC05 可設定爲主 (Master) 和從 (Slave) 模式，本書以新式附有按鈕的 HC-05 爲主。

內建模模名稱：HC-05，鮑率：9600，密碼：1234

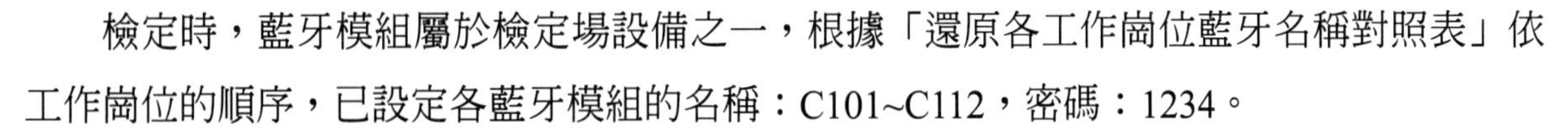

檢定時，藍牙模組屬於檢定場設備之一，根據「還原各工作崗位藍牙名稱對照表」依工作崗位的順序，已設定各藍牙模組的名稱：C101~C112，密碼：1234。

一、如何與電腦連線？

開始 → 設定 → 藍牙與裝置 → 新增裝置 → 藍牙，等待片刻，會看到 C101 (崗位 01)，點選後，輸入密碼：1234，稍待片刻，將看到回應訊息：C101 已配對

二、如何修改名稱與密碼？

檢定時根據動作要求 (五)-3 的規定：

「使用藍牙序列埠模組組態設定軟體透過 USB 轉 TTL 序列傳輸線，修改藍牙序列埠模組，藍牙名稱爲「BTXX」(BT 大小寫均可)，XX 爲工作崗位號碼，自訂配對密碼」。

1. 使用 USB 轉 TTL 序列埠傳輸線，連接藍牙 HC-05
2. 正負電源不能接錯，紅：VCC，黑：GND

3. 綠線 (TXD 傳送) 接藍牙的 (RXD 接收)，白線 (RXD 接收) 接藍牙的 (TXD 傳)，這是在所有串列通訊上必知的觀念，傳← →收，傳收對接，就是我傳你收，你傳我收的觀念。
4. 設定的軟體：藍牙序列埠模組組態設定軟體，可以選擇使用 Arduino IDE。
5. 首先要確定 TTL 序列傳輸線已和 Arduino 建立溝通 (選對 COM 埠)，開啓序列埠視窗。
6. 進入 AT 模式：確定連線藍牙接線無誤，按著藍牙旁邊的按鈕，將傳輸線拉出又插入電腦 USB 埠，電源接通後放開按鈕，即能自動進入 AT 模式。藍牙的閃燈，確定從快速的閃爍變成較慢速的閃爍 (約 2 秒一次)，表示已進入 AT 模式，可以開始接收 AT 指令。
7. 序列埠視窗，調整參數：鮑率 38400 與 NL&CR。

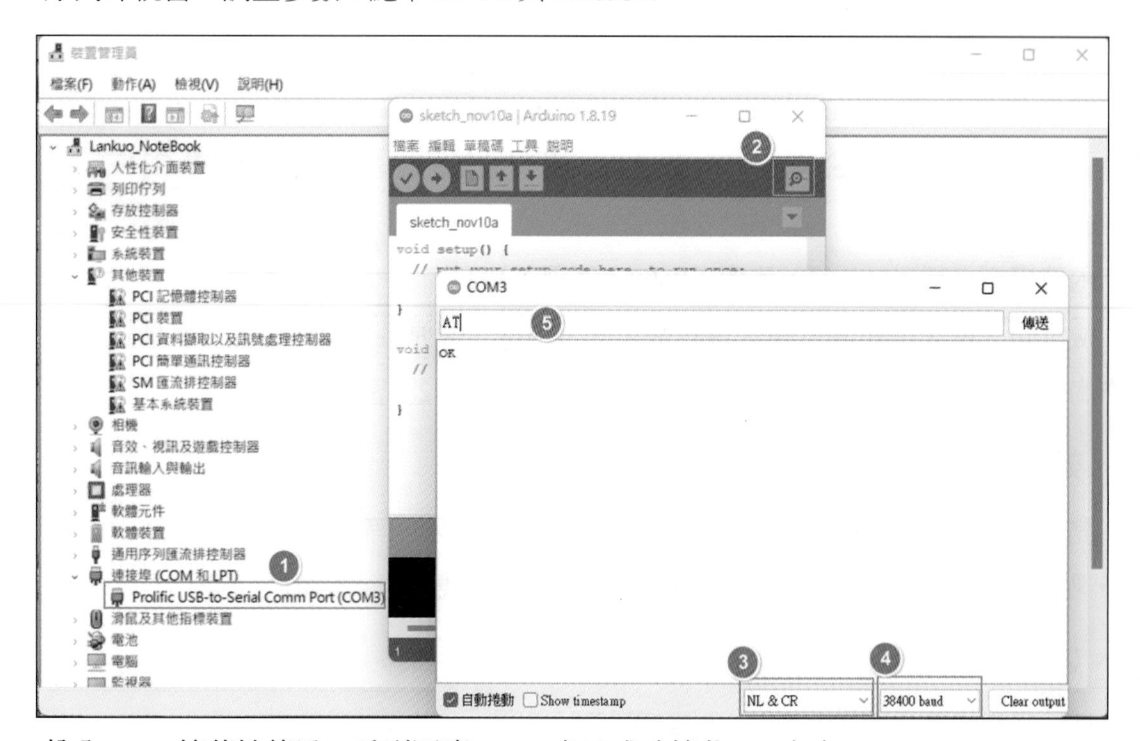

8. 輸入 AT，接著按傳送，看到回應 OK，表示成功接收 AT 命令。
9. 常用的 AT 指令：

   查詢模組名稱：AT+NAME? ，回應：原名稱，如：+NAME:C101

查詢模組密碼：AT+PSWD? ，回應：原密碼，如 +PIN:"1234"

修改模組鮑率：AT+UART= 鮑率 , 停止位元 , 同位元，如 AT+UART=9600,0,0

修改模組名稱：AT+NAME=BT09 或 AT+NAME=" BT09" ，回應 OK

自訂模組密碼：AT+PSWD=5678 或 AT+PSWD=" 5678" ，回應 OK

10. 測試觀察與電腦，新增裝置，連接藍牙，輸入密碼確定是否無誤。

依試題五 -4 要求，需重新配對。

三、檢定時，務必依工作崗位變更藍牙名稱：BTxx，其中 xx 為崗位號碼

還原各工作崗位藍牙名稱對照表。

工作崗位編號	藍牙名稱	備註
1	C101	
2	C102	
3	C103	
4	C104	
5	C105	
6	C106	
7	C107	
8	C108	
9	C109	
10	C110	
11	C111	
12	C112	

2-7 藍牙與電腦端串列埠 - 無線通訊

藍牙配對成功後會佔用 2 個 COM 埠，一爲連入 (如 mic)，一爲連出 (如耳機、電腦)。如何得知哪個埠是連入，哪個是連出呢？特別注意，裝置管理員看，是看不出來的，必須在藍牙裝置 → 更多的藍牙設定→ COM 來查看。

有趣的是，連入 / 連出的埠號並不是永遠固定不變的，常常會變來變去，有時是連入，下回連線時又變成連出，所以檢定時一定要再查看確定連出的是哪個埠號。因爲電腦端要從這個埠送出訊號，藍牙元件才能順利收到指令。

得知連出是哪個 COM 埠之後，請在電腦端 VB2010 程式中設定序列埠元件 SerialPort 的序列埠號 (如 COM6)，以上的實作細節，以圖說方式說明。

電腦端：

在　開始 /[設定] >

1. 藍牙與裝置
2. 開啓 [藍牙]
3. 檢視更多裝置

4. 更多藍牙設定

5. 點選 COM 連接埠
6. 得知連出是 COM6

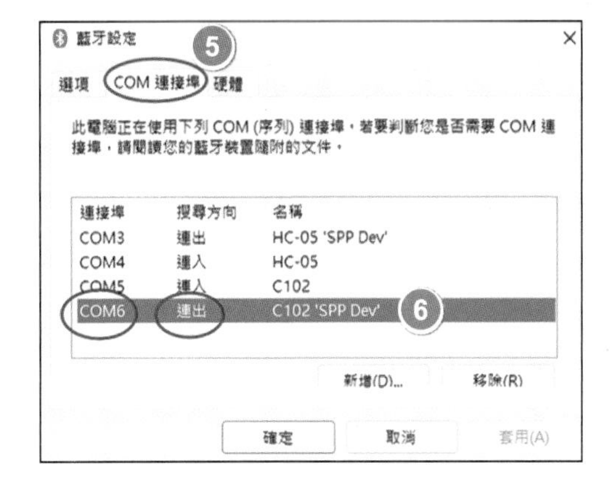

7. 在 VB2010 設定
   (1) 點選 SerialPort1
   (2) PortName:COM6，
   非常重要！
   預設鮑率 BaudRate:9600。

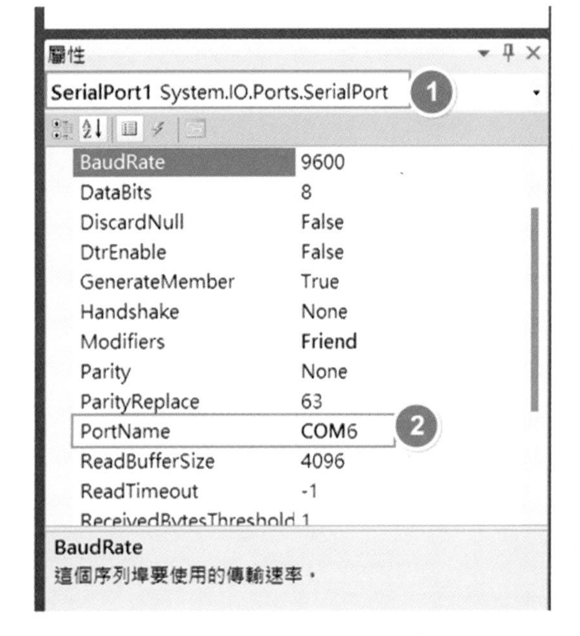

8. VB2010 程式：執行階段
   點按 Connect Bluetooth 按鈕
   連接藍牙，LED 將由透明變實心。

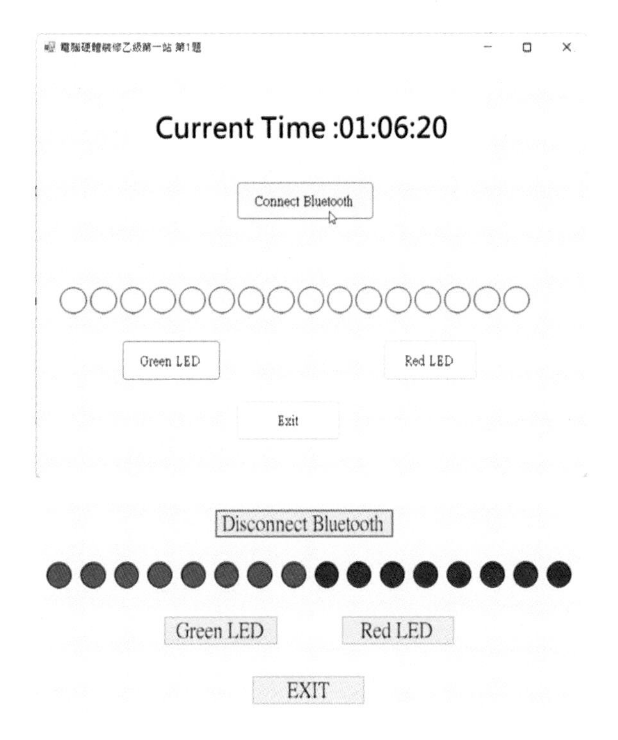

第一站 - Visual Basic2010 程式

由於考場軟體版本有所不同，應特別留意使用的版本，可能是 VB6.0、VB2005、VB2008、VB2010、…，如果不是在校內熟悉的考場應試，就得先查詢該考場已公告的使用的版本，以免造成練習的方向不對。本書以 VB2010 爲主。

勞動部術科測試應檢人參考資料修正版本（修訂日期：112 年 9 月 15 日），自 113 年 1 月 1 日起報檢者適用，將原來 USB 的有線方式改爲藍牙版本，這個新版對應檢人而言無疑是一項利多的好消息，除了硬體的製作、焊接比較簡化之外，不必擔心電腦端抓不到 USB 的問題，程式的寫作也變得簡單許多，不用去寫驅動 IC(74273、74244) 的部分，廠商已經將驅動 IC 的部分，燒寫進 ATMEGA328 晶片內了，考生只要以序列埠直接傳送命令 + 顯示的資料即可，指令的使用後續再介紹。

3-1 檢定試題

- 除了完成「硬體」的介面卡之後，要設計可達成試題要求之介面卡控制程式的「軟體」。
- 試題共有 10 題，依考場之試題抽題規定，分別就坐 10 個工作崗位，考生只要完成一題即可。
- 紅色 LED 的動作均相同的功能，依序由右至左單只 LED 向左移閃爍控制。綠色 LED 的動作依試題編號要求如下：

試題編號	名稱	備 註
12000-102201	個人電腦介面卡製作與單只 LED 向左移閃爍控制。	
12000-102202	個人電腦介面卡製作與單只 LED 向右移閃爍控制。	
12000-102203	個人電腦介面卡製作與兩只 LED 向左移閃爍控制。	
12000-102204	個人電腦介面卡製作與兩只 LED 向右移閃爍控制。	
12000-102205	個人電腦介面卡製作與 LED 向左逐一點亮控制。	
12000-102206	個人電腦介面卡製作與 LED 向右逐一點亮控制。	
12000-102207	個人電腦介面卡製作與 LED 由中間向左右兩側依序點亮控制。	
12000-102208	個人電腦介面卡製作與 LED 由左右兩側向中間依序點亮控制。	
12000-102209	個人電腦介面卡製作與 LED 由右向左再由左向右依序點亮控制。	
12000-102210	個人電腦介面卡製作與 LED 由左向右再由右向左依序點亮控制。	

3-2 LED 燈號與資料的關係

燈號可視爲二進位值，0 不亮，1 亮，每一個十六進位數值可代表 4 個燈號的狀況，是比較方便的方式，當然也可以用十進位值表示。三個進位值的關係，如表所示：

二進位	十進位	十六進位	二進位	十進位	十六進位
0000	0	0	1010	10	A
0001	1	1	1011	11	B
0010	2	2	1100	12	C
0011	3	3	1101	13	D
0100	4	4	1110	14	E
0101	5	5	1111	15	F
0110	6	6			
0111	7	7			
1000	8	8			
1001	9	9			

8 個燈號可以用 2 個十六進位資料表示之，例如 &H1F，表示 0001 1111，1 亮，0 不亮，就很清楚燈號與資料的關係。C# 用 0x1F 表示十六進位資料。

在程式中燈號的改變，就要控制資料的變化。以下介紹其格式：

```
SerialPort1.Write("Rxx")   'R 是 Red 的縮寫，可控制紅燈，xx 是資料。
SerialPort1.Write("Gxx")   'G 是 Green 的縮寫，可控制綠燈，xx 是資料。
```

例：

```
SerialPort1.Write("R0")    '紅燈 0000 0000 全滅
SerialPort1.Write("G0")    '綠燈 0000 0000 全滅
SerialPort1.Write("R1")    '紅燈 0000 0001
SerialPort1.Write("G6")    '綠燈 0000 0110
SerialPort1.Write("R18")   '紅燈 0001 1000
SerialPort1.Write("G78")   '綠燈 0111 1000
```

如果將綠色 LED 顯示的資料放在 g(16) 陣列中，會是

g={&H1, &H2, &H4, &H8, &H10, &H20, &H40, &H80, 0}，所以指令會是

SerialPort1.Write(“G” & g(4)) ‘綠燈 &H10=0001 0000，陣列的索引起始值從 0 開始，同理 SerialPort1.Write(“G” & g(7)) ‘綠燈 &H80=1000 0000。

在程式中，適當的控制索引值的變化，就能掌握顯示的燈號變化，會是像 SerialPort1.Write(“G” & g(gg))，其中 gg 是變數，gg 的範圍 0~15，就可以控制 16 種變化。

筆者在陣列的最後放入 0，用以告知，顯示的資料已結束。

檢定每一題的燈號圖示與程式資料的關係，看以下的圖說：

1. 第 1 題：個人電腦介面卡製作與單只 LED 向左移閃爍控制。
   - 綠色燈號與對應之十六進位資料
   - 陣列值：g={&H1, &H2, &H4, &H8, &H10, &H20, &H40, &H80, 0}

     C# 將 &H 改成 0x 即可。

     C# g={0x1, 0x2, 0x4, 0x8, 0x10, 0x20, 0x40, 0x80, 0}，後續題目依此類推，不再贅述，C# 程式碼請參考附錄。

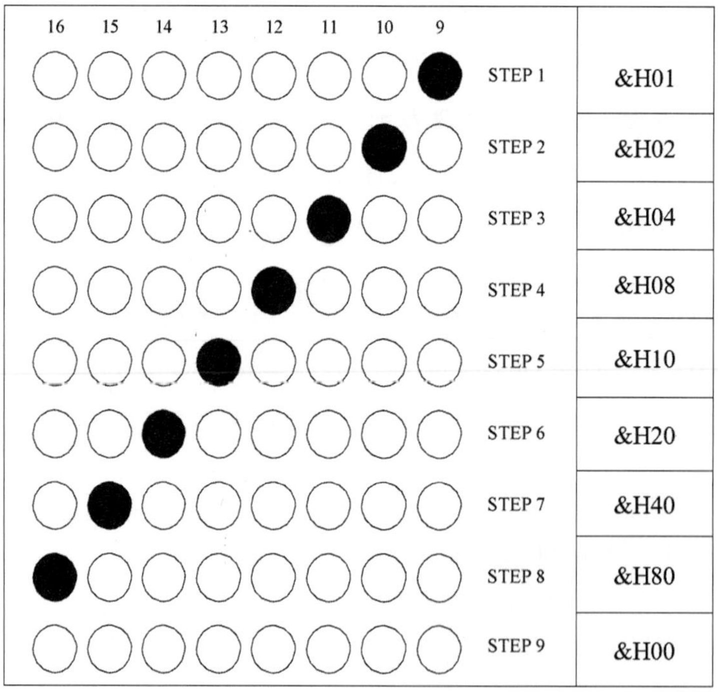

16	15	14	13	12	11	10	9		
○	○	○	○	○	○	○	●	STEP 1	&H01
○	○	○	○	○	○	●	○	STEP 2	&H02
○	○	○	○	○	●	○	○	STEP 3	&H04
○	○	○	○	●	○	○	○	STEP 4	&H08
○	○	○	●	○	○	○	○	STEP 5	&H10
○	○	●	○	○	○	○	○	STEP 6	&H20
○	●	○	○	○	○	○	○	STEP 7	&H40
●	○	○	○	○	○	○	○	STEP 8	&H80
○	○	○	○	○	○	○	○	STEP 9	&H00

2. 第 2 題：個人電腦介面卡製作與單只 LED 向右移閃爍控制。
   - 綠色燈號與對應之十六進位資料
   - 陣列值： g={&H80, &H40, &H20, &H10, &H08,&H04, &H02, &H01, 0}

16	15	14	13	12	11	10	9		
●	○	○	○	○	○	○	○	STEP 1	&H80
○	●	○	○	○	○	○	○	STEP 2	&H40
○	○	●	○	○	○	○	○	STEP 3	&H20
○	○	○	●	○	○	○	○	STEP 4	&H10
○	○	○	○	●	○	○	○	STEP 5	&H08
○	○	○	○	○	●	○	○	STEP 6	&H04
○	○	○	○	○	○	●	○	STEP 7	&H02
○	○	○	○	○	○	○	●	STEP 8	&H01
○	○	○	○	○	○	○	○	STEP 9	&H00

3. 第 3 題：個人電腦介面卡製作與兩只 LED 向左移閃爍控制。
   - 綠色燈號與對應之十六進位資料
   - 陣列值：g={&H03, &H06, &H0C, &H18, &H30,&H60, &HC0, 0}

16	15	14	13	12	11	10	9		
○	○	○	○	○	○	●	●	STEP 1	&H03
○	○	○	○	○	●	●	○	STEP 2	&H06
○	○	○	○	●	●	○	○	STEP 3	&H0C
○	○	○	●	●	○	○	○	STEP 4	&H18
○	○	●	●	○	○	○	○	STEP 5	&H30
○	●	●	○	○	○	○	○	STEP 6	&H60
●	●	○	○	○	○	○	○	STEP 7	&HC0
○	○	○	○	○	○	○	○	STEP 8	&H00

4. 第 4 題：個人電腦介面卡製作與兩只 LED 向右移閃爍控制。

- 綠色燈號與對應之十六進位資料
- 陣列值：g={&HC0, &H60, &H30, &H18, &H0C,&H06, &H03, 0}

16	15	14	13	12	11	10	9		
●	●	○	○	○	○	○	○	STEP 1	&HC0
○	●	●	○	○	○	○	○	STEP 2	&H60
○	○	●	●	○	○	○	○	STEP 3	&H30
○	○	○	●	●	○	○	○	STEP 4	&H18
○	○	○	○	●	●	○	○	STEP 5	&H0C
○	○	○	○	○	●	●	○	STEP 6	&H06
○	○	○	○	○	○	●	●	STEP 7	&H03
○	○	○	○	○	○	○	○	STEP 8	&H00

5. 第 5 題：個人電腦介面卡製作與 LED 向左逐一點亮控制。

- 綠色燈號與對應之十六進位資料
- 陣列值：g={&H01, &H03, &H07, &H0F, &H1F,&H3F, &H7F,&hFF, 0}

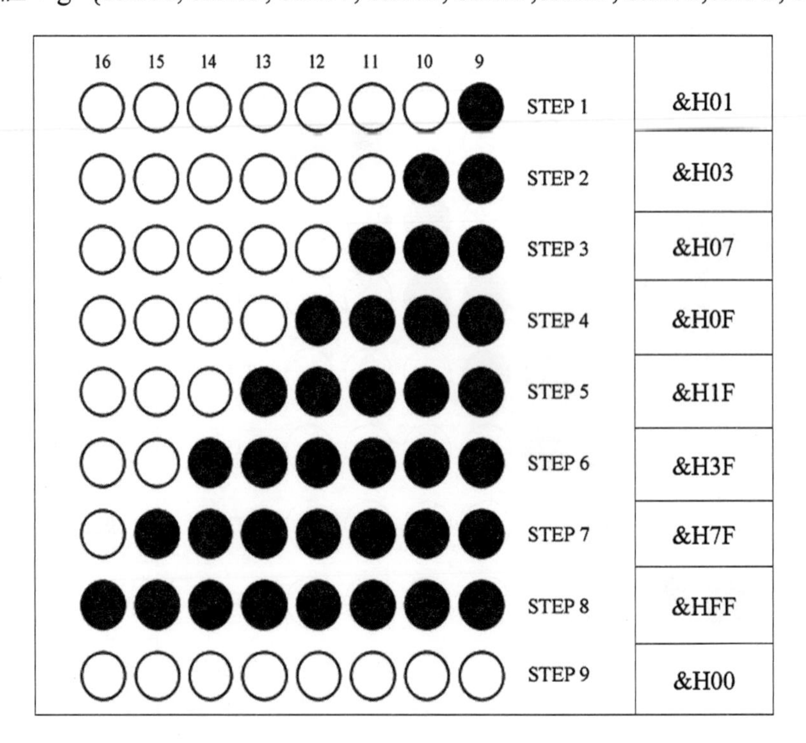

6. 第 6 題：個人電腦介面卡製作與 LED 向右逐一點亮控制。
   - 綠色燈號與對應之十六進位資料
   - 陣列值： g={&H80, &HC0, &HE0, &HF0, &HF8,&HFC, &HFE,&HFF, 0}

16	15	14	13	12	11	10	9		
●	○	○	○	○	○	○	○	STEP 1	&H80
●	●	○	○	○	○	○	○	STEP 2	&HC0
●	●	●	○	○	○	○	○	STEP 3	&HE0
●	●	●	●	○	○	○	○	STEP 4	&HF0
●	●	●	●	●	○	○	○	STEP 5	&HF8
●	●	●	●	●	●	○	○	STEP 6	&HFC
●	●	●	●	●	●	●	○	STEP 7	&HFE
●	●	●	●	●	●	●	●	STEP 8	&HFF
○	○	○	○	○	○	○	○	STEP 9	&H00

7. 第 7 題：個人電腦介面卡製作與 LED 由中間向左右兩側依序點亮控制。
   - 綠色燈號與對應之十六進位資料
   - 陣列值： g={&H18, &H24,&H42, &H81, 0}

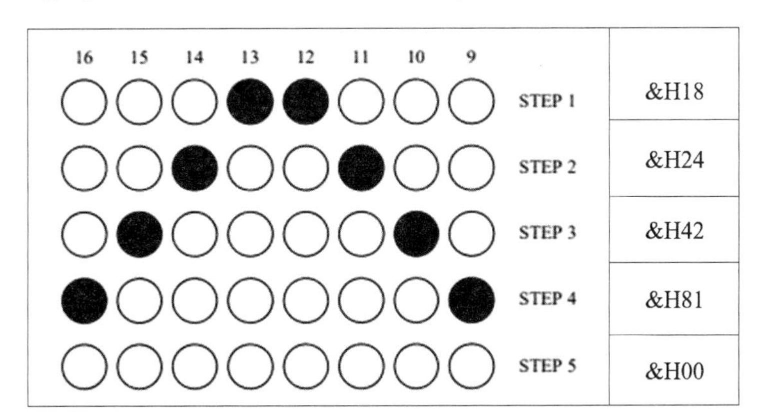

8. 第 8 題：個人電腦介面卡製作與 LED 由左右兩側向中間依序點亮控制。
   - 綠色燈號與對應之十六進位資料
   - 陣列值： g={&H81, &H42,&H24, &H18, 0}

16	15	14	13	12	11	10	9		
●	○	○	○	○	○	○	●	STEP 1	&H81
○	●	○	○	○	○	●	○	STEP 2	&H42
○	○	●	○	○	●	○	○	STEP 3	&H24
○	○	○	●	●	○	○	○	STEP 4	&H18
○	○	○	○	○	○	○	○	STEP 5	&H00

9. 第 9 題：個人電腦介面卡製作與 LED 由右向左再由左向右依序點亮控制。
   - 綠色燈號與對應之十六進位資料
   - 陣列值：g={&H01, &H02, &H04, &H08, &H10, &H20, &H40, &H80,&H40, &H20, &H10, &H08,&H04, &H02, &H01,0}

16	15	14	13	12	11	10	9		
○	○	○	○	○	○	○	●	STEP 1	&H01
○	○	○	○	○	○	●	○	STEP 2	&H02
○	○	○	○	○	●	○	○	STEP 3	&H04
○	○	○	○	●	○	○	○	STEP 4	&H08
○	○	○	●	○	○	○	○	STEP 5	&H10
○	○	●	○	○	○	○	○	STEP 6	&H20
○	●	○	○	○	○	○	○	STEP 7	&H40
●	○	○	○	○	○	○	○	STEP 8	&H80
○	●	○	○	○	○	○	○	STEP 9	&H40
○	○	●	○	○	○	○	○	STEP 10	&H20
○	○	○	●	○	○	○	○	STEP 11	&H10
○	○	○	○	●	○	○	○	STEP 12	&H08
○	○	○	○	○	●	○	○	STEP 13	&H04
○	○	○	○	○	○	●	○	STEP 14	&H02
○	○	○	○	○	○	○	●	STEP 15	&H01
○	○	○	○	○	○	○	○	STEP 16	&H00

10. 第 10 題：個人電腦介面卡製作與 LED 由左向右再由右向左依序點亮控制。

- 綠色燈號與對應之十六進位資料
- 陣列值：g={&H80,&H40, &H20, &H10, &H08,&H04, &H02, &H01, &H02, &H04, &H08, &H10, &H20, &H40, &H80,0}

16	15	14	13	12	11	10	9		
●	○	○	○	○	○	○	○	STEP 1	&H80
○	●	○	○	○	○	○	○	STEP 2	&H40
○	○	●	○	○	○	○	○	STEP 3	&H20
○	○	○	●	○	○	○	○	STEP 4	&H10
○	○	○	○	●	○	○	○	STEP 5	&H08
○	○	○	○	○	●	○	○	STEP 6	&H04
○	○	○	○	○	○	●	○	STEP 7	&H02
○	○	○	○	○	○	○	●	STEP 8	&H01
○	○	○	○	○	○	●	○	STEP 9	&H02
○	○	○	○	○	●	○	○	STEP 10	&H04
○	○	○	○	●	○	○	○	STEP 11	&H08
○	○	○	●	○	○	○	○	STEP 12	&H10
○	○	●	○	○	○	○	○	STEP 13	&H20
○	●	○	○	○	○	○	○	STEP 14	&H40
●	○	○	○	○	○	○	○	STEP 15	&H80
○	○	○	○	○	○	○	○	STEP 16	&H00

- 確實了解燈號與資料的關係，資料值可以用十進位值表示，亦可用 16 進位值表示，建議以 16 進位值表示爲佳，例 &H80，&H 代表 16 進位，大小寫皆可。
- 將綠色顯示的 16 進位值資料存入陣列 g，陣列必須宣告爲公用陣列，在程式的開頭處宣告即可，同理，紅色顯示的 16 進位值存入陣列 r，如下：

  r = {&H1, &H2, &H4, &H8, &H10, &H20, &H40, &H80, 0}　　‘紅色爲固定燈號

3-3 程式寫作

程式發展前的準備工作

0. 依照作者的程式練習，不管你抽到第幾題，你的程式碼 99.9% 都是一樣的，只有一處不同，就是綠色 g 陣列的內容會隨題號而變化。
1. 綠色 LED 的動作參考試題編號，控制的方式不同，只要依題目要求修改顯示的資料值即可，所以程式都一模一樣，只有一處不同，就是 g 陣列的值。
2. 作者將要顯示的資料依序存入陣列，並在最後一筆填入 0，代表資料結束。
3. 開頭宣告：Dim a, r(8), g(16), rr, gg As Integer，
4. 紅色 LED ：存入 r(8) 陣列，
   r = {&H1, &H2, &H4, &H8, &H10, &H20, &H40, &H80, 0}　　‘紅色爲固定燈號
5. 綠色 LED，以第 9 題爲例，
   g = {&H1, &H2, &H4, &H8, &H10, &H20, &H40, &H80, &H40, &H20, &H10, &H8, &H4, &H2, &H1, 0}
6. 以 rr、gg 變數分別控制陣列的索引值，進而控制紅綠燈號。
7. 最後一筆爲 0，代表資料結束，程式的判斷式會這樣寫：

```
If a = 1 And g(gg) > 0 Then
   …
   …
End If
```

表示，如果 按鈕 1 被按下而且 綠色陣列值 >0 ，就執行…

一、首先在桌面上建立資料夾，資料夾命名爲工作崗位號碼，例：01
將所有專案及程式都置於資料夾內。

二、建立專案：Windows Form 應用程式，名稱內定即可 WindowsApplication1

三、儲存與啓動專案

儲存專案：建議儲存在桌面上，依工作崗位建立一資料夾，例如 01，所有相關建立的檔案均置於此。

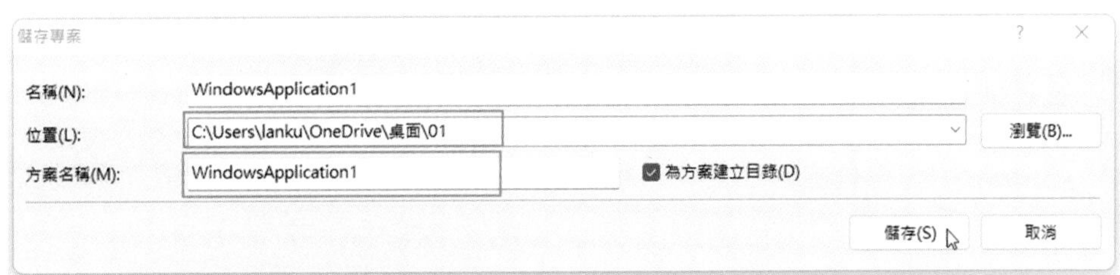

啓動專案：儲存完成後，在資料夾內會像這樣，*.sln 檔爲專案解決方案 solution 檔，可按此來啓動專案，或點按進入 WindowsApplication 資料夾，會看到所有檔案均置於此，其中 *.vbproj 爲一專案檔，按此檔亦可啓動專案。

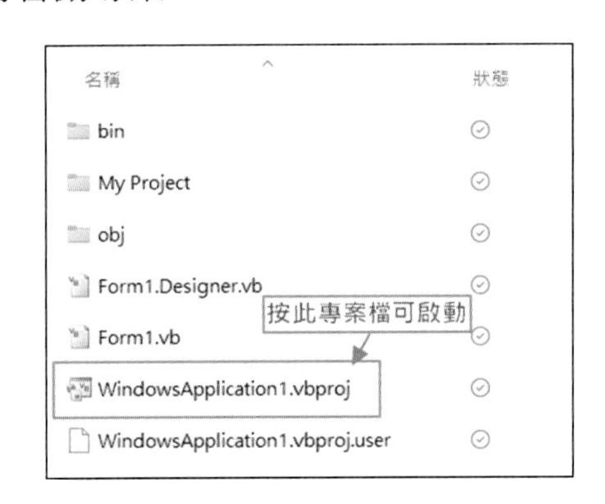

四、建立表單

依試題的要求，參考檢定手冊，依序加入 Label(標籤) 1 個、OvalShape(圓形) 16 個、Button(按鈕) 4 個、Timer(定時器) 1 個、SerialPort(序列埠) 1 個。

其中 OvalShape 有 16 個，應利用「格式」的對齊及水平間距的工具，講求效率的作法快速的對齊及調整間距相等以節省時間。其它的物件，在其個別的屬性視窗中分別設定，如下說明。

1. OvalShape 物件製作：物件置於工具箱最下端「Visual Basic Power Packs」內，先拉出第 1 個「圓形物件」OvalShape1，在屬性視窗中設定：大小 Size=30,30，填滿樣式 FillStyle=Solid 實心，內定為黑色，如圖所示。

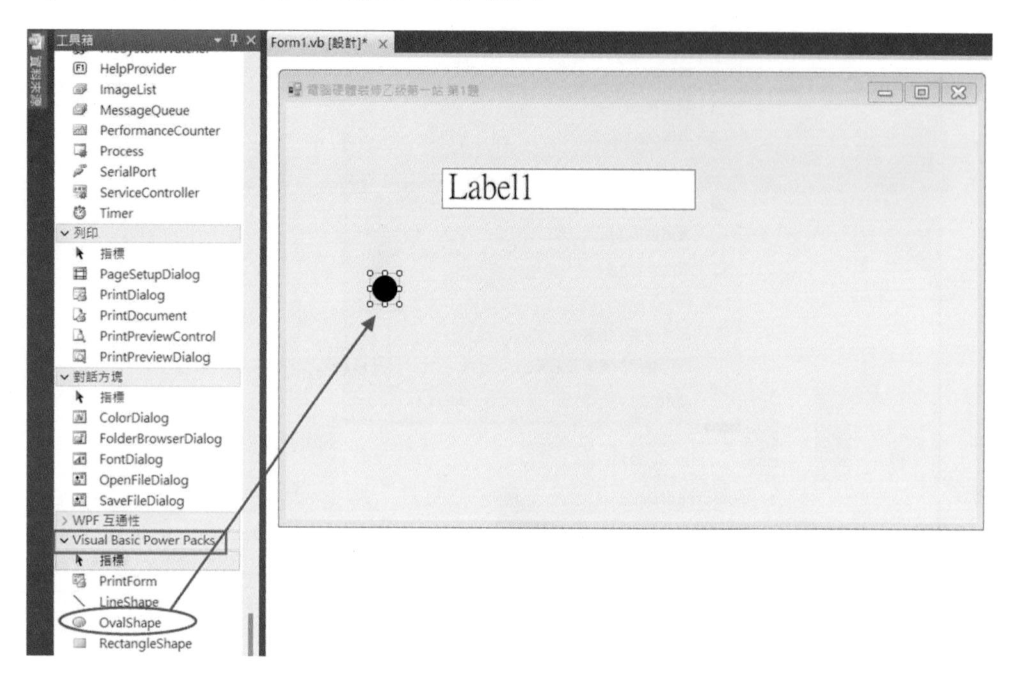

2. 接著選取圓形物件，複製 (Ctrl+C) 後連續貼上 (Ctrl+V)15 次輸出 OvalShape2~16，共產生 16 個圓形，如圖所示。

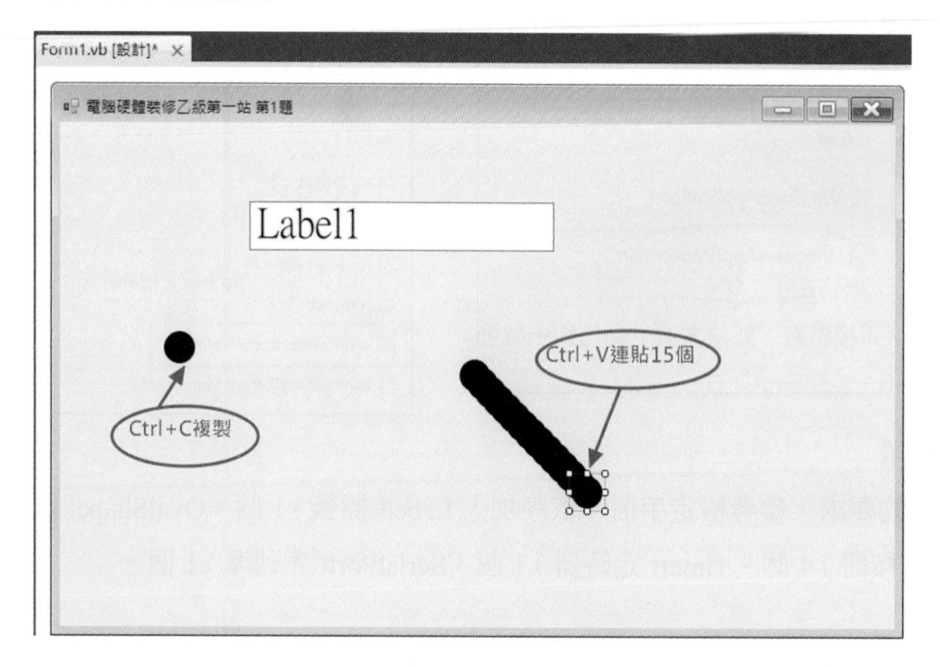

3. 全部框選，以第 1 個圓形爲準，選擇向上對齊。

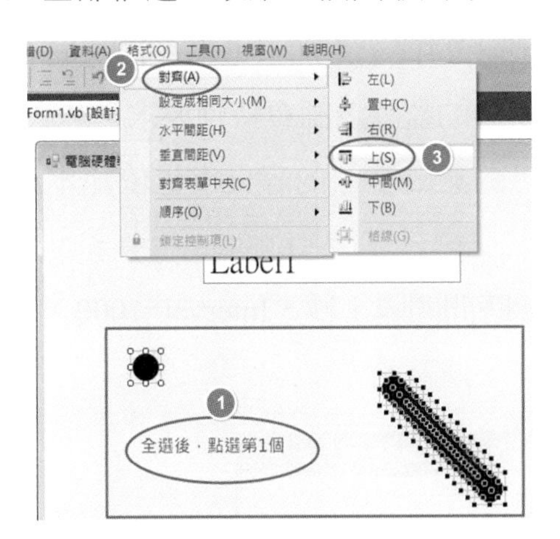

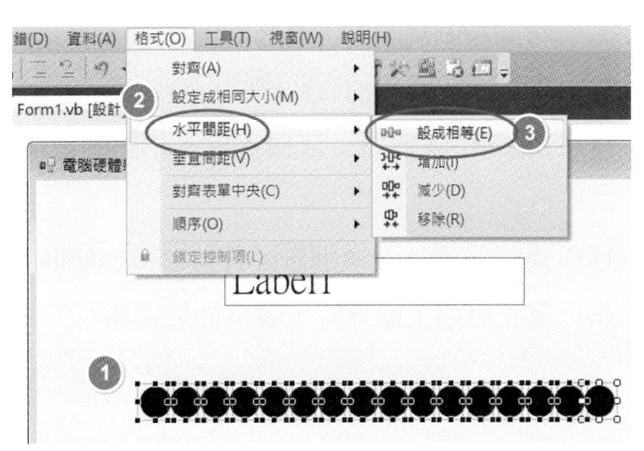

4. 接著全部框選，設「水平間距」相等。

其它物件的屬性設定說明：

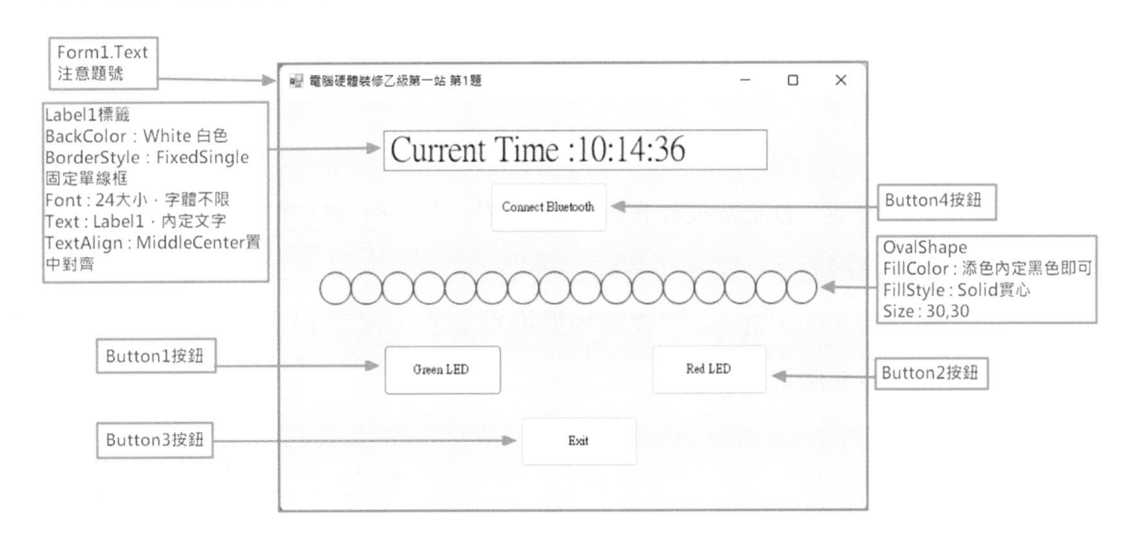

說明

(1) Form1 表單標題：要明確的標示第幾題，正確的內容如第 1 題：電腦硬體裝修乙級第一站 第 1 題。

(2) OvalShape1~16：內定的 FillStyle 爲透明 (Transparent) 記得要修改爲「Solid 實心」，否則執行時會以爲程式寫錯。建議拖曳第 1 個 (OvalShape1) 到表單後即應修改屬性，再複製貼上 15 個 (OvalShape2~16) 即可，內定是黑色，不要刻意去修改，因爲執行階段時，當連上藍牙時，就會依程式變色，右邊 8 個爲低位元呈現紅色，左邊 8 個爲高位元呈現綠色。

(3) Label1 標籤文字：Text 內定為 Label1，不要刻意去修改，因為執行階段時，會即時顯示系統時間，其它的屬性請參考檢定手冊上的樣子，加上邊框，白色底，置中對齊，雖然沒有明確的扣分細目，但比較嚴謹的監評老師會特別要求。

(4) Button1~4 按鈕：依檢定規定相對的位置不可隨意改變，內容文字也依範本，注意大小寫。

(5) 定時器 Timer1：別忘了啓動它，Enable=true；時間間隔 1 秒，Interval=1000。

(6) 當正確連上藍牙時，表單會是這樣：

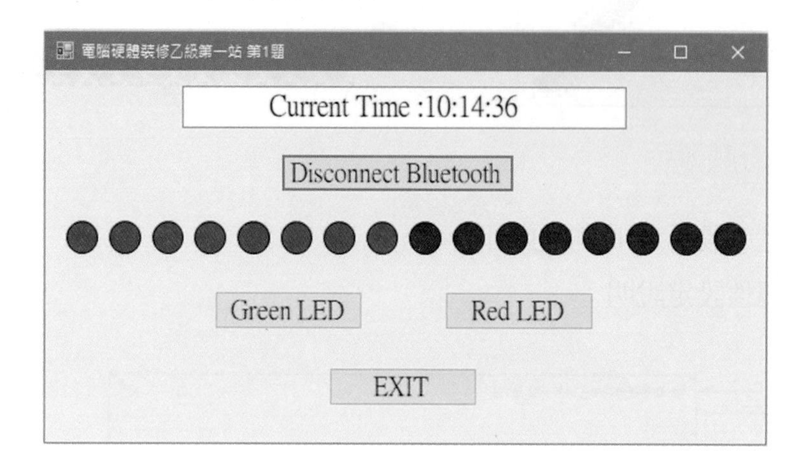

- 按鈕 4 文字變成：Disconnect Bluetooth，表示按一下會中斷藍牙的連線，再按一下又會重新連接藍牙，文字也會同步變化。
- 當連上藍牙時，OvalShape 就會同步變換為實心，代表 LED 的顏色，右邊 8 個呈現紅色，左邊 8 個呈現綠色

五、程式碼說明

1. 宣告公用變數，各個副程式均通用。

   a：按了哪個按鈕？，r(8)：存放紅色燈號資料，g(16)：存放綠色燈號資料，

   rr：r 陣列控制紅色的索引值，gg：g 陣列控制綠色的索引值

2. 3 個按鈕的事件處理，變數初值設定，其中按鈕 3，會關閉串列埠 (接藍牙)，並結束程式。

3. 按鈕 4：按一下如果藍牙已經開啓，就會關閉藍牙，按鈕文字會顯示提示文字開啓藍牙 (Connect Bluetooth)。相反的，如果藍牙已經關閉，再按一下就會開啓，按鈕文字會顯示提示文字關閉藍牙 (Disconnect Bluetooth)。

```
1  Public Class Form1
2  ① Dim a, r(8), g(16), rr, gg As Integer                        '宣告公用變數
3     Private Sub Button1_Click(ByVal sender As System.Object, ByVal e As System.EventArgs) Handles Button1.Click
4  ②     a = 1 : gg = 0                                            '按鈕1控制綠色，gg=0
5     End Sub
6     Private Sub Button2_Click(ByVal sender As System.Object, ByVal e As System.EventArgs) Handles Button2.Click
7         a = 2 : rr = 0                                            '按鈕2控制紅色，rr=0
8     End Sub
9     Private Sub Button3_Click(ByVal sender As System.Object, ByVal e As System.EventArgs) Handles Button3.Click
10        SerialPort1.Close() : End                                 '按鈕3=Exit，關閉藍芽，結束程式
11    End Sub
12    Private Sub Button4_Click(ByVal sender As System.Object, ByVal e As System.EventArgs) Handles Button4.Click
13 ③     If SerialPort1.IsOpen Then                                '如果序列埠已開啟，就準備關閉
14            LedOff()                                              '清除電板上的燈號
15            Button4.Text = "Connect Bluetooth"                    '提示可按鈕連接藍芽
16            SerialPort1.Close()                                   '關閉藍芽
17        Else                                                      '否則，若藍芽未連線，按鈕會開啟
18            SerialPort1.Open()                                    '藍芽開啟
19            LedOff()                                              '清除電板上的燈號
20            Button4.Text = "Disconnect Bluetooth"                 '提示可按鈕關閉藍芽
21        End If
22    End Sub
```

4. Lable1 顯示系統時間 TimeString
5. r 陣列存放紅色 LED 的顯示資料，g 陣列存放綠色 LED 的顯示資料，該資料依抽題的內容改變之。

   r = {&H1, &H2, &H4, &H8, &H10, &H20, &H40, &H80, 0}　　'紅色固定燈號

   g = {&H1, &H2, &H4, &H8, &H10, &H20, &H40, &H80, &H40, &H20, &H10, &H8, &H4, &H2, &H1, 0}　'例：第 9 題

   紅色：依試題，「個人電腦介面卡製作與單只 LED 向左移閃爍控制。」最後以 0 代表結束。

   綠色：依試題 9 之內容：「個人電腦介面卡製作與 LED 由右向左再由左向右依序點亮控制。」依序填入資料，最後以 0 代表結束。
6. IF … ELSE … ENDIF 判斷式，當有藍牙連線時，執行 6~9 項程式，否則執行第 10 項程式。

   有藍牙連線時使 Shape 變成實心，顯示暗紅色，暗綠色。
7. 執行副程式，清除 LED 的燈號，如果沒有清除，最後一筆的顯示會停留在板子上，不符題目要求。

特別說明

經筆者測試發現，ATMEGA328 廠商已完成驅動 IC 的部分，74244 的驅動比較簡單，只要在第 1 腳施予 0 電位 (低態動作)，即能驅動之，控制綠燈的顯示。而 74273 具栓鎖的功能，驅動信號必須在第 11 腳先送 0 再送 1，控制紅燈的顯示。信號傳遞需要一點點時間才能完成，經測試發現一現象，當下達清除 LED 燈號指令後，又馬上送出要顯示的資料，但驅動的動作並尚未完成，會造成顯示的錯亂，尤其是紅燈，雖然按了按鈕 1，應該顯示在綠燈，但驅動還在紅燈的清除期間，就會造成紅綠燈會交互閃亮，產生極爲嚴重的錯誤。交替測試發現，藍牙的版本也是因素之一，新的藍牙 (有按鈕者) 傳遞信號處理速度較快，顯示錯亂比較不會發生，但偶爾仍會發生，用舊的藍牙 (沒有按鈕者)，傳遞信號較慢，顯示錯亂嚴重。

解決之道

這個延遲程式並不是一定要的程式，當你並沒有發生上述的問題，就可省略不寫。

如果有，如項目 7 所示，如入一個延遲空迴圈，因為 VisualBasic 並沒有 delay() 的函數直接可用，所以用 FOR 迴圈替代一下，果然順利解決問題。的確可以延遲一點時間，讓驅動 IC 足夠的時間完成清場的工作，顯示不再錯亂了。

```
SerialPort1.Write("R0")
 SerialPort1.Write("G0")
```

```
For i = 0 To 10 ^ 7
Next
```

←可以縮寫成一列：`For i=0 to 10^7 : Next`

這個 FOR 空迴圈，裡頭什麼事都沒做，純粹是做延遲作用，不同的電腦執行速度可能稍有不同，經測試過 i 的值 0~1000000 都還不行，直到 10000000=10^7，產生足夠的時間延遲，所以後面示緊接著送出的資料，可以正確的顯示。

8. 當按下按鈕 1，並且讀取 g 陣列的值大於 0，If a = 1 And g(gg) > 0 ，就令
   板子顯示：SerialPort1.Write(“G” & g(gg))
   電腦顯示：Display(8, g(gg))
9. 同項目 8，當按下按鈕 2，並且讀取 r 陣列的值大於 0，If a = 2 And r(rr) > 0 ，就令
   板子顯示：SerialPort1.Write(“R” & r(rr))
   電腦顯示：Display(8, r(rr))
10. 當沒有藍牙連線時使 Shape 變成透明色。

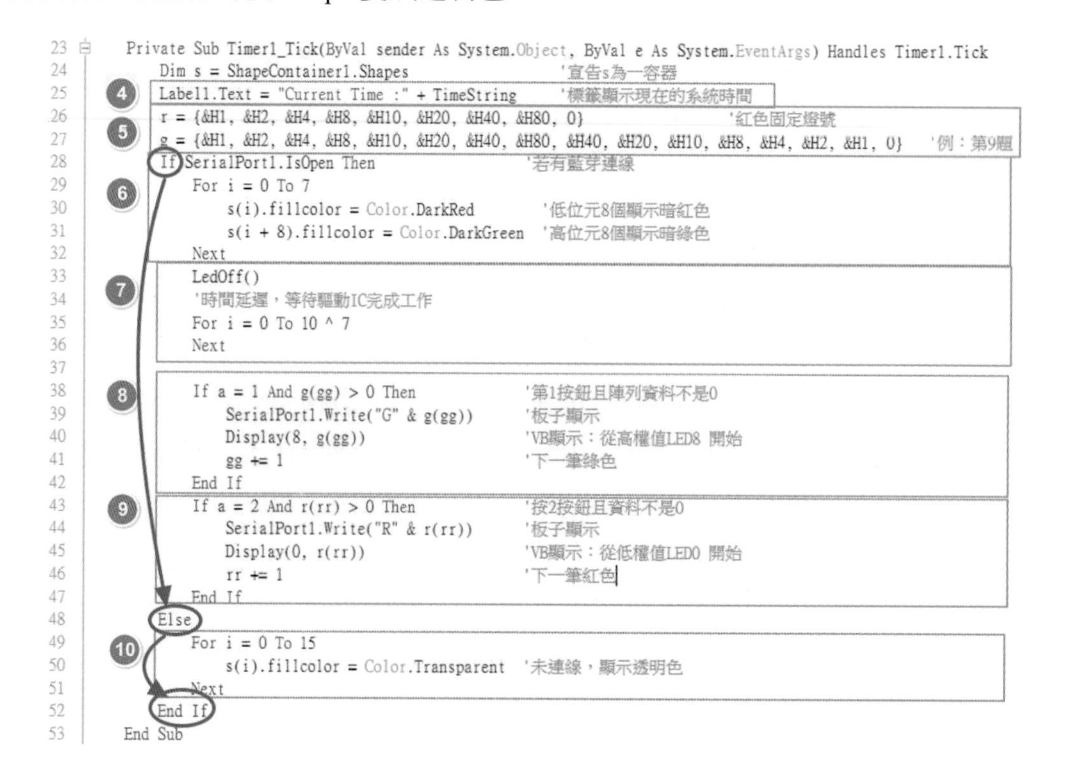

```
23  Private Sub Timer1_Tick(ByVal sender As System.Object, ByVal e As System.EventArgs) Handles Timer1.Tick
24      Dim s = ShapeContainer1.Shapes                        '宣告s為一容器
25      Label1.Text = "Current Time :" + TimeString           '標籤顯示現在的系統時間
26      r = {&H1, &H2, &H4, &H8, &H10, &H20, &H40, &H80, 0}                    '紅色固定燈號
27      g = {&H1, &H2, &H4, &H8, &H10, &H20, &H40, &H80, &H40, &H20, &H10, &H8, &H4, &H2, &H1, 0}  '例：第9題
28      If SerialPort1.IsOpen Then                            '若有藍芽連線
29          For i = 0 To 7
30              s(i).fillcolor = Color.DarkRed                '低位元8個顯示暗紅色
31              s(i + 8).fillcolor = Color.DarkGreen          '高位元8個顯示暗綠色
32          Next
33          LedOff()
34          '時間延遲，等待驅動IC完成工作
35          For i = 0 To 10 ^ 7
36          Next
37
38          If a = 1 And g(gg) > 0 Then                       '第1按鈕且陣列資料不是0
39              SerialPort1.Write("G" & g(gg))                '板子顯示
40              Display(8, g(gg))                             'VB顯示：從高權值LED8 開始
41              gg += 1                                       '下一筆綠色
42          End If
43          If a = 2 And r(rr) > 0 Then                       '按2按鈕且資料不是0
44              SerialPort1.Write("R" & r(rr))                '板子顯示
45              Display(0, r(rr))                             'VB顯示：從低權值LED0 開始
46              rr += 1                                       '下一筆紅色
47          End If
48      Else
49          For i = 0 To 15
50              s(i).fillcolor = Color.Transparent            '未連線，顯示透明色
51          Next
52      End If
53  End Sub
```

11. 顯示在 VB 表單上的副程式 Display()，接受 2 個數值參數 p 及 no，p 用來控制綠色或紅色的 LED 會亮，帶入迴圈，For(i=p To p+7) ，則

> 若 p = 0，則 i 的範圍：0~7，表示會控制低位元組的紅色燈的亮滅。同理，
> 若 p = 8，則 i 的範圍：8~15，表示會控制高位元組的綠色燈的亮滅。

因此，請再參考程式碼，

主程式呼叫 Display(8, g(gg)) ‘可以控制綠色燈的資料顯示，

主程式呼叫 Display(0, r(rr)) ‘可以控制紅色燈的資料顯示。

12. 若 p=0，則 i 的範圍 0~7，no Mod 2 = 1 表示二進位的資料中帶有 1 的位元，

若 a=1 將會顯示草綠色，

若 p=8，則 i 的範圍：8~15，no Mod 2 = 1 表示二進位的資料中帶有 1 的位元，

若 a=2 將會顯示鮮紅色。

最後，no=no \2 ，將 no 除 2 的整數除法，表示要處理下一個位元。

13. 將經常要執行的 LED 清除工作，寫成副程式，呼叫 LedOff() 即可，可以減少一點 Key in 程式的時間。

SerialPort1.Write(“R0”) ‘紅色送 0，就是紅色不亮的意思。

SerialPort1.Write(“G0”) ‘綠色送 0，就是綠色不亮的意思。

電路板上的 LED 清零後再接收下一筆顯示的資料是每一次迴圈必做的工作。

```
54 (11) Private Sub Display(ByVal p, ByVal no)
55        Dim s = ShapeContainer1.Shapes         '宣告s為一容器
56 (12)   For i = p To p + 7
57           If no Mod 2 = 1 And a = 1 Then s(i).FillColor = Color.GreenYellow '位元=1且按鈕=1就顯示草綠色
58           If no Mod 2 = 1 And a = 2 Then s(i).FillColor = Color.Red '位元=1且按鈕=2就顯示鮮紅色
59           no = no \ 2
60        Next
61      End Sub
62 (13) Private Sub LedOff()                   '清除所有電板上的燈號
63        SerialPort1.Write("R0")              '紅色送0
64        SerialPort1.Write("G0")              '綠色送0
65      End Sub
66
```

六、程式碼編輯

依輔導學生的經驗，硬體都沒有問題情況下，程式背漏少寫了幾行、迴圈起頭結束錯亂、IF Then Endif 錯亂…等因素無法正常完成。實際檢定時加上時間的壓迫及心情的緊張，都是造成的因素。很現實的問題，若無法正常顯示就是無功能就是拿 0 分，不管你是少一行或錯 1 個字，如果沒有理解程式，就無法及時修正，那就真的非常的可惜。

所以筆者建議分 3 階段來完成程式碼，完成了第一階段功能，再繼續添加程式碼，完成第 2 階段功能。繼續完成第 3 階段功能，最後也就完成功能。逐階完成的好處是如果有錯就是現在的問題，跟先前的階段沒有關係，較容易發現問題的地方，不要等最後發現沒功能了才來 Debug 程式，增加了找出問題的困難度。

階段	建立好表單的控制項之後，由上而下，區分三階段任務完成
一	(1) 變數宣告、(2)Time1() 顯示時間、(3) 紅綠 (抽題) 陣列、(4)LedOFF()，(5) Display()
二	(1) 按鈕 4- 藍牙開啓與關閉、(2)Time1() 偵測藍牙 - 控制 LED 實心與透明
三	(1) 按鈕 1~3 之事件處理，(2)Timer1() 偵測按鈕，顯示對應的紅綠燈號
說明	由於檢定時間只有 150 分鐘，如果焊接花了 2 小時，程式時間只剩 30 分鐘，根本沒有時間思考。 建議平時分階段默寫程式碼，發現精熟者 15 分鐘就能完成。 分階寫程式 522 記憶口訣： 一變數宣告，Timer 時間，抽題，Led 清除與顯示 (Display)。(5 項工作) 二按鈕 4- 藍牙開啓與關閉，偵測藍牙 -LED 實心與空心。(2 項工作) 三按鈕 123 事件處理，偵測按鈕顯示紅綠燈。(2 項工作)

以下分別展示 3 階段的程式碼及結果：

1. 階段一程式碼 & 輸出結果：

```
Public Class Form1
    Dim a, r(8), g(16), rr, gg As Integer                        ❶ '宣告公用變數

    Private Sub Timer1_Tick(ByVal sender As System.Object, ByVal e As System.EventArgs) Handles Timer1.Tick
        Dim s = ShapeContainer1.Shapes                           '宣告s為一容器
        Label1.Text = "Current Time :" + TimeString              '標籤顯示現在的系統時間 ❷
        r = {&H1, &H2, &H4, &H8, &H10, &H20, &H40, &H80, 0}      '紅色固定燈號 ❸
        g = {&H1, &H2, &H4, &H8, &H10, &H20, &H40, &H80, &H40, &H20, &H10, &H8, &H4, &H2, &H1, 0}  '例：第9題


    End Sub

    Private Sub LedOff()                                         '清除所有電板上的燈號 ❹
        SerialPort1.Write("R0")                                  '紅色送0
        SerialPort1.Write("G0")                                  '綠色送0
    End Sub

    Private Sub Display(ByVal p, ByVal no)                       ❺
        Dim s = ShapeContainer1.Shapes                           '宣告s為一容器
        For i = p To p + 7
            If no Mod 2 = 1 And a = 1 Then s(i).FillColor = Color.GreenYellow '位元=1且按鈕=1就顯示草綠色
            If no Mod 2 = 1 And a = 2 Then s(i).FillColor = Color.Red '位元=1且按鈕=2就顯示鮮紅色
            no = no \ 2
        Next
    End Sub
End Class
```

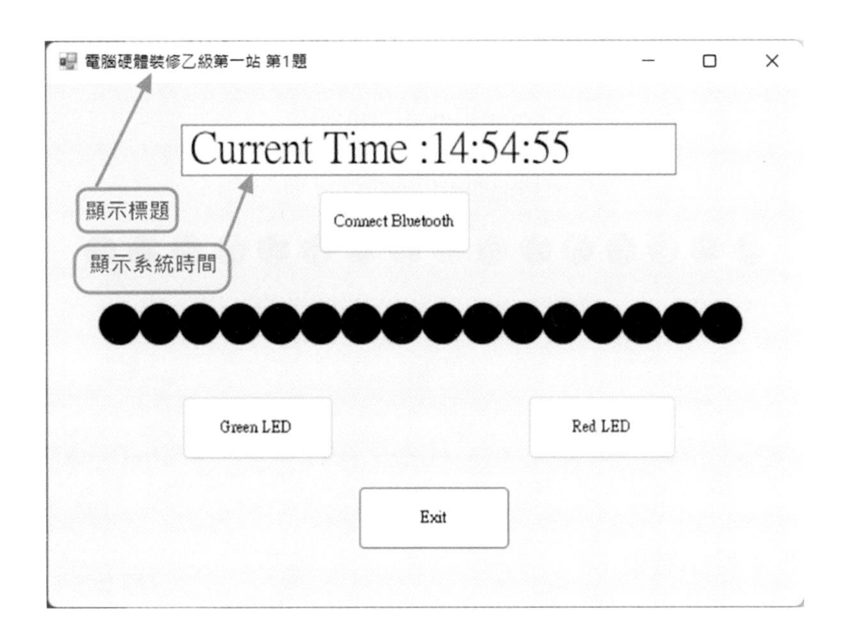

2. 階段二程式碼 & 輸出結果：

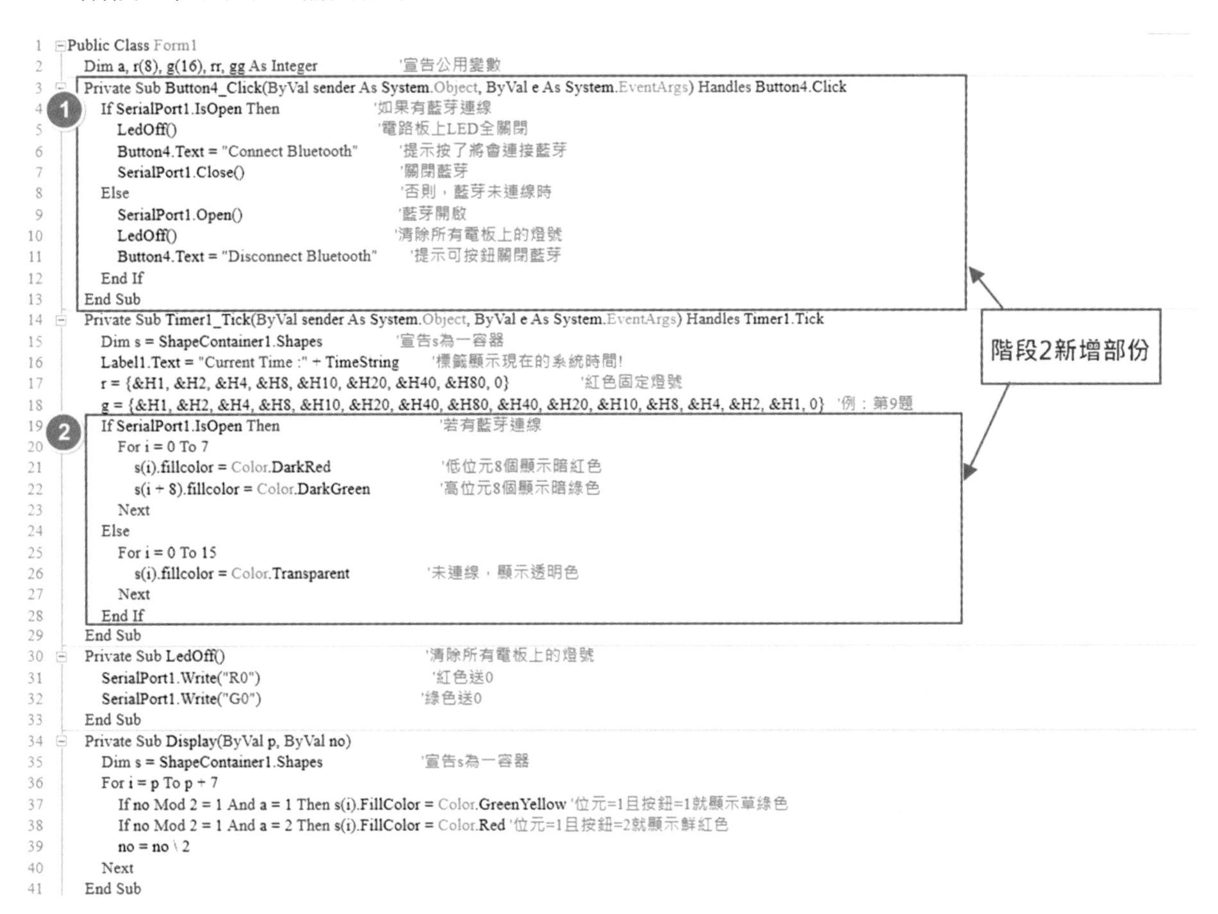

```
1  Public Class Form1
2      Dim a, r(8), g(16), rr, gg As Integer                    '宣告公用變數
3      Private Sub Button4_Click(ByVal sender As System.Object, ByVal e As System.EventArgs) Handles Button4.Click
4          If SerialPort1.IsOpen Then                           '如果有藍芽連線
5              LedOff()                                         '電路板上LED全關閉
6              Button4.Text = "Connect Bluetooth"               '提示按了將會連接藍芽
7              SerialPort1.Close()                              '關閉藍芽
8          Else                                                 '否則，藍芽未連線時
9              SerialPort1.Open()                               '藍芽開啟
10             LedOff()                                         '清除所有電板上的燈號
11             Button4.Text = "Disconnect Bluetooth"            '提示可按鈕關閉藍芽
12         End If
13     End Sub
14     Private Sub Timer1_Tick(ByVal sender As System.Object, ByVal e As System.EventArgs) Handles Timer1.Tick
15         Dim s = ShapeContainer1.Shapes                       '宣告s為一容器
16         Label1.Text = "Current Time :" + TimeString          '標籤顯示現在的系統時間!
17         r = {&H1, &H2, &H4, &H8, &H10, &H20, &H40, &H80, 0}                  '紅色固定燈號
18         g = {&H1, &H2, &H4, &H8, &H10, &H20, &H40, &H80, &H40, &H20, &H10, &H8, &H4, &H2, &H1, 0}  '例：第9題
19         If SerialPort1.IsOpen Then                           '若有藍芽連線
20             For i = 0 To 7
21                 s(i).fillcolor = Color.DarkRed               '低位元8個顯示暗紅色
22                 s(i + 8).fillcolor = Color.DarkGreen         '高位元8個顯示暗綠色
23             Next
24         Else
25             For i = 0 To 15
26                 s(i).fillcolor = Color.Transparent           '未連線，顯示透明色
27             Next
28         End If
29     End Sub
30     Private Sub LedOff()                                     '清除所有電板上的燈號
31         SerialPort1.Write("R0")                              '紅色送0
32         SerialPort1.Write("G0")                              '綠色送0
33     End Sub
34     Private Sub Display(ByVal p, ByVal no)
35         Dim s = ShapeContainer1.Shapes                       '宣告s為一容器
36         For i = p To p + 7
37             If no Mod 2 = 1 And a = 1 Then s(i).FillColor = Color.GreenYellow '位元=1且按鈕=1就顯示草綠色
38             If no Mod 2 = 1 And a = 2 Then s(i).FillColor = Color.Red '位元=1且按鈕=2就顯示鮮紅色
39             no = no \ 2
40         Next
41     End Sub
```

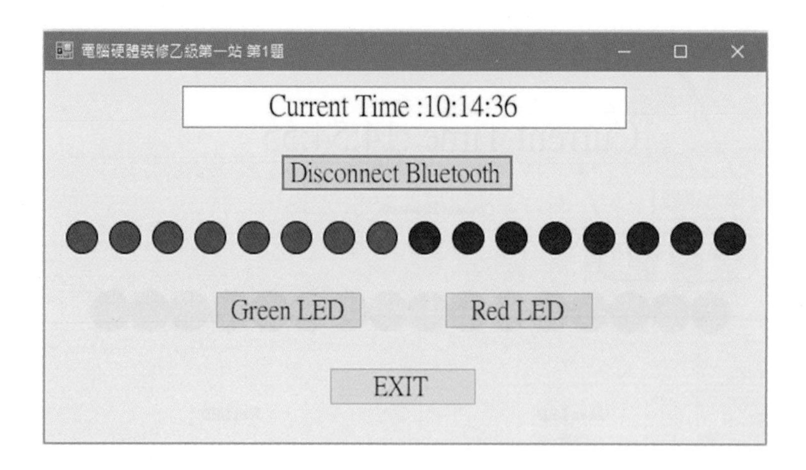

3. 階段三程式碼 & 輸出結果：

```
1  Public Class Form1
2      Dim a, r(8), g(16), rr, gg As Integer                    '宣告公用變數
3      Private Sub Button1_Click(ByVal sender As System.Object, ByVal e As System.EventArgs) Handles Button1.Click
4          a = 1 : gg = 0                                       '按鈕1控制綠色，gg=0
5      End Sub
6      Private Sub Button2_Click(ByVal sender As System.Object, ByVal e As System.EventArgs) Handles Button2.Click
7          a = 2 : rr = 0                                       '按鈕2控制紅色，rr=0
8      End Sub
9      Private Sub Button3_Click(ByVal sender As System.Object, ByVal e As System.EventArgs) Handles Button3.Click
10         SerialPort1.Close() : End                            '按鈕3=Exit，關閉藍芽，結束程式
11     End Sub
12     Private Sub Button4_Click(ByVal sender As System.Object, ByVal e As System.EventArgs) Handles Button4.Click
13         If SerialPort1.IsOpen Then                           '如果序列埠已開啟，就準備關閉
14             LedOff()                                         '清除電板上的燈號
15             Button4.Text = "Connect Bluetooth"               '提示可按鈕連接藍芽
16             SerialPort1.Close()                              '關閉藍芽
17         Else                                                 '否則，若藍芽未連線，按鈕會開啟
18             SerialPort1.Open()                               '藍芽開啟
19             LedOff()                                         '清除電板上的燈號
20             Button4.Text = "Disconnect Bluetooth"            '提示可按鈕關閉藍芽
21         End If
22     End Sub
23     Private Sub Timer1_Tick(ByVal sender As System.Object, ByVal e As System.EventArgs) Handles Timer1.Tick
24         Dim s = ShapeContainer1.Shapes                       '宣告s為一容器
25         Label1.Text = "Current Time :" + TimeString          '標籤顯示現在的系統時間
26         r = {&H1, &H2, &H4, &H8, &H10, &H20, &H40, &H80, 0}             '紅色固定燈號
27         g = {&H1, &H2, &H4, &H8, &H10, &H20, &H40, &H80, &H40, &H20, &H10, &H8, &H4, &H2, &H1, 0}  '例：第9題
28         If SerialPort1.IsOpen Then                           '若有藍芽連線
29             For i = 0 To 7
30                 s(i).fillcolor = Color.DarkRed               '低位元8個顯示暗紅色
31                 s(i + 8).fillcolor = Color.DarkGreen         '高位元8個顯示暗綠色
32             Next
33             LedOff()
34             '時間延遲，等待驅動IC完成工作--------------------------------------------------------
35             For i = 0 To 10 ^ 7
36             Next
37             '------------------------------------------------------------------------------------
38             If a = 1 And g(gg) > 0 Then                      '第1按鈕且陣列資料不是0
39                 SerialPort1.Write("G" & g(gg))               '板子顯示
40                 Display(8, g(gg))                            'VB顯示：從高權值LED8 開始
41                 gg += 1                                      '下一筆綠色
42             End If
43             If a = 2 And r(rr) > 0 Then                      '按2按鈕且資料不是0
44                 SerialPort1.Write("R" & r(rr))               '板子顯示
45                 Display(0, r(rr))                            'VB顯示：從低權值LED0 開始
46                 rr += 1                                      '下一筆紅色
47             End If
48         Else
49             For i = 0 To 15
50                 s(i).fillcolor = Color.Transparent           '未連線，顯示透明色
51             Next
52         End If
53     End Sub
```

階段3新增 的部份

完成功能

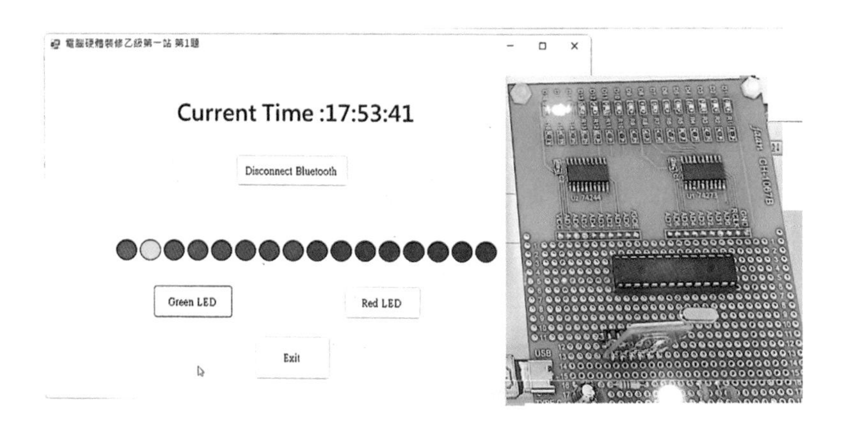

七、完整的程式碼

```
Public Class Form1
    Dim a, r(8), g(16), rr, gg As Integer                    '宣告公用變數
    Private Sub Button1_Click(ByVal sender As System.Object, ByVal e As System.EventArgs)
Handles Button1.Click
        a = 1 : gg = 0                                         '設定初值
    End Sub
    Private Sub Button2_Click(ByVal sender As System.Object, ByVal e As System.EventArgs)
Handles Button2.Click
        a = 2 : rr = 0                                         '設定初值
    End Sub
    Private Sub Button3_Click(ByVal sender As System.Object, ByVal e As System.EventArgs)
Handles Button3.Click
        SerialPort1.Close() : End                              '關閉序列埠並結束程式
    End Sub
    Private Sub Button4_Click(ByVal sender As System.Object, ByVal e As System.EventArgs)
Handles Button4.Click
        If SerialPort1.IsOpen Then                             '如果有藍牙連線
            LedOff()                                           '電路板上 LED 全關閉
            Button4.Text = "Connect Bluetooth"                 '提示按了將會連接藍牙
            SerialPort1.Close()                                '關閉藍牙
        Else                                                   '否則，藍牙未連線時
            SerialPort1.Open()                                 '藍牙開啓
            LedOff()                                           '清除所有電板上的燈號
            Button4.Text = "Disconnect Bluetooth"              '提示可按鈕關閉藍牙
        End If
    End Sub
```

```
  Private Sub Timer1_Tick(ByVal sender As System.Object, ByVal e As System.EventArgs) Handles
Timer1.Tick
    Dim s = ShapeContainer1.Shapes                              '宣告 s 為一容器
        Label1.Text = "Current Time :" + TimeString             '標籤顯示現在的系統時間！
        r = {&H1, &H2, &H4, &H8, &H10, &H20, &H40, &H80, 0}     '紅色固定燈號
        g = {&H1, &H2, &H4, &H8, &H10, &H20, &H40, &H80, &H40, &H20, &H10, &H8, &H4,
&H2, &H1, 0}                                                    '例：第 9 題
        If SerialPort1.IsOpen Then                              '若有藍牙連線
            For i = 0 To 7
                s(i).fillcolor = Color.DarkRed                  '低位元 8 個顯示暗紅色
                s(i + 8).fillcolor = Color.DarkGreen            '高位元 8 個顯示暗綠色
            Next
              LedOff()
            If a = 1 And g(gg) > 0 Then                         '第 1 按鈕且陣列資料不是 0
              SerialPort1.Write("G" & g(gg))                    '板子顯示綠陣列值
              Display(8, g(gg))                                 'VB 顯示高位元綠色 LED
              gg += 1                                           '下一筆綠色
            End If
            If a = 2 And r(rr) > 0 Then                         '按按鈕 2 且資料不是 0
              SerialPort1.Write("R" & r(rr))                    '板子顯示
              Display(0, r(rr))                                 'VB 顯示低位元紅色 LED
              rr += 1                                           '下一筆紅色
            End If
        Else
            For i = 0 To 15
               s(i).fillcolor = Color.Transparent               '未連線，顯示透明色
            Next
        End If
    End Sub
    Private Sub LedOff()                                        '清除所有電板上的燈號
        SerialPort1.Write("R0")                                 '紅色送 0
        SerialPort1.Write("G0")                                 '綠色送 0
    End Sub
    Private Sub Display(ByVal p, ByVal no)
        Dim s = ShapeContainer1.Shapes                          '宣告 s 為一容器
        For i = p To p + 7
```

```
            If no Mod 2 = 1 And a = 1 Then s(i).FillColor = Color.GreenYellow
                                                         ' 位元 =1 且按鈕 =1 就顯示草綠色
            If no Mod 2 = 1 And a = 2 Then s(i).FillColor = Color.Red
                                                         ' 位元 =1 且按鈕 =2 就顯示鮮紅色
              no = no \ 2
        Next
    End Sub
End Class
```

第二站 - 試題說明

4-1 試題說明

(一) 測試時間：本站共計兩題，須於同一工作崗位完成，總計檢定時間為 150 分鐘，前 20 分鐘為設備檢查時間，應檢人應於檢查設備時間內確實檢查，若有缺損或故障時得予更換，超過 20 分鐘再提出更換者，依評審表項目扣分。

(二) 試題說明：

1. 本站試題共分兩題，主要為測試應檢人對個人電腦架構及設備檢修與網路安裝熟悉程度，期以提昇應檢人對於個人電腦的組裝及維修技術與網路安裝能力。
2. 本站禁止應檢人攜帶未經許可之任何器材配件或程式 (含 USB 裝置及光碟片) 或圖說入場。

(三) 試題內容：

1. 第一題試題編號：12000-109211 共有十個工作崗位號碼 (01-10)，應檢人須依工作崗位號碼檢測電腦故障。

   每一工作崗位故障之電腦僅有一故障零組件，其故障零組件為下列 (A)-(L) 其中一項：

   (A) CPU(無法正常動作或出現錯誤訊息)。
   (B) 主記憶體 (無法正常動作或出現錯誤訊息)。
   (C) 硬式磁碟機或固態硬碟 (無法正常動作或出現錯誤訊息)。
   (D) DVD 光碟機 (無法正常動作或出現錯誤訊息)。
   (E) 顯示器 (無法顯像)。
   (F) 顯示卡 (無法正常動作或出現錯誤訊息)。
   (G) 網路卡 (無法正常動作或出現錯誤訊息)。
   (H) 鍵盤 (無法正常動作或出現錯誤訊息)。
   (I) 滑鼠 (無法正常動作或出現錯誤訊息)。
   (J) 硬式磁碟機或固態硬碟排線、光碟機排線 (無法正常動作或出現錯誤訊息)。
   (K) 網路線 (無法正常動作或出現錯誤訊息)。
   (L) 電源供應器 (無法正常供應電力)。
2. 第二題試題編號：12000-109212 應檢人須依「區域網路規劃與架設監評現場內容表」設定相關功能。

4-2 第二站測試試題第 11 題至第 12 題各題說明

(一) 試題編號：12000-102211

(二) 試題名稱：個人電腦故障檢測

(三) 測試時間：本題 12000-102211 與 12000-102212，測試時間總計爲 150 分鐘，前 20 分鐘爲檢查器材時間，應檢人應於時間內確實檢查，若有缺損時得予更換，超過 20 分鐘再提出更換者，依評審表項目扣分。

(四) 試題說明：

本題爲測試應檢人能瞭解電腦硬體各項零組件功能，並能判斷故障原因，完成拆卸及組裝，使應檢人可具有熟悉個人電腦檢修能力。

本站禁止應檢人攜帶未經許可之任何器材配件或程式 (含 USB 裝置及光碟片) 或圖說入場。

(五) 動作要求：

1. 本題共有十個工作崗位號碼 (01-10)，應檢人須依工作崗位號碼檢測電腦故障。

(1) 個人電腦正常檢測：

測試現場檢測用之正常電腦各項零組件是否正常動作，並與現場之伺服器連線，測試網路是否正常，如有缺損，可更換相關零組件，如無缺損，進入測試後，應檢人應自行排除故障。

(2) 個人電腦故障檢測：

A. 測試現場檢測用電腦，係由術科測試辦理單位在每一工作崗位準備一部功能正常之電腦，與一部由監評人員依試題規定之故障零組件， 所設定之故障電腦，一組二台共計十二組 (含備用二組)，各應檢人須做故障檢測，正確指出故障之零組件並填寫於第二站評審表。

B. 應檢人須將正常之電腦細部拆卸，放置於術科測試辦理單位指定之位置，並可利用完整及功能正常之電腦零組件，做爲故障維修比對用，也可以利用術科測試辦理單位或本站規定允許應檢人自備所提供之檢修工具作檢修判斷，唯應檢人不得自行增減其他任何故障點。

每一台故障之電腦僅能作一故障零組件，其故障零組件爲下列 (A) ～ (L) 其中一項：

(A) CPU(無法正常動作或出現錯誤訊息)。

(B) 主記憶體 (無法正常動作或出現錯誤訊息)。

(C) 硬式磁碟機或固態硬碟 (無法正常動作或出現錯誤訊息)。

(D) DVD 光碟機 (無法正常動作或出現錯誤訊息)。

(E) 顯示器 (無法顯像)。

(F) 顯示卡 (無法正常動作或出現錯誤訊息)。

(G) 網路卡 (無法正常動作或出現錯誤訊息)。

(H) 鍵盤 (無法正常動作或出現錯誤訊息)。

(I) 滑鼠 (無法正常動作或出現錯誤訊息)。

(J) 硬式磁碟機或固態硬碟排線、光碟機排線 (無法正常動作或出現錯誤訊息)。

(K) 網路線 (無法正常動作或出現錯誤訊息)。

(L) 電源供應器 (無法正常供應電力)。

(3) 個人電腦拆卸及故障檢測：

A. 應檢人須將功能正常之電腦，拆卸下列零組件 (依術科測試辦理單位設備現況，下列零組件最少拆卸 8 項，其中 CPU、主記憶體、電源供應器、主機板等至少一項)，參考下列 I 至 XII 所示，並依術科測試辦理單位規定之位置擺置。

I	外殼	VII	網路卡
II	CPU	VIII	鍵盤
III	主記憶體	IX	滑鼠
IV	硬式磁碟機或固態硬碟	X	各式排線
V	DVD 光碟機	XI	電源供應器
VI	顯示卡	XII	主機板

B. 拆卸完成之零組件放置於場地所規定之位置後，應檢人須對工作崗位之故障電腦，作故障判斷及故障排除，其檢測方式可利用該工作崗位另一台功能正常之電腦相互比對，也可以利用術科測試辦理單位或本站規定之「應檢人自備工具參考表」所列檢修器材或工具作故障判斷。

C. 應檢人如能正確檢測出故障電腦之設定故障零組件時，此時將故障之零組件拆卸，並與拆卸完成之功能正常的零組件交換，再將正常零組件組裝到故障之電腦後，自行檢測開機，使工作崗位之故障電腦能正常完成開機程序，而且各項功能正常，應檢人此時得以請監評人員現場作第一階段評分。

D. 監評人員須檢查應檢人所完成之正常功能的電腦拆卸是否依照動作要求 1-(3)-A 之規定，並與應檢人核對故障零組件之標準答案，作第一階段性評分。

E. 第一階段之評分，在應檢人已正確指出故障零組件，且電腦拆卸動作要求之扣分符合及格標準，以及未有發生第二站評審表中之重大缺點者，應檢人才能進行電腦組裝及區域網路規劃與架設。

F. 第一階段評分合格之應檢人，監評人員要求場地更換功能正常之零組件後，應檢人可同時進行電腦組裝及區域網路規劃與架設。

G. 應檢人在電腦組裝後，能正常完成開機程序，各項功能與未拆卸前相同。

4-3 個人電腦區域網路規劃與架設

(一) 試題編號：12000-102212

(二) 試題名稱：個人電腦區域網路規劃與架設

(三) 測試時間：本題 12000-102212 與 12000-102211，測試時間總計爲 150 分鐘，前 20 分鐘爲器材檢查時間，應檢人應於檢查器材時間內確實檢查，若有缺損時得予更換，超過 20 分鐘再提出更換者，依評審表項目扣分。

(四) 試題說明：

1. 本題爲測試應檢人對個人電腦區域網路規劃與架設之實務能力。
2. 網路規劃包含雙絞線製作、硬體架設及軟體安裝。
3. 網路作業系統應檢人依試題要求得使用場地所準備之網路作業系統，或自備符合試題要求之合法使用權的網路作業系統。
4. 本站禁止應檢人攜帶未經許可之任何器材配件或程式 (含 USB 裝置及光碟片) 或圖說入場。

(五) 動作要求：

1. 個人電腦區域網路規劃與架設：

   (1) 個人電腦網路線製作：

   A. 製作 TIA/EIA 568A/568B RJ-45 雙絞線乙條 (可參考網路系統連線參考圖)，並連接 Server 與 Client 兩部電腦。

   B. 製作時如 RJ-45 接頭壓製不良或錯誤可以更換，每更換一個接頭，依評審表項目予以扣分。

(2) 個人電腦區域網路規劃與架設：

A. 依監評人員之要求，將 Client 電腦的硬式磁碟機或固態硬碟分割成兩個不同容量的 Partitions(監評人員現場指定)，Client 電腦實體機與虛擬機分別安裝不同作業系統，一爲 Windows，另一爲 Linux。

B. 使用術科測試辦理單位提供之作業系統 ISO 檔及 USB 開機製作軟體，製作成 USB 開機隨身碟，並以此將作業系統安裝於 Client 電腦；開機後應可以手動或自動登入 (login)Server 主機。

C. 規劃 Server 主機硬式磁碟機或固態硬碟容量，Server 主機的硬式磁碟機或固態硬碟容量不予限制。

D. 使用術科測試辦理單位提供之網路作業系統 ISO 檔及 USB 開機製作軟體，製作成 USB 開機隨身碟，並以此將網路作業系統安裝於 Server 主機。

E. Server 主機開機後可以自動啓動網路作業系統，並可接受 Client 端登入 (login)。

F. 由 Client 電腦中之實體機或虛擬機自行選擇其中一個作業系統規劃網路設定，含以下各點：

(A) 建立三個使用者，master、user1、user2 帳號。

(B) master、user1、user2 使用者密碼由監評人員現場指定。

(C) 使用者 master 權限爲系統最高管理者，在微軟 Windows 作業系統比照 administrator，在 Linux 作業系統比照 root，使用者 user1、user2 權限爲一般使用者。

(D) 建立 test 群組，需包含 master、user1、user2 三個使用者。

(E) 建立一個分享公用目錄，目錄名稱爲 public，分享此目錄，設定 master 使用者對此目錄有全部權限 (可任意存取、刪除)，user1、user2 使用者對此目錄僅有查看 (Scan) 及讀取 (Read) 權限， 不能修改或刪除。

(F) 設定使用者 user1，僅對 user1 目錄有全部權限 (可任意存取、刪除)，使用者 user2 對此目錄不能有任何權限。

(G) 設定使用者 user2，僅對 user2 目錄有全部權限 (可任意存取、刪除)，使用者 user1 對此目錄不能有任何權限。

(H) 應檢人須於網路 Server 主機中，安裝具有 DNS 功能之系統，該 DNS 名稱由監評人員現場指定，例如：labor.gov.tw。

(I) 應檢人須於網路 Server 主機中，安裝具有 FTP 功能之系統，FTP 主機名稱為 ftp，並接受 Client 端以 FTP 登錄，登錄使用者帳號為 master，依監評人員之要求，以 FTP 方式將指定之檔案 (監評人員現場指定) 傳送至指定 ftp.labor.gov.tw 主機之 public 子目錄中，一般使用者僅可查詢或讀取。

(J) 應檢人須於網路 Server 主機中，安裝具有 WWW 功能之系統，WWW 主機名稱為 www，並在 Server 主機與 Client 皆能以瀏覽器超連結該網址，例如：http://www.labor.gov.tw/master，不需輸入任何帳號及密碼即可瀏覽網路 Server 主機 WWW 的 master 使用者個人首頁。

(K) 登錄 Server 主機 WWW 的 master 使用者個人首頁，須能出現如下應檢人的基本資料，各項資料以標準之 HTML 語法編寫，字體顏色為藍色，字體大小為 H3。其畫面參考如下，NN 表示工作崗位號碼，YYYY/MM/DD 表示檢定當天日期，YYYY 為西元年，MM 為月份，DD 為日期，XXX 表示應檢人姓名。畫面左上角的起始位置為第 1 列，第 1 行。

工作崗位號碼：NN

檢定日期：YYYY/MM/DD

應檢人姓名：XXX

(L) Server 主機固定 IP:172.16.140.100/24 及 192.168.140.100/24，另需架設 DHCP 功能，以動態方式配置 Client 端虛擬機電腦 IP，動態 IP 範圍由監評人員現場指定，Client 端實體機電腦 IP 以固定 IP 方式設定，其 IP 為 172.16.140.1XX/24，其中 XX 表示工作崗位號碼。

(M) Server 主機須安裝印表機伺服器，管理 2 台印表機，其型號由監評人員現場指定。

(N) 可由 Client 端之實體機及虛擬機以 tracert/traceroute 指令追蹤路由途徑，其路由途徑必須自 Client 端實體機繞經 Server 再回到 Client 端虛擬機，並可自 Client 端虛擬機繞經 Server 再回到 Client 端實體機。

2. 個人電腦區域網路相關設定展示：
   以上 1-(2)-F 規劃網路系統之各項動作要求，於評審時，應檢人必須現場操作，若無法操作並指出正確功能，視爲未完成，依評審表項目扣分。
3. 以上功能要求、各項權限及使用者關係，請參考下表所示：

使用者		master	user1	user2
帳號設定	群組	test	test	test
	權限	系統管理者	一般使用者	一般使用者
資料夾權限設定	public 資料夾	全部權限	僅讀取	僅讀取
	user1 資料夾	不須設定	全部權限	無法讀取
	user2 資料夾	不須設定	無法讀取	全部權限
FTP 登入權限	public 資料夾	全部權限	僅讀取	僅讀取
印表機伺服器	印表機型號 A	全部權限	全部權限	無使用權限
	印表機型號 B	全部權限	無使用權限	全部權限

4. 以上英文名稱，除密碼的大小寫需要區分外，其餘大小寫均可視爲相同。

4-4 第二站網路系統連線參考圖

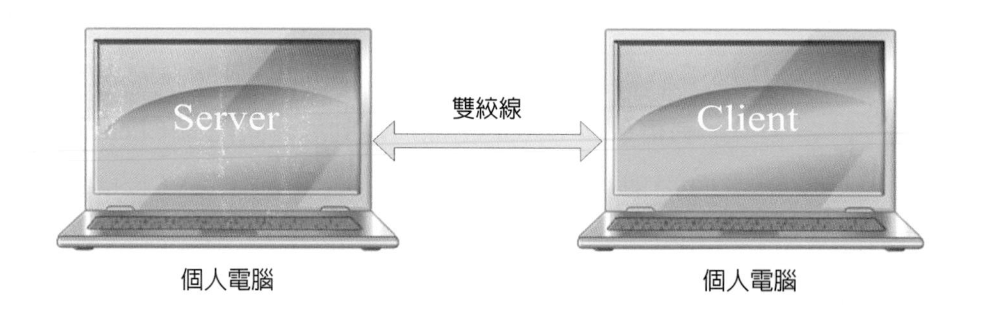

4-5 第二站測試材料表

項目	名稱	規格	單位	數量	備註
1	雙絞線	Category 5(含) 以上	米	3	
2	網路線接頭	RJ-45 8P/8C 接頭	個	2	

註 網路線接頭在測試前，必須由監評人員標示記號後，再發給應檢人使用。

4-6 第二站故障檢修監評現場設定表

說明：各監評人員在每場次測試前，請依下列故障零組件代碼，設定 12 組故障零組件 (含備用 2 組)，每一待測故障電腦僅須設定一種故障點，本表不公布給應檢人，僅供監評人員設定後，由場地人員依本設定表製作待測故障電腦，且該 12 組故障零組件必須選擇一項重複設定。

(A) CPU	(G) 網路卡
(B) 主記憶體	(H) 鍵盤
(C) 硬式磁碟機或固態硬碟	(I) 滑鼠
(D) DVD 光碟機	(J) 硬式磁碟機或固態硬碟排線、光碟機排線
(E) 顯示器	(K) 網路線
(F) 顯示卡	(L) 電源供應器

工作崗位編號	故障零組件代碼 (A-L)	備註
1		
2		
3		
4		
5		
6		
7		
8		
9		
10		
11		
12		

4-7 第二站 12000-102212 試題區域網路規劃與架設監評現場內容表

項目	指定項目（動作要求）	指定內容
一	動作要求 (1-(2)-A)： 將 Client 實體機之硬式磁碟機或固態硬碟分割成兩個不同容量的 Partitions，應檢人可將 1000 MBytes 或 1024 MBytes 換算爲 1 G Bytes。	指定之「Partitions」容量： （以下兩個 Partition 容量合計 110Gbytes) Partition-1 容量：__________GBytes Partition-2 容量：__________GBytes
二	動作要求 (1-(2)-F-(B))： 設定 master、user1、user2 使用者密碼。	指定之「密碼」： （須以英文字母爲首，不可爲 master、user1、user2，限 8 個字以內） master 密碼：__________ user1 密碼：__________ user2 密碼：__________
三	動作要求 (1-(2)- F-(H))：設定 DNS。	Server 主機 DNS：__________.gov.tw 範例： Server 主機 DNS:labor.gov.tw
四	動作要求 (1-(2)- F-(I))： 將指定之檔案傳送至指定 Server 主機之 public 目錄，並可查詢或讀取。	指定傳送之「檔案」 檔案名稱：____________________
五	動作要求 (1-(2)-F-(L))： 設定主機 IP 位址及動態 IP 範圍。	Server 主機 IP:192.168.140.100/24 Client 端虛擬機電腦動態 IP 範圍 192.168.140.~192.168.140./24 範例： Client 端虛擬機電腦動態 IP 範圍 192.168.140.150~192.168.140.170/24
六	動作要求 (1-(2)-F-(M))：設定印表機伺服器。	印表機型號 A：__________ 印表機型號 B：__________

4-8 術科測試辦理單位場地機具設備現況表

項目	名稱	規格	備註
1	IC 燒錄器	廠牌： 型號：	第一站使用
2	程式語言	☐ VB 版本： ☐ C 版本：	第一站使用
3	藍牙序列埠模組組態設定軟體	程式名稱： 版本：	第一站使用
4	Windows 作業系統	廠牌： 版本：	第二站使用
5	Linux 作業系統	廠牌： 版本：	第二站使用
6	網路作業系統	廠牌： 版本：	第二站使用
7	虛擬電腦軟體	廠牌： 版本：	第二站使用
8	USB 開機製作軟體	廠牌： 版本：	第二站使用
9	FTP 伺服系統	廠牌： 版本：	第二站使用
10	WWW 伺服系統	廠牌： 版本：	第二站使用
11	DHCP 伺服系統	廠牌： 版本：	第二站使用

註 本表之設備規格，術科測試辦理單位須依測試合格場地實際所準備符合自評表之設備規格完整填寫後，併同術科測試應檢人參考資料寄交報檢人參考

4-9 第二站評審表

檢定日期		站別	分站評審結果	□及格□不及格
術科測試編號		第二站	拆卸完成評審簽名	
應檢人姓名			總分	
工作崗位號碼		領取測試材料簽名處		
應檢人填寫故障零組件名稱代碼		監評人員填寫故障零組件名稱代碼		

項目	評審標準	不及格	重大缺點應檢人簽名處	備註
重大缺點	(一) 未能於規定時間內完成或提前棄權者。			
	(二) 未將指定零組件拆卸完成，或無法指出故障之零組件者。			
	(三) 組裝完成後，有任何一項設備不正常或毀損者。			
	(四) 未依規定將 Client 的硬碟分割及規劃成兩個指定不同容量之 Partitions 者。			
	(五) Client 無法以手動或自動與 Server 連接者。			
	(六) 使用非檢定單位所規定之儀器、器材、個人電腦介面或零組件者。			
	(七) 蓄意毀損電腦設備、儀器、器材、檢定單位光碟片或 USB 隨身碟者。			
	(八) 具有舞弊行為或其他重大錯誤者，經監評人員在評分表內登記有具體事實，並經評審組認定者。			

以下各小項扣分標準依應檢人實作狀況予以評分，每項之扣分，不得超過最高扣分，本項採扣分方式，以 100 分為滿分，0 分為最低分，60 分（含）以上者為[及格]。

	扣分標準	每處扣分	最高扣分	實扣分數	備註
一般狀況	1. 拆卸之零組件未依規定擺置，電腦設備或螺絲未依規定安裝者。	10 分	30 分		
	2. 每更換網路接頭一個或網路線製作未符合 EIA/TIA568A/B 規範者皆計算一處。	10 分	50 分		
	3. 未能正確完成試題動作要求第 1-(2)-F 項之(A)-(M)任一子功能者，每一功能計算一處。 □(A)建立使用者 □(B)使用者密碼 □(C)使用者權限 □(D)群組 □(E)分享公用目錄 □(F)user1目錄權限 □(G)user2目錄權限 □(H)DNS功能 □(I)FTP功能 □(J) WWW功能 □(K)網頁文字內容錯誤 □(L)DHCP設定 □(M)印表機伺服器設定 □(N)路由測試	25 分	100 分		
工作態度	1. 工作態度不當或行為影響他人，經糾正不改者。	20 分	40 分		
	2. 工作完成離開後，桌面凌亂不潔者。	20 分	20 分		
	小計（累計扣分）				

第二站監評人員簽名	(請勿於測試結束前先行簽名)	監評長簽名	(請勿於測試結束前先行簽名)

使用說明	(1) 若有重大缺點不及格者，應在評審表之「重大缺點應檢人簽名處」具體列出錯誤項目。 (2) 重大缺點不及格者，務必請應檢人於「重大缺點應檢人簽名處」簽名確認。 (3) 第一站之總評審結果欄，需綜合兩站結果作綜合鑑定，兩站均「及格」者，總評為「及格」。 (4) 第一、二站兩表檢定評分時，印刷請列印於兩張不同顏色之 A4 紙張，以利監評時區隔。

第二站 - 個人電腦檢測與電腦拆裝

檢定的要求：依據動作要求 (五)-1

(1) 個人電腦正常檢測：
測試現場檢測用之正常電腦各項零組件是否正常動作，並與現場之伺服器連線，測試網路是否正常，如有缺損，可更換相關零組件，如無缺損，進入測試後，應檢人應自行排除故障。

(2) 個人電腦故障檢測：

A. 測試現場檢測用電腦，係由術科測試辦理單位在每一工作崗位準備一部功能正常之電腦，與一部由監評人員依試題規定之故障零組件， 所設定之故障電腦，一組二台共計十二組，各應檢人須做故障檢測，正確指出故障之零組件並填寫於第二站評審表。

B. 應檢人須將正常之電腦細部拆卸，放置於術科測試辦理單位指定之位置，並可利用完整及功能正常之電腦零組件，做爲故障維修比對用，也可以利用術科測試辦理單位或本站規定允許應檢人自備所提供之檢修工具作檢修判斷，唯應檢人不得自行增減其他任何故障點。

評審表第二、三項內容：

(二) 未將指定零組件拆卸完成，或無法指出故障之零組件者。
(三) 組裝完成後，有任何一項設備不正常或毀損者。

5-1 檢定說明

1. 電腦 A 爲故障電腦：十個工作崗位，每一崗位只有一個故障點，如果不能確定故障點，可以利用「交換檢測」的方式與另一台功能正常之電腦相互比對，故障維修比對，確保正確的指出。也可以利用術科測試辦理單位或本站規定之「應檢人自備工具參考表」所列檢修器材或工具作故障判斷。

   若指出錯誤或未能完成故障檢測，屬於重大缺失第二項，直接判定不合格，不能進行後面的檢測項目。

2. 電腦 B 爲正常電腦，依規定細部拆卸，放置於術科測試辦理單位指定之位置，若無法完成指定之零組件拆卸，屬於重大缺失第二項，直接判定不合格，不能進行後面的檢測項目。

3. 正確指出故障之零組件並填寫於第二站評審表，舉手要求評定，若正確指出，拿著故障品交換「正常」的零組件。進行組裝工作。

4. 組裝完成，再三檢查後開機，若有任何一項設備不正常或毀損者，屬於重大缺失第三項，直接判定不合格。

5-2 第二站檢定流程

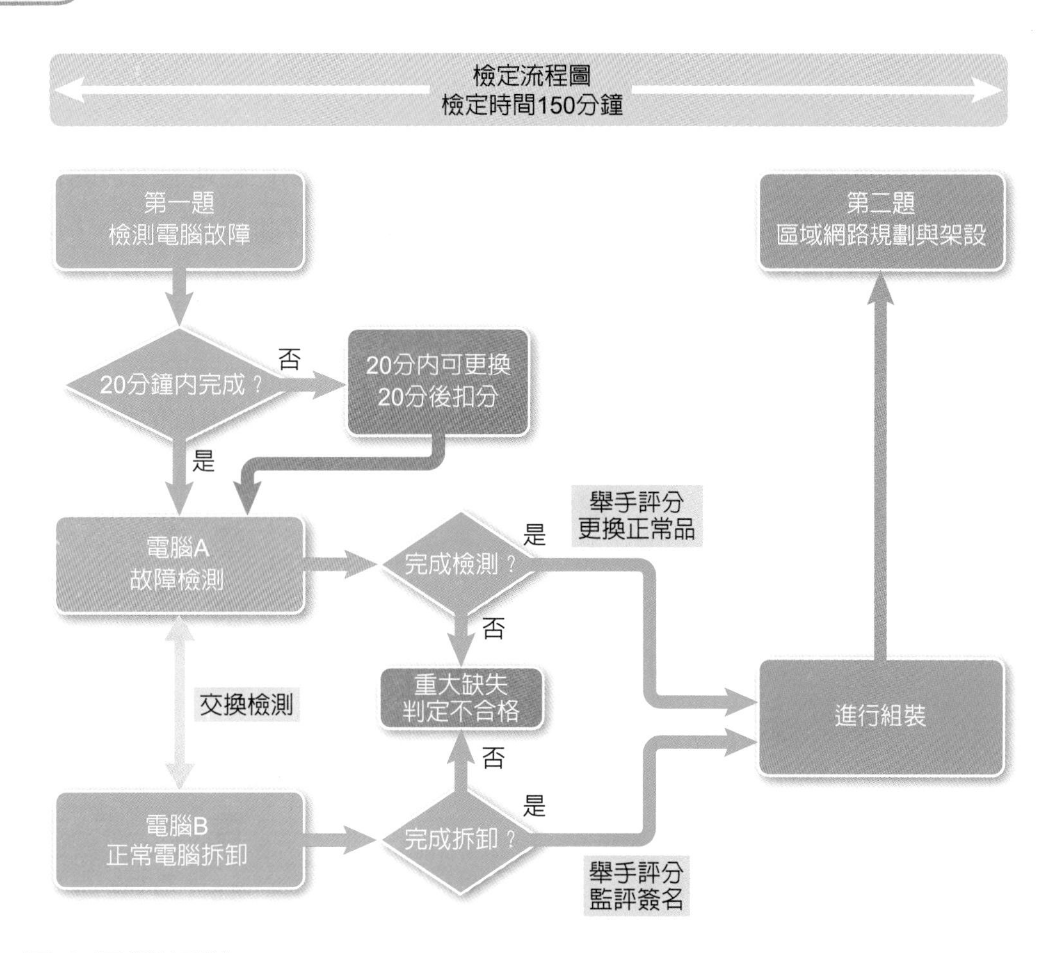

一、個人電腦拆裝

依試題要求，「應檢人須將正常之電腦細部拆卸，放置於術科測試辦理單位指定之位置，並可利用完整及功能正常之電腦零組件，做爲故障維修比對用，也可以利用術科測試辦理單位或本站規定允許應檢人自備所提供之檢修工具作檢修判斷，唯應檢人不得自行增減其他任何故障點」。

一般而言，檢定考場上已在工作崗位上放置 2 台電腦，一台是有故障的電腦，一台是正常的電腦，拆裝之電腦一定是正常的電腦，在檢定前遵從監評老師的指示，逐一檢測電腦的每一項目，來確認電腦是好的，待會拆裝指定的項目之後舉手要求簽名，即可組裝回來，組裝後當然電腦應該是好的，因爲拆裝前已確認。

依第一題試題，應檢人須將功能正常之電腦，拆卸下列零組件 (依術科測試辦理單位設備現況，下列零組件最少拆卸 8 項，其中 CPU、主記憶體、電源供應器、主機板等至少一項)，參考下列 I 至 XII 所示，並依術科測試辦理單位規定之位置擺置。

I 外殼	II CPU	III 主記憶體	IV 硬式磁碟機或固態硬碟
V DVD 光碟機	VI 顯示卡	VII 網路卡	VIII 鍵盤
IX 滑鼠	X 各式排線	XI 電源供應器	XII 主機板

以上共 12 項可供拆裝之零組件，其中以 CPU、電源供應器、主機板、固態硬碟等爲比較麻煩的項目，考場會擔心比較容易被不小心破壞，影響後續的檢定考試。所以最可能拆的剩下 8 項目是：外殼、鍵盤、滑鼠、顯示卡、網路卡、DVD 光碟機、SATA 排線及主記憶體。

考過丙級才有資格考乙級，對於考乙級的應檢人而言，因爲已經通過丙級的檢定，拆裝並不會有什麼問題，雖有廠牌的不同，其實拆裝的主要零組件也差異性不大，以下就一般考場的設備來簡易說明。

■ 圖說個人電腦拆裝

硬裝乙級零組件擺置圖：考場提供置於桌上，供考生將拆下的零組件依指示擺放。

光碟機	記憶體	排 線	零組件擺置圖 備2 電腦硬體裝修乙級
網路卡	顯 示 卡	螺 絲	
	鍵 盤	滑鼠	

步驟 1

卸下外殼，不需工具。

步驟 2

拆下光碟機排線，

電源接頭及 SATA 線。

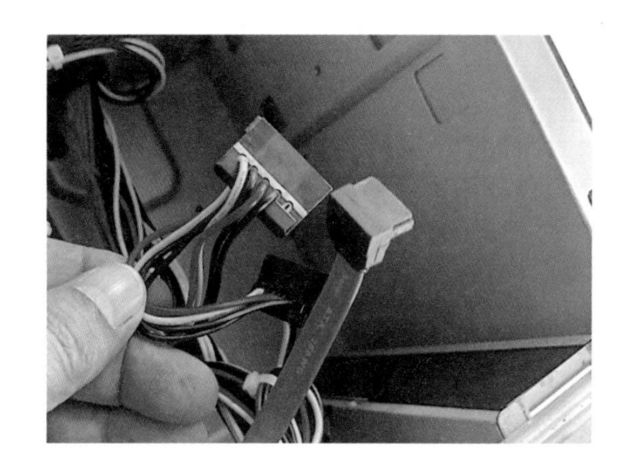

步驟 3

拆下 SATA 線。

SATA 線防呆插槽：

L 型插槽，裝回時留意方向。

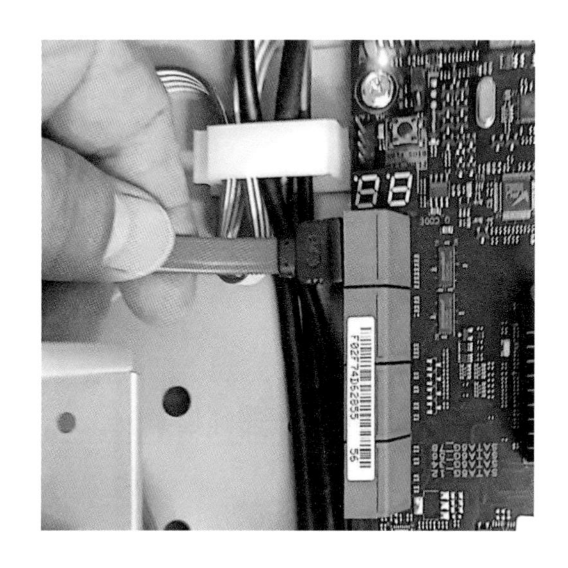

步驟 4

光碟機固定鈕扣向上拉起，免工具。

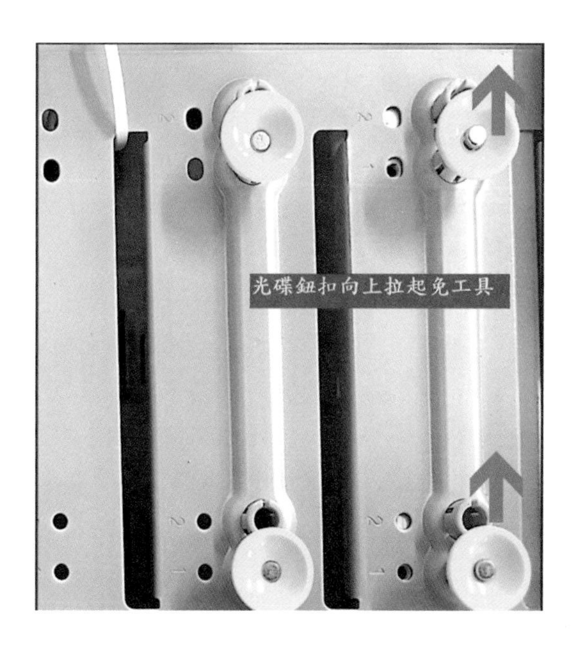

步驟 5

推出光碟機。

步驟 6

壓桿向下壓，將記憶體彈起。

步驟 7

拆下主記憶體。

步驟 8

準備拆卸網卡、顯示卡。

步驟 9

用螺絲起子拆卸網卡、顯示卡之固定螺絲。

步驟 10

固態硬碟。

步驟 11

將滑鼠、鍵盤也一併依指定位置放好，卸下的螺絲也要擺好。拆卸完畢，並完成交換檢視故障元件確認，舉手請監評老師評定後簽名。

二、個人電腦故障檢測

依試題要求下列個人電腦之組件共計 12 項，每一工作崗位只會有一件故障品，應檢人可以利用交換比對的方式，由正常電腦之零組件做交換，協助找出故障品。

每一台故障之電腦僅能作一故障零組件，其故障零組件為下列 (A)-(L) 其中一項：

(A) CPU(無法正常動作或出現錯誤訊息)。

(B) 主記憶體 (無法正常動作或出現錯誤訊息)。

(C) 硬式磁碟機或固態硬碟 (無法正常動作或出現錯誤訊息)。

(D) DVD 光碟機 (無法正常動作或出現錯誤訊息)。

(E) 顯示器 (無法顯像)。

(F) 顯示卡 (無法正常動作或出現錯誤訊息)。

(G) 網路卡 (無法正常動作或出現錯誤訊息)。

(H) 鍵盤 (無法正常動作或出現錯誤訊息)。

(I) 滑鼠 (無法正常動作或出現錯誤訊息)。

(J) 硬式磁碟機或固態硬碟排線、光碟機排線 (無法正常動作或出現錯誤訊息)。

(K) 網路線 (無法正常動作或出現錯誤訊息)。

(L) 電源供應器 (無法正常供應電力)。

■ 故障檢測：由元件看狀況

故障檢測至關重要，若未能正確檢測出故障品，視為重大缺失，就不能進行後面的檢定，將被評定為不合格。

以下針對主要零組件，故障時的狀況及與其相關的狀況做說明，推理可能的故障點。

編號 / 名稱	故障描述	相關狀況
01. 電源供應器	無電源指示 沒有畫面	風扇沒有動作 無法開機
02. CPU	有主電源 沒有畫面	無法開機
03. 主記憶體	有主電源 沒有畫面	連續嗶聲，約 2 秒 1 次 無法開機
04. 硬式磁碟機或固態硬碟	有主電源 有畫面，是錯誤的訊息資訊，關鍵字：Disk，Boot Failure ，Reboot…等字。	風扇有動作 無法開機 可能相同故障元件：硬碟排線
05. 硬碟排線 (SATA)	有主電源 有畫面，是錯誤的訊息資訊，關鍵字：Disk，Boot Failure，Reboot…等字。	風扇有動作 無法開機 可能相同故障元件：硬碟
06. 光碟機	有主電源 無光碟電源指示，或光碟片無法退出，或光碟機無法讀取光碟。	風扇有動作 我的電腦無光碟圖示 可能相同故障元件：光碟排線
07. 光碟排線 (SATA)	有主電源 有光碟電源指示光碟機可退出與進入光碟機無法讀取光碟。	風扇有動作 我的電腦無光碟圖示 可能相同故障元件：光碟機
08. 顯示器	有主電源 無顯示器電源指示，或指示燈非綠色，或無畫面。	風扇有動作 有正常開機的嗶聲。(很重要) 因為無畫面，常被誤認為硬碟或排線或記憶體…等。
09. 顯示卡	有主電源 有一長三短之警示聲，或無畫面。	有顯示器電源指示 顯示器指示燈綠色，
10. 網路線	有主電源 無法網路連線至伺服器，或網卡指示燈沒有閃爍，或乙太網路顯示連線已拔除。	風扇有動作 有正常開機的嗶聲。
11. 網卡	有主電源 無法網路連線至伺服器，或網卡指示燈沒有閃爍，或沒有乙太網路圖示。	風扇有動作 有正常開機的嗶聲。
12. 鍵盤	有主電源 鍵盤無指示燈，或無法打字。	風扇有動作 有正常開機的嗶聲。
13. 滑鼠	有主電源 滑鼠無指示燈，或無滑鼠指標，或左 / 右 / 滾輪異常。	風扇有動作 有正常開機的嗶聲。

■ 故障檢測：由故障狀況找元件

反向整理一下，檢定時一般會先看到狀況，再找出故障品。

狀況	相關的狀況	故障品
1. 沒有電源	風扇沒有動作	電源供應器
2. 有電源，沒螢幕顯示	顯示器有電源指示	顯示卡
	顯示器無電源指示 可正常開機嗶聲	顯示器
	顯示器有電源指示 連續嗶聲	主記憶體
3. 有電源，有螢幕 無法正常開機	出現開機錯誤訊息 Disk, boot 開機相關訊息	硬碟或排線
4. 有電源，有螢幕 可正常開機，有異常狀況	可正常開機嗶聲 鍵盤異常	鍵盤
	可正常開機嗶聲 滑鼠異常	滑鼠
5. 有電源，有螢幕 可正常開機，網路異常	顯示乙太網路顯示連線已拔除	網路線
	我的電腦，沒有乙太網路圖示	網卡
6. 有電源，有螢幕 可正常開機，光碟讀取異常	可以正常退出 / 進入 無法讀取光碟	光碟排線
	無法退出 / 無法讀取	光碟機

CHAPTER 6

第二站 - 網路線製作

6-1 網路線接線規則

6-2 圖說 RJ-45 網路線製作

有線網路的傳輸介質是網路線，可以用來傳輸信號，構成通訊不可或缺的媒介，常用的網路線稱爲 UTP 雙絞線 (Twisted Pair)，共有 4 對共 8 芯，相互絞在一起，可有效的抵禦訊號的干擾，同時也有效降低彼此之間造成干擾的可能性。線材的種類很多，常見之等級分爲 Cat 5e、Cat 6、Cat 6A、Cat 7、Cat 7A 這幾種，Cat.5e 的頻寬 100MHz，是當中最低者，對於網路品質要求並不是很高的場合，如學生實習、檢定已是足夠的。

考過丙級的考生而言，已經對製作網路線有相當的認識了，硬體裝修丙級所製作的網路線是依據 568B 的規則，兩頭都是一樣的排列順序，因爲要透過桌上的資訊插頭連接到遠端的伺服器。而硬體裝修乙級是要連接兩台實體電腦，所以接法上是不同的，一端是跟丙級一樣，按 568B 的排列方式，另一端就要接 568A 的排列方式，道理很簡單，

A 端的「傳送」要接到 B 端的「接收」，而且 B 端的「傳送」要接到 A 端的「接收」，所以必須是「跳線」的方式，這是本章的重點項目，對於已做過網路線的考生而言，一點就會通了。

而接頭的部份稱爲 RJ-45 接頭，便於連接到雙絞線，製作網路線需要專門的工具與材料。

如圖爲製作網路線的工具與測試器：

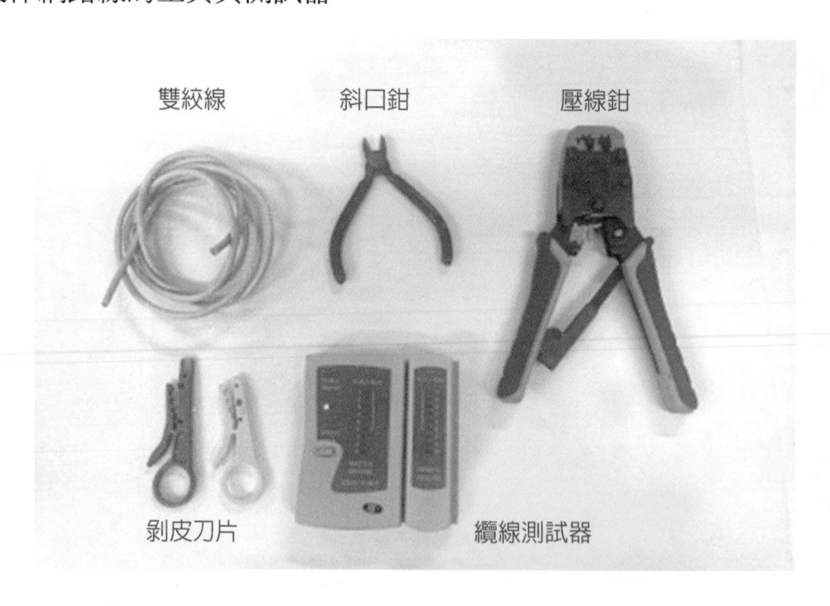

6-1 網路線接線規則

1. 根據 EIA-TIA 規則，分爲 568B 及 568A 接法，區別如表所示。

編號	1	2	3	4	5	6	7	8
名稱	Tx+	Tx-	Rx+			Rx-		
568B	白橙	橙	白綠	藍	白藍	綠	白棕	棕
568A	白綠	綠	白橙	藍	白藍	橙	白棕	棕

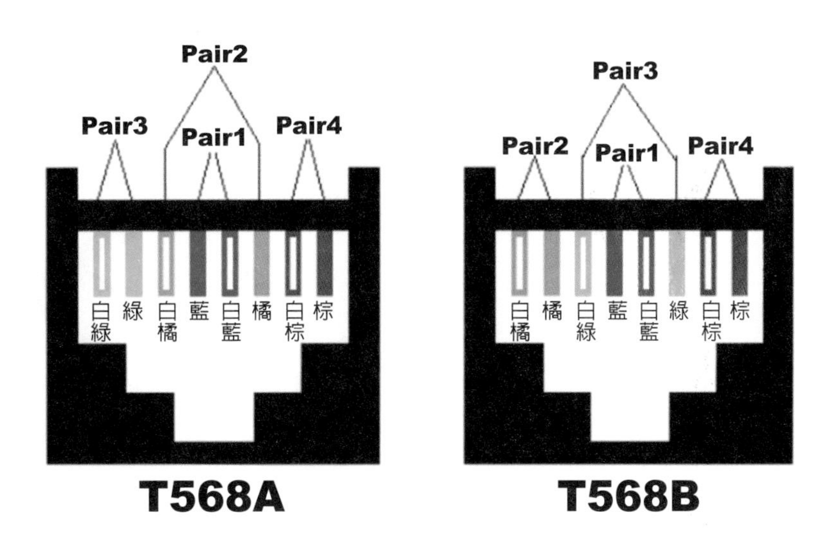

2. 跳線的作法以圖示說明：

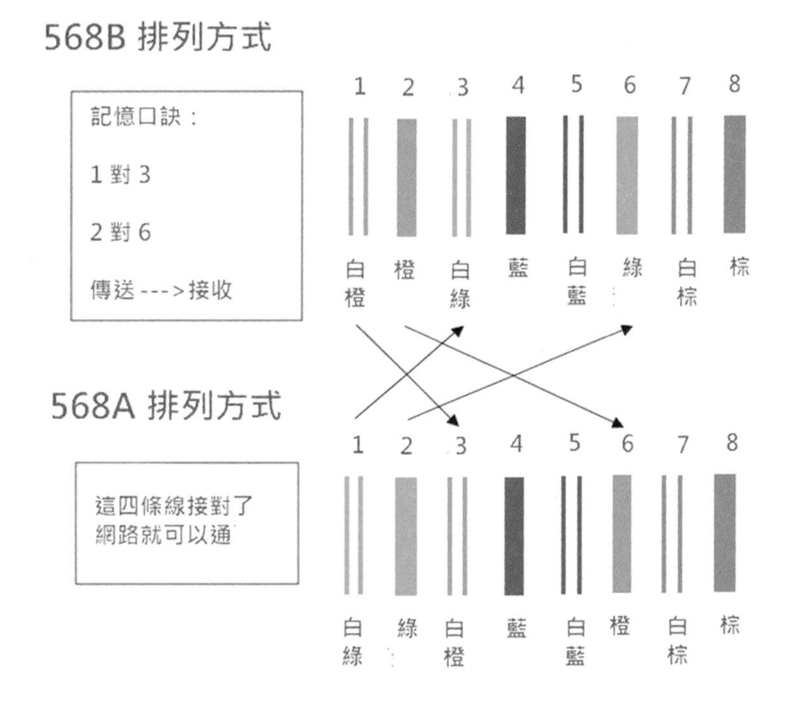

第 1、2 腳爲傳送端 (Tx)，第 3、6 腳爲接收端 (Rx)。因此，1 對 3，2 對 6 的口訣請牢記。只要這 4 條線接對了，兩台電腦的網路就可以互通了，當你用纜線測試器測出來，只要不是第 1236 條沒有亮燈，是不用重做的，免得白白被扣了 10 分。但必須要提醒的是，當不幸發生錯誤的是這 4 條的任何 1 條就必須重做，問題來了，當你不確定是哪頭沒有壓好，要剪哪一頭呢？有看過一個考生就一再剪掉正確的那一頭，結果換了 4 次接頭都還沒有做好，每一接頭扣 10 分，最後確定不及格。因此，強烈建議：

(1) 剪下的那一端要做個記號，萬一沒有剪對，下次要剪另一頭。

(2) 拿紙筆畫好順序如上圖，按圖拖工，保證成功。

6-2 圖說 RJ-45 網路線製作

步驟 1

RJ-45 水晶接頭

注意腳位的方向

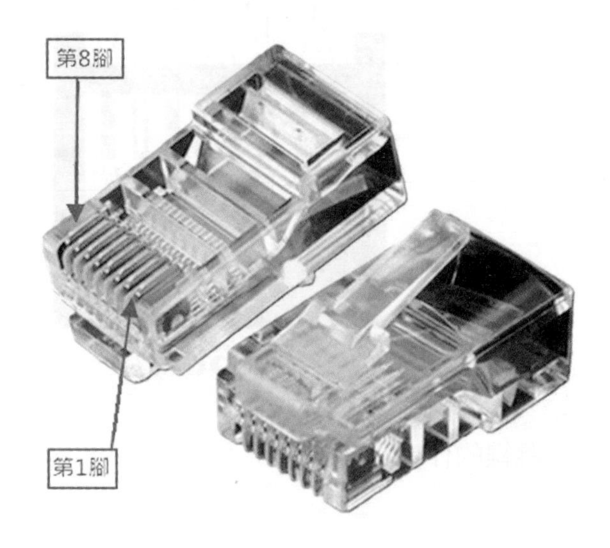

步驟 2

UTP- 雙絞線

等級：CAT.5e

步驟 3

剝皮的長度

步驟 4

1. 使用剝皮的專用刀片，可以視夾緊的程度調整一格。

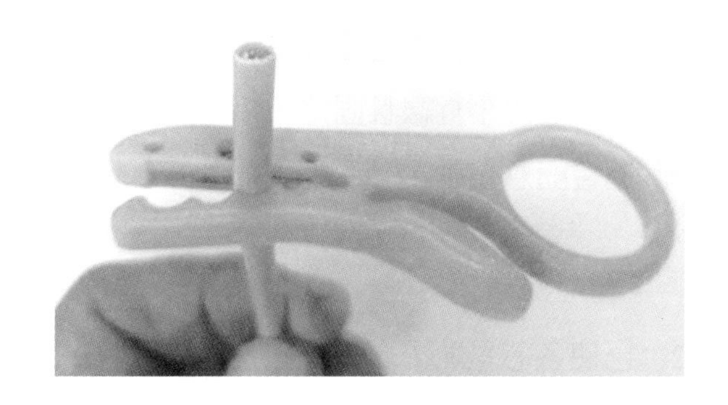

2. 刀片最多旋轉 1 圈，避免傷及內部的絞線。

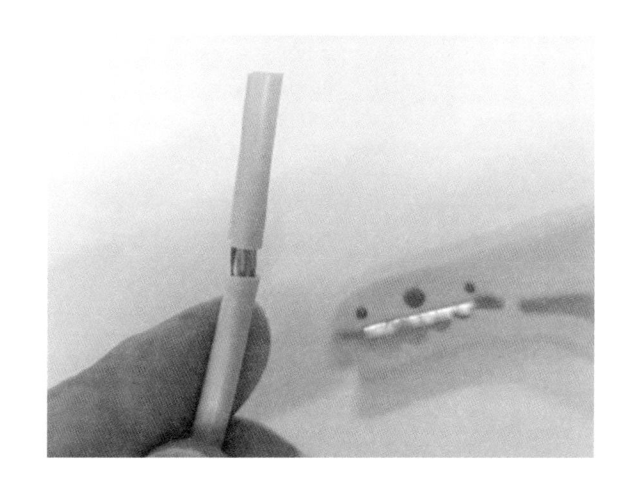

步驟 5

內部有八芯雙絞線 + 棉線
棉線之延展性差，用於長距離佈線時避免拉力過猛傷及內部，檢定時可以剪去。

步驟 6

將雙絞線分開排序，符合 568B 排序順序，並使各線呈平行線。

步驟 7

1. 可以用兩大拇指對接推拉，使各芯呈並排之平行線且固定，手離開後不會隨意鬆動。

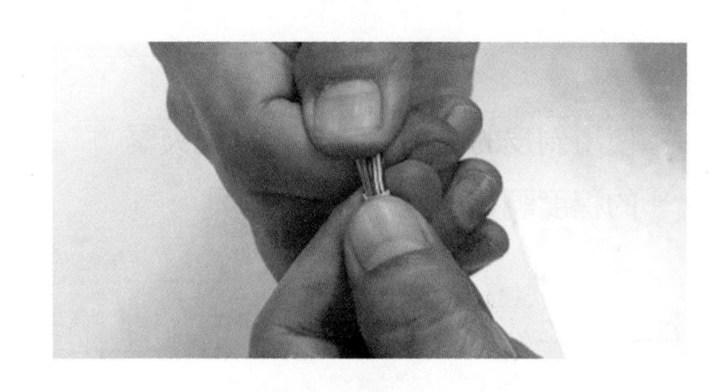

2. 已使各芯呈並排之平行線且固定不鬆動。

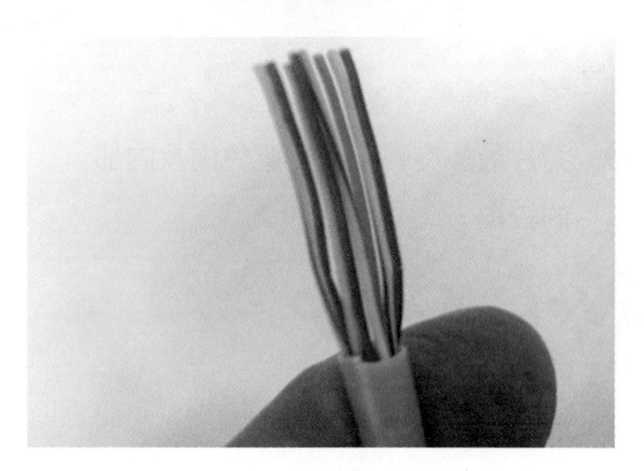

步驟 8

拿起 RJ-45 接頭，對著下凹處缺口爲基準，超過的部份準備剪掉。

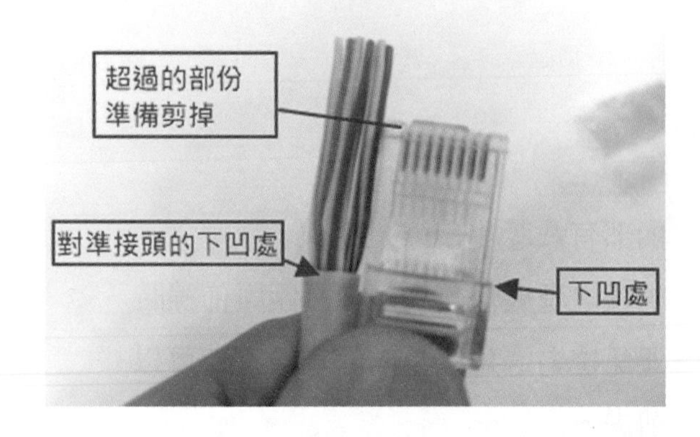

步驟 9

以斜口鉗咬著不放，小心將超過的部份剪掉，注意喬正不要剪斜。

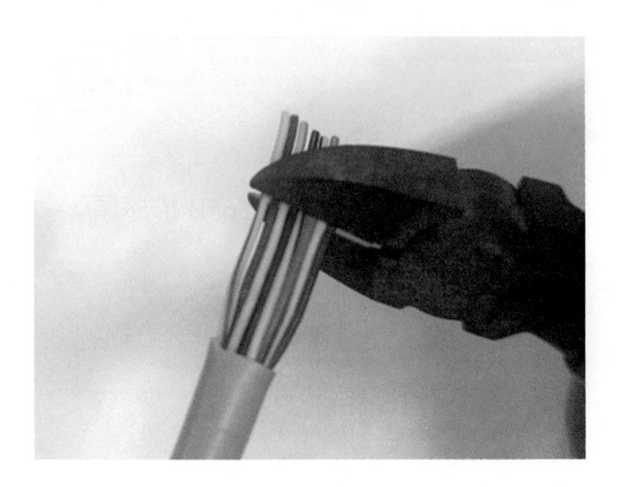

步驟 10

剪後的樣子，長度恰爲缺口到頂點的距離。

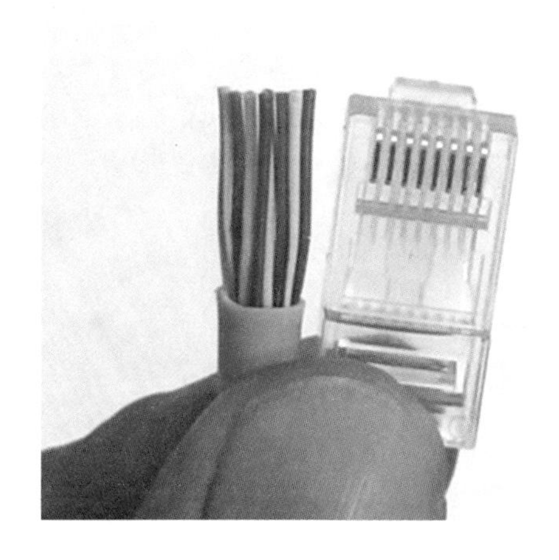

步驟 11

很重要的步驟！

平推插入 RJ45 接頭，檢查是否推到頂，可以清楚辨識顏色即可，這個檢查很重要，將決定是否壓接成功。

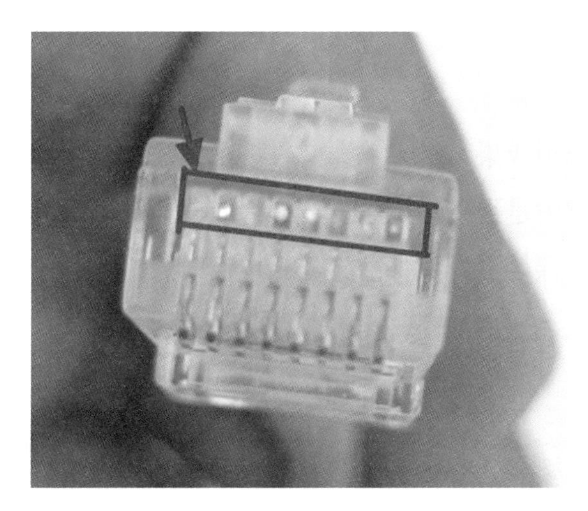

步驟 12

壓接前務必檢查！

做最後檢查，排列順序有沒有跑掉，無誤才壓接。

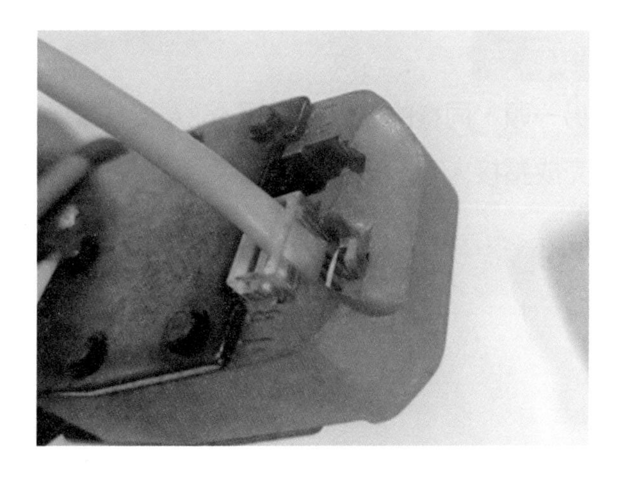

步驟 13

壓下去就不能中途反悔，須壓到底，
手鬆開把手才能彈出。

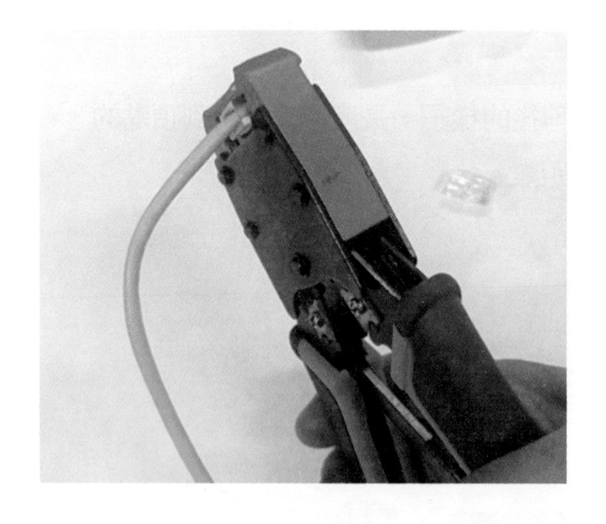

步驟 14

檢視成果，
壓梢是否咬住絕緣皮？
導線是否到頂？

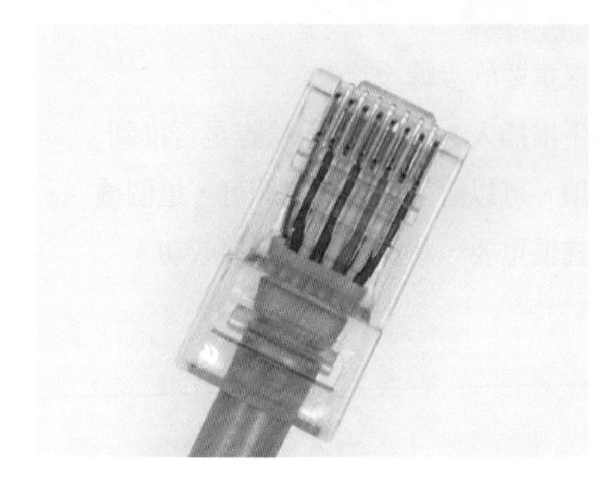

步驟 15

另一頭，同樣的方式，依照 568A 接法
完成壓接。

第二站 - USB 開機隨身碟製作與 UEFI BIOS

7-1 USB 開機隨身碟製作

7-2 USB 開機碟製作軟體

7-3 電腦設定 UEFI BIOS 圖說

7-1 USB 開機隨身碟製作

隨著科技的進步，安裝電腦系統已經改成用 USB 隨身碟來執行，優點是方便性與快速，首先將系統檔案 ISO 燒入隨身碟，然後進行系統安裝。

目前正值新舊電腦的交接期，在進行可開機隨身碟製作時，考生必須要留意檢定用的電腦是何等規格，在檢定前就先務必了解，如果是在校生可能就比較熟悉，但仍然要了解相關的選項所代表的意義。

舊版的 BIOS(Basic Input-Output System 基本輸入 - 輸出系統)，在 2012 年以前是純文字介面，以後的主機板是圖形化的 UEFI (Unified Extensible Firmware Interface 統一可延伸韌體介面介面)。

(1) 舊板的 BIOS
(2) 純文字模式
(3) 使用鍵盤操作

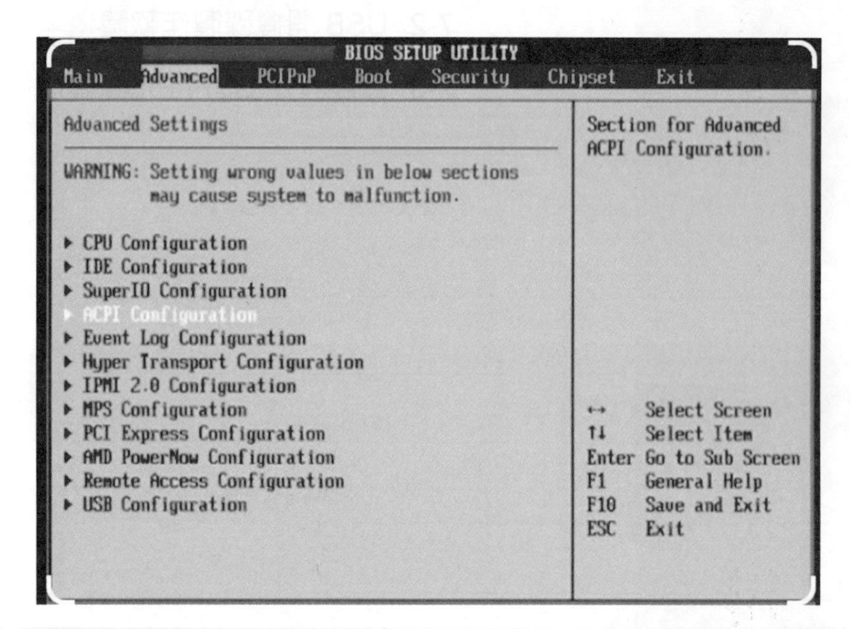

(1) 新版的 UEFI
(2) 圖形化模式
(3) 可支援滑鼠操作

硬碟分割的模式也因硬體的規格而改變

1. 2020 年以前　　BIOS 分割 /MBR 格式
2. 新版的分割　　UEFI 分割 /GPT 格式

如何檢查您的電腦是使用 UEFI 或 BIOS

步驟 1　同時按 Windows+R 鍵開啓執行框。輸入：msinfo32 並按確定鍵。

步驟 2　在視窗中，找到「BIOS mode」。如果您的電腦使用 BIOS，它將顯示 Legacy 或舊版。如果它使用 UEFI，那麼它將顯示 UEFI。

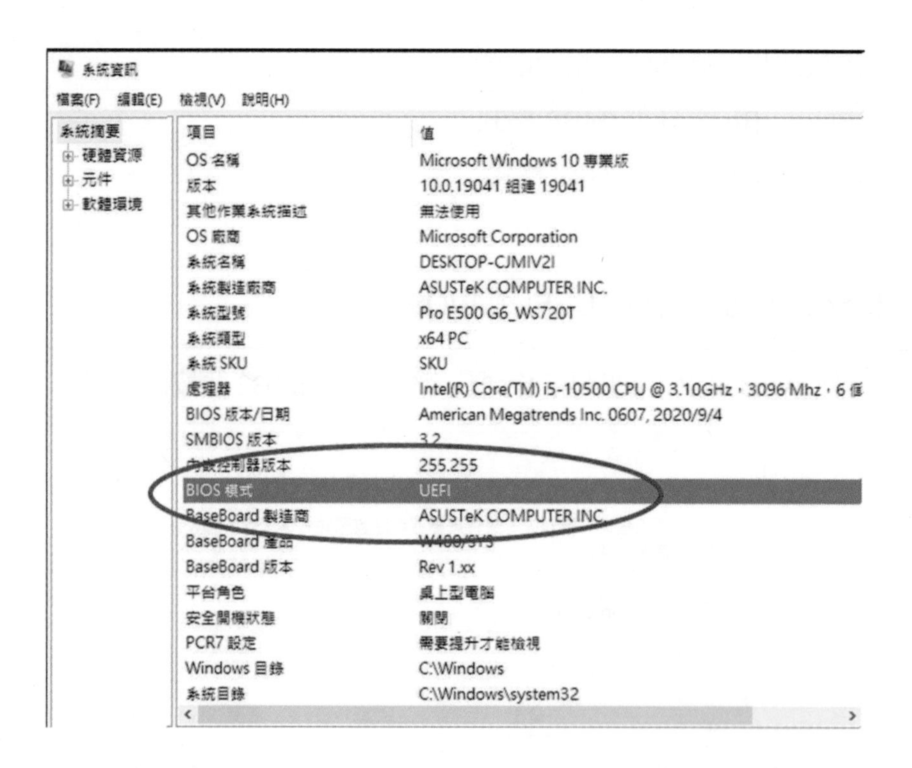

■ 新舊版比較

	Legacy	UEFI
引導 Windows 系統的檔案	Winload.exe	Winload.efi
支持系統位數	32/64 位元	64 位元
磁碟分區	對應 MBR 分割	對應 GPT 分割
容量	最大支援 2TB	最大支援 18EB
試取速度	64KB/ 次 慢	1MB/ 次 快

7-2 USB 開機碟製作軟體

介紹 2 種常用的軟體：

1. Rufus：免安裝，速度快，要注意 MBR/GPT 的選項。

2. ISO TO USB：操作簡單，要注意勾選「Bootable」可開機的意思。

> 檢定的要求
> 使用術科測試辦理單位提供之作業系統 ISO 檔及 USB 開機製作軟體，製作成 USB 開機隨身碟，並以此將作業系統安裝於 Client 電腦。

考場使用之作業系統 ISO 檔及使用的開機製作軟體都會事前公告，請務必了解。檢定時要製作 2 支開機碟，一為 Windows Server ，一為 Client 電腦系統，以時下最新的版本為例，例如：

1. 伺服器版本：Windows Server 2012、2019 或 2022 版。
2. Client 電腦系統：Windows 10 或 11。

7-2-1 Rufus 製作開機隨身碟圖說

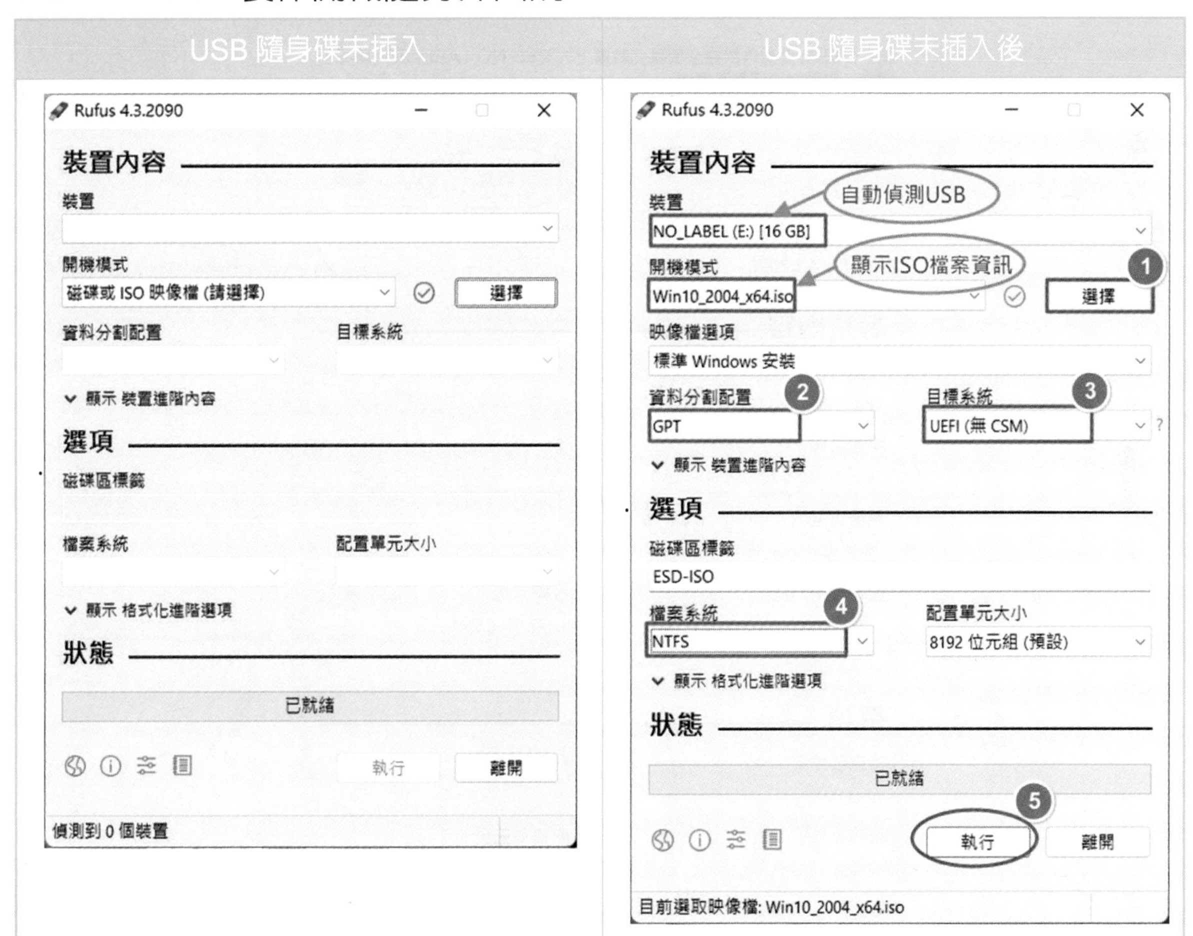

USB 隨身碟插入後，打開程式，將自動偵測 USB 並顯示相關的內容。

1. 按選擇，選取 ISO 檔，檢定時要製作 2 支開機碟。(可同時製作，以節省時間)。
2. 預設 GPT

3. 預設 UEFI，磁碟區標籤：使用預設值即可
4. 選擇 NTFS
5. 執行，以 USB3.0 而言，速度較快約 10 分鐘內完成。
6. 直接按 OK 下一步

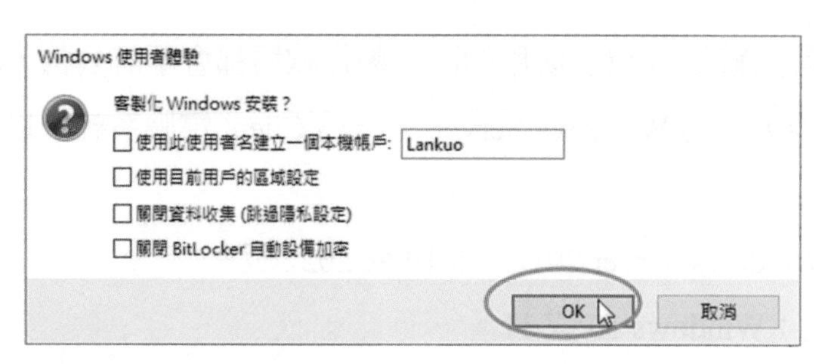

7. 警告訊息：清除磁碟內容，直接按確定

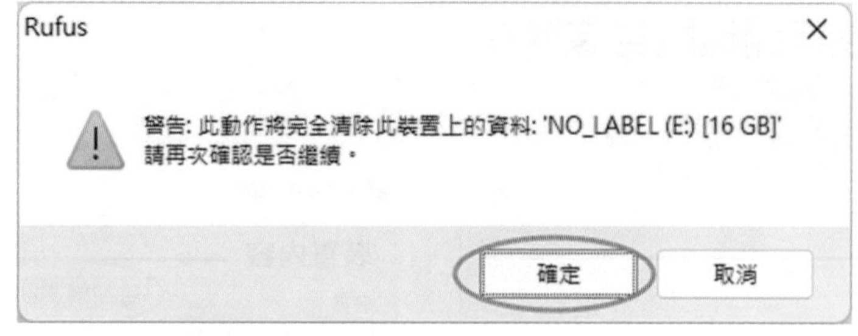

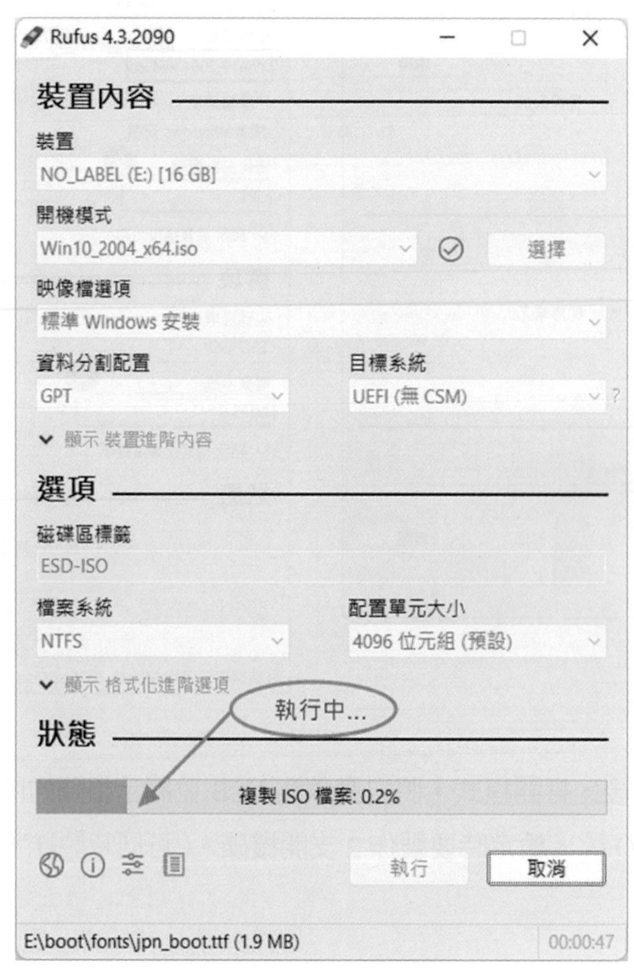

7-2-2 ISO TO USB 製作開機隨身碟圖說

同時製作 2 個系統的開機隨身碟

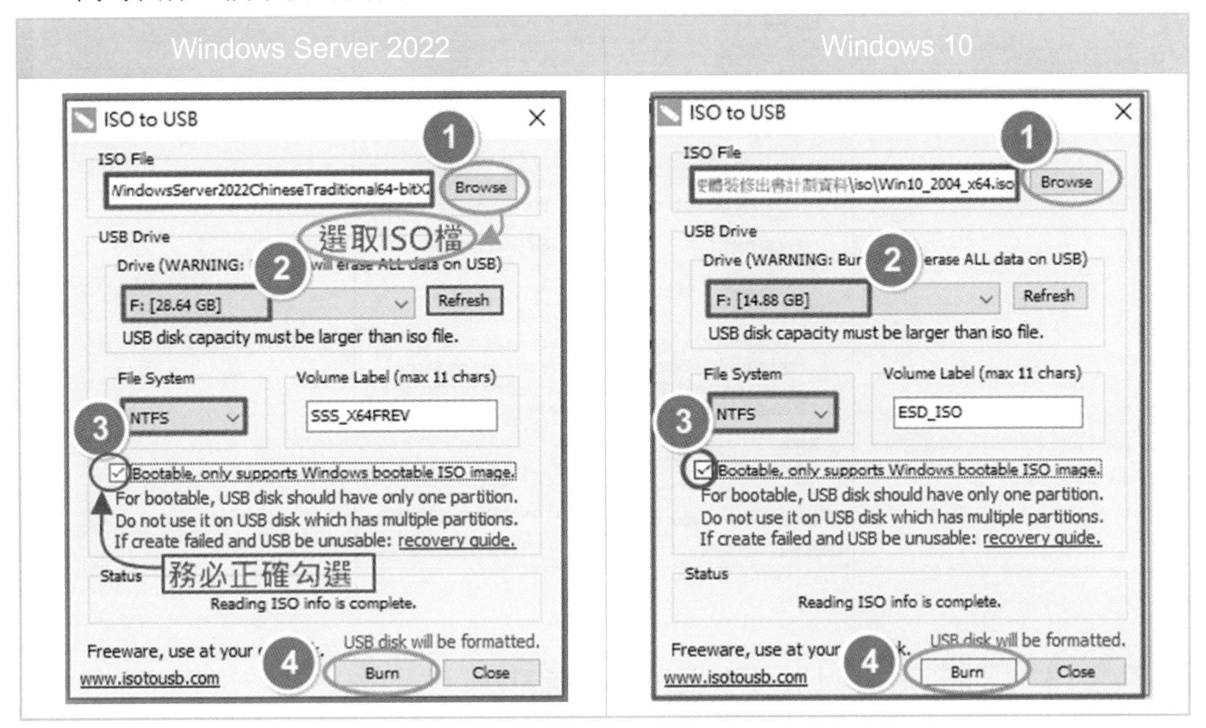

1. Browse 瀏覽選取 ISO 檔。
2. 選取隨身碟，可按 Refresh 更新。預設爲 NTFS 系統，標籤可不用更改。
3. 務必勾選，表示可開機 (Bootable) 磁碟。
4. 執行燒錄。
5. 警告訊息，直接按「是」繼續執行。

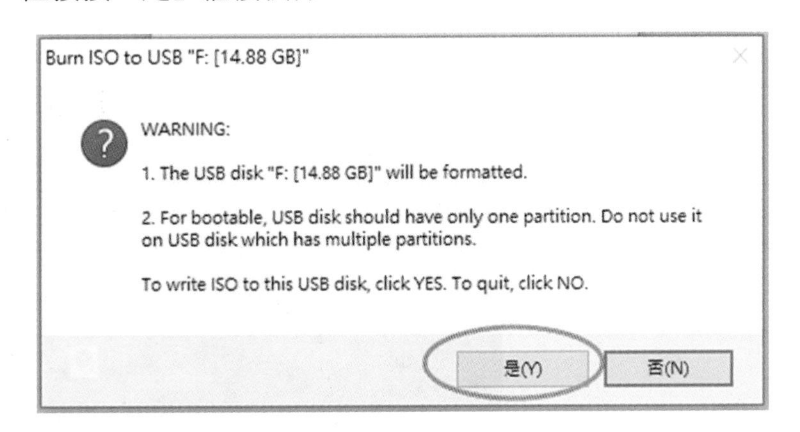

6. 執行

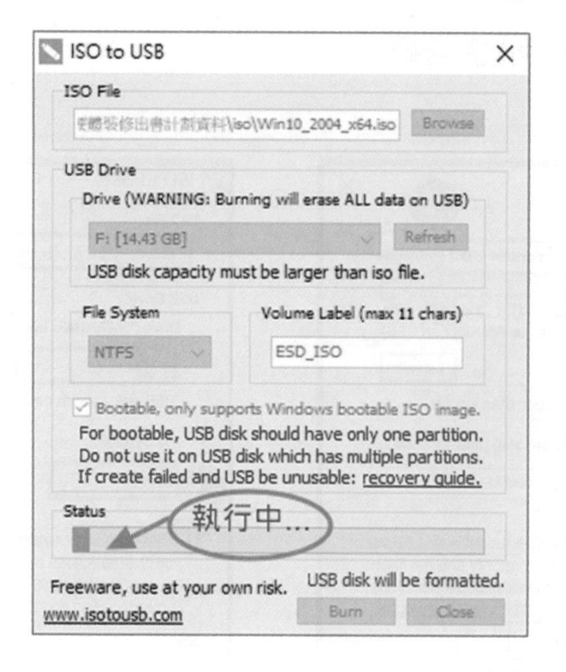

7-3 電腦設定 UEFI BIOS 圖說

隨身碟製作完成後，電腦重開機，注意畫面上的訊息，依指示按鍵進入 BIOS (不同的電腦廠牌可能不同)，以華碩而言，當畫面底下：「Please Press Del or F2 to Enter UEFI BIOS Setting」，要在訊息未消失之前按鍵，即可進入 UEFI BIOS。

Please press DEL or F2 to enter UEFI BIOS setting

啓動優先順序：

1. 用滑鼠點選向上直至最前頭
2. 按 F8 開啓動選單

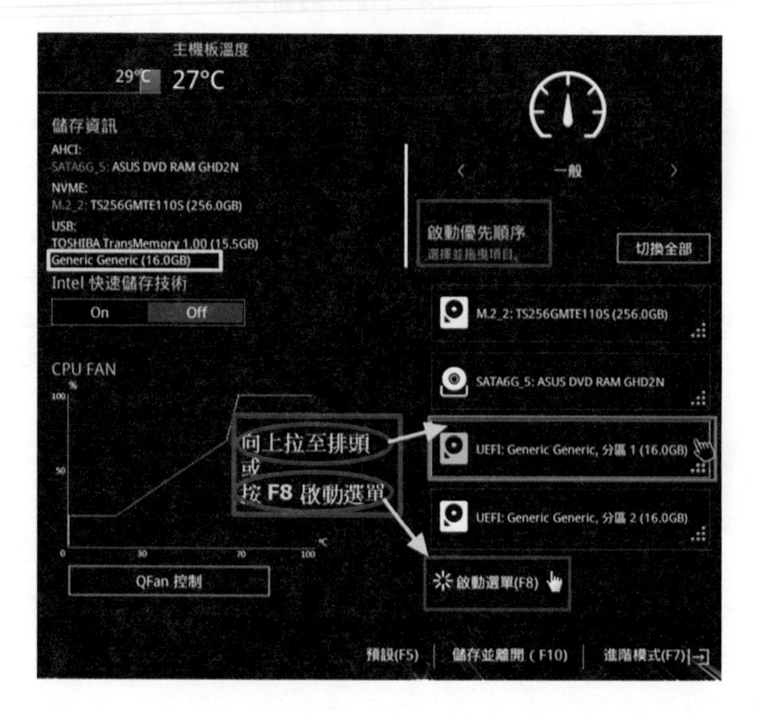

3. 開啓「啓動選單」，直接點選剛才製作的 USB 隨身碟，即可由隨身碟啓動進入開機程序。

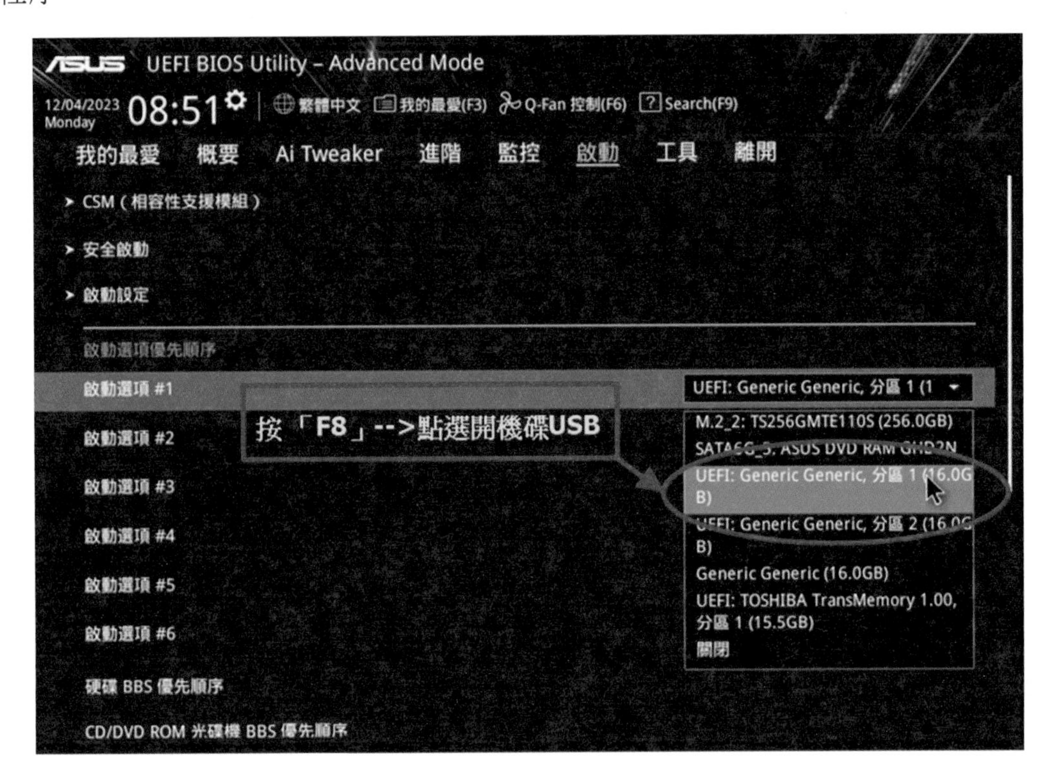

第二站 - Client 端電腦的安裝與設定

8-0 Client 端作業系統的規劃與網路設定

檢定的要求

1. 由 Client 電腦中之實體機或虛擬機自行選擇其中一個作業系統規劃網路設定。
2. 將 Client 實體機之硬式磁碟機或固態硬碟分割成指定大小的兩個不同容量的 Partitions。
3. Client 端實體機電腦 IP 以固定 IP 方式設定，其 IP 為 172.16.140.1XX/24，其中 XX 表示工作崗位號碼。
4. 可由 Client 端之實體機及虛擬機以 tracert/traceroute 指令追蹤路由途徑。
   此項功能必須等後續伺服器 (Server) 及虛擬機安裝與設定完成後才能繼續。

本書 Client 工作站實體機電腦採用 Windows 10，虛擬機電腦採用 Linux-ubuntu18。

【戲說硬乙第二站】圖說詳見本章附錄

傳說中有一位國王，娶了 2 個老婆，第 2 個妻子 (古稱嬪妃，現稱小三) 年輕貌美，她是個老外 (國碼 172)，長像與語言很不一樣，國王很喜歡她，於是慢慢地冷落了原妻 (古稱皇后，現稱老婆)，與皇后是從小一起長大的青梅竹馬 (國碼都是 192)。

皇后與嬪妃都同住一個後宮，國王特別在皇宮 (門號：192.168.140.100) 開了一個後門，方便與小三見面約會，後門也有門號是：172.16.140.100，小三的後宮有一相似的門號是：172.16.140.1xx，後 2 碼會隨著位置不同而變化。平日規定不允許 2 人互通訊息，其實是語言不通，無法溝通。皇后住在後宮中很隱密很安全的地方，任何人要見皇后都要國王允許並且要過橋才行，會在後宮「過橋後」的那個位置只有國王知道，國王會決定一個區間讓她挑選，例如門號編號從 192.168.140.150~192.168.140.170，其中的一個位置。

大小老婆要表面上的禮尚往來，也都一定要讓國王知道，所有來往的物品也都要經過國王的手，而且要繞過皇宮才行，國王所特製的這座奈何橋就是用來管制，當允諾來往通訊時，必須要「橋接」兩端才能通往後宮，大小老婆見面是件不容易的事，過橋時橋夫都會提醒『過橋喔 ~』，大家也會齊口呼『有喔 ~』。

機要隨扈整理了一下相關的設定：

名稱	門號	說明
皇宮 (Server)	192.168.140.100	前門對外
	172.16.140.100	後門密道
後宮 (Client)	172.16.140.109 (例)	後宮第 9 號
	172.16.140.100	後宮密道
後宮 (橋接) 虛擬機	192.168.140.150~192.168.140.170 (例)	國王決定區間

8-1 Client 端實體機 Windows10 安裝圖說

檢定的要求：根據動作要求 (五)-1-(2)A 項

> (A) 依監評人員之要求，將 Client 電腦的硬式磁碟機或固態硬碟分割成兩個不同容量的 Partitions(監評人員現場指定)

參考檢定指定內容表第一項。

項目	指定項目(動作要求)	指 定 內 容
一	動作要求(1-(2)-A)： 將 Client 實體機之硬式磁碟機或固態硬碟分割成兩個不同容量的 Partitions，應檢人可將 1000 MBytes 或 1024 MBytes 換算爲 1 G Bytes。	指定之「Partitions」容量： (以下兩個 Partition 容量合計 110GBytes) Partition-1 容量：__85__GBytes Partition-2 容量：__25__GBytes

說明：

(1) 磁區容量，務必正確，可允許將 1024 簡單以 1000 代替，所以分割後的實際容量會比指定的小一點，但不用緊張，這是明定可容許的範圍。

(2) 系統安裝：務必安裝於 C 磁碟，就是 Partition-1

注意：以上兩項屬於重大缺失項目之一，錯誤將被判定不合格。

• 安裝步驟說明：

步驟 1

插入隨身碟，打開電源，按 Del 或 F2 進入 BIOS，按 F8 選擇可開機的隨身碟。

以下以圖片說明 Step by Step，對於已經通過丙級檢定的人而言，不會有難度，雖然有版本的不同，Windows7 與 Windows10 有許多相同之處，安裝過程畫面並不會陌生。

步驟 2

下一步。

步驟 3

立即安裝。

步驟 4

不需輸入金鑰。

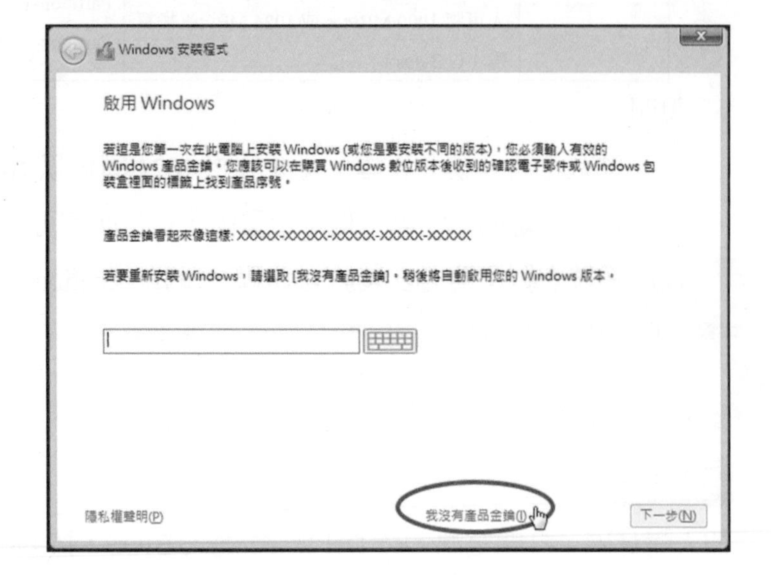

步驟 5

選擇專業版。

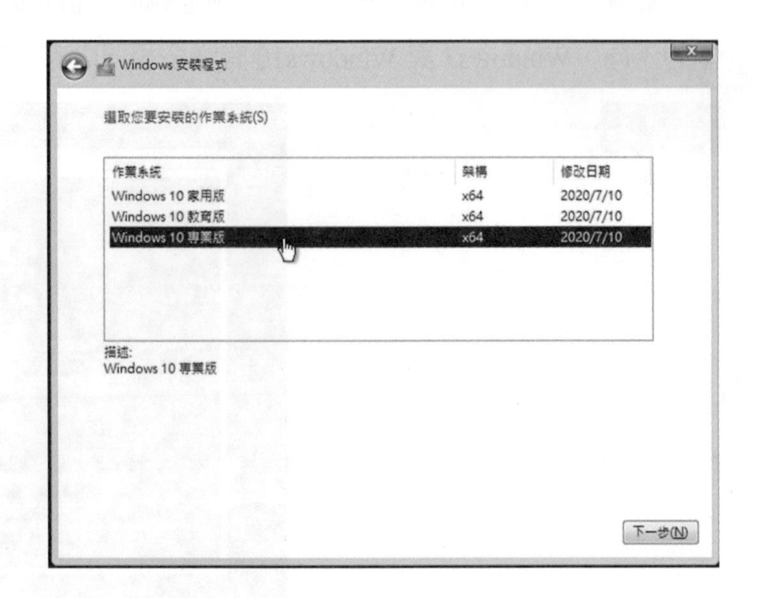

步驟 6

勾選，我接受授權。

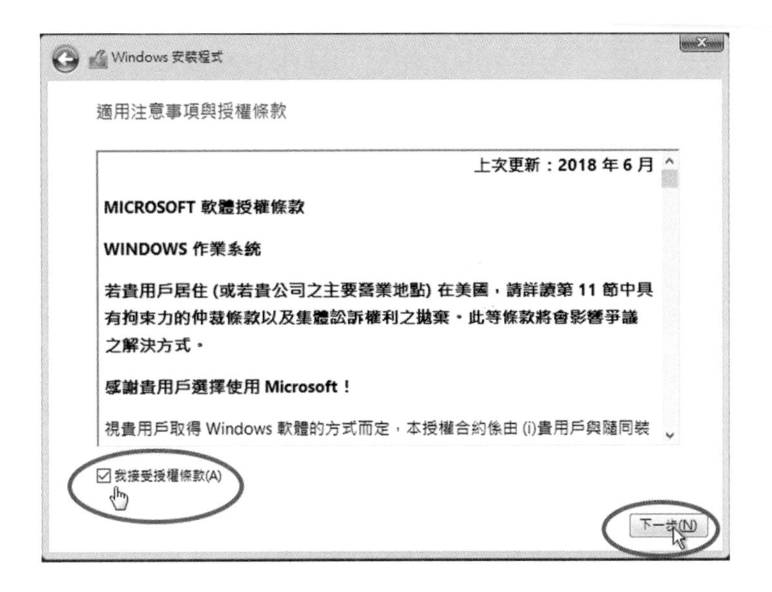

步驟 7

自訂安裝。

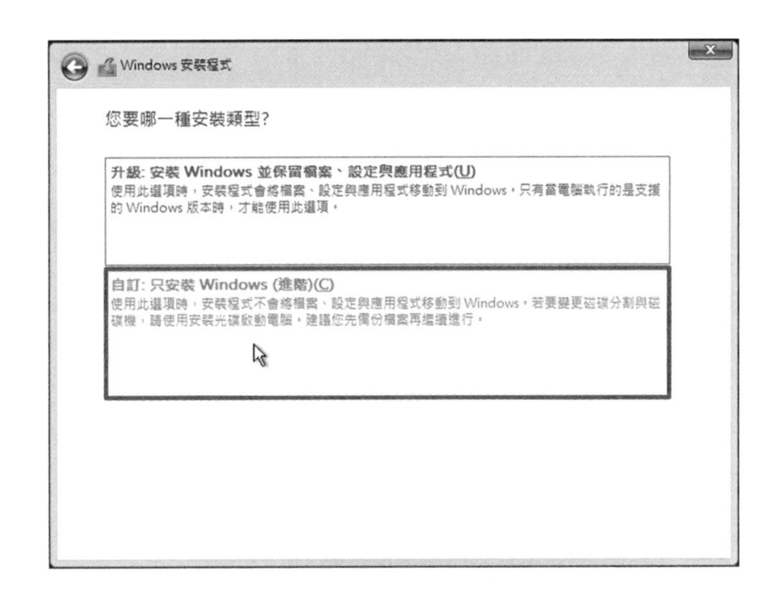

步驟 8

很重要的步驟！

準備開始分割磁區：

1. 新增。
2. 參考桌上的指定內容表：輸入 55 加 3 個 0，變成 55000，表示 55GB。
3. 套用。
4. 這是第 1 個主要分割區，就是 C 碟 (Partition-1)。

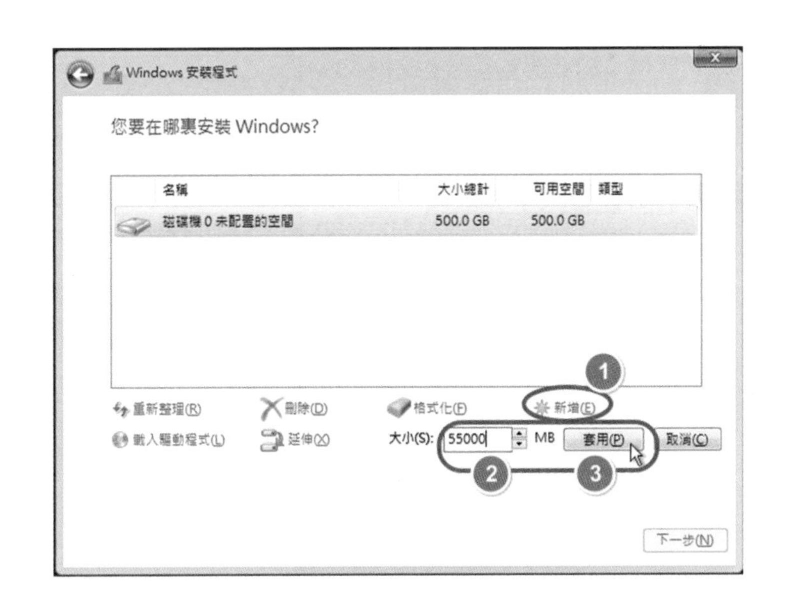

步驟 9

警告提示訊息，無需理會。

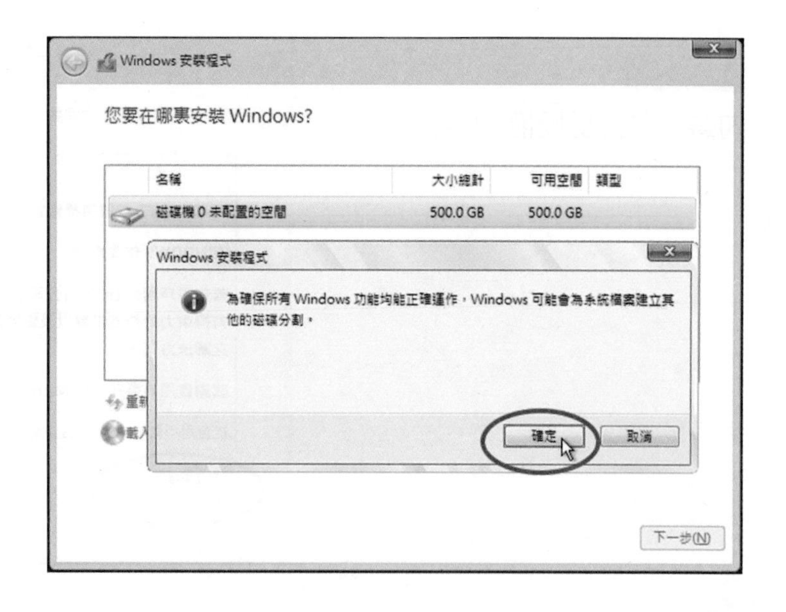

步驟 10

很重要的步驟！

1. 點選未配置的空間。
2. 新增。
3. 參考桌上的指定內容表：
   輸入 25 加 3 個 0，
   變成 25000，表示 25GB。
4. 套用。
5. 第 2 個主要分割區
   就是 D 碟 (Partition-2)。

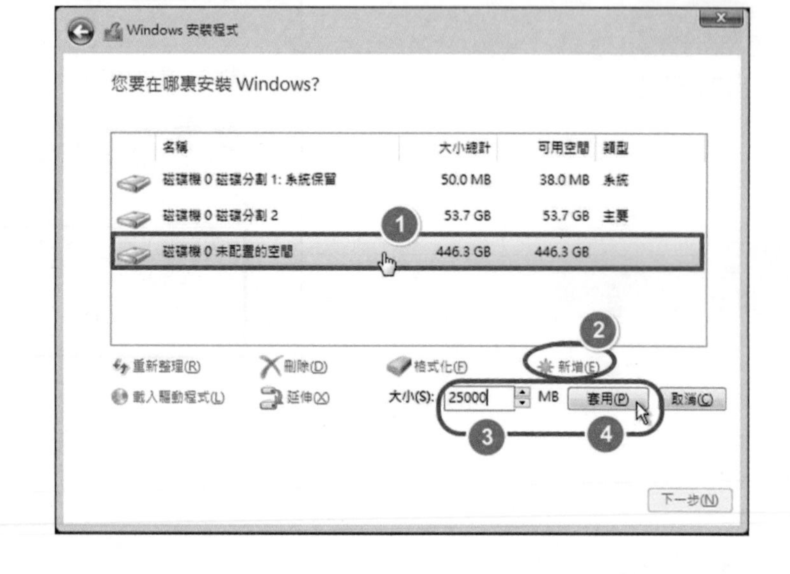

步驟 11

馬上按「格式化」，等完成後就能顯示出容量大小。

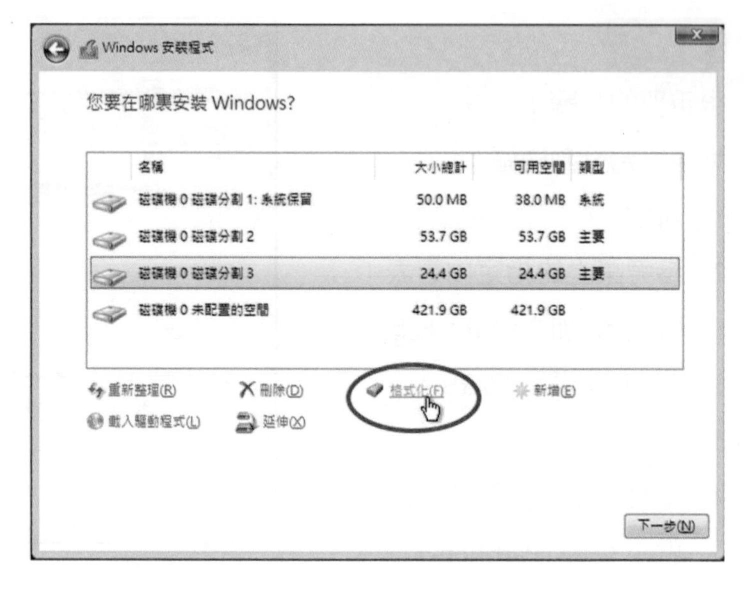

步驟 12

警告提示訊息，無需理會。

步驟 13

很重要的步驟！

1. 先往回點第 1 個分割區，再按下一步。
2. 下一步就會開始複製檔案安裝於磁碟，依指定是 C 磁碟。
3. 這是偶爾有發生的重大缺失，如果分割完第 2 個磁區後直接按下一步，就會將系統安裝於 D 碟，這項錯誤通常自已不會發現，因為不會顯示錯誤訊息，最後檢查時才會發現或等監評來了才會發現，這是屬於重大的缺失項目。

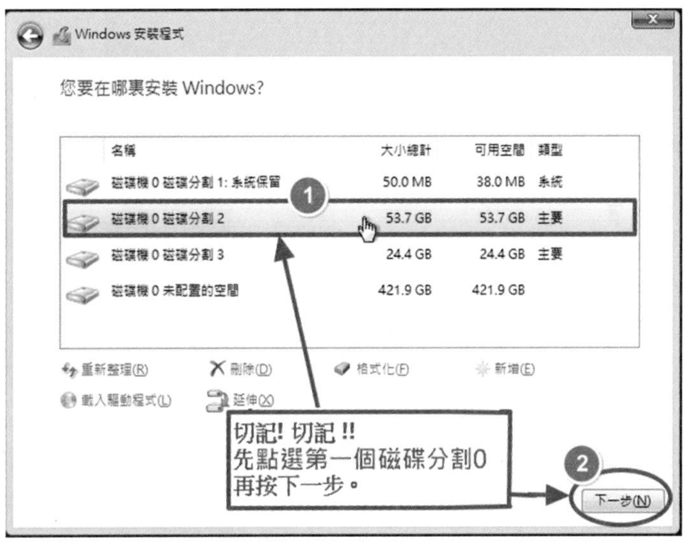

步驟 14

開始複製與安裝。

建議：

這步驟會花一點時間，此時可同步處理其它步驟。請轉台繼續處理伺服器端尚未完成的部分。

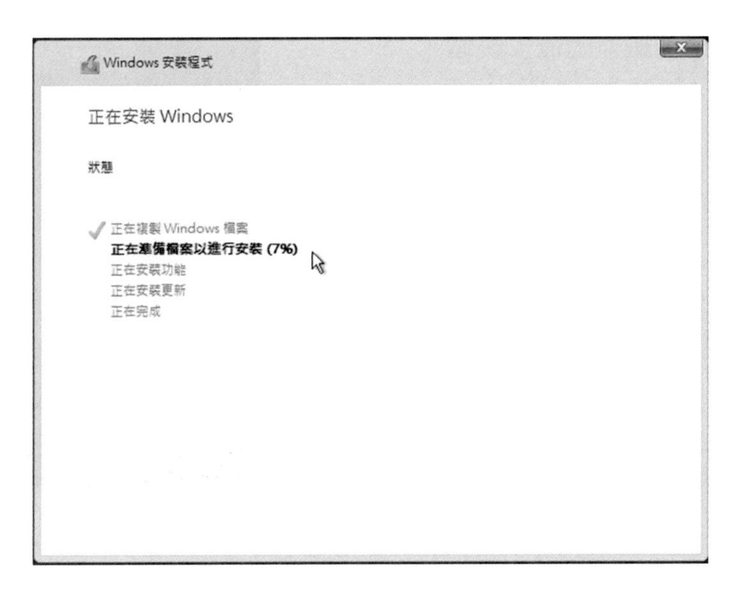

步驟 15

預設值，是。

步驟 16

預設值，是。

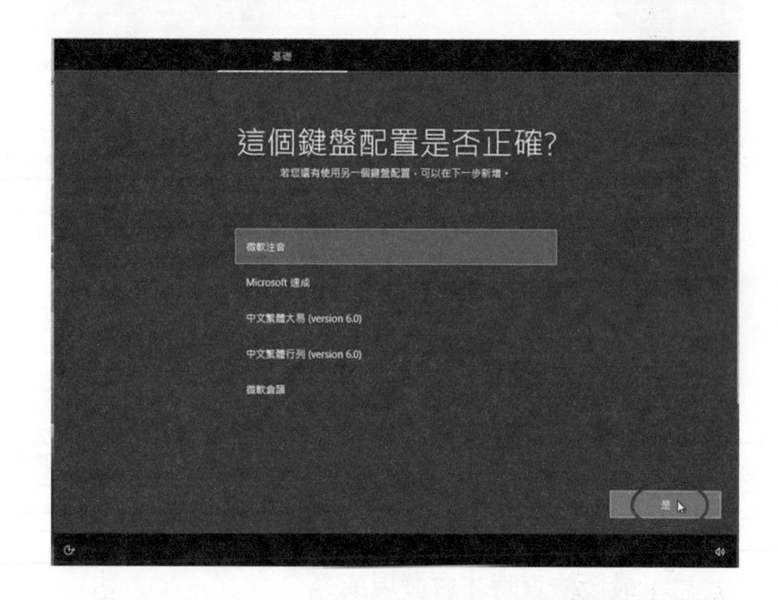

步驟 17

無需鍵盤配置，跳過。

步驟 18

個人使用，下一步。

步驟 19

無需登入微軟帳號，檢定用，點選「離線帳戶」。

步驟 20

無需登入，檢定用，

點選「有限的經驗」。

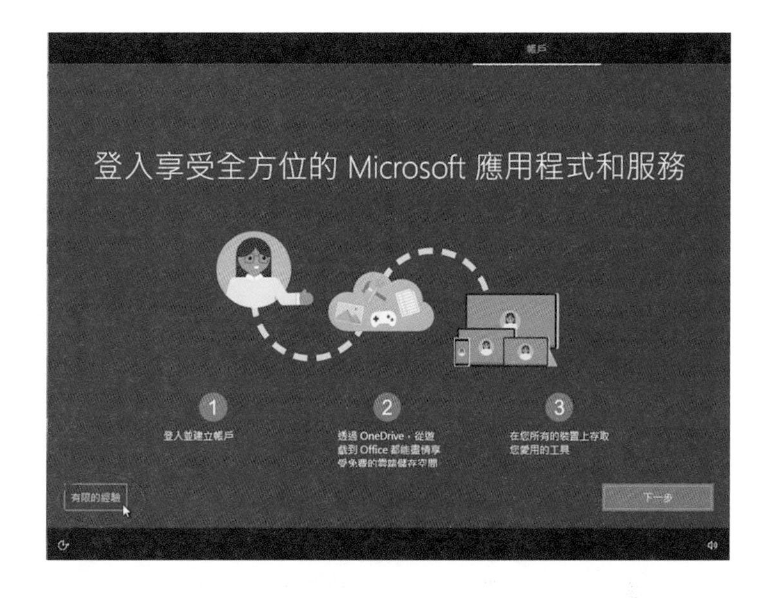

步驟 21

很重要的步驟！

參考桌上的檢定指定內容表，

輸入第 1 個使用者：master。

步驟 22

很重要的步驟！

依指定 master 的密碼輸入，並第 2 次確認。

步驟 23

回答安全性 3 個問題，檢定用，可隨意輸入：a 即可，並接受隱私設定。

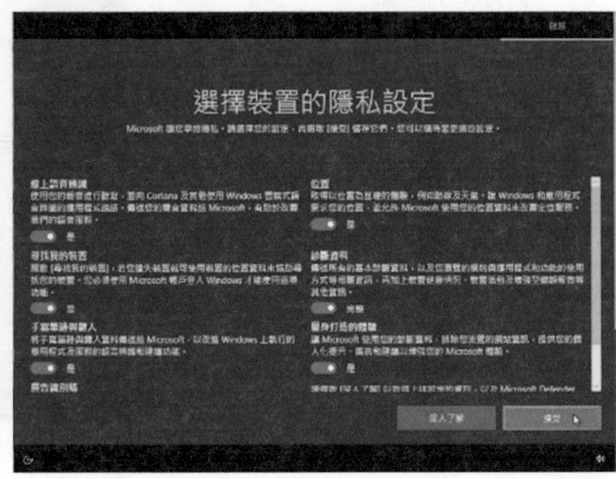

步驟 24

無需自訂體驗，跳過，無需更多功能。

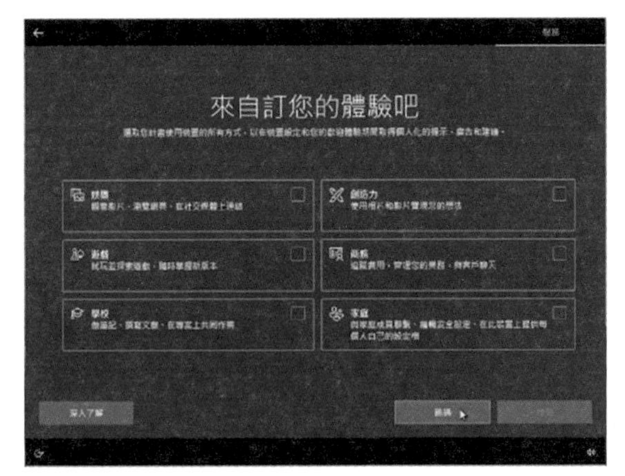

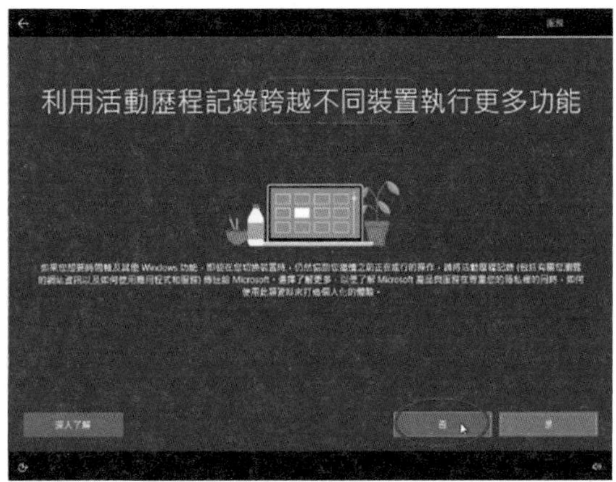

步驟 25

最後階段，請勿關閉您的電腦。

步驟 26

完成安裝，馬上檢查磁碟的容量、系統安裝的位置是否有誤？

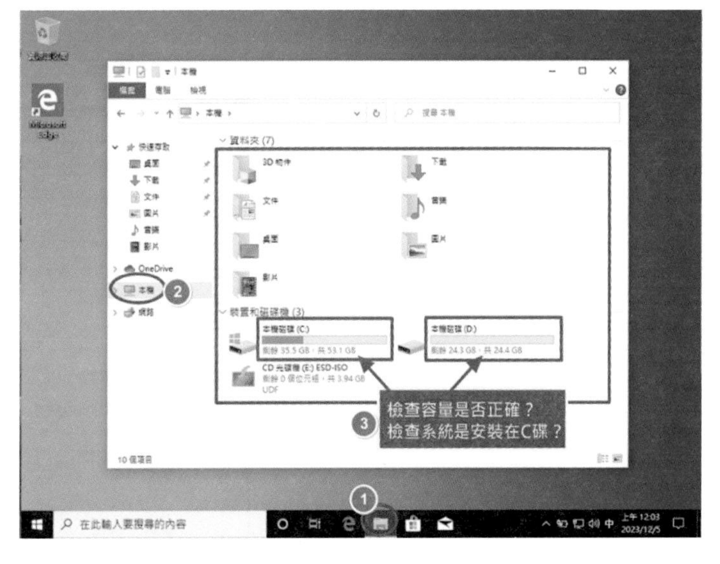

8-2 Client 端新增使用者

參考檢定之指定內容表：

設定 3 個使用者 master、user1、user2，指定的「密碼」：須以英文字母為首。

必須說明的是，此 3 個使用者，實際上是伺服器端指定要求的 3 個使用者，Client 端電腦也建議同步新增該 3 個使用者，是為方便登入伺服器端時切換身份，用來檢視各項權限之用。

二	動作要求(1-(2)-F-(B))： 設定 master、user1、user2 使用者密碼。	指定之「密碼」： (須以英文字母為首，不可為 master、user1、user2，限 8 個字以內) master 密碼：Md2255 user1 密碼：Md1144 user2 密碼：Md3366

操作步驟說明如下：

步驟 1

新增使用者，必須開啓控制台，在底端搜尋處點一下，若看不到控制台 (首次)，輸入：control，或輸入中文，便能看到。

步驟 2

點選「使用者帳戶」。

步驟 3

點選「管理其他帳戶」。

步驟 4

點選在「電腦設定」中新增…。

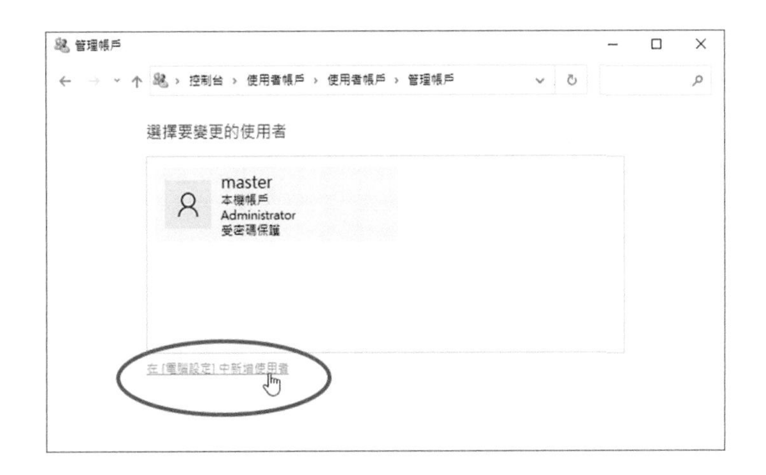

步驟 5

點選「將其他人新增至此電腦」。

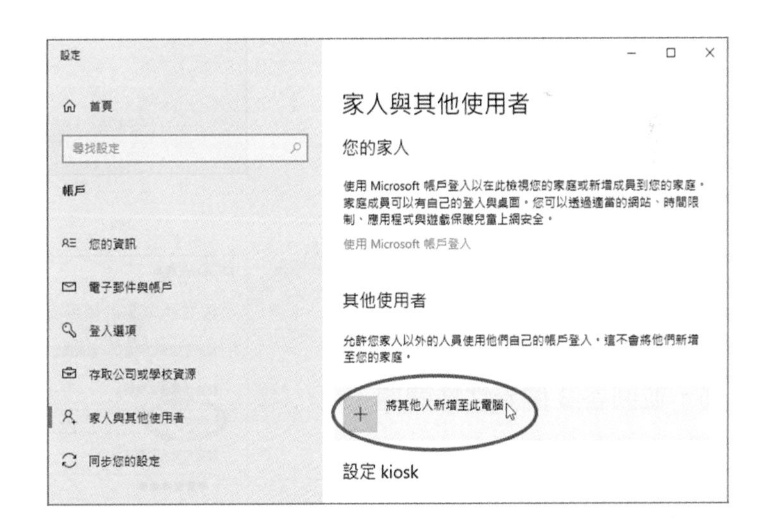

步驟 6

點選「我沒有這位人員的…」。

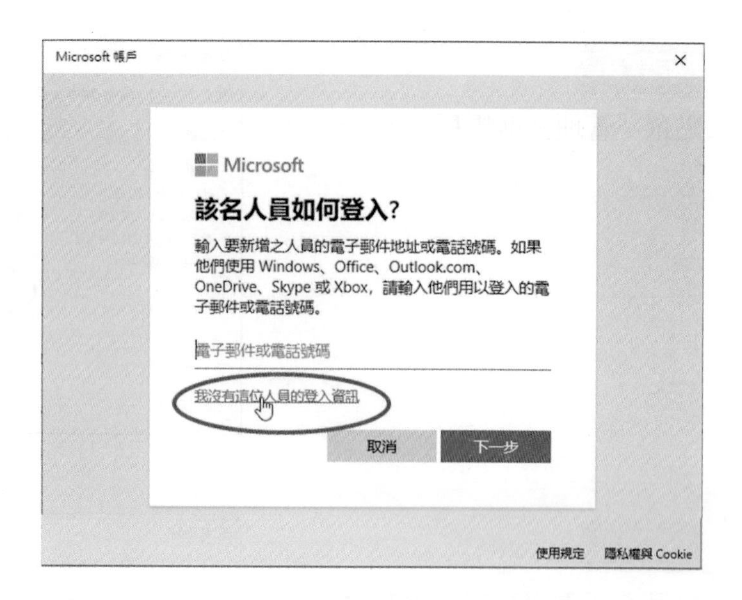

步驟 7

點選「新增沒有 Microsoft…」。

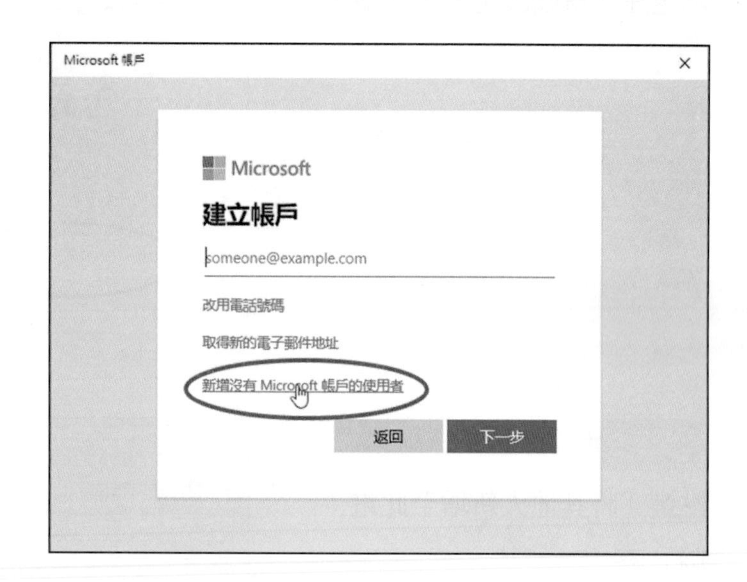

步驟 8

依指定內容表，輸入 user1 的密碼，並回答 3 個安性性問題，可以隨意輸入 a 即可。

完成 user1 後，再準備新增 user2。

步驟 9

點選「將其他人新增…」，方式同 user1。

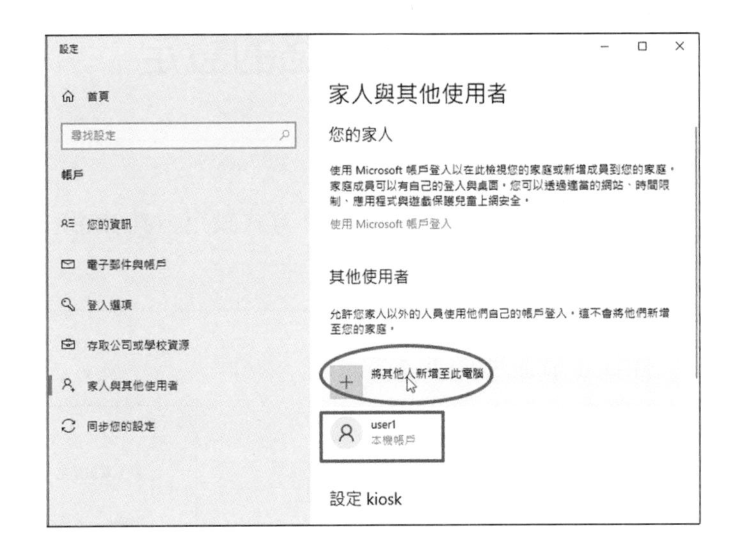

步驟 10

確實新增了使用者。

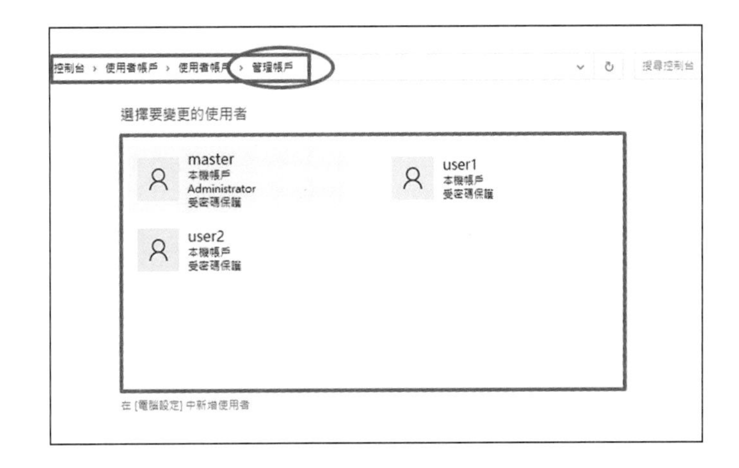

步驟 11

後續當要切換使用者身份時，按依序：

1. 開始。
2. 點按人頭像切換。
3. 輸入密碼。

8-3 Client 端網路的設定

檢定的要求

Client 端實體機電腦 IP 以固定 IP 方式設定，其 IP 爲 172.16.140.1XX/24，其中 XX 表示工作崗位號碼。

操作步驟說明如下：

步驟 1

從控制台 / 網路和網際網或從工作列網路的圖示來點選。

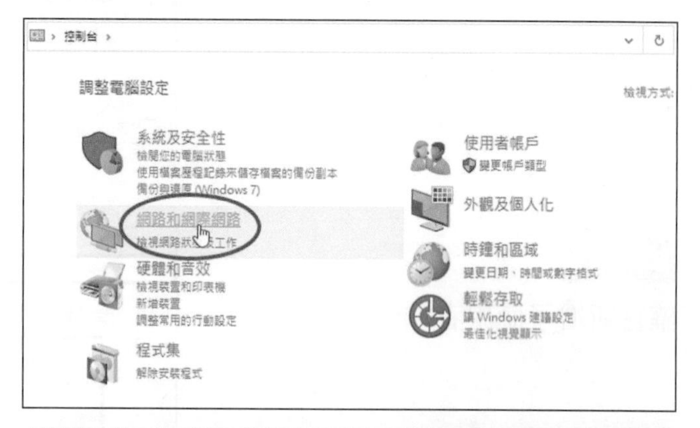

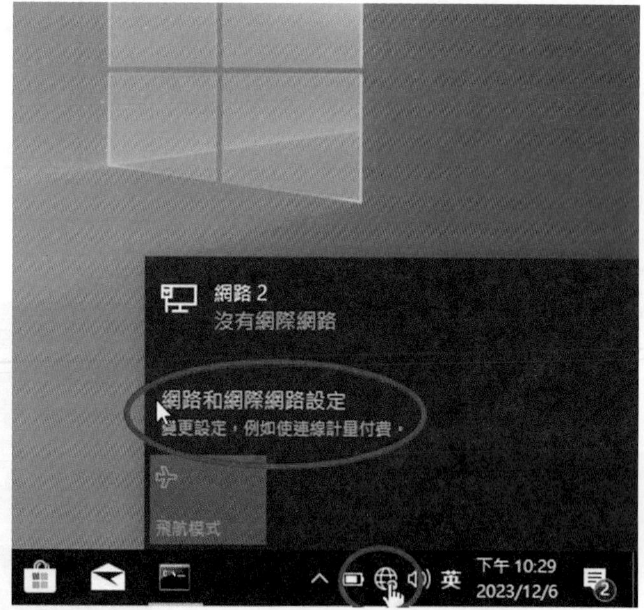

步驟 2

點選「網路和共用中心」。

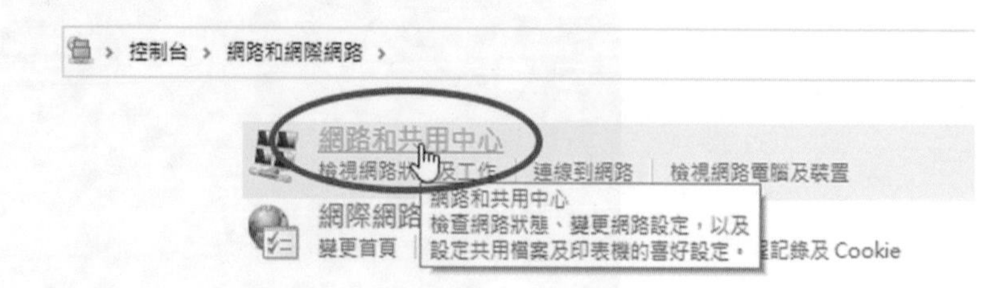

步驟 3

1. 點選乙太網路，
   變更介面卡選項。
2. 乙太網路 / 右鍵 / 內容。
3. 取消勾選第 6 版 (TCP/IPV6)。
4. 雙按第 4 版 (TCP/IPV4)。

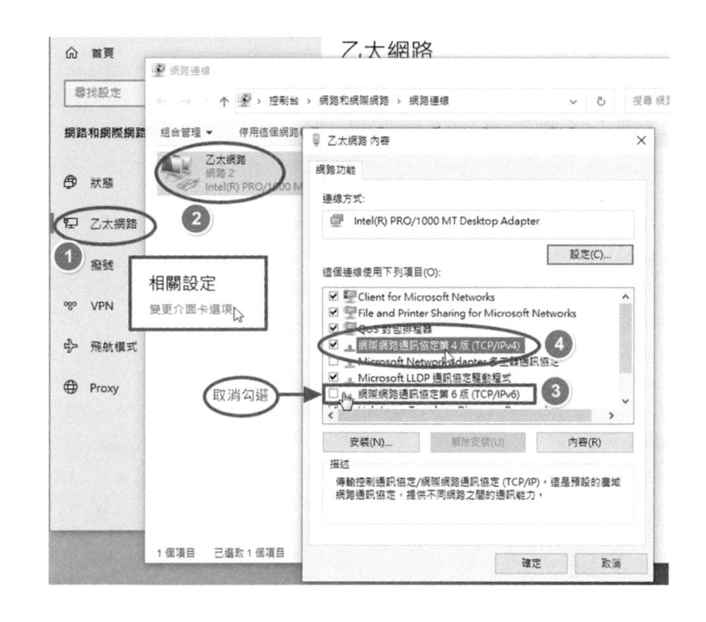

步驟 4

很重要的步驟！

實體機以固定 IP 方式設定。

1. 點選「使用下列的 IP 位址」
   工作崗位：09
2. 輸入：172.16.140.109
3. 完成後按 tab 鍵，子網路遮罩
   爲 255.255.255.0
4. 預設閘道：這是後門密道，與
   Server 端互通之重要管道，必
   須是同網段。
   輸入：172.16.140.100
5. DNS 伺服器指定：
   192.168.140.100
6. 確定。

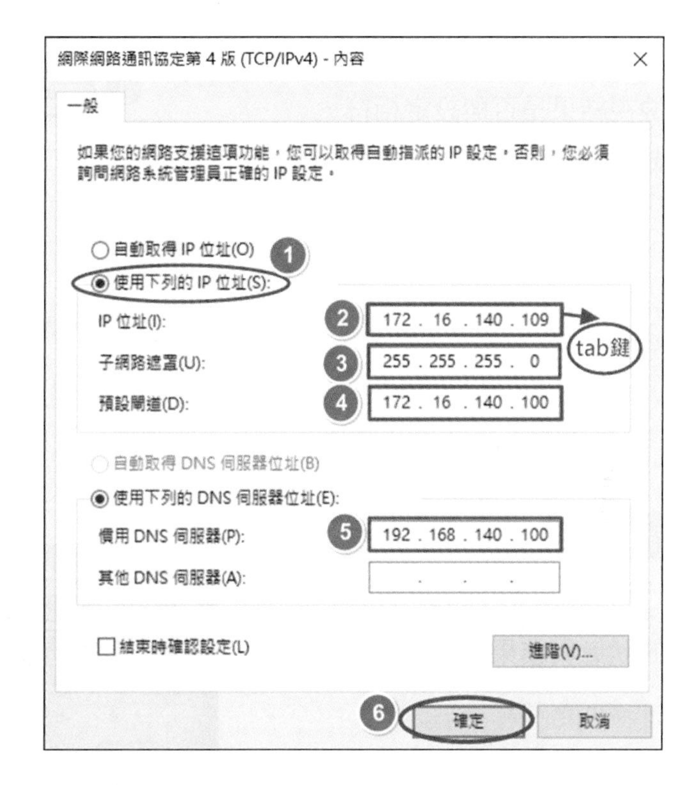

步驟 5

設定好介面卡的內容之後，馬上
讓它啓用的做法就是：
停用再啓用：
點選乙太網路，右鍵 / 停用。

步驟 6

右鍵 / 啓用。

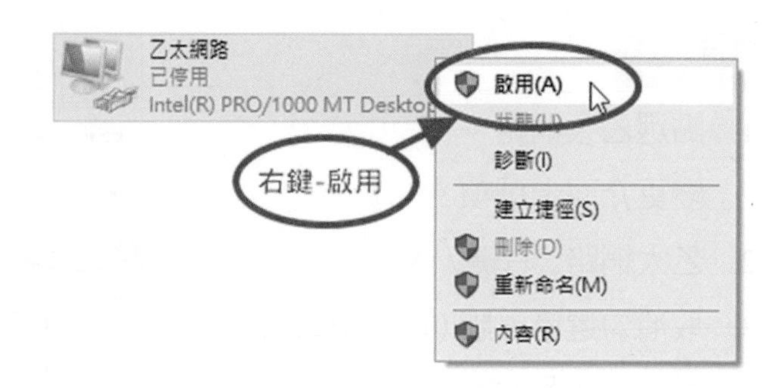

步驟 7

馬上看結果：點選乙太網路

1. 右鍵。
2. 狀態。
3. 詳細資料。

檢視結果是否與設定相符，並且合乎檢定的要求。

步驟 8

也可以用 DOS 的指令來觀察網路的狀態與結果。

>ipconfig /all

可以清楚看到 IPV4 位址、子網路遮罩、DNS…等資訊。

註：如果你已經設定好伺服器主機的網路介面，你可以用 ping 的指令來查看網路連線狀態。如 >ping 172.16.140.100

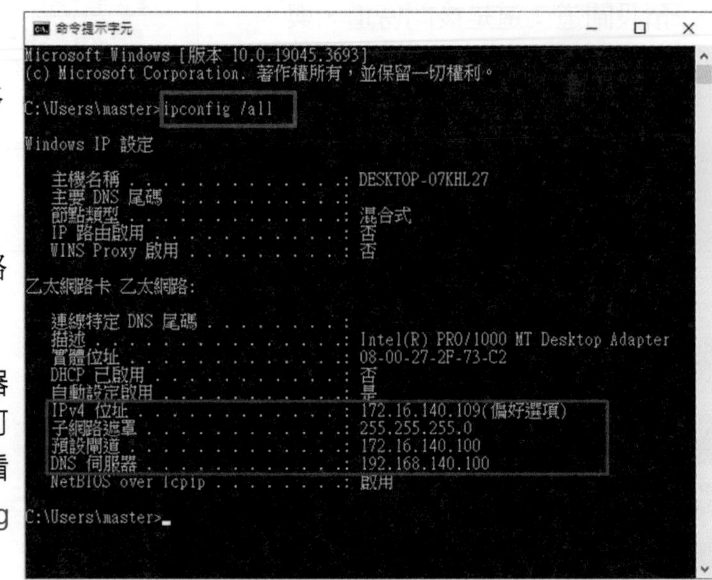

8-4 Client 端安裝虛擬機 Linux 作業系統

檢定的要求

1. Client 電腦實體機與虛擬機分別安裝不同作業系統，一為 Windows，另一為 Linux。
2. 由 Client 電腦中之實體機或虛擬機自行選擇其中一個作業系統規劃網路設定。
3. 架設 DHCP 功能，以動態方式配置 Client 端虛擬機電腦 IP，動態 IP 範圍由監評人員現場指定。
4. 可由 Client 端之實體機及虛擬機以 tracert/traceroute 指令追蹤路由途徑，其路由途徑必須自 Client 端實體機繞經 Server 再回到 Client 端虛擬機，並可自 Client 端虛擬機繞經 Server 再回到 Client 端實體機。

作者建議實體機安裝 Windows 系統，虛擬機安裝 Linux 系統。

虛擬機安裝系統，需要先下載虛擬機軟體，選擇很受歡迎的 Oracle VM VirtualBox，它是免費的軟體，很方便搜尋取得，下載後幾個下一步即能安裝完成。

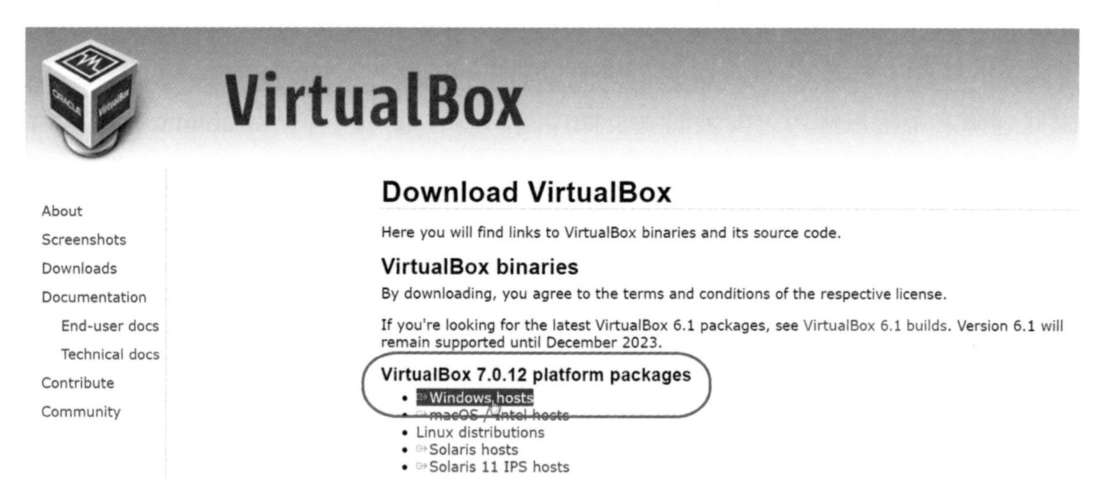

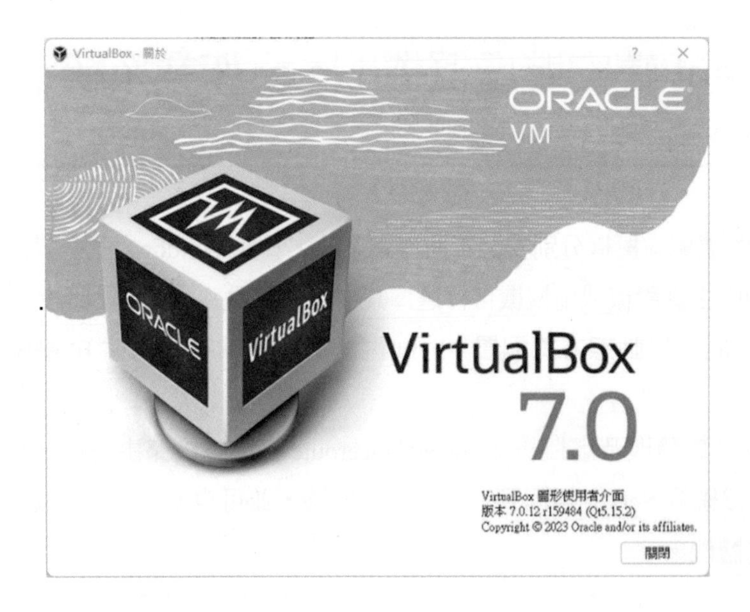

本書之虛擬機安裝 Linux-ubuntu 系統，版本 1804。

如檢定之要求功能所述，虛擬機並沒有執行太多的任務，就是 2 個主要項目：

1. 取得動態 IP：範圍由監評人員現場指定。
2. 可由 Client 端之實體機及虛擬機以 tracert/traceroute 觀察路由。

因此選擇之系統以輕巧、安裝簡易及操作簡單爲考量，作者覺得 ubuntu 相當適合。也建議檢定主辦單位學校考慮採用。

Virtualbox 安裝後在桌面上的捷徑按一下即可啓動。

介面操作功能說明：

1. 已安裝的系統會依序排放。
2. 要新增一個新的系統時，請按「新增」。
3. 在視窗中點選系統，按「啓動」即可開機。亦可按二下電腦主機來開機。
4. 系統資訊：作業系統等。
5. 存放裝置：顯示光碟機的系統 iso 檔

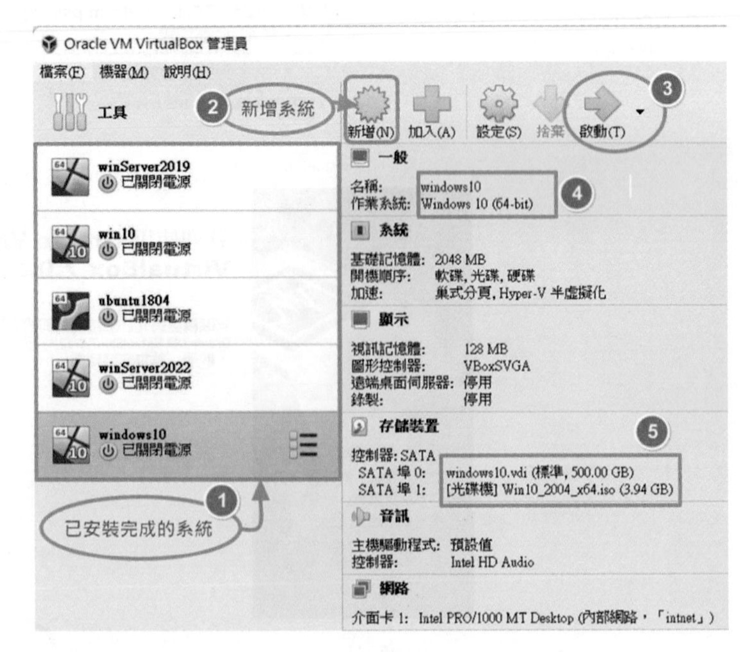

刪除已安裝之範例說明：

因故移除或想重覆練習安裝過程時可利用右鍵「移除」功能，並選擇刪除所有檔案。

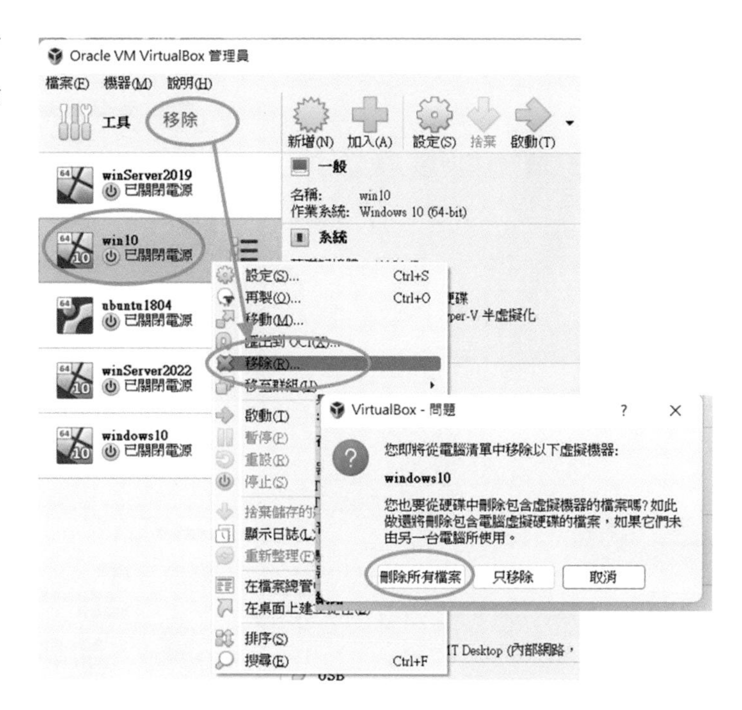

新增系統的範例說明：安裝 Linux-ubuntu18 版

步驟 1

1. 新增。
2. 輸入虛擬機名稱：
   (例) ununtu18。
3. 程式自動判斷作業系統 (確認)。
4. 下一步。

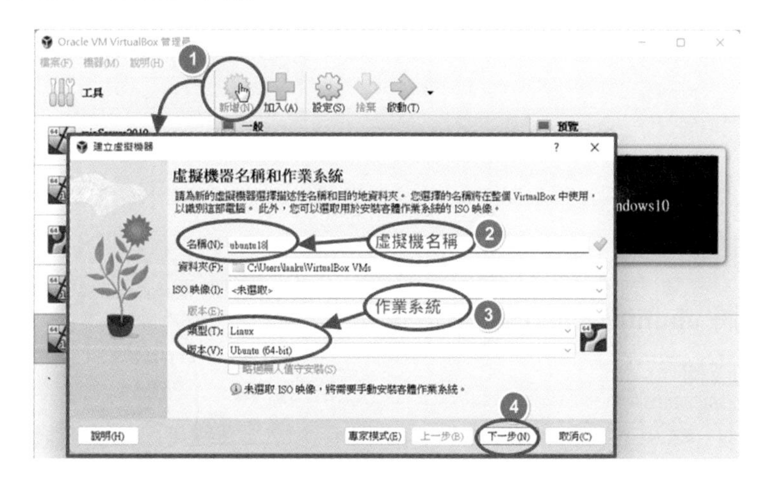

步驟 2

預設值即可，

下一步。

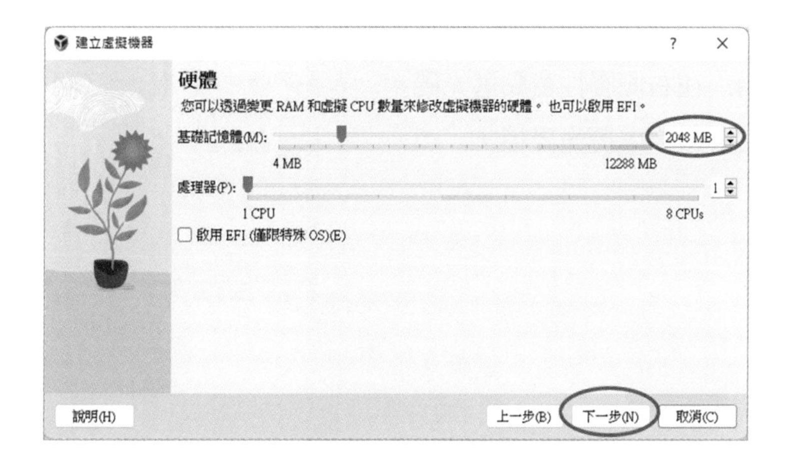

步驟 3

預設值即可，

下一步。

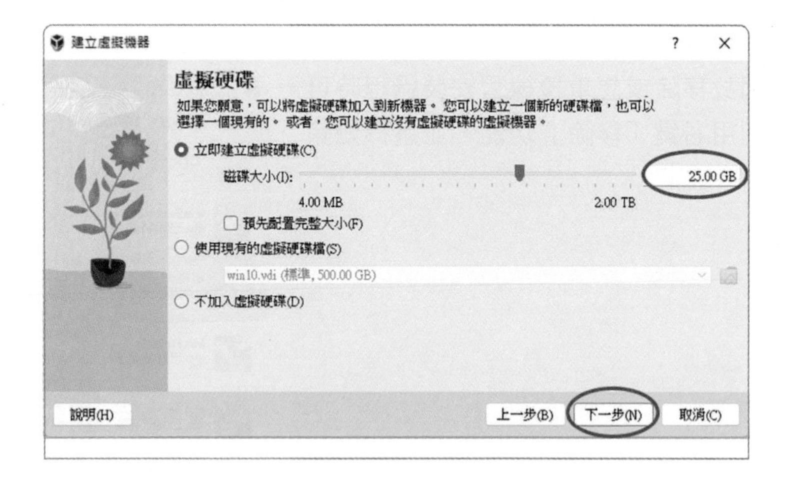

步驟 4

完成。

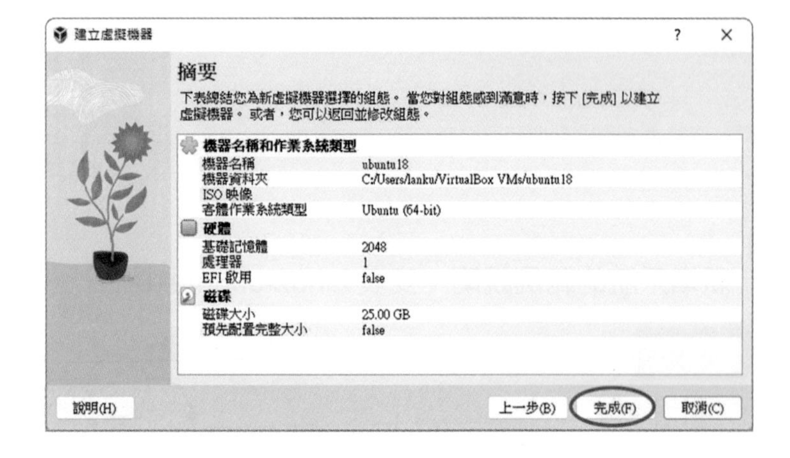

步驟 5

將 ubuntu18 的 ISO 檔放進光碟機

1. 設定。
2. 存放裝置。
3. 點選空的光碟。
4. 在右側屬性窗點選光碟。
5. 選擇虛擬光碟檔。

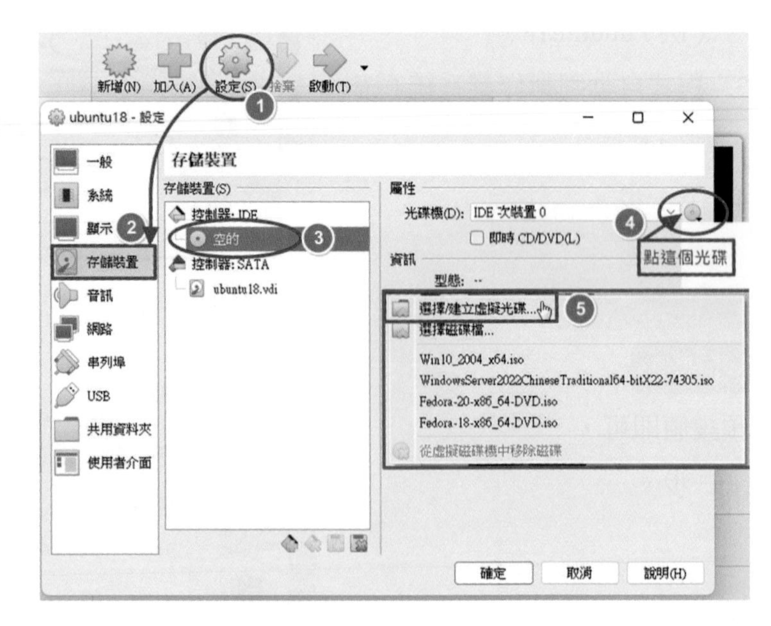

步驟 6

選取 ISO 檔

ubuntu-18.04.6-desktop-amd64.iso

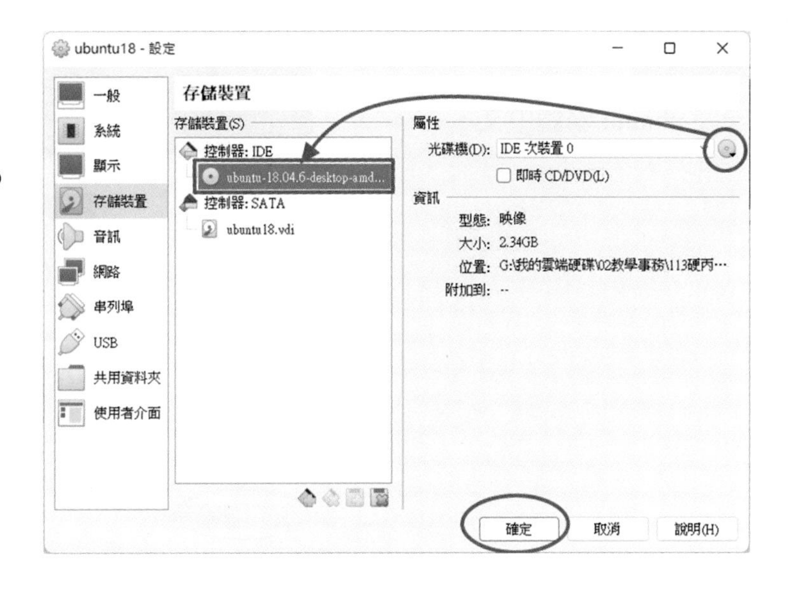

步驟 7

很重要的步驟！

1. 設定。
2. 網路。
3. 啟用介面卡 1，務必點選「橋接介面卡」。它負責橋接不同網段的機器，想要路由經過，一定要「過橋」喔。
4. 確定。

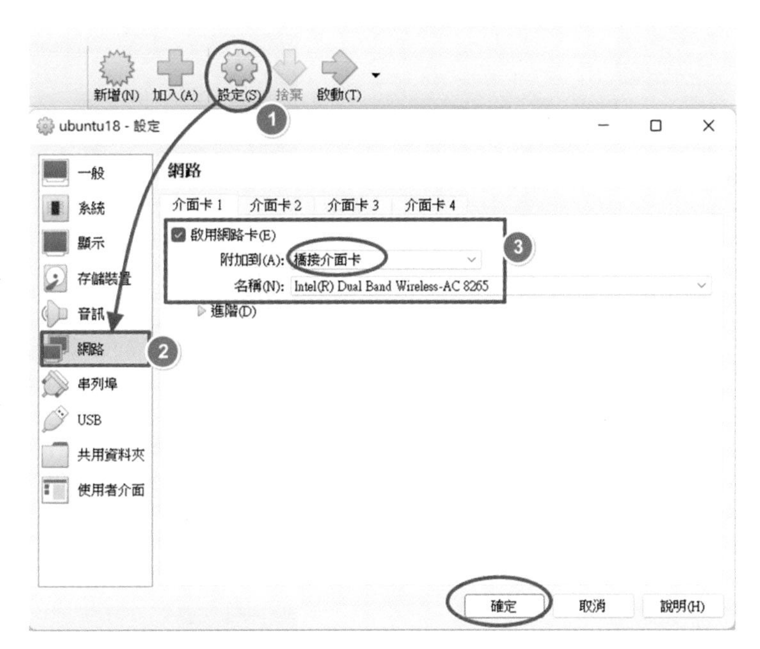

步驟 8

點 2 下啟動。

步驟 9

安裝 ubuntu 繁體中文。

步驟 10

繼續。

步驟 11

使用最簡易的功能即可。

不需下載更新。

(檢定時無對外的網路)

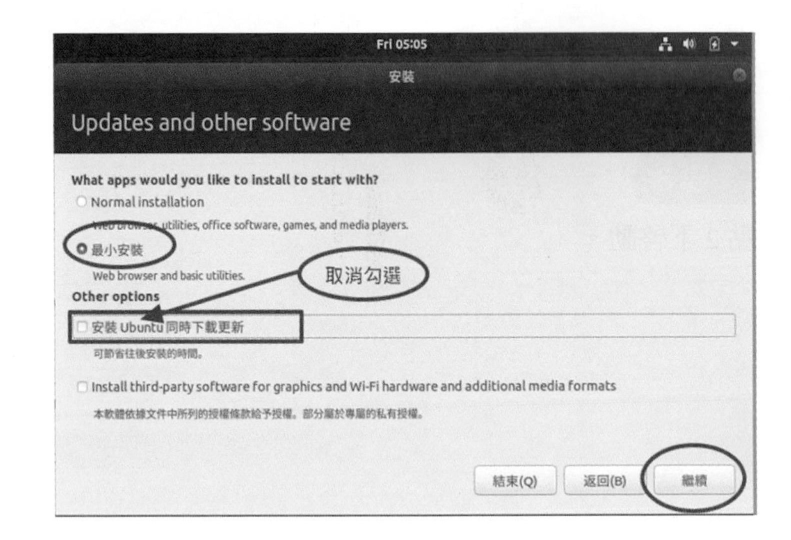

步驟 12

清除磁碟並安裝。

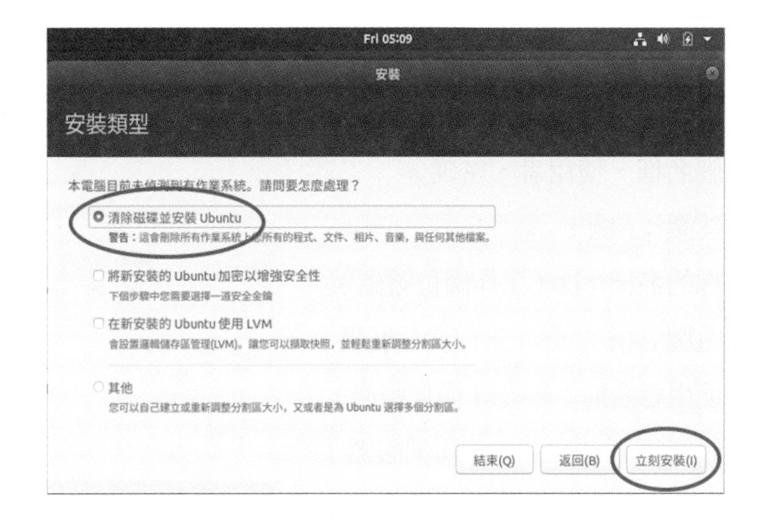

步驟 13

警告刪除磁碟的訊息，繼續。

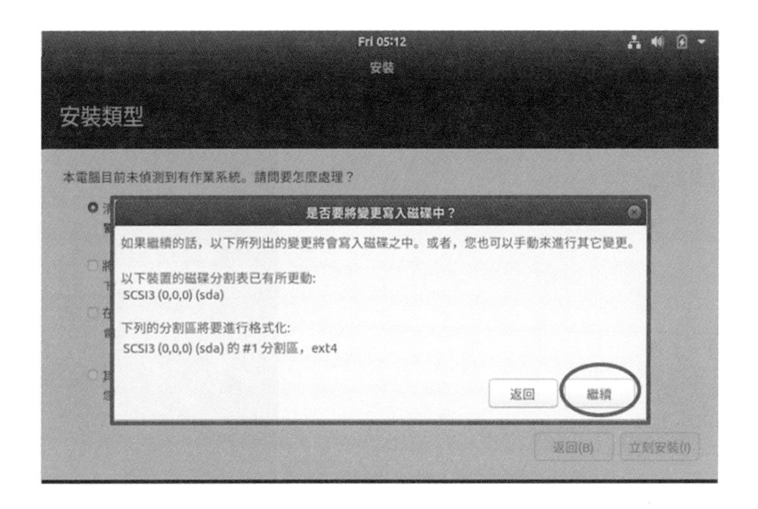

步驟 14

繼續。

步驟 15

檢定時虛擬機並沒有指定的電腦名稱、使用者、密碼。

建議：(例)

你的名稱：09 (工作崗位號碼)

電腦名稱：V09 (工作崗位號碼)

使用者名稱：master (同伺服器)

設定密碼：xxxxxx (同伺服器)

避免忘記，以桌上的指定內容表的帳密較佳。

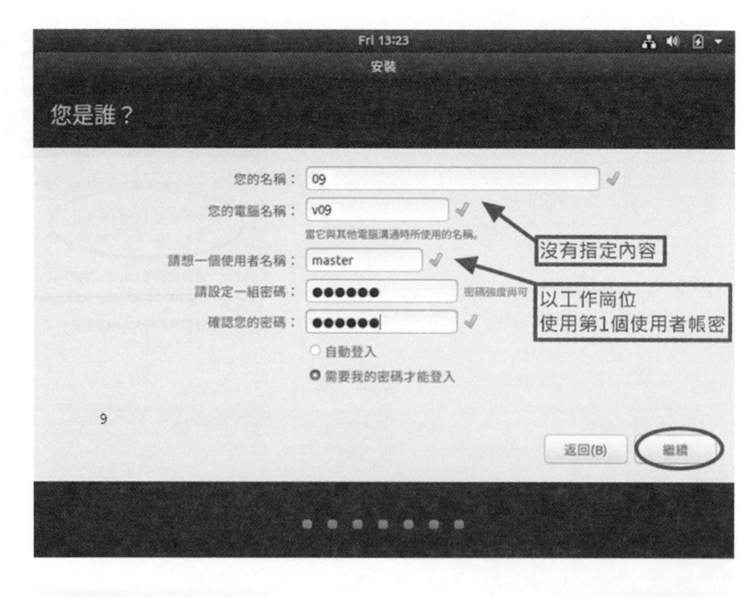

步驟 16

開始安裝⋯。

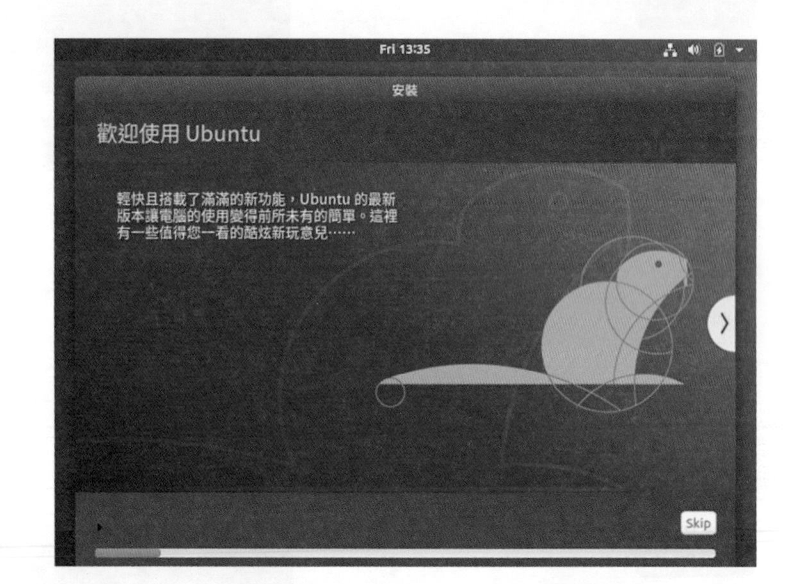

步驟 17

安裝完成，重新啓動。

步驟 18

按「Enter」繼續。

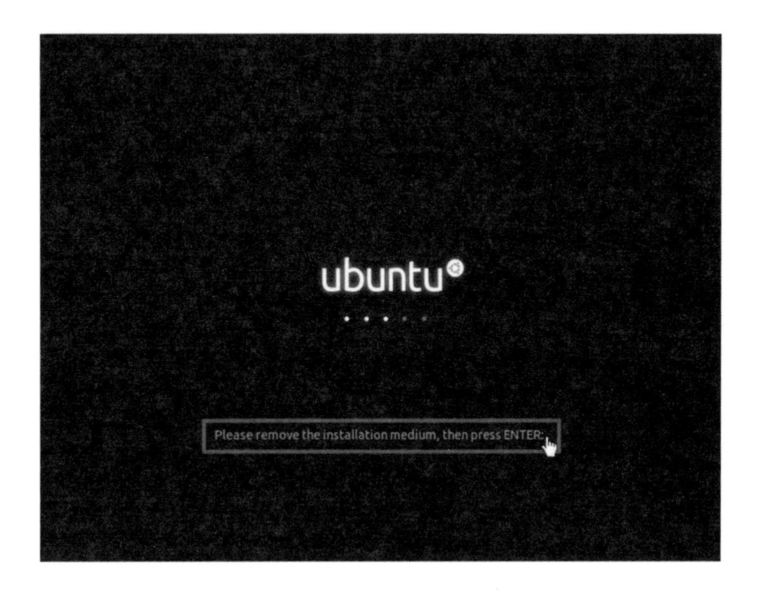

步驟 19

點一下登入。

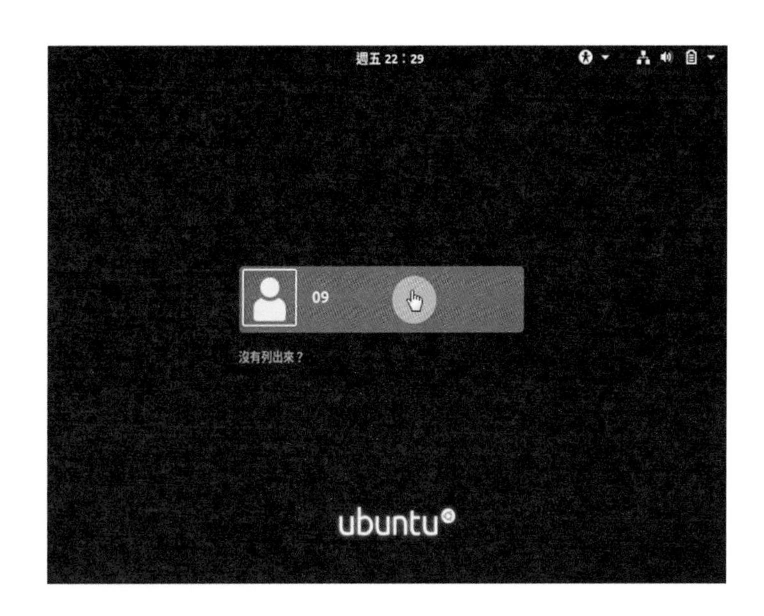

步驟 20

輸入密碼。

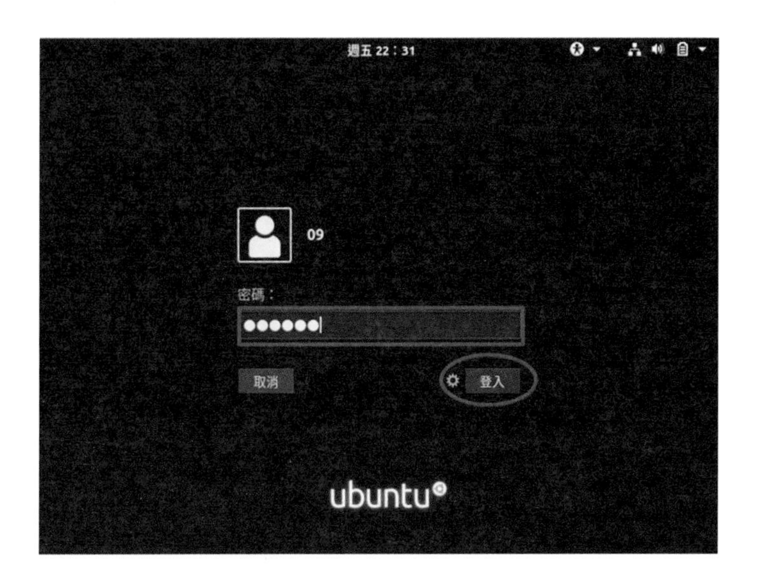

步驟 22

歡迎使用。

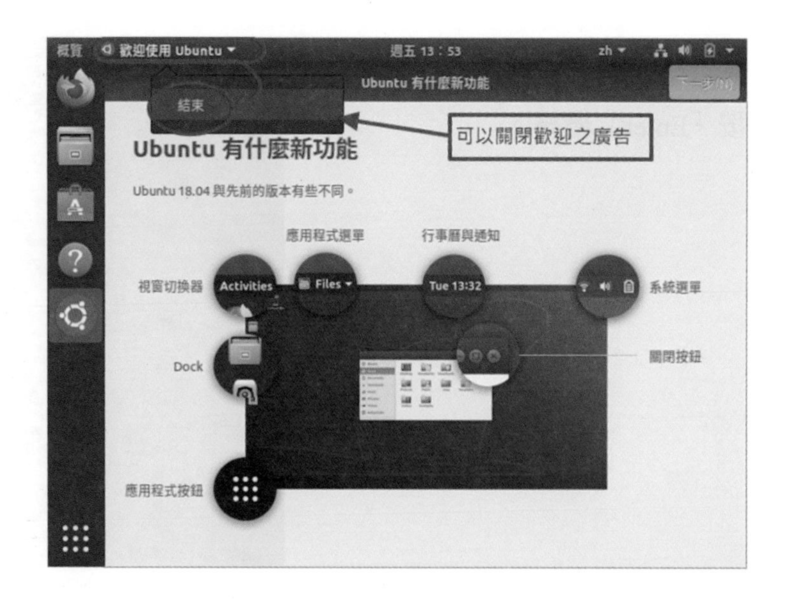

步驟 23

按開始圖示「顯示應用程式」幾次操作之後，常用的功能被記錄下來，直接點常用，可以節省找尋的困擾。

常用的應用程式：

設定值：設定網路等工作。

終端機：可下命令或查詢資料，如 ping，tracepath(路由)

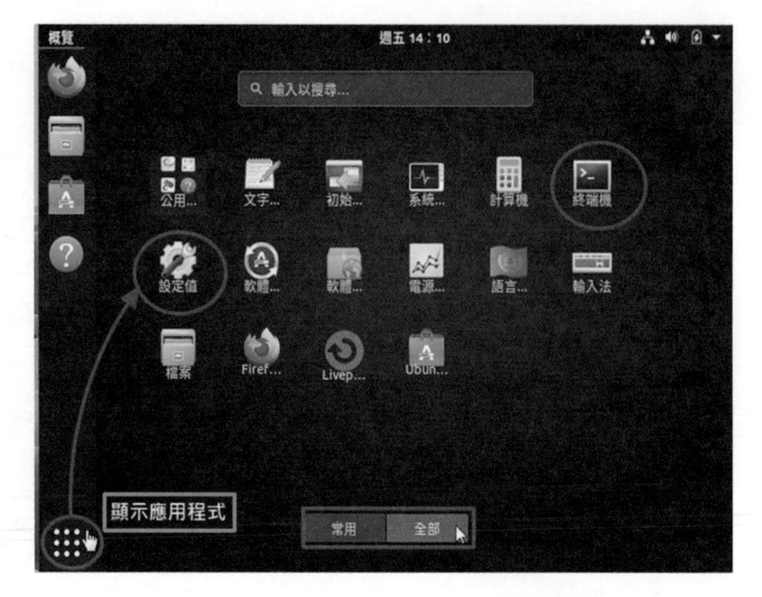

步驟 24

1. 設定值。
2. 網路。
3. 設定。

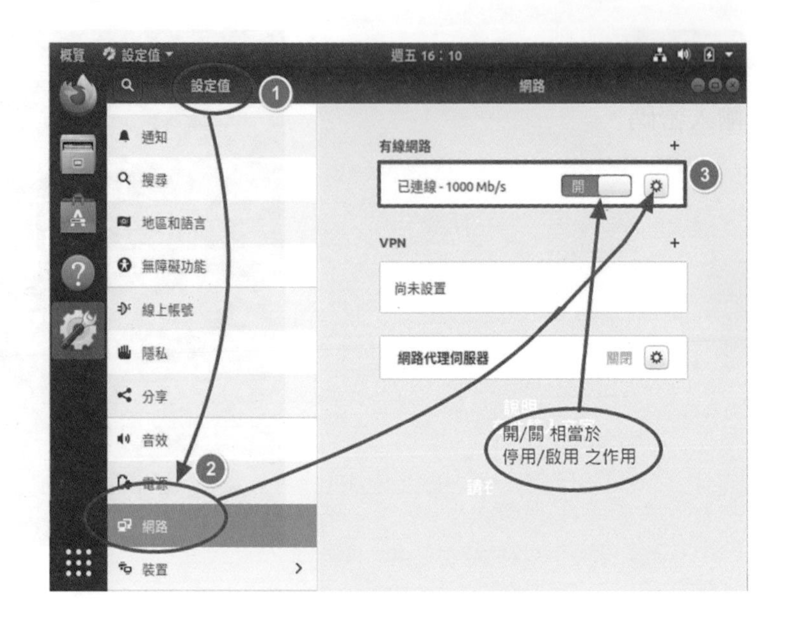

步驟 25

1. 點選 IPV4。
2. 點選自動 (DHCP)，很重要！
3. 輸入 DNS：192.168.140.100。
4. 套用。

步驟 26

1. 除了從開始 / 設定的方法開啓設定之外，也可以按右上角的小三角形開啓。
2. 開啓設定的圖示。
3. 可以設定網路。
4. 電源控制。

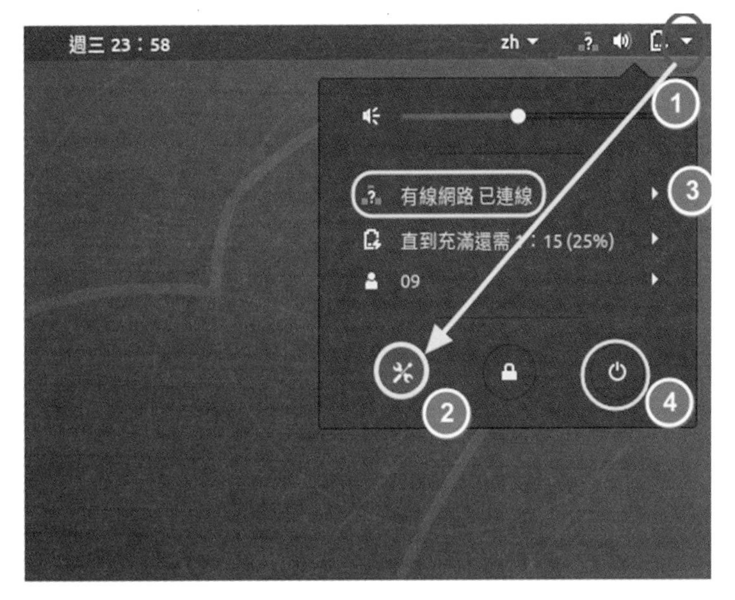

附錄：圖說硬乙第二站

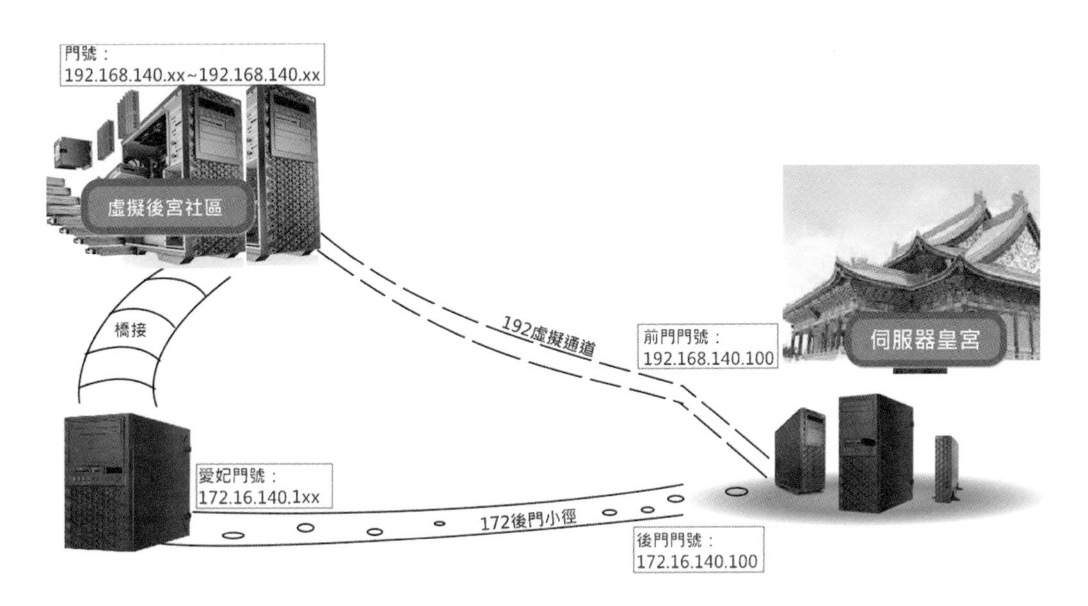

Windows Server 端作業系統的安裝與設定

檢定的要求

1. 規劃 Server 主機硬式磁碟機或固態硬碟容量，主機的硬式磁碟機或固態硬碟容量不予限制。
2. Server 主機開機後可以自動啓動網路作業系統，並可接受 Client 端登入 (login)。
3. Server 主機固定 IP:172.16.140.100/24 及 192.168.140.100/24，另需架設 DHCP 功能，以動態方式配置 Client 端虛擬機電腦 IP，動態 IP 範圍由監評人員現場指定。
4. Server 主機須安裝印表機伺服器，管理 2 台印表機，其型號由監評人員現場指定。
5. Server 主機的設定及其他的檢定要求，詳見本章各節的說明。如：
   新增使用者、群組、資料夾及權限設定、DHCP、DNS、IIS、WWW、FTP、個人網頁、列表機…等。

本章伺服器端系統以 Windows Server 2022 為主，這是 2022 年 10 月發表的最新版本，雖然是最新的版本，以硬體裝修乙級檢定會使用的基本功能而言，無論是選擇 Windows Server 2012 或 2019 等版本都是時下很受歡迎的版本，也是檢定場辦理單位大都採用的版本，它們的操作介面也都大同小異。

9-1 Windows Server 2022 系統安裝與設定圖說

步驟 1

1.預設值。

2.「下一步」。

步驟 2

1.選擇標準版 (桌面體驗)。

2.「下一步」。

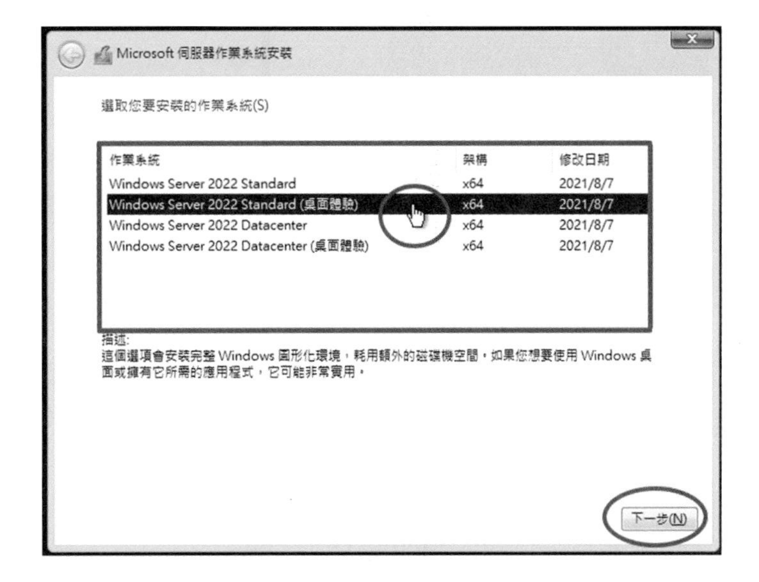

步驟 3

1. 勾選「接受授權」。

2.「下一步」。

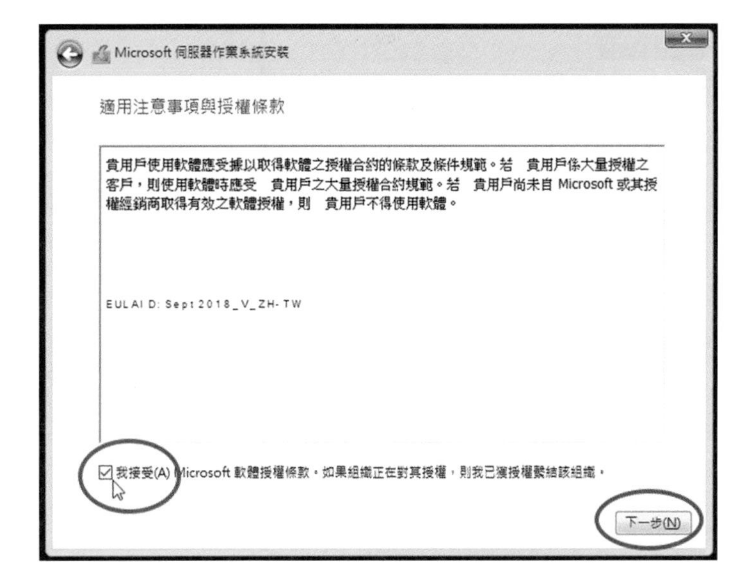

步驟 4

點選「自訂」。

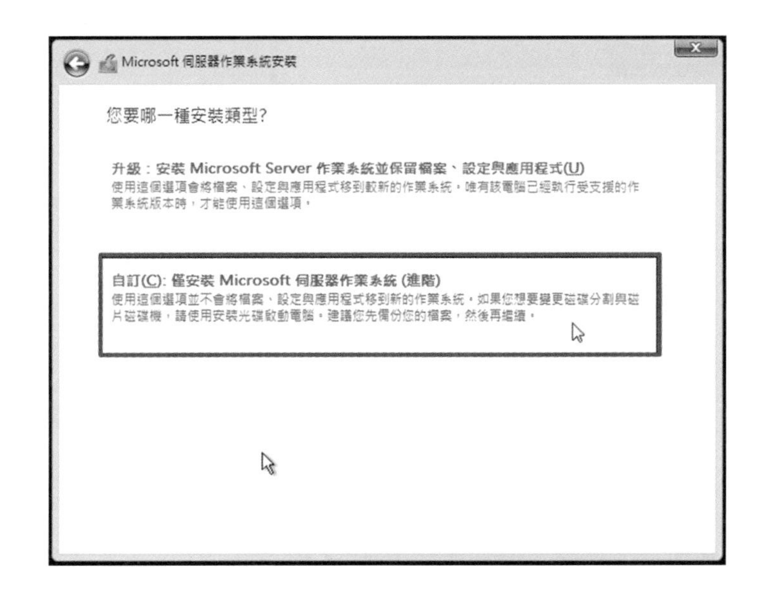

步驟 5

檢定要求：

主機的硬式磁碟機或固態硬碟容量不予限制。

所以也可以直接「下一步」。

步驟 6

不需分割，直接點選「套用」。

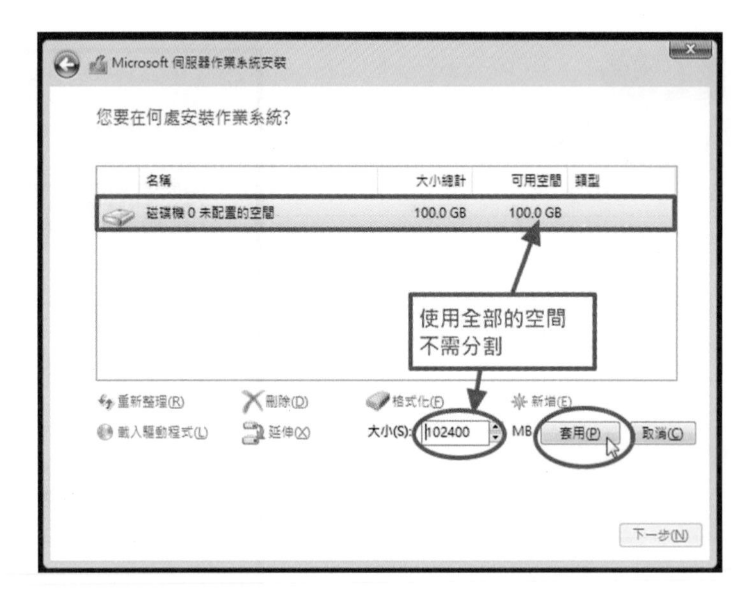

步驟 7

1.會產生系統保留區 100MB。

2.「下一步」。

步驟 8

開始安裝。

【檢定流程建議】

不要閒著，趁安裝的一點時間去開始 Client 端的 Windows10 之安裝程序。

步驟 9

點選「立即重新啓動」。

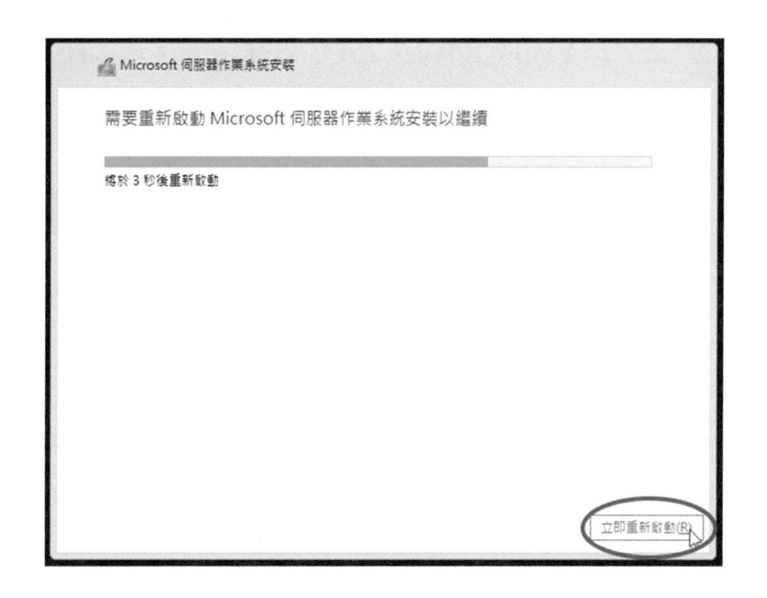

步驟 10

很重要步驟！

建立管理員 Administrator 密碼。必須符合複雜度要求 (至少 3 項) 用簡單易記的爲原則，不要自找麻煩。如：Abc123。

已經符合其中的 3 項，大、小寫、數字。不需要進入系統設定取消密碼複雜度的設定，節省一點時間。

步驟 11

輸入管理員密碼登入。

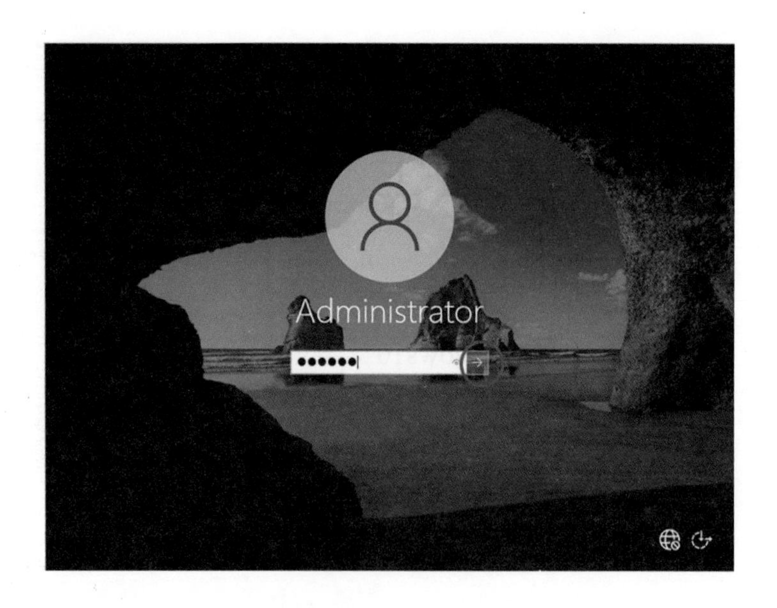

9-2 Windows Server 2022 開始設定

開始看到的這個畫面，「設定這部本機伺服器」點一下，主要完成 3 項工作。

第 1 個頁面，3 項工作完成後的結果如圖所示：

1. 變更電腦名稱：Server。
2. 關閉防火牆 3 項。
3. 設定伺服器乙太網路的 IP。

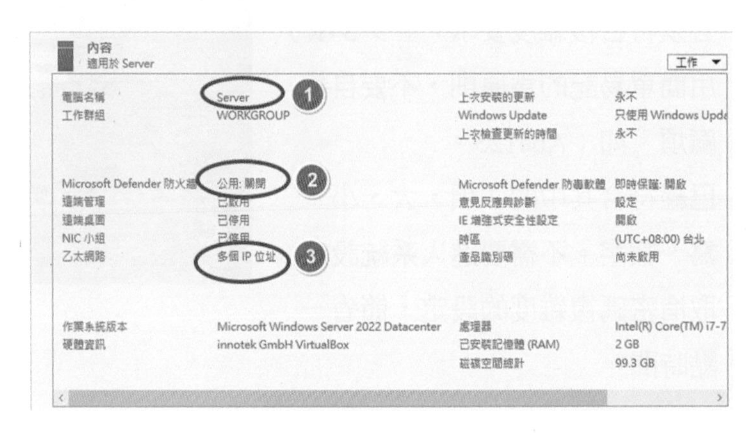

步驟 1

第 1 項工作：變更電腦名稱。

步驟 2

變更電腦名稱：Server

1. 「確定」。
2. 彈出訊息：「你必須重新啓動電腦，…」。
3. 按「確定」。

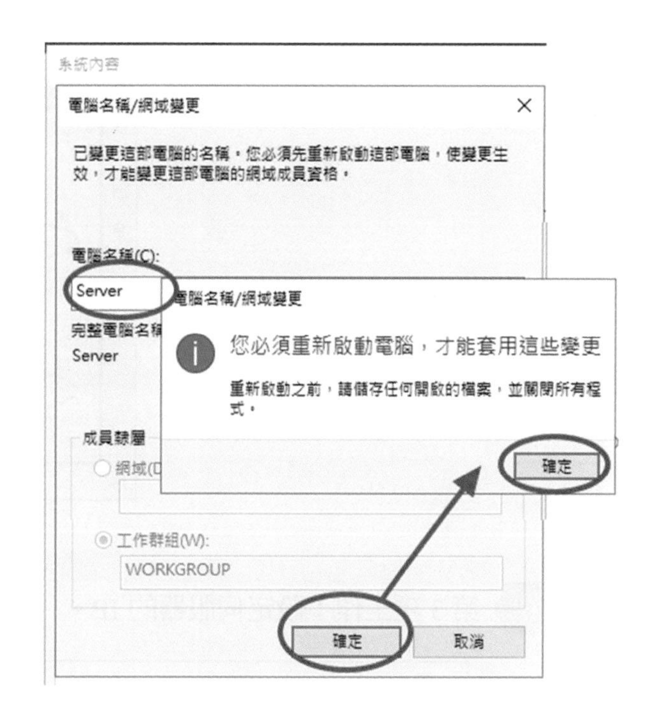

步驟 3

確定後，先不要急著重新啓動，建議稍候，等 3 個工作均已完成之後再重新啓動。

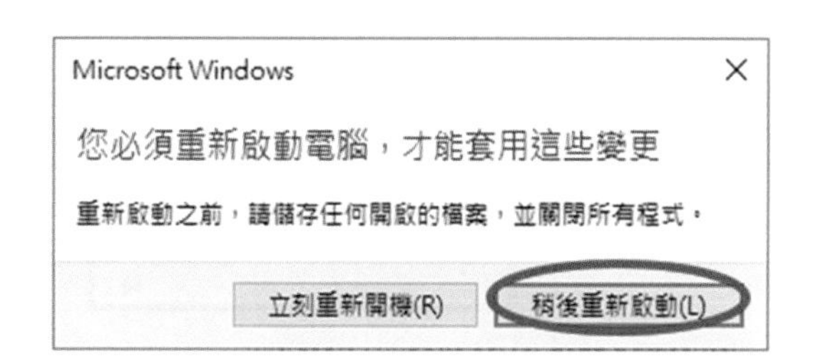

步驟 4 第 2 項工作：關閉所有防火牆。

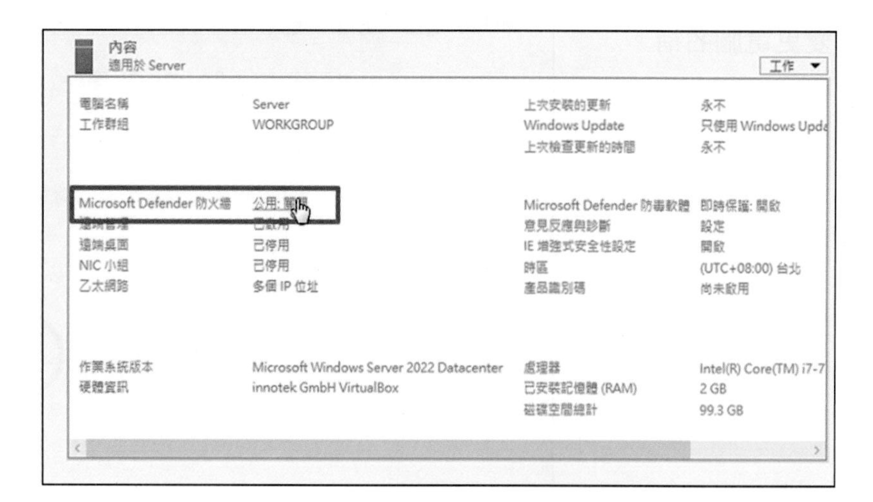

步驟 5

關閉 3 項網路的防火牆。

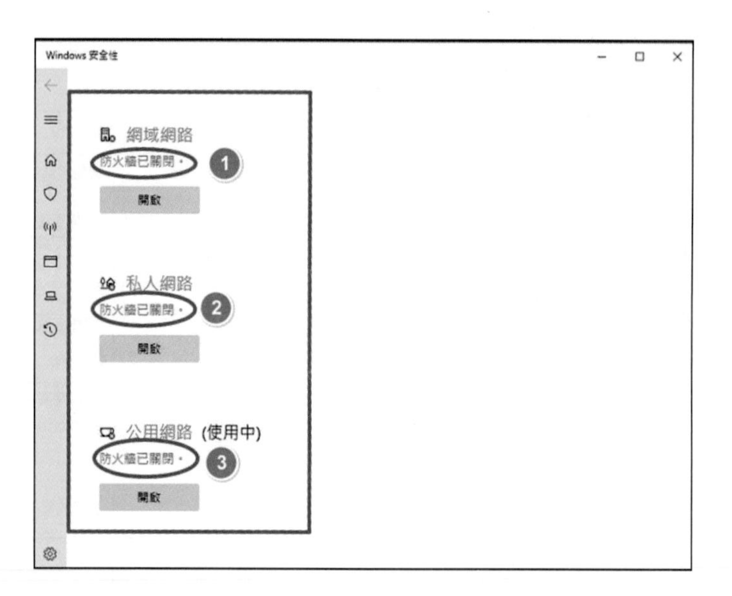

步驟 6 第 3 項工作：設定伺服器的 IP。

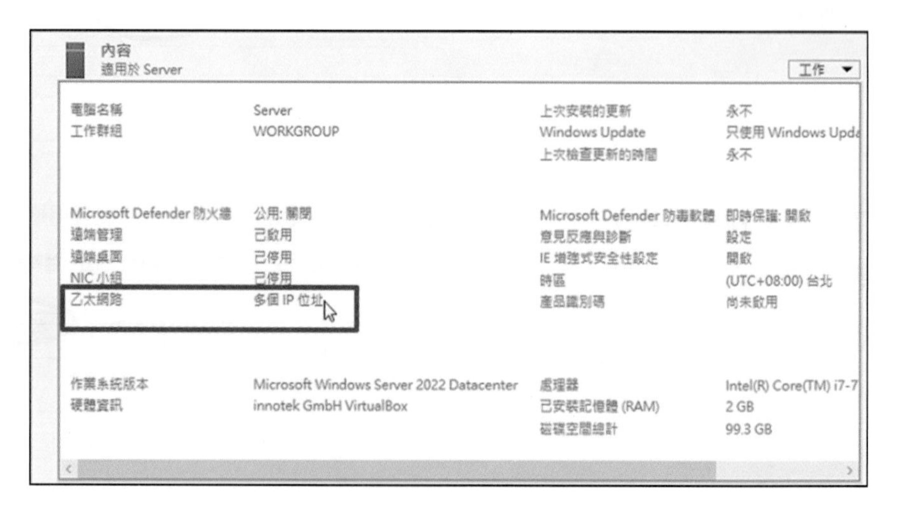

步驟 7 點選「乙太網路」，右鍵 / 內容。

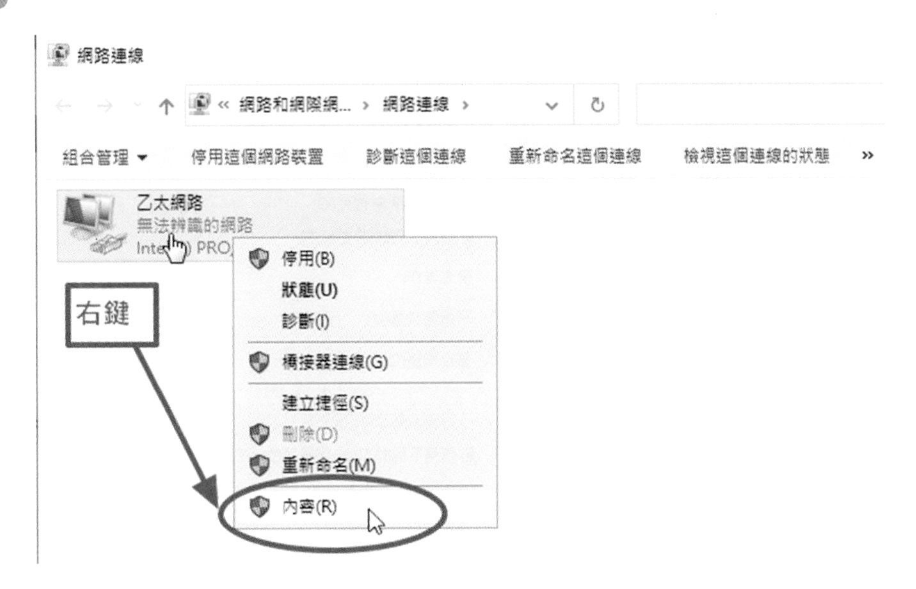

步驟 8

先取消勾選「第 6 版 (TCP/IPv6)」，然後，雙按「第 4 版 (TCP/IPv4)」。

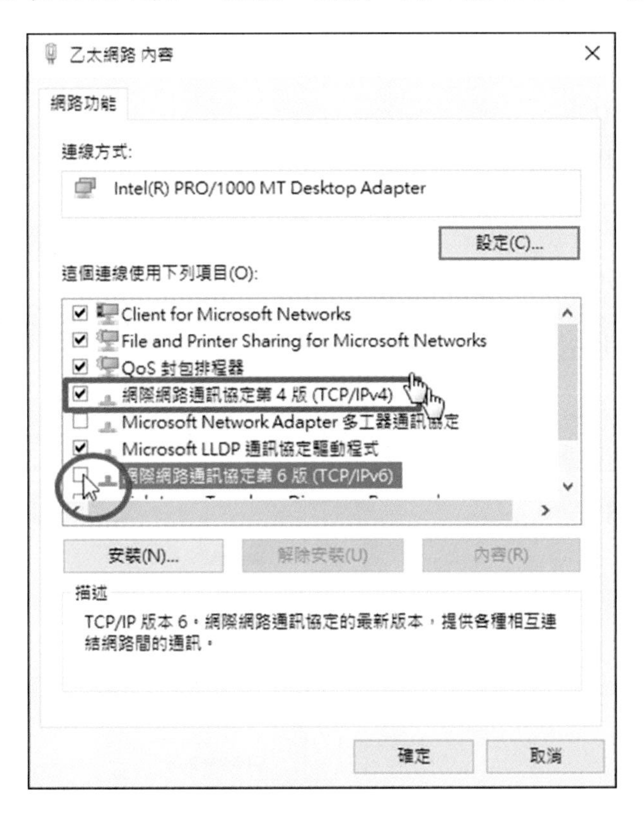

步驟 9

很重要的步驟！

依檢定要求，輸入伺服器之 IP：Server 主機固定 IP:172.16.140.100/24 及 192.168.140.100/24

其中 /24 是指子網路遮罩為：255.255.255.0，有 24 個 1 的意思，255 的二進位 = 11111111

1. 輸入對外的
   輸 IP = 192.168.140.100。
2. 按「tab」鍵，自動填入
   輸 255.255.0.0，記得修補為
   輸 255.255.255.0。
3. 輸入 DNS 伺服器
   輸 IP = 192.168.140.100。
4. 按「進階」增加網卡的第 2 個 IP = 172.16.140.100
   這是筆者所謂的後門門號。

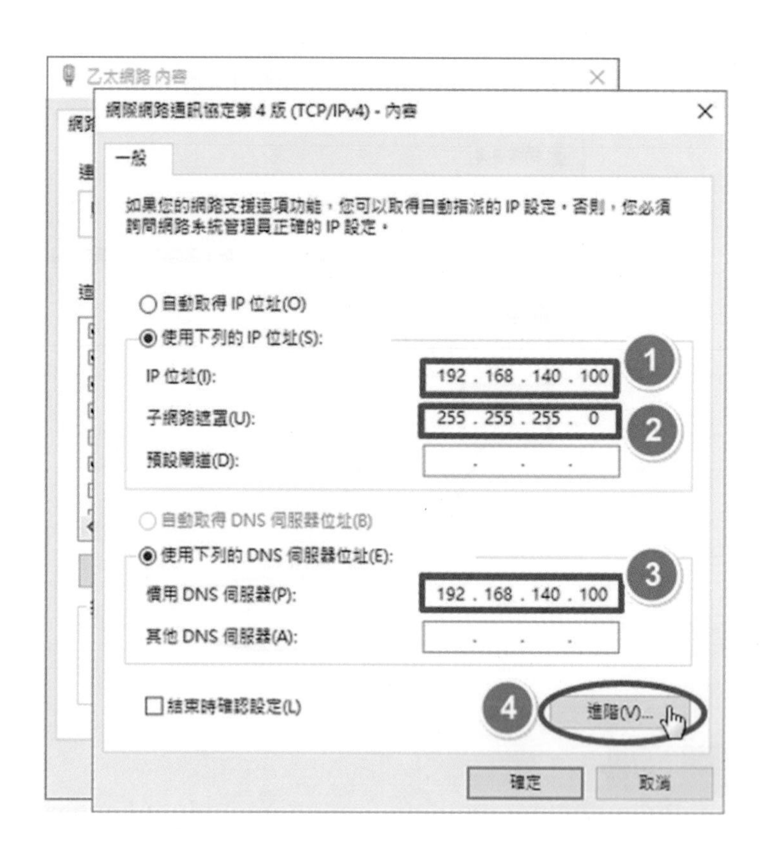

步驟 10 很重要的步驟！

按新增，輸入網卡的別名第 2 個 IP = 172.16.140.100

一樣請注意，按 tab 鍵後顯示的子網路遮罩要補上 255。

步驟 11

「確定」後結束進階設定，重回上一層，顯示最後的結果。

確定檢查無誤後，請務必記得要「重新啓動電腦」，讓 3 項工作之設定生效。

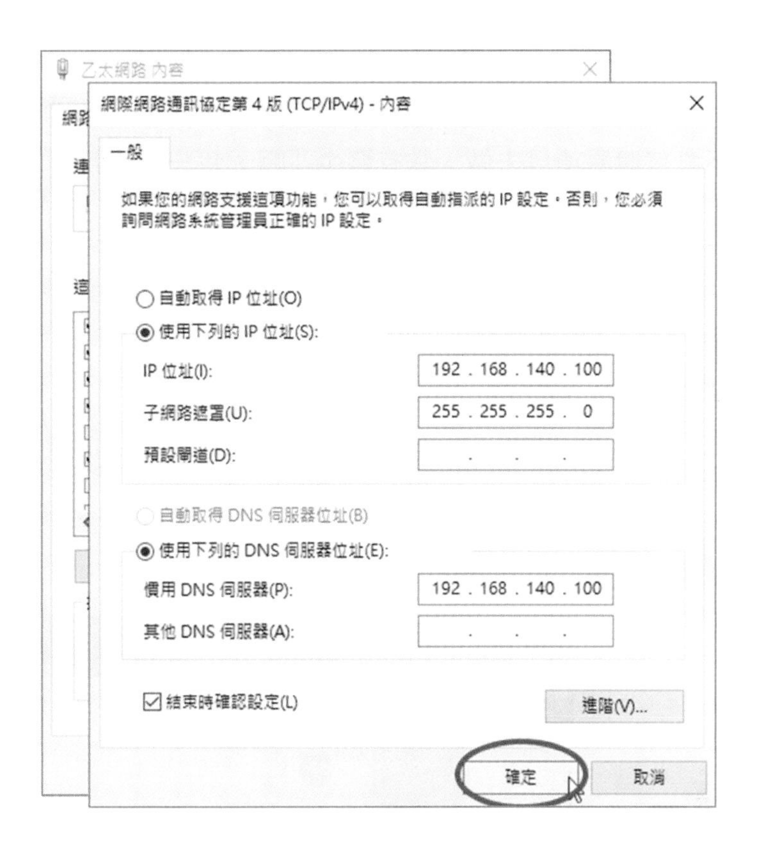

9-3 Windows Server 2022 新增使用者與群組

檢定的要求

請翻開檢定手冊，找到「動作要求 (五)-3」項，內容如下：① 新增使用者與群組

① 使用者		master	user1	user2
帳號設定	② 群組	test	test	test
	權限 ③	系統管理者	一般使用者	一般使用者
④ 資料夾權限設定	public 資料夾	全部權限	僅讀取	僅讀取
	user1 資料夾	不須設定	全部權限	無法讀取
	user2 資料夾	不須設定	無法讀取	全部權限
⑤ FTP 登入權限	public 資料夾	全部權限	僅讀取	僅讀取
⑥ 印表機伺服器	印表機型號 A	全部權限	全部權限	無使用權限
	印表機型號 B	全部權限	無使用權限	全部權限

平時練習時就依照此表格的內容，逐一去完成，幾乎涵蓋了大部份的檢定項目，每一項的功能分數是 25 分，檢定時也照這張表格逐一完成，最後要核對請參考這張圖表，才不會有遺漏項目未做。常有發生「啊，我忘了做那一項」已經來不及，請小心，錯 2 項就 bye bye 了。

從表格的最上方，就看到了要：

1. 建立 3 個使用者：master、user1、user2。
2. 並建立 test 群組，包涵了這 3 個使用者。
3. 將 master 加入 administrators 管理員群組，身份變成系統管理者，具有最高的權限。

詳細步驟如下說明：

步驟 1 工具 / 電腦管理

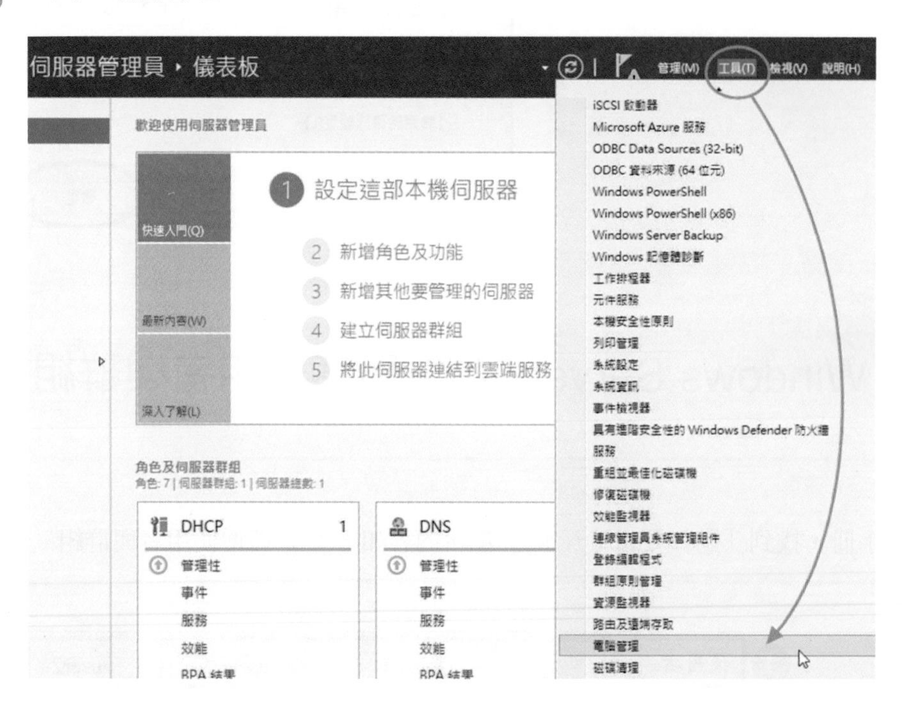

步驟 2 本機使用者和群組 → 使用者

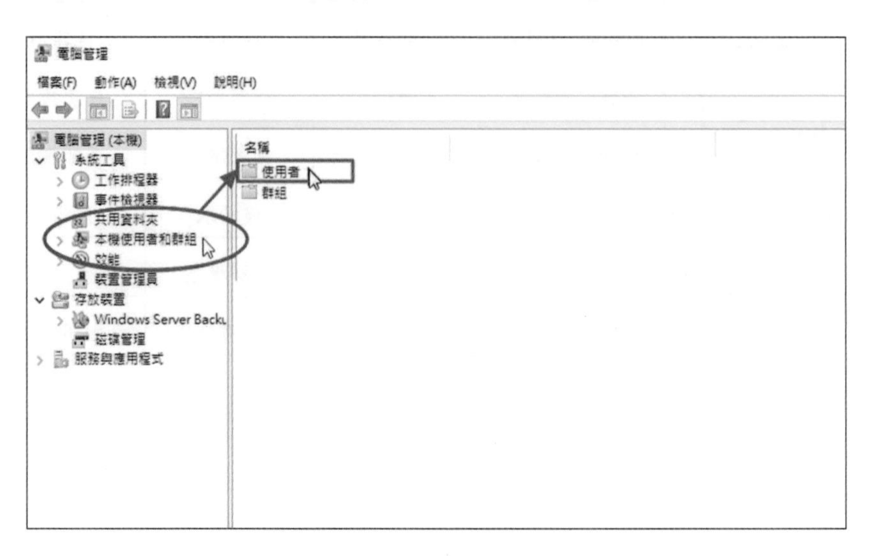

步驟 3 空白處右鍵 →「新增使用者」。

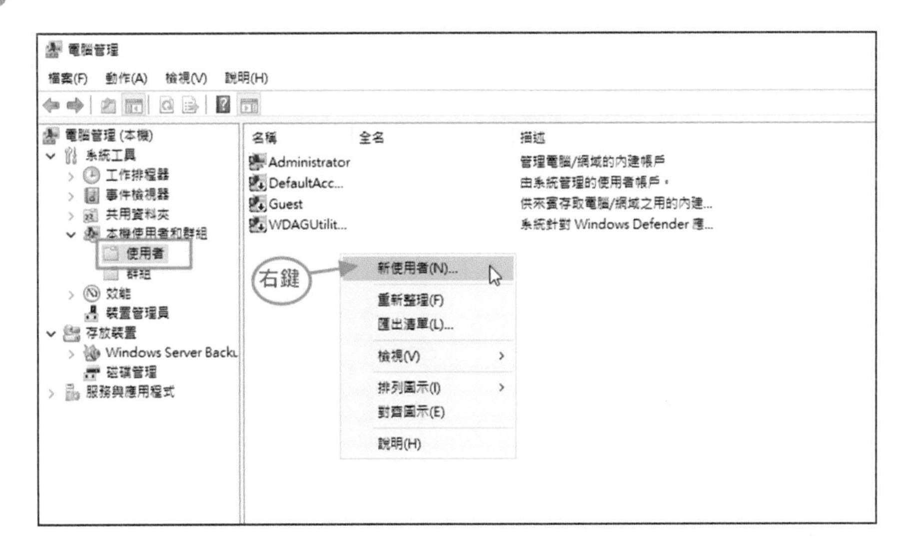

步驟 4 很重要的步驟！

1. 第 1 個使用者：master。
2. 輸入 2 次密碼 (千萬不能錯，注意大小寫)。
3. 使用者不能變更密碼，且密碼永久有效。
4. 建立。

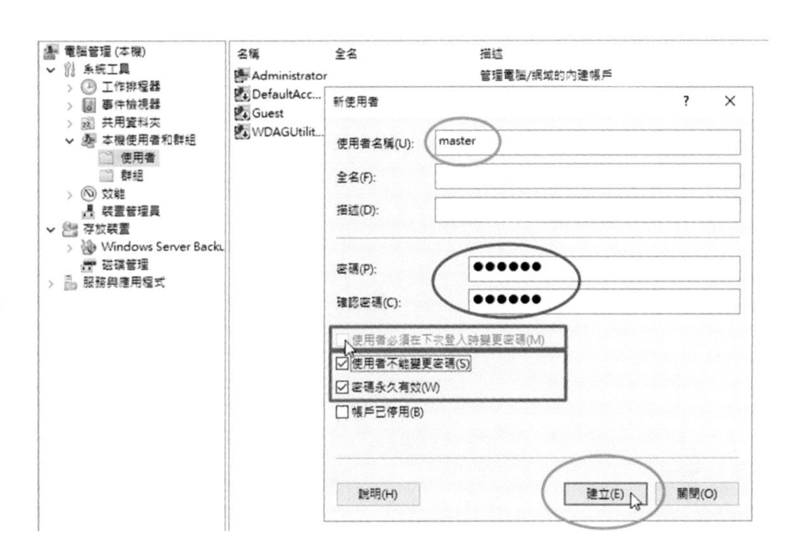

步驟 5 很重要的步驟！

1. 第 2 個使用者：user1。
2. 輸入 2 次密碼 (千萬不能錯，注意大小寫)。
3. 使用者不能變更密碼，且密碼永久有效。
4. 建立。

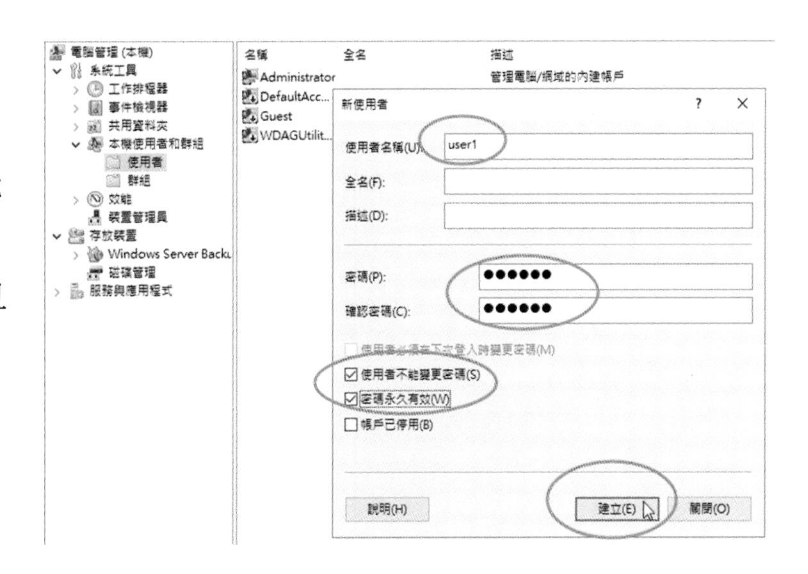

步驟 6

同樣方式：

1. 第 2 個使用者：user2。
2. 輸入 2 次密碼 (千萬不能錯，注意大小寫)。
3. 使用者不能變更密碼，且密碼永久有效。
4. 建立。

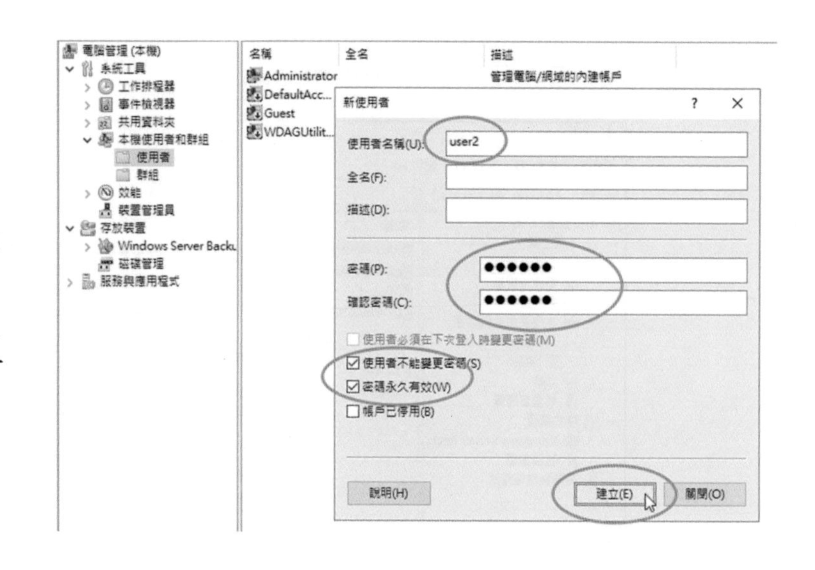

步驟 7

立即檢視新增後的成果。

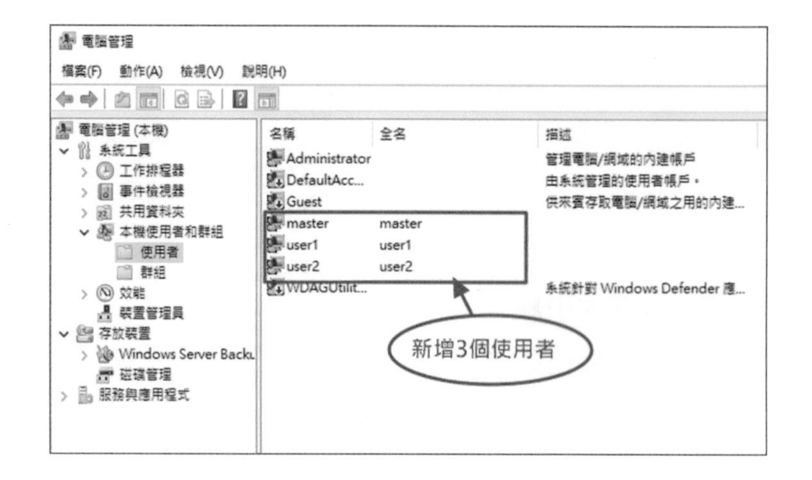

步驟 8

接著要建立 test 群組：

選取「群組」，

右鍵 / 新增群組。

步驟 9

群組名稱：test (試題有規範名稱)

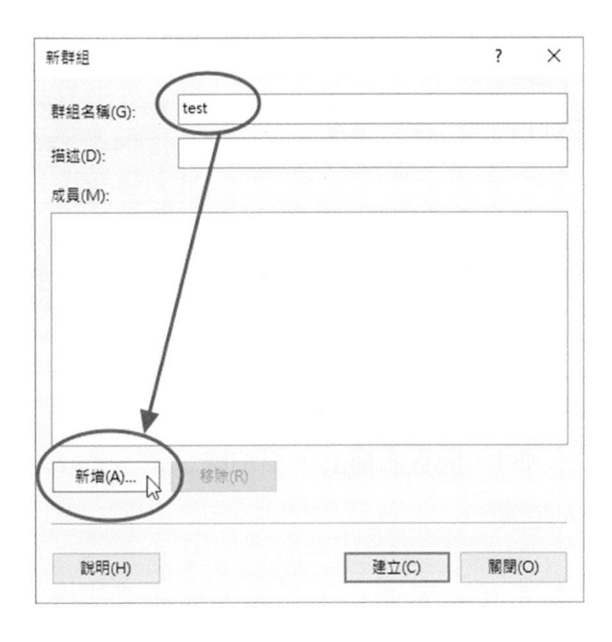

步驟 10

1. 新增成員，避免打錯格式，一般以視窗點選來完成。
2. 點選「進階」。

步驟 11

1. 點選「立即尋找」，從搜尋的結果中。
2. 找到 master，並按 Ctrl 鍵，繼續點選。
3. user1 及 user2。
4. 最後確定。

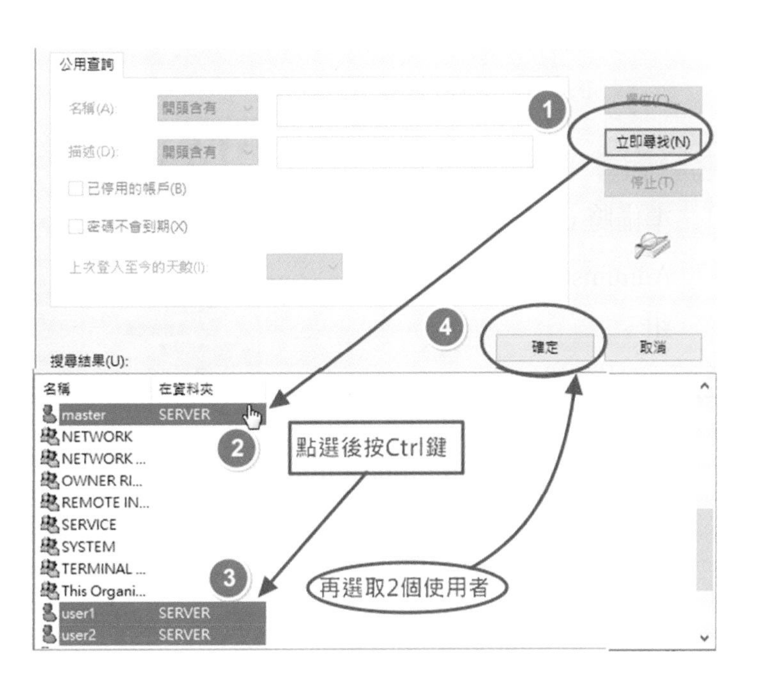

步驟 12

核對無誤，按「確定」。

【建議】

其實練習幾次之後，可以不分大小寫，直接以打字的方式來新增，如圖示內容，輸入完按右側的「檢查名稱」，不怕輸入錯誤。

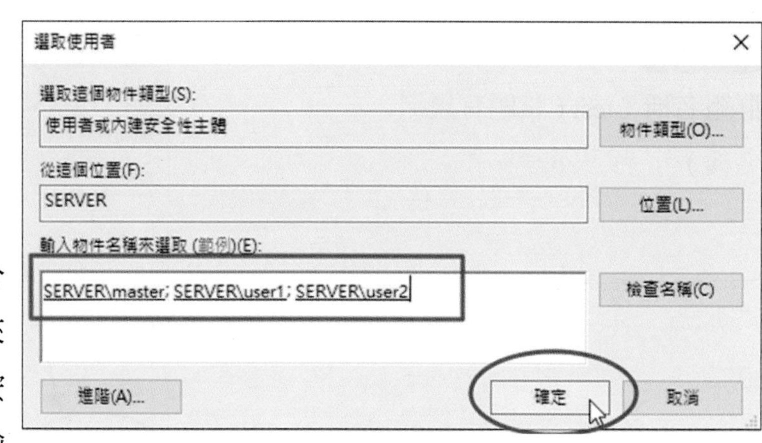

步驟 13

1. 最後的成果，test 群組包含了 3 個使用者。
2. 確定「建立」。

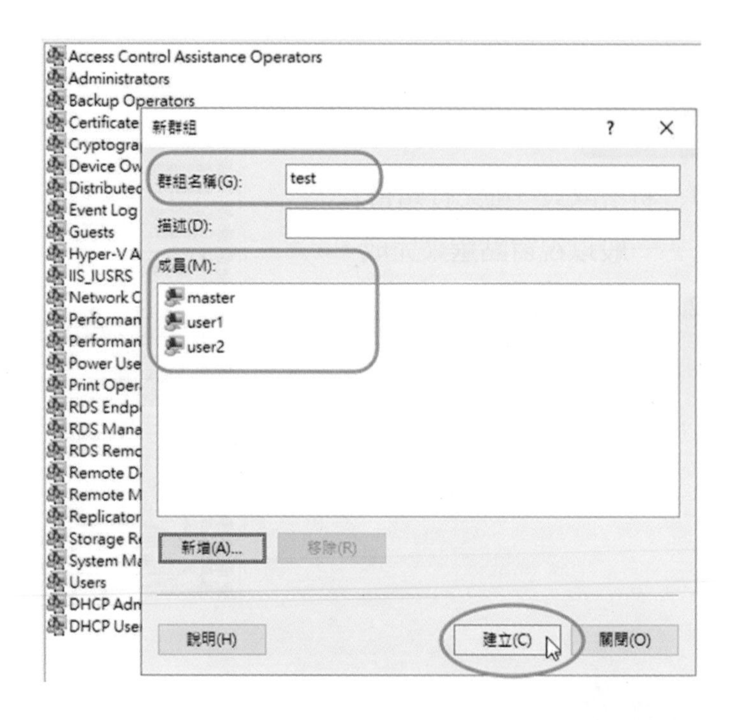

步驟 14 重要的步驟！

1. 準備將 master 加入 Administrators 管理員群組。
2. 雙按 Administrators。

步驟 15

一樣利用點選，「新增」→「進階」→「尋找」方式找到 master。當然你也可以直接打字輸入：「server\master」(不分大小寫)，按右側的「檢查名稱」，如果沒有錯，會自動呈現：Server\master。

步驟 16

點擊「進階」。

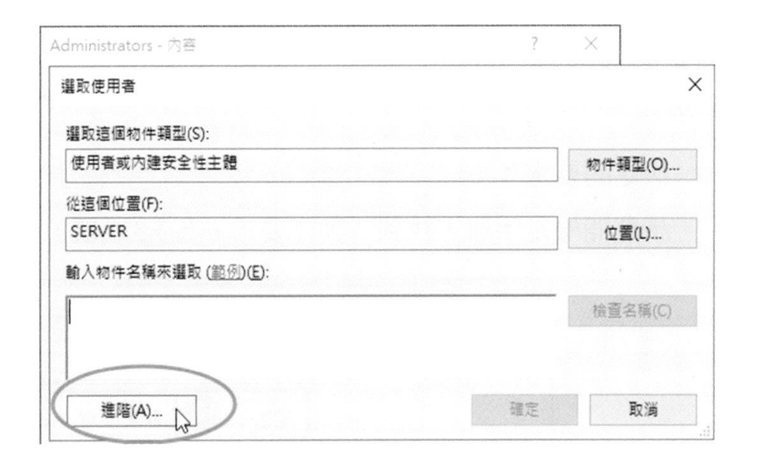

步驟 17

點擊「立即尋找」，從視窗中找到 master，確定新增。

步驟 18

檢視內容，確實包含了 master。

9-4 Windows Server 2022 新增資料夾與權限設定

檢定的要求：

請翻開檢定手冊，找到「動作要求 (五)-3」項，資料夾權限設定之內容如下：第④項

① 使用者		master	user1	user2
帳號設定	② 群組	test	test	test
	權限	③ 系統管理者	一般使用者	一般使用者
④ 資料夾權限設定	public 資料夾	全部權限	僅讀取	僅讀取
	user1 資料夾	不須設定	全部權限	無法讀取
	user2 資料夾	不須設定	無法讀取	全部權限
⑤ FTP 登入權限	public 資料夾	全部權限	僅讀取	僅讀取
⑥ 印表機伺服器	印表機型號 A	全部權限	全部權限	無使用權限
	印表機型號 B	全部權限	無使用權限	全部權限

再依檢定「動作要求 (五)-1-(2)」(E) ～ (G) 項內容描述：

(E) 建立一個分享公用目錄，目錄名稱爲 public，分享此目錄，設定 master 使用者對此目錄有全部權限 (可任意存取、刪除)，user1、user2 使用者對此目錄僅有查看 (Scan) 及讀取 (Read) 權限，不能修改或刪除。

(F) 設定使用者 user1，僅對 user1 目錄有全部權限 (可任意存取、刪除)，使用者 user2 對此目錄不能有任何權限。

(G) 設定使用者 user2，僅對 user2 目錄有全部權限 (可任意存取、刪除)，使用者 user1 對此目錄不能有任何權限。

詳細步驟如下說明：

步驟 1 新增後的結果

1. 根據檢定動作要求，在 C 根目錄新增 3 個資料夾：public、user1、user2
2. 再新增存放網頁的資料夾：master
3. 繼續要完成此新增資料夾之後的權限設定。

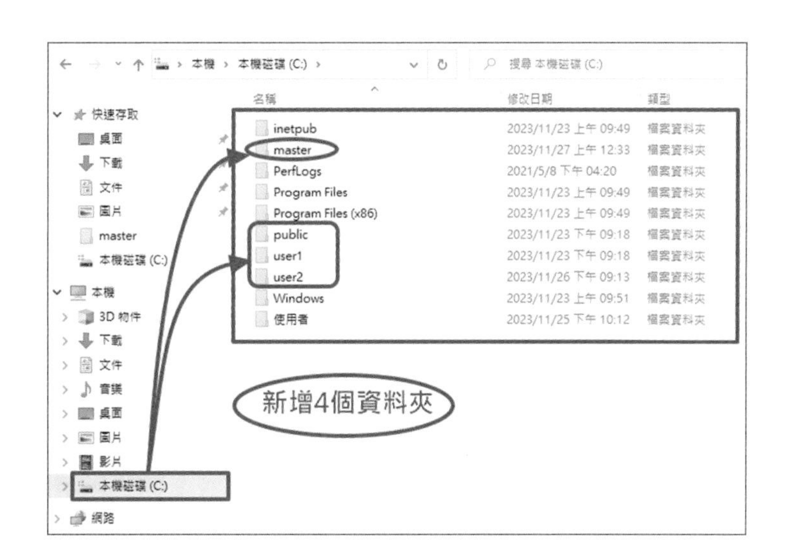

步驟 2 (任務 1) public 權限設定

點選 public 資料夾，右鍵 / 內容。

步驟 3

點選「共用」→「進階共用」。

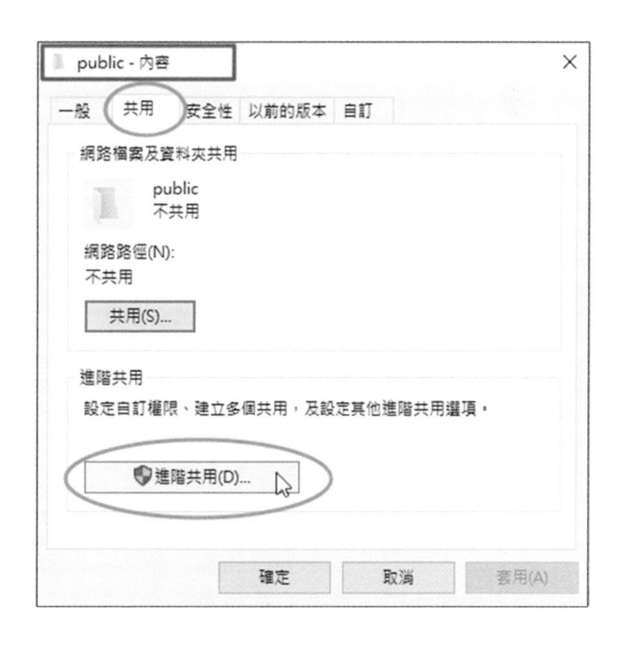

步驟 4

1. 勾選「共用此資料夾」
2. 設定「權限」。

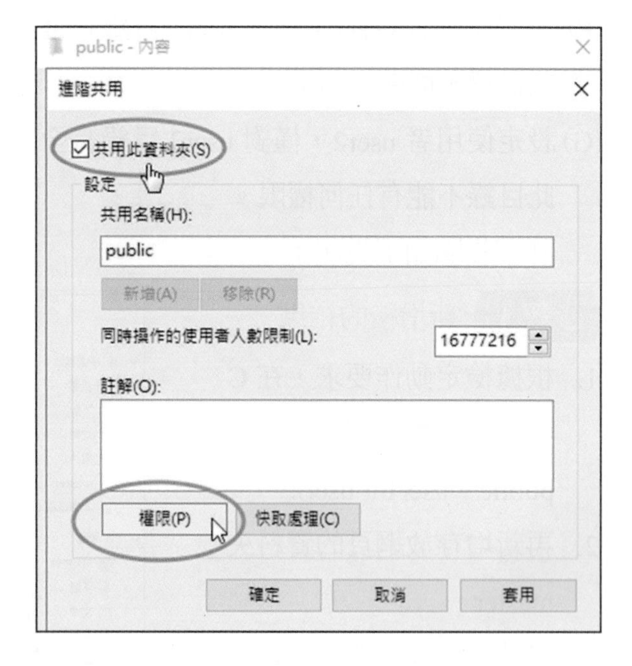

步驟 5

移除「Everyone」後「新增」。

步驟 6

新增成員，點選「新增」。

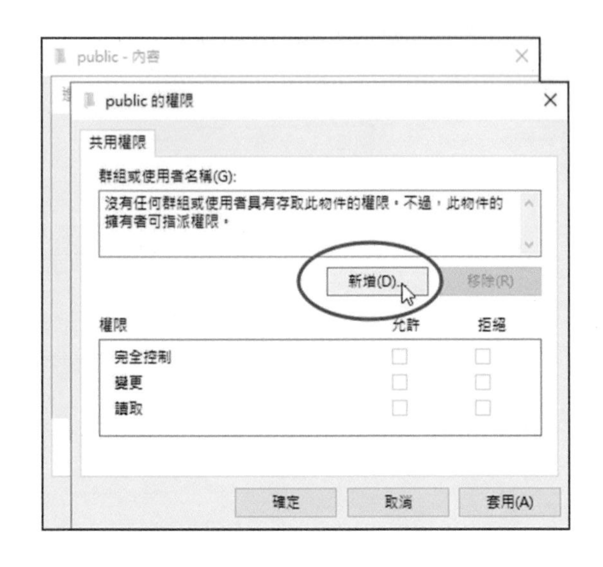

步驟 7

點選「進階」。

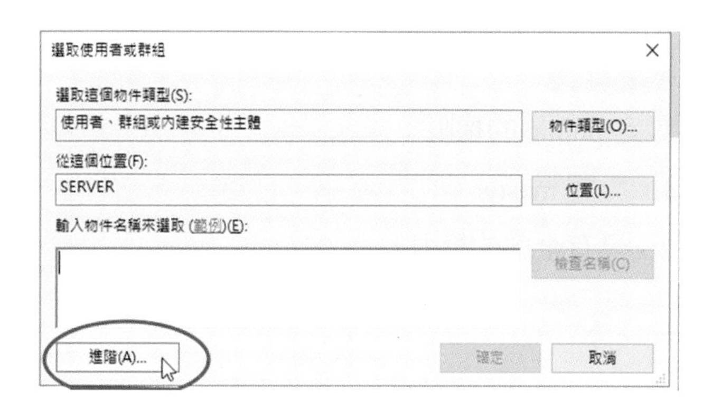

步驟 8

1. 點選「立即尋找」從搜尋的結果中，
2. 找到 master，並按 Ctrl 鍵，繼續點選
3. user1 及 user2 或直接點選 test 群組。
4. 最後確定

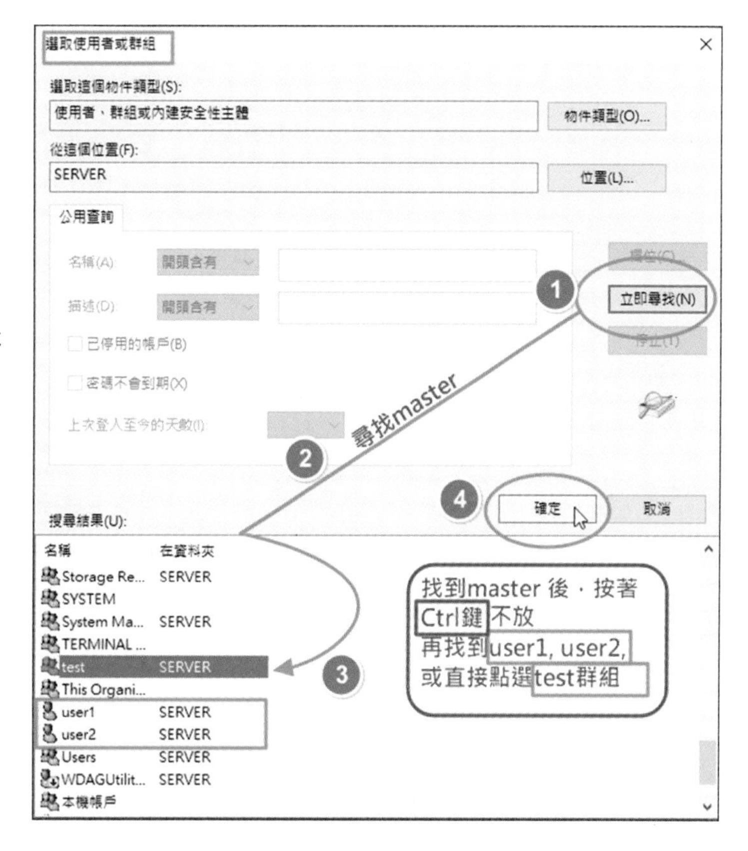

步驟 9

當然，你也可以打字輸入如下：

Server\mast;Server\test，

按右側的「檢查名稱」來檢查是否輸入無誤。

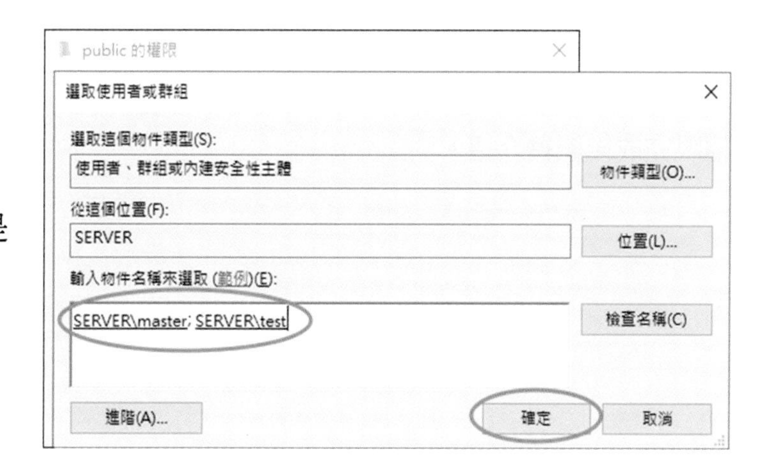

步驟 10

設定 public 的權限：

1. 點選 master。
2. 具有全部的權限。

步驟 11

3. 點選 test，只有讀取的權限。
4. 確定。

【建議】

public 的「安全性」可以在此階段連續完成，以免後續的 IIS 設定 -FTP 時忘了做。

「安全性」設定將在 3 個資料夾權限完成後繼續介紹。

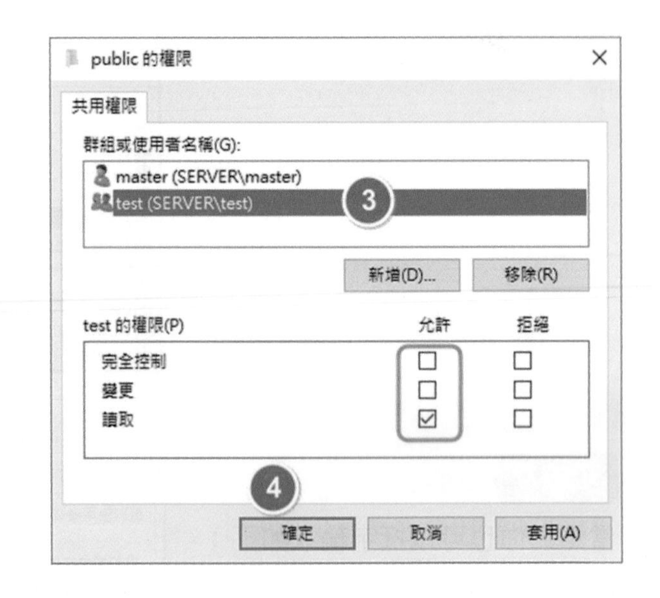

步驟 12 (任務 2) user1 權限設定

1. user1。
2. 內容。
3. 共用。
4. 進階共用。

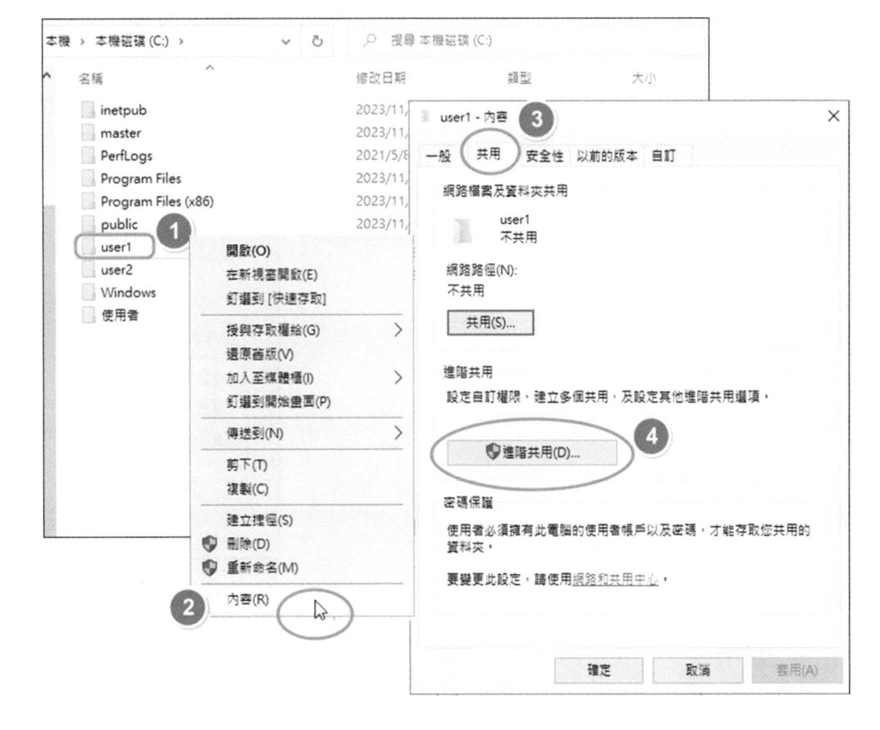

步驟 13

只須加入 user1、user2 即可，master 不須設定。

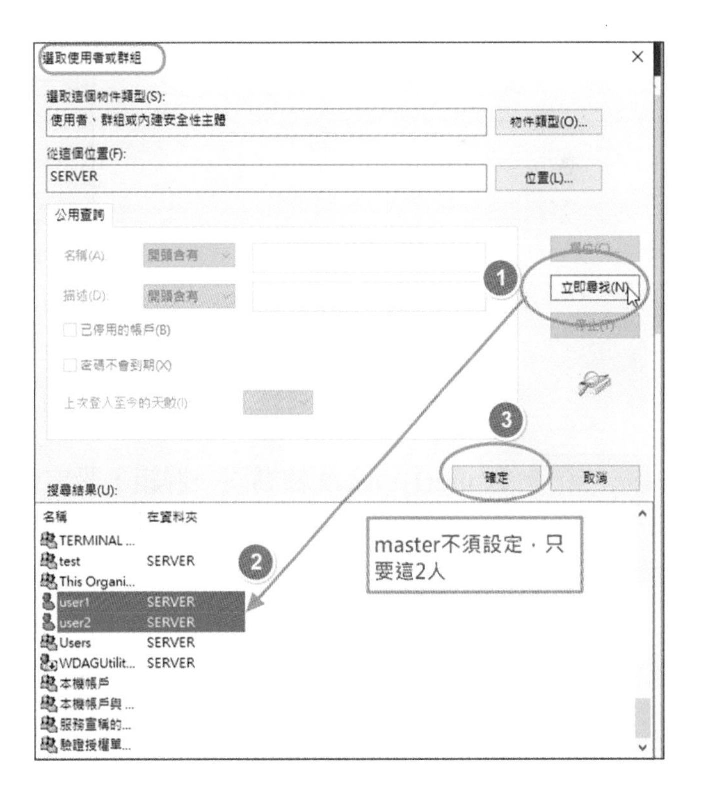

步驟 14

使用者 user1，僅對 user1 目錄有全部權限。

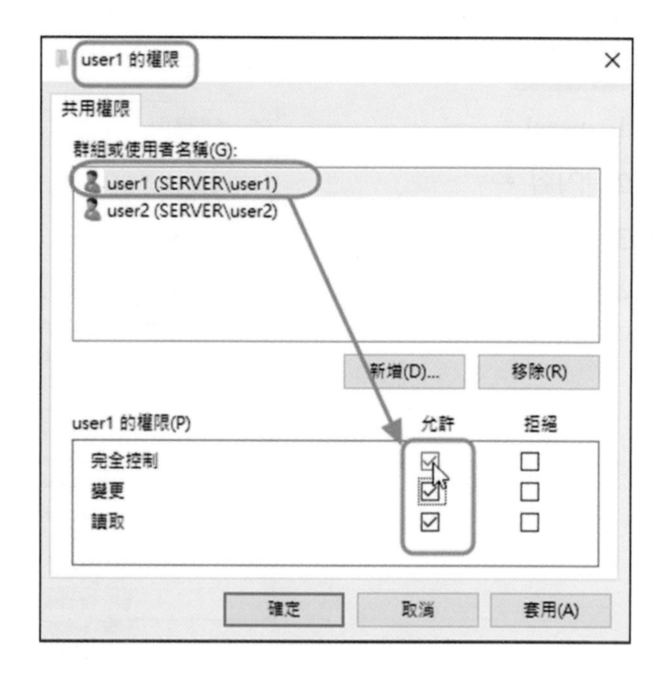

步驟 15

使用者 user2，僅對 user1 目錄無法讀取。

步驟 16 因 user1、user2 隸屬同一群組，設定資料夾權限時，一個允許，另一個拒絕，所以彈出此訊息警告，表示拒絕權限高於允許的權限。

步驟 17 (任務 3) user2 權限設定

同 user1 方式，設定 user2 資料夾權限。

1. user2。
2. 內容。
3. 共用。
4. 進階共用。

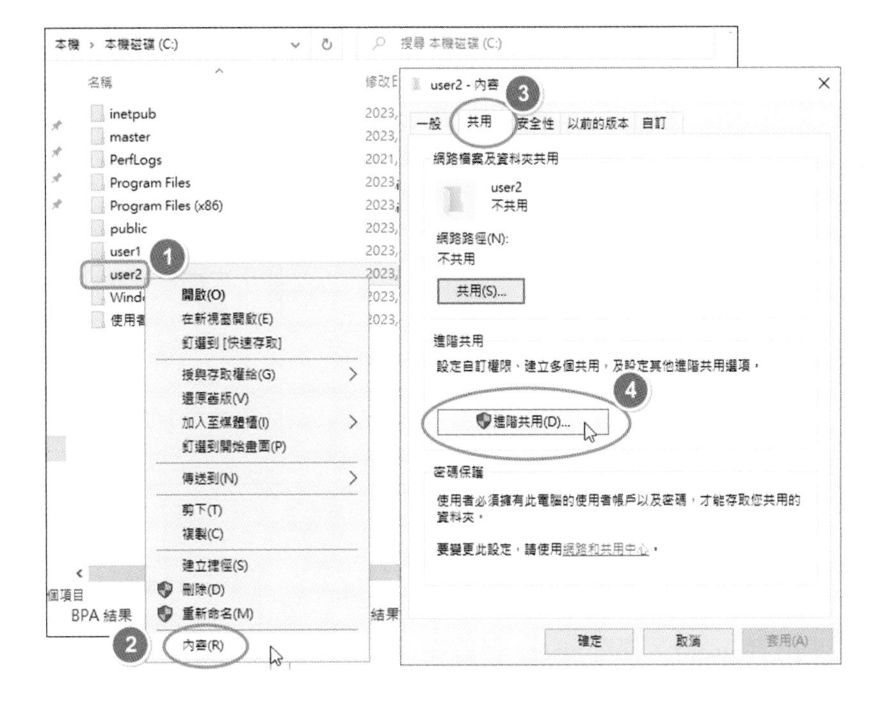

步驟 18

只須加入 user1、user2 即可，master 不須設定。

步驟 19

使用者 user1，對 user2 目錄無法讀取。

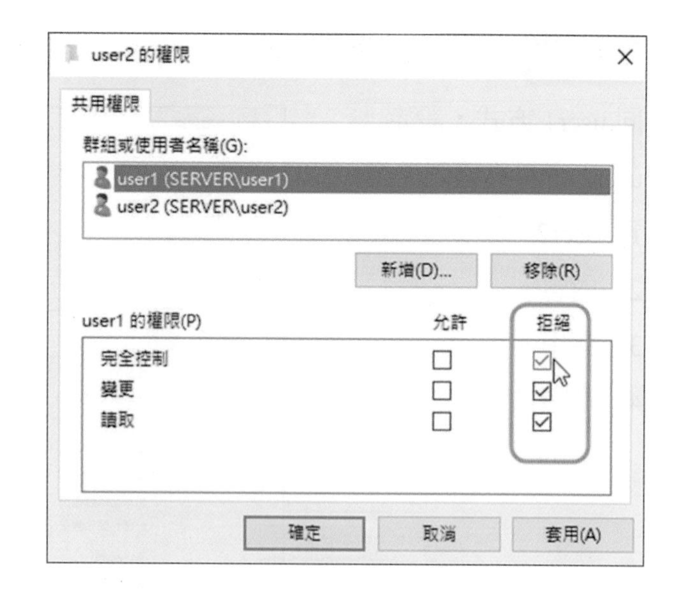

步驟 20

使用者 user2，僅對 user2 目錄有全部權限。

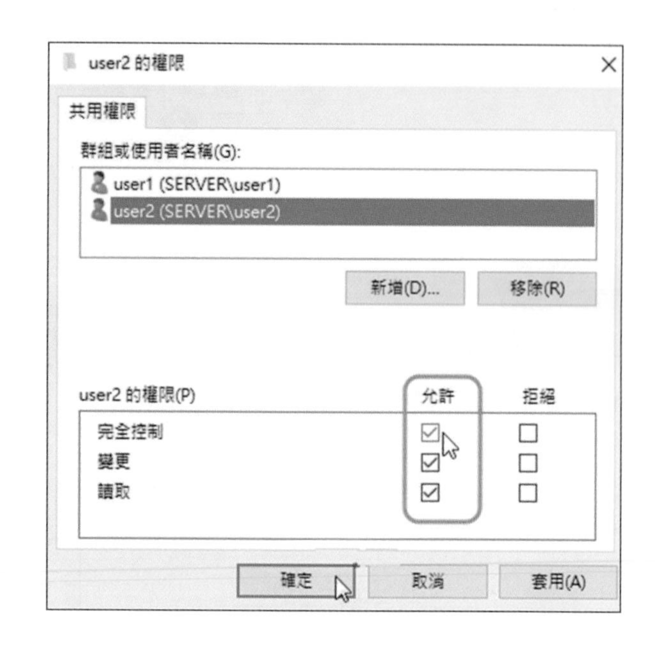

步驟 21 因 user1、user2 隸屬同一群組，設定資料夾權限時，一個允許，另一個拒絕，所以彈出此訊息警告，表示拒絕權限高於允許的權限。

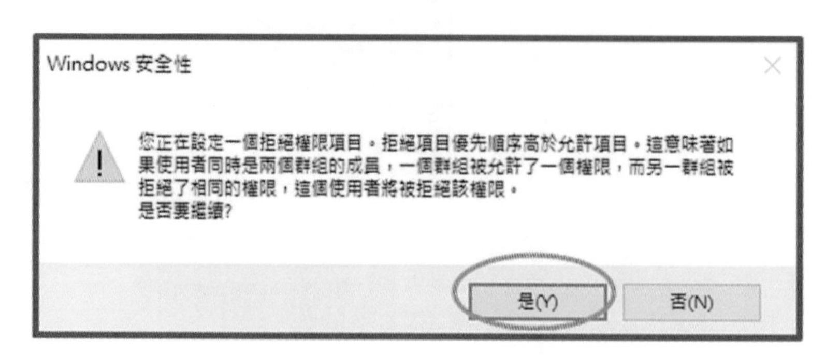

步驟 22

(任務 4) master 資料夾存放個人網頁，index.htm 詳細步驟請看 (9-4-1) 節介紹。

【建議事項】public 資料夾之安全性設定

步驟 1

1. 點選「public」。
2. 選擇「安全性」分頁。
3. 「進階」(註)。

註 不能一開始就先「編輯」必須先移除預設的繼承權限。

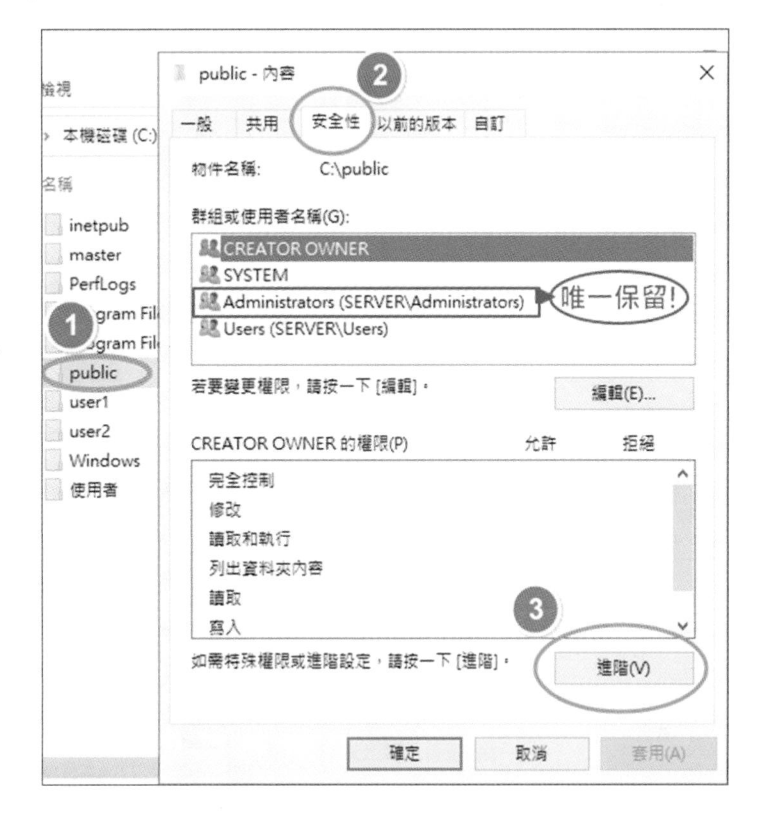

步驟 2

1.「停用繼承」。
2.「從此物件中移除所有繼承權限」。

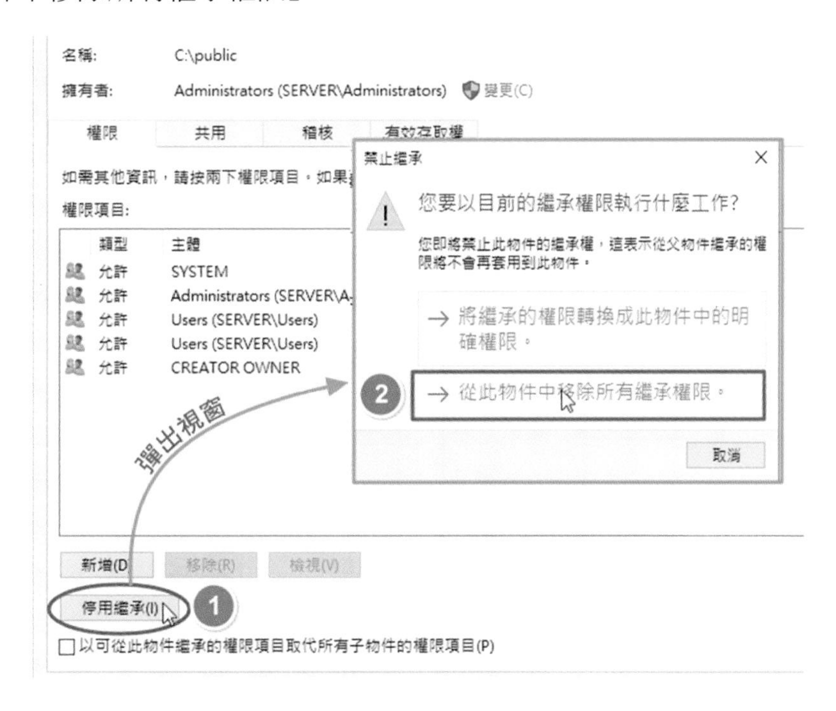

步驟 3 彈出警告訊息。

步驟 4

1. 移除所有的繼承權限。
2. 接著編輯加入使用者。

步驟 5

新增使用者。

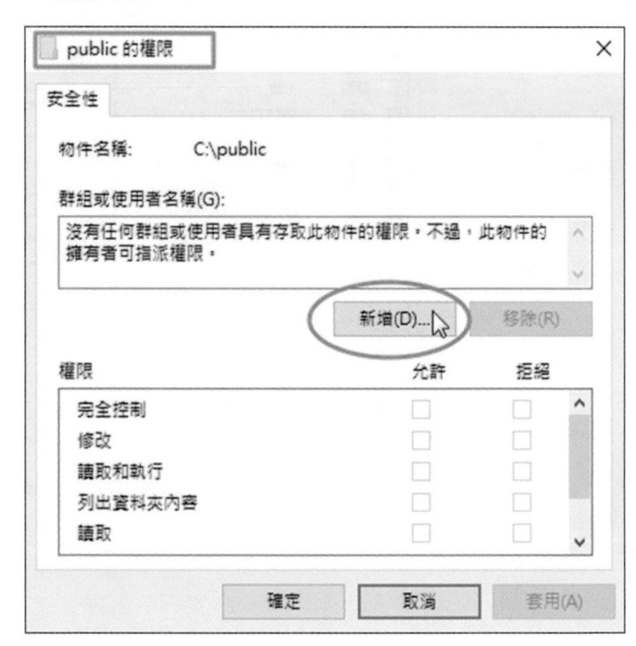

步驟 6

按「進階」。

【建議】

也可以自已打字輸入：

server\master;server\user1\;

server\user2;

然後，按「檢查名稱」。

選取使用者或群組
選取這個物件類型(S):
使用者、群組或內建安全性主體
物件類型(O)...
從這個位置(F):
SERVER
位置(L)...
輸入物件名稱來選取 (範例)(E):
檢查名稱(C)
進階(A)...
確定
取消

步驟 7

1. 「立即尋找」。
2. 視窗下拉，用滑鼠點選 master。
3. 按 Ctrl 鍵不放，繼續點取 user1;user2。
4. 確定。

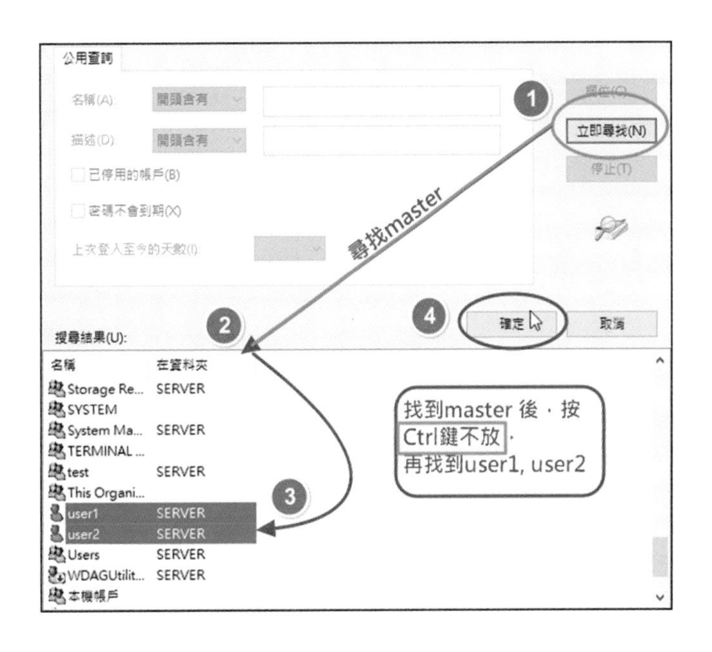

步驟 8

記得把「唯一保留」的 administrators 加回來。

點選「新增」後找到 Administrators。

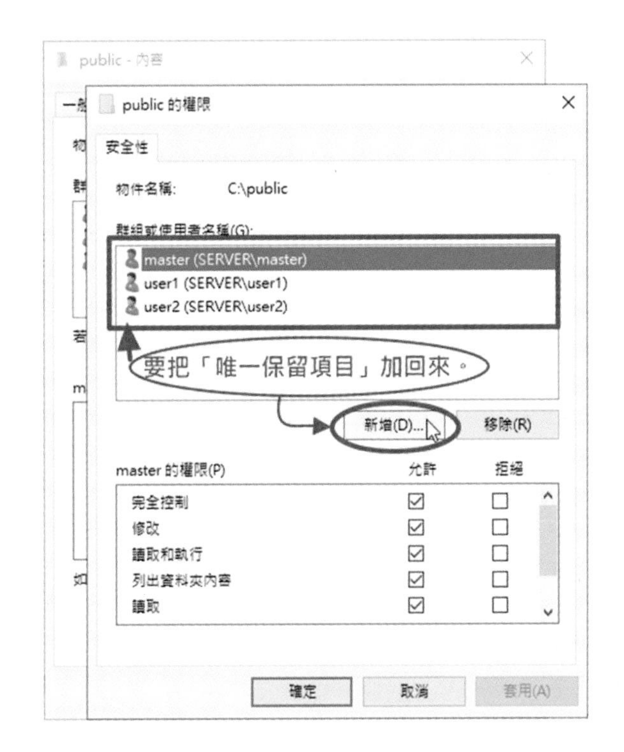

步驟 9

1. 已經將 Administrators 加回來了。
2. 繼續勾選所有的權限。

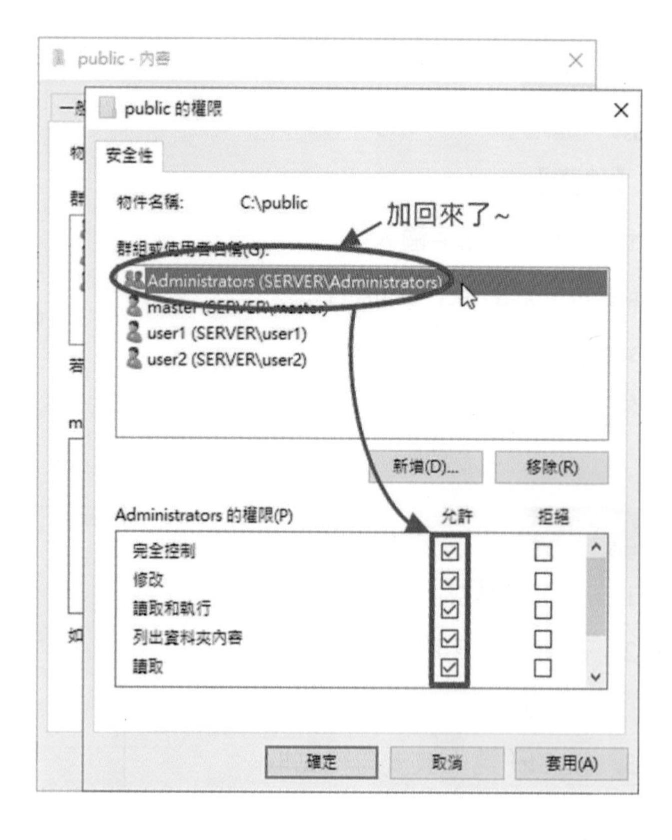

步驟 10

接著點選 master，也具管理員的身份，依規定給予全部的權限。

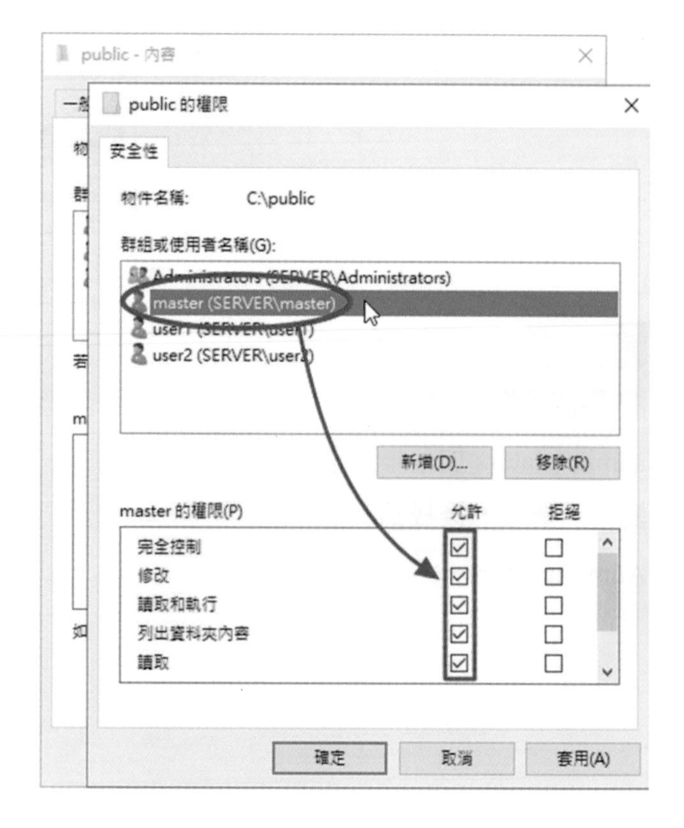

步驟 11 一般的使用者不需修改，預設值即可，僅有讀取的權限。

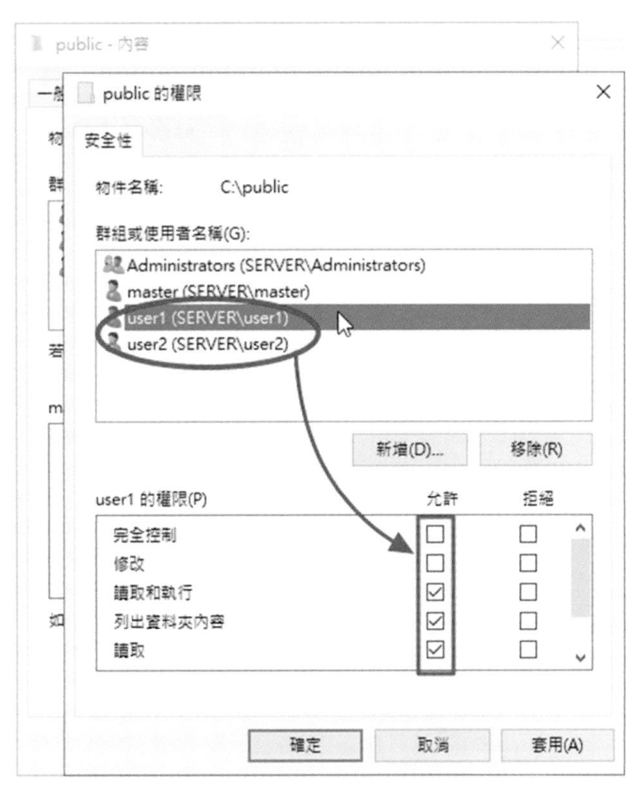

9-4-1 Windows Server 2022 網頁製作

檢定的要求

依檢定「動作要求 (五)-1」(K) 項內容描述：

(K) 登錄 Server 主機 WWW 的 master 使用者個人首頁，須能出現如下應檢人的基本資料，各項資料以標準之 HTML 語法編寫，字體顏色爲藍色，字體大小爲 H3。其畫面參考如下，NN 表示工作崗位號碼，YYYY/MM/DD 表示檢定當天日期，YYYY 爲西元年，MM 爲月份，DD 爲日期，XXX 表示應檢人姓名。畫面左上角的起始位置爲第 1 列，第 1 行。

工作崗位號碼：NN

檢定日期：YYYY/MM/DD

應檢人姓名：XXX

步驟 1

以 master 身份，建立個人網頁。

1. 點選資料夾：master。
2 右鍵 / 內容，新增文字文件。

步驟 2 「雙按」→「開啓檔案」。

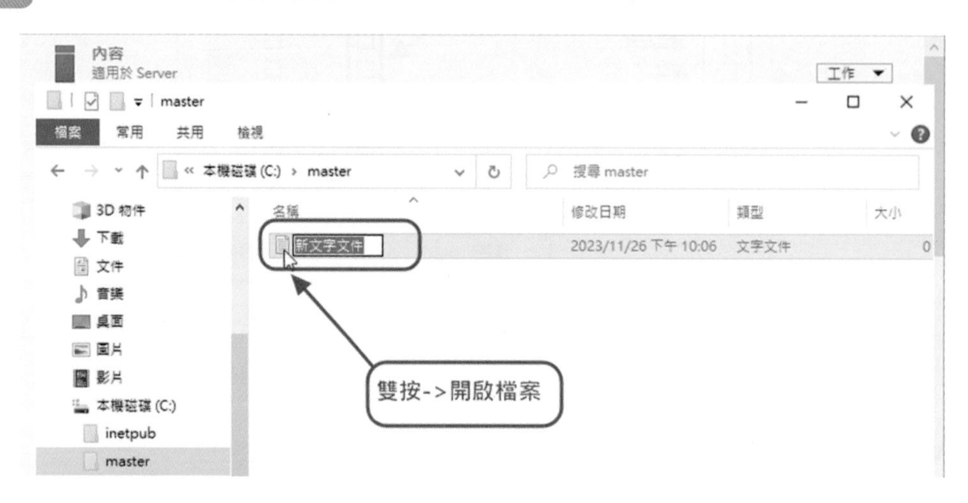

步驟 3 編輯網頁內容：翻開檢定手冊，找到動作要求，只需寫 4 列，不要死背，包括文字標點都要正確，錯 1 字 10 分就不見了，常見的錯字是「崗」寫成「岡」。

唯一要背的是第一列文字：

<h3><font color=blue>

指定字體大小及顏色，其餘如圖所示。

每列最後
 代表換行。

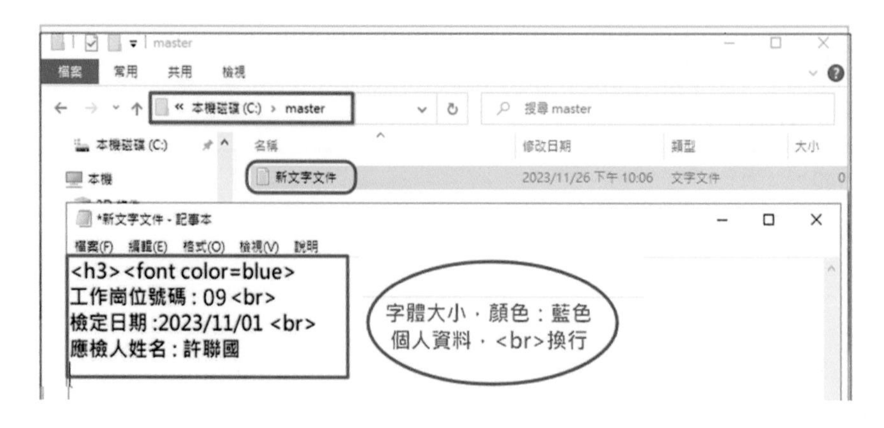

步驟 4 重要的步驟！

1. 檔案。
2. 另存新檔。
3. 檔案名稱：index.htm。
4. 存檔類型：所有檔案。
5. 編碼：具有 BOM 的 UTF-8 (可避免中文的亂碼)。
6. 存檔。

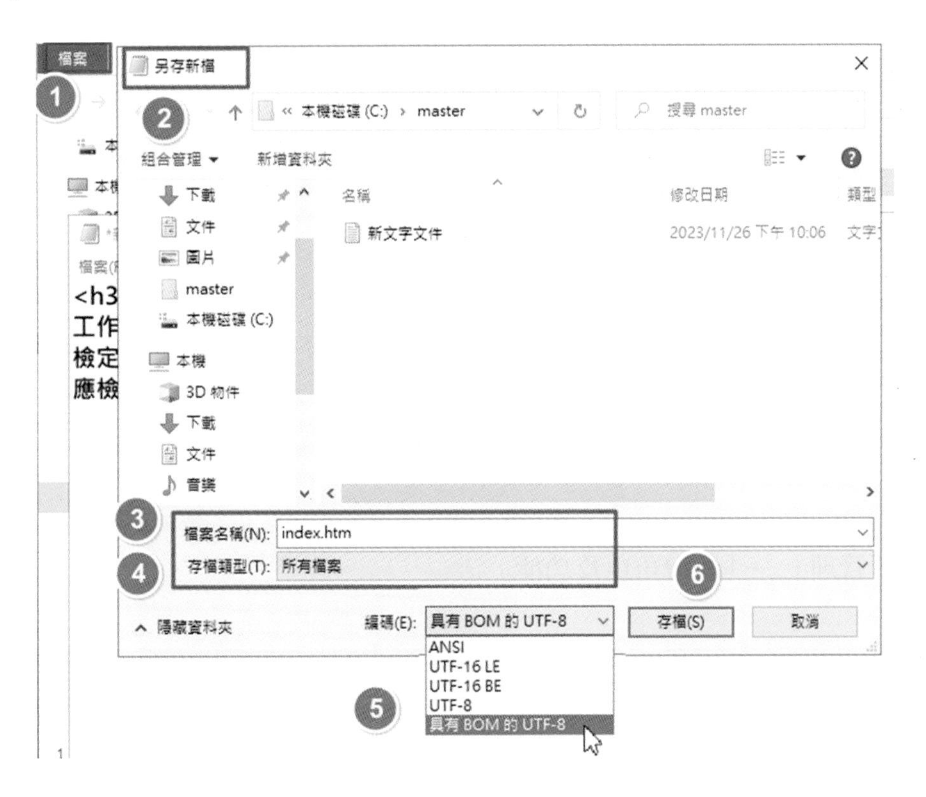

步驟 5 另存新檔後，產生 html 的圖示，雙按圖示即可顯示網頁。

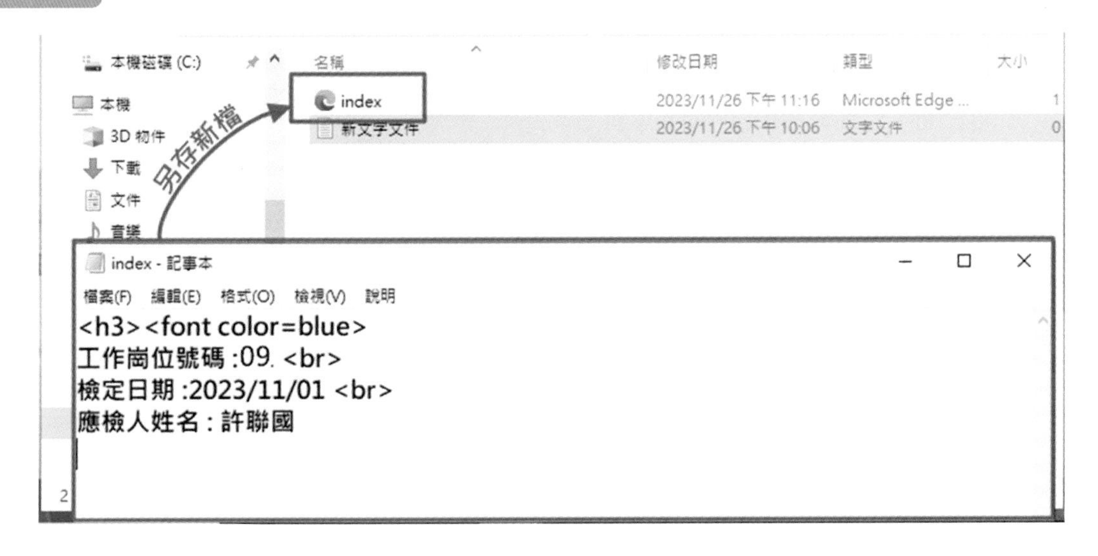

步驟 6 顯示 C:/master/index.htm 的網頁內容。

如果伺服器 WWW 及 DNS 已架設好，便可測試：192.168.140.100/master 或 www.xxx.gov.tw/master

9-5 Windows Server 2022 新增角色

檢定的要求

依據「動作要求(五)-1-(2)」(H)～(N) 項之功能，匯整出：

1. 安裝具有 DNS 功能之系統。
2. 安裝具有 FTP 功能之系統。
3. 安裝具有 WWW 功能之系統。
4. 架設 DHCP 功能，以動態方式配置 Client 端虛擬機電腦 IP。
5. 印表機伺服器，管理 2 台印表機。
6. 安裝路由及遠端存取。

步驟 1 「管理」→「新增角色及功能」。

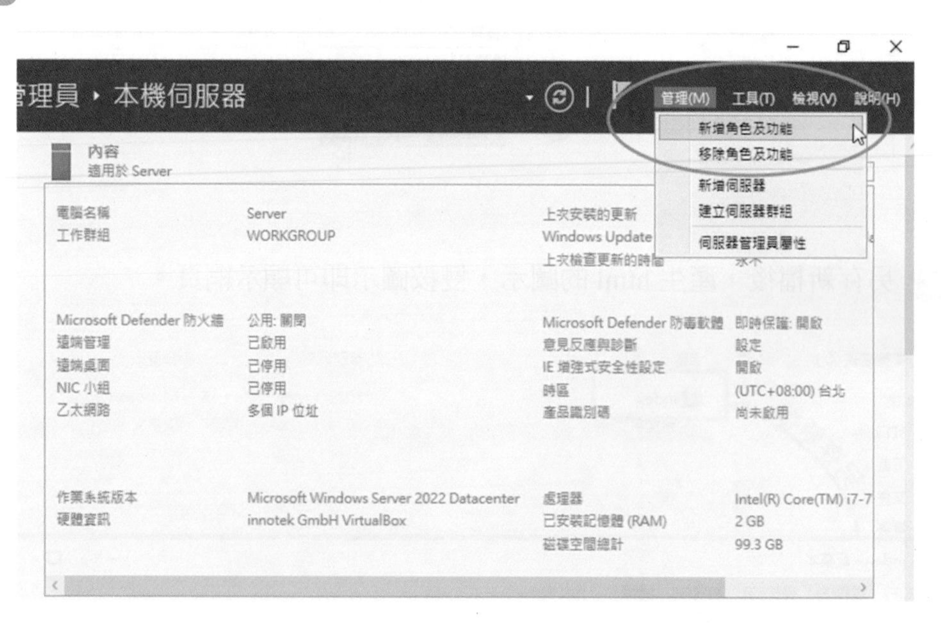

步驟 2 「下一步」即可。

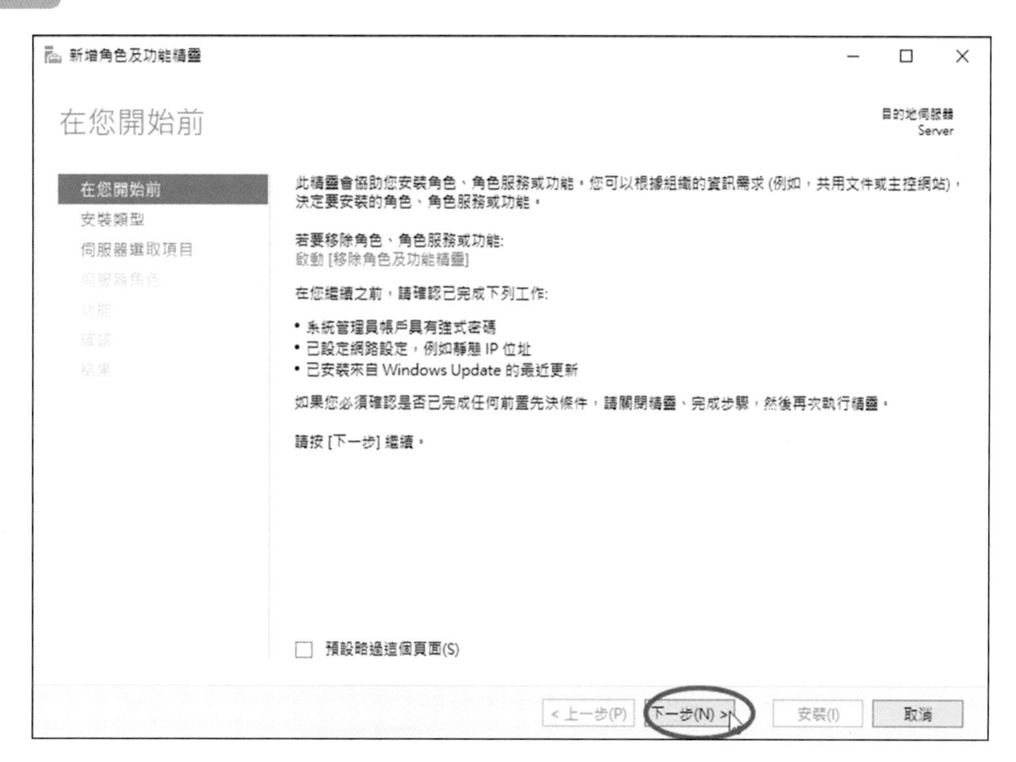

步驟 3 「下一步」即可。

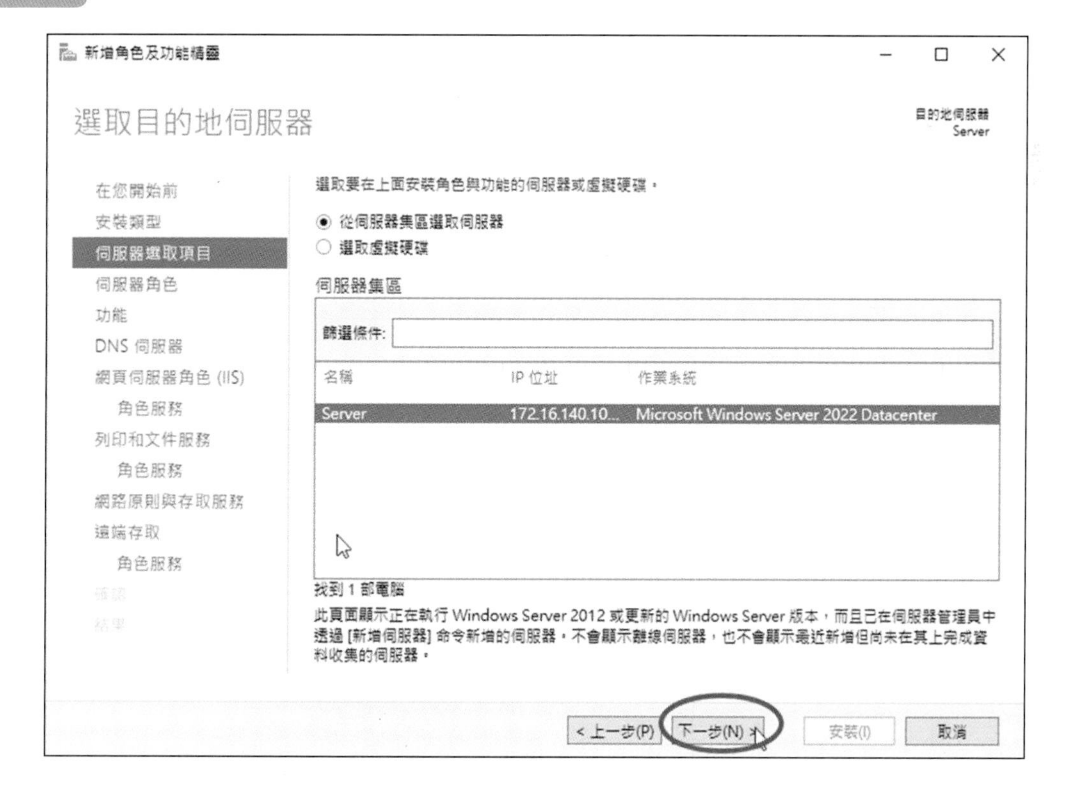

步驟 4 很重要的步驟！

點選

「DHCP」

「DNS」

「列印和文件服務」

「IIS」

「遠端存取」（後續再設定路由相關）。

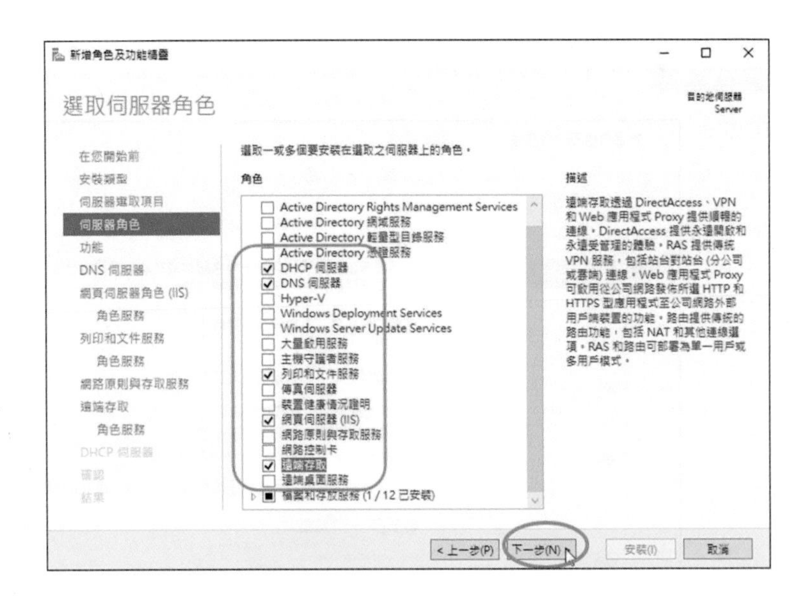

步驟 5

「下一步」即可。

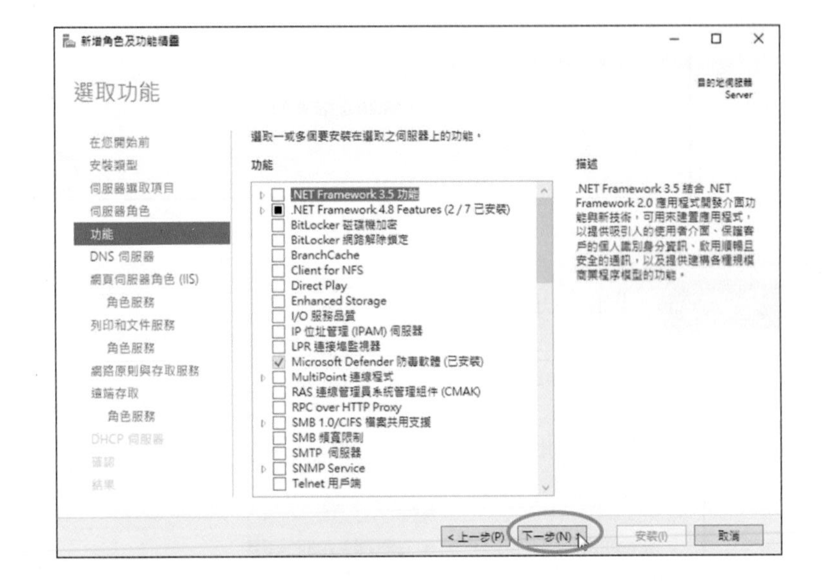

步驟 6

「下一步」即可。

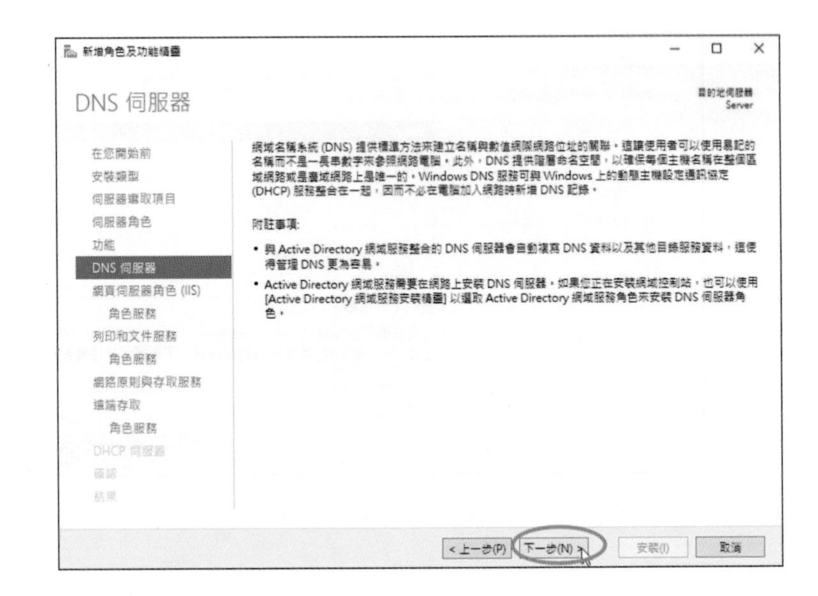

步驟 7 很重要的步驟！

務必記得要勾選「FTP」，否則在後面設定 FTP 時出問題，角色新增的作業必須重來，無法用補勾選來補救。

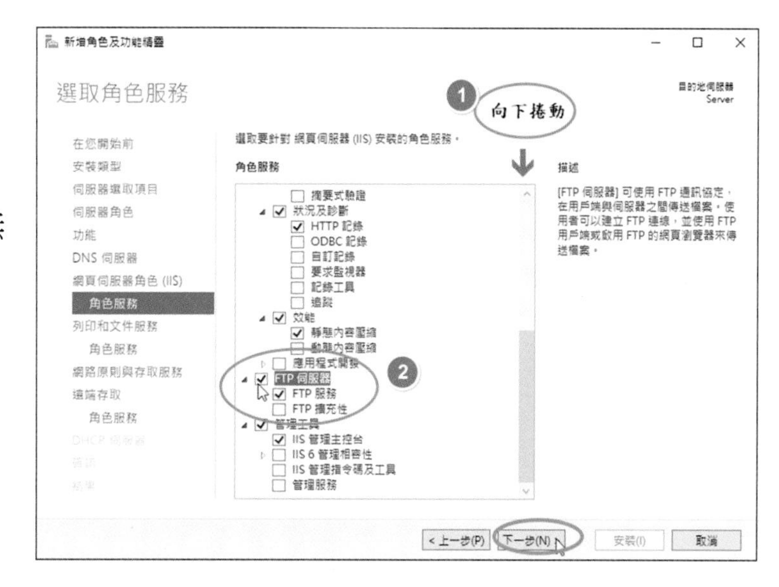

步驟 8

「下一步」即可。

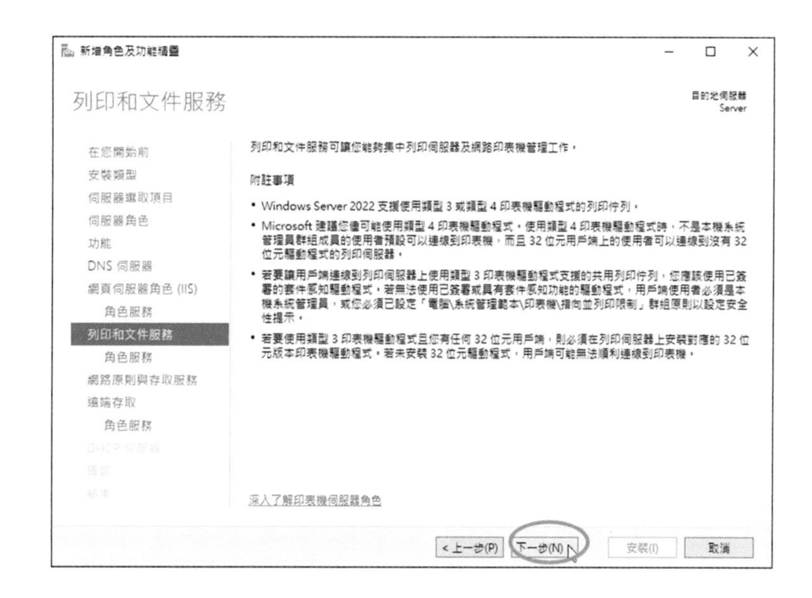

步驟 9

「下一步」即可。

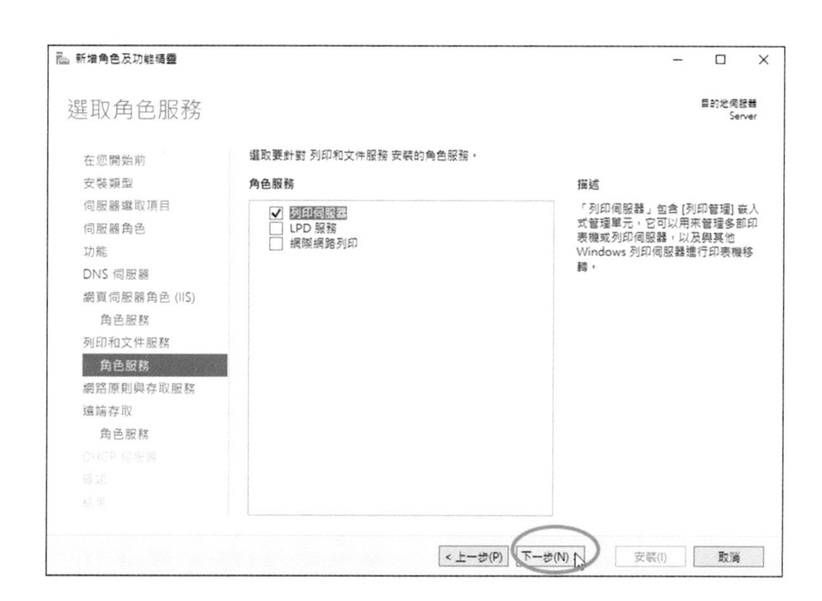

步驟 10

「下一步」即可。

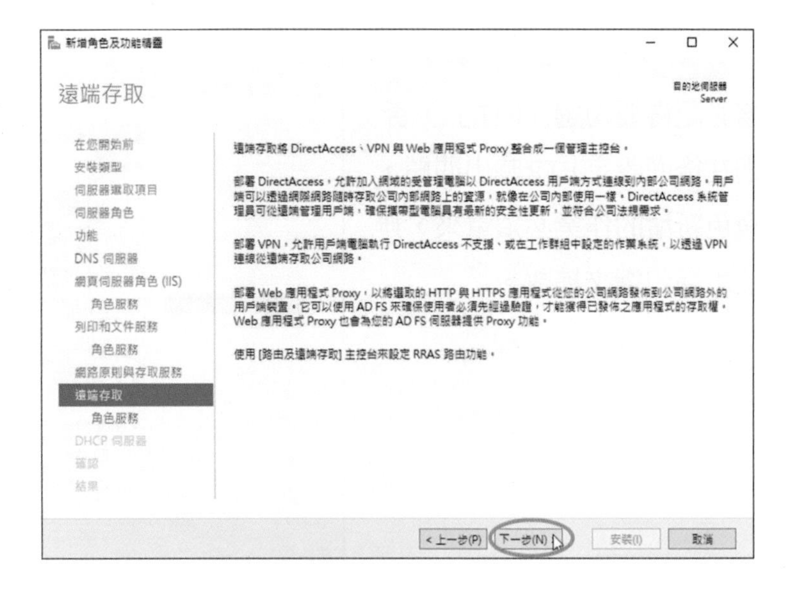

步驟 11

「下一步」即可。

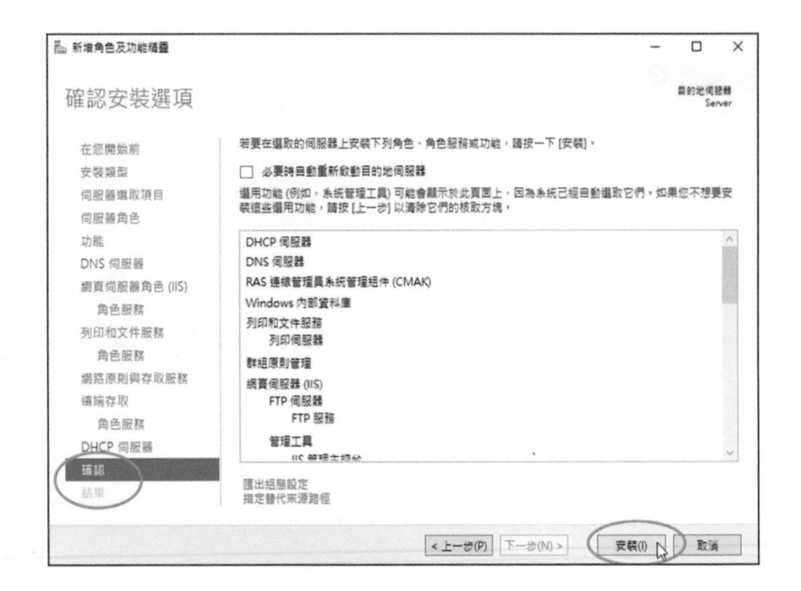

步驟 12

開始安裝。

【檢定流程建議】

趁安裝的一點時間空檔去繼續 Client 端的 Windows10 之安裝與設定。

步驟 13

確定顯示安裝成功，再「關閉」。

9-6 Windows Server 2022 DHCP 的設定

檢定的要求

根據「動作要求 (五)-1-(2)」(H) 項。

(H) Server 主機固定 IP:172.16.140.100/24 及 192.168.140.100/24，另需架設 DHCP 功能，以動態方式配置 Client 端虛擬機電腦 IP，動態 IP 範圍由監評人員現場指定。

考場指定內容表：參考第五項，DHCP 範圍：192.168.140.150~192.168.140.170 (例)。

三	動作要求(1-(2)-F-(H))： 設定 DNS。	Server 主機 DNS: wdc .gov.tw 範例： Server 主機 DNS: labor.gov.tw
四	動作要求(1-(2)- F-(I))： 將指定之檔案傳送至指定 Server 主機之 public 目錄，並可查詢或讀取。	指定傳送之「檔案」 檔案名稱：Notepad.exe
五	動作要求(1-(2)-F-(L))： 設定主機 IP 位址及動態 IP 範圍。	Server 主機 IP:192.168.140.100/24 Client 端虛擬機電腦動態 IP 範圍 192.168.140.150 ~192.168.140.170 /24 範例： Client 端虛擬機電腦動態 IP 範圍 192.168.140.150~192.168.140.170/24

步驟 1 工具 / DHCP。

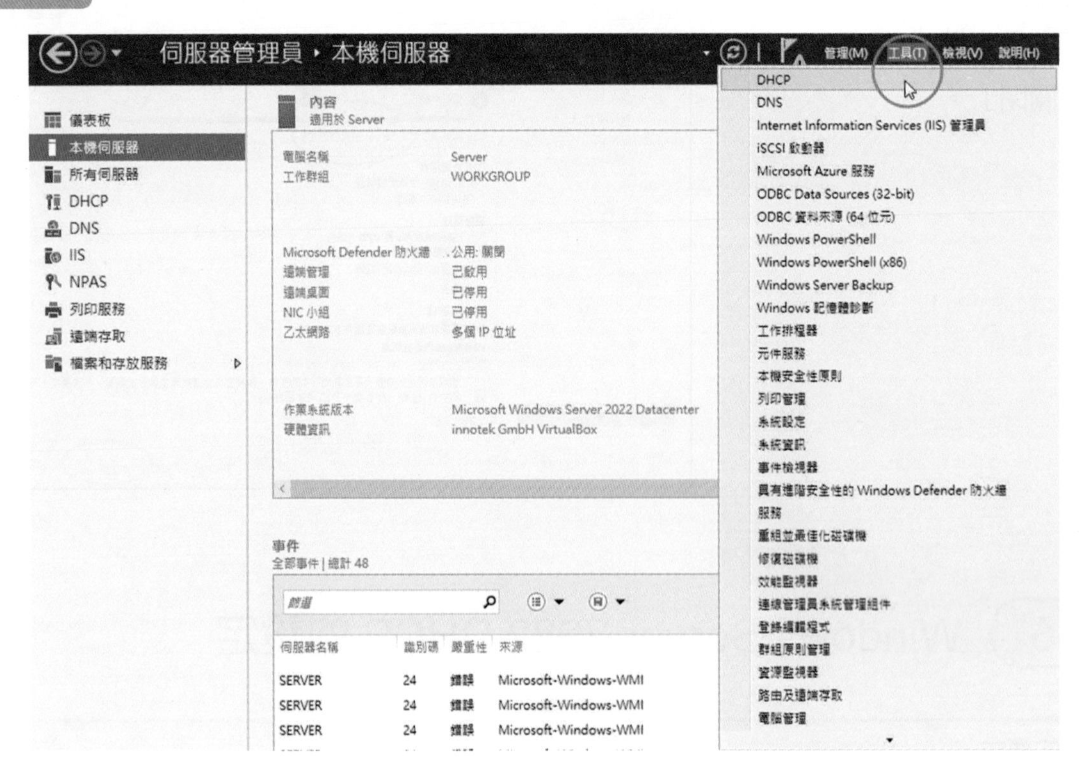

步驟 2 Server / IPV4。

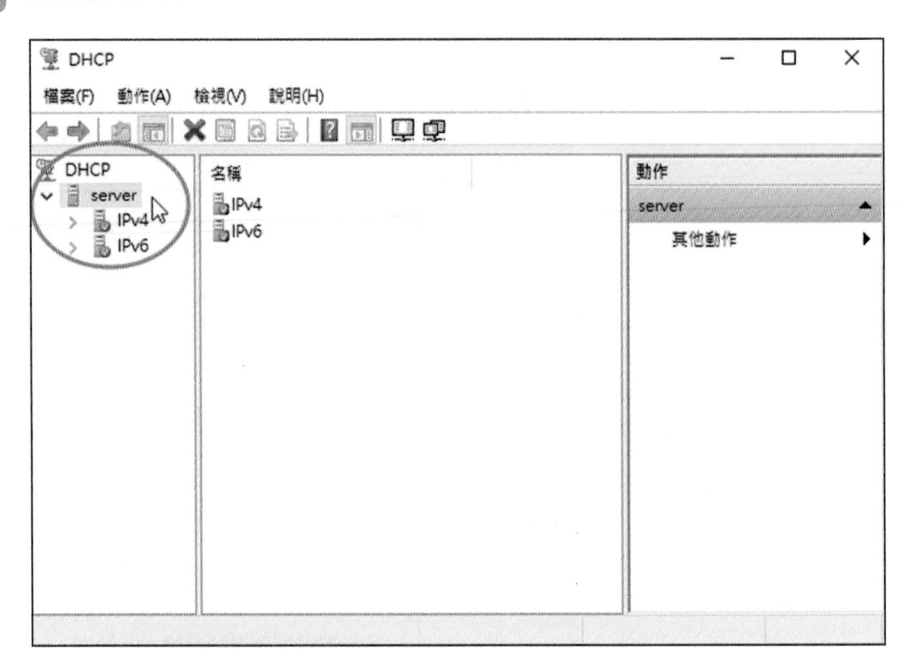

步驟 3

右鍵 / 新增領域。

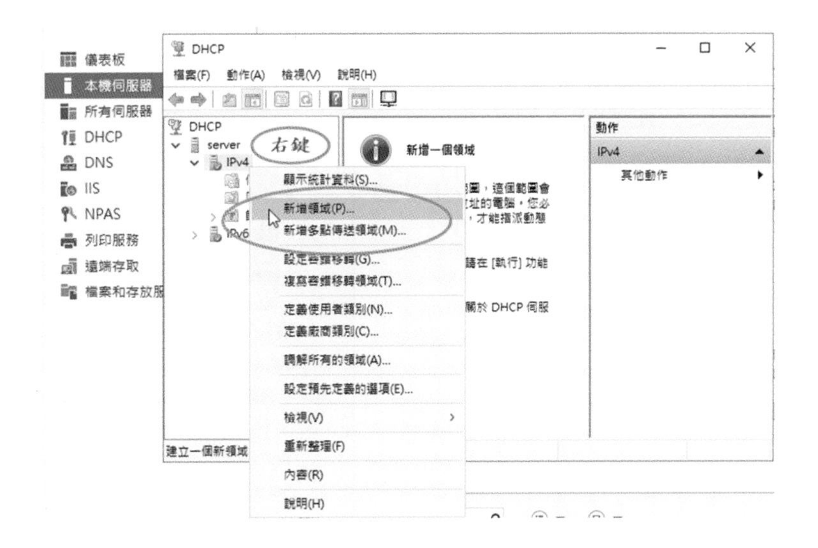

步驟 4

「下一步」。

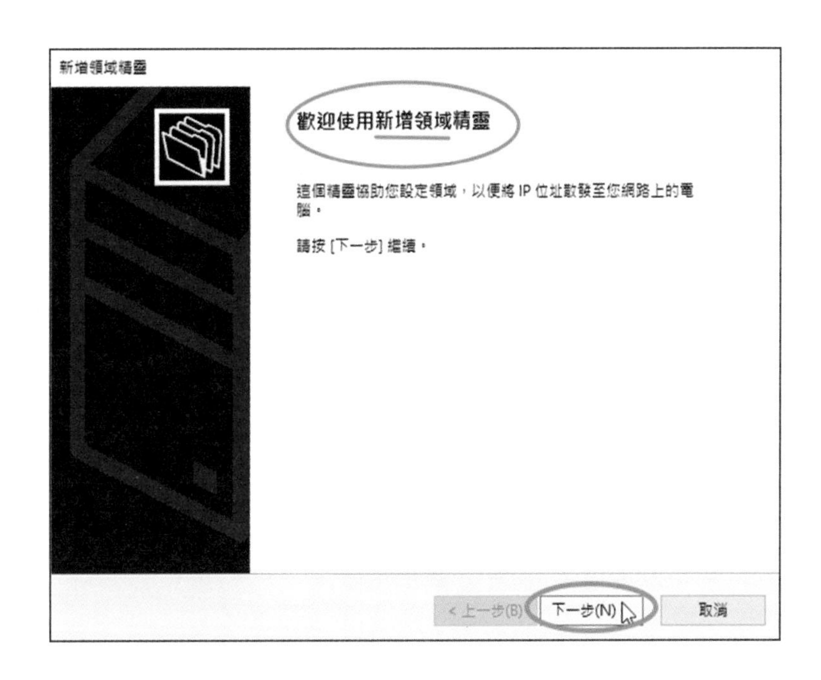

步驟 5

輸入名稱：d (未限定)。

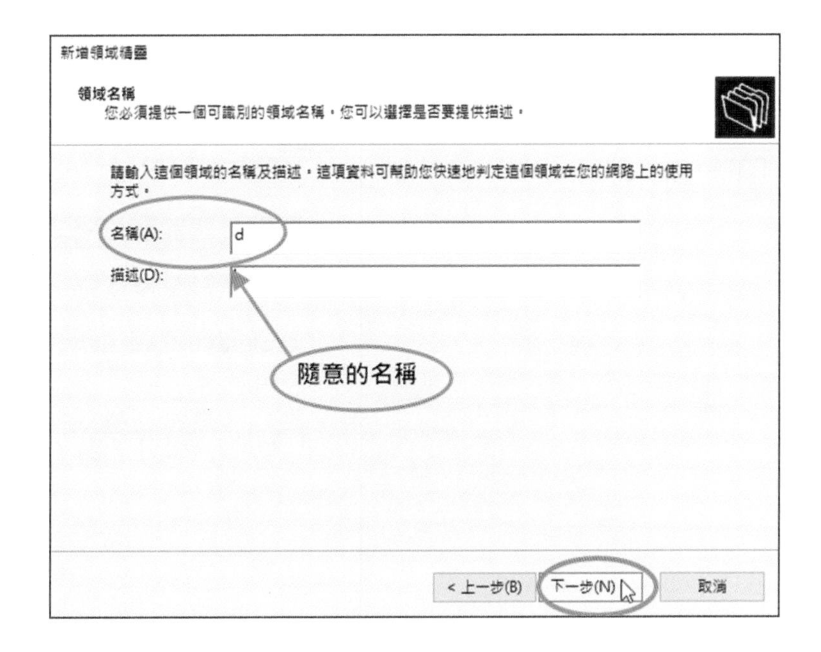

步驟 6

請參閱檢定要求，例：

起始 IP：192.168.140.150

結束 IP：192.168.140.170

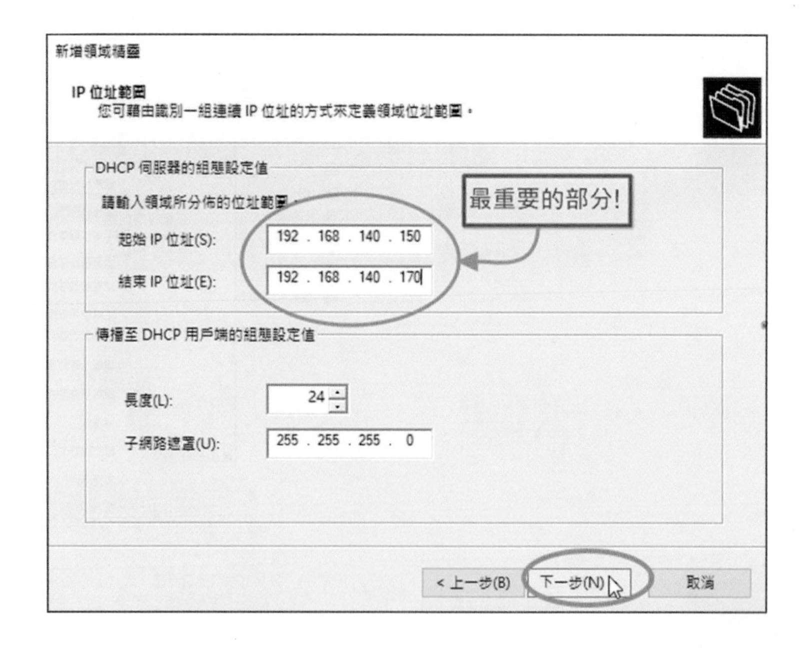

步驟 7

「下一步」即可。

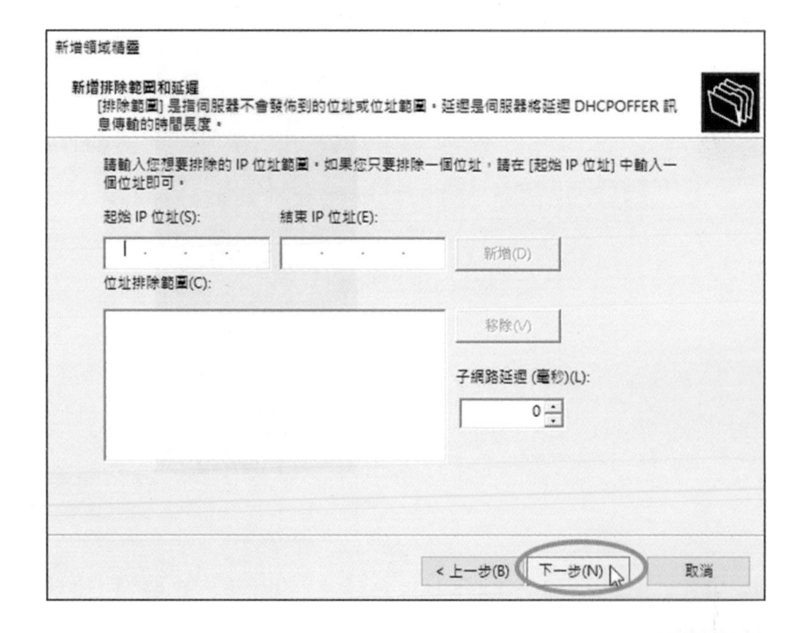

步驟 8

「下一步」即可。

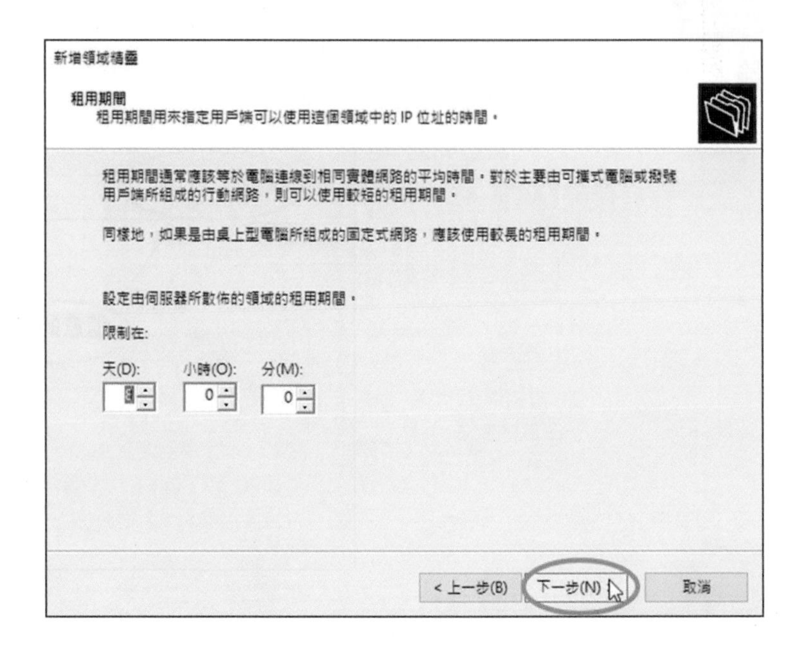

步驟 9

「下一步」即可。

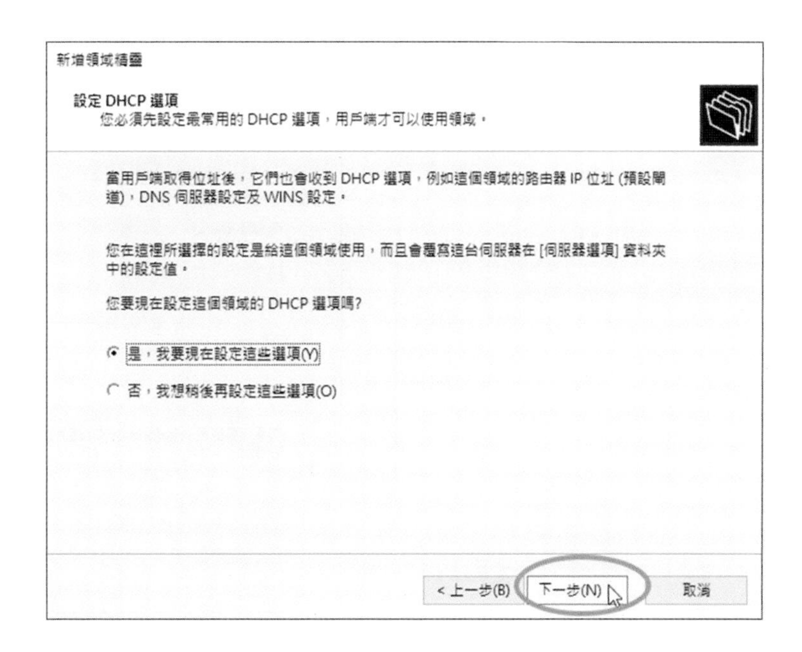

步驟 10

很重要的步驟！

要新增用戶端路由。

輸入伺服器 IP：

新增 192.168.140.100。

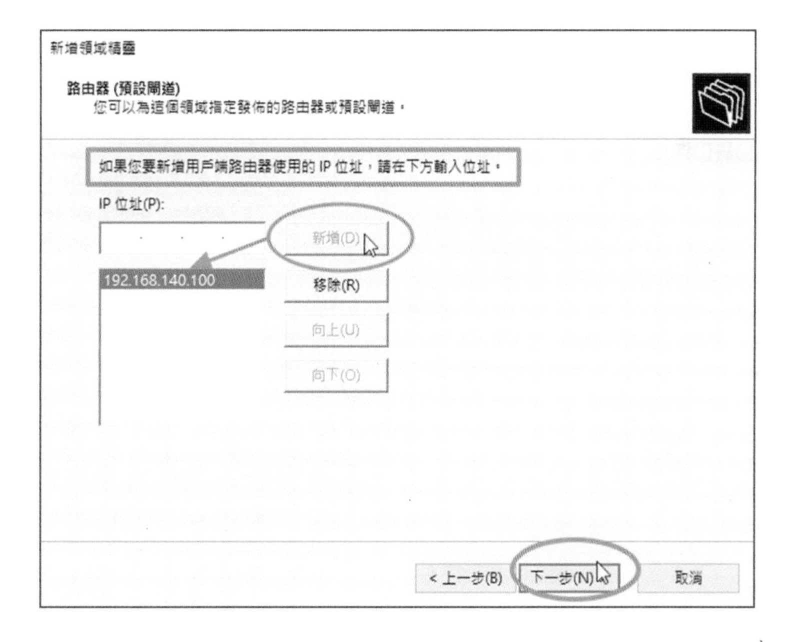

步驟 11

「下一步」即可。

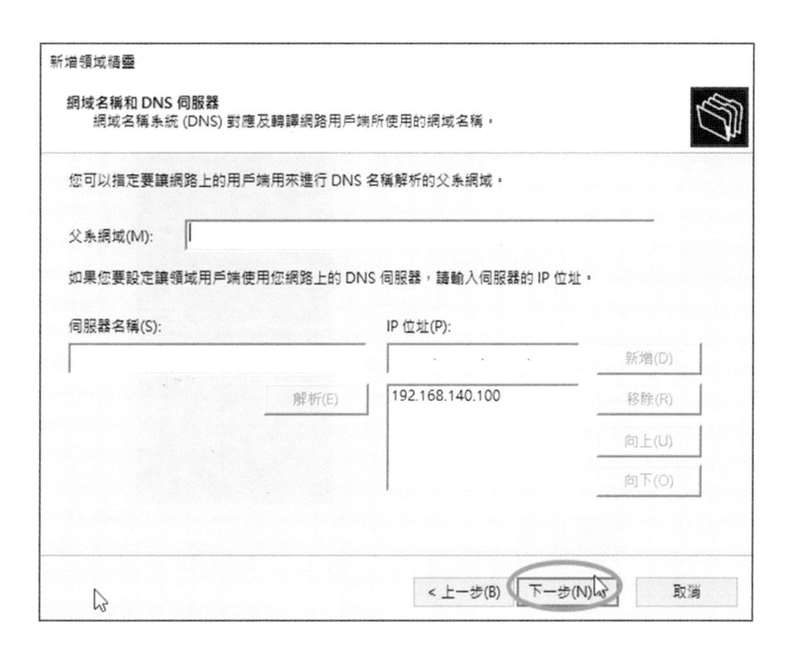

步驟 12

「下一步」即可。

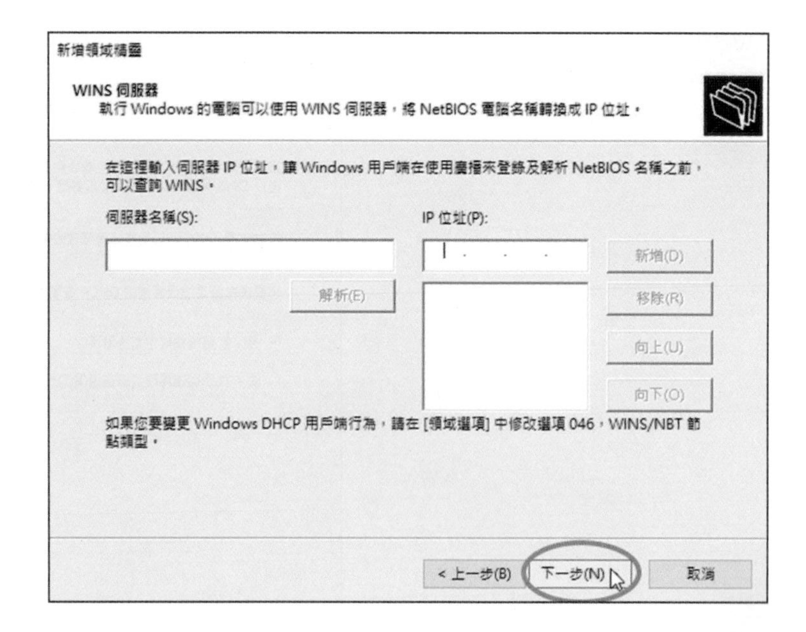

步驟 13

「下一步」，立即啟動 DHCP。

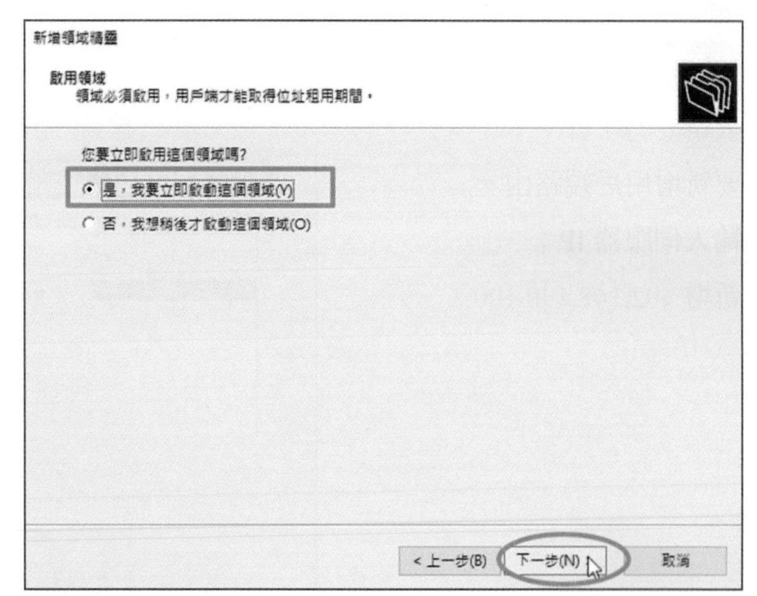

步驟 14

「完成」。

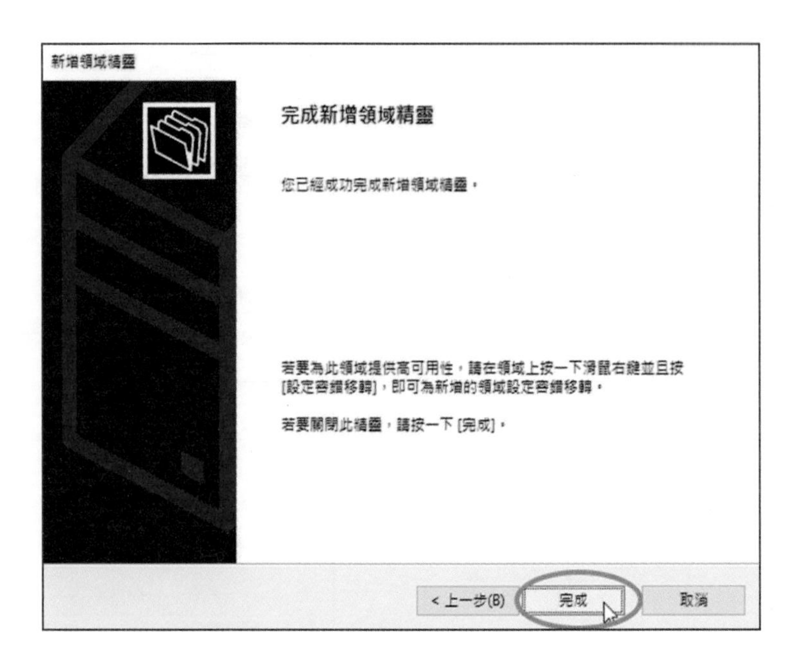

步驟 15

查看結果。

步驟 16

按「！」號，來啓動。

步驟 17

部署後啓動。

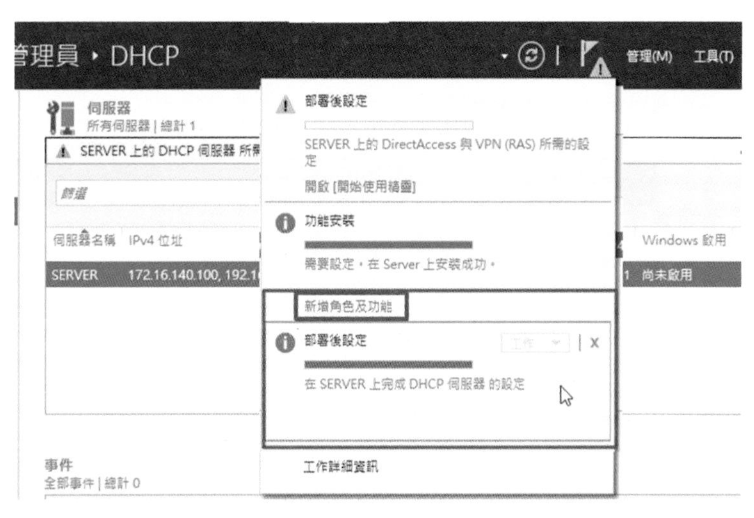

步驟 18

「認可」。

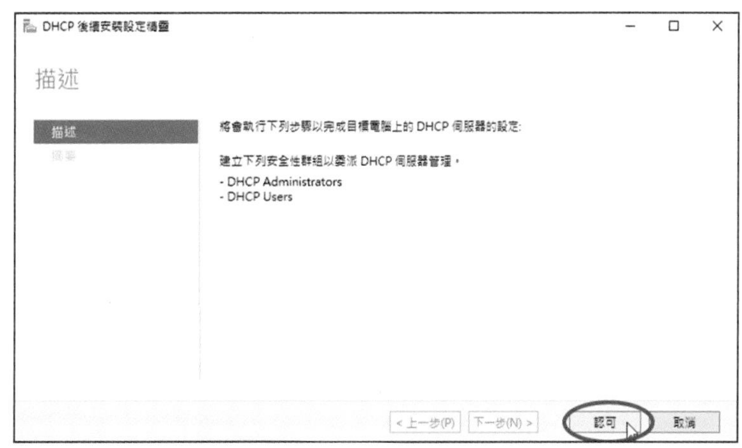

9-7 Windows Server 2022 DNS 的設定

> 檢定的要求
>
> 根據「動作要求 (五)-1-(2)」(H) 項。
>
> (H) 應檢人須於網路 Server 主機中，安裝具有 DNS 功能之系統，該 DNS 名稱由監評人員現場指定，例如：labor.gov.tw。

考場指定內容表：參考第三項 DNS：wdc.gov.tw (例)。

三	動作要求(1-(2)-F-(H))： 設定 DNS。	Server 主機 DNS:___wdc___.gov.tw 範例： Server 主機 DNS: labor.gov.tw
四	動作要求(1-(2)- F-(I))： 將指定之檔案傳送至指定 Server 主機之 public 目錄，並可查詢或讀取。	指定傳送之「檔案」 檔案名稱：__Notepad.exe__
五	動作要求(1-(2)-F-(L))： 設定主機 IP 位址及動態 IP 範圍。	Server 主機 IP:192.168.140.100/24 Client 端虛擬機電腦動態 IP 範圍 192.168.140._150_~192.168.140._170_/24 範例： Client 端虛擬機電腦動態 IP 範圍 192.168.140.150~192.168.140.170/24

步驟 1 工具 / DNS。

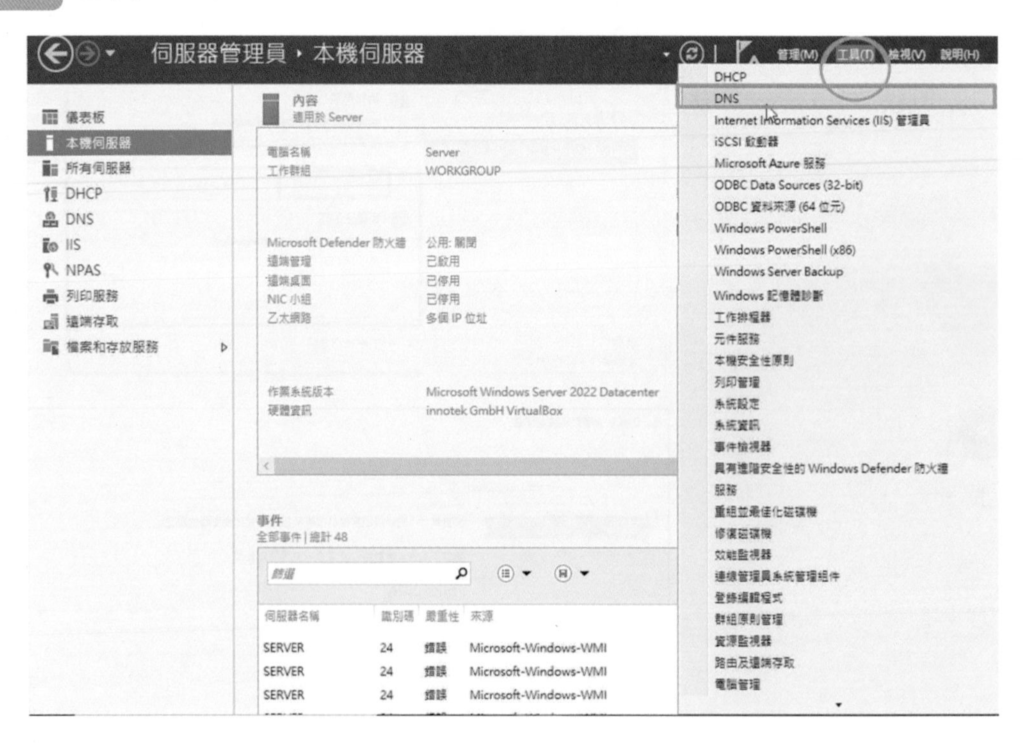

步驟 2

Server 右鍵 / 新增區域。

步驟 3

「下一步」。

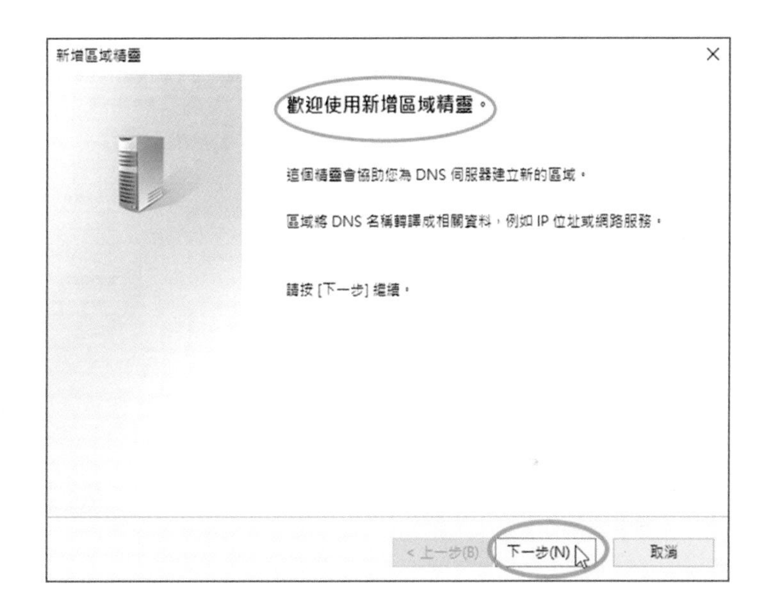

步驟 4

「下一步」即可。

步驟 5

「下一步」即可。

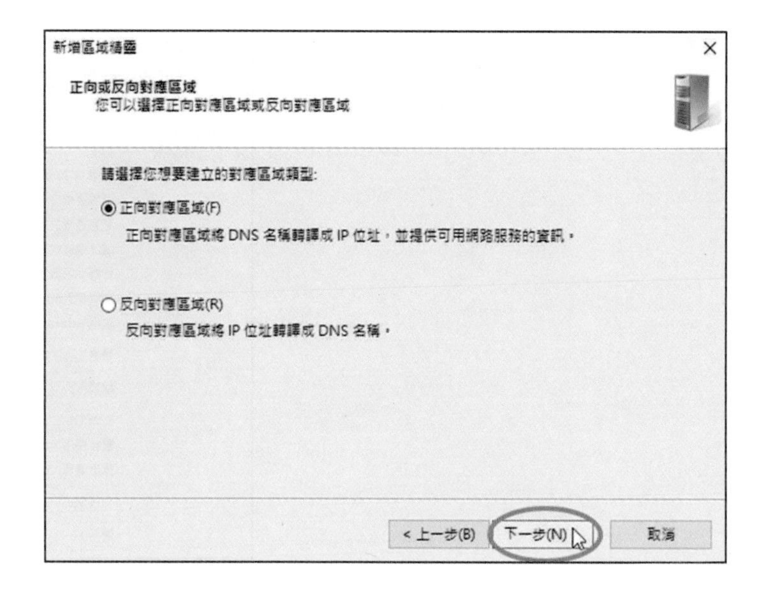

步驟 6

很重要的步驟！

參考指定內容表。

輸入：wdc.gov.tw

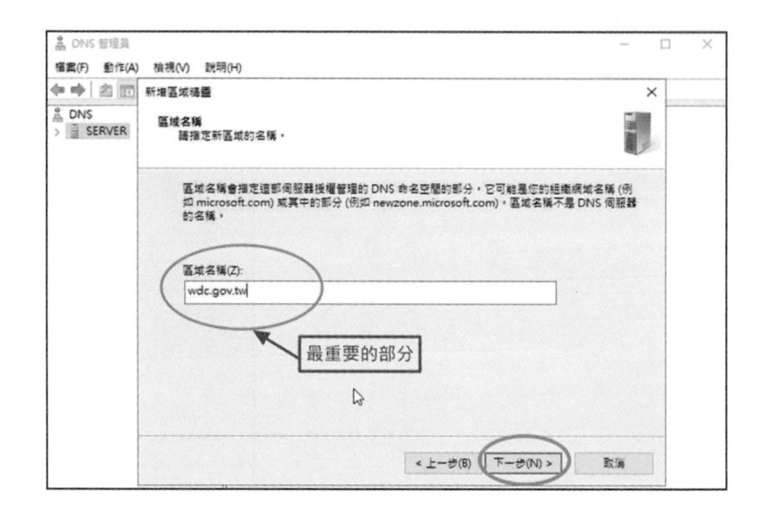

步驟 7

「下一步」即可。

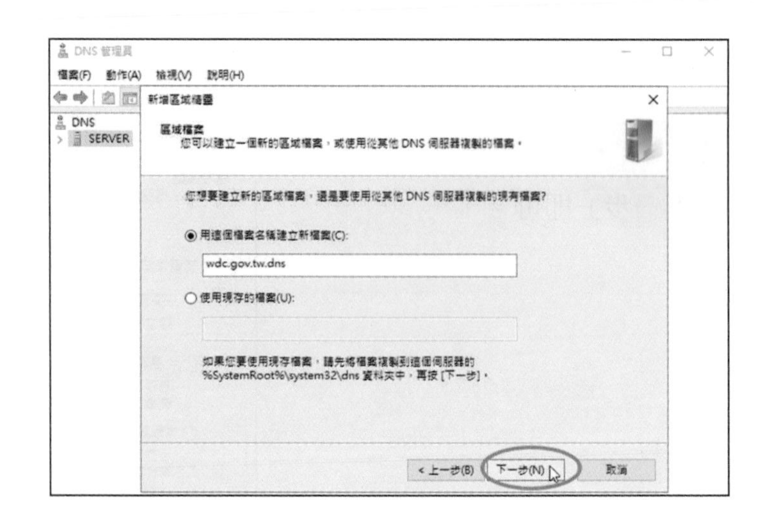

步驟 8

「下一步」即可。

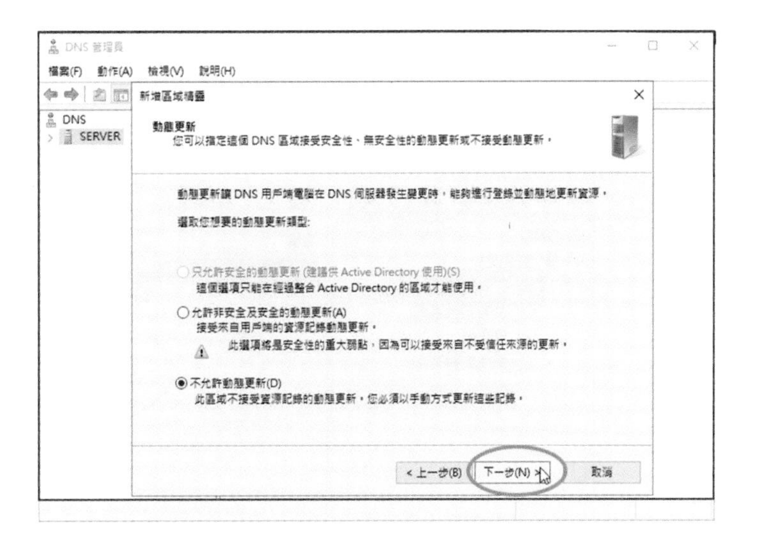

步驟 9

「完成」。

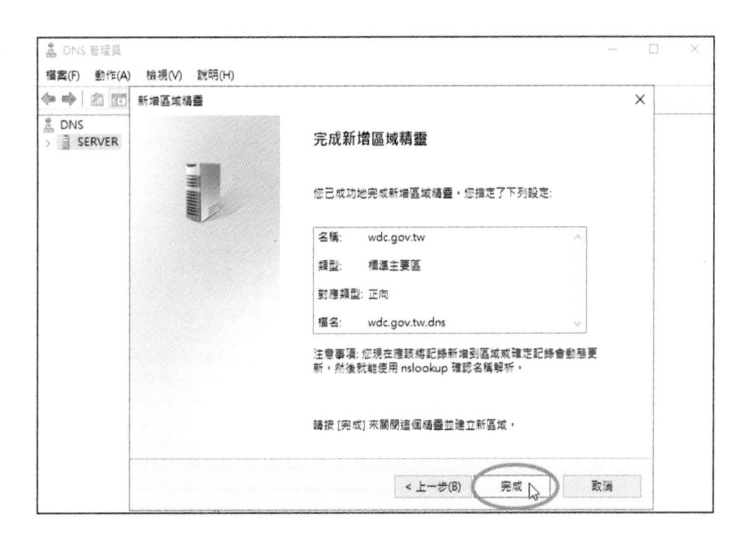

步驟 10 完成後，生成「標準主要區」。

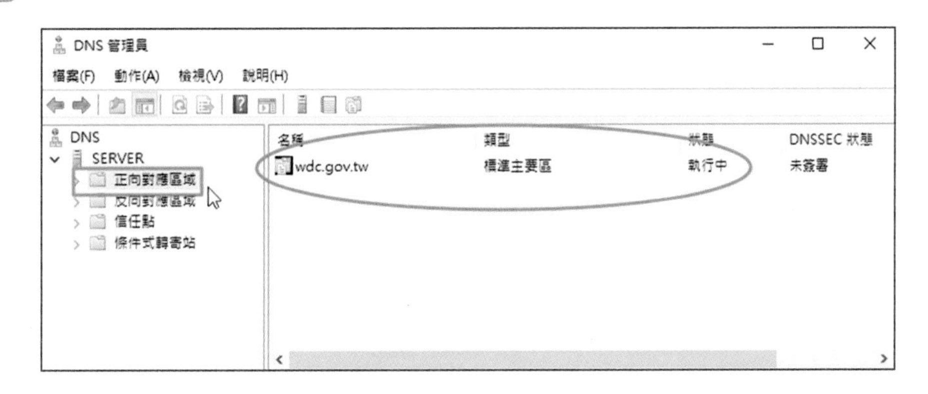

步驟 11 連按 2 下。

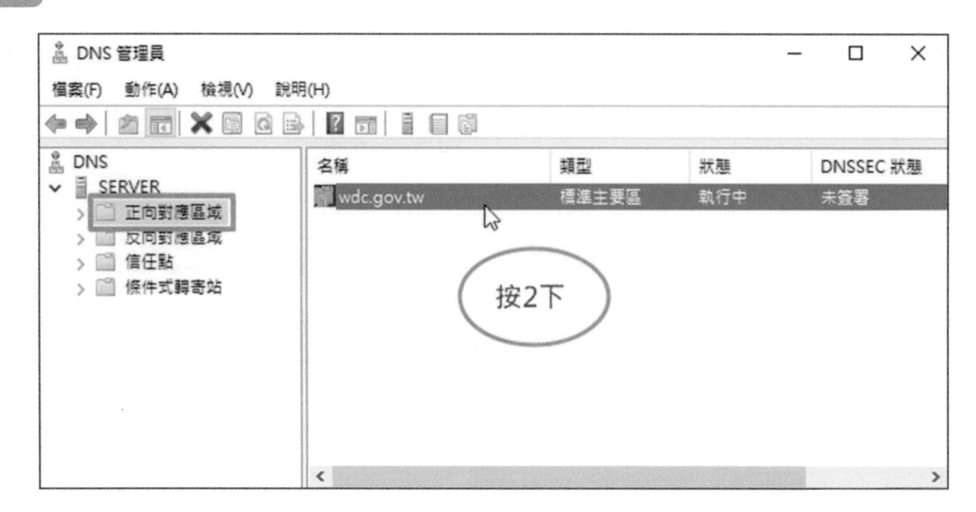

步驟 12 產生 2 項「和父系資料夾相同」。

步驟 13 空白處右鍵 /「新增主機 (A 或 AAAA)」。

步驟 14
1. 輸入名稱：www
2. 輸入 Server 的 IP 位址：192.168.140.100
3. 確定「新增主機」。

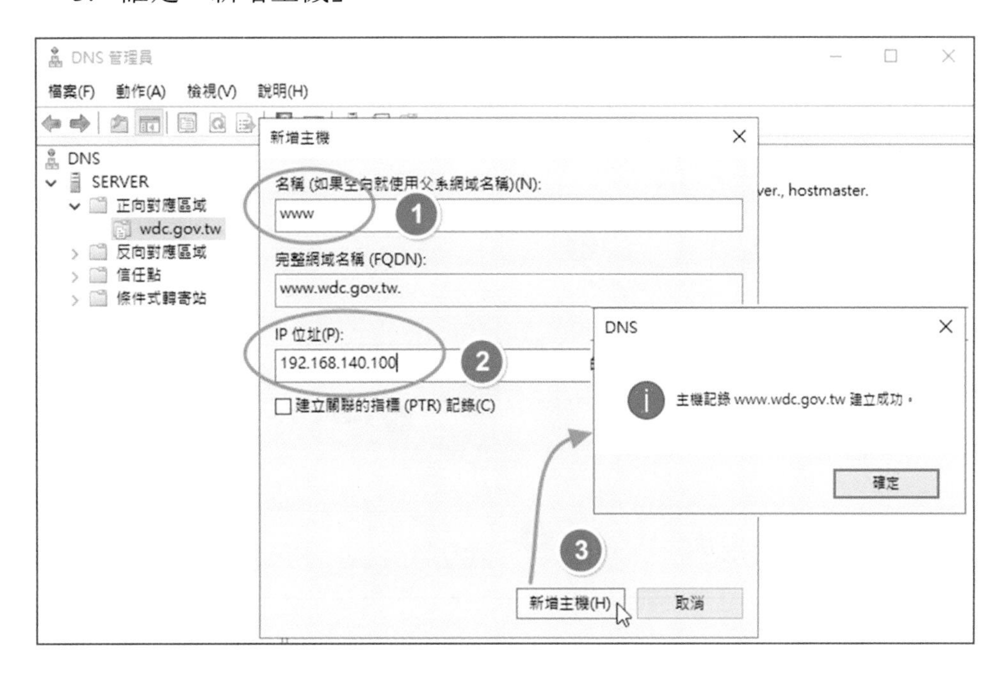

步驟 15 空白處右鍵，再「新增主機…」。

步驟 16 新增 FTP 主機，

1. 名稱：ftp
2. 輸入 Server 的 IP 位址：192.168.140.100
3. 確定「新增主機」。

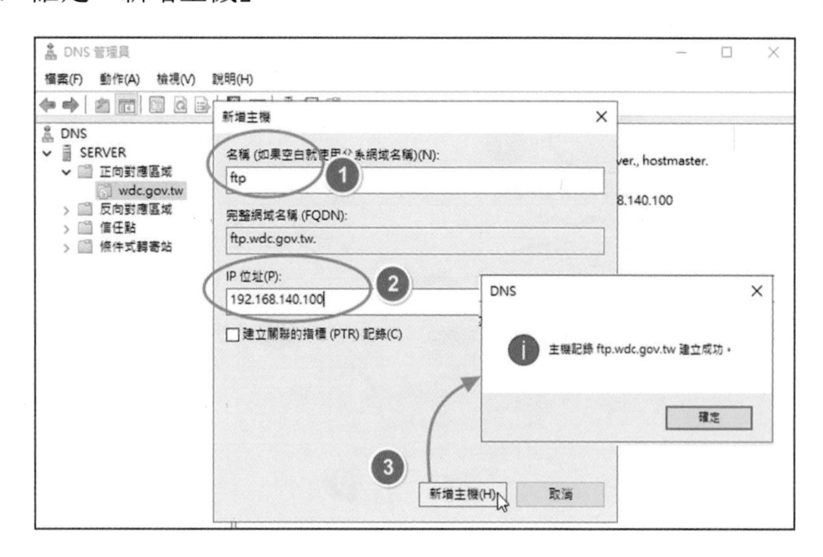

步驟 17 查看結果。

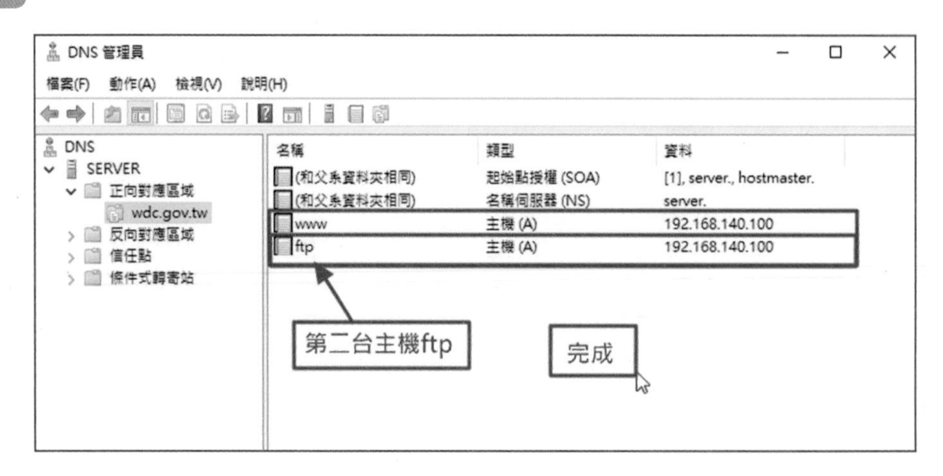

9-8 Windows Server 2022 IIS 的設定

檢定的要求

根據「動作要求 (五)-1-(2)」(I) ～ (J) 項。

(I) 應檢人須於網路 Server 主機中，安裝具有 FTP 功能之系統，FTP 主機名稱為 ftp，並接受 Client 端以 FTP 登錄，登錄使用者帳號為 master，依監評人員之要求，以 FTP 方式將指定之檔案 (監評人員現場指定) 傳送至指定 ftp.labor.gov.tw 主機之 public 子目錄中，一般使用者僅可查詢或讀取。

(J) 應檢人須於網路 Server 主機中，安裝具有 WWW 功能之系統，WWW 主機名稱為 www，並在 Server 主機與 Client 皆能以瀏覽器超連結該網址，例如：http://www.labor.gov.tw/master，不需輸入任何帳號及密碼即可瀏覽網路 Server 主機 WWW 的 master 使用者個人首頁。

參考檢定手冊，「動作要求 (五)-3，第 3 項」：FTP 登入權限，public 資料夾的權限。

使用者		master	user1	user2
1 帳號設定	群組	test	test	test
	權限	系統管理者	一般使用者	一般使用者
2 資料夾權限設定	public 資料夾	全部權限	僅讀取	僅讀取
	user1 資料夾	不須設定	全部權限	無法讀取
	user2 資料夾	不須設定	無法讀取	全部權限
3 FTP 登入權限	public 資料夾	全部權限	僅讀取	僅讀取
4 印表機伺服器	印表機型號 A	全部權限	全部權限	無使用權限
	印表機型號 B	全部權限	無使用權限	全部權限

9-8-1 Windows Server 2022- FTP 的設定

檢定指定內容表：第四項，指定檔案：Notepad.exe

四	動作要求(1-(2)- F-(I))：將指定之檔案傳送至指定 Server 主機之 public 目錄，並可查詢或讀取。	指定傳送之「檔案」檔案名稱：Notepad.exe

步驟 1 新增 FTP 站台。

步驟 2 很重要的步驟！

1. 輸入站台名稱 (隨意)。
2. 點選「…」。
3. 開啟目錄，點選 C:/public。
4. 確定。

這是公用目錄，透過 FTP 的方式存放指定的檔案的資料夾。

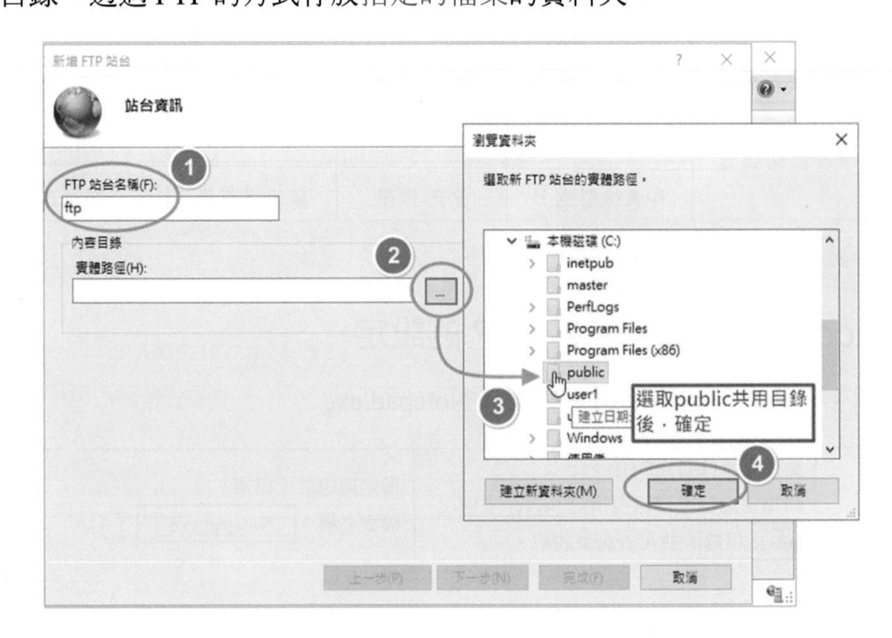

步驟 3

查看結果。

「下一步」。

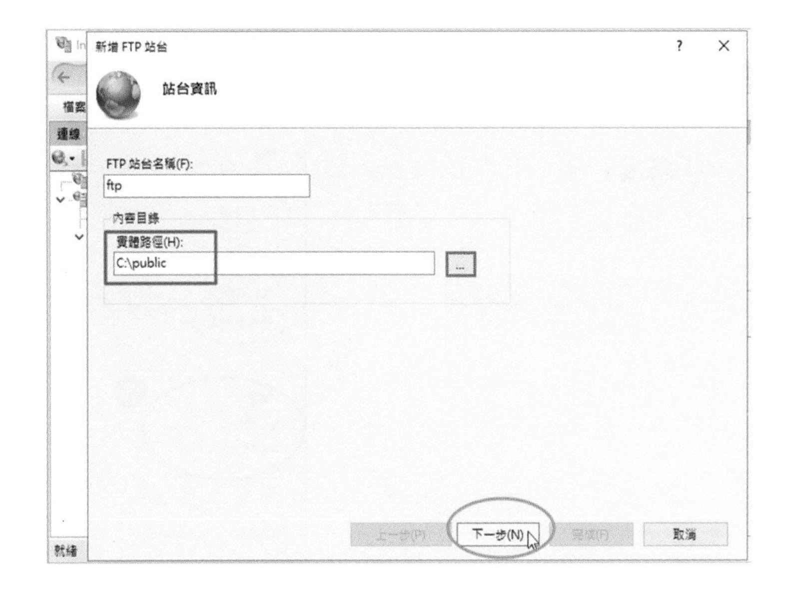

步驟 4

繫結：

1. 輸入 Server IP：192.168.140.100。
2. 選擇沒有 SSL。
3. 「下一步」。

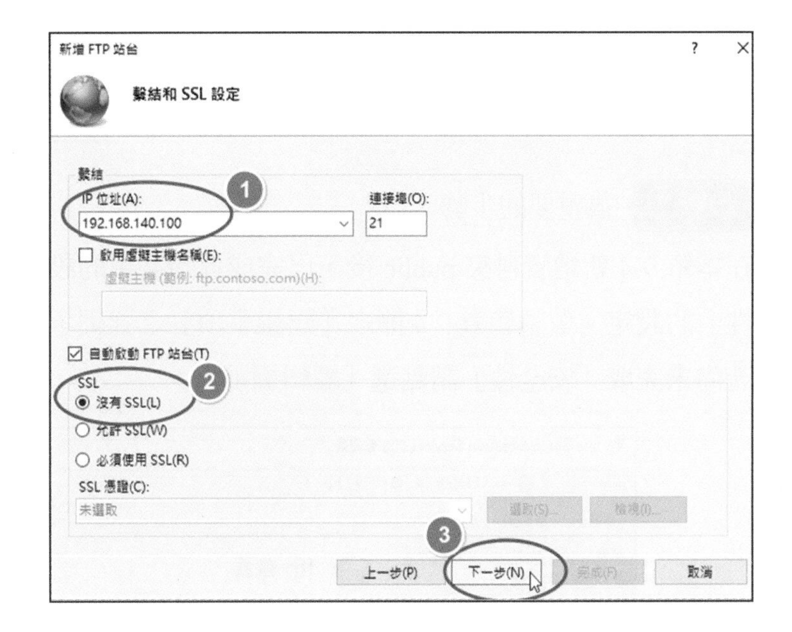

步驟 5

1. 驗證：基本
2. 授權：所有使用者

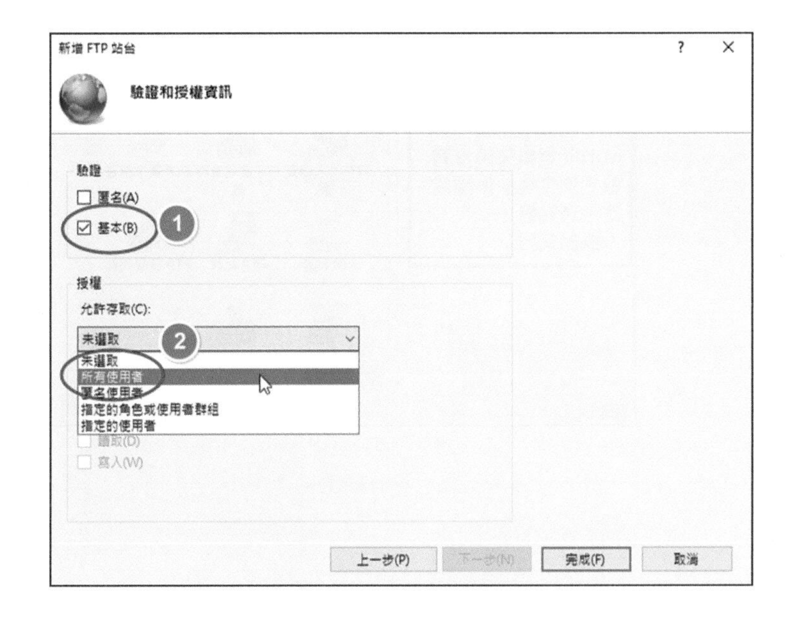

步驟 6

3. 權限：選取「讀取」與「寫入」。
4. 「完成」。

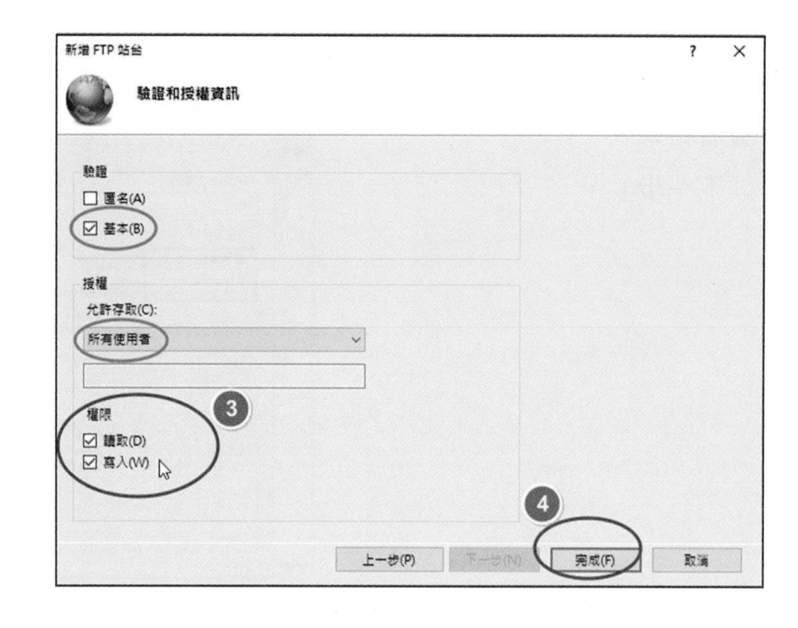

步驟 7 很重要的步驟！

在本章 9-4 新增資料夾 public 後，已完成進階共用的設定，有建議事項繼續完成「安全性」的設定。敬請參考 9-4 節之【建議事項】之詳細步驟。

若尚未完成「安全性」請點選「編輯權限」。

步驟 8

安全性設定的結果 -1：

具有最高權限：

Administrators 及 master。

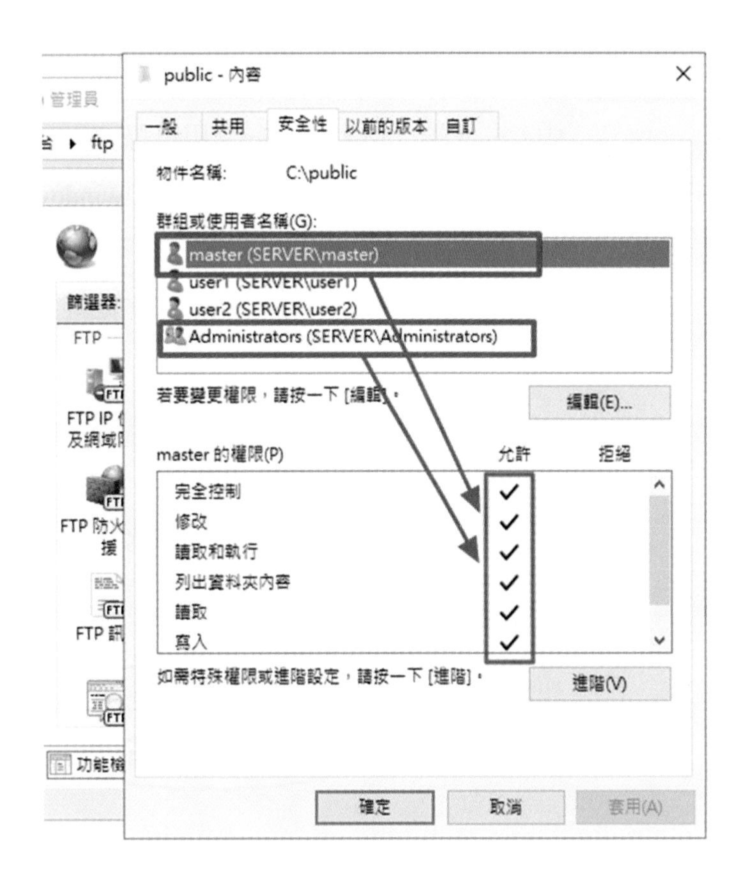

步驟 9

安全性設定的結果 -2：

具有讀取權限：user1 及 user2。

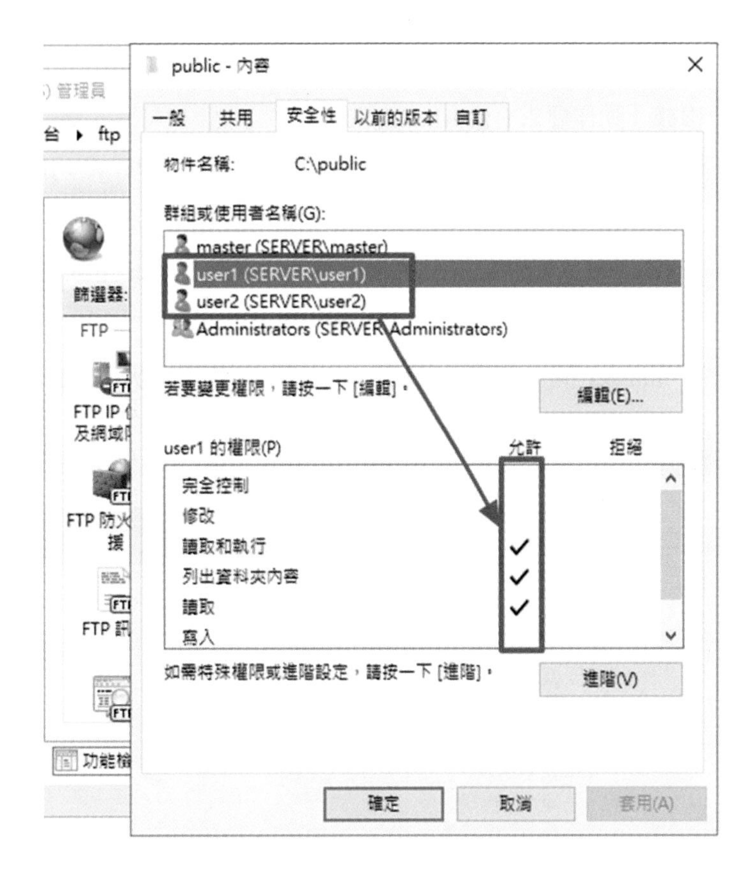

步驟 10 依試題動作要求，檢定指定內容表第四項指定檔案：Notepad.exe 由 Client 端上傳至 public 公用目錄。

Client 端以 master 身份登入，在 c:\windows 目錄中搜尋 notepad.exe，如圖示。

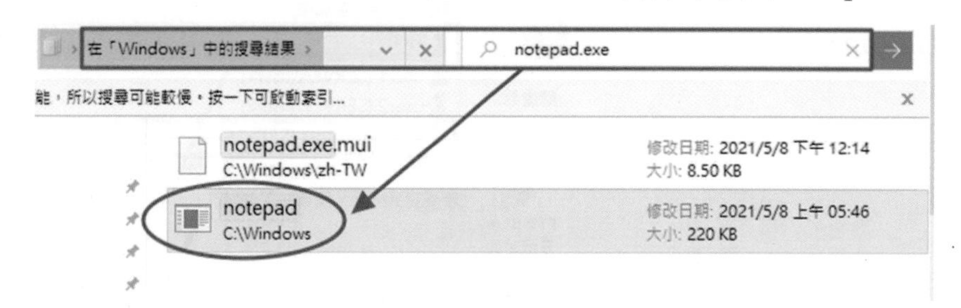

複製到伺服器端的 c:\public 資料夾。

9-8-2 Windows Server 2022-WWW 的設定

檢定的要求

根據「動作要求 (五)-1-(2)」(J) 項。

(J) 應檢人須於網路 Server 主機中，安裝具有 WWW 功能之系統，WWW 主機名稱爲 www，並在 Server 主機與 Client 皆能以瀏覽器超連結該網址，例如：http://www.labor.gov.tw/master，不需輸入任何帳號及密碼即可瀏覽網路 Server 主機 WWW 的 master 使用者個人首頁。

master 個人網頁 index.htm 已於新增資料夾 c:\master 時建立完成。

步驟 1 工具 / Internet Information Services (IIS) 管理員

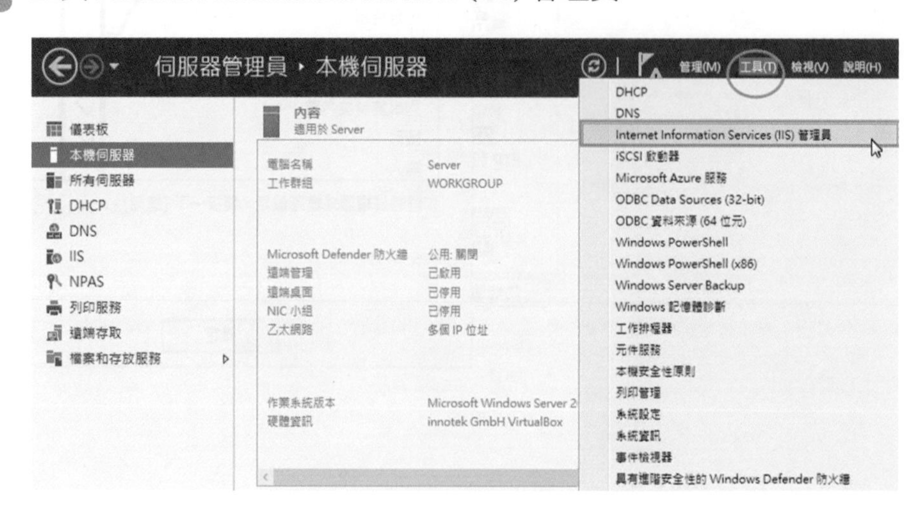

步驟 2 展開選單，選取「Default Web Site」右鍵 /「新增虛擬目錄」。

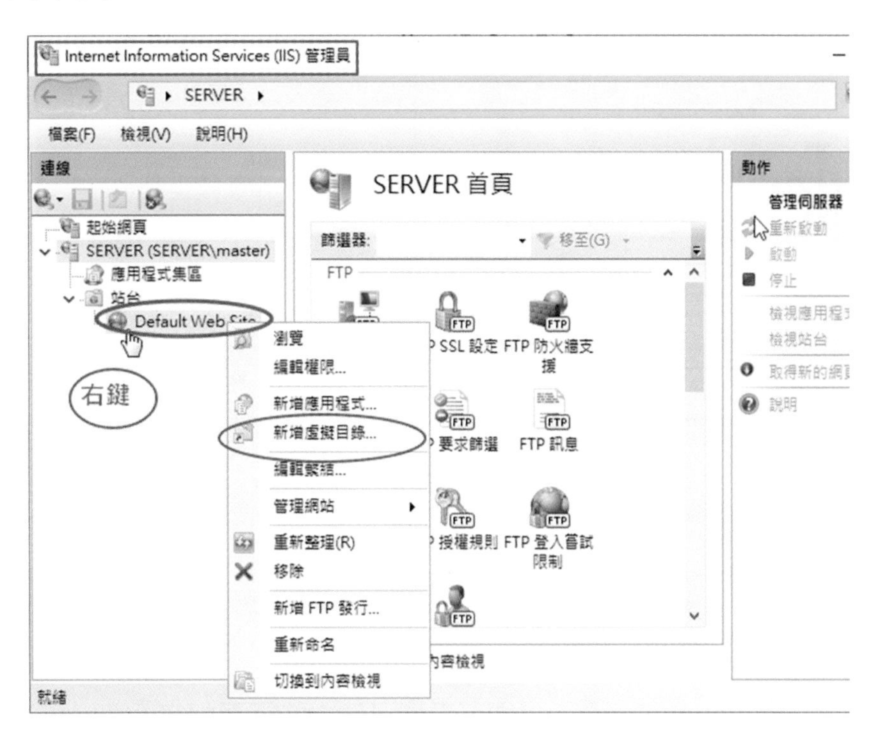

步驟 3 很重要的步驟！

1. 輸入隨意的名稱：master。
2. 按 … 開啟文件夾，是用於存放個人網頁之實體資料夾，點選 C:\master。
3. 確定。

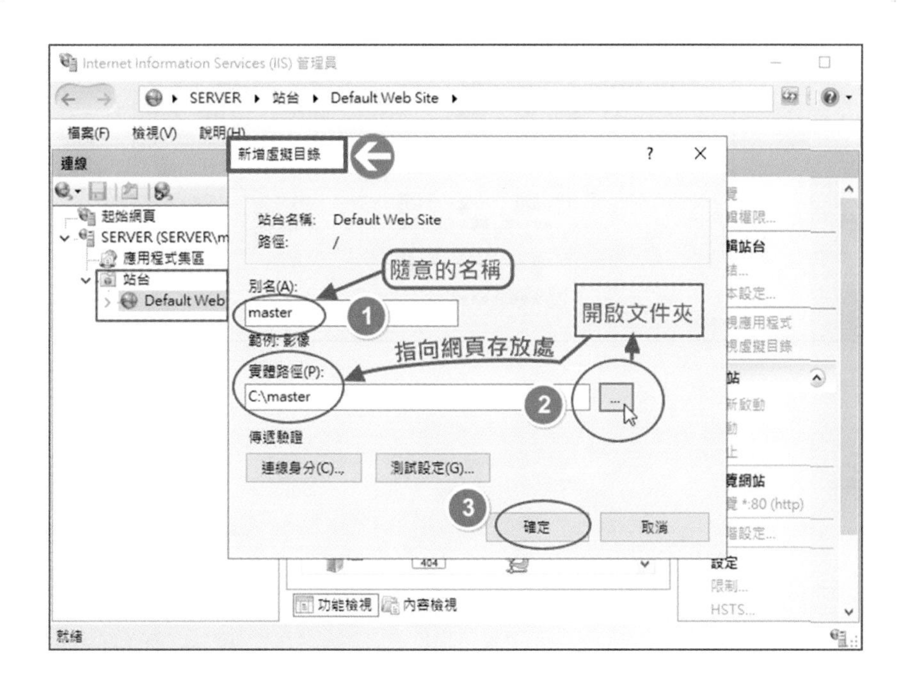

步驟 4 可立即測試結果，點取右方：瀏覽 *80(http) 。

步驟 5 在網址列：localhost/master/ 即可看到已建立的網頁內容。

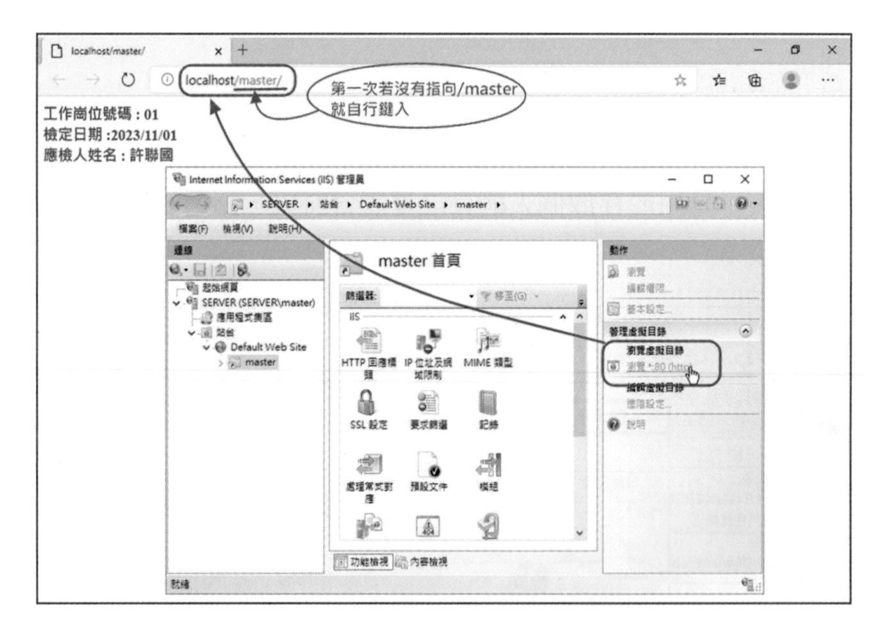

步驟 6

亦可不同之方式瀏覽網頁，如圖所示：

1. localhost/master
2. 192.168.140.100/master
3. www.wdc.gov.tw/master

(DNS 若已建立完成)。

9-9 Windows Server 2022 路由的設定

檢定的要求

根據「動作要求 (五)-1-(2)」(N) 項。

(N) 可由 Client 端之實體機及虛擬機以 tracert/traceroute 指令追蹤路由途徑，其路由途徑必須自 Client 端實體機繞經 Server 再回到 Client 端虛擬機，並可自 Client 端虛擬機繞經 Server 再回到 Client 端實體機。

步驟 1 工具 / 路由及遠端存取。

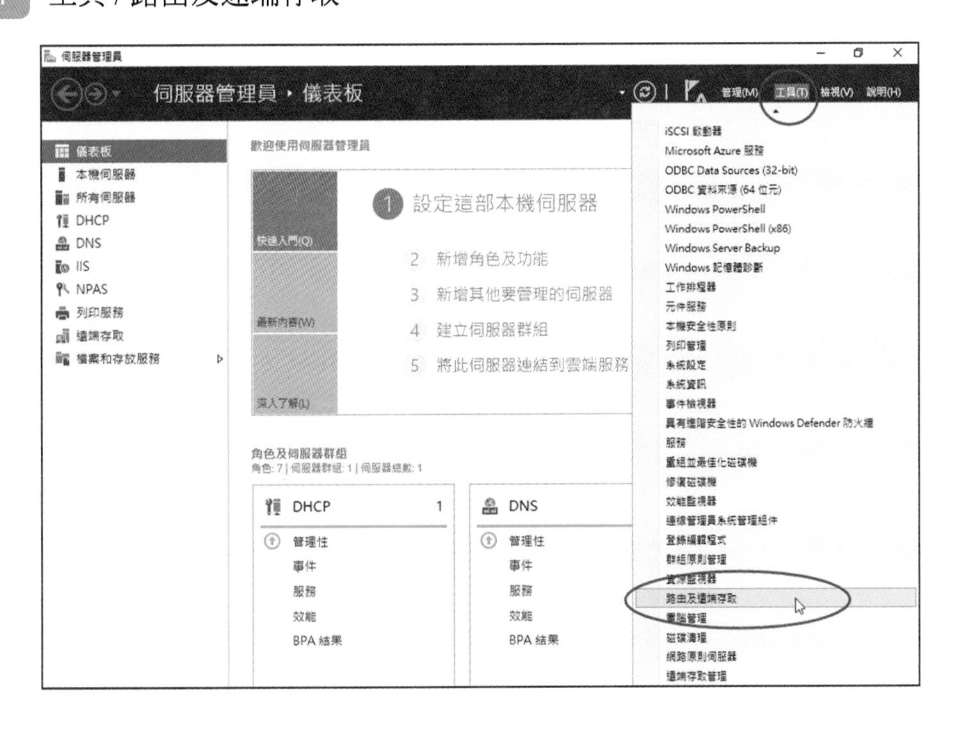

步驟 2 初始狀態。

步驟 3

Server 右鍵 / 設定和啓用路由及遠端存取。

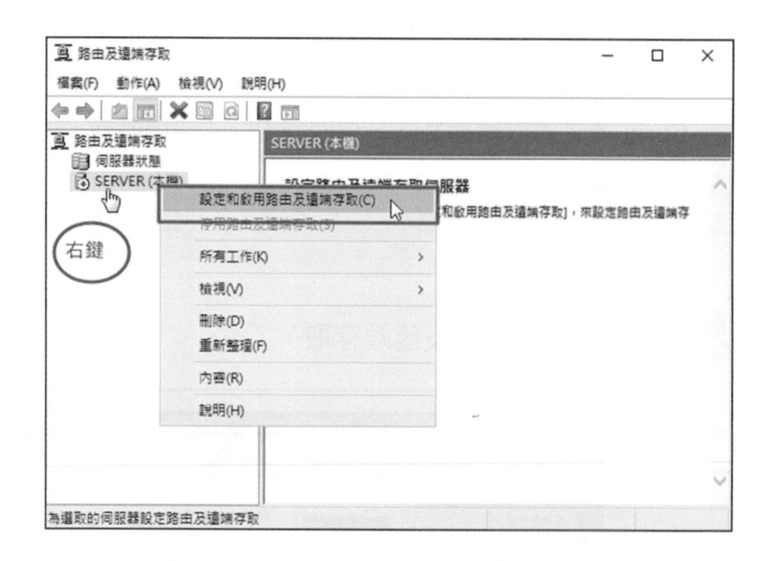

步驟 4

「下一步」即可。

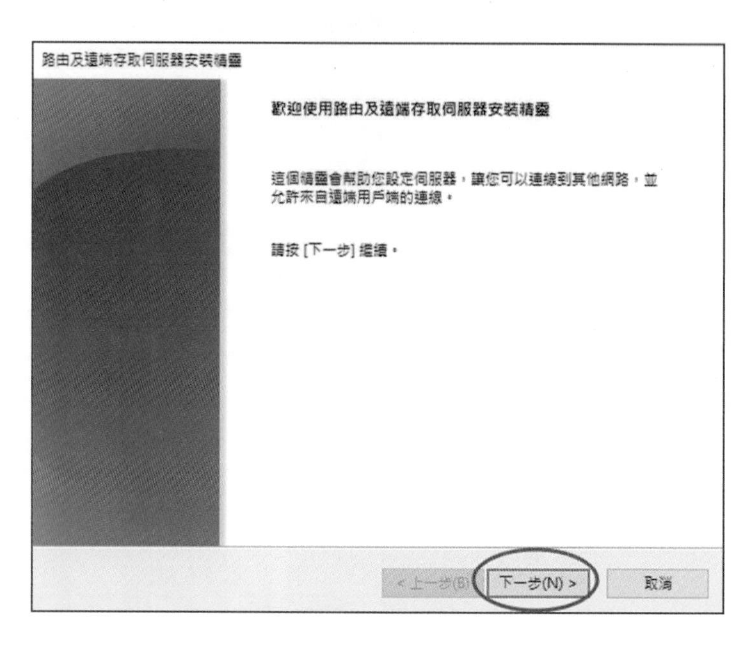

步驟 5

1. 點選「介於兩個私人網路…」。
2. 「下一步」。

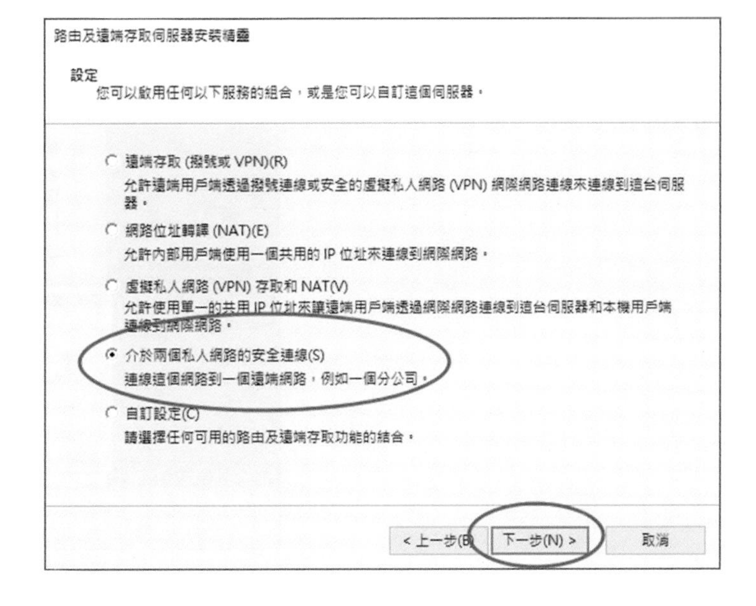

步驟 6

1. 否，不要指定撥號連線。
2. 「下一步」。

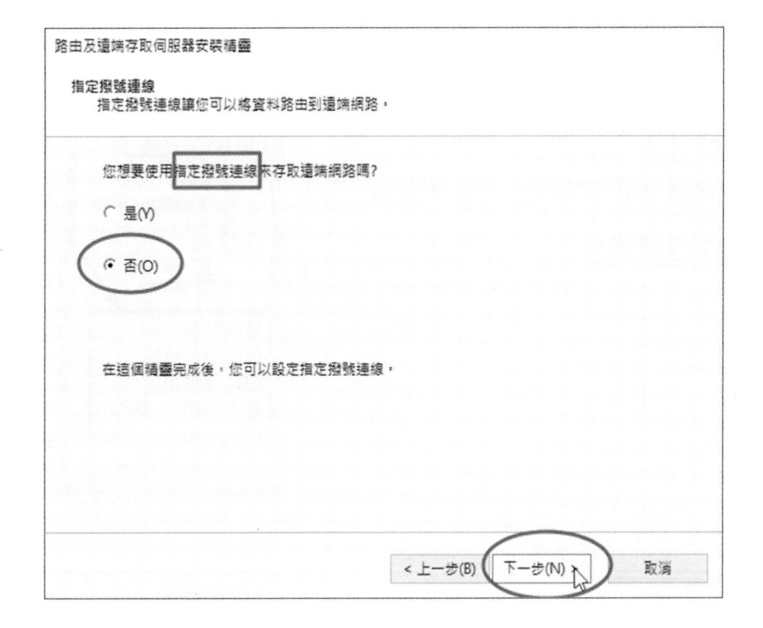

步驟 7

「完成」。

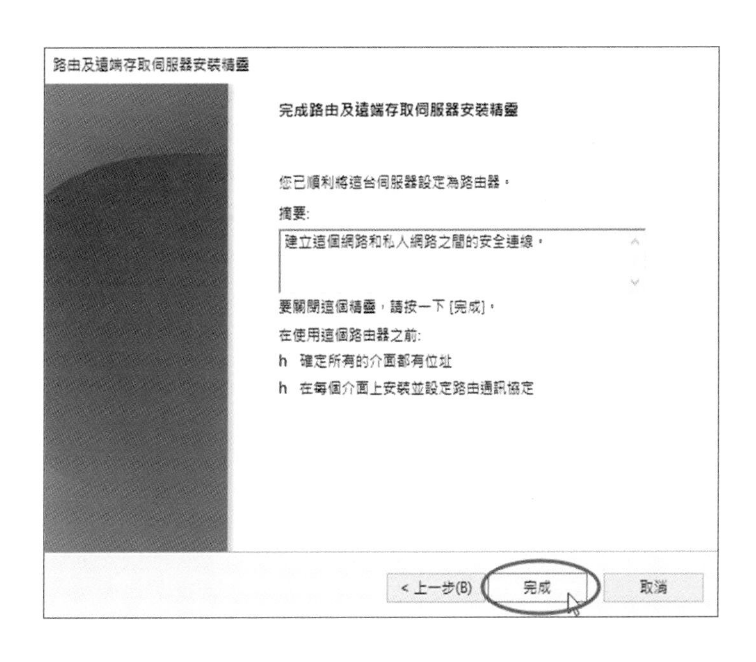

步驟 8

警告訊息。

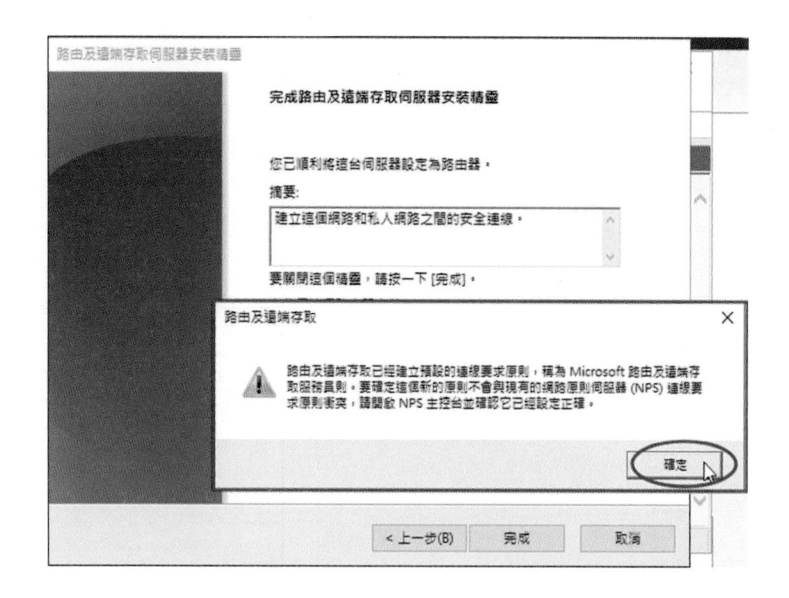

步驟 9

正在啓動…

數秒後…

伺服器正常啓動，圖示變爲綠色箭頭向上。

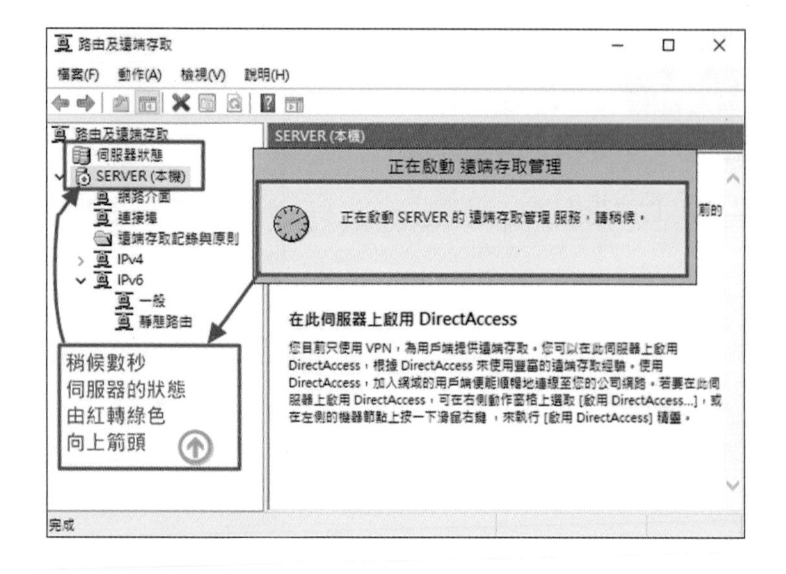

步驟 10

展開「IPv4」，選取「靜態路由」右鍵 /「顯示 IP 路由表 (R)」。

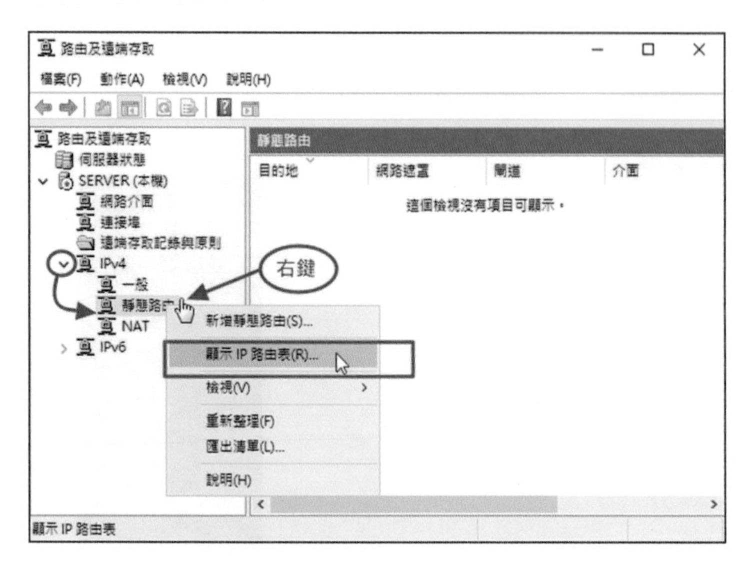

步驟 11

顯示 IP 路由表：

可以清楚顯示 Server 的兩個網段的路由資訊。

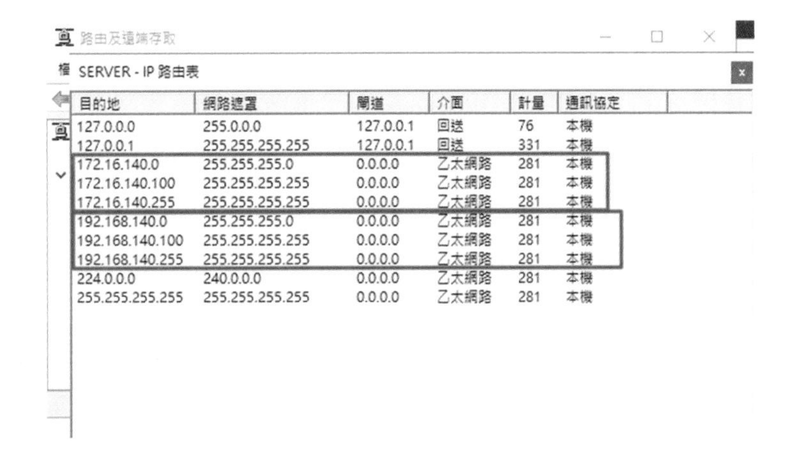

目的地	網路遮罩	閘道	介面	計量	通訊協定
127.0.0.0	255.0.0.0	127.0.0.1	回送	76	本機
127.0.0.1	255.255.255.255	127.0.0.1	回送	331	本機
172.16.140.0	255.255.255.0	0.0.0.0	乙太網路	281	本機
172.16.140.100	255.255.255.255	0.0.0.0	乙太網路	281	本機
172.16.140.255	255.255.255.255	0.0.0.0	乙太網路	281	本機
192.168.140.0	255.255.255.0	0.0.0.0	乙太網路	281	本機
192.168.140.100	255.255.255.255	0.0.0.0	乙太網路	281	本機
192.168.140.255	255.255.255.255	0.0.0.0	乙太網路	281	本機
224.0.0.0	240.0.0.0	0.0.0.0	乙太網路	281	本機
255.255.255.255	255.255.255.255	0.0.0.0	乙太網路	281	本機

步驟 12

你也可以 DOS 命令來顯示路由表

>route print

顯示 Server 的兩個網段的路由資訊。

步驟 13 win10 測試路由

由 Client 端之實體機以 tracert 指令追蹤路由。

> tracert 192.168.140.150(較慢)

> tracert -d 192.168.140.150(較快)

此為虛擬機的 IP 位址，由實體機發出，經過主機追蹤至虛擬機的路徑。

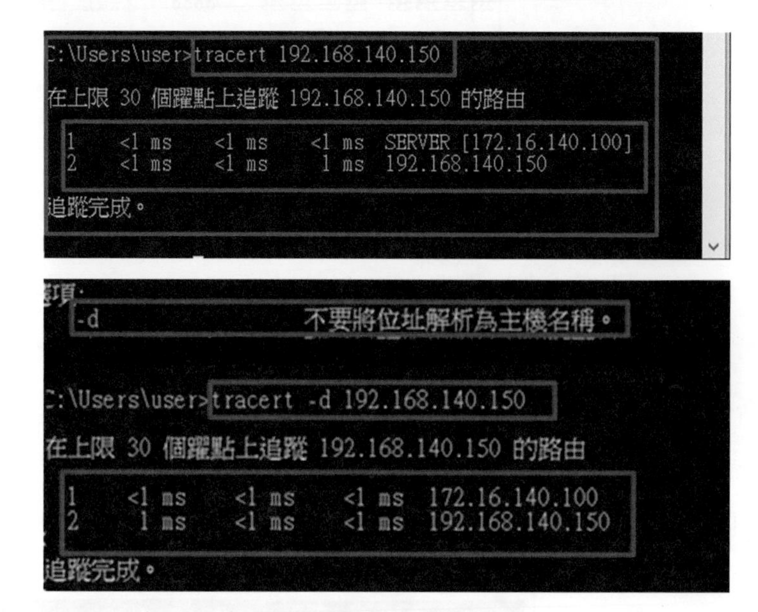

步驟 14 ubuntu18 測試路由

由 Client 端之虛擬機以 tracepath 指令追蹤路由。

$ tracepath 172.16.140.109 或 $ tracepath -b 172.16.140.109

此為實體機的 IP 位址，由虛擬機發出，經過主機追蹤至實體機 win10 的路徑。

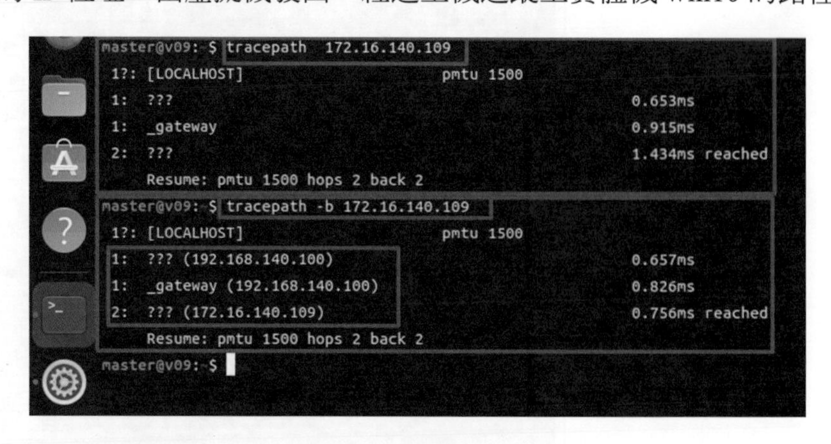

9-10 Windows Server 2022 印表機的設定

共用印表機已經是極為普遍的資源共享模式，在公司、學校辨公室，您可以與您網路上的眾多電腦共用一台印表機。首先，您必須設定印表機的共用設定、將印表機連線到主要電腦，然後開啓印表機。檢定要求，管理 2 台印表機，並進階管理不同的使用權限。

由於 Windows 系統提供的預設印表機廠牌、型號有限，目前較新的版本，只提供 Generic 及 Microsoft 兩種，因此，主辦的考場也將配合使用的軟體之支援狀況，在指定內容表明確列出，應檢人無須擔心，一定可以找到相對的廠牌型號，如下說明。

> 檢定的要求
> 根據「動作要求 (五)-1-(2)」(M) 項。
> (M)Server 主機須安裝印表機伺服器，管理 2 台印表機，其型號由監評人員現場指定。

■ 參考檢定手冊「動作要求 (五)-3，第 4 項」：印表機伺服器。

使用者		master	user1	user2
❶ 帳號設定	群組	test	test	test
	權限	系統管理者	一般使用者	一般使用者
❷ 資料夾權限設定	public 資料夾	全部權限	僅讀取	僅讀取
	user1 資料夾	不須設定	全部權限	無法讀取
	user2 資料夾	不須設定	無法讀取	全部權限
❸ FTP 登入權限	public 資料夾	全部權限	僅讀取	僅讀取
❹ 印表機伺服器	印表機型號 A	全部權限	全部權限	無使用權限
	印表機型號 B	全部權限	無使用權限	全部權限

■ 檢定之指定內容表：第六項

六	動作要求(1-(2)-F-(M))： 設定印表機伺服器。	印表機型號 A: Generic /Text Only 印表機型號 B: Microsoft MS-XPS Class Driver 2

步驟 1

開啓控制台。

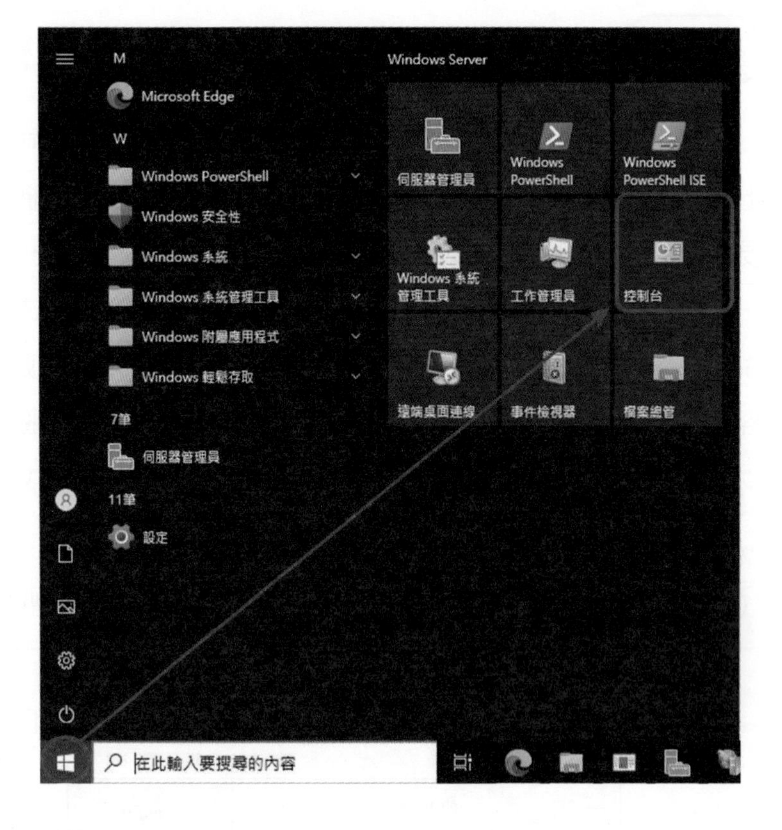

步驟 2

硬體。

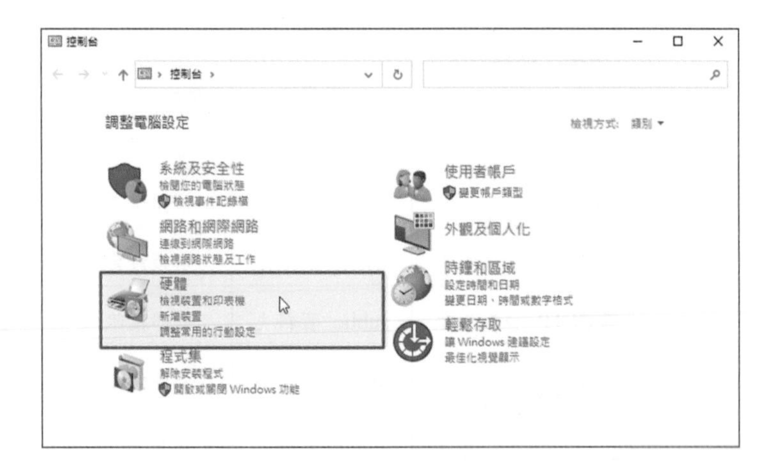

步驟 3

裝置與印表機。

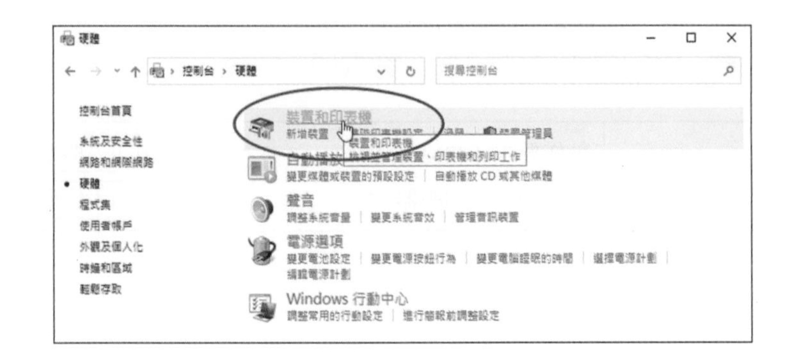

步驟 4

新增印表機。

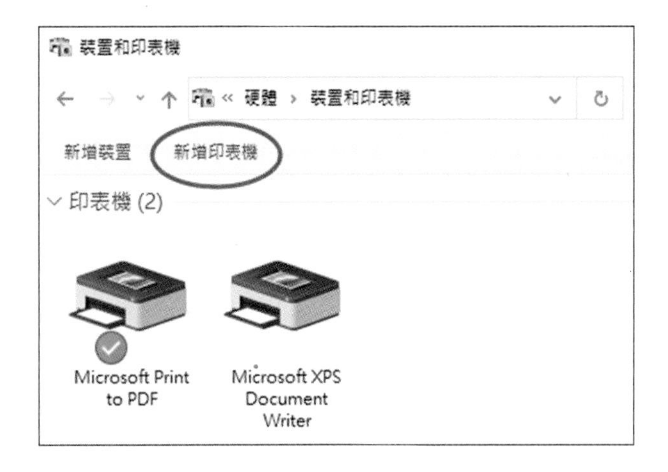

步驟 5

我要的印表機未列出。

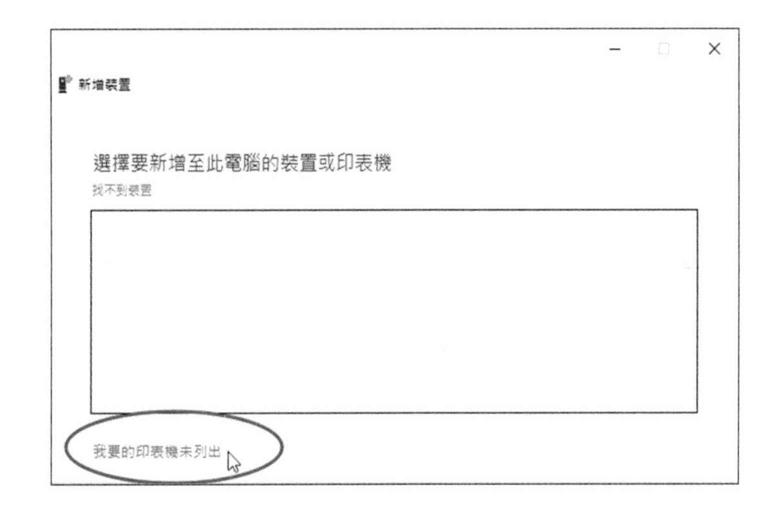

步驟 6

以系統管理員身分新增本機或網路印表機 (A)⋯。

步驟 7

以手動設定新增本機印表機或網路印表機 (O)。

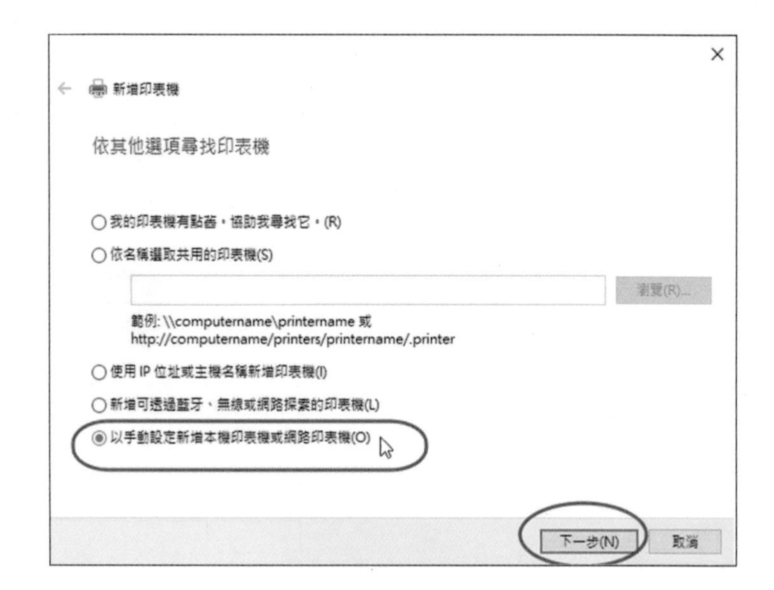

步驟 8

使用現有的連接埠 (U)：LPT1。

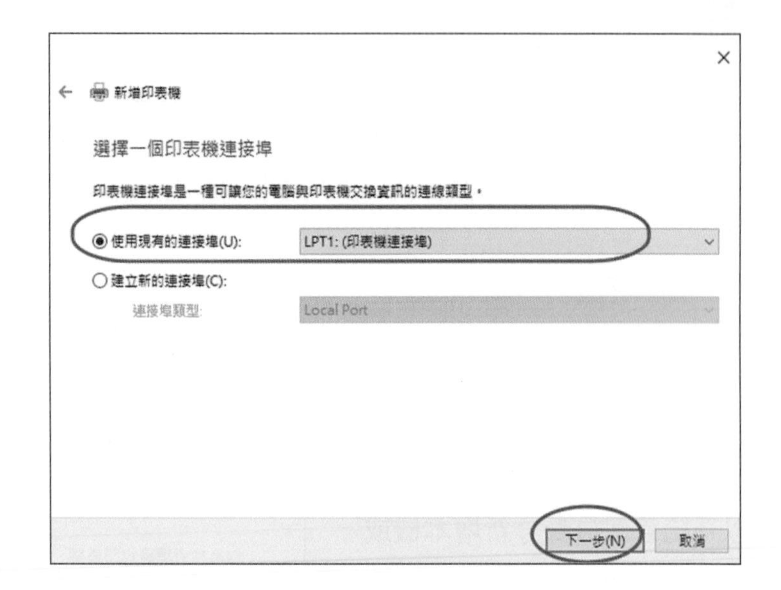

步驟 9

參閱檢定指定內容表，選廠牌，再選機型。

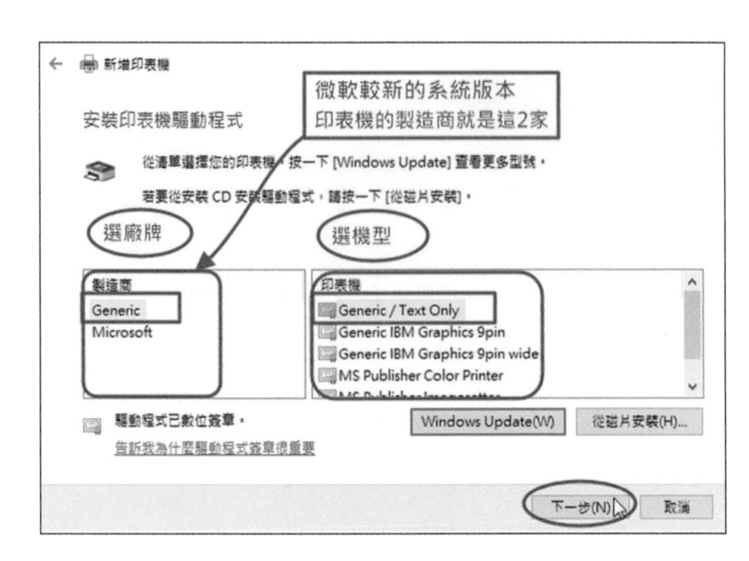

步驟 10

一定可以找到指定的機型。
檢定時無網際網路，所以不能執行 Windows Update(W)。

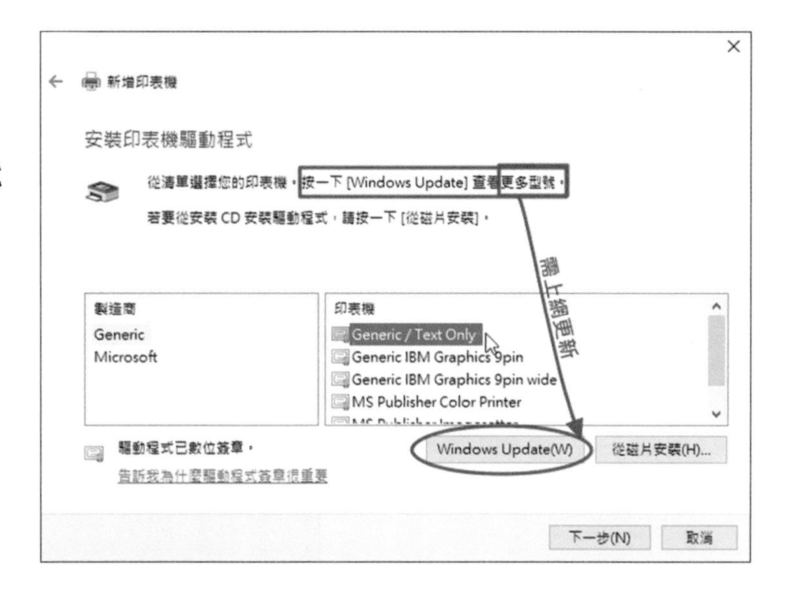

步驟 11

建議，將指定的 A 印表機機型後面加上：A，便於辨識。
因為有權限的不同，不小心指錯了，每項扣分就是減 25 分。

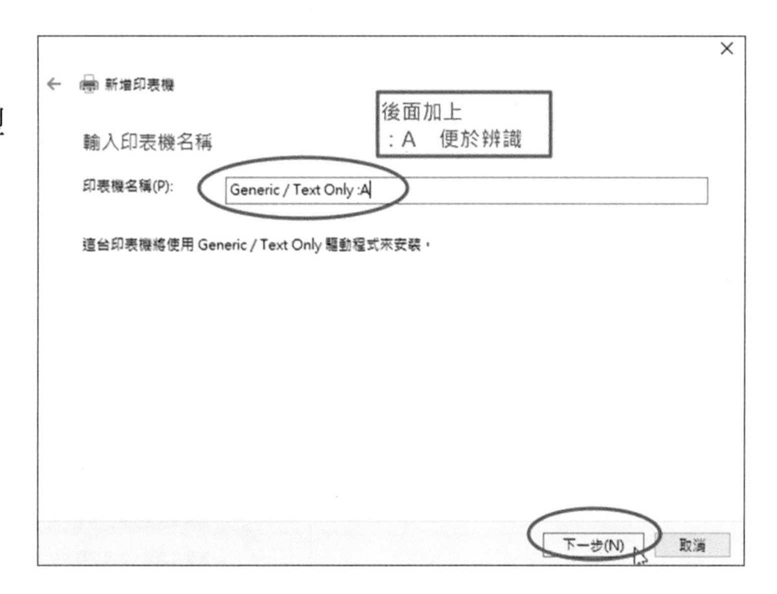

步驟 12

一定要選擇印表機共用。

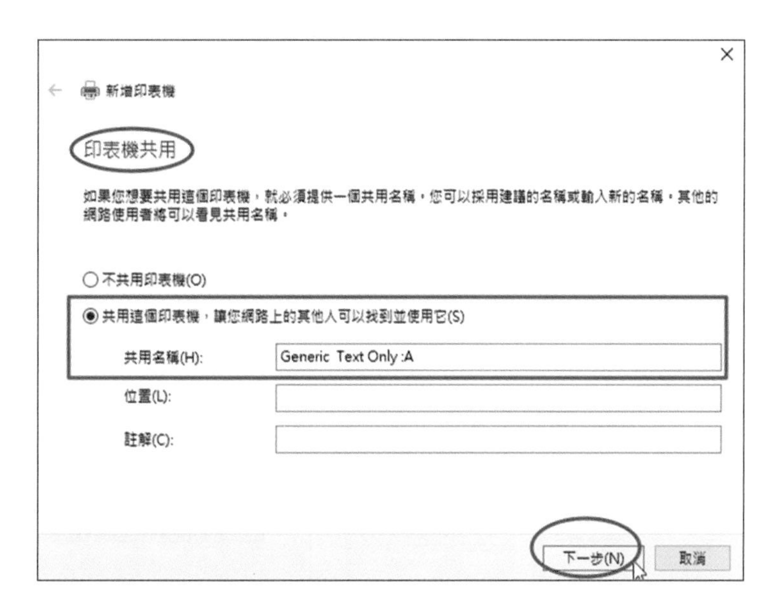

步驟 13

可以設定為預設印表機。

完成第一台 A 印表機設定。

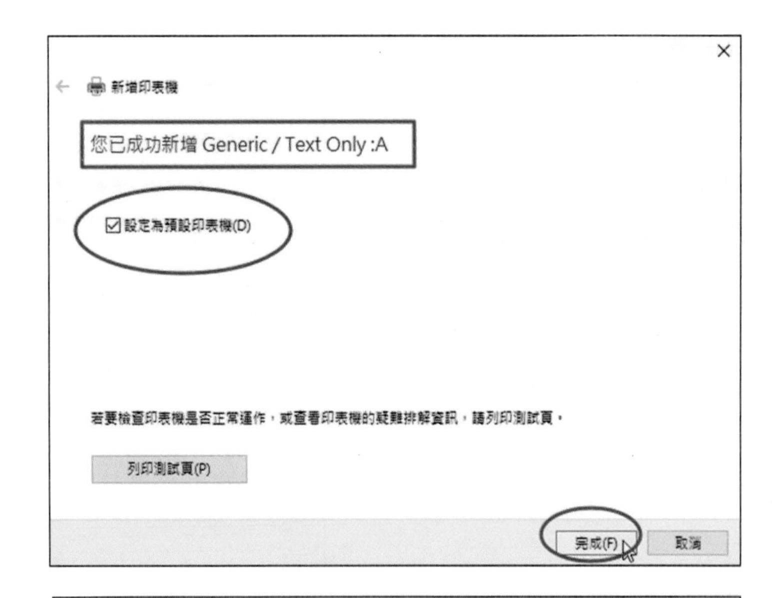

步驟 14

繼續新增第 2 台 B 印表機。

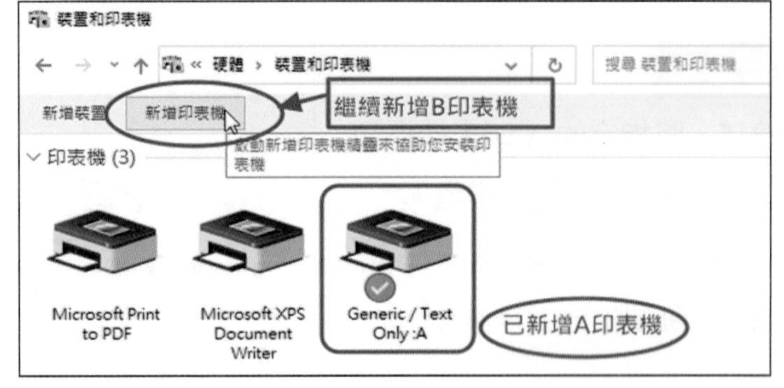

步驟 15

同樣方法新增 B 印表機。

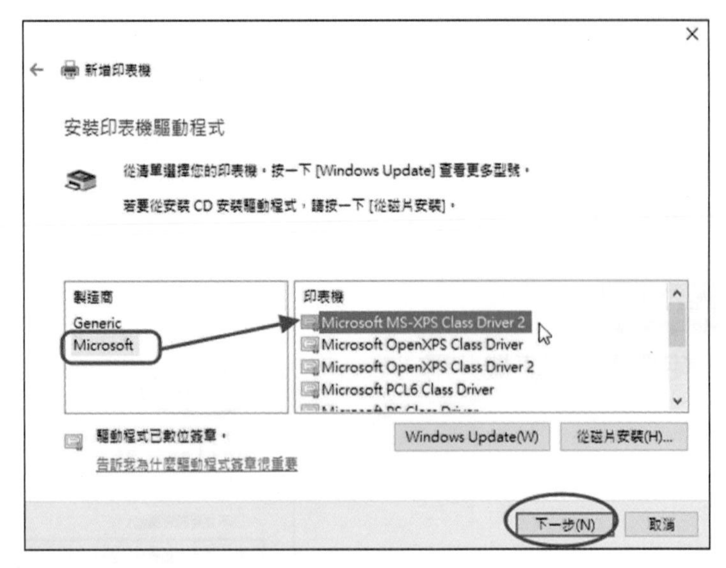

步驟 16

建議，型號後面加：B

便於辨識。

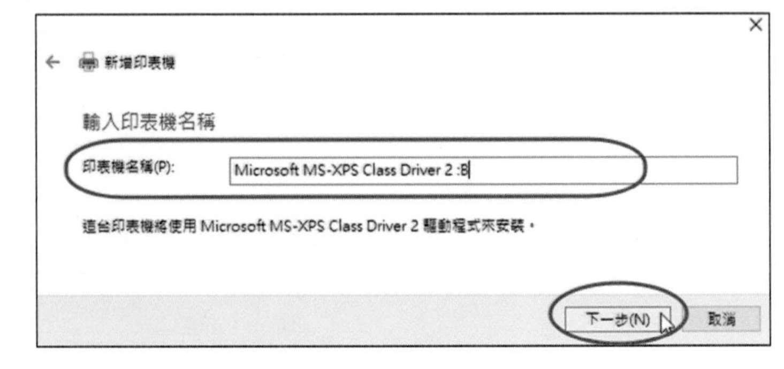

步驟 17

選擇印表機共用。

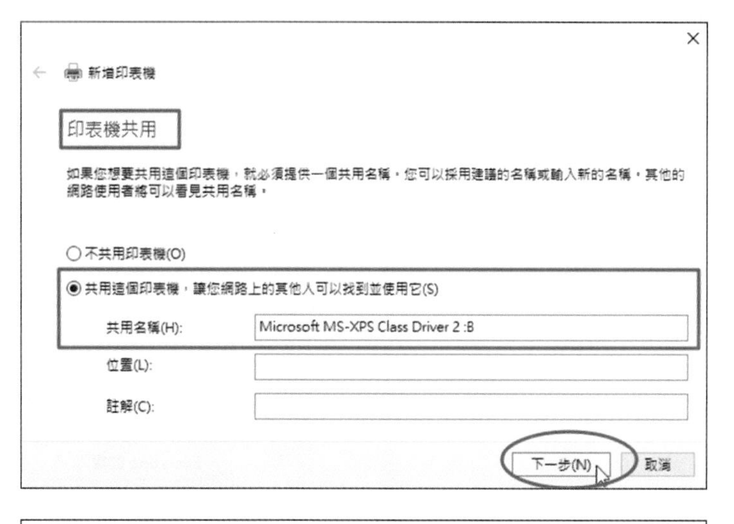

步驟 18

完成新增。

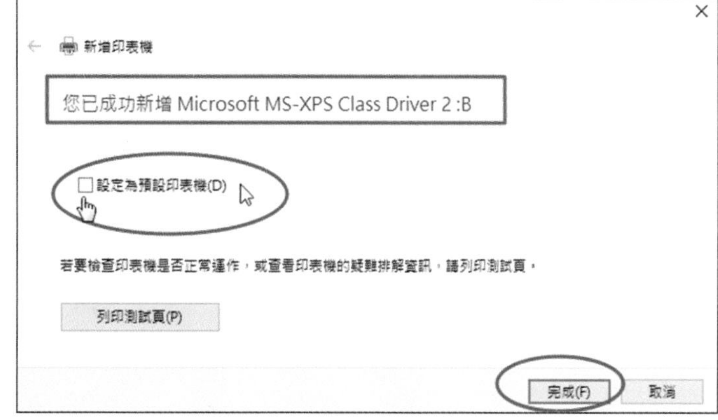

步驟 19

檢視成果。

步驟 20 很重要的步驟！

參閱檢定之動作要求，以下開始設定權限。

點選 A 印表機，

右鍵 / 印表機內容。

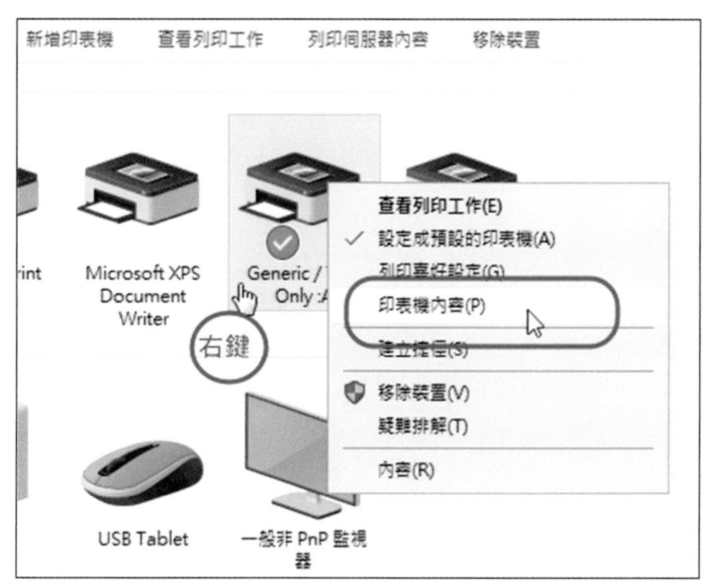

步驟 21

點選「安全性」。

Generic / Text Only :A 內容

裝置設定 印表機指令 字型選項設定
一般 共用 連接埠 進階 色彩管理 安全性

群組或使用者名稱(G):
Everyone
ALL APPLICATION PACKAGES
未知帳戶(S-1-15-3-1024-4044835139-2658482041-3127973164-32...
CREATOR OWNER
master (SERVER\master)
Administrators (SERVER\Administrators)

新增(D)... 移除(R)

Everyone 的權限(P) 允許 拒絕
列印
管理這部印表機
管理文件
特殊存取權限

如需特殊權限或進階設定，請按一下 [進階]。 進階(V)

確定 取消 套用(A)

步驟 22

連續點按「移除」。

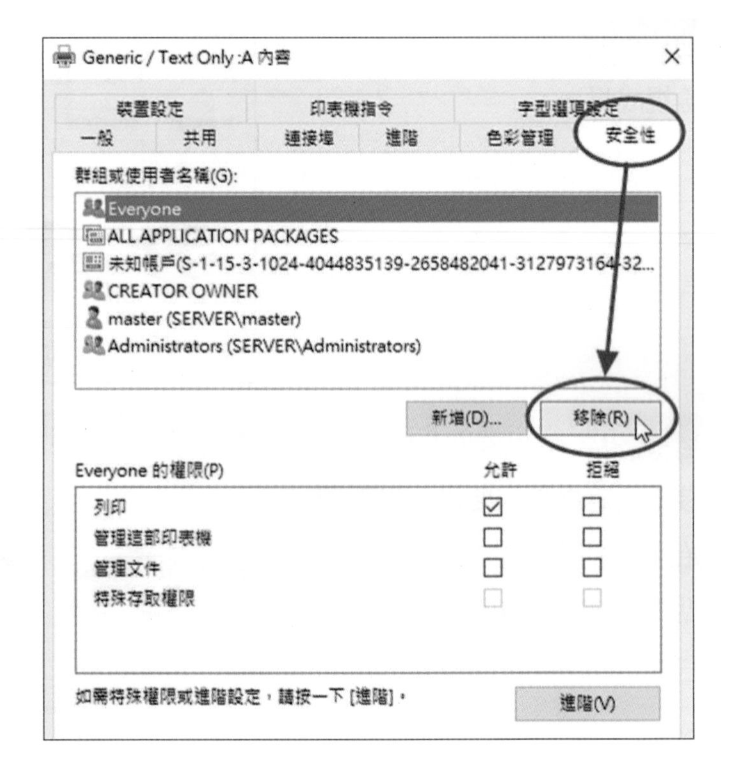

步驟 23

僅保留管理員

master 及 Administrators

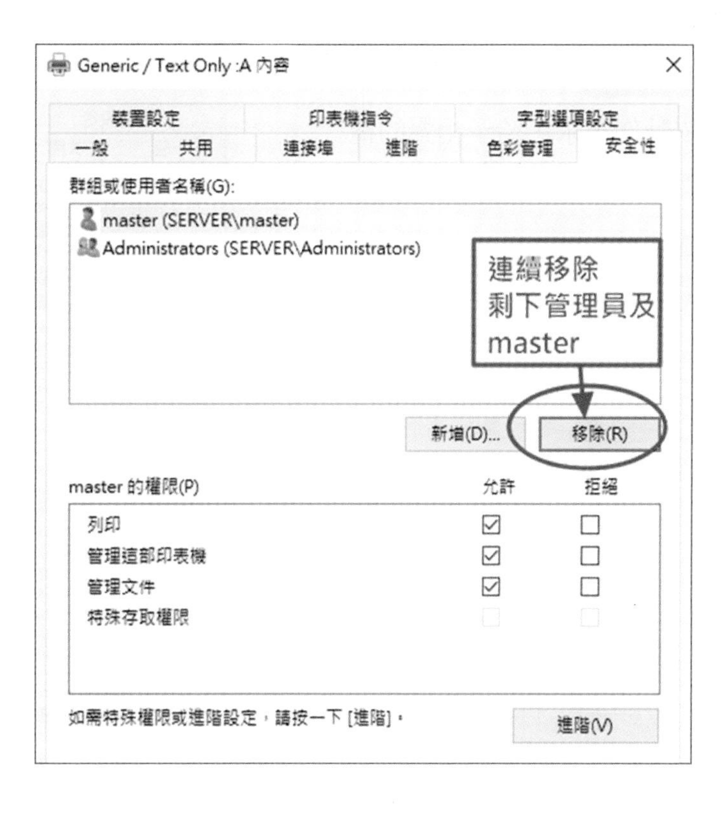

步驟 24

點選「新增」，將 2 個一般使用者 user1、use2 加入。

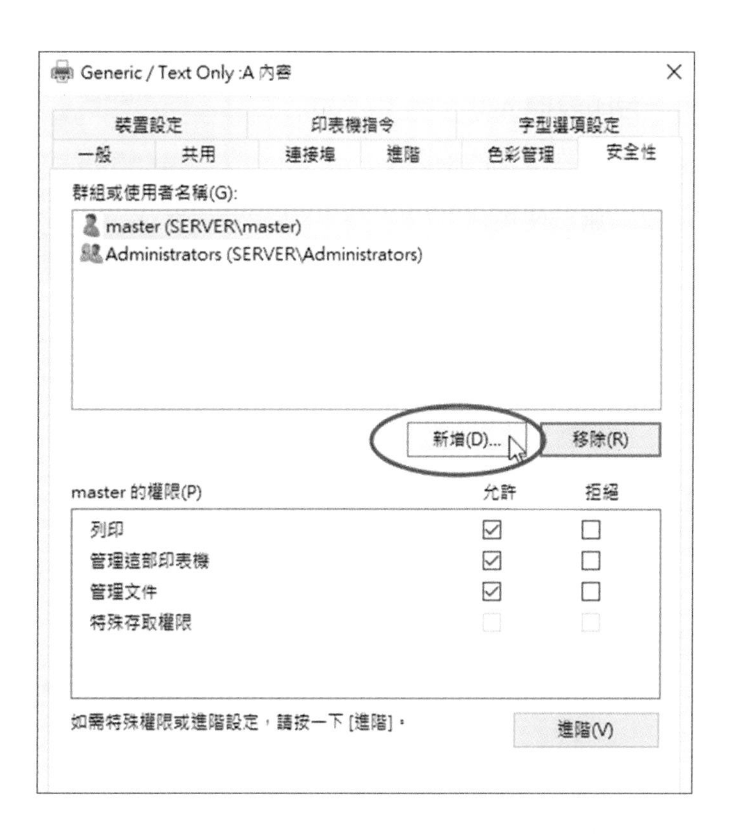

步驟 25

依動作要求，給予相對的權限。

管理員：master，Administrators 允許所有的權限

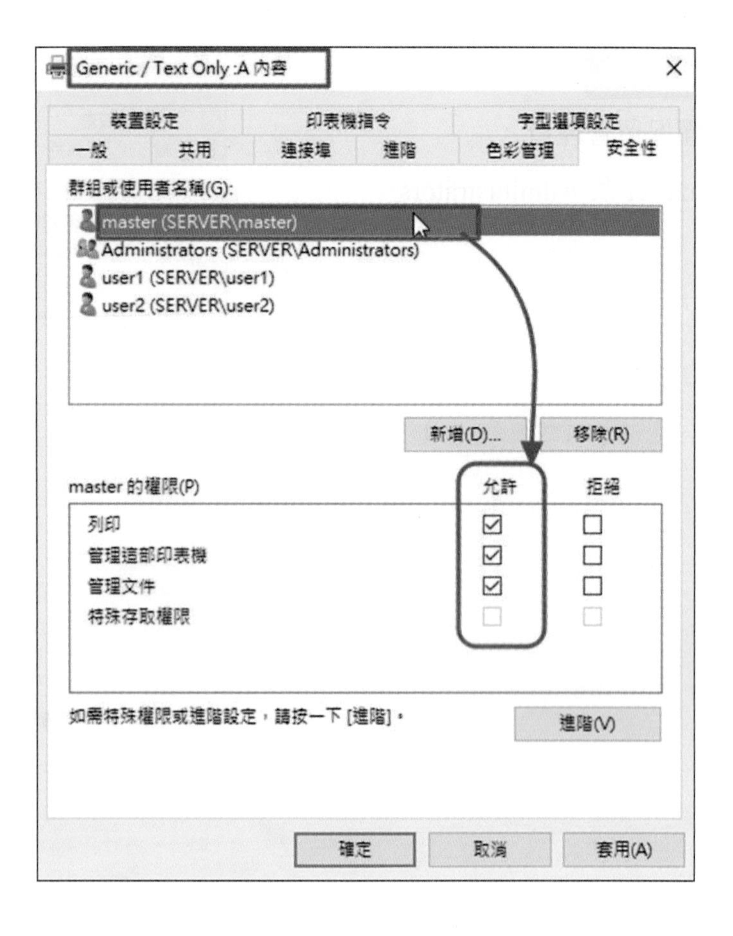

步驟 26

第一台印表機 A：

user1：允許全部的權限。

user2：無法使用。

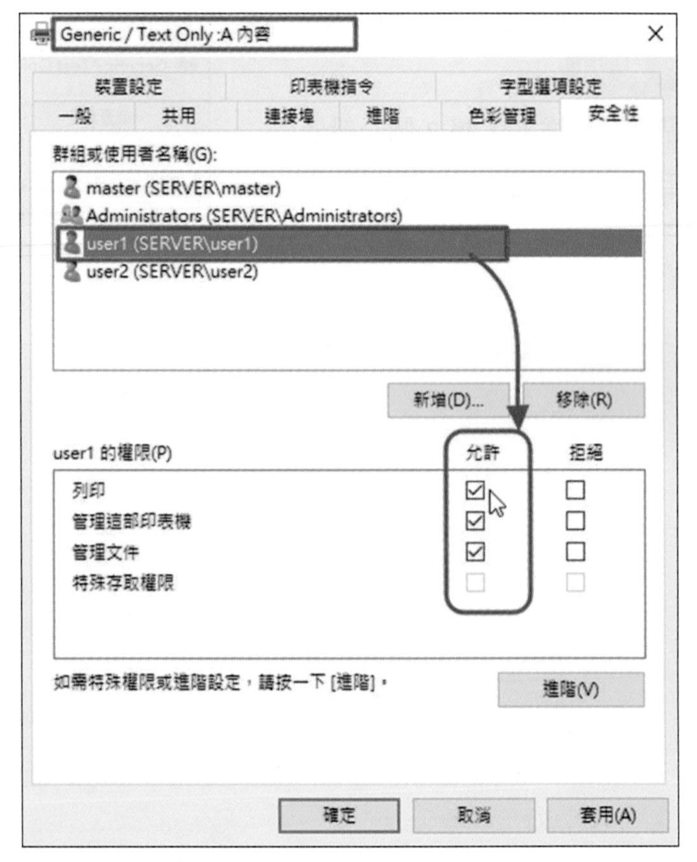

步驟 27

第 1 台印表機 A：

user1：允許全部的權限。

user2：無法使用。

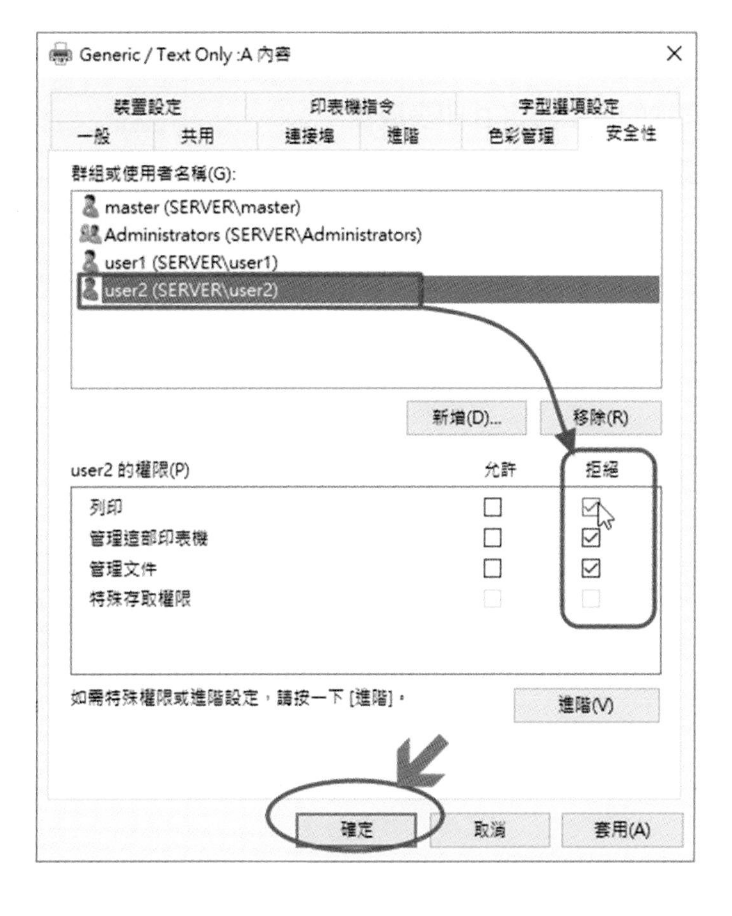

步驟 28

因為同屬一群組，不同的權限將依拒絕權限 > 允許權限之原則。

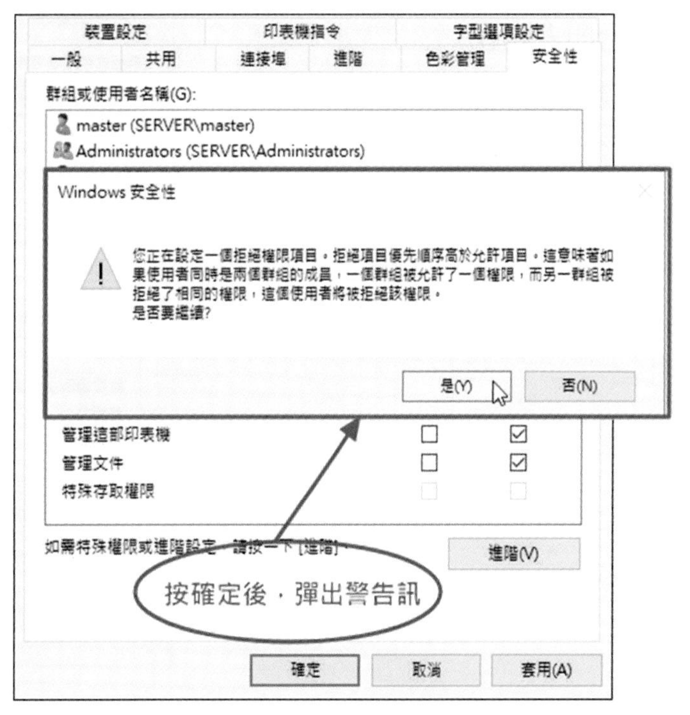

步驟 29

同樣的方法設定 B 印表機權限。

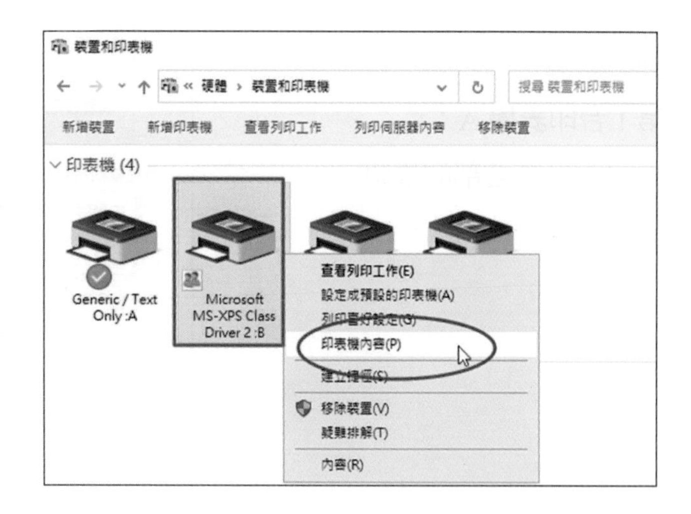

步驟 30

第 2 台印表機 B：

管理員：允許全部的權限。

user2：允許全部的權限。

user1：無法使用。

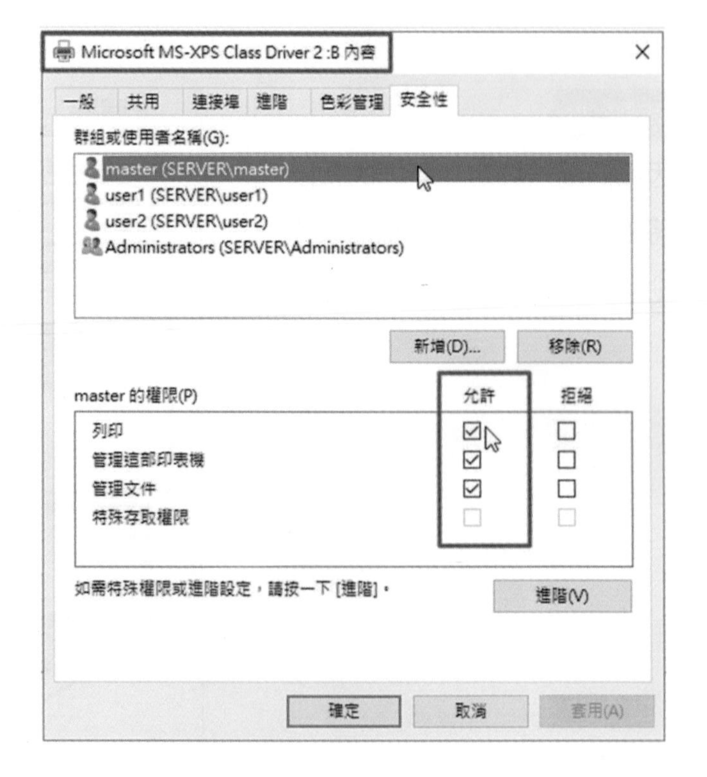

步驟 31

第 2 台印表機 B：

管理員：允許全部的權限。

user2：允許全部的權限。

user1：無法使用。

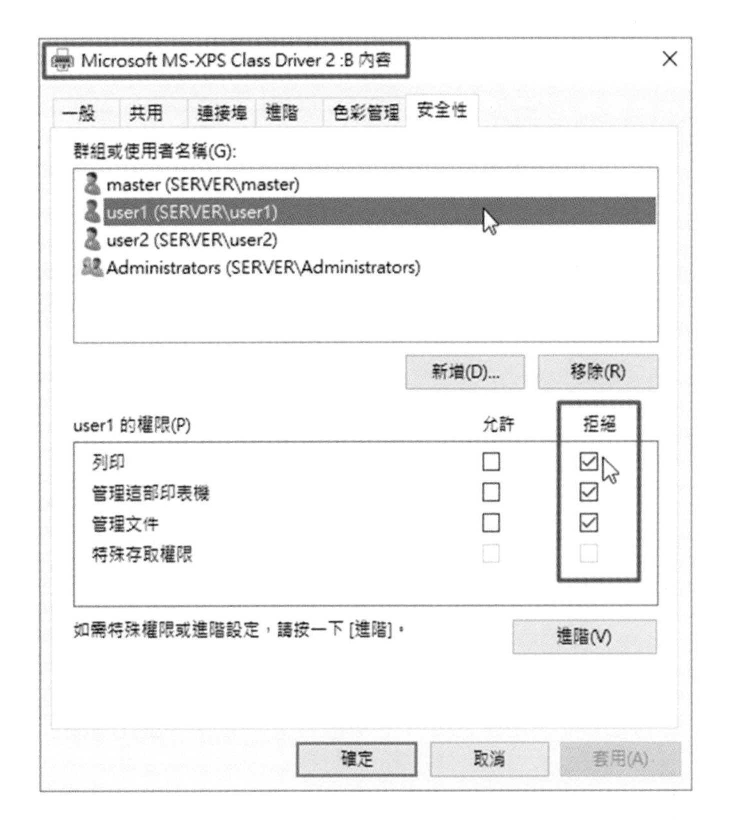

步驟 32

第 2 台印表機 B：

管理員：允許全部的權限。

user2：允許全部的權限。

user1：無法使用。

確定後的警告訊息，可以不予理會。

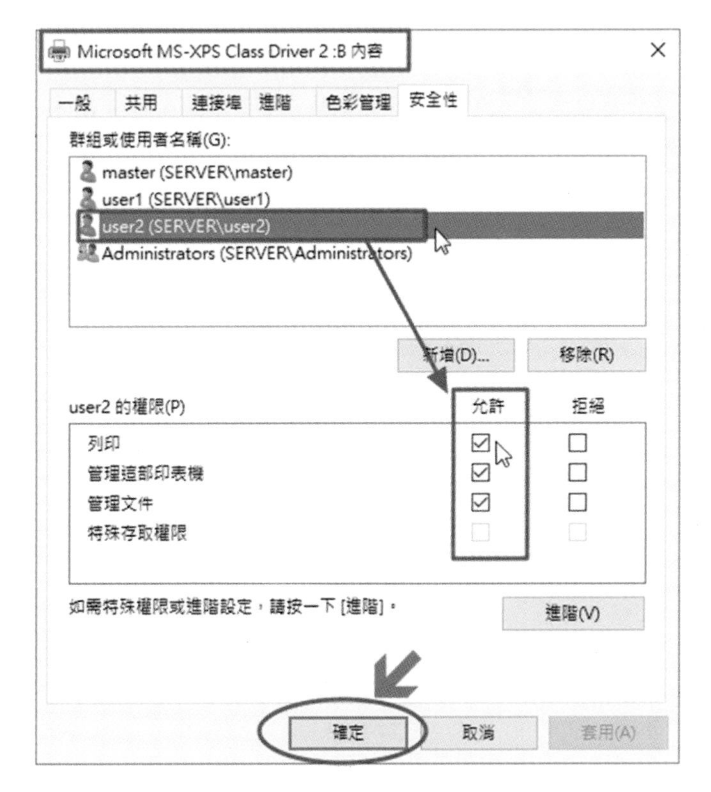

Windows Server 2022 預設支援印表機的型號：

第二站 - Client 端虛擬機與在家模擬

10-1 準備工作

一、軟體準備：iso 檔，可從網路上下載試用版

Windows Server 2022

Windows 10

Ubuntu18.04

二、硬體準備：一台桌機或筆電

三、虛擬軟體：VirtualBox 7.0

四、新增機器：如圖所示的結果

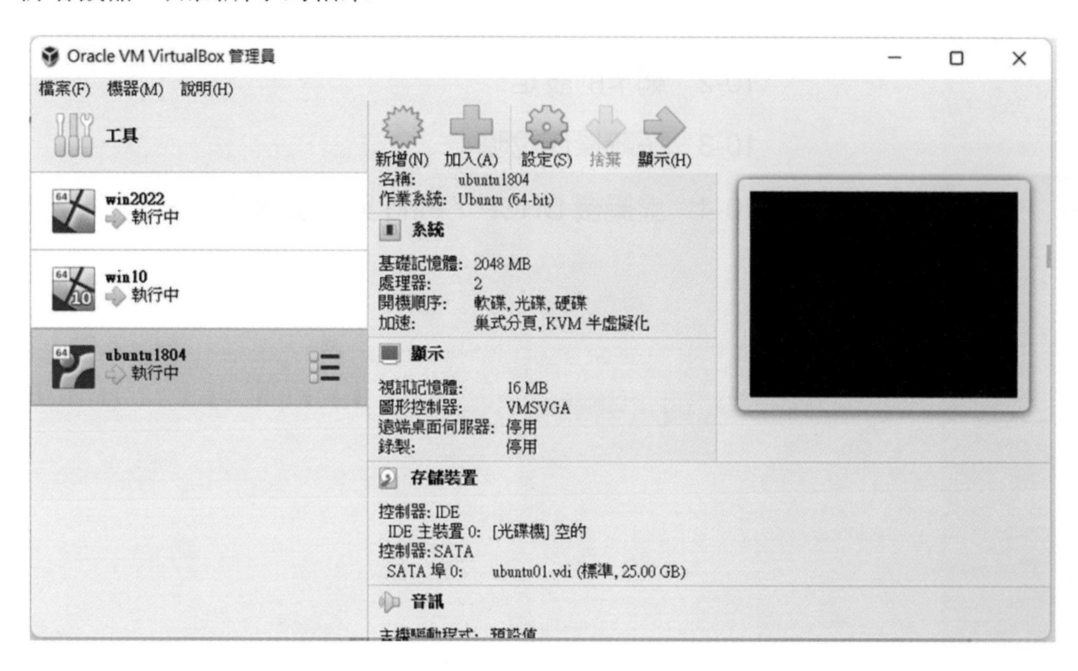

利用 VirtualBox 虛擬機軟體來模擬硬體裝修檢定安裝設定，眞是太方便了，實體檢定時只有在 Client 端虛擬機使用「橋接網卡」的環境有一點點不同之外，其他幾乎是完完全全的相同。

在一台實體機中建構 3 台虛擬機，全部都應設定使用「內部網路 intnet」介面卡來互通，建構乙級檢定中的網路架構。

10-2 網卡的設定

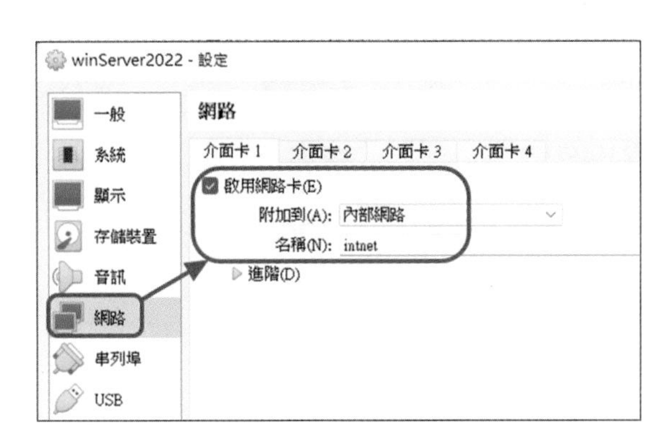

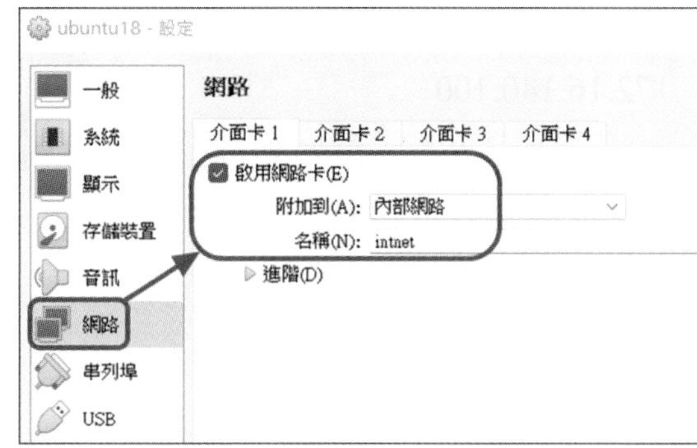

3 台虛擬機網卡的設定內容圖說如下：

一、Windows Server 2022

依檢定要求網卡綁 2 個固定 IP

192.168.140.100/24 及

172.16.140.100/24

24 代表子網路遮罩要設爲

255.255.255.0 有 24 個 1。

1. 輸入 192.168.140.100

   按「tab」鍵，修正遮罩爲

   255.255.255.0

2. 輸入 DNS

   192.168.140.100

3. 進階

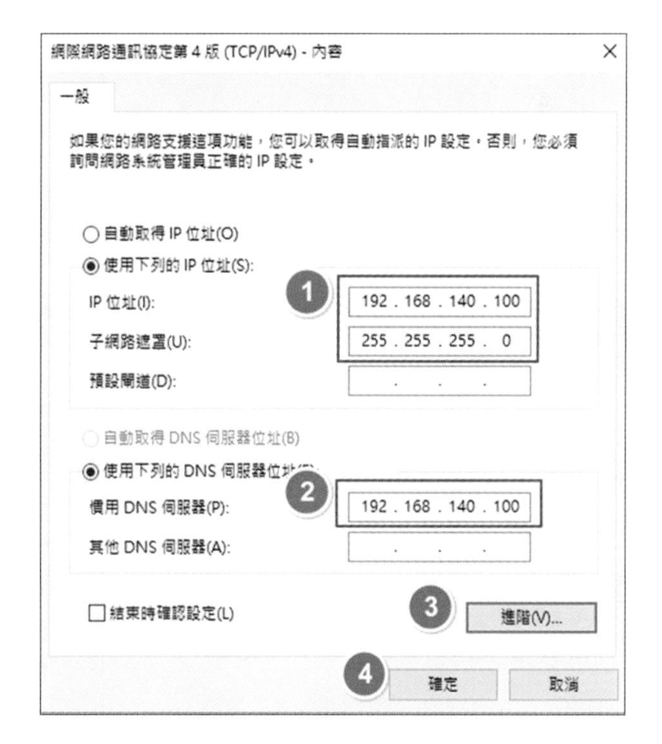

進階設定第 2 個 IP 網址：

1. 新增
2. 輸入第 2 個 IP 及子網路遮罩
   172.16.140.100
   255.255.255.0

爲了路由的目的，一張網卡裝置可以在原本的介面上模擬出一個虛擬介面出來，以讓我們原本的網路卡具有多個 IP，這些虛擬出來的多個 IP，就是原介面卡的別名 (Alias)。

二、Windows 10

Client 端實體機電腦 IP 以固定 IP 方式設定，其 IP 爲 172.16.140.1XX / 24，其中 XX 表示工作崗位號碼。

例如：工作崗位 01

預設閘道：通往外界之閘門，像出國坐飛機的閘門，可以跟 Server 主機的別名 IP 互通 (172.16.140 同網段)。

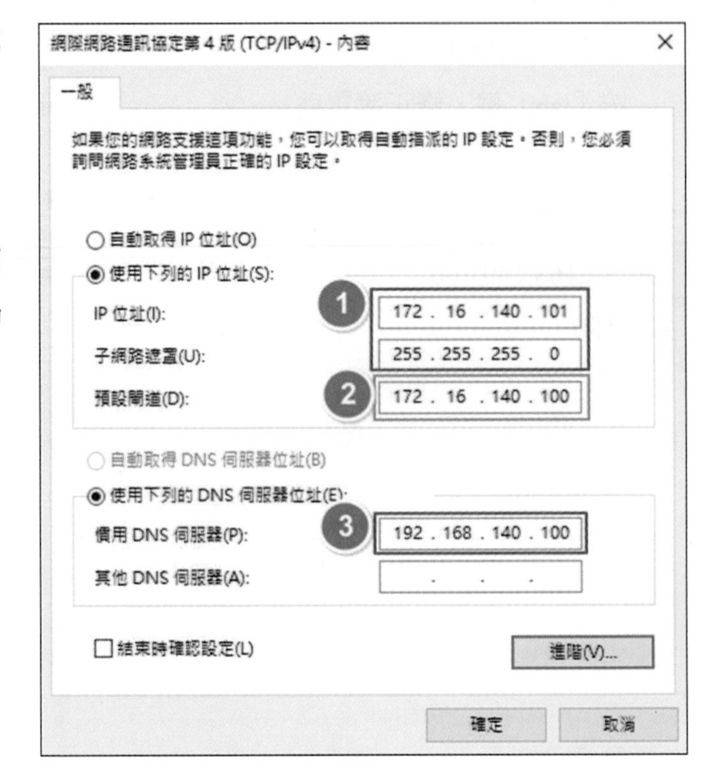

三、ubuntu18.04

1. 設定網路
2. 停用 / 啓用開關

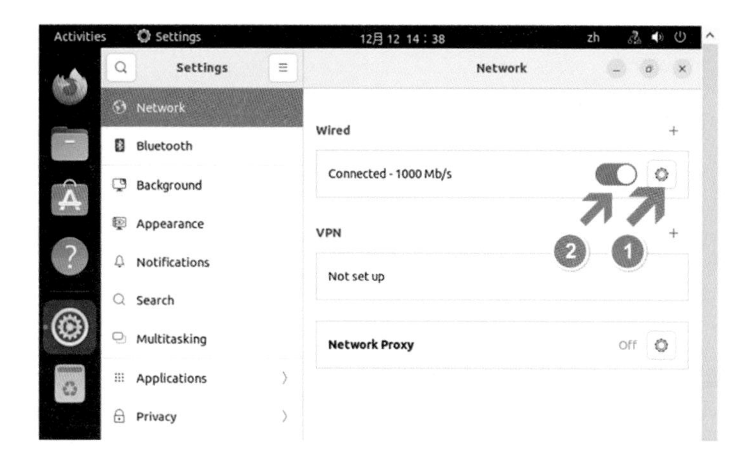

設定內容：

1. 點選 IPV4
2. 點選 Automatic(DHCP) 自動取得 IP，由 DHCP 伺服器提供
3. DNS：192.168.140.100
4. Apply

DHCP 範圍：例

192.168.140.150 ~ 192.168.140.170

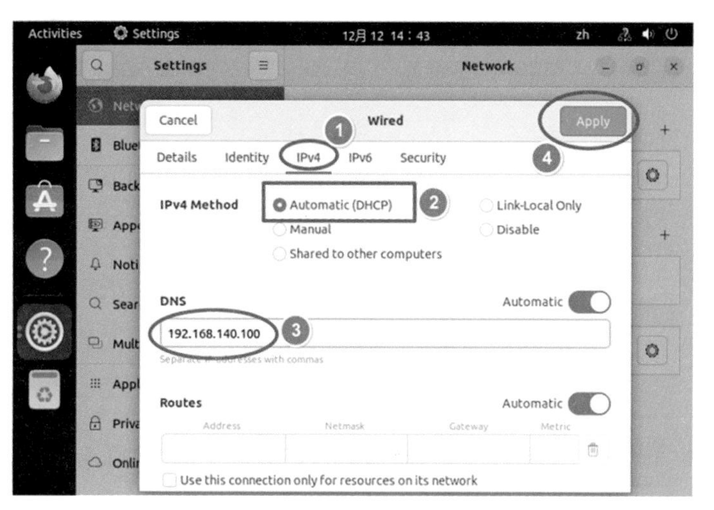

10-3 系統操作說明

1. 伺服器的版本：常用版本 Windows2012、Windows2019、Windows2022 都可以，執行畫面沒有太大差別。
2. Linux 系統及版本：學校中常用 Fedora、ubuntu，皆可選擇，硬裝乙級檢定中虛擬機並沒有要求什麼特殊的功能，只要能自動取得 DHCP 主機分配的 IP，能夠觀察路由路徑就可以，所以建議不要選擇較新的版本，應該採較舊的版本 (不需連網)，檔案越小 (安裝快)，操作越簡單的爲首選，作者採用 ubuntu18.04，安裝不需網路，密碼不要求很長很複雜度，操作簡單。

3. 在檢定中 ubuntu 會用到的指令與 Fedora 比較：

指令	Ubuntu	Fedora
IP 查詢	>ip a (ip address 的縮寫)	>ifconfig
連線查詢	>ping	>ping
路由查詢	>tracepath	>traceroute
網卡新增第 2 個 IP (別名)	>sudo ip addr add (註 1)	> ifconfig eth0:0 (註 2)

註 1：sudo ip addr add 172.16.140.123/24 dev enp0s3 label enp0s3:1
設定網卡 enp0s3 的第 2 個 IP=172.16.140.123，子網路遮罩 255.255.255.0

註 2：ifconfig eth0:0 172.16.140.123/24
設定網卡 eth0 的第 2 個 IP=172.16.140.123，子網路遮罩 255.255.255.0
一張網卡可掛載 2 個 IP，第 2 個 IP 稱為別名 (alias)

以下就來實驗，在 ubuntu 中爲網卡 enp0s3 新增一別名 (alias)

開啓終端機 Terminal 下達指令：

>sudo ip addr add 172.16.140.123/24 dev enp0s3 label enp0s3:1

10-4 虛擬機 DHCP、Ping 與路由實驗

原來網卡之 IP 爲 dhcp，自動取得主機分配的 IP 位址，dhcp 範圍：例 192.168.140.150~192.168.140.170，正常而言會抓到第一個 IP，就是 192.168.140.150。

這個 192 網段與 Client 端電腦固定 IP：172.16.140.1xx 不同的網段是不相通的。

查詢 IP 指令：ip a

發現虛擬機自動取得 (DHCP)

IP = 192.168.140.150

測試與 Client 端的網路是否相通？

>ping 172.16.140.101

結果：不通

100% packet loss

```
1: lo: <LOOPBACK,UP,LOWER_UP> mtu 65536 qdisc noqueue state
 UNKNOWN group default qlen 1000
    link/loopback 00:00:00:00:00:00 brd 00:00:00:00:00:00
    inet 127.0.0.1/8 scope host lo
       valid_lft forever preferred_lft forever
    inet6 ::1/128 scope host
       valid_lft forever preferred_lft forever
2: enp0s3: <BROADCAST,MULTICAST,UP,LOWER_UP> mtu 1500 qdisc
 fq_codel state UP group default qlen 1000
    link/ether 08:00:27:6e:5f:18 brd ff:ff:ff:ff:ff:ff
    inet 192.168.140.150/24 brd 192.168.140.255 scope globa
l dynamic noprefixroute enp0s3
       valid_lft 691153sec preferred_lft 691153sec
    inet6 fe80::932c:cbc7:46c1:4cc4/64 scope link noprefixr
oute
       valid_lft forever preferred_lft forever
master@v01:~$ ping 172.16.140.101
PING 172.16.140.101 (172.16.140.101) 56(84) bytes of data.
^C
--- 172.16.140.101 ping statistics ---
13 packets transmitted, 0 received, 100% packet loss, time
12272ms

master@v01:~$
```

為這張網卡加入別名 (alias)：一張網卡可以綁不同網段之 IP。

>sudo ip addr add 172.16.140.123/24 dev enp0s3 label enp0s3:1

再查詢 IP 的結果如下：

可以看到這張網卡有 2 個 IP：

192.168.140.150/24 及

172.16.140.123/24

再來 ping 一次 Client 端的電腦看看

>ping 172.16.140.101

結果如圖所示，出現了回應的時間。這表示可以互通。

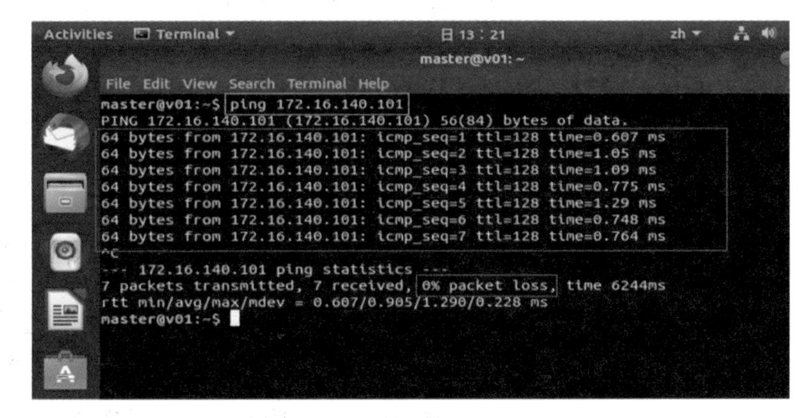

由虛擬機 → Client 實體機追蹤路由

>sudo tracepath 172.16.140.101

```
master@v01:~$ sudo tracepath 172.16.140.101
 1?: [LOCALHOST]                      pmtu 1500
 1:  172.16.140.101                                  0.562ms reached
 1:  172.16.140.101                                  0.978ms reached
     Resume: pmtu 1500 hops 1 back 1
master@v01:~$
```

路由追蹤指令介紹：

- windows：tracert
- Linux：traceroute
- Ubuntu：tracepath 或 mtr (my traceroute 縮寫)

例：

>sudo tracepath 172.16.140.101 (無法識別的躍點以？表示) 或

>sudo tracepath –b 172.16.140.101 (顯示經過的躍點的 IP)

也可以另一指令測試觀察

>sudo mtr 172.16.140.101

微軟系統 tracert 指令用法

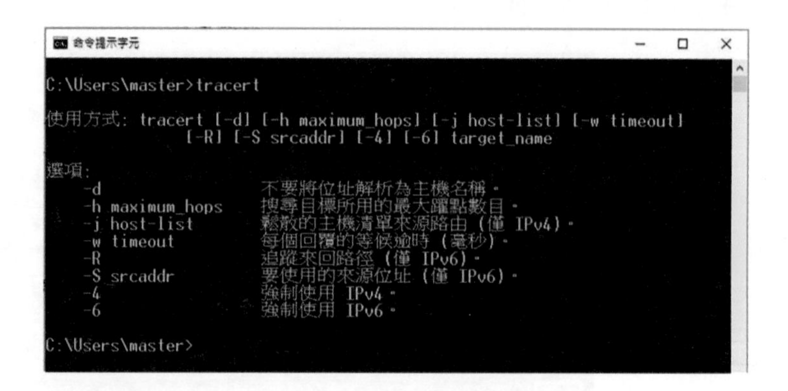

例：從 Client 端電腦追蹤路由至內部的虛擬機

>tracert 192.168.140.150 　　或

> tracert –d 192.168.140.150 （不要解析主機名稱，速度上快許多）

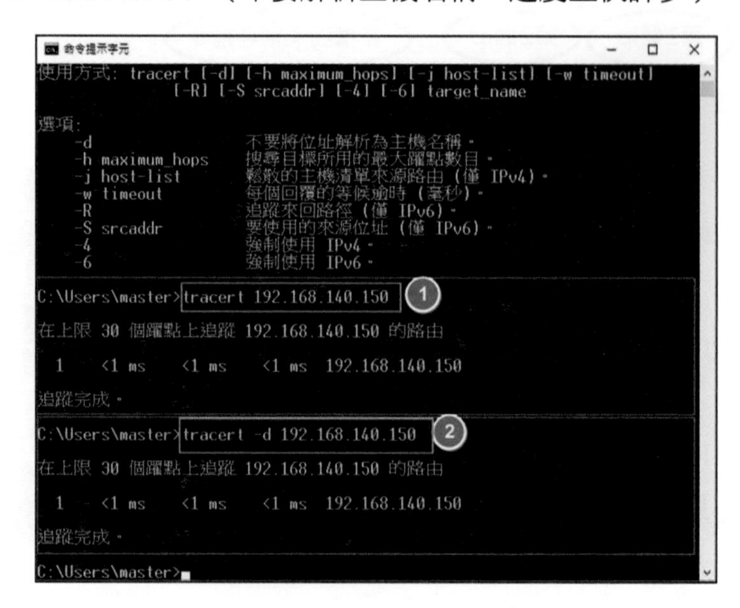

Q：爲什麼只出現 1 個躍點？

A：因爲 3 台電腦均以虛擬機架設，網路環境均設爲內部網路 (intnet) 並沒有透過伺服器，直接從內路網路就相通了。而實際檢定是 2 台實體機 (網路線連接)，1 台虛擬機 (橋接網卡)，從實體機到虛擬機，或是從虛擬機到實體機，都必須透過伺服器主機。網路環境不同，請讀者了解。用 3 台虛擬機架設練習硬裝乙級，也只有這一點不同而已。用虛擬機練習乙級是非常好的方式，從安裝到設定都與實體機幾乎是一樣。

Q：爲什麼不要在 VirtualBox 中安裝一台 Windows10，從 Windows10 中下載安裝 VirtualBox，再從 VirtualBox 裡再安裝一台 Linux 虛擬機？

A：理論上是可行，就跟檢定的網路環境一模一樣，經過試驗的結果，安裝都 OK 可行，執行階段就產生了大問題，無法執行了，輸出一串的錯誤碼。可能的原因是記憶體不足、虛擬機的 BIOS 虛擬技術存在 BUG。

第二站 - 最後的自我檢測並 SHOW 給監評

11-1 如何自我檢測

應檢人做完了所有的安裝設定，舉手要求檢定前自已一定要從頭一項一項自我檢測過，並將結果儘可能的留在桌面上方便監評來評分，一項一項配合監評的要求 SHOW 出來，可以避免臨場的緊張而亂了手腳，最重要的是避免少做了什麼項目或功能不完整，等監評來了才發現就痛失了分數。

其實，只要按照「第二站考場的評審表」來逐項檢查，再參考「檢定場 - 指定內容表」做細項的要求內容，有關各種權限的部份請翻開「檢定手冊 - 各項權限與使用者關係」，最後再翻開「檢定手冊 - 動作要求 (五)-1」看動作要求。全部過程都包含在內，就不怕有所閃失漏做了什麼項目。

重新整理一下：

(1) 第二站檢定評審表：做爲逐項檢查的順序。
(2) 檢定場 - 指定內容表：細項的規定內容及功能
(3) 手冊 - 各項權限與使用者關係：檢定的要求項目內容大都在這份文件中。

自我檢測的目的是要舉手要求評分之前最後的檢查，並且儘量可以留在桌面上的結果畫面稍候 SHOW 給監評看。其中大都在 Client 端的電腦進行檢測，少部份在 Server 端進行及極少部份在 Client 端 - 虛擬機進行，檢測的方式不外乎 (1) 看結果，(2) 看設定內容，所以筆者以評審表內容之扣分標準依序的標出相關的檢測分析。

11-1-1 圖說 - 評審表項目分析

項目	評審標準	不及格	重大缺點應檢人簽名	備註
重大缺點	(一) 未能於規定時間內完成或提前棄權者。			
	(二) 未將指定零組件拆卸完成，或無法指出故障之零組件者。			
	(三) 組裝完成後，有任何一項設備不正常或毀損者。			
	(四) 未依規定將 Client 的硬碟分割及規劃成兩個指定不同容量之 Partitions 者。 ③			
	(五) Client 任一作業系統無法以手動或自動與 Server 連接者。			
	(六) 使用非檢定單位所規定之儀器、器材、個人電腦介面或零組件者。			
	(七) 蓄意毀損電腦設備、儀器、器材、檢定單位光碟片或 USB 隨身碟者。			
	(八) 具有舞弊行為或其他重大錯誤者，經監評人員在評分表內登記有具體事實，並經評審組認定者。			

以下各小項扣分標準依應檢人實作狀況予以評分，每項之扣分，不得超過最高 100 分為滿分，0 分為最低分，60 分（含）以上者為[及格]。

代號	內容
1	Server看結果
2	看設定
3	Client 看結果
4	看設定
5	虛擬機看結果
6	看設定
7	現場操作

	扣分標準
一般狀況	1. 拆卸之零組件未依規定擺置，電腦設備或螺絲未依規定安裝者。
	2. 每更換網路接頭一個或網路線製作未符合 EIA/TIA568A/B 規範者皆計算一處。
	3. 未能正確完成試題動作要求第 1-(2)-F 項之(A)-(N)任一子功能者，每一功能計算一處。
	□(A)建立使用者 ① □(B)使用者密 ② ⑦ □(C)使用者權限 ①
	□(D)群組 ① □(E)分享公用目 ③ □(F)user1 目錄權 ③
	□(G)user2 目錄 ③ □(H)DNS 功能 ③ ① □(I)FTP 功 ③ ① ⑦
	□(J)WWW 功 ③ ① □(K)網頁文字 ③ 錯誤 □(L)DHCP ② ⑤
	□(M)印表機 ③ ① □(N)路由測試 ③ ⑤

11-1-2 圖說 - 指定內容表

可以完成六大項功能：

項目	指定項目（動作要求）	指 定 內 容
一	動作要求（1-(2)-A）： 將 Client 實體機之硬式磁碟機或固態硬碟分割成兩個不同容量的 Partitions，應檢人可將1000 MBytes 或1024 MBytes 換算為 1 G Bytes。	指定之「Partitions」容量： （以下兩個 Partition 容量合計 110GBytes） Partition-1 容量：85 GBytes Partition-2 容量：25 GBytes 1
二	動作要求（1-(2)-F-(B)）： 設定 master、user1、user2 使用者密碼。	指定之「密碼」： （須以英文字母為首，不可為 master、user1、user2，限8 個字以內） master 密碼：Md2255 user1 密碼：Md1144 user2 密碼：Md3366 2
三	動作要求（1-(2)- F-(H)）： 設定 DNS。	Server 主機DNS: wdc .gov.tw 範例： Server 主機 DNS: labor.gov.tw 3
四	動作要求（1-(2)- F-(I)）： 將指定之檔案傳送至指定 Server 主機之 public 目錄，並可查詢或讀取。	指定傳送之「檔案」 檔案名稱：Notepad.exe 4
五	動作要求（1-(2)-F-(L)）： 設定主機 IP 位址及動態 IP 範圍。	Server 主機 IP:192.168.140.100/24 Client 端虛擬機電腦動態 IP 範圍 192.168.140.150 ~192.168.140.170 /24 範例： Client 端虛擬機電腦動態 IP 範圍 192.168.140.150~192.168.140.170/24 5
六	動作要求（1-(2)-F-(M)）： 設定印表機伺服器。	印表機型號A: Generic /Text Only 印表機型號B: Microsoft MS-XPS Class Driver 2 6

11-1-3 圖說 - 各項權限與使用者關係

可以對應完成六大項功能：

1. 新增 3 個使用者
2. 新增 test 群組與成員
3. 新增 master 爲管理員
4. 新增 3 個資料夾及權限設定
5. FTP 登入權限及安全性設定
6. 新增 2 台印表機及權限設定

	① 使用者	master	user1	user2
帳號設定	② 群組	test	test	test
	權限 ③	系統管理者	一般使用者	一般使用者
④ 資料夾權限設定	public 資料夾	全部權限	僅讀取	僅讀取
	user1 資料夾	不須設定	全部權限	無法讀取
	user2 資料夾	不須設定	無法讀取	全部權限
⑤ FTP 登入權限	public 資料夾	全部權限	僅讀取	僅讀取
⑥ 印表機伺服器	印表機型號 A	全部權限	全部權限	無使用權限
	印表機型號 B	全部權限	無使用權限	全部權限

11-1-4 交叉分析圖說對照

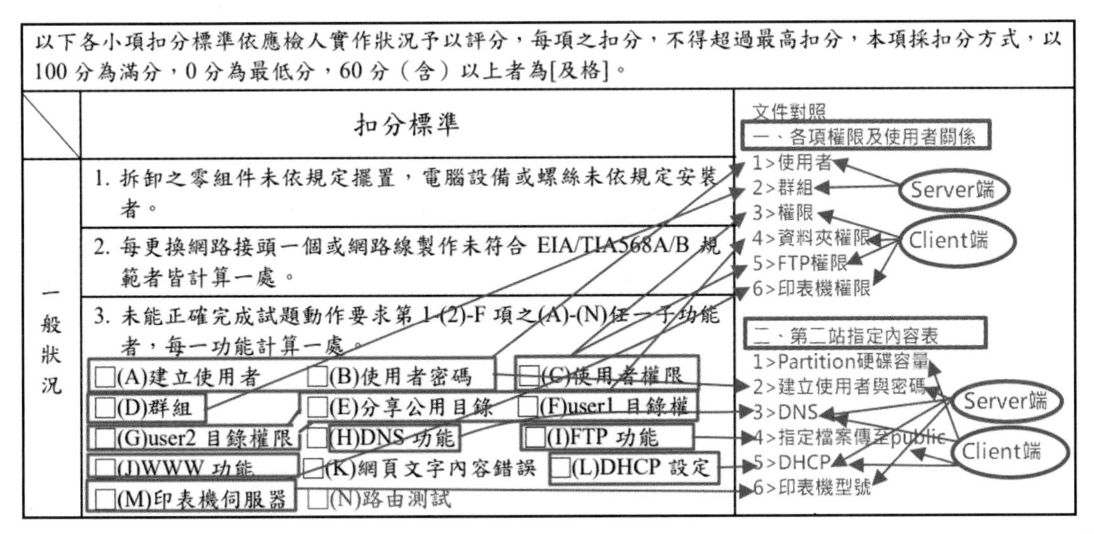

以下各小項扣分標準依應檢人實作狀況予以評分，每項之扣分，不得超過最高扣分，本項採扣分方式，以100分為滿分，0分為最低分，60分（含）以上者為[及格]。

	扣分標準	文件對照
一般狀況	1. 拆卸之零組件未依規定擺置，電腦設備或螺絲未依規定安裝者。 2. 每更換網路接頭一個或網路線製作未符合 EIA/TIA568A/B 規範者皆計算一處。 3. 未能正確完成試題動作要求第 1-(2)-F 項之(A)-(N)任一子功能者，每一功能計算一處。 □(A)建立使用者 □(B)使用者密碼 □(C)使用者權限 □(D)群組 □(E)分享公用目錄 □(F)user1 目錄權 □(G)user2 目錄權限 □(H)DNS 功能 □(I)FTP 功能 □(J)WWW 功能 □(K)網頁文字內容錯誤 □(L)DHCP 設定 □(M)印表機伺服器 □(N)路由測試	一、各項權限及使用者關係 1>使用者 2>群組 3>權限 4>資料夾權限 5>FTP權限 6>印表機權限 Server端 Client端 二、第二站指定內容表 1>Partition硬碟容量 2>建立使用者與密碼 3>DNS 4>指定檔案傳至public 5>DHCP 6>印表機型號 Server端 Client端

綜合以上，絕大部份都可在 Client 端電腦來檢測結果，因爲有些項目監評老師一定要知道你的設定對不對，所以要看你的設定內容，如 DHCP 的範圍。另外指定內容表 - 第四項，利用 FTP 上傳指定的檔案，監評老師可能會看你實際操作過程。輸入密碼的部份也是，會實際看你的現場操作。

11-2 由評審表逐一檢測展示內容

- 評審標準（四）- 指定內容（一）：

從 Client 端看結果：

點選本機

Partition-1 容量：85 GB

Partition-2 容量：25 BB

Q：為什麼比較小？

A：因為以 1000 取代 1024

85*1000/1024=83G

25*1000/1024=24.4G

* 以 1000 替代 1024 是允許的。

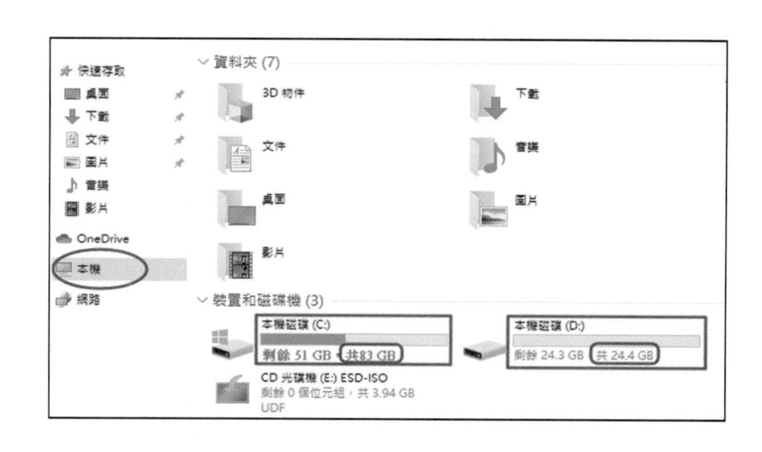

- 評審表 / 扣分標準 / 一般狀況 3-(A)

建立使用者：

從 Server 端看結果：

工具 / 電腦管理 / 使用者。

- 評審表 / 扣分標準 / 一般狀況 3-(B)

使用者密碼：

從 Server 端看設定：

開始 /master 登入

輸入指定的密碼。

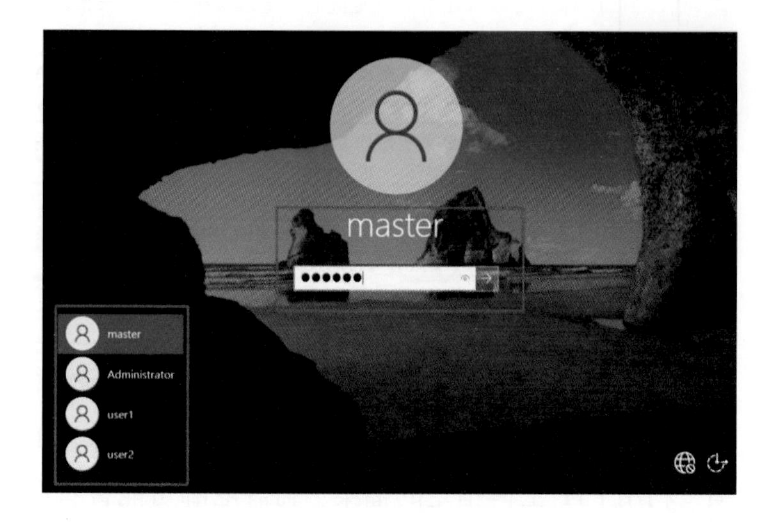

- 評審表 / 扣分標準 / 一般狀況 3-(C)

使用者權限：

從 Server 端看結果：

成員中 master 爲 Administrators 群組成員，具有管理員權限。

- 評審表 / 扣分標準 / 一般狀況 3-(D)

群組：test 群組成員

從 Server 端看結果：

test 群組，成員包括 master,user1, user2

- 評審表 / 扣分標準 / 一般狀況 3-(E)

分享共用目錄：

從 Client 端看結果：

1. 檔案總管
2. 輸入「\\server」尋找主機 server
3. 雙按 public

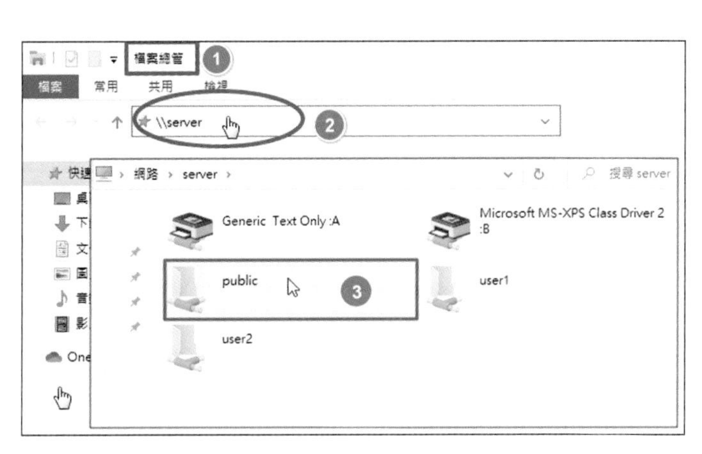

4. 在 public 資料夾空白處 / 右鍵
5. 新增
6. 資料夾

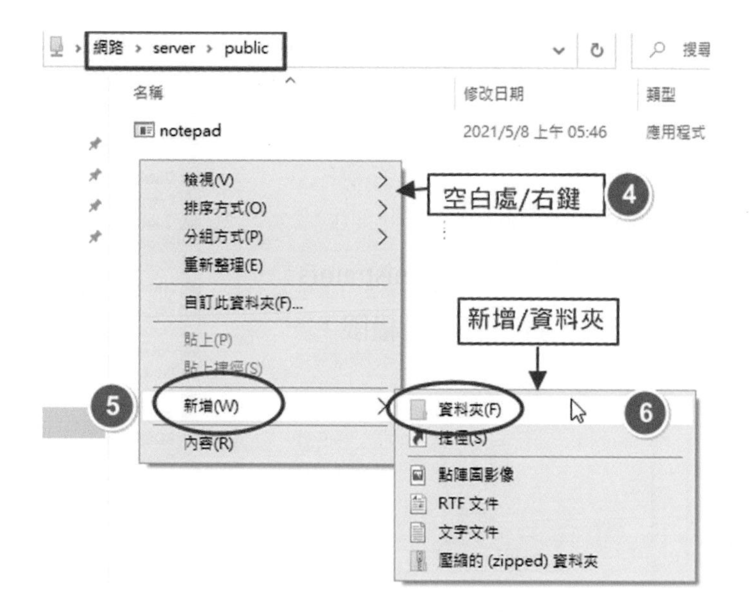

以 master 身分而言，對 public 資料夾具有最高權限，可任意新增、修改及刪除。

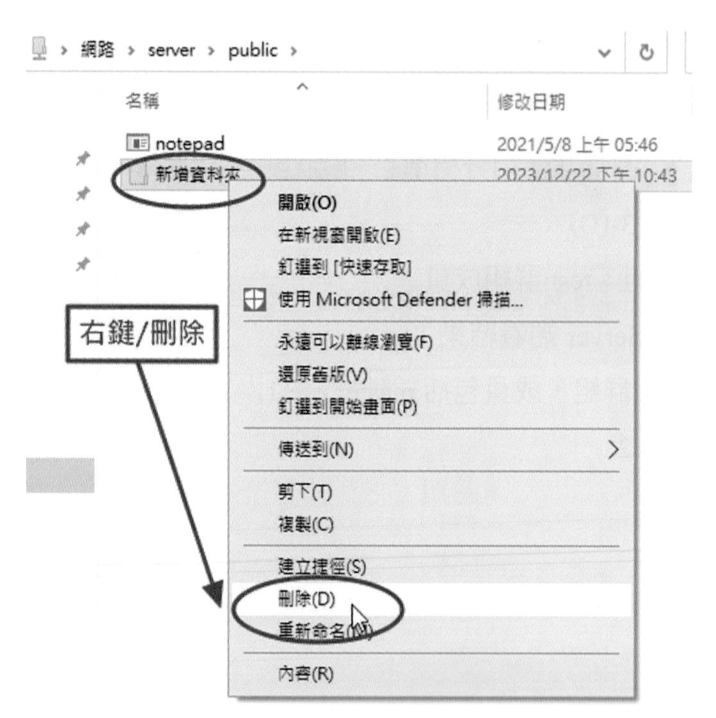

若切換身份爲 user1 或 user2，因爲僅有讀取的權限 (參閱各項權限與使用者關係 - 第 4 項)，當嘗試新增或刪除資料夾時就會出現錯誤的訊息。

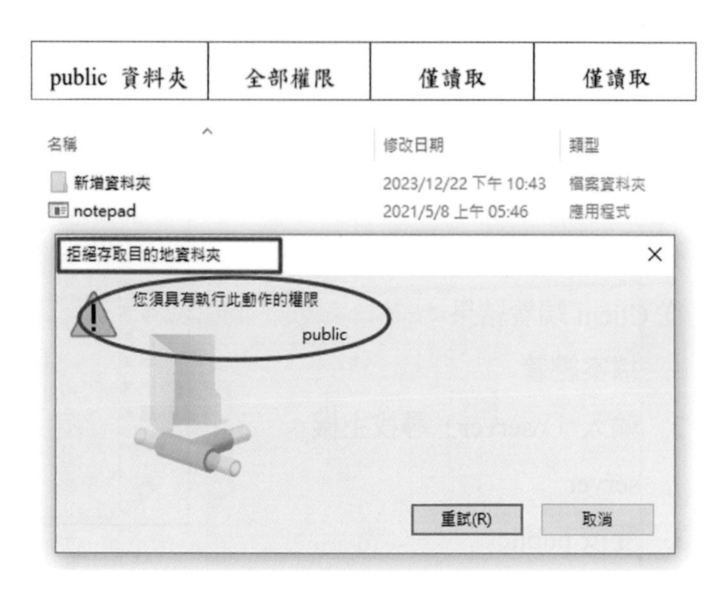

- 評審表 / 扣分標準 / 一般狀況 3-(F)

檢測 user1 目錄權限：

從 Client 端看結果：

1. user1 對 user1 目錄俱全部權限，可以隨意新增 / 修改 / 刪除。
2. master 不須設定 (不會檢查)。
3. user2 對 user1 資料夾無法讀取，呈現無法存取的訊息。

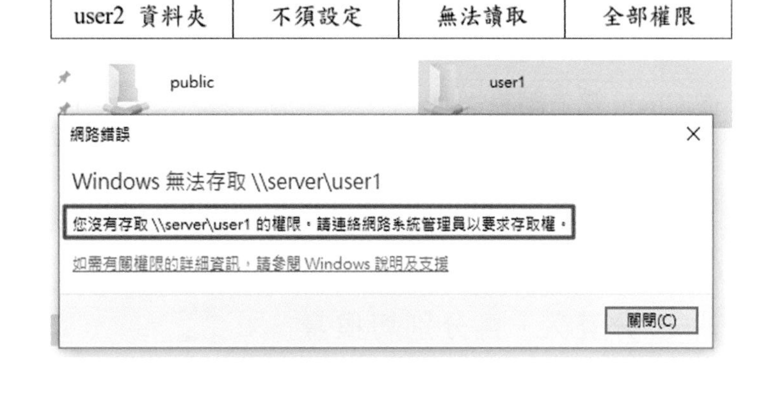

user1 資料夾	不須設定	全部權限	無法讀取
user2 資料夾	不須設定	無法讀取	全部權限

- 評審表 / 扣分標準 / 一般狀況 3-(G)

檢測 user2 目錄權限：

從 Client 端看結果：

1. user2 對 user2 目錄俱全部權限，可以隨意新增 / 修改 / 刪除。
2. master 不須設定 (不會檢查)。
3. user1 對 user2 目錄無法讀取，呈現無法存取的訊息。

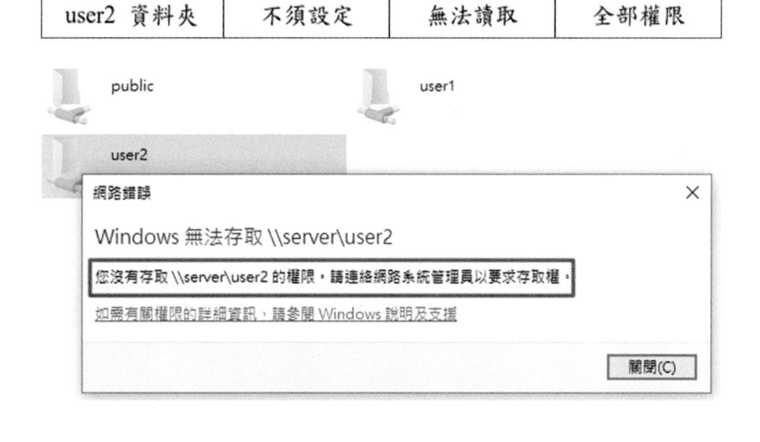

user1 資料夾	不須設定	全部權限	無法讀取
user2 資料夾	不須設定	無法讀取	全部權限

- 評審表 / 扣分標準 / 一般狀況 3-(H)

DNS 功能：

從 Client 端看結果：

依指定內容表之 DNS，輸入並瀏覽個人網頁：(可省略 http://)

www.wdc.gov.tw/master

正常顯示表示 DNS 正常工作。

Server 端亦可相同瀏覽。

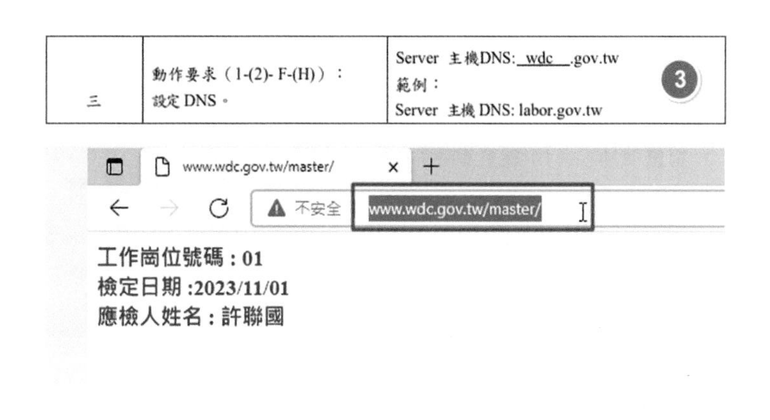

三	動作要求（1-(2)- F-(H)）：設定 DNS。	Server 主機DNS: wdc .gov.tw 範例： Server 主機 DNS: labor.gov.tw

- 評審表 / 扣分標準 / 一般狀況 3-(I)

FTP 功能：

從 Client 端看結果：

FTP 請依 (1) 權限，(2) 指定內容表 來展示。

(一) 權限：請分別以 master 身分登入，再分別切換身分，檢測 public 登入權限 >master：具有全部權限，可隨意新增 / 修改 / 刪除資料夾

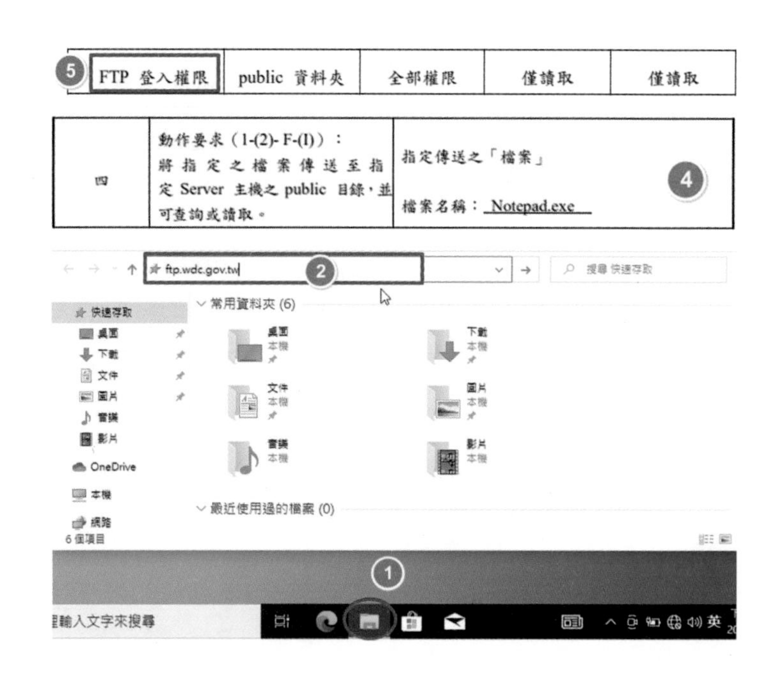

1. 點選檔案總管
2. 輸入：(可省略 ftp://) ftp.wdc.gov.tw
3. 輸入 master 及密碼
4. 登入

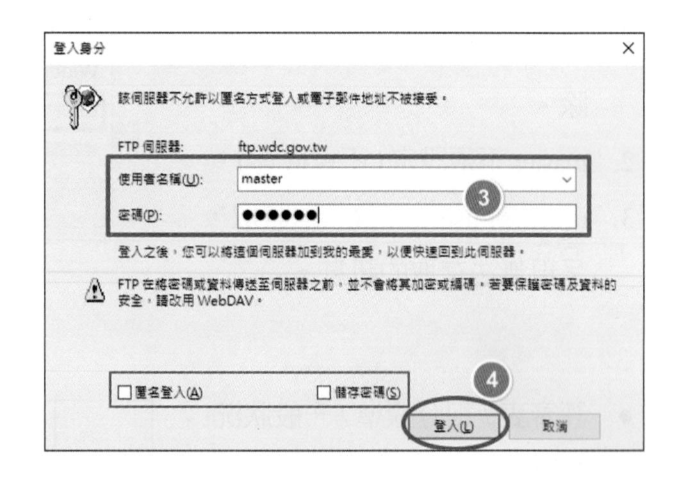

5. 空白處 / 右鍵 / 新增 / 資料夾
6. 可以順利新增及刪除

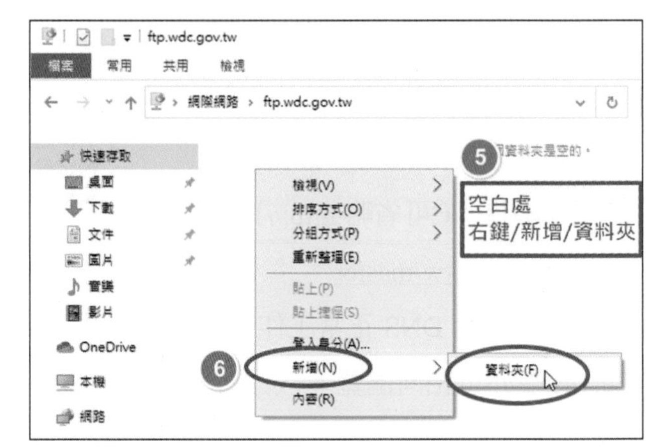

7. 在 FTP 頁面，可以直接切換身分：

   空白處右鍵 / 登入身分，輸入登入密碼。

8. 例如登入 user1，因只有讀取的權限，當嘗試新增資料夾，產生錯誤訊息，符合唯讀的權限。

   同方式登入 user2 亦是相同的結果。

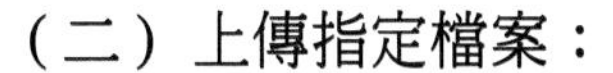
（二）上傳指定檔案：

在 Client 端以 master 身分登入，在 C:\windows 資料夾內搜尋指定的檔案，複製再貼到 public 的資料夾。

1. 檔案總管 / 本機 C:\
2. Windows/
3. 搜尋指定檔案 notepad.exe
4. 找到 (有圖示的) 該執行檔，點選 / 右鍵
5. 複製檔案

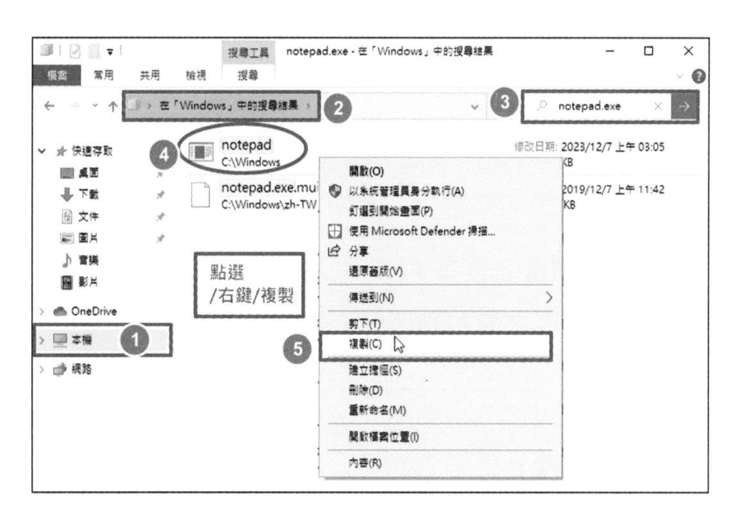

6. 檔案總管搜尋主機：\\server
7. 雙按共用資料夾 public

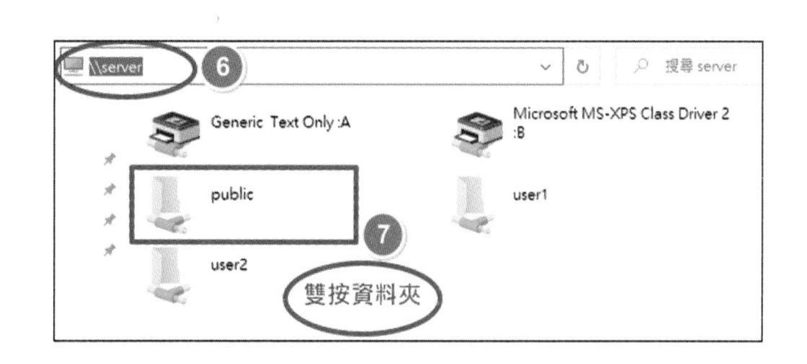

8. 在 public，空白處 / 右鍵
9. 貼上，即能順利將指定檔案上傳到 public 資料夾。

● 評審表 / 扣分標準 / 一般狀況 3-(J)

WWW 功能：

從 Client 端看結果：

檢視 WWW 應與 DNS 功能一起，可以用 DNS 的方式瀏覽個人網頁。

以下，除了瀏覽網頁之外，繼續設定首頁：

設定個人網頁之首頁：

1 點選網頁之最右側「…」
2. 設定

3. 「三條線」
4. 啓動頁面

5. 點選「開啓特定的頁面…」
6. 新增頁面
7. 輸入或貼上網址：
   www.wdc.gov.tw/master
8. 確定新增

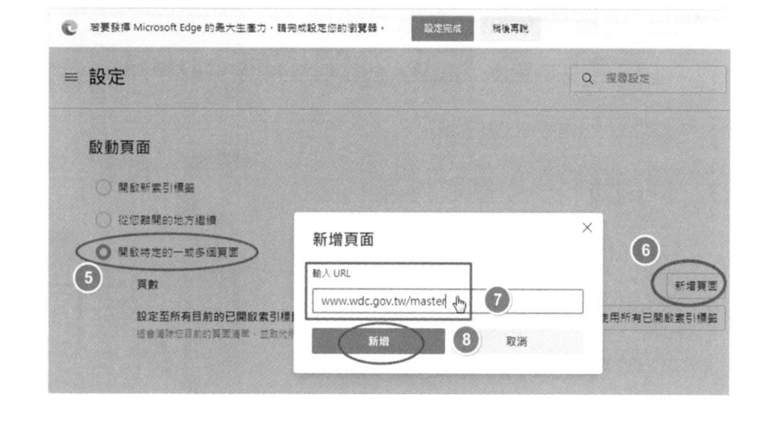

● 評審表 / 扣分標準 / 一般狀況 3-(K)

從 Client 端看結果：

網頁文字依動作要求，顯示的結果如圖所示，不能錯任何 1 個字 1 個符號，否則 10 分就不見了。(特別注意，使用注音輸入常犯錯字，崗寫成岡。)

● 評審表 / 扣分標準 / 一般狀況 3-(L)

DHCP 功能：動作要求範圍。

(1) 從 Server 端看設定範圍

(2) 從 Client- 虛擬機端看結果

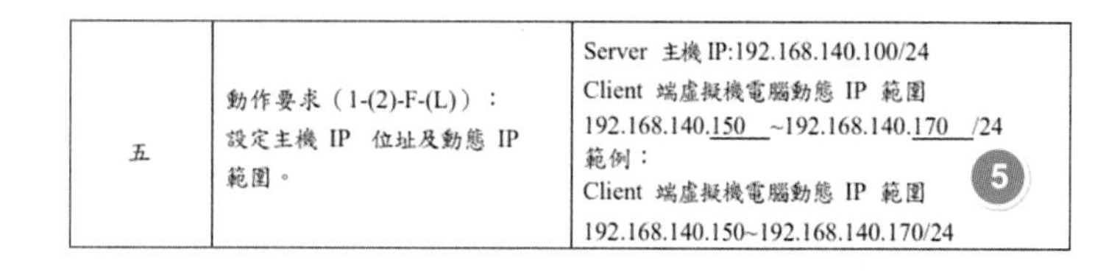

五	動作要求（1-(2)-F-(L)）：設定主機 IP 位址及動態 IP 範圍。	Server 主機 IP:192.168.140.100/24 Client 端虛擬機電腦動態 IP 範圍 192.168.140.150 ~192.168.140.170 /24 範例： Client 端虛擬機電腦動態 IP 範圍 192.168.140.150~192.168.140.170/24

Server 端看設定：

工具 /DHCP/…

點選「位址集區」，看到的起始 / 結束 IP 位址是否符合動作要求。

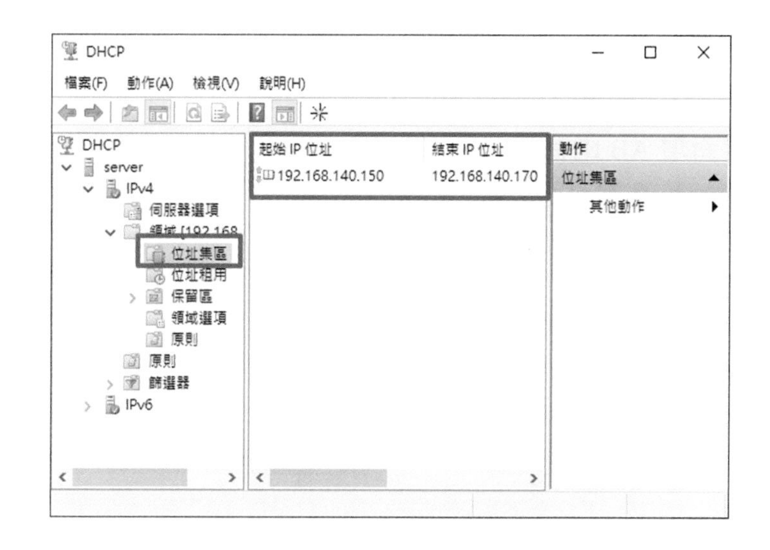

Client- 虛擬機 (ubuntu) 端看結果

1. 開始
2. 網路
3. 詳細資料：自動取得第 1 個分配的位址
4. 亦可利用終端機輸入查詢 IP 的指令：ip a

   查詢的結果如圖所示。

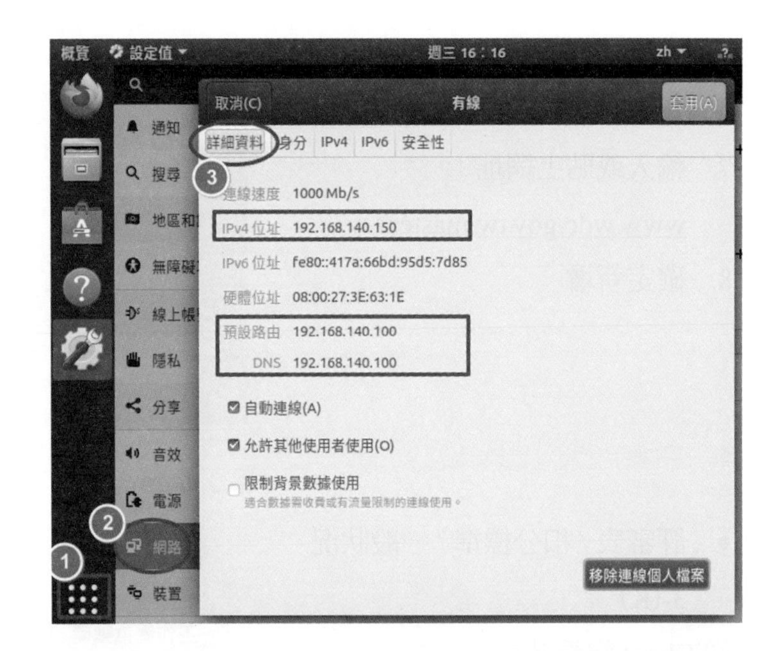

- 評審表 / 扣分標準 / 一般狀況 3-(M)

印表機伺服器：

Server 端看設定：

新增 AB 兩台印表裝伺服器，是否與指定內容相符？

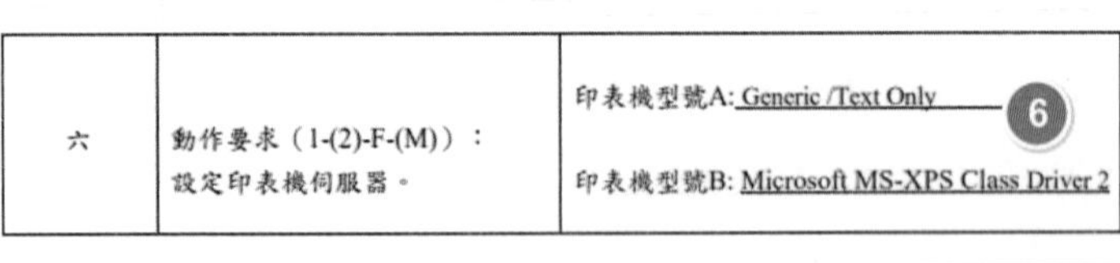

六	動作要求（1-(2)-F-(M)）：設定印表機伺服器。	印表機型號A: Generic /Text Only ⑥ 印表機型號B: Microsoft MS-XPS Class Driver 2

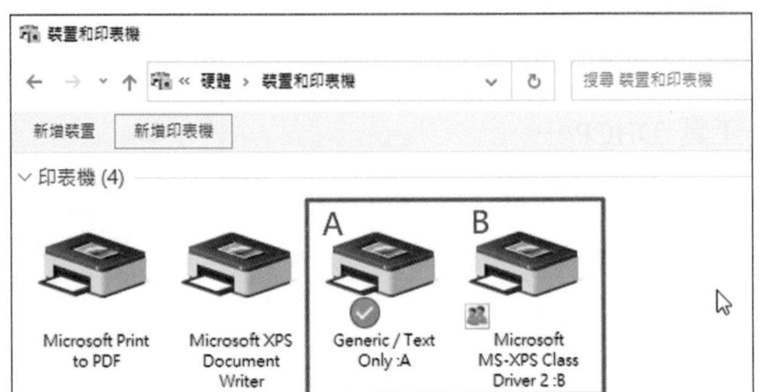

從 Client 端看權限：master 登入

1. 檔案總管 / 快速存取視窗中搜尋主機：\\server

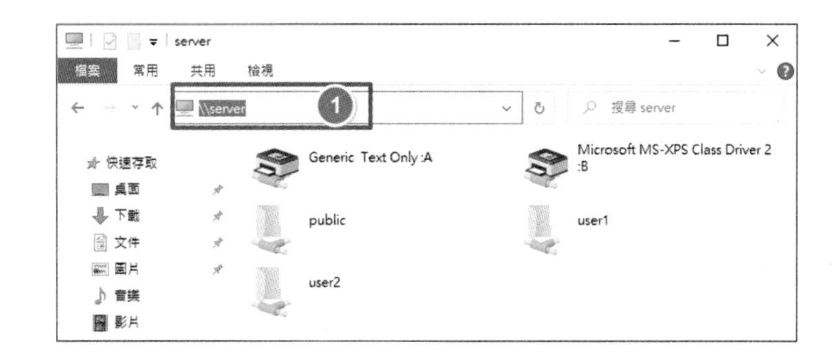

2. 雙按 A 印表機，呈現搜尋驅動程式 / 安裝驅動…等動作表示有權限使用

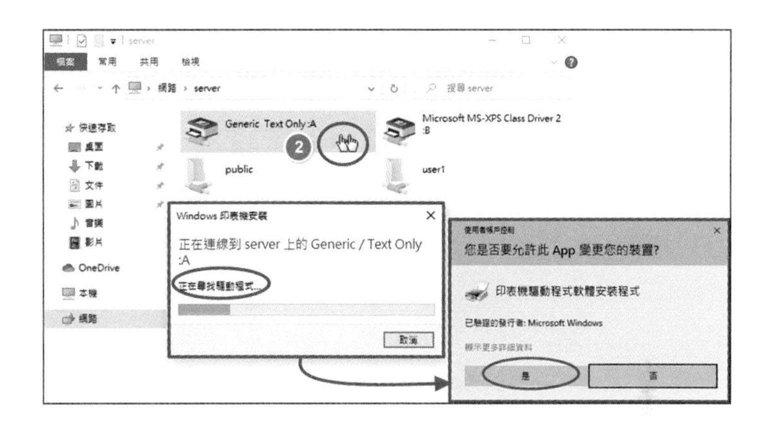

3. 安裝完成，表示 master 具有使用權限

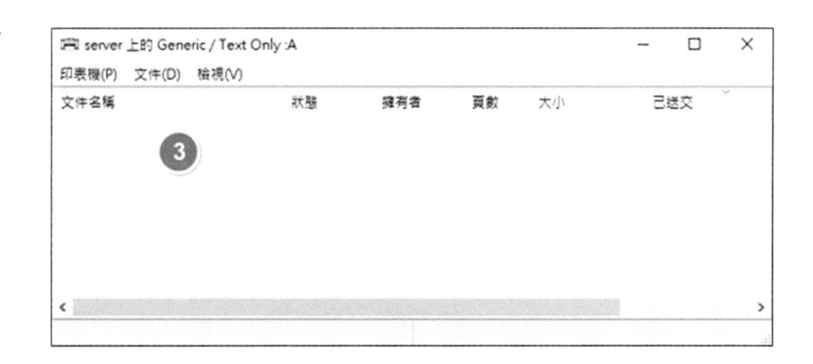

4. 同方式檢視 B 印表機的權限
5. 安裝畫面，表示 master 具有使用權限

切換身分登入：user1

6. 雙按檢視 A 印表機的權限，有安裝畫面，表示 user1 具有使用權限

7. 雙按檢視 B 印表機的權限，出現錯誤訊息，表示 user1 無權使用。

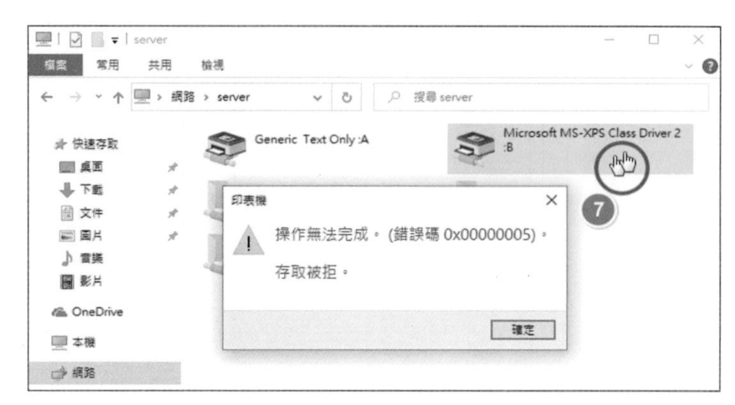

切換身分登入：user2

8. 雙按檢視 B 印表機的權限，有安裝畫面，表示 user2 具有使用權限

9. 雙按檢視 A 印表機的權限，出現錯誤訊息，表示 user2 無權使用。

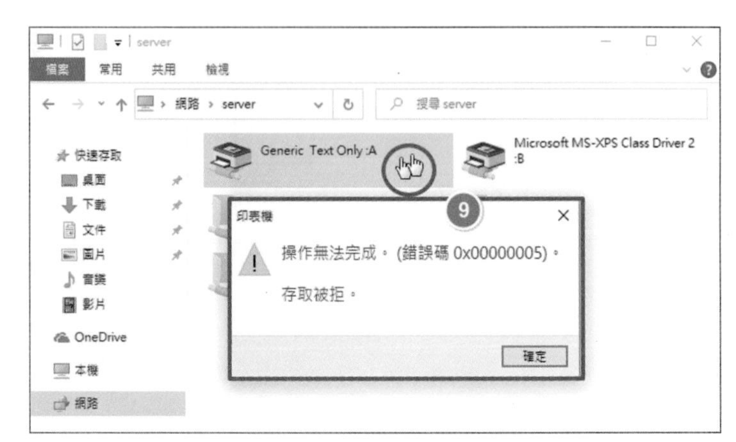

- 評審表 / 扣分標準 / 一般狀況 3-(N)

路由測試：

Client 端看結果：

Client 端電腦的 IP=172.16.140.109

虛擬機的 IP=192.168.140.150

分別屬於不同的網段。

1. 首先 ping 看網路是否相通？

   > ping 192.168.140.150

   有通才可能路由。

2. 下達路由指令

   tracert 192.168.140.150

   看看結果是否繞過主機？

   從結果來看，是有繞過 Server 主機再路由到虛擬機。

3. 如果要有較快的路由，可以加入 -d 選項「不要將位址解析為主機名稱。

4. 經過每一躍點的時間都小於 1ms。

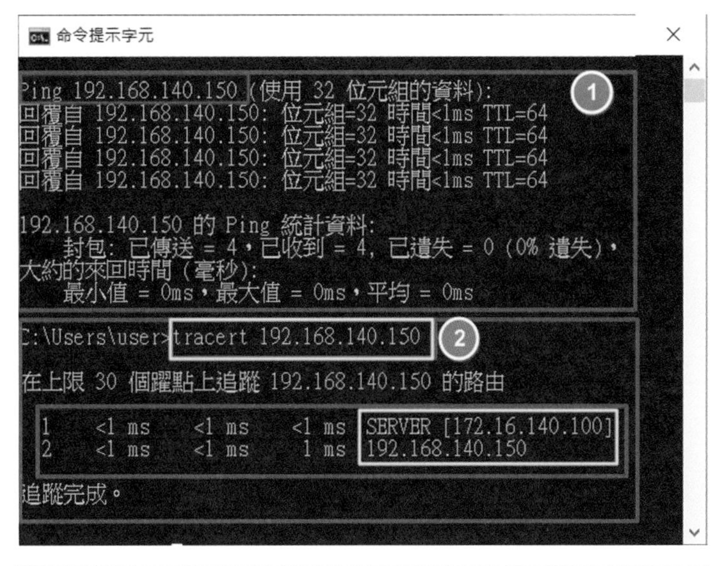

Client 虛擬機看結果：

ubuntu 路由的指令：tracepath

1. 由虛擬機路由到 Client 端

   >tracepath 172.16.140.109

2. 可顯示 IP 與主機名

   >tracepath -b 172.16.140.109

3. 有繞過主機 192.168.140.100 再到目的地。

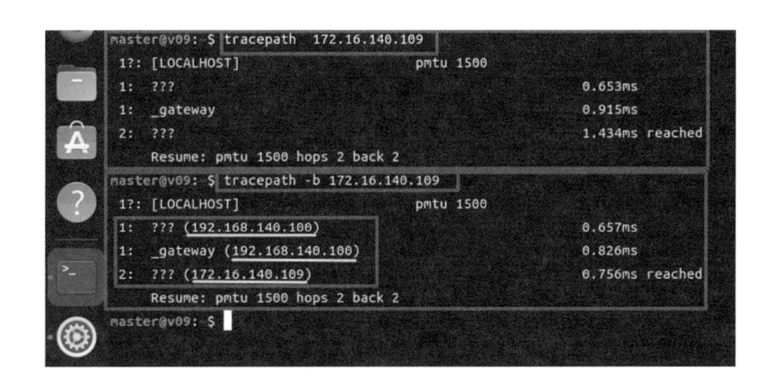

知道怎麼 SHOW 出結果是很重要的功課，也是自我檢測的必要項目。

專業學科解析

工作項目 01　電腦、電子及電機機械

工作項目 02　作業準備

工作項目 03　儀表、軟體及一般工具

工作項目 04　工作方法

工作項目 05　裝修及控制應用

工作項目 06　資訊安全措施

工作項目 01 電腦、電子及電機機械（單選 53 題，複選 14 題）

(　　) 1. 繪製流程圖時，起始符號通常放置於
①上方　②下方　③左方　④右方。

解析 流程圖由上而下繪製。

(　　) 2. 繪製流程圖時，判斷符號最少情況可以有幾種流程
① 1　② 2　③ 3　④ 4。

解析 判斷 (Y/N) 至少有兩種。

(　　) 3. 右圖電腦處理作業流程圖符號表示
①終端　②文件輸出　③流向　④判斷。

(　　) 4. 右圖電腦處理作業流程圖符號表示
①輸出輸入　②文件輸出　③迴圈　④判斷。

(　　) 5. 一個標示「紅紫橙金」色環的電阻，其值爲
① 270Ω　② 2.7KΩ　③ 27KΩ　④ 270KΩ。

解析 紅 = 2，紫 = 7，橙 = 1000，金 = 5% 誤差，R = 27KΩ。

(　　) 6. 右圖的電子符號是用來表示
①固定電阻器　②可變電阻器
③熱敏電阻器　④光敏電阻器。

(　　) 7. 右圖電子符號表示
①安培計　②電壓源　③電流源　④伏特計。

(　　) 8. 已知電腦 CPU 規格爲 i7 4.0G，其中 4.0G 表示 CPU 何種規格？
①記憶體容量　②出廠公司　③工作電壓　④時脈頻率。

(　　) 9. 電腦記憶體容量爲 1GB，等於多少 MB ？
① 256　② 512　③ 1024　④ 2048。

解析 $1GB = 2^{10}MB$。

(　　) 10. 二進位 1010001 轉換爲 8 進位等於
① 121　② 501　③ 222　④ 111。

解析 二進位轉八進位，由右至左 3 位 1 組，1 010 001=121。

(　　) 11. 下列哪一種圖片格式所佔檔案容量最大？
① gif　② bmp　③ jpg　④ tif。

解析 BMP 爲點陣圖形格式，無壓縮，佔用最大容量。

答案									
1. ①	2. ②	3. ②	4. ①	5. ③	6. ②	7. ③	8. ④	9. ③	10. ①
11. ②									

( ) 12. MS OFFICE 軟體中，右圖代表
①剪下 ②刪除 ③複製格式 ④列印。

( ) 13. MS WORD 軟體中，右圖代表
①段落 ②註解 ③自動格式設定 ④開啓舊檔。

( ) 14. 拆卸電腦主機週邊時，磁碟機排線邊緣如有標示紅線，表示要接在第幾隻腳？
① 1 ② 11 ③ 22 ④ 34。

解析 有標示的是第 1 腳。

( ) 15. 拆卸電腦主機週邊時，為預防硬碟電源接錯，其電源座應設計成哪一種形狀？
① A ② D ③ E ④ I。

解析 電源接頭防呆設計成 D 形，不容許接錯。

( ) 16. 安裝電腦主機 CPU，如果使用 Socket 7 插座，其第一腳位以何種圖示表示
①方形 ②圓形 ③三角形 ④菱形。

解析 CPU 插座有標示三角形者為第 1 腳。

( ) 17. 電腦主機板中，如果元件其線路旁表示為 RXXX，其中 XXX 為數字，則此元件為
①電阻 ②電容 ③電感 ④電池。

解析 R 代表電阻 Resistor。

( ) 18. 輸入端 A、B 兩值的邏輯眞值表中，下列哪一個電子元件，其輸出狀態為兩個眞兩個假？ ① NOT ② AND ③ OR ④ XOR。

解析 XOR 互斥或閘，相同為 0，不同為 1，有兩個 0。

( ) 19. 右列網路圖形代表
①樹狀網路 ②匯流排網路 ③網狀網路 ④環狀網路。

( ) 20. 網路施工採 TIA/EIA568A 接線，其第一對絞線為
①白綠、綠 ②白藍、藍 ③白橘、橘 ④白棕、棕。

解析 568A 與 568B 的 1 對 3，2 對 4，所以第 1 對為白綠、綠。

( ) 21. 電腦主機接線圖中，HDD 表示
①硬碟 ②光碟 ③軟碟 ④電源。

解析 HDD = Hard Disk Drive 的英文開頭字母集合。

( ) 22. 如右圖之等角圖所示，下列圖形何者不是該圖的多視圖？
① ② ③ ④ 。

答案										
	12. ③	13. ③	14. ①	15. ②	16. ③	17. ①	18. ④	19. ④	20. ①	21. ①
	22. ④									

(　　) 23. 如右圖之等角圖所示，下列圖形何者爲該圖的多視圖？

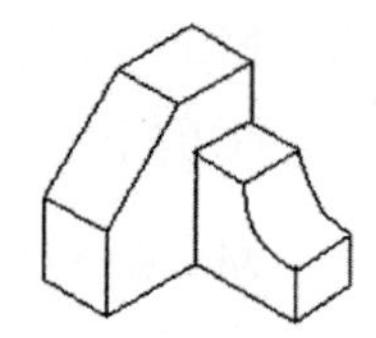

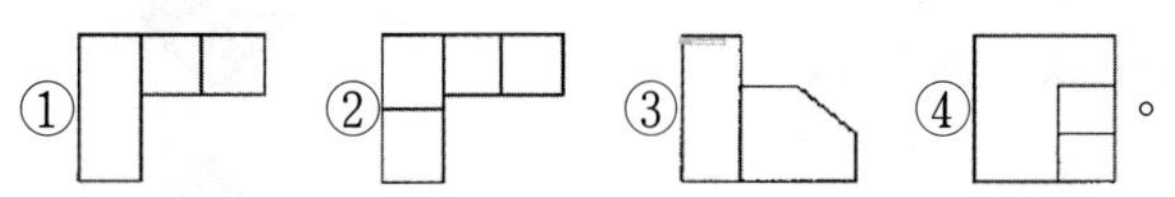

(　　) 24. A0 尺寸的紙張大小爲 A2 紙張的多少倍？

①1　②2　③4　④8。

解析 A0 裁 1/2 = A1，A1 裁 1/2 = A2，所以 A0 = 4A2。

(　　) 25. 二個輸入均爲“1”，輸出才爲“1”的邏輯閘是

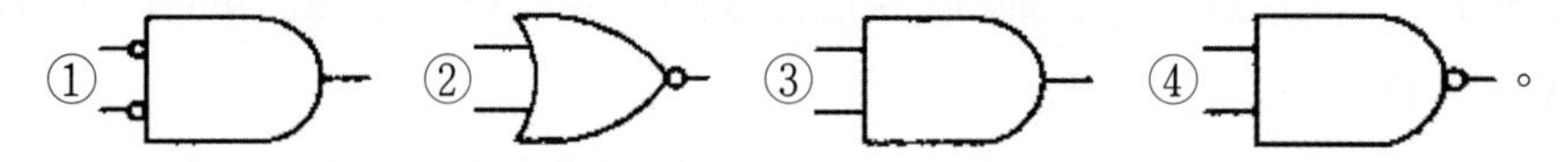

解析 AND 閘有 0 必爲 0。

(　　) 26. 下圖所示之邏輯電路，輸出 Y 爲

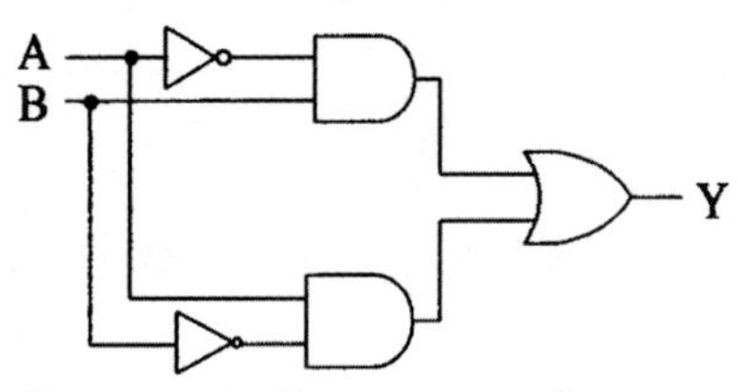

①A · B　②A + B　③A⊕B　④A⊙B。

解析 $A \oplus B = \overline{A}B + A\overline{B}$。

(　　) 27. 下圖所示之邏輯電路，輸出 Y 爲

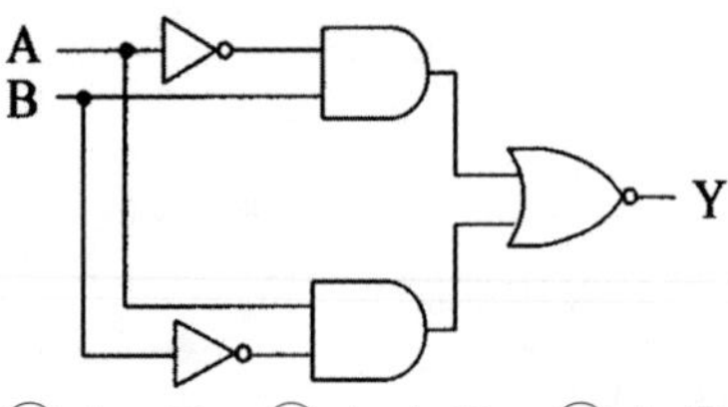

①A · B　②A + B　③A ⊕ B　④A ⊙ B。

解析 A⊕B 的反相 = A⊙B。

(　　) 28. 若需設計一個除 5 之漣波計數器，至少需使用多少個 JK 正反器？

①2　②3　③4　④5。

解析 $2^N \geq 5$，$N = 3$。

(　　) 29. 下圖所示之電路，若於輸入端加入 100KHz 之方波信號，則輸出端之頻率爲

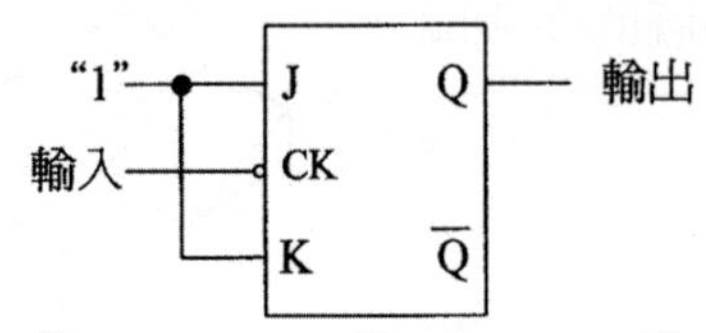

① 100KHz　② 50KHz　③ 25KHz　④ 12.5KHz。

答案	23.②	24.③	25.③	26.③	27.④	28.②	29.②

解析 JK 正反器，J = 1，K = 1，爲除 2 基本功能。

( ) 30. 下列眞值表輸入爲 A、B，輸出爲 Y，表示何種邏輯閘？

A	B	Y
0	0	1
0	1	0
1	0	0
1	1	1

① NOR ② NAND ③ XOR ④ XNOR。

解析 由眞值表看出，相同爲 1，不同爲 0，爲反互斥或閘功能。

( ) 31. 下列 IC 何者爲反及閘 (NAND Gate)？

① 7400 ② 7402 ③ 7404 ④ 7432。

解析 7400：NAND，7402：NOR，7404：NOT，7432：OR。

( ) 32. 下列 IC 何者爲反或閘 (NOR Gate)？

① 7400 ② 7402 ③ 7404 ④ 7432。

解析 參考上題解析。

( ) 33. 右圖輸出 Y 爲 0 之情況最多有

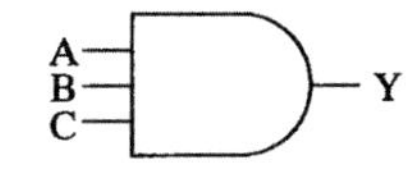

① 1 ② 2 ③ 4 ④ 7 種。

解析 3 輸入的 AND 閘，有 0 必爲 0，所以共 $2^3-1=7$ 個。

( ) 34. 下圖輸出 Y 爲 1 之情況最多有

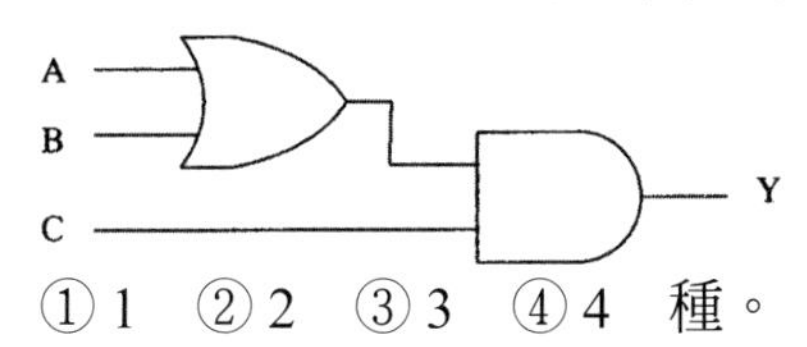

① 1 ② 2 ③ 3 ④ 4 種。

解析 $Y = (A + B) \cdot C = 1$，表示 $A + B = 1$，$C = 1$，有 3 種情形使 $A + B = 1$。

( ) 35. 下圖爲電阻串聯電路，其等效電阻 Rt =

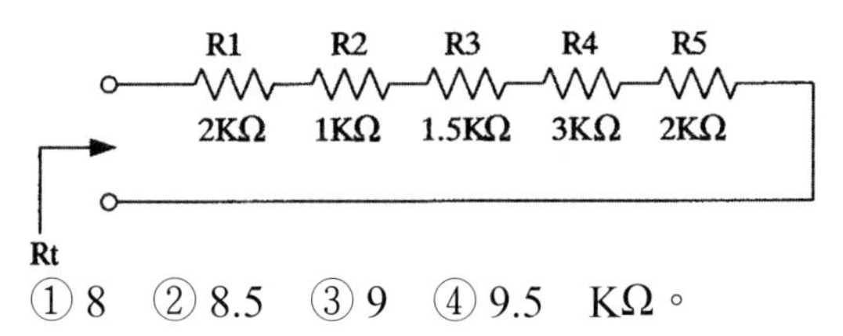

① 8 ② 8.5 ③ 9 ④ 9.5 KΩ。

解析 串聯爲各電阻之和。

答案	30. ④	31. ①	32. ②	33. ④	34. ③	35. ④

(　　) 36. 下圖電阻並聯電路，其等效電阻 Rt =

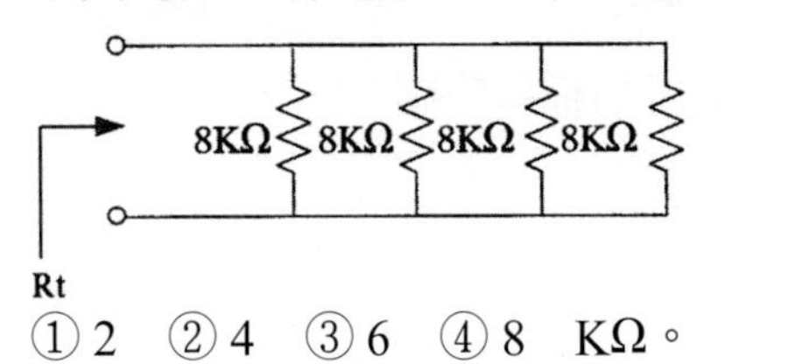

①2　②4　③6　④8　KΩ。

解析 4 個相同電阻並聯的結果 = 該電阻值 /4。

(　　) 37. 下圖每一方格代表一個除以 2 電路，若 Vin 輸入電壓為 5V，頻率為 10KHz 之方波，則下列 Vo 之輸出何者正確？

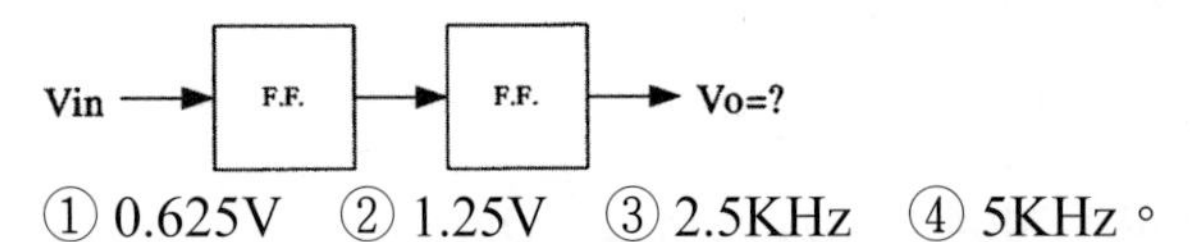

① 0.625V　② 1.25V　③ 2.5KHz　④ 5KHz。

解析 除 2 再除 2 = 除 4，10/4 = 2.5。

(　　) 38. 布林代數 A + A =

① 0　② 1　③ 2A　④ A。

解析 A + A = A，A · A = A。

(　　) 39. 下列卡諾圖之最簡輸出式 =

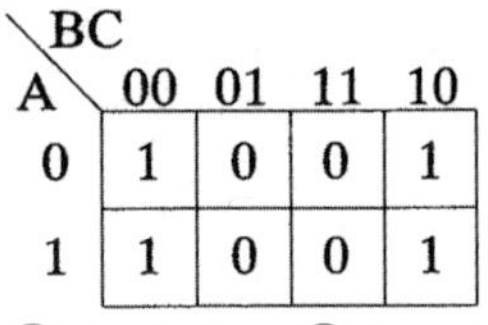

A \ BC	00	01	11	10
0	1	0	0	1
1	1	0	0	1

① A + B　② B · C　③ A · (B + C)　④ NOT C。

解析 把 4 個 1 圈起來，0/1 抵消，所以剩下 $\overline{C}$ 。

(　　) 40. 右圖符號為

① IEEE 1394a　② USB　③ GPIB　④ RS-232C。

(　　) 41. 19 吋液晶顯示器 (LCD) 表示螢幕之

①長為 19 吋　②寬為 19 吋　③長加寬為 19 吋　④對角線為 19 吋。

(　　) 42. 下圖排阻符號的電阻值為

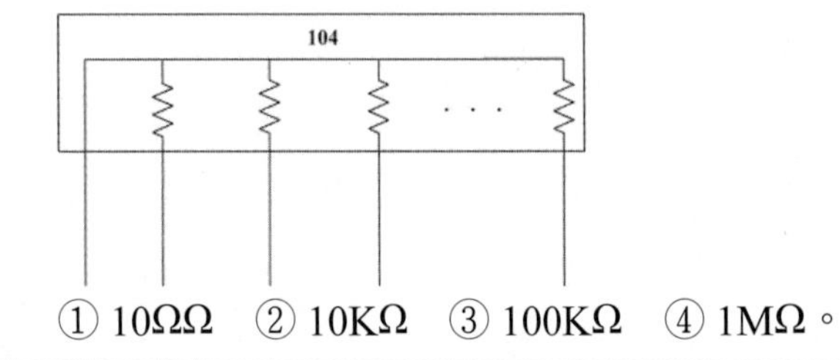

① 10ΩΩ　② 10KΩ　③ 100KΩ　④ 1MΩ。

解析 排阻 104 的數值 = 10 + 4 個 0 = 100000Ω。

答案	36. ①	37. ③	38. ④	39. ④	40. ②	41. ④	42. ③

( ) 43. 右圖電子元件符號為

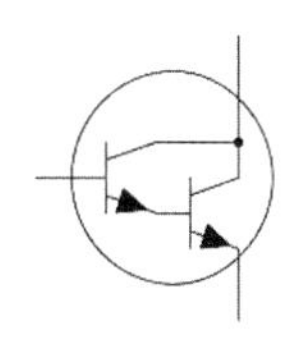

① NPN 型達靈頓對電晶體
② PNP 型達靈頓對電晶體
③ N 型金屬氧化物半導體場效應電晶體
④ P 型金屬氧化物半導體場效應電晶體。

解析 達靈頓對的元件，以第 1 個為準，第 1 個為 NPN 就是 NPN 型。

( ) 44. 右圖電子元件符號為

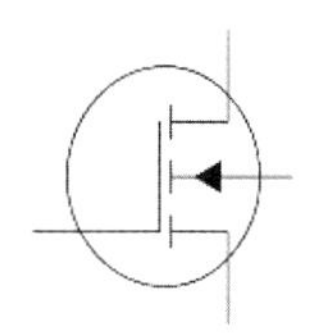

① NPN 型達靈頓對電晶體
② PNP 型達靈頓對電晶體
③ N 型金屬氧化物半導體場效應電晶體
④ P 型金屬氧化物半導體場效應電晶體。

解析 MOSFET 箭頭向內是 N 通道，虛線代表增強型。

( ) 45. 右圖電子元件符號為具有

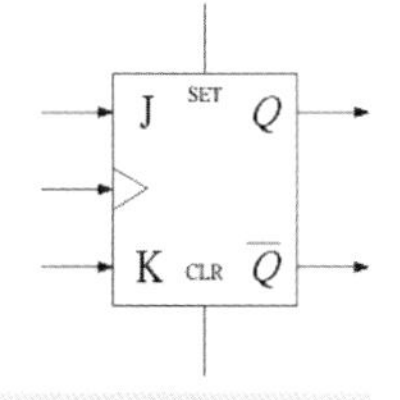

①正緣觸發 ②負緣觸發
③正準位觸發 ④負準位觸發之 JK 正反器。

解析 JK 正反器，Clock 時脈腳有小圈圈 + 三角斜邊代表負邊緣 (負緣) 觸發，無小圈圈則為正緣觸發，若沒有三角斜邊時為準位觸發。

( ) 46. 右圖之流程圖符號表示

①程序 ②顯示 ③程式開始與結束 ④列印。

( ) 47. 右圖之流程圖符號表示

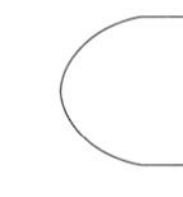

①程序 ②顯示 ③程式開始與結束 ④列印。

( ) 48. 右圖之流程圖符號表示

①程序 ②顯示 ③程式開始或結束 ④列印。

( ) 49. 下圖為

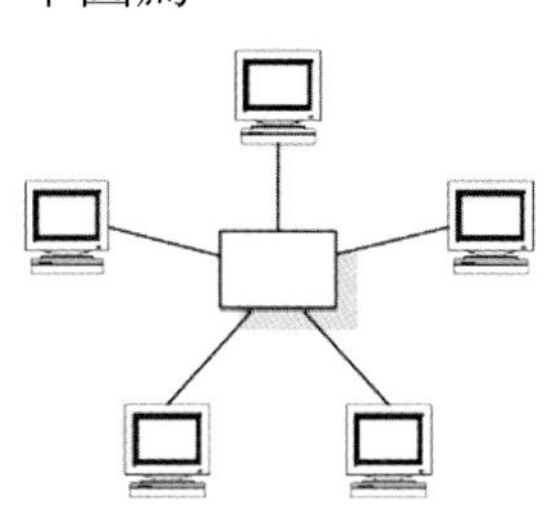

①樹狀 ②環狀 ③星狀 ④匯流排 網路架構。

解析 星狀放射。

答案	43. ①	44. ③	45. ①	46. ①	47. ②	48. ③	49. ③

(　　) 50. 下圖為

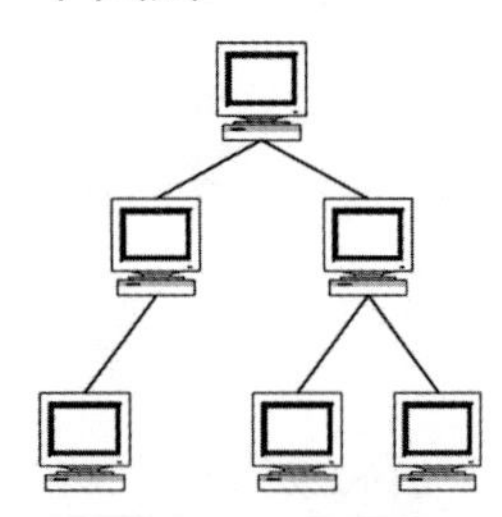

①樹狀　②環狀　③星狀　④匯流排　網路架構。

解析 樹狀結構。

(　　) 51. 右圖電子元件符號為
①石英振盪晶體　②電容器　③可變電容器　④電感器。

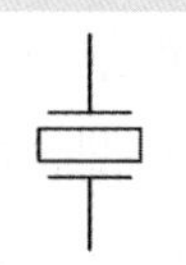

(　　) 52. 右圖電路符號為傳輸閘，當
① A 為 "LOW" 時，Y = X
② A 為 "LOW" 時，Y = NOT X
③ A 為 "HIGH" 時，Y = X
④ A 為 " HIGH" 時，Y = NOT X。

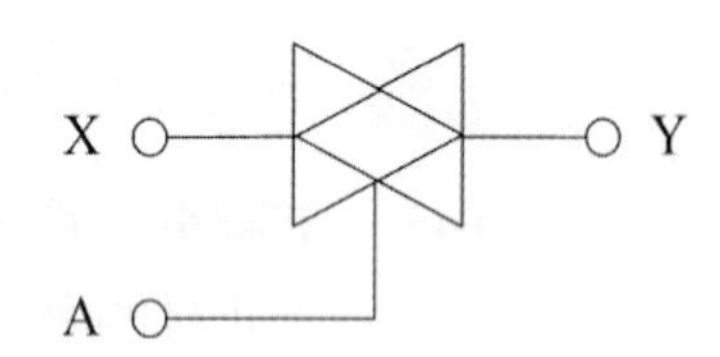

解析 A 是控制通路的把手，有小圈圈代表低態動作，沒有小圈圈代表高態動作。

(　　) 53. 右圖金屬皮膜電阻之電阻值範圍為
① 0.9kΩ ～ 1.1kΩ　② 9.9kΩ ～ 10.1kΩ
③ 99kΩ ～ 101kΩ　④ 990kΩ ～ 1010kΩ。

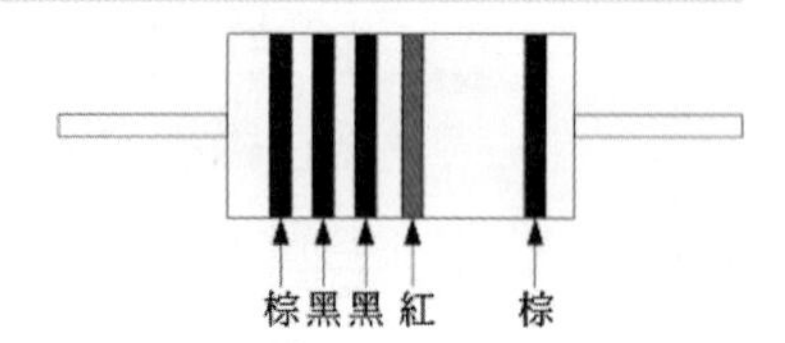

解析 五環為精密電阻，前三環為數值，第四環為乘冪，第五環為容許誤差，
棕黑黑紅棕 = $100 \times 10^2 \pm 1\%$ = 10KΩ±1% = 10KΩ±0.1KΩ = 9.9 ～ 10.1KΩ。

(　　) 54. 有關右圖之敘述，下列何者正確？
①為 High Definition Multimedia Interface；HDMI 接頭
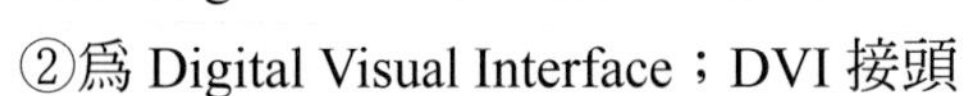
②為 Digital Visual Interface；DVI 接頭
③只可以傳送視訊信號
④可以同時傳送音訊和視訊信號。

解析 此接頭為時下最新的接頭，HDMI，常用於高階電視及影音設備。

(　　) 55. 有關右圖之敘述，下列何者正確？
①為 High Definition Multimedia Interface；HDMI 接頭
②為 Digital Visual Interface；DVI 接頭
③只可以傳送視訊信號
④可以同時傳送音訊和視訊信號。

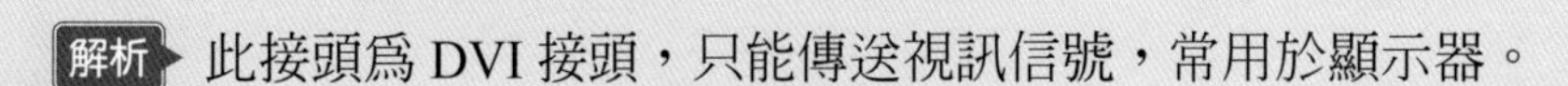

解析 此接頭為 DVI 接頭，只能傳送視訊信號，常用於顯示器。

答案	50. ①	51. ①	52. ③	53. ②	54. ①④	55. ②③

(　　) 56. 有關右圖之敘述，下列何者正確？
①為 Serial Advanced Technology Attachment；SATA 接頭
②為 Universal Serial Bus；USB 接頭
③ 2.0 版本最大傳輸頻寬約為 3Gbps
④ 3.0 版本最大傳輸頻寬約為 6Gbps。

解析 此接頭為 SATA 接頭，常用於電腦介面，規格如③④選項內容。

(　　) 57. 有關右圖之敘述，下列何者正確？

①為 Serial Advanced Technology Attachment；SATA 接頭
②為 Universal Serial Bus；USB 接頭
③ 2.0 版本最大傳輸頻寬約為 3Gbps
④ 3.0 版本最大傳輸頻寬約為 5Gbps。

解析 此接頭為 USB 接頭，有藍色的組件表示為 USB3.0，最大傳輸為 5Gbps。

(　　) 58. 有關右圖傳輸線之敘述，下列何者正確？

①為 USB to Micro USB 接頭
②為 USB to Mini USB 接頭
③ 2.0 版本最大傳輸頻寬約為 480Mbps
④ 3.0 版本最大傳輸頻寬約為 6Gbps。

解析 此接頭為 USB to Micro USB 轉換接頭，2.0 最大傳輸 480Mbps，3.0 為 5Gbps。

(　　) 59. 有關右圖傳輸線之敘述，下列何者正確？
①為 USB to Micro USB 接頭
②為 USB to Mini USB 接頭
③ 2.0 版本最大傳輸頻寬約為 480Mbps
④ 3.0 版本最大傳輸頻寬約為 6Gbps。

解析 此接頭為 USB to Mini USB 轉換接頭，2.0 最大傳輸 480Mbps，3.0 為 5Gbps。

(　　) 60. 有關右圖之敘述，下列何者正確？

①為 PCI Express，簡稱 PCI-E
②可用於顯示卡介面
③不支援熱拔插特性
④不支援熱交換特性。

解析 此標誌為 PCI-E (增強型)，可用於電腦顯示卡介面，可支援熱拔插及熱交換特性。

答案　56. ①③④　57. ②④　58. ①③　59. ②③　60. ①②

( ) 61. 有關右圖之敘述，下列何者正確？

①爲 Serial Advanced Technology Attachment；SATA
②爲 Universal Serial Bus；USB
③ 3.0 版本最大傳輸頻寬約爲 6Gbps
④支援熱交換特性。

解析 此標誌爲 SATA，SATA 分別有 SATA 1.5Gbit/s、SATA 3Gb/s 和 SATA 6Gb/s 三種規格。

( ) 62. 下圖爲一個描述輸入與輸出之波形圖，其中「S」表示來源選擇，「A0,A1」表示輸入，且「Y」表示輸出，下列何者正確？

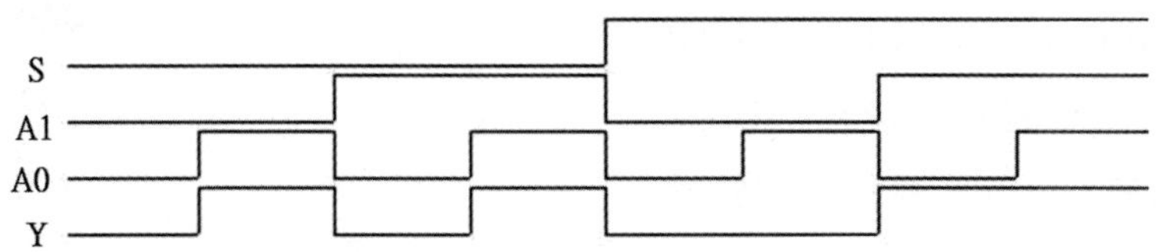

①此波形圖的電路爲 1 對 2 解多工器
② Y = S'A0 + SA1
③當來源選擇線 S 爲 1 時，資料輸入端 A1 連接到資料輸出端 Y
④當來源選擇線 S 爲 0 時，資料輸入端 A0 連接到資料輸出端 Y。

解析 由波形的結果來看爲 2 輸入的多工器 (輸入數 > 輸出數)，當 S = 0 時，Y 隨著 A0 而變，當 S = 1 時，Y 隨著 A1 而變。
$\therefore \overline{Y} = S \cdot A0 + SA1$。

( ) 63. 下圖是由三個 2 對 1 多工器組成的電路，有關其特性之敘述中，下列何者正確？

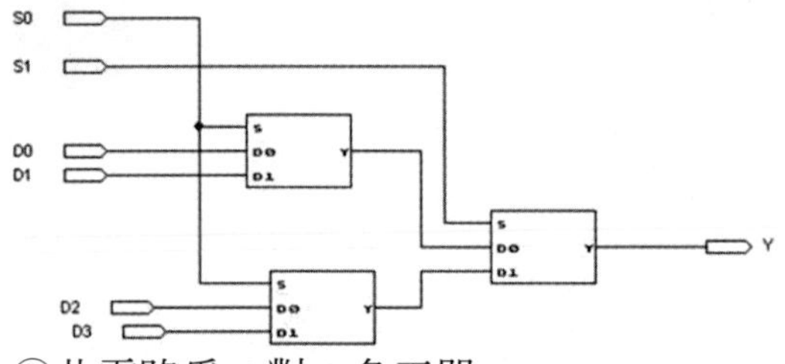

①此電路爲 4 對 1 多工器
②當來源選擇線 S1 爲 1，S0 爲 1 時，資料輸入端 D0 連接到資料輸出端 Y
③當來源選擇線 S1 爲 1，S0 爲 0 時，資料輸入端 D2 連接到資料輸出端 Y
④五個 4 對 1 多工器，可以擴充成一個 16 對 1 多工器。

解析 此電路由 3 個 2 對 1 多工器組成，第 3 個當作控制線，組成 4 對 1 的多工器，同理，用五個 2 對 1 的多工器，4 × 4 = 16，可擴充爲 16 對 1 多工器。
(s1,s0) = (0,0) 則 Y = D0，(s1,s0) = (0,1) 則 Y = D1
(s1,s0) = (1,0) 則 Y = D2，(s1,s0) = (1,1) 則 Y = D3。

答案	61. ①③④　62. ②③④　63. ①③④

(　　) 64. 有關下圖特性之敘述，下列何者正確？

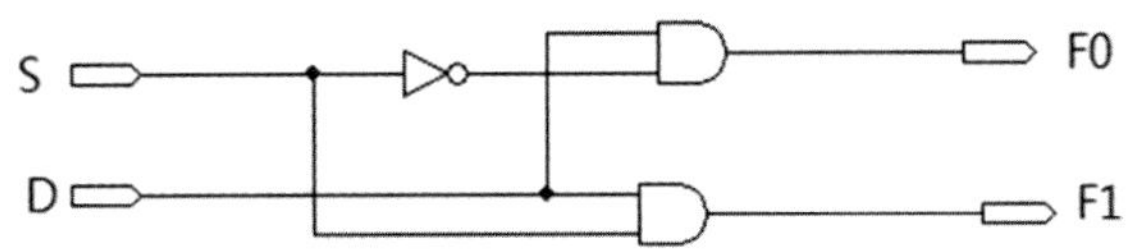

①此電路為 1 對 2 解多工器　② F0 = SD　③ F1 = S'D　④當來源選擇線 S = 1，資料輸入端 D 連接到資料輸出端 F1。

解析 解多工器為輸入 < 輸出數，本題為 1 對 2 解多工器，資料分配由 S 決定，

S = 0，F0 = D，所以 $F0 = \bar{S} \cdot D$

S = 1，F1 = D，所以 F1 = SD。

(　　) 65. 有關下圖之敘述，下列何者正確？

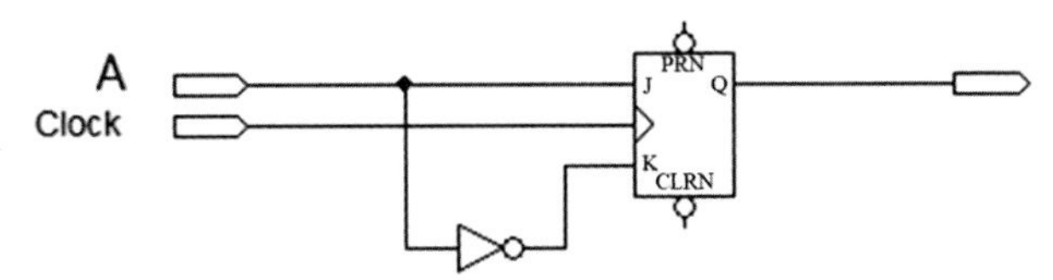

①為等效 D 型正反器

②若啓動預置 (PRN) 端，則輸出 (Q) 立即改變成「1」的狀態

③若啓動清除 (CLRN) 端，則輸出 (Q) 立即改變成「0」的狀態

④預置端與清除端皆為高電位啓動。

解析 D 正反器可由 JK 正反器改裝而來，如圖就是。PR 使輸出 Q = 1，CLR 使輸出 Q = 0

當 A = 0，JK = 01，Q = 0，

當 A = 1，JK = 10，Q = 1。

PRN 及 CLRN 接腳的小圈圈代表低態動作。

(　　) 66. 下圖有關藍牙之敘述，下列何者正確？

Bluetooth

①藍牙具有「低耗電藍牙」、「中耗電藍牙」和「高耗電藍牙」三種模式

②使用 2.4GHz 無線電頻率

③屬於無線應用

④低耗電藍牙 BLE(Bluetooth Low Energy) 傳輸距離小於 30M。

解析 藍牙分為低功耗、經典、高速藍牙。特性如②③④選項所述。

(　　) 67. 有關 USB 之敘述，下列何者正確？

① USB On-The-Go 通常縮寫為 USB OTG

②不支援熱拔插特性

③支援熱拔插特性

④ 2.0 版本最大傳輸頻寬約為 480Mbps。

解析 USB 支援熱拔插特性，2.0 最大傳輸 480Mbps，3.0 為 5Gbps。

答案	64. ①④　65. ①②③　66. ②③④　67. ①③④

工作項目 02 作業準備（單選 73 題，複選 20 題）

(　　) 1. 資料傳輸使用同位元檢查做為資料錯誤之檢查，若採奇同位資料錯誤檢查，下列資料中何者為正確？ ① 011110100 ② 101110110 ③ 010100101 ④ 110011110。

解析 奇同位元檢查是利用後一碼填入 1 或 0 使傳送的資料，1 的個數為奇數。也就是整體的 1 為奇數，只有第 1 選項正確。

(　　) 2. 若以 2Bytes 編碼，最多可以表示多少個不同的符號？
① 32767 ② 16384 ③ 32768 ④ 65536。

解析 2Bytes = 16bits，可最多表示的符號數 = 2^{16} = 65536。

(　　) 3. 1 毫秒 (minisecond;ms) 等於 1 奈秒 (nanosecond;ns) 的幾倍？
① 0.001 ② 100 ③ 1000 ④ 1000000 倍。

解析 1ms = 10^3μs = 10^6ns。

(　　) 4. 一個二進位數 (10010110)，1 的補數與 2 的補數分別為何？
① 01011001 與 10110110 ② 10111111 與 10111110
③ 01101001 與 01101010 ④ 01011010 與 01011001。

解析 1 的補數：0 變 1，1 變 0，所以 1001 0110 → 0110 1001
2 的補數：將 1 的補數 +1，所以 0110 1001 + 1 = 0110 1010。

(　　) 5. 下列何者不是一種電腦介面？
① IDE ② SCSI ③ VLSI ④ SATA。

解析 VLSI 是超大型積體電路的英文縮寫。

(　　) 6. Visual BASIC 是以何種方式來執行程式運作？
① Project ② Form ③ Object ④ Attribute。

解析 VB 以專案 (Project) 建立並執行。

(　　) 7. BASIC 清除螢幕的命令為
① NEW ② CLS ③ CLEAR ④ DELETE。

(　　) 8. BASIC 語言是屬於
①高階語言 ②低階語言 ③組合語言 ④機械語言。

(　　) 9. 在 Visual BASIC 程式中，下列哪一個事件不是使用者操作產生的事件？
① MouseMove ② KeyDown ③ Timer ④ Mo useClick。

解析 Timer 計時器是一控制項物件，可依設定的時間間隔 (interval) 而產生中斷觸動。

答案 1. ① 2. ④ 3. ④ 4. ③ 5. ③ 6. ① 7. ② 8. ① 9. ③

(　　) 10. Visual BASIC 程式 Label 物件的屬性爲 Alignment，若要靠左對齊，其值爲何？
①0 ②1 ③2 ④3。

解析 Alignment 對齊的屬性：靠左 = 0，靠右 = 1，靠中 = 2。

(　　) 11. Visual BASIC 程式 Frame 物件若要在框架上顯示文字，其屬性爲何？
① Font ② Text ③ Caption ④ Enable。

解析 VB 要顯示文字在物件上，常用的屬性爲 Caption，如 frame.Caption=" OK" 。

(　　) 12. Visual BASIC 程式 HscrollBar 物件，其捲軸最大値爲？
① 256 ② 1024 ③ 32767 ④ 65536。

解析 16 位元數值：-32768~32767。

(　　) 13. Visual BASIC 程式 ListBox 物件的屬性爲 MousePoint，若要箭形符號，其值爲何？
①0 ②1 ③2 ④3。

解析 MousePoint 滑鼠指標，箭號 = 1，十字 = 2，I 字 = 3，…。

(　　) 14. Visual Basic 程式 Label1.FontSize = 12，12 表示
①行距 ②字距 ③字體大小 ④字體顏色。

解析 Label1.FontSize=12 代表字體大小爲 12。

(　　) 15. 具有表單設計觀念的 BASIC 爲
① Visual BASIC ② QBASIC ③ GWBASIC ④ True BASIC。

解析 選項中只有 Visual Basic 具有表單。

(　　) 16. BASIC 語言 Print 5 OR 7 其值爲
①5 ②7 ③12 ④2。

解析 5 = 101，7 = 111，101 OR 111 = 111 (有 1 必爲 1)。

(　　) 17. BASIC 語言下列哪一種運算最優先？
①邏輯運算 ②關係運算 ③算術運算 ④比較運算。

解析 算術運算 > 關係 > 邏輯。

(　　) 18. BASIC 語言算數運算，下列哪一種運算子最優先？
①^ ②+ ③/ ④\。

解析 ^ 次方 > 乘除 > 整數除法 > 加減。

(　　) 19. 下列何者不是 BASIC 語言保留字？
① REM ② DIM ③ PRINT ④ TEST。

解析 Basic 沒有 TEST 指令。

答案	10.①	11.③	12.③	13.②	14.③	15.①	16.②	17.③	18.①	19.④

(　　) 20. 下列何者不是 BASIC 語言正確的變數名稱？
①A1　②A2$　③A3!　④3A。

解析 變數名稱不可數字開頭。

(　　) 21. 以物件導向觀念，房子的顏色及外型是這房子的
①事件　②屬性　③類別　④方法。

解析 屬性：大小、顏色、高度、寬度…。

(　　) 22. Visual BASIC 中，下列哪一個圖示表示文字標籤 (Label)？
①A　②abl　③☑　④◉。

解析 依序分別是① Label　② TextBox　③ CheckBox　④ Option Buttom。

(　　) 23. 一般電子主動元件焊接，使用功率為多少瓦之電烙鐵較適合？
①30　②60　③90　④120。

解析 電子主動元件焊接常用 30w 為佳。

(　　) 24. LPT port 屬於下列哪一種電腦傳輸規格？
①Parallel　②Serial　③IDE　④SATA。

解析 LPT port 是早期的印表機埠。

(　　) 25. USB 屬於下列哪一種電腦傳輸規格？
①Parallel　②Serial　③IDE　④SATA。

解析 USB = Universal Serial Bus，其中 Serial 是串列的意思。

(　　) 26. IC8255 共有幾個 8 位元輸出入埠？
①1　②2　③3　④4。

解析 IC8255 是早期很受歡迎的可程式微電腦介面的 IC，具有 3 個並列埠，常用來擴充 I/O。

(　　) 27. 下列哪些 IC 不屬於單晶片微電腦？
①8048　②8051　③8751　④8255。

解析 IC8255 是可程式微電腦介面 I/O 晶片。

(　　) 28. 電腦開機後，螢幕若出現「Hard disk fail」的錯誤訊息時，請問下列何種故障最有可能發生？　①軟碟機　②硬碟機　③鍵盤　④光碟機。

解析 「Hard disk fail」是硬碟錯誤的訊息。

答案	20. ④	21. ②	22. ①	23. ①	24. ①	25. ②	26. ③	27. ④	28. ②

(　　) 29. 電腦開機後，螢幕若出現「Keyboard error」的錯誤訊息時，請問下列何種故障最有可能發生？ ①軟碟機 ②硬碟機 ③鍵盤 ④光碟機。

解析 「Keyboard error」是鍵盤錯誤的訊息。

(　　) 30. 電腦開機時，沒有任何反應，風扇亦不會轉動，請問下列何種故障最有可能發生？ ①電源供應器 ②螢幕 ③硬碟機 ④光碟機。

解析 電源故障，所有的零組件、元件都無法運作。

(　　) 31. 下列哪一命令可以在 MS-DOS 模式下，分割硬碟磁區？
① Fixdisk ② Fdisk ③ Format ④ Chkdsk。

解析 這些都是早期 dos 年代的 dos 指令。Fdisk 分割硬碟，Format 格式化硬碟，Chkdsk 檢查磁碟錯誤。

(　　) 32. 一個企業內虛擬 IP 轉換為實體 IP 對外溝通時，需架設哪一種服務？
① DHCP ② WINS ③ NAT ④ IIS。

解析 NAT：網路位址轉譯 (英語：Network Address Translation，縮寫：NAT)，又稱 IP 動態偽裝 (英語：IP Masquerade)。

(　　) 33. Linux 要更改密碼的內建命令為
① su ② passwd ③ PWD ④ INIT。

解析 Linux 系統更改密碼的指令：passwd。

(　　) 34. 下列何者不是 CPU ？
① Pentium 4 ② Celeron 2.4G ③ Athlon XP ④ Fx5900XT。

解析 前 3 項都是 CPU，第 4 項 Fx5900XT 是一款顯示卡編號。

(　　) 35. Ultra ATA 66/100 IDE 排線為維持訊號傳送的正確性，比傳統 IDE 排線密度高出許多，主要是多出 40 條 ① +5V ② -5V ③ +12V ④地線。

解析 Ultra ATA 66/100 IDE 排線有 80 條，比一般的 IDE 排線 40 條多出 40 條地線。

(　　) 36. 光碟機的速度一般以倍數來計算，基本之 1 倍數的速度為
① 50 ② 100 ③ 150 ④ 1000 KB/Sec。

解析 CD 光碟機的 1 倍數 = 150KB/s，DVD 光碟機的 1 倍數 = 1350KB/s，藍光 BD 光碟機的 1 倍數 = 4.5MB/s。

(　　) 37. 50 倍之光碟機，最高讀取速度為
① 5 ② 6 ③ 7.5 ④ 10 MB/Sec。

解析 CD 光碟機的 1 倍數 = 150KB/s，50 × 150 = 7500KB/s = 7.5 MB/s。

答案 29. ③ 30. ① 31. ② 32. ③ 33. ② 34. ④ 35. ④ 36. ③ 37. ③

( ) 38. 一般音源插座有 R、G、L 標示，其中 G 表示
①接地 ②左聲道 ③右聲道 ④重低音。

解析 Ground 地線。

( ) 39. 下列何種電腦語言，所使用的指令是直接以 0 與 1 組合而成？
①機械語言 ②組合語言 ③ JAVA ④ Visual Basic。

解析 機器語言由 0，1 構成。

( ) 40. 「藍芽」是一種
①檔案壓縮技術 ②數位音樂技術 ③掃描處理技術 ④無線通訊技術。

解析 藍芽 BT 為一種無線通訊技術。

( ) 41. Ultra ATA/33 表示最高的資料傳輸率為
① 33 ② 66 ③ 100 ④ 133 MB/Sec。

解析 硬碟的 IDE 傳輸標準 Ultra ATA/33 可達到每秒 33MB 的傳輸率。

( ) 42. 當顯示器解析度為 1024×768，全彩 (24 位元) 顯示，則顯示卡至少約需要有多少記憶體，才能夠儲存一個畫面所需要的資料？
① 1 ② 1.5 ③ 2 ④ 2.5 MB。

解析 1024×768，全彩代表 3 色共 24 位元，一個畫面 =1024×768×24/8Bytes ≈ 2.25MB(至少)。

( ) 43. DDR SDRAM 一般使用 PC1600/PC2100/PC2700 來標示，分別表示 DDR200/DDR266/DDR333，所以 PC2100 表示每秒可以傳送的資料量為
① 226 ② 700 ③ 1400 ④ 2100 MB/Sec。

解析 DDR SDRAM 標示 PC2100 表示每秒可以傳送的資料量為 2100MB/s。

( ) 44. AGP 基本的工作頻率為 66.67MHz，資料傳輸率為 266.67MB/Sec，則 AGP 4X 規格的資料傳輸率為 ① 266.67 ② 533.34 ③ 1066.67 ④ 3133.36 MB/Sec。

解析 266.67 × 4 = 1066.67 MB/Sec。

( ) 45. 16 輸入的多工器，須有幾條信號選擇線？
① 2 ② 4 ③ 8 ④ 16 條。

解析 $2^4 = 16$，所以須有 4 條選擇線。

( ) 46. 若要作一個除 36 之計數電路，至少需要多少個正反器？
① 4 ② 5 ③ 6 ④ 7。

解析 $2^N \geq 36$，$\therefore N \geq 6$ 至少要 6 個。

答案	38. ①	39. ①	40. ④	41. ①	42. ④	43. ④	44. ③	45. ②	46. ③

(　　) 47. 下列何者為數位至類比轉換器？
①DAC ②ADC ③CAD ④ACD。

解析 數位 Digital，類比 Analog，數位轉類比稱為 DAC。

(　　) 48. 下列何者為類比至數位轉換器？
①DAC ②ADC ③CAD ④ACD。

解析 數位 Digital，類比 Analog，類比轉數位稱為 ADC。

(　　) 49. 作為記憶體元件 (Memory Element) 需具有幾種穩定的狀態？
①0 ②1 ③2 ④3。

解析 記憶體元件需具有 0，1 兩種穩定的狀態。

(　　) 50. 使用 5 個正反器所組成的漣波二進制計數器，計數範圍最多可由 0 到
①15 ②16 ③31 ④32。

解析 $2^5 = 32$，故範圍為 0 ~ 31 共 32 種狀況。

(　　) 51. 使用三用電表測量個人電腦電源供應器的輸出電壓，應選擇哪一個檔量測？
①歐姆檔 ②AC 電流檔 ③AC 電壓檔 ④DC 電壓檔。

解析 個人電腦電源輸出為直流電壓，稱為 DCV。

(　　) 52. IBM PC 相容的 BIOS 中斷向量表，一共可存放多少個中斷向量？
①32 ②64 ③128 ④256。

解析 使用 8 位元來存放中斷向量表，所以可存放最多 256 個。

(　　) 53. BM PC AT 可接受之外部硬體中斷由 IRQ0 到
①IRQ7 ②IRQ8 ③IRQ15 ④IRQ16。

解析 可接受之外部中斷由 IRQ0~IRQ15 共 16 個。

(　　) 54. 數位 IC 的 74LSXXX 為下列何種系列的 TTL ？
①低功率 ②高速度 ③蕭特基 (Schottky) ④蕭特基 (Schottky) 低功率。

解析 LS = Low Power Schottky 低功率蕭特基。

(　　) 55. 數位 IC 7486 是下列何種邏輯閘？
①反向閘 (NOT Gate) ②及閘 (AND Gate)
③反及閘 (NAND Gate) ④互斥或閘 (XOR Gate)。

解析 7486 = XOR，7404 = NOT，7408 = AND，7400 = NAND。

(　　) 56. 數位 IC 7474 是下列何種正反器？ ①D 型 ②J-K 型 ③R-S 型 ④T 型。

解析 D 型正反器：7474，74273，74274。JK 正反器：7473，7476。

答案	47.①	48.②	49.③	50.③	51.④	52.④	53.③	54.④	55.④	56.①

(　　) 57. 數位 IC 7473 是下列何種正反器？
① D 型　② J-K 型　③ R-S 型　④ T 型。

解析 同上題解析。

(　　) 58. USB 2.0 對於高速設備最高可提供
① 120　② 240　③ 360　④ 480　Mbps 資料傳輸速度。

解析 2.0 最高 480KB/s，3.0 最高 5GB/s。

(　　) 59. IEEE 1394a 爲國際電子電機工程學會所制定的規格，最高傳輸速度爲
① 100　② 200　③ 300　④ 400　Mbps。

解析 IEEE 1394a 最高傳輸率 400Mbps，IEEE 1394b 最高傳輸率 800Mbps。

(　　) 60. 右圖 AND 閘的輸出 Y 爲
① 1　② 0　③ A　④ NOT A。

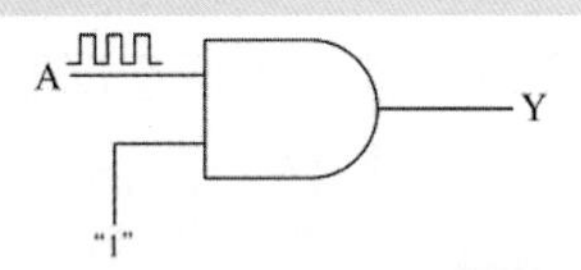

解析 AND 閘，有 0 必爲 0，現在有一腳爲 1，另一腳爲 A，$1 \cdot A = A$。

(　　) 61. 右圖 OR 閘的 Y 輸出爲
① 1　② 0　③ A　④ NOT A。

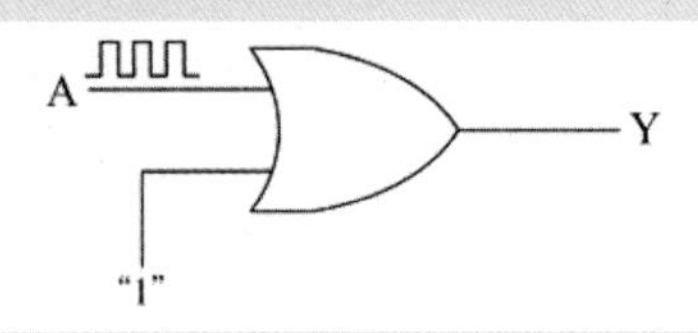

解析 OR 閘，有 1 必爲 1，現在有一腳爲 1，所以 Y = 1。

(　　) 62. 右圖七段顯示器測量結果
①各段完全不亮
② a 段會亮
③ f 段會亮
④ g 段會亮。

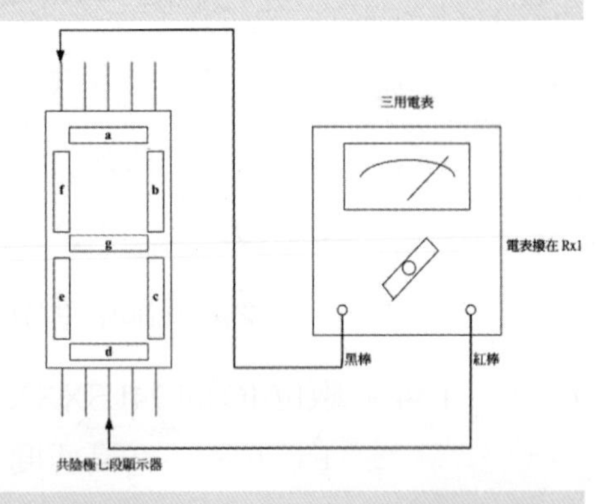

解析 七段顯示器的接腳，上端依序爲 gfab，下端爲 edch，黑棒 + 接 g 腳，紅棒 - 接共通地端，使 g 段會亮。

(　　) 63. 右圖示波器螢幕顯示之波形爲
① 25Hz　② 250Hz　③ 2.5KHz　④ 25KHz　之脈波。

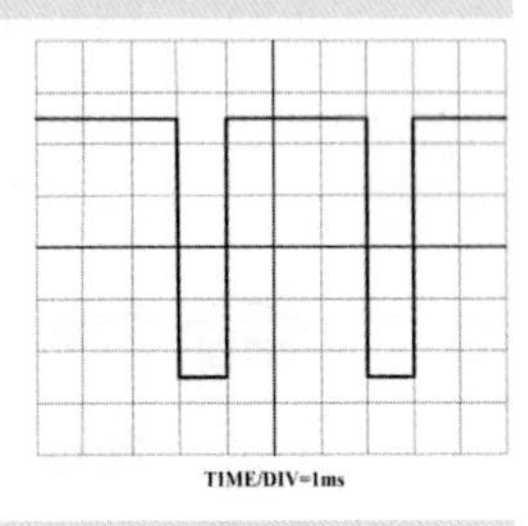

解析 一週期佔 4 格 = 4 × 1ms = 4ms，頻率 = 1/T = 250Hz。

答案	57. ②	58. ④	59. ④	60. ③	61. ①	62. ④	63. ②

(　　　) 64. 右列邏輯電路圖 Y=

①AB　②A+B　③A ⊕ B　④A ⊙ B。

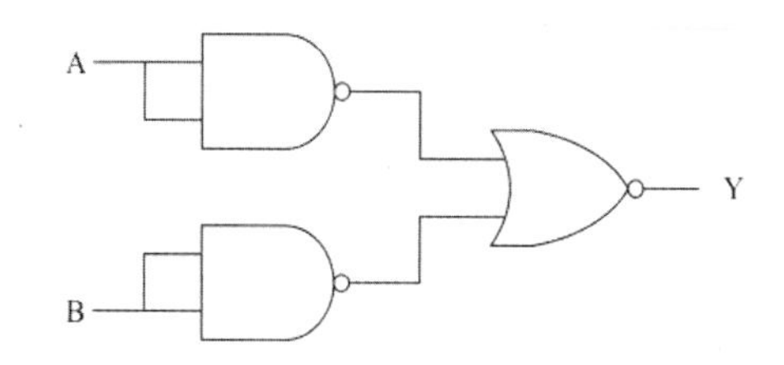

解析 $Y=\overline{\overline{A}+\overline{B}}=AB$。

(　　　) 65. 右列卡諾圖化簡之最簡式為

①A + B + C　②A + B　③A ⊕ B　④ABC。

A \ BC	00	01	11	10
0	0	0	1	1
1	1	1	1	1

解析 Y = A + B

A \ BC	00	01	11	10	
0	0	0	1	1	B
1	1	1	1	1	A

(　　　) 66. 右列卡諾圖化簡之最簡式為

①ABCD　②A + B + C + D　③B + C　④B + D。

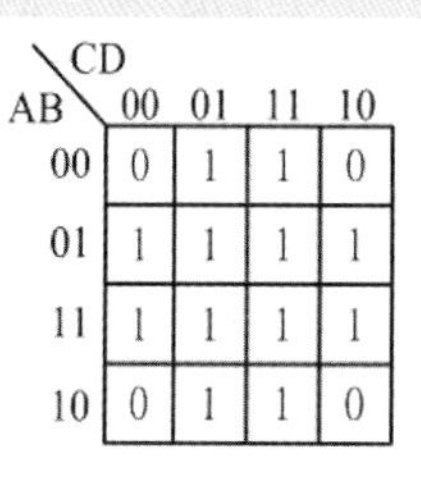

AB \ CD	00	01	11	10
00	0	1	1	0
01	1	1	1	1
11	1	1	1	1
10	0	1	1	0

解析 Y = B + D

AB \ CD	00	01	11	10	
00	0	1	1	0	
01	1	1	1	1	B
11	1	1	1	1	
10	0	1	1	0	

(　　　) 67. 右圖為正邏輯狀態時，則 Y 之布林函數為 Y =

①AB　②A + B　③A ⊕ B　④A ⊙ B。

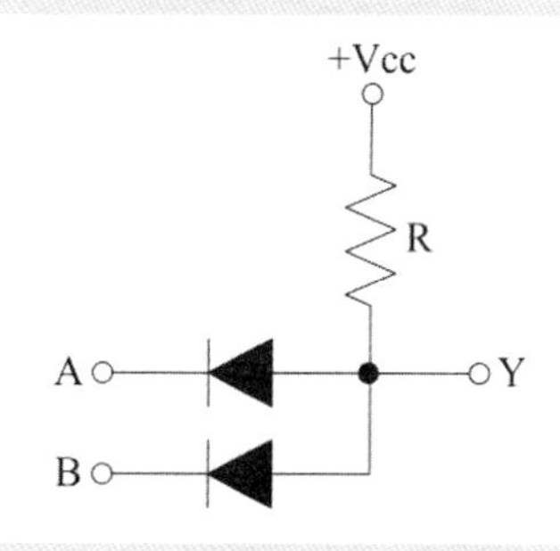

解析 只要 A 或 B 任一輸入為 0，則輸出 Y = 0，有 0 必為 0 → AND 閘功能。

(　　　) 68. 右圖所示電路為

①OR　②AND　③NOR　④NAND　閘。

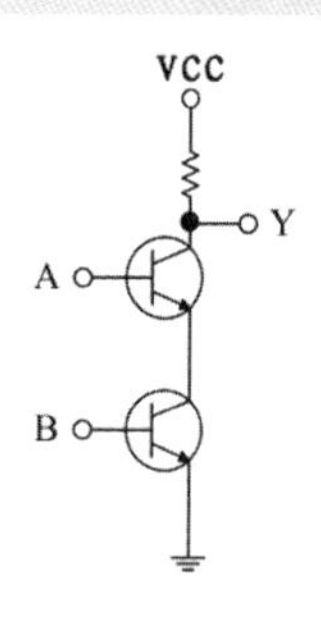

答案	64.①	65.②	66.④	67.①	68.④

解析 A 及 B 都是 1，電晶體導通，輸出 Y = 0，否則只要有一個不通就不通，使輸出為 1，是為 NAND 閘功能。

( ) 69. 右列邏輯閘輸出 Y =

①1 ②0 ③NOT A ④A。

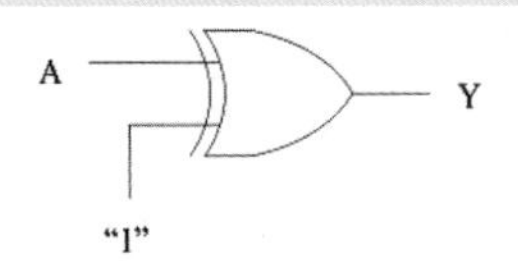

解析 互斥或閘相同為 0，不同為 1，所以任一腳為 1，則當 A = 1，則 Y = 0，NOT 的功能。

( ) 70. 右列邏輯閘輸出 Y =

①1 ②0 ③NOT A ④A。

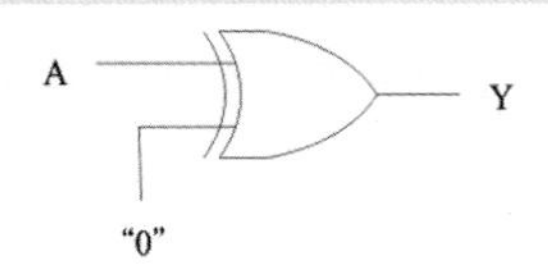

解析 互斥或閘相同為 0，不同為 1，所以任一腳為 0，則當 A = 1，則 Y = 1，Y = A 的功能。

( ) 71. 右圖邏輯符號的等效邏輯閘為

①OR ②AND ③NOR ④NAND 閘。

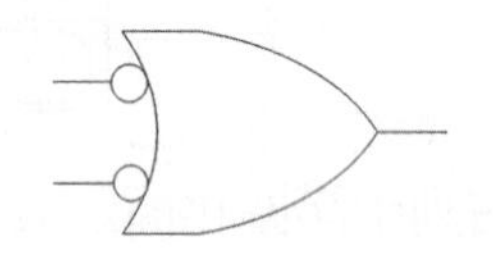

解析 笛摩根定律圖形化簡技巧，0 變 1，1 變 0，相加變相乘，相乘變相加。

( ) 72. 右圖為何種等效邏輯閘？

①NAND ②NOR ③XOR ④XNOR。

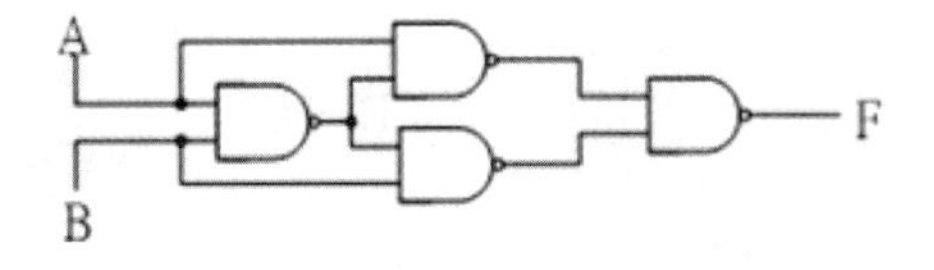

解析 $F1 = \overline{AB}$

$F2 = \overline{A} + B$

$F3 = A + \overline{B}$

$F = A\overline{B} + \overline{A}B = A \oplus B$。

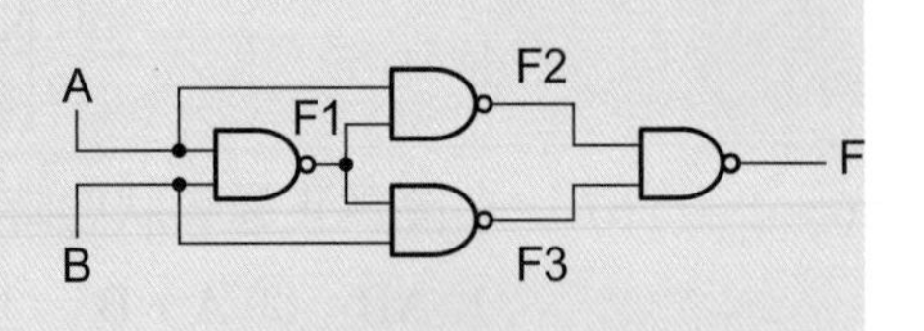

( ) 73. 右圖為何種等效邏輯閘？

①NAND ②NOR

③XOR ④XNOR。

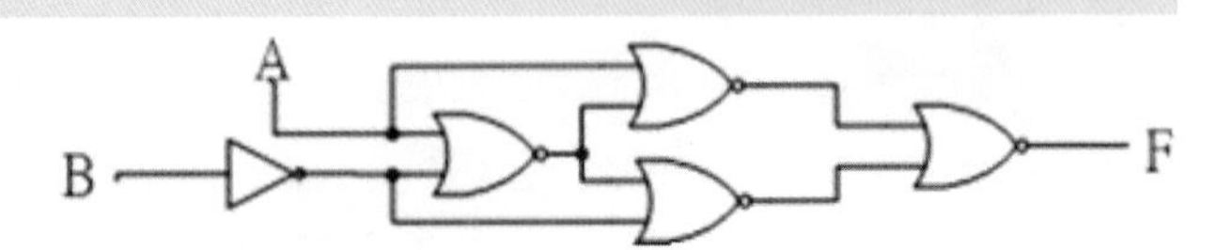

解析 $F1 = \overline{A}B$

$F2 = \overline{\overline{A}B}$

$F3 = AB$

$F = (A + B) + (\overline{A} + \overline{B}) = A\overline{B} + \overline{A}B = A \oplus B$。

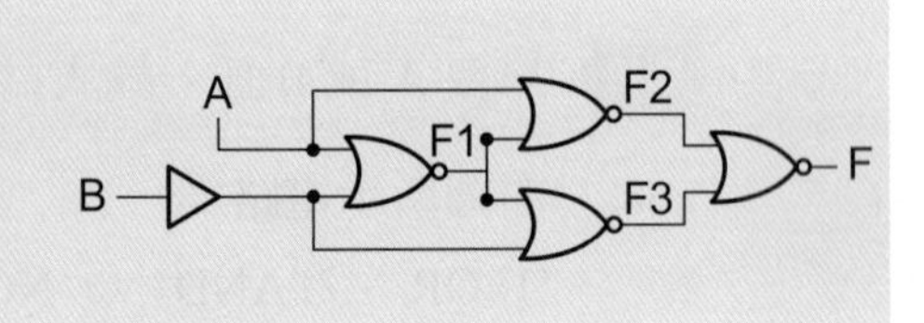

( ) 74. 下列何者是屬於可重複讀寫的儲存媒體？

①DVD+RW ②CD-ROM ③DVD-ROM ④DVD-RW。

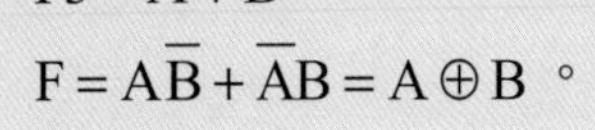

答案	69.③	70.④	71.④	72.③	73.③	74.①④

解析 +RW，-RW 均表示可重複讀寫。

(　　) 75. 有關「綠色電腦」之敘述，下列何者正確？
①具有節省能源、低污染等環保特徵的微電腦
②電腦螢幕是綠色
③利用省電裝置減少耗電
④使用低輻射的螢幕，降低人體的傷害。

解析 只有第 2 項不是正確，其他都是正確的綠色電腦特色。

(　　) 76. 有關「作業系統主要功能」之敘述，下列何者正確？
①管理電腦硬體資源　②做爲應用程式的虛擬機器
③提供使用者操作介面　④提供電子試算表功能。

解析 只有第 4 項不是正確，電子試算表是應用軟體。

(　　) 77. 有關「記憶體管理」之敘述，下列何者正確？
①動態管理爲垃圾收集法 (Garbage Collection)
②分頁 (Page) 式管理法不容易產生內部零碎空間 (Internal Fragment)
③增加頁的大小可有效降低內部零碎空間
④應當盡量降低發生頁失誤 (Page Fault) 頻率。

解析 分頁 (Page) 式管理法會產生內部零碎空間，即使增加頁的大小也無法避免。

(　　) 78. 下列四種資源中，何者資源在共用時，適合以強佔式排程 (Preemptive Scheduling) 管理？ ①印表機 ②中央處理單元 (CPU) ③記憶體 ④繪圖機。

解析 CPU 與記憶體屬於重要資源，應以強佔式排程管理。

(　　) 79. 下列何者單元是作業系統的管理責任？
①記憶單元 ②中央處理單元 (CPU) ③輸入與輸出單元 ④資料庫。

解析 作業系統不包括資料庫。

(　　) 80. 下列敘述何者正確？
①多執行程序作業系統 (Multi-Process System) 是指多個程式可以同時在 (單一)CPU 執行
②多處理器作業系統 (Multi-Processor System) 是指能夠讓系統內的多顆 CPU 同時執行工作
③分時處理 (Time Sharin g Processing) 不適用交談式系統的多使用者環境
④批次處理 (Batch Processing) 適合使用於即時系統 (Real-Time System)。

解析 分時處理適用於交談式多使用者狀況。
批次處理適用於大量資料之狀況。

答案 75. ①③④　76. ①②③　77. ①④　78. ②③　79. ①②③　80. ①②

(　　) 81. 有關即時作業系統之敘述，下列何者正確？
①適合採用非強佔式 (Non-Preemptive)CPU 排程來提高效率
②有比較嚴格的回應時間要求
③可分為 Hard 和 Soft 兩種
④常應用於批次處理。

解析 錯誤的①④選項，作業系統必須強佔 CPU 排程，也並不適合採批次處理。

(　　) 82. 輔助記憶體用來儲存大量的資料，下列何者屬於輔助記憶體？
① L1 Cache Memory　②行動硬碟　③隨身碟　④光碟片。

解析 輔助儲存裝置是指磁碟裝置。

(　　) 83. 有關快取記憶體之敘述，下列何者正確？
①快取記憶體是加在 CPU 與主記憶體間的快速記憶體
②快取記憶體的速度高於主記憶體
③快取記憶體的單位成本低於主記憶體
④快取記憶體可提昇系統效能。

解析 快取記憶體 (SRAM) 是高成本的記憶體。

(　　) 84. 下列何者是屬於即時作業系統之應用？
①汽車安全氣囊系統　②路邊停車收費系統
③電腦閱卷系統　④飛航管理系統 (ATMS)。

解析 即時作業系統強調即時與急迫性。

(　　) 85. 下列何者屬於電腦系統之基本匯流排？
①影像匯流排　②定址匯流排　③資料匯流排　④控制匯流排。

解析 沒有影像匯流排。

(　　) 86. 下列何者屬於作業系統對處理程序之管理目標？
①提供電子郵件寄送
②管理使用者和系統處理程序的建立與結束
③管理使用者和系統處理程序的暫停與再啓動
④提供處理程序間通訊的機制。

解析 電子郵件是屬於應用軟體範圍。

答案 81. ②③　82. ②③④　83. ①②④　84. ①④　85. ②③④　86. ②③④

( ) 87. 有關主記憶體管理之敘述，下列何者有誤？
①主記憶體的存取方式僅能採用堆疊結構
② CPU 和週邊裝置透過記憶體位址共同使用主記憶體
③作業系統必須決定程式應該要被載入到主記憶體的哪一塊空間
④複雜的作業系統爲了提高 CPU 使用率，同時僅能允許單一程式被載入到主記憶體中執行。

解析 錯誤的選項①不是僅能堆疊結構④允許多程式多工作業。

( ) 88. 下列何者屬於主記憶體管理所需處理的事項？
①分享檔案 ②檔案目錄的建立與刪除
③紀錄哪一塊記憶體位址被哪一個程式使用 ④分配和回收記憶體空間。

解析 錯誤的選項①②爲檔案管理。

( ) 89. 有關 CPU 排程器的選擇條件，下列何者正確？
① CPU 使用率 ②回覆時間 ③執行的程式量多寡 ④反應時間。

解析 錯誤的選項③執行的程式量多寡不是排程器之工作。

( ) 90. 下列何者屬於作業系統？
① Office 2013 ② iOS 5.x ③ Android 4.x ④ Windows 8.x。

解析 錯誤的選項① Office 2013 不屬於作業系統。

( ) 91. 有關 Linux 之敘述，下列何者有誤？
①僅適用於個人電腦 ② pwd 爲顯示目前工作目錄路徑的指令
③屬於開放原始碼的作業系統 ④只能作 Server 使用。

解析 錯誤的選項①④ Linux 適用於伺服器及個人電腦。

( ) 92. 有關 Linux 之敘述，下列何者正確？
①檔案結構爲線性式結構 ② cat 指令可用來顯示檔案內容
③系統可攜性 (Portability) 佳 ④屬於單人多工作業系統。

解析 錯誤的選項①④檔案結構爲樹狀結構，多人多工作業系統。

( ) 93. 下列何者作業系統適合安裝在智慧型手機？
① Unix ② Windows Mobile ③ Android ④ iOS。

解析 錯誤的選項① Unix 用於伺服器電腦之作業系統。

答案	87. ①④	88. ③④	89. ①②④	90. ②③④	91. ①④	92. ②③	93. ②③④

工作項目 03 儀表、軟體及一般工具 (單選 155 題，複選 55 題)

( ) 1. 一部電腦系統大致可以分為 4 個單元，不包括下列何者？
①維護人員 ②作業系統 ③應用程式 ④硬體。

解析 電腦系統不包括①維護人員。

( ) 2. 下列何者不屬於應用程式？
①試算表 ②作業系統 ③文書處理程式 ④網頁瀏覽程式。

解析 ②作業系統不是應用程式。

( ) 3. 下列何者不屬於作業系統？
① UNIX ② Linux ③ Access 2013 ④ Windows 7。

解析 ③ Access 2013 是應用程式。

( ) 4. 下列何種作業系統沒有提供對稱多元處理 (SMP) 支援？
① UNIX ② MS-DOS ③ Linux ④ Windows Server 2008。

解析 ② MS-DOS 是早期單人單工的作業系統。

( ) 5. 個人數位助理 (PDA) 與個人電腦相比較，下列何者不是 PDA 的特性？
①記憶體較小 ②處理器速度較慢 ③耗費系統資源較多 ④螢幕較小。

解析 ③ PDA 耗費系統資源遠較個人電腦少許多。

( ) 6. 下列何者不是作業系統的行程 (Process) 管理功能？
①通信功能 ②暫停和恢復功能 ③死結處理功能 ④非同步功能。

解析 ④作業系統要求同步功能 ITU(國際電信聯盟) 定義 4G 標準，行進間必須 100Mbps 以上。

( ) 7. 下列何者無法串列組成檔案？
①位元 ②像素 ③位元組 ④記錄。

解析 ②檔案構成的最小單位是位元不是像素。

( ) 8. 下列何者不是作業系統的檔案管理功能？
①檔案的建立 ②檔案的刪除 ③檔案與主記憶體的對映 ④目錄的建立。

解析 作業系統沒有③檔案與主記憶體的對映關係。

( ) 9. IBM 相容的個人電腦在開機時，下列何者會最先被執行？
①編輯程式 ②組譯程式 ③編譯程式 ④基本輸入輸出系統。

解析 開機最早執行 BIOS，稱為基本輸入輸出系統。

答案	1. ①	2. ②	3. ③	4. ②	5. ③	6. ④	7. ②	8. ③	9. ④

(　　) 10. 下列何者不是作業系統對磁碟的管理功能？
①磁碟的價格　②磁碟的排班　③可用的空間管理　④記憶體的配置。

(　　) 11. 下列何者不是作業系統的服務項目？
①錯誤偵測　②磁碟讀取頭自我清潔　③程式執行　④檔案系統管理。

(　　) 12. 下列何者不適宜作為傳遞參數至作業系統的方法？
①參數儲存於暫存器 (Register)
②參數以區段 (Block) 方式儲存於記憶體中
③參數藉由程式放置於堆疊 (Stack) 中
④參數以表格 (Table) 方式儲存於磁碟片中。

解析 123 項都是正確的方法。

(　　) 13. 下列何者不歸屬於系統呼叫的行程控制 (Process Control) 分類之功能？
①設定檔案屬性　②正常結束　③中止執行　④載入。

解析 (1) 設定檔案屬性不是行程控制的功能。

(　　) 14. 根據 ITU 的定義，所謂 4G 標準，必須能提供使用者於行進間多大頻寬之上網能力
① 1M　② 10M　③ 100M　④ 1G。

解析 ITU(國際電信聯盟) 定義 4G 標準，行進間必須 100Mbps 以上。

(　　) 15. 下列何者不歸屬於系統呼叫的行程控制 (Process Control) 分類之功能？
①等待事件　②顯示事件　③建立檔案　④配置記憶體空間。

解析 ③建立檔案不歸屬於系統呼叫的行程控制。

(　　) 16. 下列何者不歸屬於系統呼叫的檔案管理 (File Management) 分類之功能？
①刪除檔案　②開啓檔案　③關閉檔案　④配置記憶體空間。

解析 ④配置記憶體空間不屬於檔案管理。

(　　) 17. 根據 ITU 的定義，所謂 4G 標準，必須能提供靜止的使用者多大之上網頻寬？
① 1M　② 10M　③ 100M　④ 1G。

解析 ITU(國際電信聯盟) 定義 4G 標準，靜止間必須 1Gbps 以上。

(　　) 18. 下列哪一種通訊線路是在空中依直線傳送資料，每隔 30 哩便需架設一中繼站？
①同軸電纜　②光纖　③微波　④雙絞線。

解析 微波無線通訊在空中依直線傳送資料。

(　　) 19. A+B/(C+D)+E*F 之前序式表示法為何？
① ABCD+/+EF*+　② ++A/+BCD*EF
③ ++A/B+CD*EF　④ AB+CD/+EF*+。

答案	10. ①	11. ②	12. ④	13. ①	14. ③	15. ③	16. ④	17. ④	18. ③	19. ③

解析 中序表示：「1 + 1」、「3*2」→格式爲運算元 , 運算子 , 運算元
前序表示：+11、*32→將運算子寫在最前面，運算子 , 運算元 , 運算元
後序表示：「1 1 +」、「3 2 *」→將運算子寫在最後面，運算元 , 運算元 , 運算子。

( ) 20. 下列何種方式無法協助程式設計者進行程式偵錯？
①追蹤 (Trace) ②傾印 (Dump) ③單步 (Single step) ④加上防毒追蹤。

解析 加上防毒追蹤無助於偵錯。

( ) 21. 下列何者是電腦系統架構的最底層？
①硬體 ②系統程式 ③應用程式 ④作業系統。

解析 ①硬體爲最底層。

( ) 22. 下列何者檔案系統無法被 MS Office Excel 讀取？
① XLS ② TIF ③ TXT ④ QCSV。

解析 ② TIF 是印刷圖檔無法被 Excel 讀取。

( ) 23. IBM 相容電腦中，不同廠牌的電腦要進入 BIOS 的設定按鍵各有不同，但下列何種按鍵組合，一定無法進入 BIOS 設定功能？
① Alt + Ctrl + Esc ② Alt + Ctrl + Del ③ Del ④ Alt + Ctrl + S。

解析 ② Alt + Ctrl + Del 是用於開啓工作管理員。

( ) 24. 對於 CMYK 色彩模型，下列哪一敘述正確？
① M 表洋紅 ②屬色相表示法 ③顏色變化爲 0 ～ 255 ④應用在電視機。

解析 CMYK 色彩模型，青 Cyan、洋紅 Magenta、黃 Yellow、黑 blacK。

( ) 25. 若您希望家裡小朋友在使用 IE 瀏覽器時，不會看到過於暴力的網站，你該如何做？
①啓動內容分級 ②限制使用時間
③設定受限制的站台區域 ④設定 proxy 伺服器。

解析 小朋友在使用 IE 瀏覽器時，啓動內容分級可限制瀏覽的網站。

( ) 26. (A/B)^(C+D)*(E-A) 之後序式表示法爲何？ (^ 表示次冪)
① AB/^CD+*EA- ② .AB/^CD+EA-* ③ .AB/CD*+^EA- ④ .AB */CD+^-EA。

解析 後序表示：「1 1 +」、「3 2 *」→將運算子寫在最後面，運算元 , 運算元 , 運算子
表示 1+1、3*2。

( ) 27. 當電腦中的數值資料帶有小數時，其資料的表示法爲
①整數表示法 ②浮點表示法 ③字元表示法 ④長整數表示法。

解析 Float 浮點數法可顯示帶小數之數值。

答案	20. ④	21. ①	22. ②	23. ②	24. ①	25. ①	26. ③	27. ②

( ) 28. 下列哪一種作業系統常使用於平板電腦及行動電話等手持裝置？
① Windows 7 ② Android ③ MS-DO S ④ UNIX。

解析 ② Android 是除了 Apple 之外最常用者之一。

( ) 29. 儀器對某一個物理量做重複測試時，各值之間接近的程度稱爲
①精準度 ②精密度 ③靈敏度 ④穩定度。

解析 重複多次測試，測試值之間接近的程度稱爲穩定度。

( ) 30. 10 的 12 次方稱爲
① Micro ② Pico ③ Tera ④ Femto。

解析 T(era)=10^{12}。

( ) 31. 一紅外線的波長爲 900nm，則此紅外線的電磁波頻率約爲
① 333×10 的 15 次方 Hz ② 333×10 的 12 次方 Hz
③ 333×10 的 9 次方 Hz ④ 333×10 的 6 次方 Hz。

解析 電磁波，波速 = 波長×頻率，∴頻率 = $\frac{3\times10^{8}}{900\times10^{-9}}=333\times10^{12}$ 。

( ) 32. 代表測試單位所能達到的可能最準確程度，爲根據國際協議而達成之標準稱爲
①第一標準 ②第二標準 ③原始標準 ④國際標準。

( ) 33. 一個基極偏壓的電晶體電路，其基極電流爲 50μA，集極電流爲 3.65mA，則其 α 值爲
① 0.986 ② 0.95 ③ 0.925 ④ 0.866。

解析 $\beta=\frac{I_c}{I_b}=\frac{3.65\times10^{-3}}{50\times10^{-6}}=73$ ，$\alpha=\frac{I_c}{I_E}=\frac{\beta}{1+\beta}=\frac{73}{74}=0.986$ 。

( ) 34. 下列哪一種功能不屬於雙時基線同步示波器的範圍？
①可間接測量信號的頻率 ②可測出信號的電壓值
③可測出二種信號的相位差 ④可直接測出電阻值的大小。

解析 示波器無法直接測量電阻值。

( ) 35. 不正確的儀器使用，造成指示值讀取的偏差稱爲
①人爲誤差 ②系統誤差 ③無規誤差 ④散亂誤差。

解析 人爲誤差是不正確的使用造成。

( ) 36. 下列電路何者只要輸入一個瞬間觸發信號，即可產生一段持續高或低的電壓輸出？
①無穩態多諧振盪器 ②單穩態多諧振盪器
③雙穩態多諧振盪器 ④史密特觸發器。

解析 單穩態多諧振盪器，觸發後一段時間自動回復。

答案	28. ②	29. ④	30. ③	31. ②	32. ④	33. ①	34. ④	35. ①	36. ②

(　　) 37. 傳統指針式三用電表與數位式三用電表比較，下列哪一項不是數位式三用電表的優點？
①準確度高　②在 R 檔時，內部電池可當作小型電源供應器
③解析度高　④穩定度高。

解析 指針式三用電表在 R 檔會用到內部的電池當作基本電源。

(　　) 38. 下面哪一種不屬於示波器測試棒 (Probe) 的功能？
①衰減待測電壓　②提高輸入阻抗　③適當放大信號　④頻率補償。

解析 測試棒不具有倍頻的功能。

(　　) 39. 下面哪一個不可做為示波器水平電路的觸發信號源？
①外部加入交流信號　② CH-A 信號
③電源線　④外加之穩定直流電源。

解析 直流電源值為固定，無法當作觸發信號。

(　　) 40. 一般示波器的電路架構可分為 X、Y 和 Z 軸三部份，下面哪個電路是屬於 Z 軸部份？
①垂直電路　②電源電路　③ CRT 電路　④水平電路。

解析 水平 X，垂直 Y，CRT 電路屬於 Z。

(　　) 41. 下列哪一個描述不是理想運算放大器的特點？
①共模拒斥比很高　②電流放大率接近無限大
③輸入阻抗接近無限大　④輸出阻抗接近 0。

解析 理想運算放大器的特點中沒有電流放大。

(　　) 42. 下面哪個電路不屬於陰極射線管電路？
①輸入電路　②加速陽極電路　③陰極和控制柵極　④燈絲電路。

解析 CRT 的電路中並沒有輸入電路。

(　　) 43. 下面 A/D 轉換電路中，哪一種轉換速度最快？
①雙斜坡式　②同步式或瞬間式　③單斜坡式　④漸近式 ADC。

解析 A/D 轉換電路中同步式或轉換速度最快。

(　　) 44. 當輸入信號為何時情況下，零位檢知器的輸出就會轉態？
①正值時　②負值時　③改變率為零時　④零交差點時。

解析 ④在零位交差點時，大於 0 或小於 0 就能檢出。

(　　) 45. 有關五個色環的電阻，其顏色順序為「紅紫黃橙棕」，以下的敘述何者正確？
①其電阻值為 27.4KΩ　②它是精密電阻
③由左邊算起第 3 色環表倍數即為 10 的 4 次方　④其誤差 0.1。

答案	37. ②	38. ③	39. ④	40. ③	41. ②	42. ①	43. ②	44. ④	45. ②

解析 色碼電阻：紅紫黃橙棕為五環精密電阻 = 274KΩ。

( ) 46. 下面哪一個振盪器適用於低頻信號產生器？
①哈特來振盪器 ②石英振盪器 ③韋恩電橋振盪器 ④考畢子振盪器。

解析 ③韋恩電橋振盪器使用 RC 等元件屬於低頻振盪。

( ) 47. B 類推挽式放大器，由截止到導通所形成的失真現象稱為
①頻率失真 ②增益失真 ③交越失真 ④電流失真。

解析 ③交越失真又稱交叉失真，發生在推挽式在正負半週交替時，電晶體 0.7V 才導通。

( ) 48. 在 Linux 作業系統環境中，可在螢幕上列出目錄之內容，應下達下列何種內建指令？
① dir ② lists ③ ls ④ look。

解析 ③ ls 為 list 的縮寫。

( ) 49. 在 Linux 作業系統環境中，新增使用者帳號，應下達下列何種內建指令？
① adduser ② addusers ③ usermanager ④ xuser。

解析 ① adduser = add user 之縮寫。

( ) 50. 在 Linux 作業系統環境中，在指定之時間執行指令時，應下達下列何種內建指令？
① timer ② setcmd ③ execute ④ at。

解析 ④ at 在指定之時間執行指令。

( ) 51. 在 Linux 作業系統環境中，將某程式放到背景執行時，應下達下列何種內建指令？
① submit ② bg ③ jobs ④ batch。

解析 ② bg background 的縮寫。

( ) 52. 在 Linux 作業系統環境中，備份檔案系統時，應下達下列何種內建指令？
① xfiles ② bu ③ backup ④ dump。

解析 ④ dump 可備份檔案系統。

( ) 53. 在 Linux 作業系統環境中，顯示或設定網路裝置時，應下達下列何種內建指令？
① ipconfig ② winipcfg ③ ifconf ig ④ netstat。

解析 ③ ifconf ig 在 Linux 顯示或設定網路裝置之指令。

( ) 54. 在 Linux 作業系統環境中，欲知道整個 Linux 系統之網路狀況時，應下達下列何種內建指令？ ① netconfig ② netstat ③ netstatus ④ netconf。

解析 ② netstat 查詢整個 Linux 系統之網路狀況。

答案	46. ③	47. ③	48. ③	49. ①	50. ④	51. ②	52. ④	53. ③	54. ②

(　　) 55. 在 Linux 作業系統環境中，啓動硬碟分割區工具程式時，應下達下列何種內建指令？
①diskman ②rdisk ③spfdisk ④sfdisk。

解析 ④sfdisk Linux 系統中啓動硬碟分割區工具程式。

(　　) 56. 在 Linux 作業系統環境中，變更檔案與目錄之權限時，應下達下列何種內建指令？
①authority ②dirs ③chmod ④rights。

解析 ③chmod Linux 系統中變更檔案與目錄之權限。

(　　) 57. 在 Linux 作業系統環境中，欲知道目錄或檔案之大小時，應下達下列何種內建指令？
①du ②dirs ③vol ④cpio。

解析 ①du Linux 系統中目錄或檔案之大小。

(　　) 58. 在 Linux 作業系統環境中，查看信箱中之郵件數時，應下達下列何種內建指令？
①mails ②mesg ③messages ④mailio。

解析 ③messages Linux 系統中查看信箱中之郵件數。

(　　) 59. 在 Linux 作業系統環境中，啓動 Linux 線上指令說明時，應下達下列何種內建指令？
①cmd ②lisp ③comm ④man。

解析 ④man Linux 系統中啓動 Linux 線上指令說明。

(　　) 60. 下列何者不是 Linux 作業系統環境中，所提供之內建文字編輯程式？
①vi ②ed ③edit ④joe。

解析 ③edit Linux 系統中所提供之內建文字編輯程式。

(　　) 61. 在 Linux 作業系統環境中，想刪除執行中之程序或工作時，應下達下列何種內建指令？ ①rmjobs ②kill ③deljob ④sleep。

解析 ②kill Linux 系統中刪除執行中之程序或工作。

(　　) 62. 下列何者不是 Linux 作業系統環境中，尋找檔案或目錄之指令？
①slocate ②look ③find ④locate。

解析 ②look Linux 系統中尋找檔案或目錄之指令。

(　　) 63. 下面哪一種波形不是由一般函數信號產生器直接產生？
①方波 ②三角波 ③尖形波 ④正弦波。

解析 ③沒有尖形波。

(　　) 64. 下列哪一種數值不可由三用電表直接測得？
①電阻值 ②電壓值 ③電流值 ④電感量。

解析 ④電感量無法以三用表測量。

答案	55.④	56.③	57.①	58.③	59.④	60.③	61.②	62.②	63.③	64.④

( ) 65. 邏輯筆可用來測出
①數位訊號 ②類比訊號 ③無線訊號 ④載波訊號。

解析 ①邏輯筆可測 0/1 之數位信號。

( ) 66. 使用示波器在未開電源之前，最好將 INTENSITY 的控制開關置於哪個位置？
①左邊 ②中間 ③右邊 ④上邊。

解析 ②中間為預設值。

( ) 67. 無線存取設備 AP(Access Point) 若支援 802.11g 標準，其傳輸頻寬最快為多少 Mbps ？
① 11 ② 31 ③ 44 ④ 54。

解析 802.11a，802.11g 最快 54Mbps，802.11b 最快 11Mbps，
802.11n 最快 600Mbps。

( ) 68. 印表機輸出無法利用下列哪一個輸出埠？
① VGA ② COM ③ LPT ④ USB。

解析 ① VGA 是顯示器用。

( ) 69. 標準 HTML 語法中，下列哪一個字型會最大？
① H0 ② H1 ③ H2 ④ H3。

解析 ② H1 最大，編號從 1、2、3…。

( ) 70. 示波器可直接量測以下哪一種數值？
①電壓 ②電流 ③電感 ④電功率。

解析 ①示波器直接量測電壓。

( ) 71. 下列何者可作為 DVD 燒錄器之燒錄媒體？
① VCD ② CD ③ MO ④ CDR。

解析 ④ CDR 為 DVD 燒錄器之燒錄媒體。

( ) 72. 網路卡設備在 OSI 7 架構中隸屬於哪一層？
①實體層 ②資料連接層 ③傳輸層 ④應用層。

解析 ①實體層：網卡、網路線、HUB…。

( ) 73. 網址為 www.labor.gov.tw 最有可能為下列哪一種性質單位？
①設在美國的商業公司 ②美國的政府單位
③設在台灣的商業公司 ④台灣的政府單位。

解析 ④ tw 台灣，政府 gov。

答案	65. ①	66. ②	67. ④	68. ①	69. ②	70. ①	71. ④	72. ①	73. ④

( ) 74. 網際網路的 www 主機網頁所使用的標準語言爲
① HTTP ② HTML ③ SMTP ④ SNMP。

解析 ② HTML 爲 www 主機網頁所使用的標準語言。

( ) 75. 網際網路的 www 主機網頁基本所使用的通訊協定埠爲
① 25 ② 80 ③ 23 ④ 11。

解析 ② www 網頁使用之埠號：80。

( ) 76. 以下描述何者對 MPEG Audio Layer 3(MP3) 而言是正確的？
①聲音完全不失眞 ②影像品質佳
③壓縮技術的應用 ④可以隨意轉送燒錄共享。

解析 ③ mp3 爲音樂壓縮技術的應用。

( ) 77. 在 Visual BASIC 資料表示法中，下列哪一種資料型態所佔的記憶體最小？
①單精確實數 ②整數 ③長整數 ④雙精確實數。

解析 ② VB 而言，整數佔 2，單精數佔 4，長整數佔 4 雙精數佔 8Bytes。

( ) 78. 螢幕解析度的單位爲何？
① PPI ② DPI ③ PPM ④ BPS。

解析 ① PPI = pixel per inch 螢幕景析度 (像素 / 點)。

( ) 79. 下列哪一個顏色不是彩色印表機列印時碳粉需用顏色？
①綠 ②青 ③黑 ④黃。

解析 ①印表機使用 CMYK(青 / 洋紅 / 黃 / 黑) 沒有綠色。

( ) 80. 日常生活影像的模式爲 H(Hue) S(Saturation) B(Brightness)，下列哪一個與 HSB 模式無關？ ①色相 ②彩度 ③解析度 ④明度。

解析 ③影像模式：色相 H，彩度 S，亮度 B，沒有解析度。

( ) 81. 下列哪一種附屬檔案名稱不是屬於圖片檔案格式？
① TIF ② PNG ③ GIF ④ AVI。

解析 ④圖片格式沒有 AVI(影音用)。

( ) 82. 電腦螢幕的色彩若支援 1677 萬種顏色和 256 級灰階值，其每個像素 (Pixel) 要用幾個位元組 (Byte) 表達？
① 4 ② 8 ③ 24 ④ 32。

解析 全彩需 3 × 8 = 24 位元，共 1677 萬色，灰階 256 需 8 位元，所以 1 個像素需要 32 位元來表示，32 = 4Bytes。

答案	74. ②	75. ②	76. ③	77. ②	78. ①	79. ①	80. ③	81. ④	82. ①

( ) 83. 下列何種圖片格式使用破壞性壓縮方式來壓縮圖片？
①BMP ②JPG ③UFO ④MIDI。

解析 ②JPG 為破壞性圖片壓縮，BMP 為無壓縮原始檔。

( ) 84. 下列何者為結構化程式基本控制結構？
①跳躍結構 ②重複結構 ③平行結構 ④函數結構。

解析 ②結構化程式：循序、選擇及重複結構。

( ) 85. 下列哪一個演算法可以將 A，B 兩個值的內容互換？
①A = B : B = C : C = A ②C = B : A = B : B = C
③A = B : B = A ④C = A : A = B : B = C。

解析 ④C = A : A = B : B = C，基本作法：A 先放丟暫存區，AB 交換，暫存區取回 B。

( ) 86. 在 BASIC 下執行 PRINT 22 MOD 3*2 ＞ 3 其值為何？
①–1 ②1 ③0 ④2。

解析 請注意，
VB 而言成立輸出 -1(true)，不成立輸出 0(false)。C,C++ 不同：成立 =1，不成立 =0
權值優先順序：乘除 > 餘數 > 關係運算
22 mod 6 = 4，4 > 3，成立為 –1。

( ) 87. 在 BASIC 中其邏輯運算優先順序，下列何者最優先？
①IMP ②NOT ③XOR ④AND。

解析 請注意，
VB 而言：邏輯運算順序：NOT > AND > OR > XOR
C,C++ 而言：邏輯運算順序：NOT > AND > XOR > OR。

( ) 88. 在 Visual BASIC 語言中其運算優先順序，下列何者正確？
①關係運算＞算術運算＞邏輯運算 ②算術運算＞關係運算＞邏輯運算
③邏輯運算＞關係運算＞算術運算 ④算術運算＞邏輯運算＞關係運算。

解析 ②算術運算＞關係運算＞邏輯運算。

( ) 89. 在 Visual BASIC 中其專案檔案的副檔名為？
①frm ②vbp ③doc ④bas。

解析 ②vbp 為 VB 的專案檔 (project)。

( ) 90. 在 Visual BASIC 6.0 中，下列哪一個函數可以顯示資訊交談窗方塊？
①OptionButton ②MsgBox ③Print ④Text。

解析 ②MsgBox 可以顯示資訊交談窗。

答案	83.②	84.②	85.④	86.①	87.②	88.②	89.②	90.②

( ) 91. 在 Visual BASIC 中，下列哪一物件可以建立下拉式選單控制？
① Label ② CheckBox ③ ComboBox ④ TextBox。

解析 ③ ComboBox 下拉式選單。

( ) 92. 下列程式執行之後，SUM 值的結果為何？

```
SUM=100
FOR I=0 TO 20 STEP 2
SUM=SUM+I*2
NEXT I
```

① 100 ② 110 ③ 220 ④ 320。

解析 SUM 初值 100，I=0,2,4…20，SUM=SUM+2*I，結果為 320
④ 320。

( ) 93. 下列程式最後輸出值 B$ 為何？

```
A=90:B$=" 丁 "
IF A>=90 THEN B$=" 優 "
IF A>=80 THEN B$=" 甲 "
IF A>=70 THEN B$=" 乙 "
IF A>=60 THEN B$=" 丙 "
```

①優 ②甲 ③乙 ④丙。

解析 A=90，符合 $A \geq 60$ 的條件
④丙。

( ) 94. 下列程式片段執行後實數 C 最後輸出值結果為何？

```
A=20:B=5:C=0
DO WHILE A > B
  B=B+5
  A=A-5
  C=C+1
WEND
```

① 1 ② 2 ③ 3 ④ 4。

解析 詳細記錄變數

A	B	C
20	5	0
15	10	1
⑩	⑮	2（不符 A>B 條件）C=2

答案 91. ③ 92. ④ 93. ④ 94. ②

(　　) 95. 將 11 個雜亂資料利用氣泡排序法 (Bubble Sort) 由小到大排序，需比較或判別幾次？
① 10　② 11　③ 55　④ 100。

解析 利用氣泡排序法之原理是從第一筆資料開始，逐一比較相鄰兩筆資料，如果兩筆大小順序有誤則做交換，所以 11 筆需比較 $10 + 9 + 8 + \cdots + 1 = 55$ 次。

(　　) 96. 將 1000 個已排序過後資料，利用二分搜尋法 (Binary Search) 找尋其中一筆特別資料，最多要搜尋比較幾次？　① 10　② 11　③ 55　④ 100。

解析 $2^N \geq 1000, N = 10$。

(　　) 97. 程式設計中呼叫副程式執行完畢後，返回所採用的方法為？
①平行　②堆疊　③佇列　④多工。

解析 ②堆疊常被用來記錄副程式呼叫返回的位址，具有後進先出的特性。

(　　) 98. 印表機列印資料，資料列印順序採用的方法為？
①平行　②堆疊　③佇列　④多工。

解析 ③印表機先來先處理的規則，採用佇列方法處理。

(　　) 99. 堆疊的資料特性是？　①先進先出　②先進後出　③只進不出　④不進不出。

解析 ②堆疊的資料先進後出。

(　　) 100. BASIC 內建函數中，下列何者屬於字串函數？
① RIGHT　② VAL　③ NOW　④ FIX。

解析 ① RIGHT 函數從字串的右邊取若干字元。

(　　) 101. BASIC 內建函數中，PRINT ABS(-10) 的值為何？
① 0　② 1　③ 10　④ -10。

解析 絕對值，ABS(-10)=10。

(　　) 102. 電腦主機板的介面槽規格演進中，下列哪一種規格使用最早？
① ISA　② PCI　③ AGP　④ EISA。

解析 ① ISA 介面是 1981 年誕生，並作為 IBM PC 的 8 位元系統。

(　　) 103. 電腦滑鼠接頭規格，下列哪一種規格使用最早？
① USB　② PS2　③ COM　④ IDE。

解析 1968 年，世界上的第一個滑鼠誕生於美國史丹福大學，使用 COM 埠。

(　　) 104. 電腦主機 ALL IN ONE 的規格中，下列哪一種設備不包含在內？
①顯示卡　②音效卡　③網路卡　④磁碟陣列卡 (RAID Card)。

解析 ④ ALL IN ONE 不包括磁碟陣列卡，大都包含顯卡、音效卡、網卡等。

答案	95. ③	96. ①	97. ②	98. ③	99. ②	100. ①	101. ③	102. ①	103. ③	104. ④

(　　) 105. 下列對於 RGB 色彩模型之敘述何者為誤？
①R 表紅色　②屬色加法原理　③顏色變化為 0 ～ 100　④應用在顯示器。

解析 ③顏色變化應為 0 ～ 255。

(　　) 106. Visual BASIC 運算式中，下列哪一個運算子優先權最低
①+　②>　③=　④AND。

解析 優先順序：算術 > 關係 > 邏輯，④ AND 為邏輯運算。

(　　) 107. 下列哪一種規格可以同時接 4 顆硬碟及 2 台光碟機？
①SCSI　②IDE　③PCI　④EIDE。

解析 ① SCSI 介面可同時接多個週邊裝置。

(　　) 108. 系統計時器的 IRQ 中斷要求使用編號為何？
①0　②3　③4　④9。

解析 ① IRQ0 最優先，中斷號碼越小，優先權越高。

(　　) 109. 下列哪一種設備在安裝時與中斷 IRQ 無關？
①音效卡　②網路卡　③SCSI 規格硬碟　④數據卡。

解析 ③ IRQ 不包含 SCSI 規格硬碟。

(　　) 110. 二進位 10000010 的 2 的補數，轉為 16 進位其值為何？
①7E　②E7　③82　④7D。

解析 10000010 的 2 的補數為 01 互換，01111101=7E(16)。

(　　) 111. 下列何者在 Linux 作業系統中，可以用來建立開機磁片之內建指令？
①diskboot　②makeboot　③bootdisk　④mkbootdisk。

解析 ④ mkbootdisk，是 Linux 中，可以用來建立開機磁片之指令
Make boot disk 之意。

(　　) 112. 下列何者在 Linux 作業系統中，可以用來顯示目前登錄者資訊之內建指令？
①who　②which　③wc　④login。

解析 ① who 是 Linux 中，可以用來顯示目前登錄者資訊之指令。

(　　) 113. 下列何者在 Linux 作業系統中，可以用來顯示工作目錄之內建指令？
①passdir　②pwd　③list　④pppd。

解析 ② pwd 是 Linux 中，可以用來顯示工作目錄之內建指令。

(　　) 114. 下列內建指令中何者於 Linux 作業系統中，可以用來簽入系統？
①checkin　②logon　③logout　④login。

答案	105.③	106.④	107.①	108.①	109.③	110.①	111.④	112.①	113.②	114.④

解析 ④ login 是 Linux 中，可以用來簽入系統。

(　　) 115. 下列內建指令何者於 Linux 作業系統中，可以用來備份檔案？
① tar　② pack　③ queue　④ zap。

解析 ① tar 指令是 Linux 中可透過將檔案寫入保存儲存媒體或從保存儲存媒體擷取檔案來操作保存，類似指令有：tar、cpio、dump 等。

(　　) 116. 下列內建指令何者於 Linux 作業系統中，可以顯示封包到主機間之路徑？
① trace　② tree　③ tty　④ traceroute。

解析 ④ traceroute 是 Linux 中顯示封包到主機間之路徑。

(　　) 117. HTML 語法中，要顯示網頁標題內容為「電腦硬體裝修乙級」的語法命令為
①< body >電腦硬體裝修乙級< /body >
②< head >電腦硬體裝修乙級< /head >
③< title >電腦硬體裝修乙級< /title >
④< html >電腦硬體裝修乙級< /html >。

解析 HTML 語法中，要顯示網頁標題內容應使用< title >。

(　　) 118. GIF 圖片檔，可以表達的最大顏色範圍為幾色？
① 8　② 16　③ 64　④ 256。

解析 GIF 圖片檔，表達的最大顏色範圍 0 ~ 255。

(　　) 119. 下列何者軟體不能用來編輯網頁？
① notepad(記事本)　② frontpage　③ dreamweaver　④ internet explorer。

解析 ④ internet explorer 是網頁顯示的瀏覽器。

(　　) 120. 下列哪一個功能可以使電子郵件支援 HTML 格式？
① POP3　② MIME　③ IMAP　④ SMTP。

解析 ② MIME：Multipurpose Internet Mail Extensions 多用途網際網路郵件擴展。

(　　) 121. 網路卡的實體位址 (MAC address) 由幾組數字組成？
① 2　② 4　③ 6　④ 8。

解析 ③ MAC 位址使用 6 組 16 進位值表示。

(　　) 122. IPv4 規格中，IP 若為 ClassA，則 HOST ID 由幾個位元組所組成？
① 1　② 2　③ 3　④ 4。

答案	115. ①	116. ④	117. ③	118. ④	119. ④	120. ②	121. ③	122. ③

解析 IP 規格：網路位址 + 主機位址共 4 組 0~255 的數字。

Class	二進位的子網路遮罩	子網路遮罩
Class A	11111111 00000000 00000000 00000000	255.0.0.0
Class B	11111111 11111111 00000000 00000000	255.255.0.0
Class C	11111111 11111111 11111111 00000000	255.255.255.0

(　　) 123. 垃圾郵件在網路上英文縮寫簡稱爲

① SPAM MAIL ② EXCHANGE MAIL ③ WEB MAIL ④ HOT MAIL。

解析 ① SPAM MAIL 垃圾郵件。

(　　) 124. 下列哪一個公司是屬於 ISP(Internet Service Provider) ？

①中華電信 ② Yahoo ③ google ④ pchome。

解析 ①中華電信爲 ISP，提供上網服務的供應商。

(　　) 125. 下列哪一個 IP 是不屬於私有 IP ？

① 203.68.32.99 ② 192.168.32.99 ③ 172.16.32.99 ④ 10.14.32.99。

解析 ① 203.68.32.99 開頭不是 192、172、10 等私人 IP。

(　　) 126. 隨身碟爲了方便與電腦連接，目前大都使用哪一種介面規格？

① LPT ② USB ③ COM ④ PS2。

解析 ② USB 乃時下最流行的介面。

(　　) 127. 一般微處理機之旗標暫存器 (Flag register) 不包含下列哪一個旗標？

①進位 (Carry) ②溢位 (Over flow) ③零 (Zero) ④通訊 (Communication)。

解析 旗標暫存器：有進位 / 溢位 / 零值 / 正負值 / 等，並沒有④通訊。

(　　) 128. 連接 RS-232C 的串列埠，其傳送訊號的電壓位準爲正負多少伏特？

① 3V ② 5V ③ 12V ④ 110V。

解析 ③ RS-232C 的串列埠的電壓位準 ±12V。

(　　) 129. RS-232C 介面若由 25PIN 構成的 DB-25 連接器，則信號接地腳是第幾腳 (PIN) ？

① 1 ② 3 ③ 5 ④ 7。

解析 RS-232C DB-25 連接器，接地腳是第 7 腳。

(　　) 130. 在通信速率低於 20KB/s 時，RS-232C 所直接連接的最大物理距離爲多少公尺？

① 15 ② 30 ③ 50 ④ 100。

解析 RS-232C 是低速之有線通訊介面，最長通訊距離 15 米 (纜線長)，存在共地噪音和不能抑制共模干擾等問題，適合 20 米以內的通訊。

答案	123. ①	124. ①	125. ①	126. ②	127. ④	128. ③	129. ④	130. ①

( ) 131. IC 74LS244 及 74LS273 接地腳是第幾腳 (Pin)？
①1 ②10 ③11 ④20。

解析 20Pin 的 IC，第 10 腳接地，第 20 腳接 Vcc。

( ) 132. 1Gb 網路線需使用下列何者網路線規格？
①CAT 3 ②CAT 4 ③CAT 5 ④CAT 6。

解析 Cat 5 能跑 100Mbit/s，頻寬 100MHz，Cat 5e 能跑 1000Mbit/s，頻寬 125MHz，Cat 6 能跑 1Gbit/s，頻寬 250MHz，線材比 Cat 5e 粗，長距離通訊品質比較穩定。

( ) 133. CAT 6 網路線使用的振盪頻率為多少 MHz？
①100 ②250 ③500 ④1000。

解析 Cat 6 能跑 1Gbit/s，頻寬 250MHz。

( ) 134. 在一般網頁 HTML 語法中，若要使網頁跳行的命令為何？
①BR ②HR ③B ④H1。

解析 HTML 語法中，①BR 可換行。

( ) 135. ＜ font color = # FFFFFF ＞勞動部＜ /font ＞的 HTML 語法，在網頁呈現顏色為何？
①紅 ②綠 ③藍 ④白。

解析 # FFFFFF 白色，# FF0000 紅色，# 00FF00 綠色，#0000FF 藍色，# 000000 黑色。

( ) 136. 電子商務 (EC) 型態，如果消費者以集體揪團合購方式跟企業議價，係屬於哪一種方式？
①B2B ②B2C ③C2B ④C2C。

解析 ③C2B：consumer to business，消費者對商家模式。

( ) 137. 下列何者檔案為 Windows server IIS 內定設定首頁名稱？
①default.htm ②start.htm ③begin.htm ④new.htm。

解析 ①default.htm 首頁的名稱，亦可 index.htm。

( ) 138. 電腦硬碟若採用 SATA 介面，表示其傳輸方式為下列何者？
①平形式 ②序列式 ③混合式 ④廣播式。

解析 SATA 介面是屬於串列式 (Serial ATA)。

( ) 139. 下列何者不屬於目前全球通用的 3G 標準
①CDMA2000 ②WCDMA ③TD-SCDMA ④GSM。

解析 ④GSM 屬於 2G，另三者為 3G。

( ) 140. 網路線施工若採用 TIA/EIA568B 接線，其第一對絞線為
①白綠、綠 ②白藍、藍 ③白橙、橙 ④白棕、棕。

答案	131.②	132.④	133.②	134.①	135.④	136.③	137.①	138.②	139.④	140.③

解析 568B 第 1 對：③白橙、橙，568A 第 1 對：白綠、綠。

(　　) 141. 下列何者不是 Linux 的發行套件？
① Mandrake　② SUSI　③ Slackware　④ Debian。

解析 ② SUSI 不是，SUSE 才是 Linux 的發行套件。

(　　) 142. 下列何者是 Linux 開機管理程式？
① GRUB　② SPFDISK　③ Boot Magic　④ FDISK。

解析 ① GRUB 是 Linux 開機管理程式。

(　　) 143. 在 Linux 系統中，下列命令何者無法重新啓動系統？
① init 6　② reboot　③ restart　④ shutdown-r now。

解析 ③ restart 無法重開機，其它三者均可。

(　　) 144. 在 Linux 系統中，欲查詢近期所有登入系統的使用者，可參考下列哪個檔案內容得知？
① /var/log/dmesg　② /var/log/message　③ /var/log/syslog　④ /var/log/secure。

解析 ④ /var/log/secure 是 Linux 記錄「登錄資訊」的記錄檔。

(　　) 145. 在 Linux 系統中，欲停用第一片網路卡需執行下列哪一個指令？
① ifconfig eth0 down　② ifconfig eth0 abort　③ ifco nfig-s eth0　④ ifconfig eth0 stop。

解析 ① ifconfig eth0 down 是 Linux 停用第一張網卡的指令。

(　　) 146. 在 Linux 系統中，下列何者不能用來尋找網路連線問題？
① traceroute　② ifconfig　③ ps　④ ping。

解析 ③ ps 是用來擷取某個時間點的程序運作狀態。

(　　) 147. 在 Linux 系統 vi 指令模式下，何者可刪除整列文字？
① dl　② D　③ dd　④ dx。

解析 ③ dd 是 vi 的編輯軟體中刪除整列文字。

(　　) 148. 在 Linux 系統中，下列哪一種檔案格式具有日誌功能？
① FAT　② swap　③ ext2　④ ext3。

解析 ④ ext3 檔案格式具有日誌功能。

(　　) 149. Linux 的圖形介面通常簡稱爲下列何者？
① X-Windows　② Windows 7　③ Windows 8　④ MS-Windows。

解析 ① X-Windows 是 linux 的圖形介面。

答案	141. ②	142. ①	143. ③	144. ④	145. ①	146. ③	147. ③	148. ④	149. ①

(　　) 150. Linux 系統中，下列權限組合何者屬於符號鏈結？
① drwxrwx-- ② lrwxrwxrwx ③ rw-rw-rw- ④ -r--r--r--。

解析 ② lrwxrwxrwx ,「l」是符號連結 (link),「d」表示目錄，r 讀取，w 寫入，x 執行。

(　　) 151. 在 Linux 系統中，執行「cd~」指令會達到下列何種功能？
①會將目前路徑切換至根目錄 ②回到上一層目錄
③回到使用者家目錄 ④該指令無效。

解析 cd~ 回到使用者家目錄。cd/ 會回到根目錄。cd.. 會回到上一層目錄。

(　　) 152. 在 Linux 系統中，MRTG 流量監控程式使用何種通訊協定？
① HTTP ② SNMP ③ SMTP ④ POP3。

解析 MRTG 流量監控程式必須完全符合② SNMP 的協定。

(　　) 153. 在 Linux 系統中，有一個硬碟對應名稱爲 /dev/hdb4，下列推論何者正確？
①該電腦有 SCSI 介面硬碟 ②該電腦只有 IDE 介面硬碟
③該電腦至少安裝 2 台硬碟 ④該電腦至少安裝 4 台硬碟。

解析 /dev/hdb4：hd 代表硬碟 , b4 從編號可知該電腦至少安裝 2 台硬碟。

(　　) 154. 在 Linux 系統中，硬碟 ext2 檔案系統受損，可使用下列何種命令進行修護？
① chkdsk ② e2fsck ③ ext2fsck ④ du 17 mpfs。

解析 ② e2fsck 是 Linux 系統修護檔案系統之指令。

(　　) 155. 下列何種語言所完成的程式，無法在 CPLD 燒錄？
① verilog ② ahdl ③ vhdl ④ basic。

解析 ④ basic 是程式語言無法燒錄。

(　　) 156. 有關「RR(Round-Robin) 排程演算法」之敘述，下列何者正確？
①不適用於分時系統
②各程序必須輪流執行，對各程序平均來說比較公平
③適合放在人機互動系統的程序排程
④切換 (Context Switching) 頻率非常頻繁，比較浪費 CPU 的效率 (Utilization)。

解析 RR 排程式適用於分時系統，除了①不正確之外，其它選項都正確。

(　　) 157. 在 Linux 系統中，如何將 testfile 檔案的屬性由『- r w - r - - r - -』改爲『- r w x r w x r - -』？
① chmod 774 testfi le ② chmod ug=rwx,o=r testfile
③ chmod ug+x testfile ④ chmod testfile ug=r w x,o=r。

答案	150. ②	151. ③	152. ②	153. ③	154. ②	155. ④	156. ②③④	157. ①②

解析 Linux chmod（英文change mode）改變權限
文件所有者（Users）、群組（Group）、其它用戶（Other Users）

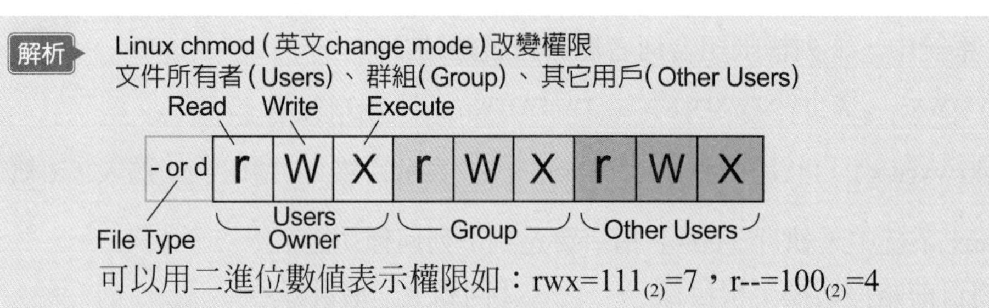

可以用二進位數值表示權限如：rwx=$111_{(2)}$=7，r--=$100_{(2)}$=4

可以用英文代號表示使用者 u/ 群組 g/ 其它人 o

所以『- r w x r w x r - -』可表示爲① 774 或② ug=rwx，o=r

(　　) 158. 在 Linux 系統中，下列哪些指令可以使電腦關機？

① shutdown -k　② poweroff　③ shutdown -a　④ init 0。

解析 Linux 系統中使電腦關機的指令：

② poweroff

④ init 0 或 shutdown -h。

(　　) 159. 若 IP 192.168.240.64 其網路遮罩爲 255.255.255.192，則下列 IP 何者與其具有相同之子網段？

① 192.168.240.63　② 192.168.240.100　③ 192.168.240.126　④ 192.168.240.192。

解析 IP 192.168.240.64 其網路遮罩為 255.255.255.192

```
     192 = 1100 0000
      64 = 0100 0000
AND   0100 0000 = 64
      0100 0001 = 65
          .       .
          .       .       同一個子網段
          .       .       64 ~ 127
      0111 1111 = 127
```

所以②、③項正確符合。

(　　) 160. 對於網段 172.16.100.126/25 資訊，下列敘述何者正確？

① subnet mask 255.255.255.128　② broadcast 172.16.100.127

③與 172.16.100.130 同網段　④與 172.16.101.130 同網段。

解析 126/25 表示子網路遮罩 11111111 11111111 11111111 10000000 有 25 個 1，廣播位址 = x.x.x.127(最右邊 7 個都設爲 1)，同 159 題觀念，其子網段必小於 x.x.100.127，所以第③、④選項爲錯。

(　　) 161. 在 Linux 系統中，下列指令何者可以查詢所有磁碟與其掛載點？

① dump　② mount　③ fdisk -l　④ df。

解析 ② mount：設定及磁碟掛載

③ fdisk -l：可列出裝置的 Partition table。

答案	158. ②④	159. ②③	160. ①②	161. ②③

(　　) 162. 下列何者爲 Linux 提供的開機管理程式？
① MBR　② GRUB　③ LILO　④ BootManger。

解析 ② GRUB：開機管理程式
③ LILO：舊版本的開機管理程式。

(　　) 163. 有關 Linux 執行層級之敘述，下列何者正確？
①層級 0：系統重新啓動　②層級 2：單人模式
③層級 4：保留　④層級 5：進入圖形模式。

解析 · 0 停機，關機
· 1 單使用者，無網路連接，不執行守護行程，不允許非超級使用者登入
· 2 多使用者，無網路連結，不執行守護行程
· 3 多使用者，正常啓動系統
· 4 使用者自訂
· 5 多使用者，帶圖形介面
· 6 重新啓動

(　　) 164. 下列指令中，何者可以查詢 /dev/sda 的分割區內容？
① fdisk/dev/sda 再按 p 鍵　② partition -p　③ fdisk -l/dev/sda　④ fdisk -v /dev/sda。

解析 ① fdisk /dev/sda 再按 p 鍵
③ fdisk -l/dev/sda
以上可查詢分割區內容。

(　　) 165. 在 Linux 系統中，下列有關 nice 值之敘述，何者正確？
① nice 值由 –20 到 19
②程序正在執行，亦可用 nice 指令更改優先權
③ nice 值愈小則優先權高，nice 值愈大優先權低
④ nice 值愈大則優先權高，nice 值愈小優先權低。

解析 ① nice 值由 –20 到 19
③ nice 值愈小則優先權高，nice 值愈大優先權低
以上兩項正確。

(　　) 166. 在 Linux 系統中，下列有關程序優先權之敘述，何者正確？
① NI 值越大優先權越低，反之則越高
② PRI 值由 kernel 動態調整，但 NI 值則需要使用者或 root 管理員調整
③ NI 的取值範圍是 –19 到 20 之間
④ root 管理員可以將某一使用者所有程序之 NI 值作重新的安排。

解析 ③ NI 的取值範圍是 –20 到 19 之間才對
其它選項都正確。

答案 162. ②③　163. ③④　164. ①③　165. ①③　165. ①③　166. ①②④

(　　) 167. 在 Linux 系統中，下列何者可以檢查主記憶體使用狀況？

① cat/proc/meminfo　② free　③ top　④ df–h。

解析 ① cat/proc/meminfo　② free　③ top

三種方式均可查詢主記憶體使用狀況。

(　　) 168. 在 Linux 系統中，下列何者可以檢查本機系統開啓的網路服務？

① nmap localhost　② netstat -tl　③ netstat -r　④ netsta t–nt。

解析 Linux 系統檢查本機系統開啓的網路服務

① nmap localhost　② netstat -tl。

(　　) 169. 在 Linux 系統中，uname -a 可查詢何種系統資訊？

① CPU　② Memory　③ Kernel　④ Host name。

解析 uname -a 可查詢系統資訊

① CPU　③ Kernel　④ Host name。

(　　) 170. 在 Linux 系統中，uptime 可查詢何種系統資訊？

①系統平均負載　②已開機累計時間　③目前使用者人數　④上次軟體更新的時間。

解析 uptime 可查詢

①系統平均負載　②已開機累計時間　③目前使用者人數。

(　　) 171. 在 Linux 系統中，下列何者可以提供線上升級套件？

① updatedb　② apt　③ you　④ urpmi。

解析 ② apt　③ you　④ urpmi

Linux 系統商開發可以提供線上升級套件。

(　　) 172. 在 Linux 系統中，下列何者可以查詢 NTP 伺服器的連線狀態？

① ntpdate　② hwclock　③ ntpstat　④ ntpq–p。

解析 ③ ntpstat　④ ntpq–p

可以查詢 NTP 伺服器的連線狀態。

(　　) 173. 在 Linux 系統中，下列何者提供的遠端登入服務，以明碼傳送資料？

① ssh　② telnet　③ rsh　④ netlink。

解析 ② telnet，③ rsh

提供的遠端登入服務，並以明碼傳送資料。

(　　) 174. 在 Linux 系統中，下列何者可以觀察 CPU 的相關資訊？

① sar　② top　③ cpustat　④ vmstat。

解析 ① sar 檢視 CPU 運行　② top 檢視 CPU 佔有率　④ vmstat 檢視 CPU 活動的資訊。

答案 167. ①②③　168. ①②　169. ①③④　170. ①②③　171. ②③④　172. ③④　173. ②③　174. ①②④

( ) 175. 在 Linux 系統中，登入 root 管理者帳戶後，出現提示字元 [root@localhost/root]#，其中 /root 指下列何者？
①目前所在工作目錄 ②帳戶登入名稱 ③管理者名稱 ④管理者家目錄。

解析 ①目前所在工作目錄 ④管理者家目錄。

( ) 176. 以 P 代表主要分割區 (Primary Partition)、E 代表延伸分割區 (Extended Partition)，則分割一部硬碟的方式，下列何者正確？
① 4P+1E ② 1P+2E ③ 2P+1E ④ 3P。

解析 硬碟主要分割區最多 3 個，延伸分割區 1 個。

( ) 177. 下列何者為雲端運算之基本服務架構？
① IaaS ② SaaS ③ CaaS ④ PaaS。

解析 ① IaaS 架構即服務 ② SaaS 軟體即服務 ④ PaaS 平台即服務，以上是雲端運算之基本服務架構。

( ) 178. 下列軟體中，何者可以應用於平台虛擬化？
① vSphere ② Hyper-V ③ XenServer/XenDesktop ④ Visual Basic。

解析 ① vSphere，VMware ② Hyper-V , Microsoft ③ XenServer/XenDesktop, Citrix 以上為由不同公司開發的虛擬化軟體。

( ) 179. 下列何者可適用於 Windows、Android、iOS 行動裝置，作檔案同步處理？
① Hyper-V ② DropBox ③ SugarSync ④ OfficeSync。

解析 ② DropBox：線上儲存檔案同步服務。
③ SugarSync：雲端線上儲存裝置。

( ) 180. 有關 WiMAX 之敘述，下列何者正確？
①可由 3G 基地台升級 ②可於行進間寬頻上網
③可支援 QoS ④提供無線寬頻傳輸。

解析 ②可於行進間寬頻上網。
③可支援 QoS。
④提供無線寬頻傳輸。
WiMAX 技術在於為固定及流動用戶提供高速數據傳輸服務；而 3G 則可讓客戶在網路覆蓋範圍內，在走動的情況下提供語音及低速數據傳輸服務。二者共存非升級關係。

( ) 181. 下列何者應用於電腦之間的遠端遙控？
① TeamViewer ② pcAnywhere ③ SugarSync ④ VNC。

解析 ① TeamViewer 遠端控制 ② pcAnywhere Symantec 公司的遠端遙控軟體 ④ VNC 為一種使用 RFB 協定的螢幕畫面分享及遠端操作軟體。

答案	175. ①④	176. ③④	177. ①②④	178. ①②③	179. ②③	180. ②③④	181. ①②④

(　　) 182. 下列何種工具程式，可將微軟網站下載之 Windows 8.1 之 ISO 檔，製作成可開機之 USB 隨身碟？ ① PowerDVD ② WiNToBootic ③ Rufus ④ WinDVD。

解析 ② WiNToBootic ③ Rufus 或 ISO to USB。
均是受歡迎製作成可開機之 USB 隨身碟之軟體。

(　　) 183. 有關電流表及電壓表之描述，下列何者正確？
①理想電流表之內阻爲無限大 ②電流表與待測電路串聯，以測量電流
③理想電壓表之內阻爲零 ④電壓表與待測電路並聯，以測量電壓。

解析 ②電流表與待測電路串聯，以測量電流。
④電壓表與待測電路並聯，以測量電壓。
項目 1、3 有關阻抗之描恰恰相反。

(　　) 184. 下列何者是指針式三用電表的主要功能？
①測試直流電流 ②測試直流電壓 ③測試波形 ④測試交流電壓。

解析 可測①測試直流電流 ②測試直流電壓 ④測試交流電壓
不可測波形。

(　　) 185. 有關儀表之特性描述，下列何者正確？
①能引起儀表反應的最小變化量，稱爲解析度 (Resolution)
②儀表的有效數字 (Significant Figures) 愈多，精密度 (Precision) 愈高
③待測量的眞實值與儀表所得的測量值之接近的程度，稱爲準確度 (Accuracy)
④儀表的有效數字愈多，精密度愈低。

解析 ④儀表的有效數字愈多，精密度應該是愈高才對。

(　　) 186. 有關指針式三用電表歐姆檔刻度之描述，下列何者正確？
①無限大在最左邊 ②無限大在最右邊 ③零值在最左邊 ④零值在最右邊。

解析 指針式三用表 Ω 表之 0 值在最右邊，測量前先歸零調整。

(　　) 187. 有關指針式三用電表刻度之描述，下列何者正確？
①歐姆表爲線性 ② dbm 爲線性 ③電壓表爲線性 ④電流表爲線性。

解析 ③電壓表爲線性 ④電流表爲線性。
第①、②選項爲非線性。

(　　) 188. 下列何者可以直接使用指針式三用電表量測？
①直流電壓 ②交流電壓 ③直流電流 ④交流電流。

解析 三用表無法測交流電流。

答案	182. ②③	183. ②④	184. ①②④	185. ①②③	186. ①④	187. ③④	188. ①②③

( ) 189. 有關規格為 3 位半之數位三用電錶之描述，下列何者正確？
①可顯示的最小值為 0888　②最大位數除外，其他位數可顯示 0 到 9
③可顯示的最大值為 1888　④可顯示最大位數的值為 1。

解析 3 位半之數位三用電錶最大顯示 1999，最大位數的值是 1。

( ) 190. 有關雙軌跡的示波器之描述，下列何者正確？
① ALT 掃描方式較適用於高頻信號的觀測
② ALT 掃描方式較適用於低頻信號的觀測
③ CHOP 掃描方式較適用於高頻信號的觀測
④ CHOP 掃描方式較適用於低頻信號的觀測。

解析 ALT 採輪替的方式，適用於高頻信號的觀測，否則出現閃爍。
CHOP 採分割的方式，適用於低頻信號的觀測，否則出現虛線。

( ) 191. 有關示波器的校準電壓插孔「CAL」之敘述，下列何者正確？
①輸出電壓波形為正弦波　②輸出電壓波形為方波
③輸出頻率為 10KHz　④輸出頻率為 1KHz。

解析 ②④校正信號輸出 1kHz 方波。

( ) 192. 有關指針式三用電錶歐姆檔之敘述，下列何者正確？
①所需之電源是由外部電路供給　②其刻度是非線性
③可測量二極體的極性　④中央刻度 (半刻度) 為 20Ω。

解析 三用表 Ω 檔，所需之電源是由乾電池供給。

( ) 193. 有關指針式三用電錶之敘述，下列何者正確？
①測量電壓時，需與待測電路並聯　②電流表的內阻越大，準確度越高
③測量電流時，需與待測電路串聯　④電壓表的內阻越小，準確度越高。

解析 ①③測量電壓時，需與待測電路並聯，測電流時串聯。

( ) 194. 有關指針式三用電錶 ACV 檔之敘述，下列何者正確？
①測量所得之值為有效值　②測量所得之值為平均值
③測量所得之值為峰對峰值　④撥在 AC10V 檔時，可測量 dB 值。

解析 ①測量電壓為有效值，④撥在 AC10V 檔時可測 DB 值。

( ) 195. 若要設計一個 32 對 1 的多工器，在不具有致能控制及不另增加其他邏輯閘的情況下，則下列之組合，何者正確？
①四個 8 對 1 多工器　②兩個 8 對 1 多工器與一個 4 對 1 多工器
③五個 8 對 1 多工器　④兩個 16 對 1 多工器與一個 2 對 1 多工器。

答案 189. ②④　190. ①④　191. ②④　192. ②③④　193. ①③　194. ①④　195. ③④

解析 ③五個 8 對 1 多工器：4 × 8 = 32，最後 1 個當選擇器。
④兩個 16 對 1 多工器與一個 2 對 1 多工器：2 × 16 = 32，2 對 1 當選擇器。

(　　) 196. 有關正反器 (Flip Flop) 之敘述，下列何者正確？
① J-K 型正反器不具備栓鎖 (Latch) 的功能　②可使用 D 型正反器設計移位暫存器
③可使用 J-K 型正反器設計同步計數器　④可使用 D 型正反器設計非同步計數器。

解析 J-K 型正反器具備有栓鎖 (Latch) 的功能。
選項②、③、④均正確。

(　　) 197. 不同進制數值之轉換，下列何者正確？
①二進制的 1101 等於十進制的 13　②二進制的 1101 等於十六進制的 D
③二進制的 1101 等於格雷碼的 1011　④二進制的 1101 等於八進制的 14。

解析 ①二進制的 1101 = 13(10) = D(16) = 1011(G)。
化為格雷碼：相臨位元做 XOR。

(　　) 198. 有關計數器之敘述，下列何者正確？
①在非同步計數器的電路中，其前級正反器之輸出，可依序觸發後級正反器的狀態改變
②在非同步計數器的電路中，其正反器的狀態均在同一個時間改變
③非同步計數器可以設計為上數計數器
④在設計非同步計數器時，其正反器的觸發脈波 (Clock) 均連接在一起。

解析 ①③正確描述，②④所述為同步計數器。

(　　) 199. 若在下圖中的「1」代表 Vcc，則有關此圖之敘述，下列何者正確？
①為同步除 3 電路　②為非同步除 3 電路
③為上數計數器　④為下數計數器。

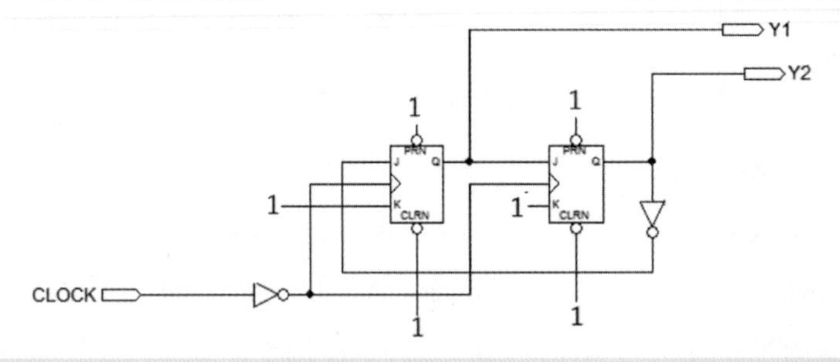

解析 Y2 Y1
0 0
0 1
1 0 --> Y2 = 1
0 0 --> 使Y1 = 0
除 3 同步計數器。

答案 196. ②③④　197. ①②③　198. ①③　199. ①③

( ) 200. 有關多工器之敘述，下列何者正確？
①利用五個 1 對 4 解多工器，可以設計成爲一個 1 對 16 解多工器
②利用三個 1 對 2 解多工器，可以設計成爲一個 1 對 4 解多工器
③一個 1 對 4 解多工器，至少需要四條來源選擇線
④一個 1 對 2 解多工器，至少需要二條來源選擇線。

解析 ① 4 × 4 = 16，1 個當選擇器。
② 2 × 2 = 4，1 個當選擇器。

( ) 201. 有關二進制碼 (Binary Code) 與其相對應的格雷碼 (Gray Code) 之轉換，下列何者正確？
①二進制碼 0010 = 格雷碼 0011　②二進制碼 1000 = 格雷碼 1100
③二進制碼 1100 = 格雷碼 1011　④二進制碼 1111 = 格雷碼 1000。

解析 二進制化格雷碼原則：相臨位元做 XOR，第 1 位不變。
①二進制碼 0010 = 格雷碼 0011，正確。
②二進制碼 1000 = 格雷碼 1100，正確。
③二進制碼 1100 = 格雷碼 1011，應爲 1010。
④二進制碼 1111 = 格雷碼 1000，正確。

( ) 202. 下列布林代數，何者正確？
① X+YZ = (X+Y)(Y+Z)　② XY+YZ+X'Z = XY+X'Z
③ (X+Y)Y = Y　④ Y+XY' = X+Y。

解析 ① X+YZ = (X+Y)(Y+Z) 錯。
應是 X+YZ = (X+Y)(X+Z) (分配律)。

( ) 203. 半加法器是將兩個二進位數相加，若輸入爲 A、B，總和爲 S(Sum)，進位爲 C(Carry)，則下列敘述，何者正確？
① C = A ⊕ B
② S = AB
③兩個半加法器及一個或閘 (2 Input OR Gate) 可組成一個全加法器
④一個互斥或閘 (2 In put XOR Gate) 及一個及閘 (2 Input AND Gate) 可組成一個半加法器。

解析 ① C = AB
② S = A ⊕ B 所以錯。
③兩個半加法器及一個或閘可組成一個全加法器：爲基本結構。
④一個互斥或閘及一個及閘可組成一個半加法器：爲基本結構。

答案 200. ①②　201. ①②④　202. ②③④　203. ③④

(　　) 204. 若 Visual Basic 程式中，出現 Dim Snum(6) As Integer 之敘述，表示宣告 Snum 爲陣列，有關其特性之描述，下列敘述何者正確？
①電腦分配 7 個 Integer 變數的空間給 Snum 陣列
②預設的索引值下限爲 1
③每個變數的初始值都是 0
④同一個陣列內所有的陣列名稱都相同。

解析 ① 0 ~ 6 共 7 個整數。
②預設的索引值下限爲 1，錯，應爲 0。
③每個變數的初始值都是 0。
④同一個陣列內所有的陣列名稱都相同。

(　　) 205. 在 Visual Basic 程式語法中，下列條件式迴圈結構，何者係屬先執行陳述式，再判斷條件式值？
① Do Loop … While　② Do While … Loop　③ Do Until … Loop　④ Do Loop … Until。

解析 ①④均爲 Do Loop 架構，先執行再判斷。

(　　) 206. 在 Visual Basic 程式語法中，下列控制項之敘述何者正確？
① ListBox 控制項爲清單式之下拉選單
② CheckBox 爲勾選核取方塊
③ RadioButton 控制物件中，每次僅可以有一個被選取
④ ComboBox 控制項爲多欄式排列之清單選項。

解析 ② CheckBox 爲可複選之勾選核取方塊。
③ RadioButton 爲多選 1，每次僅可以有一個被選取。

(　　) 207. 在 Visual Basic 程式語法中，有關運算子之敘述，下列何者正確？
①「<>」表示不等於　②「&」表示字串串接
③「Mod」表示取商數　④「^」表示次方。

解析 ①「<>」表示不等於。
②「&」表示字串串接。
③「Mod」表示取商數，錯，正確爲取餘數。
④「^」表示次方。

(　　) 208. 在 Visual Basic 程式語法中，有關 Label 控制項之敘述，下列何者正確？
①可輸入文字與編輯　②可勾選核取方塊
③顯示唯讀文字　④經常使用在文字說明或標題。

解析 Label 不能編輯，常用來顯示文字說明等。

答案 204. ①③④　205. ①④　206. ②③　207. ①②④　208. ③④

( ) 209. 在 Visual Basic 程式語法中，有關變數名稱宣告之敘述，下列何者爲誤？
① db5_A ② Private ③ xyZabc1234567890 ④ 7_day。

解析 ② Private 爲保留字。
④ 7_day 開頭不能數字。

( ) 210. 在 Visual Basic 程式語法中，下列敘述何者正確？
①傳值呼叫函數會改變原參數之內容值
② ByVal 爲傳值呼叫
③ ByRef 爲傳址呼叫
④傳址呼叫函數不會改變原參數之內容值。

解析 ①傳值呼叫函數會改變原參數之內容值：錯，不會改變原參數內容。
② ByVal 爲傳值呼叫③ ByRef 爲傳址呼叫：正確。
④傳址呼叫函數不會改變原參數之內容值：錯，會依位址的內容而變。

答案	209. ②④ 210. ②③

工作項目 04 工作方法（單選 146 題，複選 45 題）

( ) 1. 全球資訊網 WWW 的 URL 敘述，下列何者才是正確的？
① http\:www.hello.net ② http/:/www.hello.net
③ http://www.hello.net ④ http//www.hello.net。

( ) 2. 下列何者不是網際網路的實際服務功能？ ① BBS ② ADSL ③ FTP ④ WWW。

解析 ② ADSL 是 ISP 提供上網連線的方式。

( ) 3. 透過網際網路將文件、圖形、影像及聲音相互傳送的方式，稱爲：
①電子布告欄 (BBS) ②網路新聞 (NEWS)
③全球資訊網 (WWW) ④網路電話。

解析 ③全球資訊網 (WWW)：透過網際網路將文件、圖形、影像及聲音相互傳送的方式。

( ) 4. Internet 是指一群採用何種通訊協定之電腦網路互連？
① X.25 ② HDLC ③ TCP/IP ④ OSI。

解析 ③ TCP/IP：Internet 之通訊協定。

( ) 5. 類比傳輸媒體的頻寬是指什麼？
①傳輸速度每秒之位元 (bps) ②傳輸線的粗細
③網路卡的傳輸能力 ④頻道的最高頻率和最低頻率的差。

解析 ④頻道的最高頻率和最低頻率的差稱爲頻寬。

( ) 6. 數位傳輸方式中傳輸速率是指什麼？
①傳輸線的粗細 ②每秒傳輸多少個位元 (bps)
③頻道所能傳達的最高頻率和最低頻率的差 ④傳輸媒體之截止頻率。

解析 ②傳輸速率 = 每秒傳輸多少個位元 (bps)。

( ) 7. 重複器 (Repeater) 的用途爲何？
①延長網路傳輸距離 ②過濾掉已毀損的資料
③連接兩種不同存取方法的不同網路架構 ④擴張超過網路連接承受架構的範圍。

解析 ① Repeater 將信號接收再放大傳送，延長網路傳輸距離。

( ) 8. 路由器 (Router) 的敘述下列何者錯誤？
①在傳送的過程中選擇一條傳輸的最佳路徑
②指的是實體層的訊號傳輸
③路由器可把封包由一個網路傳輸到另一個網路
④功能是把資料在不同的網路區域間傳輸。

解析 ②路由器 (Router) 屬於網路層不是實體層。

答案	1. ③	2. ②	3. ③	4. ③	5. ④	6. ②	7. ①	8. ②

( ) 9. 何者是檔案傳輸工具的協定？ ① POP3 ② FTP ③ HTTP ④ SMTP。

解析 ② FTP 檔案傳輸協定。

( ) 10. 下列何種協定在 WWW 傳送資料時提供加密的功能？
① X.509 ② IPX ③ SSL 3.0 ④ H.323。

解析 ③ SSL 3.0：Transport Layer Security 傳輸層安全協定，提供 WWW 加密功能。

( ) 11. 一般傳送出 E-Mail 的通訊協定是 ① POP ② SMTP ③ HTTP ④ HDLC。

解析 ② SMTP 負責傳送郵件，POP 負責收信。

( ) 12. Java 是屬於何種語言？ ①機器語言 ②高階語言 ③低階語言 ④組合語言。

解析 ② JAVA 屬於高階語言，SUN 公司所開發，具高階網頁、網站必備。

( ) 13. C++ 是屬於何種語言？ ①機械語言 ②高階語言 ③低階語言 ④組合語言。

解析 ② VB、C、C++、JAVA…等皆爲高階語言。

( ) 14. (本題刪題) 目前電腦通訊傳輸媒體的傳輸速度以何種介質最快？
①同軸電纜 ②雙絞線 ③電話線 ④光纖。

解析 光纖的傳輸速度約爲 100Mbps ～ 10Gbps，是目前傳輸速度最快的傳輸媒介。

( ) 15. IPv6 位址是採用幾個十六進制數字組合而成？ ① 4 ② 8 ③ 16 ④ 32。

解析 ④ IPV6 位址共 8 組 × 4 個 = 32 個 16 進位數字組合而成。

( ) 16. Internet 之使用者將其個人電腦模擬爲終端機模式，以進入遠端伺服器系統，稱之爲何？
① E-Mail ② Telnet ③ FTP ④ WWW。

解析 ② Telnet 可遠端登入，好像在操作眼前的電腦一樣。

( ) 17. 電子郵件帳號 superman@ms.super.net 中的符號「@」可讀作什麼？
① in ② on ③ of ④ at。

解析 「@」可讀作④ at。

( ) 18. IP 位址通常是由四個位元組數字所組成的，其數字範圍為
① 0 ～ 255 ② 0 ～ 127 ③ 0 ～ 512 ④ 0 ～ 999。

解析 ① IP 位址通常是由四個位元組數字所組成的：範圍 0 ～ 255。

( ) 19. WWW 伺服器預設 TCP 的哪一個埠號 (Port number) 傳送資料？
① 76 ② 80 ③ 110 ④ 121。

解析 常用的埠號：
www:80, FTP:21,SMTP:25,Telnet:23。

答案										
	9. ②	10. ③	11. ②	12. ②	13. ②	14. ④	15. ④	16. ②	17. ④	18. ①
	19. ②									

(　　) 20. 何種網路協定可以自動設定 IP Address ？
①TCP/IP　②IPX/SPX　③RIP　④DHCP。

解析 ④DHCP 伺服器提供動態 IP 給 Client 電腦。

(　　) 21. 將網域名稱 (Domain Name) 對應為 IP address 的服務是？
①Proxy　②DHCP　③DNS　④WINS。

解析 ③DNS 伺服器提供網域名稱服務，對應到 IP 位址。

(　　) 22. FTP 中的服務使用「傳送層」是屬下列哪一種協定？
①IP　②TCP　③UDP　④NetBIOS。

解析 ②TCP：傳輸控制協定。

(　　) 23. SMTP(郵件傳輸協定) 預設使用 TCP 的哪一個埠號 (Port number) 傳送資料？
①120　②110　③80　④25。

解析 ④常用的埠號：
www:80, FTP:21,SMTP:25,Telnet:23。

(　　) 24. 下列何種協定支援壓縮功能？　①SLIP　②PPP　③PPTP　④PNP。

解析 ②PPP：point to point protocol 點對點通訊協定，支援壓縮功能。

(　　) 25. 63.138.1.123 是屬於哪一級 (Class) 的 IP ？　①A　②B　③C　④D。

解析 63.138.1.123，級別以第 1 個數字來決定。Class A=0~127，故為 A 級。

(　　) 26. 網址名稱中 .com 表示是？
①公司行號　②政府機關　③國防軍事單位　④財團法人或組織單位。

解析 網址中常用的類別與代號：
教育 edu、軍事 mil、公司 com、法人機構 org、政府機關 gov、網路機構 net。

(　　) 27. 網址名稱中 .org 表示是？
①公司行號　②政府機關　③國防軍事單位　④財團法人或組織單位。

解析 同 26 題解析。

(　　) 28. 網址名稱中 .gov 表示是？
①公司行號　②政府機關　③國防軍事單位　④財團法人或組織單位。

解析 同 26 題解析。

(　　) 29. http：//www.beauty.com.tw 網址，何者是最高層次的網域？
①www　②beauty　③com　④tw。

解析 ④tw 代表台灣。

答案	20. ④	21. ③	22. ②	23. ④	24. ②	25. ①	26. ①	27. ④	28. ②	29. ④

( ) 30. http：//www.beauty.com.tw 網址，何者是代表單位組織的性質？
① www ② beauty ③ com ④ tw。

解析 ③ com 代表公司行號。

( ) 31. 製作 HTML 文件，下列何種工具功能較為齊全？
① Word ② Excel ③ Power Point ④ Dreamweaver。

解析 ④ Dreamweaver 功能齊全之網頁製作軟體。

( ) 32. 全球資訊網 (World Wide Web) 使用最普遍的格式是？
① .txt ② .doc ③ .htm ④ .dbf。

解析 全球資訊網 (World Wide Web) 使用最普遍的格式是 .htm。

( ) 33. 何種設定可讓 IE 7.X 版後的瀏覽器瀏覽網站時，減少連外網路的負荷？
①設定我的最愛 ②設定 Proxy 伺服器 ③設定 History ④使用 Auto complete。

解析 Proxy 也稱網路代理如果客戶端所要取得的資源在代理伺服器的快取之中，則代理伺服器並不會向目標伺服器傳送請求，而是直接傳回已快取的資源。

( ) 34. 在 Outlook Express 中，全部回覆意思是？
①回覆給通訊錄中的所有人 ②回覆給所有有收到該郵件的人及寄件者
③回覆給某一群組 ④回覆給指定的所有人。

解析 全部回覆。會回覆給所有有收到該郵件的人及寄件者。

( ) 35. 下列何者是收發信件的專用軟體？
① WinZip ② Word ③ Outlook ④ Excel。

解析 ③ Outlook 是 Office 中用以收發信件的程式。

( ) 36. 某人的 e-mail 位址為 super@ms.notme.edu.tw，其中 super 是指：
①提供服務的主機名稱 ②該人的電子郵件帳號
③電子郵件的傳送方式 ④電子郵件的撰寫方式。

解析 ② super 為使用者個人的電子郵件帳號。

( ) 37. 下列關於瀏覽器的敘述何者不正確？
①瀏覽器屬於伺服器端之軟體 ②可以預設首頁網址
③ Internet Explore 是一種瀏覽器 ④可以停止下載網頁。

解析 ①瀏覽器屬於客戶端之軟體才對。

答案	30. ③	31. ④	32. ③	33. ②	34. ②	35. ③	36. ②	37. ①

( ) 38. 有關全球資訊網的敘述，下列何者錯誤？
①使用的語言為超文字標示語言，簡寫為 DHL
②瀏覽器與伺服器 21 之間的通訊協定為 HTTP
③入口網站一般都有搜尋功能
④ WWW 是 World Wide Web 的簡寫。

解析 ①使用的語言為超文字標示語言，簡寫為 DTML 才對。

( ) 39. 超文件傳輸協定，英文簡寫為 ① URL ② DNS ③ USB ④ HTTP。

解析 ④ HTTP 超文字傳輸協定。

( ) 40. 下列何者是資料傳輸速率的單位？ ① MHz ② BPS ③ BPI ④ DPI。

解析 ② BPS 速率的單位，每秒可傳輸多少 Bits。Bits Per Second 的縮寫。

( ) 41. 使用 100 Base T 連接線材與設備的網路，理論上其資料傳輸可達到多快的速度？
① 100Kbps ② 100KB/Sec ③ 100Mbps ④ 100MB/Sec。

解析 ③ 100Base T 連接線材最高速率 100Mbps。

( ) 42. 在 E-Mail 中，使用者名稱與地址間的符號為 ①： ② @ ③ = ④ &。

解析 ② E-Mail 中，使用者名稱與地址間的符號：@，例 123@ABC.com。

( ) 43. 進入 WWW 服務主機看到的第一頁稱之為
① Web ② Active ③ Home Page ④ BBS。

解析 ③網頁的首頁稱 Home Page。

( ) 44. 企業內部網路 (Intranet) 與外界相連時，用來防止駭客入侵的設施為
①路由器 ②網路卡 ③瀏覽器 ④防火牆。

解析 ④防火牆用於防患外部駭客入侵。

( ) 45. 下列何者是針對分封交換網路標準化所制定的網路協定？
① MSN ② X.25 ③ CSN ④ PSN。

解析 ② X.25 是一個使用電話或者 ISDN 裝置作為網路硬體裝置來架構廣域網路的 ITU-T 網路協定。

( ) 46. 雙絞線 (UTP：Unshield Twisted Pair) 之標準中，用於 100base T 的規格需是
① Category 1 ② Category 5 ③ Category 15 ④ Category 50。

解析 Category 5：頻寬 100MHz，速率 100Mbit/s
Category 5e：頻寬 125MHz，速率 1000Mbit/s
Category 6：頻寬 150MHz，速率 1Gbit/s。

答案	38. ①	39. ④	40. ②	41. ③	42. ②	43. ③	44. ④	45. ②	46. ②

( ) 47. TCP/IP 之 Telnet Ftp 是相當於 OSI 7 層裏的第幾層？ ① 1 ② 3 ③ 5 ④ 7。

解析 ④ Telnet Ftp 是相當於 OSI 的 7 應用層。

( ) 48. 下列哪一項不是乙太網路的架構？ ① BUS ② STAR ③ TREE ④ RING。

解析 ④ RING 是環狀網路，不屬於乙太網路之架構。

( ) 49. TCP(Transmission Control Protocol) 爲哪一種類型的通訊協定？
① Connection-Oriented ② Application-level
③ Connec tionless ④ Media-access Control。

解析 ① TCP：傳輸控制協定 Transmission Control Protocol，是最常見傳輸層功能的協定。
傳輸層必須採用連接導向的連線方式 (TCP)，又稱之爲『可靠性』(Reliable) 傳輸。

( ) 50. IP(Internet Protocol) 爲哪一種類型的通訊協定？
① Connection-Oriented ② Application-level
③ Connectionless ④ Media-access Control。

解析 ③ IP 爲非連接型 Connectionless (UDP)
依照 TCP/IP 通訊協定，網際層 (IP) 採用非連接方式，表示網際層並不負責偵測封包是否安全到達的功能。

( ) 51. 每一個 IP 可分成哪 2 個部分？
① LAN 和 WAN ② Class 和 Type ③ TCP 和 IP ④ Network 和 Host。

解析 ④ Network 和 Host
爲了清楚分辨，我們把首 8Bits 稱爲 Network ID，尾 24 Bits 稱爲 Host ID。
例如：11.194.63.100，11 就是 Network ID，而 194.63.100 就是 Host ID。

( ) 52. IPv6 之 IP Address 由幾個 bit 組成？ ① 16bit ② 32bit ③ 64bit ④ 128bit。

解析 Ipv4 位址：例 210.59.230.150，4 組 ×8 = 32 位元。
IPV6 位址：例 1079:0BD3:6ED4:1D71:414B:2E2A:7144:72BE，8 組 ×16 = 128 位元。

( ) 53. 在 Linux 環境中，使用 IDE Bus 安裝兩顆硬碟時，第二顆硬碟 (Slave) 裝置名稱爲？
① /dev/had ② /dev/haf ③ /dev/dsk/c1t2d0 ④ /dev/hdb。

解析 ④ /dev/hdb 代表：device/hard disk b 第 2 顆硬碟。

( ) 54. 在 Redhat Linux9.0 中預設的 Shell 爲？ ① ksh ② bash ③ csh ④ sh。

解析 ②所有的電腦都是由硬體和軟體構成的，而負責運算的部分就是作業系統的核心 (kernel)，shell 就是"殼"，kernel 就是"核"。shell 就是使用者和 kernel 之間的介面。

( ) 55. 在 Redhat Linux9.0 中若想開機直接進入文字模式 (含網路功能) 需修改 inittab 爲 Runlevel 幾？ ① 1 ② 2 ③ 3 ④ 5。

答案	47. ④	48. ④	49. ①	50. ③	51. ④	52. ④	53. ④	54. ②	55. ③

解析 ‧0 停機，關機

‧1 單使用者，無網路連接，不執行守護行程，不允許非超級使用者登入

‧2 多使用者，無網路連結，不執行守護行程

‧3 多使用者，正常啓動系統

‧4 使用者自訂

‧5 多使用者，帶圖形介面

‧6 重新啓動

( ) 56. 在 Linux 中使用 vi 編輯器要複製一整列需按什麼鍵？

① yy ② dw ③ dd ④ cw。

解析 常用的 vi 指令

指令	說明		
dd	刪除整行	x	刪除游標所在該字元
D	以行為單位，刪除游標後之所有字元	X	刪除游標所在之前一字元
cc	修改整行的內容		
yy	使游標所在該行複製到記憶體緩衝區	s	刪除游標所在之字元
<n>yy	使游標所在該行複製到記憶體緩衝區	S	刪除游標所在之該行資料

( ) 57. 在 Redhat Linux9.0 中，要安裝套件 vm 需下什麼指令？

① pkgadd ② swinstall ③ rpm ④ pkginstall。

解析 ③ rpm (Redhat Package Manager) 套件管理。

( ) 58. 當使用者反應電腦噪音突然變大，下列何種處置較爲適當？

①檢查硬碟排線是否有脫落 ②檢查滑鼠是否故障

③檢查電源線是否有脫落 ④檢查電源風扇是否故障或磁碟是否有壞軌。

解析 噪音來自機構類之故障。

( ) 59. 當我們在 Linux 環境中，想要查詢檔案的內容及權限可使用以下哪一指令？

① dir/p/w ② ls-al|more ③ pwd ④ cd..。

解析 ② Linux 指令 >ls-al 將目錄下的所有檔案列出來 (含屬性與隱藏檔)，內容可能超過一頁時，使用 |more 將會逐頁暫停再繼續顯示。

( ) 60. 當我們在 Unix 環境中，想要查詢磁碟的內容及容量可使用以下哪些指令？

① bdf ② ps-ef ③ ls ④ ln。

解析 Unix 環境中 >bdf，和 Linux 的 >df 差不多 (disk free)，查詢磁碟的內容及容量可使用。

( ) 61. 當我們在 Linux/Unix 環境中，想要新增使用者群組可使用下列哪一指令？

① useradd ② groupadd ③ groups ④ groupdel。

解析 ② groupadd 新增使用者群組的指令。

答案 56. ① 57. ③ 58. ④ 59. ② 60. ① 61. ②

( ) 62. 當現有之網段無法 ping 到其他網段時，可利用以下何指令新增封包傳送的路徑？
① netstat-nr ② route add ③ net view ④ route print。

解析 ② route add 新增路由來解決跨網段。

( ) 63. 在 Unix/Linux 的環境下，我們常常會透過 Telnet 指令去管理遠端的主機，再從遠端主機 Telnet 到別台主機，有時候次數一多，如果忘記目前的工作主機是哪一台，可以透過下列何種指令，來做識別的工作？
① hosts ② who ③ ifconfig lan0 ④ whoiam。

解析 ③ ifconfig lan0：查詢目前網卡的狀況及相關資訊。

( ) 64. 在 Unix/Linux 的環境下，提供之 vi 文字編輯器，vi 具有一般模式與編輯模式，這兩個模式的切換可採用下列哪一種方式按鍵？
① F1 ② Ctrl + F1 ③ ESC ④ Shift + Space。

解析 ③ ESC 切換一般模式與編輯模式。

( ) 65. 在 Unix/Linux 的環境下，使用 vi 文字編輯器，在一般模式下欲存檔離開，要執行哪個指令？ ① wq! ② w ③ q! ④ w!。

解析 ① wq! ：Write and Quit。

( ) 66. 下列何者爲 Redhat Linux9.0 提供套件安裝管理程式？
① tarball ② rpm ③ srpm ④ install.sh。

解析 ② rpm (Redhat Package Manager) 套件管理。

( ) 67. 電腦主機配合機架櫃安裝採用 3U 伺服器，3U 是指伺服器的？(u：unit)
①效能等級 ②記憶體的數量
③伺服器的高度 (厚度)，搭配機架的測量單位 ④伺服器之供電標準。

解析 ③指伺服器的高度，所謂的 1U 伺服器就是一種高可用高密度的低成本伺服器平台，U 是伺服器機箱的高度，1U 等於 4.45 厘米，那 3U 就是 3x4.5CM 了。

( ) 68. 所謂 UTP(Unshield Twisted Pair) 介面是指下列哪一項？
① RG-45 ② RJ-58 ③ RJ-45 ④ RS-232。

解析 ③ UTP 雙絞線配合 RJ-45 接頭。

( ) 69. OSI 7 Layer Model 之第二層是指下列哪一項？
① Physical ② Application ③ Data Link ④ Transport。

解析 ③ Data Link 資料連結爲第 2 層。

答案	62. ②	63. ③	64. ③	65. ①	66. ②	67. ③	68. ③	69. ③

(　　) 70. Jpeg, ASCII, EBCDIC, Tiff, Gif, PICT, encryption, MPEG 等檔案格式在 OSI 7 層網路模型當中，它是扮演哪一層的角色？
①Data Link ②Transport ③Application ④Presentation。

解析 ④Presentation 為第 6 層展現層，轉換資料使應用層可以使用。

(　　) 71. Telnet 是在連線遠端主機時非常好用的工具，在 OSI 7 層網路模型當中，它是扮演哪一層的角色？ ①Physical ②Application ③Data Link ④Transport。

解析 ②Application：第 7 層應用層，如常用的 DHCP、FTP、HTTP 及 POP3。

(　　) 72. 在 UNIX/Linux 的環境下，欲改變檔案 SUID 的屬性，要執行下列哪個指令？
①chgrp ②chown ③chmod ④check。

解析 ③改變讀 / 寫之屬性使用 chmod 指令。

(　　) 73. 在 Unix/Linux 的環境下，可從硬碟去查詢檔案名稱，要執行下列哪個指令？
①which ②whereis ③locate ④find。

解析 ④find 尋找檔案名稱。如 >find /home -name a.txt。

(　　) 74. 在 Unix/Linux 的環境下，欲變更檔案名稱或位置要執行下列哪個指令？
①mv ②cp ③cpio ④cat。

解析 ①mv = move 更名，cp = copy 拷貝。

(　　) 75. 在 Unix/Linux 的環境下，欲將記憶體中的資料同步化寫入硬碟中，要執行下列哪個指令？
①fsck ②newfs ③sync ④mknod。

解析 ③sync 資料同步寫入磁碟，rsync 可遠端檔案同步與備份。

(　　) 76. 下列何者不包含於微處理機內部？
①輔助記憶體 ②指令暫存器 ③程式計數器 ④算術 / 邏輯單元。

解析 ①內部不含輔助記憶體。

(　　) 77. 微電腦執行呼叫副程式指令時，必須先將返回位址存放在何處？
①堆疊區 ②資料節區 ③程式節區 ④旗標暫存器。

解析 ①副程式先將返回位址存放在堆疊區。

(　　) 78. 微處理機處理中斷時，通常將資料暫存在何處？
①堆疊區 ②資料節區 ③程式節區 ④旗標暫存器。

解析 ①資料暫存堆疊區方便取回。

(　　) 79. 微處理機之進位、溢位及符號等相關旗標記錄在
①一般用途暫存器 ②堆疊指標暫存器 ③旗標暫存器 ④資料節區。

答案	70.④	71.②	72.③	73.④	74.①	75.③	76.①	77.①	78.①	79.③

解析 ③利用旗標暫存器標示進位、溢位及符號…。

( ) 80. 一個二進位數往左移二位元後，其值為原來的 ①4 ②8 ③16 ④32 倍。

解析 ①二進位值左移 1 位元 = 乘 2 的效果，左移 2 位元乘 4。

( ) 81. 若 CPU 工作頻率為 10MHz，則其時脈週期為多少
① 100 ② 10 ③ 1 ④ 0.1 μs。

解析 ④ 1/10 = 0.1。

( ) 82. 一個 16 位元的 CPU 工作頻率為 10MHz，其資料匯流排讀寫週期包含有 4 個時脈週期及一個等待週期，請問其最大匯流排頻寬為多少
① 10 ② 8 ③ 4 ④ 2 MBytes/sec。

解析 ③週期 = $\frac{1}{10M}$ = 0.1 μs，每讀取一次要 5 週期 = 0.5μs = 500ns
位元數 = 16bits，相當於 500ns 內要讀取 16bits，
所以頻寬 = 16bits/500ns = 32Mb/s = 4MB/s。

( ) 83. 假設 CPU 工作頻率為 10MHz，每執行一個記憶體讀取週期需 4 個時脈週期及一個等待週期，其 SRAM 的存取時間為下列何者？ ① 2μs ② 1μs ③ 500ns ④ 250ns。

解析 ③週期 = $\frac{1}{10M}$ = 0.1 μs，每讀取一次要 5 週期 = 0.5μs = 500ns，同 82 題。

( ) 84. 下列 CPU 信號線中，何者只具有單向輸入功能？
①資料線 ②位址線 ③中斷請求線 ④記憶體讀寫控制線。

解析 ③中斷請求線，只能由週邊向 cpu 請求。屬於單向。

( ) 85. 組合語言指令格式中，下列哪一個欄位不可省略？
①標記欄 ②運算碼欄 ③運算元欄 ④註解欄。

解析 ②運算碼欄不可省略，運算元則可，例：nop。

( ) 86. 組合語言每一指令可分為 4 個欄位，CPU 不執行下列哪一個欄位？
①標記欄 ②運算碼欄 ③運算元欄 ④註解欄。

解析 ④註解欄不會被執行。

( ) 87. 記憶體 DRAM 中之 D 表示 ① Disk ② Digital ③ Data ④ Dynamic。

解析 ④ Dynamic 動態記憶體。

( ) 88. 記憶體 SRAM 中之 S 表示 ① Small ② Static ③ Shockley ④ Silicon。

解析 ② Static 靜態記憶體。

答案	80. ①	81. ④	82. ③	83. ③	84. ③	85. ②	86. ④	87. ④	88. ②

( ) 89. 下列傳輸介面速度哪一種最慢？
① USB 3.0 ② IEEE 1394 ③ LPT ④ Bluetooth。

解析 ③ LPT 為並列埠印表機用途。

( ) 90. 一微處理機有 18 條位址線及 16 條資料線，最多可直接連接多少容量記憶體？
① 128 ② 256 ③ 512 ④ 1024 KBytes。

解析 ③由位址線的多寡決定定址空間。每一位址有 16 條資料線。
$2^{18} = 2^{8} \times 2^{10} = 256K$
16bits = 2Bytes，所以 256K × 2B = 512KBytes。

( ) 91. 定義一台 16 或 32 位元電腦，通常以何者位元數為依據？
①資料匯流排 ②位址匯流排 ③控制匯流排 ④主機板廠商自行制定。

解析 ①幾位元電腦是由資料匯流排數而定。

( ) 92. 具有 8 條資料線之 512 Kbits SRAM，請問有幾條位址線？
① 12 ② 14 ③ 16 ④ 20。

解析 ③ 512Kbits = 64KBytes = $2^{6} \times 2^{10}$，需 16 條位址線定址。

( ) 93. 記憶體位址 0000~3FFFH，其容量為 ① 8K ② 16K ③ 32K ④ 64K。

解析 ② 3FFF+1 = $4000_{(16)}$ 個空間，因為 $400_{(16)}$ = 1K，所以 4000/400 = $10_{(16)}$ = 16K。

( ) 94. IC 編號 6264 為 8Kx8 之記憶體，若要組成 512Kxl6 之記憶體，需使用幾顆 6264 ？
① 32 ② 64 ③ 128 ④ 256。

解析 ③ 512K × 16/(8K × 8) = 64 × 2 = 128。

( ) 95. 設計具有 16Mx8 位元的記憶體，需使用幾顆 512Kx1 位元的記憶體？
① 128 ② 256 ③ 512 ④ 1024。

解析 ② 16M × 8/(512K × 1) = 32 × 8 = 256。

( ) 96. 下列何種 I/O 方式，使用之硬體電路最少？
① DMA ② Polling I/O ③ Interrupt I/O ④ Channel I/O。

解析 ② Polling I/O 輪詢式 I/O，有要傳才傳，硬體需求只要 2 條線即可。

( ) 97. 下列何種 I/O 方式，資料傳輸速度最快？
① DMA ② Polling I/O ③ Interrupt I/O ④ Hand-shanking。

解析 ① DMA 最快，直接控制 I/O 埠與記憶體之傳輸，速度最快。

( ) 98. 串列式介面 (Serial Interface)RS-232C 同一時間每次傳輸多少位元？
① 1 ② 8 ③ 16 ④ 32。

答案	89. ③	90. ③	91. ①	92. ③	93. ②	94. ③	95. ②	96. ②	97. ①	98. ①

解析 ①串列式介面同一時間每次傳輸 1 位元。

( ) 99. 下列何者使用串列式的方式傳輸資料？
① ISA ② PCI ③ SCSI ④ USB。

解析 ④ USB 採用串列式傳輸 (Serial Bus)。

( ) 100. 下列何者不是使用串列式的方式傳輸資料？
① IEEE-1394 ② PCI ③ RS-232C ④ USB。

解析 ② PCI 週邊組件互連標準 (Peripheral Component Interconnect, PCI)，屬於並列埠傳輸。

( ) 101. 下列哪一顆週邊晶片編號爲可程式規劃的中斷控制器？
① 8237 ② 8251 ③ 8254 ④ 8259。

解析 8237：DMA，8251：串列 I/O 介面，8254：可程式內部計時 / 計數器，8259：可程式中斷控制器。

( ) 102. 下列哪一顆週邊晶片編號爲可程式規劃的計數 / 計時器？
① 8237 ② 8251 ③ 8254 ④ 8259。

解析 同 101 題解析。

( ) 103. 下列哪一顆週邊晶片編號爲可程式規劃的 DMA 控制器？
① 8237 ② 8251 ③ 8254 ④ 8259。

解析 同 101 題解析。

( ) 104. 微處理機的工作頻率爲 10MHz，執行某一個指令需要 10 個時脈週期，則此微處理機的執行速度爲 ① 1MIPS ② 2MIPS ③ 5MIPS ④ 10MIPS。

解析 ① 0.1 × 10 = 1MIPS。

( ) 105. 將一個具有 14 支接腳的數位 IC 之接腳朝下，正面缺口 (Notch) 朝上，則最靠近缺口左邊的接腳 (Pin) 是第幾支接腳？ ① 1 ② 7 ③ 8 ④ 14。

解析 ①缺口左邊爲第 1 腳。

( ) 106. 若不考慮雜訊，則 TTL 數位 IC 編號 74LS00 的輸入接腳，在浮接 (Floating) 狀態時，視同何種準位的輸入？ ①無準位 ②低準位 ③半準位 ④高準位。

解析 ④ TTL 浮接時高準位。

( ) 107. 下列何種 TTL 數位 IC 的工作電壓 (Vcc) 較爲理想？
① 2V ② 5V ③ 8V ④ 10V。

解析 ② TTL 數位 IC 的工作電壓 (Vcc) = 5V。

答案	99. ④	100. ②	101. ④	102. ③	103. ①	104. ①	105. ①	106. ④	107. ②

(　　) 108. 下列何者是 TTL 數位 IC 的 VIL 電壓？ ① 0.4V ② 0.9V ③ 2.1V ④ 5V。

解析 ①選 0.4V

TTL 電壓準位

輸入低態電壓 $V_{IL} \leq 0.8$；輸入高態電壓 $V_{IH} \geq 2.0$

輸出低態電壓 $V_{OL} \leq 0.4$；輸出高態電壓 $V_{OH} \leq 2.4$。

(　　) 109. 下列何者是 TTL 數位 IC 的 VIH 電壓？ ① 0.7V ② 0.9V ③ 2.0V ④ 6V。

解析 ③ 2.0V 以上即可 (參考 108 題解析)。

(　　) 110. 下列何者是 TTL 數位 IC 的 VOL 電壓？ ① 0.5V ② 1.5V ③ 2.5V ④ 5V。

解析 ① VOL ≤ 0.4V，但公告答案① 0.5V 是錯誤的。

(　　) 111. 下列何者是 TTL 數位 IC 的 VOH 電壓？ ① 0V ② 0.5V ③ 1.5V ④ 2.5V。

解析 ④ VOH ≥ 2.4，選 2.5V。

(　　) 112. TTL 數位 IC 的編號若為 74H273，其中的 "H" 表示其為下列何種型態的 IC ？
①標準型 ②高速率型 ③蕭特基型 (Schottky) ④低功率蕭特基型。

解析 ② H 表示為高速型，S 表示蕭特基型，LS 表示低功率蕭特基型。

(　　) 113. TTL 數位 IC 的編號若為 74273，表示其為下列何種型態的 IC ？
①標準型 ②高速率型 ③蕭特基型 (Schottky) ④低功率蕭特基型。

解析 ①沒有標示字為標準型。

(　　) 114. TTL 數位 IC 的編號若為 74S273，其中的 "S" 表示其為下列何種型態的 IC ？
①標準型 ②高速率型 ③蕭特基型 (Schottky) ④低功率蕭特基型。

解析 ③蕭特基型 (Schottky)(參考 112 題解析)。

(　　) 115. TTL 數位 IC 的編號若為 74LS273，其中的 "LS" 表示其為下列何種型態的 IC ？
①標準型 ②高速率型 ③蕭特基型 (Schottky) ④低功率蕭特基型。

解析 ④低功率蕭特基型 (參考 112 題解析)。

(　　) 116. TTL 數位 IC 的編號若為 74LS244N，其中的 "N" 表示其外殼封裝為下列何種型式？
①金屬 ②塑膠 ③紙質 ④陶瓷。

解析 ② N 表示外殼為塑膠。

(　　) 117. TTL 數位 IC 的編號若為 74LS244J，其中的 "J" 表示其外殼封裝為下列何種型式？
①金屬 ②塑膠 ③紙質 ④陶瓷。

解析 ④ J 表示外殼為陶瓷。

答案	108. ①	109. ③	110. ①	111. ④	112. ②	113. ①	114. ③	115. ④	116. ②	117. ④

( ) 118. TTL 數位 IC 的編號若為 74LS244N，表示其功能為下列何者？
① 8 個 3 態的匯流排緩衝器 (Octal 3-State Bus Buffer)
② 8 個 3 態的匯流排收發器 (Octal 3-State Bus Transceivers)
③ 8 個 D 型正反器 (Octal D-FF)
④ 4 個 RS 型正反器 (Quad RS-FF)。

解析 ① 74LS244N 為 8 個 3 態的匯流排緩衝器 (Octal 3-State Bus Buffer)。

( ) 119. TTL 數位 IC 的編號若為 74LS273N，表示其功能為下列何者？
① 8 個 3 態的匯流排緩衝器 (Octal 3-State Bus Buffer)
② 8 個 3 態的匯流排收發器 (Octal 3-State Bus Transceivers)
③ 8 個 D 型正反器 (Octal D-FF)
④ 4 個 RS 型正反器 (Quad RS-FF)。

解析 ③ 74LS273N8 個 D 型正反器 (Octal D-FF)。

( ) 120. 數位 IC 若是屬於開集極電路型態，則在 IC 手冊會標示下列何種符號？
① LC ② OC ③ LD ④ OD。

解析 ②標示 OC(Open Collector)。

( ) 121. 新購買之發光二極體 (LED)，在二支接腳中比較長的接腳，代表哪一極性？
①負極 (N) ②正極 (P) ③無極性 ④可視情況自行定義。

解析 ② LED 長腳為正極 (P)。

( ) 122. 構成 TTL IC 元件的主要材料為下列何者？
①互補式金屬氧化物半導體 ②電阻 ③電晶體 ④電容。

解析 ③ TTL 為電晶體 - 電晶體邏輯電路 (Transistor-Transistor-Logic)。

( ) 123. 有一個三輸入 OR 邏輯閘的 TTL 數位 IC，若只需使用二支輸入腳，則第三支輸入接腳，應如何處理，才能發揮 "OR" 的邏輯特性？
①接正 5V ②接地 (0V) ③浮接 ④不處理。

解析 ② TTL OR 閘 (有 1 則 1) 所以沒有用到的腳，應該接地 (0V)。

( ) 124. 下列何種工作電壓 (VDD)，會導致 CMOS 數位 IC 的輸出動作不正常？
① 2V ② 4V ③ 6V ④ 8V。

解析 ① CMOS 的工作電壓必須介於 3 ～ 15V 輸出才正常。

( ) 125. 構成 CMOS IC 元件的主要材料為下列何者？
①互補式金屬氧化物半導體 ②電阻 ③電晶體 ④電容。

解析 ①互補式金屬氧化物半導體為 cmos 主要材料。

答案	118. ①	119. ③	120. ②	121. ②	122. ③	123. ②	124. ①	125. ①

(　　) 126. 右圖「F」輸出之函數值爲何者

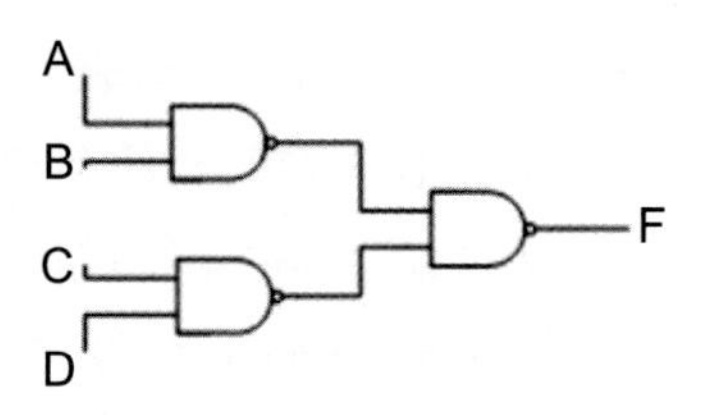

① AB + CD

② (A + B)(C + D)

③ AC + BD

④ (A + C)(B + D)。

解析 ① F = AB + CD

小圈圈代表反相，可以利用迪莫根定律圖形化簡，0 變 1，1 變 0，OR 變 AND。可以很簡單的看出 Y = AB + CD。

(　　) 127. 右圖「F」輸出之函數值爲何者？

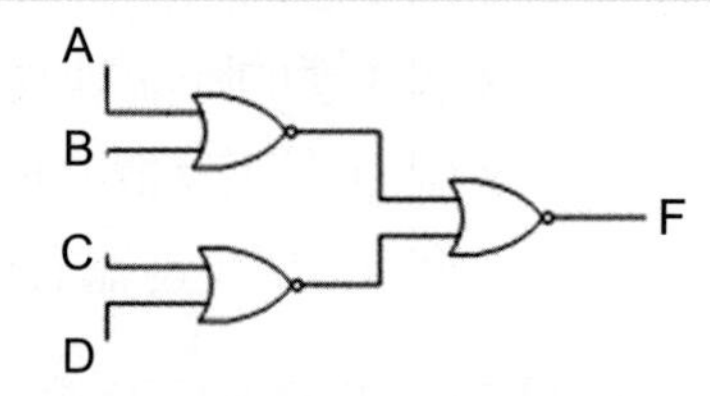

① AB + CD

② (A + B)(C + D)

③ AC + BD

④ (A + C)(B + D)。

解析 ② Y = (A + B)(C + D)

同 126 題解析方式，以圖形直接化簡，輕易看出結果。

(　　) 128. 假設有 1 個 3 人用的投票表決機，共有 3 個輸入「A」、「B」、「C」，及 1 個輸出「F」，唯有在輸入變數中較多數爲「1」時，輸出「F」才爲「1」，則下列何者爲「F」之輸出函數？

① A + B + C　② (A + B)(B + C)　③ AB + BC　④ AB + BC + CA。

解析 依題意，以卡諾圖化簡，Y = AB + BC + CA。

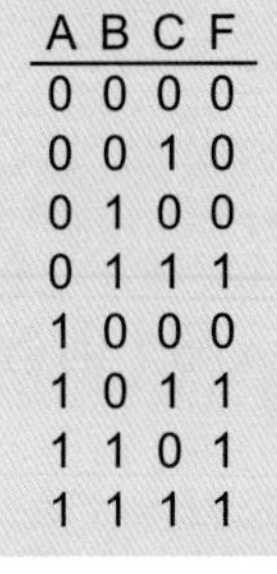

A	B	C	F
0	0	0	0
0	0	1	0
0	1	0	0
0	1	1	1
1	0	0	0
1	0	1	1
1	1	0	1
1	1	1	1

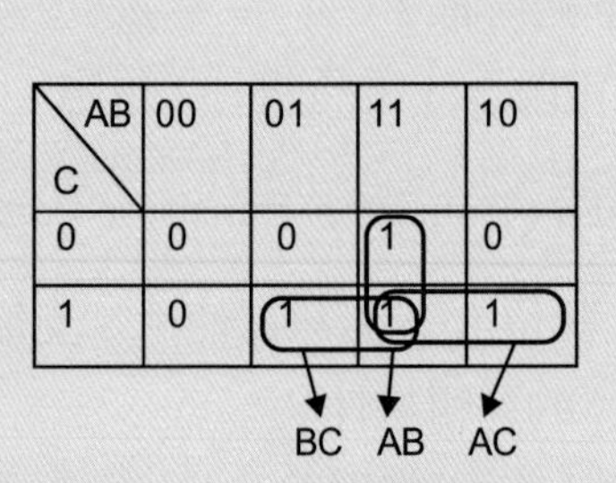

(　　) 129. 假設半加法器的輸入變數爲「A」、「B」，輸出和爲「S」，輸出進位爲「C」，若只用一個邏輯閘，組成「S」輸出函數，則爲下列何者？

① AND　② OR　③ XOR　④ XNOR。

解析 ③半加器 S = XOR，C = AB。

(　　) 130. 假設半加法器的輸入變數爲「A」、「B」，輸出和爲「S」，輸出進位爲「C」，若只用一個邏輯閘，組成「C」輸出函數，則爲下列何者？

① AND　② OR　③ XOR　④ XNOR。

解析 ①半加器 S = XOR，C = AB。

答案　126. ①　127. ②　128. ④　129. ③　130. ①

( ) 131. BCD 碼中最大的等效十進位數字爲下列何者？
① 9 ② 10 ③ 15 ④ 16。

解析 ① BCD 碼：0 ～ 9。

( ) 132. 只使用二個不具有致能 (Enable) 控制「2 X 1」的多工器，在不加其他元件的狀況下，可以組成一個下列何種多工器？ ① 3 X 1 ② 4 X 1 ③ 5 X 1 ④ 6 X 1。

解析 ① 3 X 1

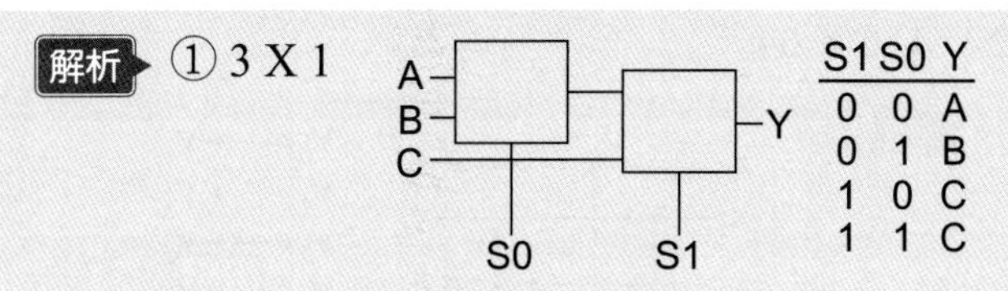

S1	S0	Y
0	0	A
0	1	B
1	0	C
1	1	C

( ) 133. 使用二個具有致能 (Enable) 控制的「2 X 1」多工器，在加入下列何者元件之後，可以組成一個「4 X 1」多工器？
① NOT Gate ② OR Gate ③ AND Gate ④ BUFFER。

解析 ① NOT Gate 構成 4 對 1 多工器。

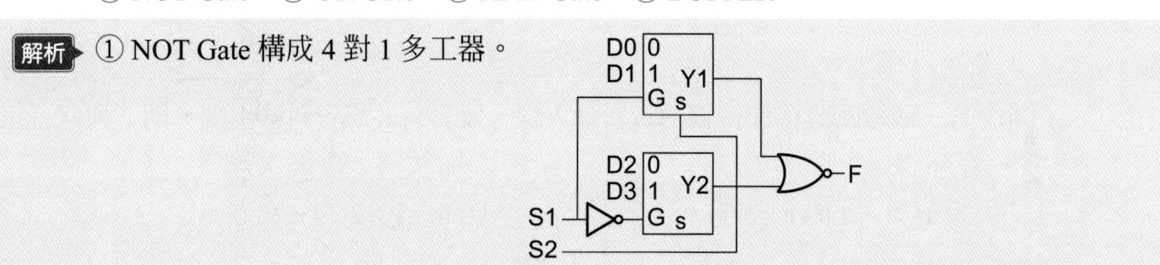

( ) 134. 二進制碼「1001」，轉換成格雷碼 (Gray code) 爲下列何值？
① 1001 ② 1101 ③ 1110 ④ 1111。

解析 ② 1101
二進位化爲格雷碼：第 1 位不變，相臨位元做 XOR。

( ) 135. 格雷碼 (Gray code)「1000」，轉換成二進制碼爲下列何值？
① 1001 ② 1101 ③ 1110 ④ 1111。

解析 ④ 1111
格雷碼化二進位碼：第 1 位不變，與下一位做 XOR 的結果再與下一位做 XOR。

( ) 136. 十進制「6」，轉換成加三碼爲下列何值？
① 0011 ② 0110 ③ 1001 ④ 1100。

解析 ③ 1001
6 = 0110 + 0011 = 1001。

( ) 137. 八進制「0.15」，轉換成十六進制爲下列何值？
① 0.31 ② 0.34 ③ 0.F ④ 0.E。

解析 ②八進制轉換成十六進制：八進制 → 3 位元二進制 → 4 位元二進制 → 十六進制
0.15 = 0.001 101 = 0.0011 0100 = 0.34。

答案	131. ①	132. ①	133. ①	134. ②	135. ④	136. ③	137. ②

(　　) 138. 若一個解碼器具有 n 個資料輸入端，則最多具有多少個資料輸出端？
①n　②2n　③2 的 n 次方　④n 的 n 次方。

解析 ③二進位制，2 的 n 次方。

(　　) 139. 使用兩個皆具有致能 (Enable) 控制輸入端的 2 X 4 解碼器及一個反相器，可以組成下列何種解碼器電路？
①3 X 8　②4 X 16　③5 X 32　④6 X 64。

解析 ①2 個 2 × 4 解碼器組成 3 × 8 解碼器。

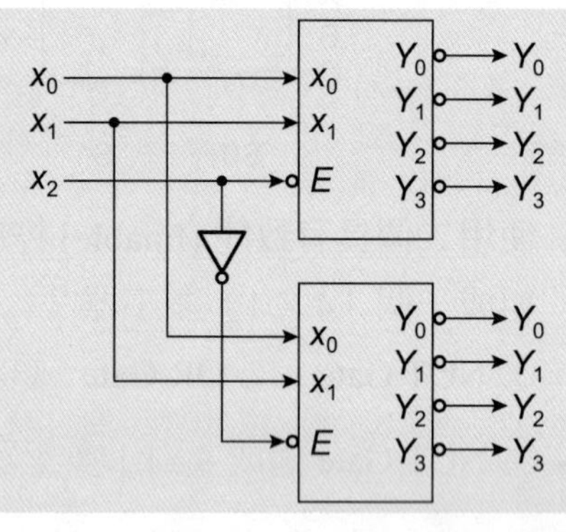

(　　) 140. 若一個編碼器具有 m 條的資料輸入線，及具有 n 條資料輸出端，則下列何者正確？
①n >= 2 的 m 次方　②n <= 2 的 m 次方
③m >= 2 的 n 次方　④m <= 2 的 n 次方。

解析 用實例說明 4 × 2 編碼器，輸入 m 條≤ 2^n。

輸入				輸出	
0	0	0	1	0	0
0	0	1	0	0	1
0	1	0	0	1	0
1	0	0	0	1	1

(　　) 141. 若一個多工器具有 2 的 n 次方之資料輸入線，則其必須具有多少條來源選擇線，才能選取到每一條資料輸入線？　①n–3　②n–2　③n–1　④n。

解析 ④n 條選擇線可以對應 2^n 個輸入。

(　　) 142. 若一個 2 X 1 多工器，具有兩條資料輸入線「A」、「B」，一條資料輸出線「F」，一條來源選擇線「S」，則其輸出線「F」的函數值為下列何者？
①F = (NOT S) A + SB　②F = SA + (NOT S) B
③F = SA + SB　④F = (NOT S) A + (NOT S) B。

解析 ①F = (NOT S) A+SB
當 S = 0，輸出 A，當 S = 1，輸出 B。

(　　) 143. 只使用 3 個不具有致能 (Enable) 控制的 2 X 1 多工器，在不加其他元件的狀況下，可以組成一個下列何種多工器？
①4 X 1　②6 X 1　③8 X 1　④10 X 1。

答案	138. ③　139. ①　140. ④　141. ④　142. ①　143. ①

解析 ① 4 X 1

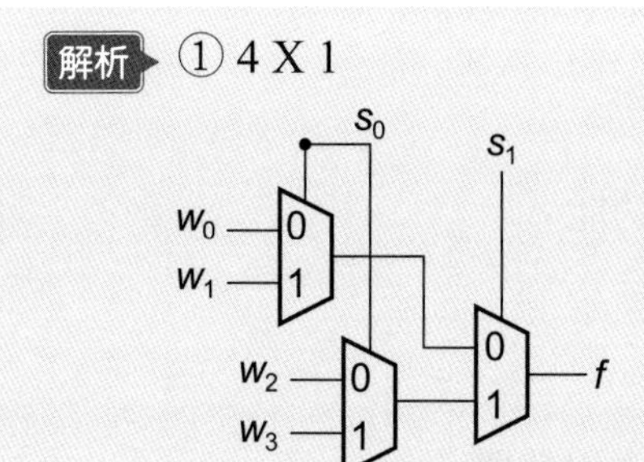

(　　) 144. 在不加其他元件的狀況下，若要擴充成一個 16 X 1 多工器，最少須要多少個不具有致能 (Enable) 控制的 4 X 1 多工器？ ① 4 ② 5 ③ 6 ④ 7。

解析 同 143 題解析，使用 4 個 4 ×1 可得 16 種輸入狀態，第 5 個來控制輸出。

(　　) 145. 在 Linux 系統環境中，若 ftp 用戶欲同時下載數個檔案時，需執行下列哪一個指令？
① get ② get-e ③ mget ④ mcopy。

解析 ③ mget 可同時將數個檔案下載。如果使用 get 只能一次 1 個檔案。

(　　) 146. 下列哪一種爲支援網路管理的通訊協定？
① SNMP ② SMTP ③ NFS ④ FTP。

解析 ① SNMP(Simple Network Management Protocol) 簡易網路管理定
SMTP(Simple Mail Transfer Protocol)
NFS(Network File System)
FTP(File Transfer Protocol)。

(　　) 147. 下列何者不是 Windows 2008 Server 的檔案系統結構？
①網狀 ②樹狀 ③環狀 ④串列狀。

解析 檔案結構爲樹狀。

(　　) 148. 有關檔案系統格式之說明，下列何者正確？
① Windows 7 支援 Ext4 檔案系統格式
② Windows 2008 Server 支援 NTFS 檔案系統格式
③ Mac 支援 HFS+ 檔案系統格式
④ Chrome OS2 檔案格式爲 FAT32 格式。

解析 ② Windows 2008 Server 支援 NTFS ③ Mac 支援 HFS
① Ext4 爲 Linux 使用，④ FAT32 爲 Windows 系統使用。

答案	144. ②	145. ③	146. ①	147. ①③④	148. ②③

(　　) 149. 下列敘述何者爲誤？
①Mac 電腦所使用之 iOS 爲應用軟體
②銀行所提供之 ATM 服務，屬於電腦作業系統功能
③POS 系統被廣泛使用於便利商店
④Access 是資料庫軟體。

解析 ①iOS 爲系統軟體。　②銀行 ATM 服務，屬於應用軟體。

(　　) 150. 下列檔案格式中，何者爲 ODF 組織所制定的開發文件檔案格式？
①odt(文件檔)　②odp(簡報檔)　③odm(資料庫檔)　④odx(試算表)。

解析 ODF(Open Document Format)。
①odt(文件檔) ②odp(簡報檔)
odb(資料庫檔)，ods(試算表)，odg(圖片檔)。

(　　) 151. 有關 WinRAR 軟體之敘述，下列何者爲誤？
①系統軟體　②應用軟體　③免費軟體　④共享軟體。

解析 應爲①應用軟體　③共享軟體。

(　　) 152. Windows 7 的 TCP/IP 設定，下列敘述何者爲誤？
①主要設定 TCP　②能設定自動取得 IP　③無提供 IPv4 功能　④提供慣用 DNS 設定。

解析 主要設定 IPV4 的 IP。

(　　) 153. 下列何者是 Android 作業系統之特性？
①使用 c 語言開發
②廣泛用於智慧手機，並具有人工智慧 (AI) 功能
③採用封閉式架構，不容易中毒
④支援觸控功能。

解析 Android 安卓系統以 C 語言開發，廣泛用於智慧手機，並不具有人工智慧 (AI) 功能。

(　　) 154. 下列何者屬於 DVI 接頭？　①DVI-A　②DVI-B　③DVI-D　④DVI-I。

解析 ①DVI-A(Analog 數比信號)。　③DVI-D(Digital 數位信號)。
④DVI-I(Integrated 混合式)。

(　　) 155. 下列有關 USB 敘述，何者正確？
①USB 1.0 的最大傳輸頻寬爲 12Mbps
②USB 1.1 的最大傳輸頻寬爲 24Mbps
③USB 2.0 的最大傳輸頻寬爲 480Mbps
④USB 3.0 的最大傳輸頻寬爲 4.8Gbps(約 5Gbps)

解析 ③USB 2.0 的最大傳輸頻寬爲 480Mbps。
④USB 3.0 的最大傳輸頻寬爲 4.8Gbps(約 5Gbps)。

答案　149. ①②　150. ①②　151. ①③　152. ①③　153. ①④　154. ①③④　155. ③④

( ) 156. 下列何者屬於 SATA 傳輸速度？
① SATA 1.5Gbit/s ② SATA 3Gbit/s ③ SATA 6Gbit/s ④ SATA 24Gbit/s。

解析 SATA 速率如①②③所述。

( ) 157. 下列何者屬於顯示介面？ ① D-SUB ② DVI ③ HDMI ④ USB。

解析 ① D-SUB：一般最常見的 VGA。
② DVI：數位視訊。
③ HDMI：新式家庭影音設備。

( ) 158. 下列何者屬於數位傳輸介面？ ① D-SUB ② HDMI ③ RS-232 ④ USB。

解析 ② HDMI ④ USB 爲數位式，另 2 個爲類比式。

( ) 159. 下列何者屬於類比傳輸介面？ ① D-SUB ② HDMI ③ RS-232 ④ USB。

解析 ① D-SUB ③ RS-232 爲類比式，另 2 個爲數位式。

( ) 160. 有關 PCI-E 設備之敘述，下列何者正確？
①可用於顯示卡介面 ②爲 PCI–Electron 簡稱
③能夠支援熱插拔特性 ④能夠支援熱交換特性。

解析 正確簡稱爲 PCI–Express。

( ) 161. 下列何者爲使用於電腦主記憶體之同步動態隨機存取記憶 (Synchronous Dynamic Random-Access Memory，簡稱 SDRAM) ？
① GDDR ② DDR ③ DDR2 ④ DDR3。

解析 GDDR(Graphics…) 是用於視訊之記憶體。

( ) 162. 有關固態硬碟之敘述，下列何者正確？
① Solid State Disk 或 Solid State Drive，簡稱 SSD
② SATA 爲固態硬碟採用介面之一
③內部使用快閃記憶體，若沒有電源供應，內部儲存之資料將遺失
④內部裝有高速馬達，因此資料讀取速度比傳統硬碟快速。

解析 ①固態硬碟 Solid State Disk 簡稱 SSD。
② SSD 使用的介面支援項目很多，SATA 爲其中之一。

( ) 163. 有關 SD 卡之敘述，下列何者正確？
①全名 Secure Digital Memory Card，簡稱 SD
② 66x 之 SD 卡傳輸速度約爲 66MB/s
③ 66x 之 SD 卡傳輸速度約爲 9.9MB/s
④ 133x 之 SD 卡傳輸速度約爲 133MB/s。

答案	156. ①②③	157. ①②③	158. ②④	159. ①③	160. ①③④	161. ②③④	162. ①②	163. ①③

解析 ①行動裝置廣泛應用 SD 卡 (Secure Digital Memory Card，簡稱 SD)
③ 66x 之 SD 卡傳輸速度 66 × 150 約為 9.9MB/s。

(　　) 164. 有關 SDHC 卡的傳輸速度規格，下列何者正確？
① Class 2、4、6，代表傳輸速度分別為 2MB/s、4MB/s、6MB/s
② Class 2、4、6，代表傳輸速度分別為 2Mbps、4Mbps、6Mbps
③ Class 10，代表傳輸速度為 10MB/s
④ Class 10，代表傳輸速度為 10Mbps。

解析 傳輸速度的單位是 MB/s 不是 Mb/s，所以②④項錯誤。

(　　) 165. 下列何者為 SD 卡的傳輸速度規格？
① Class 10　② Class-A　③ UHS-I　④ UHS-II。

解析 SD 卡的傳輸速度分 Class2,4,6,10,UHS-I,UHS-II 等。

(　　) 166. 有關 GDDR 之敘述，下列何者正確？
①屬於一種 SRAM　②為 Graphics Double Data Rate 的縮寫
③為使用於顯示卡的一種視訊記憶體　④依傳輸速度可以分為 GDDR2~GDDR100。

解析 ② GDDR 為 Graphics Double Data Rate 的縮寫。
③是顯示卡的一種視訊記憶體，版本有 GDDR3，GDDR5。

(　　) 167. 有關 CPU 插座之敘述，下列何者正確？
① PGA(Pin Grid Array) 插座，其針腳位於主機板，不在 CPU
② PGA 插座，其針腳位於 CPU，安裝時將 CPU 的針腳插到插座
③ LGA(Land Grid Array) 插座，其針腳位於主機板，不在 CPU
④ LGA 插座，其針腳位於 CPU，安裝時將 CPU 的針腳插到插座。

解析 CPU 插座：
② PGA 插座，其針腳位於 CPU 上，安裝時將 CPU 的針腳插到插座
③ LGA 插座，其針腳為彈性針腳位於主機板插座上，CPU 僅有接觸點。

(　　) 168. 下列何者為 CPU？
① Intel Core i5　② Intel Core i7　③ AMD Athlon II　④ AMD Athlon XII。

解析 沒有這種規格編號 AMD Athlon XII。

(　　) 169. 有關藍光光碟 (Blu-ray Disc，簡稱 BD) 之敘述，下列何者正確？
①使用的檔案格式為 PDF　②單層 BD-RE 儲存容量為 25GB
③雙層 BD-RE 儲存容量為 50GB　④四層 BD-RE 儲存容量為 200GB。

答案 164. ①③　165. ①③④　166. ②③　167. ②③　168. ①②③　169. ②③

解析 藍光光碟，簡稱 BD，檔案格式為 UDF。
容量分別有單層、雙層、三層、四層
②單層 BD-RE 儲存容量為 25GB
③雙層 BD-RE 儲存容量為 50GB
三層容量為 100GB，四層容量為 128GB。

(　　) 170. 有關藍光光碟 (Blu-ray Disc，簡稱 BD) 讀取速度之敘述，下列何者正確？
① 1x 速讀取速度為 36Mbit/s　② 2x 速讀取速度為 64Mbit/s
③ 4x 速讀取速度為 128Mbit/s　④ 6x 速讀取速度為 216Mbit/s。

解析 藍光光碟讀取速度為 1 倍數 4.5MB/s = 36Mb/s，2 倍數 × 2 = 72，4 倍數 × 4 = 144，6 倍數 × 6 = 216Mb/s。

(　　) 171. 下列何者為藍光光碟 (Blu-ray Disc，簡稱 BD) 之規格？
① BD-RW　② BD-ROM　③ BD-R　④ BD-RE。

解析 藍光光碟規格，無 RW 規格
② BD-ROM(唯讀)　③ BD-R(可燒 1 次)　④ BD-RE(可重複燒錄)。

(　　) 172. 有關光碟 (Disc) 單層儲存容量之敘述，下列何者正確？
① VCD 儲存容量為 1GB　② DVD 單層儲存容量為 4.7GB
③ HD DVD 單層儲存容量為 25GB　④ BD 單層儲存容量為 25GB。

解析 ① VCD 儲存容量為 700MB
③ HD DVD 單層儲存容量為 15GB。

(　　) 173. 下列何者屬於硬碟傳輸介面？
① ATI　② SATA　③ SCSI　④ SAS。

解析 ATI 為顯卡
② SATA：串列 ATA　③ SCSI：可接多個裝置　④ SAS：串列式 SCSI。

(　　) 174. 有關串級放大電路之敘述，下列何者正確？
①串級越多，頻率響應越差　②串級越多，頻率響應越佳
③串級越多，頻帶寬度越寬　④總增益值為各級增益之乘積。

解析 增益頻寬積不變，所以
①串級越多增益大，頻寬變小　④總增益值為各級增益之乘積。

(　　) 175. 有關矽控整流器 (Silicon Controlled Rectifier,SCR) 之截止導通方式，下列何者正確？
①切斷閘極電流　②切斷陽極電流
③將陽極與陰極短路再分開　④將陽極與閘極短路再分開。

解析 SCR 是早期的控制器，元件導通後，閘極失去控制的作用。
②切斷陽極電流③將陽極與陰極短路再分開，才能切斷導通的狀況。

答案	170. ①④	171. ②③④	172. ②④	173. ②③④	174. ①④	175. ②③

(　　) 176. 有關蕭特基 (Schottky) 二極體特性之敘述，下列何者正確？
①多數載體是電子　②沒有少數載體儲存效應
③具高速切換能力之半導體元件　④需提供較高之導通電壓。

解析 蕭特基型爲快速型之半導體元件，非飽和型，沒有少數載子之特性所以可快速切換。

(　　) 177. 下列功率放大器，何者之導通角度大於或等於 180 度？
① A 類　② B 類　③ C 類　④ AB 類。

解析 A 類工作點在負載線中點，360°導通
B 類工作點在截止點上，180°導通
AB 類工作點介於 A、B 類之間
C 類工作點在截止點下，導通 <180。

(　　) 178. 振盪電路若要維持振盪狀態，需滿足下列哪些條件？
①電壓振幅需持續增加　②電流振幅需持續減少
③回授電路之相移必須爲零度　④封閉回授電路之電壓增益必須等於 1。

解析 振盪電路若要維持振盪狀態，需滿足正回授、$\beta A \geq 1$ 條件。

(　　) 179. 構成二極體反向恢復時間 (reverse recovery time,TRR)，包含下列哪些項目？
①順偏儲存時間　②逆偏儲存時間　③順偏過渡時間　④逆偏過渡時間。

解析 反向恢復時間都跟逆偏相關，因有多數載子與少數載子存在，主要載子 =0，但還有少數載子在流動所以恢復需要時間。

(　　) 180. 線性放大器係以運算放大器加上負回授方式構成，其輸入的非反相端與反相端之間有何關係？
①形成虛短路　②相位相反　③兩者電壓趨近相等　④必須同時接地。

解析 OPA 有負回授就會形成①虛短路③ $V_+ = V_-$，電壓趨近相等。

(　　) 181. 有關類比電路中，運算放大器與比較器之敘述，下列何者正確？
①運算放大器可以當成比較器使用　②比較器輸出值爲飽和電壓值
③比較器可以當成運算放大器使用　④理想運算放大器的輸入阻抗爲無窮大。

解析 OPA 可以製作比較器，但比較器不能當 OPA。

(　　) 182. 有關電壓源電力輸送至負載之最大功率轉移之敘述，下列何者正確？
①負載吸收最大功率　②負載電壓等於電壓源輸出之電壓值
③負載功率爲四分之一輸出總功率　④負載電阻等於電壓源內阻。

解析 當負載電阻 = 內阻時，可以得到最大功率。$P_L = 1/4(V_{cc}^2/R_L)$。

答案	176. ①②③　177. ①②④　178. ③④　179. ②④　180. ①③　181. ①②④　182. ①④

(　　) 183. 有關電阻器之敘述，下列何者正確？
①物體之截面積越大，電阻值越小　②電阻係數越高，阻值越大
③物體之長度越長，電阻值越小　④電阻值越大，流過之電流越大。

解析 $R=\rho\dfrac{L}{A}$，
①物體之截面積越大，電阻值越小　②電阻係數越高，阻值越大。

(　　) 184. 有關電容器之敘述，下列何者正確？
①兩平行金屬板之面積越大，電容量越小　②容電係數越小，電容量越大
③兩平行金屬板之距離越遠，電容量越小　④電容量之單位為法拉。

解析 $C=\varepsilon\dfrac{A}{d}$，
③距離越遠，電容量越小　④電容量之單位為法拉。

(　　) 185. 有關電阻串聯與並聯之敘述，下列何者正確？
①串聯之總電阻值減少　②串聯之總電阻值增加
③並聯之總電阻值減少　④並聯之總電阻值增加。

解析 電阻越串越大，越並越小。
②串聯之總電阻值增加　③並聯之總電阻值減少。

(　　) 186. 有關克希荷夫電流定律之敘述，下列何者正確？
①任一節點之電流代數和為零
②節點上之所有電流方向一致
③流入某一節點之電流和，等於流出該節點之電流和
④任一節點流入路徑之個數，必須等於流出路徑個數。

解析 克希荷夫電流定律：電流代數和＝0，流進＝流出。

(　　) 187. 有關克希荷夫電壓定律之敘述，下列何者正確？
①封閉環路之每個元件，其兩端電壓值皆相同
②封閉環路中，電壓升之代數和等於電壓降之代數和
③封閉環路之節點數總和小於 2
④封閉環路之電壓代數和為零。

解析 克希荷夫電壓定律：
②總電壓升＝總電壓降　④電壓代數和為零。

答案	183. ①②	184. ③④	185. ②③	186. ①③	187. ②④

(　　) 188. 有關電壓及電流之量測，下列敘述何者正確？
①直接量測電流時，應使用安培計串聯量測
②直接量測電壓時，應使用伏特計並聯量測
③安培計之內阻越小，可量測之電流越小
④伏特計之內阻越大，可量測之電壓越高。

解析 ①量測電流時，應與待測電路串聯
②量測電壓時，應與待測電路並聯
理想電流表內阻 = 0，理想電壓表 = ∞。

(　　) 189. 有關電容器串聯與並聯之敘述，下列何者正確？
①串聯之總電容量減少　②串聯之總電容量增加
③並聯之總電容量減少　④並聯之總電容量增加。

解析 電阻越串越大，越並越小。
電容越串越小，越並越大。

(　　) 190. 在沒有互感情況下，有關電感器串聯與並聯之敘述，下列何者正確？
①串聯之總電感值減少　②串聯之總電感值增加
③並聯之總電感值減少　④並聯之電感值增加。

解析 在沒有互感情況，電感串並聯與電阻串並聯完全一樣。
越串越大，越並越小。

(　　) 191. 有關石英晶體與石英振盪器之敘述，下列何者正確？
①石英晶體爲一壓電元件
②石英晶體只需搭配電感器，即可組成振盪器
③石英振盪器有兩個銲接腳數
④石英振盪器加入直流電壓即產生固定頻率之方波。

解析 ①石英晶體爲一壓電元件，加入一交流電壓時，可產生相同頻率的振動。
有 2 個諧振頻率點。加入一固定直流電壓時，可產生固定的頻率的方波。

答案	188. ①②④　189. ①④　190. ②③　191. ①④

工作項目 05 裝修及控制應用（單選 135 題，複選 36 題）

(　　) 1. 組合語言的每一行指令可分為 4 個欄 (Field)，CPU 並不執行下列所述 4 個欄之中的哪一欄？ ①運算碼欄 ②運算元欄 ③註解欄 ④標記欄。

解析 ③註解欄不會被執行。

(　　) 2. 在 80x86CPU 的程式執行過程中，已知堆疊指標 SP = 2000H，且往較低位址存入 (PUSH) 資料，當執行三個 PU SH AX 與一個 POP BX 時，SP 指在
① 2001H ② 2002H ③ 1FFCH ④ 1FFDH。

解析 ③往較低位址存入 (PUSH3 次，POP1 次) 資料，位址 = 2000H-6H+2H = 1FFCH。

(　　) 3. 下列哪一種組合語言指令敘述為直接定址模式？
① MOV CL,[2FFFH] ② MOV AX,BX ③ MOV AH,4AH ④ DAA。

解析 ① MOV CL,[2FFFH]，[2FFFH] 為實際位址，直接將該位址的內容移動至 CL。

(　　) 4. 兩個 16 進制值 37H 與 47H 相加後的結果，在經過 DAA 指令調整為 BCD 值，則最後結果為 ① 74H ② 84H ③ 7EH ④ 8EH。

解析 ② 37H + 47H = 7EH，DAA 之後以 BCD 表示，就是以 (十進位) 表示 = 84H。

(　　) 5. 下列敘述中，何者不是記憶體映對 (Memory Mapped) I/O 的特點？
①獨立的 I/O 地址，不佔記憶體的空間
②沒有輸入、輸出指令
③ Memory 和 I/O 同等對待
④所有 Memory 的指令皆可以用來做 I/O 的工作。

解析 ①記憶體對映 I/O 使用相同的位址匯流排來定址記憶體和輸入輸出裝置。

(　　) 6. 某記憶體映對 I/O(Memory Mapped I/O) 的微處理機系統，有 15 條位址線，8 條資料線，此系統需 2KBytes 的 I/O 空間，則可以規劃的最大記憶空間為
① 10kBytes ② 20kBytes ③ 30kBytes ④ 32kBytes。

解析 15 條位址線定址空間 = $2^{15} = 2^5 \times 2^{10}$ = 32KB，32 － 2 = 30KB。

(　　) 7. Intel 80x86CPU 內部暫存器 BX，CS，DS，SS 及 ES 的內容分別為 1001H、3270H、2010H、1280H 及 1502H，指令 MOV [BX],AH 會將 AH 暫存器的內容寫入到哪一個記憶體位址？ ① 33701H ② 13801H ③ 16021H ④ 21101H。

解析 MOV [BX],AH 為間接定址，將 AH 暫存器內容移至 DS:BX 內，
位址 = 20100H + 1001H = 21101H。

答案	1. ③	2. ③	3. ①	4. ②	5. ①	6. ③	7. ④

(　　) 8. 在 80x86CPU 中下列哪一個旗標，可使微處理機在執行每一個指令時，自動產生內部中斷，使指令一個一個的執行，以便偵錯？ ① ZF ② SF ③ TF ④ OF。

解析 ① ZF：Zero 零旗標 ② SF：Sign 符號旗標
③ TF Trap 單步旗標 ④ OF OverFlow 溢位旗標。

(　　) 9. 假設某一微電腦的 CPU 使用 5MHz 基本脈波頻率，今執行某一程式共耗用 500 個時脈週期，問執行此一程式需花費多少時間？
① 0.01S ② 0.001S ③ 0.0001S ④ 0.00001S。

解析 週期 = 1/5M = 0.2μs，500 × 0.2 = 100μs = 0.0001s。

(　　) 10. 微處理器進行運算時，運算結果的狀態表示在哪一個暫存器？
①索引暫存器 ②旗標暫存器 ③堆疊暫存器 ④計數暫存器。

解析 運算後的狀態可以用旗標來表示與觀察。

(　　) 11. 一部 32 位元電腦和 64 位元的電腦通常是以何者為依據？
①控制匯流排之位元數 ②資料匯流排之位元數
③程式匯流排之位元數 ④位址匯流排之位元數。

解析 64 位元電腦表示可以一次處理 64 位元數的數值。

(　　) 12. 位址匯流排 (Address Bus) 共有 21 條位址線，若有 8 條資料線，則可以有多少記憶定址能力？ ① 1MB ② 2MB ③ 4MB ④ 8MB。

解析 定址空間以位址線來決定，$2^{21} = 2 \times 2^{20}$ = 2MB。

(　　) 13. 以下界面晶片中，何者可規劃間隔定時器 (Programmable Interval Timer)？
① Intel 8250 ② Intel 8251 ③ Intel 8253 ④ Intel 8255。

解析 8253, 8254 均為可程式計時 / 計數器，可規劃為間隔定時器。

(　　) 14. Intel 8255A 界面晶片主要功能為
①擴充串列 I/O 埠 ②擴充並列 I/O 埠 ③計數器 ④計時器。

解析 8255 晶片專為擴充並列埠 I/O 之用。

(　　) 15. 進行直接記憶存取方式操作時，記憶體的位址是由誰產生？
①執行指令 ② DMA 控制器 ③記憶體界面 ④ CPU。

解析 DMA 直接記憶體存取，位址為 DMA 控制器所產生。

(　　) 16. 微電腦系統服務 I/O 裝置中，哪一種效率最高？
① ASIC ② Interrupt ③ Polling ④ DMA。

解析 DMA 直接記憶體存取效率較輪詢方式高。

答案	8. ③	9. ③	10. ②	11. ②	12. ②	13. ③	14. ②	15. ②	16. ④

(　　) 17. 在下列各項中斷中其優先順序最高的為
①重置 (Reset) ②不可抑制中斷 (NMI) ③一般指令執行 ④可抑制性中斷 (INTR)。

解析 重置 (Reset) 為不可遮罩之中斷，優先權最高。

(　　) 18. 下列哪一顆晶片可作為中斷控制？
① 8237 ② 8247 ③ 8259 ④ 8255。

解析 8259 為中斷控制器。

(　　) 19. DMA 控制 IC 8237 不支援下列哪種資料轉移模式？
①串接模式 ②需求轉移模式 ③區塊轉移模式 ④並列轉移模式。

解析 8237 為 DMA 控制器，為串接轉移模式。

(　　) 20. 若有一個 5 位元的漣波計數器，表示其模組 (Modules) 最大為多少？
① 5 個 ② 32 個 ③ 64 個 ④ 128 個。

解析 2 的 5 次方 = 32。

(　　) 21. 微電腦系統被設計成中斷式 I/O，其中斷服務程式之最後一行需使用下列哪一個指令，使中斷服務結束後能返回主程式中？ ① EQU ② IRET ③ ORG ④ JUMP。

解析 ② IRET 使中斷服務結束後能返回呼叫的程式。

(　　) 22. RS-232C 介面是屬於
①類比信號傳輸 ②調變設備 ③串列傳輸 ④並列傳輸。

解析 ③ RS232C 是舊時的串列傳輸介面。

(　　) 23. 假設有兩部電腦作長距離資料傳輸時，若利用現成的電話線進行傳輸，則在電腦之間需加裝下列何種裝置？ ① RS-232 ② IEEE-488 ③ SCSI ④ Modem。

解析 ④ Modem 用來作類比 / 數位轉換，作長距離傳輸。

(　　) 24. 某數據機 (Modem) 使用 600bps 來進行串列資料傳輸，假設連續傳送 10 秒，共計可傳送多少位元組 (Byte)？ ① 240 ② 600 ③ 750 ④ 1000。

解析 600 × 10 = 6000bits = 750Bytes。

(　　) 25. 以 1200bps 傳送檔案資料，而傳送一個位元組另需一個起始位元與一個停止位元，當傳送 8K 位元組的檔案，約需 ① 34 ② 53.33 ③ 54.61 ④ 68.26 秒。

解析 每傳送 1Byte 需 8 + 1 + 1 = 10bits，8KB = 8 × 1024Byte = 8192Bytes，
共需傳送 81920bits，耗時：81920/1200 = 68.26 秒。

答案	17. ①	18. ③	19. ④	20. ②	21. ②	22. ③	23. ④	24. ③	25. ④

(　　) 26. 假設某筆資料共 2400Bytes，今以每個框 (Frame) 包含 8 個資料位元，1 個起始位元，2 個停止位元，沒有同位位元之非同步串列方式傳輸，共需要 5 秒才能傳完。請問此串列傳輸之鮑率應為 ① 1920 ② 3840 ③ 5280 ④ 10560 bps。

解析 每一框 11 位元，2400B = 2400 × 11 = 26400 位元，5 秒完成，表示每秒傳送 5280 位元。

(　　) 27. RS-232 界面邏輯狀態為 "1" 時，其電壓值是
① +3V ～ +5V ② +3V ～ +15V ③ −3V ～ −15V ④ −3V ～ −5V。

解析 RS-232 界面電壓準位為負邏輯。狀態 1 為負電壓，狀態 0 為正電壓。

(　　) 28. USB 是使用
①序列埠傳輸 ②非同步並列傳輸 ③同步並列傳輸 ④並列埠與序列埠共同傳輸。

解析 USB 為串列傳輸。

(　　) 29. 假設有 16Kx1 的 DRAM，若欲擴展成為 128Kx8 時，則需使用幾個 16Kx1 的 DRAM？ ① 8 ② 16 ③ 32 ④ 64。

解析 128K × 8/16K = 64。

(　　) 30. 記憶體位址 0000 ~ 3FFF，其容量為
① 4K ② 8K ③ 12K ④ 16K。

解析 容量 = 3FFF+1 = 4000H，因 400H = 1024 = 1K，所以 4000/400 = 10H = 16K。

(　　) 31. 下列的半導體元件中，何者屬於只能燒錄一次的記憶元件？
① PROM ② EPROM ③ EEPROM ④ Flash ROM。

解析 A programmable read-only memory (PROM)，只能燒寫一次。

(　　) 32. 若要在 SVGA(Super VGA)，解析度為 (800x600) 模式下顯示眞實色 (2 的 24 次方色)，其顯示記憶體 (VRAM) 至少需要
① 1MB ② 2MB ③ 3MB ④ 4MB。

解析 SVGA 眞實色為全彩 (紅綠藍三原色)，共需 3 × 8 = 24 位元，
800 × 600 × 224bits = 1.37MB，故選至少 2MB。

(　　) 33. 就通訊多媒體技術的眼光來看 MP3，下列何者錯誤？
①聲音品質佳 ②屬於多媒體壓縮技術的應用範圍
③非 28 經許可，不可任意轉拷 ④影像品質佳。

解析 MP3 為聲音壓縮之技術，不是影像。

答案	26. ③	27. ③	28. ①	29. ④	30. ④	31. ①	32. ②	33. ④

( ) 34. 下列數位相機的規格中，哪一項會直接影響拍照作品的輸出檔案大小？
①電源電壓 ②解析度 ③鏡頭焦距 ④機身重量。

解析 數位相機拍照作品之解析度決定檔案大小。

( ) 35. IBM PC 的基本輸出入系統 (BIOS) 是儲存於下列何種記憶體內？
①硬碟 ②軟碟 ③ RAM ④ ROM。

解析 電腦開機所需硬體驅動程式存於 ROM 內，稱爲 BIOS。

( ) 36. 一個 8 位元數位 / 類比轉換器 (DAC) 其解析度爲
① 8 ② 1/8 ③ 255 ④ 1/255。

解析 8 位元可細分 28 = 256 狀態，解析度 = 1/255。

( ) 37. 下列哪一種資料處理的方式是『先進先出』？
①佇列 ②堆疊 ③陣列 ④串列。

解析 先進先出 = 佇列，先進後出 = 堆疊。

( ) 38. 在 IBM PC 中，下列何者存取速度最快？
① L1 快取記憶體 ② L2 快取記憶體 ③主記憶體 ④暫存器。

解析 暫存器位於 CPU 內部，速度最快。

( ) 39. 動態的 RAM 是利用何種元件來儲存資料？
①電阻 ②電感 ③電容 ④磁蕊。

解析 動態 RAM(DRAM) 主要元件是電容，所以固定時間必須重新充電 (Refresh)。

( ) 40. 下列何種記憶體 IC 適合擔任快捷記憶體 (Cache Memory) ？
① 2732 ② 2864 ③ 44256 ④ 6264。

解析 快取記憶體 (SRAM)，編號 6264 或 62256 等 62 開頭編號。

( ) 41. CPU 與週邊元件間，試問下列何種方式是 CPU 需主動詢問發送端是否有資料要傳送？
①輪詢式 I/O(Polling I/O) ②中斷式 I/O(Interrupt I/O)
③直接記憶體存取 (DMA) ④交握式 (Handshake)。

解析 輪詢方式會主動輪流詢問週邊是否需要服務？

( ) 42. 微處理器使用中斷 I/O 時，其硬體介面電路必須要能
①產生中斷信號 ②產生 Time Out 信號
③接收中斷信號 ④做輸出 / 入的 handshake 控制。

解析 微處理器必須開啓中斷總開關，且能接收中斷之請求。

答案	34. ②	35. ④	36. ④	37. ①	38. ④	39. ③	40. ④	41. ①	42. ③

(　　) 43. 微處理器與外部硬體中斷介面主要的信號之一是
①中斷記憶　②中斷週期　③中斷認可　④中斷分離信號。

解析 中斷認可 (IACK)。

(　　) 44. 資訊材料中的金銅等金屬材料，其電阻值和溫度成
①平方正比　②平方反比　③反比　④正比。

解析 金屬材料屬於正溫度係數，溫度上升，電阻上升。

(　　) 45. 在中斷式 I/O 中，當 I/O 裝置需要作 I/O 服務處理時，會以何種信號來通知 CPU，以進行 I/O 傳輸服務？
①匯流排仲裁線 (BRQ)　②位址線　③中斷認知 (IACK)　④中斷要求 (IRQ)。

解析 裝置可發出中斷請求 (IRQ) 向 CPU 請求中斷服務。

(　　) 46. 運算放大器的積分電路，其回授元件爲下列何者？
①電阻器　②電容器　③稽納二極體　④分壓器。

解析 積分電路回授元件爲電容器。微分器恰相反。

(　　) 47. 編號 2764 的 EPROM，其記憶容量爲
① 2Kx8 bit　② 4Kx8 bit　③ 8Kx8 bit　④ 64Kx8 bit。

解析 27XXX 爲 EPROM 編號，XXX 爲容量，所以 2764 容量爲 64Kbits = 8K × 8bits。

(　　) 48. 這台 PC 記憶體共有 2G 和 256K 的快取記憶體，以上的 2G 和 256K 分別是指下列哪類型 IC 最適宜？
① ROM，SRAM　② SRAM，ROM　③ DRAM，ROM　④ DRAM，SRAM。

解析 2G 是 DRAM，快取 SRAM 較小。

(　　) 49. 某個記憶體有位址線 11 條，資料線 8 條，則該記憶體的記憶空間大小爲
① 8 位元　② 2048 位元　③ 8192 位元　④ 16384 位元。

解析 位址線多少決定記憶空間大小，$2^{11} = 2 \times 2^{10} = 2K = 2048$ 個位址。2048×8 位元 = 16384 位元。

(　　) 50. 下列哪一個是可以清除及可規劃唯讀記憶體的縮寫？
① PROM　② EPROM　③ DRAM　④ ROM。

解析 EPROM 爲可以紫外線清除之 PROM。

(　　) 51. 常用之 EPROM IC 27512 爲一只 64Kx8 的唯讀記憶體，它有幾條資料線與位址線？
① 8 條位址線，8 條資料線　② 8 條位址線，12 條資料線
③ 12 條位址線，8 條資料線　④ 16 條位址線，8 條資料線。

答案	43. ③	44. ④	45. ④	46. ②	47. ③	48. ④	49. ④	50. ②	51. ④

解析 27512 爲 512Kbits = 512/8 = 64K × 8，64K = $2^6 \times 2^{10}$，有 16 條位址線，資料線 8 條。

( ) 52. 在 R-L-C 串聯諧振電路中，下列何者錯誤？
①有效功率值最大 ②總電抗等於 0 ③電流值最大 ④阻抗值最大。

解析 RLC 串聯諧振，諧振時，Z = R 最小，電流最大。

( ) 53. 下列何種記憶體，於電腦開機情況下可改變其內容，關機後其內容卻不會消失？
① MASK ROM ② PROM ③ EPROM ④ Flash ROM。

解析 ROM 爲非揮發性，不因斷電而消失。

( ) 54. 能以電性方式 (加反向電壓) 抹除儲存資料之唯讀記憶體，其英文簡稱爲
① ROM ② EEPROM ③ DRAM ④ SRAM。

解析 EEPROM 是可以電子式 (E) 清除的 EPROM。

( ) 55. 在 R-L-C 串聯電路中，當時，則電路呈現何種特性
①電阻性 ②電感性 ③電容性 ④無法比較。

解析 RLC 串聯，$Z = R + j(X_L - X_C)$，若 $X_C > X_L$，呈電容性。反之呈電感性。

( ) 56. 唯讀記憶體 EPROM 中，"E" 所代表的中文意義爲
①可燒錄 ②可抹除 ③可程式化 ④可記憶。

解析 EPROM，E = Erasable 可抹除。

( ) 57. 下列有關電腦記憶體之敘述，何者錯誤？
①關機後，RAM 的內容會消失 ②輔助記憶體可補主記憶體之不足
③ ROM 所儲存之資料可自由讀取 ④主記憶體含 RAM 與 ROM。

解析 一般稱主記憶體是指動態記憶體 DRAM。

( ) 58. 在陶瓷電容的數碼標示中，字母 K 表示其誤差值爲下列何者？
① ±5% ② ±10% ③ ±20% ④ ±30%。

解析 電阻或電容器標示可容許誤差，用英文代號表示或以色碼表示。常見的英文代號爲 J、K、M，分別是 5%、10%、20%。

( ) 59. 52 倍速之 CDROM 其讀取速度約爲
① 2600 ② 5200 ③ 7800 ④ 10000 KBytes。

解析 CDROM 的 1 倍數 = 150Kbytes。

答案	52. ④	53. ④	54. ②	55. ③	56. ②	57. ④	58. ②	59. ③

(　　) 60. 有關右圖電路的敘述，下列哪一個是正確的？

①這是一個共集極放大電路
② B 點的直流電壓爲 +4.8V
③集極電流 Ic 約爲 1.76mA
④從 Vin 到 Vo 的電壓放大率約爲 48。

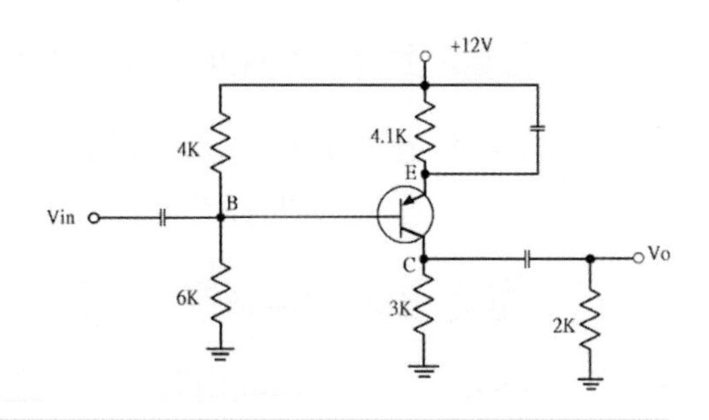

解析 這是 PNP 共射極放大電路，輸出在集極端，

$V_B = 12 \times \dfrac{6}{10} = 7.2\text{V}$ ，$V_E = V_B + 0.7 = 7.9\text{V}$ ，

$I_E = 1\text{mA}$ 、$r_e = \dfrac{25}{I_E} = 25\Omega$ ，$R_{L'} = 3\text{K}//2\text{K} = 1.2\text{K}\Omega$ ，

電壓增益 $A_V = \dfrac{R_{L'}}{r_e} = 48$ 。

(　　) 61. 右圖爲一個 RC 相移振盪器，設 C 均爲 0.001μF，R 均爲 10KΩ，其 Rf 的值應該爲多少才能符合振盪的要求？

① 100KΩ　② 290KΩ
③ 360KΩ　④ 470KΩ。

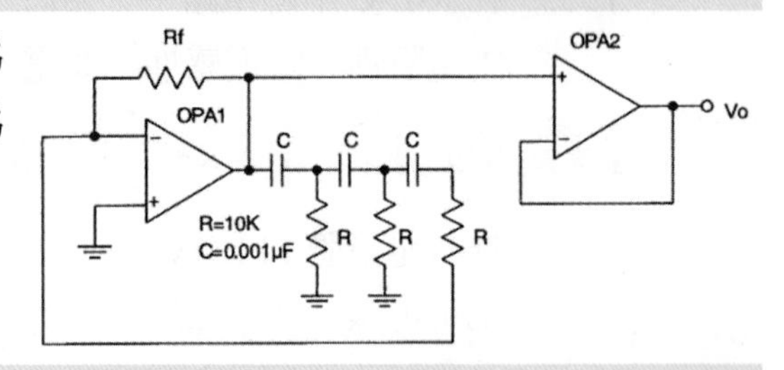

解析 如圖爲相角領前 RC 相移振盪器，振盪條件 $\dfrac{R_f}{R} \geq 29$ 。

(　　) 62. 在開環路增益等於 1 時的頻率稱爲

①上臨界頻率　②截止頻率　③帶止頻率　④單位增益頻率。

解析 單位增益頻率之定義：增益 = 1 時的頻率。

(　　) 63. 右圖電路的臨界頻率 (fc) 爲

① 0.159Hz　② 15.9Hz
③ 159Hz　④ 1.59KHz。

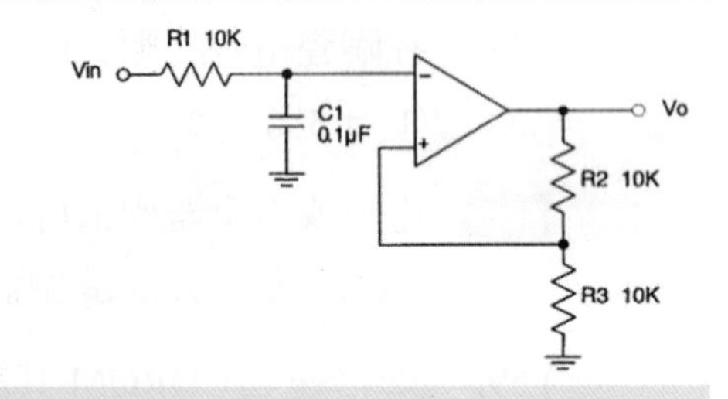

解析 此爲低通濾波器，截止頻率 $= \dfrac{1}{2\pi RC} = 159\text{Hz}$ 。

答案 60. ④　61. ②　62. ④　63. ③

( ) 64. 右圖濾波器的頻率下降率爲：

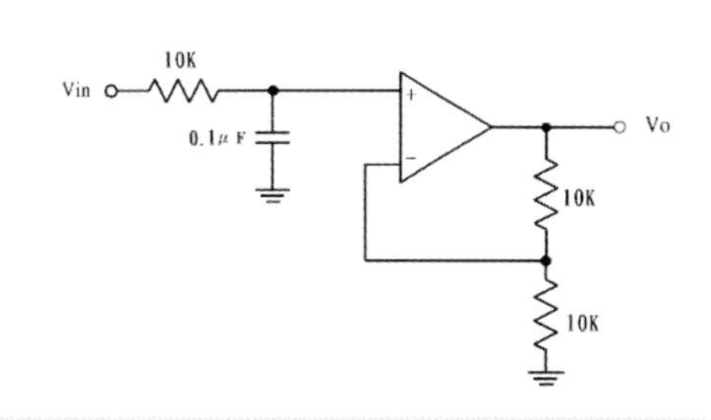

① −3 dB/decade
② −10 dB/decade
③ −15 dB/decade
④ −20 dB/decade。

解析 此爲低通濾波器，當頻率每上升 10 倍，增益下降 $20\log\frac{1}{10}=-20\text{dB}$。

( ) 65. 有一帶通濾波器，其高頻部份臨界頻率 f_{c2} 爲 100KHz，低頻部份臨界頻率 f_{c1} 爲 64KHz，則其中央頻率 (fo) 爲 ① 36KHz ② 72KHz ③ 80KHz ④ 82KHz。

解析 帶通濾波器中心頻率 $f_o=\sqrt{f_H\times f_L}=80\text{kHz}$。

( ) 66. 有一帶通濾波器的中央頻率 (fo) 爲 100KHz，而知其頻帶寬度 (BW) 爲 10KHz，則此帶通濾波器的品質因數 (Q) 爲 ① 0.1 ② 10 ③ 20 ④ 100。

解析 帶通濾波器品質因數 $Q=\frac{f}{BW}=10$。

( ) 67. OPA 抵補電壓的作用是
①將輸入誤差電壓歸零 ②將輸出誤差電壓歸零
③降低增益防止失眞 ④等化輸入訊號。

解析 OPA 之抵補電壓爲輸入爲 0，而輸出不爲 0 之誤差修正。

( ) 68. OTA(Operational Transconductance Amplifiers) 基本上是一種
①電壓對電壓的放大器 ②電壓轉成電流的放大器
③電流轉成電壓的放大器 ④電流對電流的放大器。

解析 OTA：跨導放大器 (operational transconductance amplifier, OTA) 是一種將輸入差分電壓轉換爲輸出電流的放大器，因而它是一種電壓控制電流源 (VCCS)。

( ) 69. 放大器的頻寬由下列何者決定？
①臨界頻率 ②輸入電容器 ③中段範圍之電壓增益 ④下降率。

解析 頻寬 $BW=F_H-F_L$。

( ) 70. 若有一個燈泡被 3 安培的電流流過 1 分鐘，則表示有多少庫倫的電量流經該燈泡？
① 1/20 ② 1/3 ③ 3 ④ 180。

解析 $Q=I\times t=3\times 60=180$ 庫倫。

( ) 71. 將 1 個 100 瓦的燈泡連續點亮 1 整天，則此燈泡共消耗多少瓩 - 小時的能量？
① 0.1 ② 2.4 ③ 100 ④ 2400。

答案	64. ④	65. ③	66. ②	67. ②	68. ②	69. ①	70. ④	71. ②

解析 100W = 0.1 瓩，0.1 × 24 小時 = 2.4 度。

(　　) 72. 在 1 個封閉的迴路中，只串聯 1 個 6 伏特 (V) 的電池及 2 歐姆的電阻，則此迴路中的電流爲多少安培？ ① 1/3　② 3　③ 12　④ 18。

解析 由歐姆定律得 $I = \frac{6}{2} = 3A$ 。

(　　) 73. 在一個封閉的迴路中，若要使 3 個電容器的電量相等，則此 3 個電容器的接法爲何？①全部串聯　②全部並聯　③先串聯 2 個後再並聯　④先並聯 2 個後再串聯。

解析 電容器串聯，Q 相同，電容器並聯，V 相同。

(　　) 74. 在一個封閉的迴路中，若要使 3 個電容器二端的電壓相等，則此 3 個電容器的接法爲何？①全部串聯　②全部並聯　③先串聯 2 個後再並聯　④先並聯 2 個後再串聯。

解析 同上題解析。

(　　) 75. 將 2 個 1 微法拉的電容器並聯後之總電容量爲多少微法拉？
① 1/2　② 1　③ 2　④ 4。

解析 電容器並聯，總電容 = 各電容之和。

(　　) 76. 將 n 個電阻串聯，則其等效電阻等於個別電阻的下列何者運算關係？
①和　②差　③積　④商。

解析 電阻器串聯，總電阻 = 各電阻之和。

(　　) 77. 下列有關示波器電路的敘述中，何者是錯誤的？
① CRT 是陰極射線管的簡稱
②垂直放大電路是屬於 Y 軸電路
③ CHOP 和 ALT 電路是屬於 Z 軸電路
④ CHOP 適用於低頻測試，ALT 適用於高頻測試。

解析 雙時基示波器，可同時觀察 2 頻道之信號，可以選 CHOP(分割) 方式或 ALT(輪替) 方式。在較低頻率時，適合 CHOP 方式，電子開關來回切換 2 頻道，所以當輸入爲高頻時將會出現虛線。ALT 適合高頻，每顯示一週期交換，所以測量低頻時，出現閃爍現象。

(　　) 78. 矽材質的 PN 二極體在完全導通時，其兩端的導通電壓約爲下列何者？
① 0.3V　② 0.7V　③ 3V　④ 7V。

解析 矽質 PN 二極體障壁電位 0.7V。

(　　) 79. 下列何者不是二極體所能達成的功能？
①整流　②檢波　③箝位　④電壓放大。

答案　72. ②　73. ①　74. ②　75. ③　76. ①　77. ③　78. ②　79. ④

解析 二極體無放大作用。

( ) 80. 橋式整流電路需要多少個整流二極體？
①1 ②2 ③3 ④4。

解析 橋式整流要 4 個二極體，中心抽頭式全波整流要 2 個二極體。

( ) 81. 在橋式整流電路中，輸出電壓之有效值 (Vrms) 約為下列何者？
① 0.318Vm(最大值) ② 0.5Vm(最大值)
③ 0.636Vm(最大值) ④ 0.707Vm(最大值)。

解析 橋式整流輸出的有效值 = 峰值 $/\sqrt{2} = 0.707V_m$。

( ) 82. 在橋式整流電路中，輸出電壓之脈動直流頻率為電源頻率的多少倍？
①相同 ② 2 倍 ③ 3 倍 ④ 4 倍。

解析 全波整流輸出波形，正負半週均相同，所以頻率為原來 2 倍。

( ) 83. 下列元件中，哪一個是主動元件？
①電容 ②電晶體 ③電阻 ④電感。

解析 有放大作用的就是主動元件。

( ) 84. 在電晶體電路中，下列哪一種偏壓電路受 β 值改變的影響最大？
①分壓式偏壓 ②集極回授偏壓 ③基極偏壓 ④射極回授偏壓。

解析 $I_C = \beta I_B$，當 β 變化，I_C 變化很大。

( ) 85. TTL 數位 IC 的 74154，是下列何種解多工器？
① 2 TO 4 ② 3 TO 8 ③ 4 TO 16 ④ 5 TO 32。

解析 ③ 74154 為 4 TO 16 解多工器。

( ) 86. 在電晶體放大電路中，下列哪一種組態的電壓增益最小？
①共基極 ②共射極 ③共集極 ④無法比較。

解析 CC 電路，又稱射極隨耦器，輸出隨輸入而變，而且略小於輸入，$A_V \leq 1$。

( ) 87. 在電晶體放大電路中，下列哪一種組態的電流增益最大？
①共基極 ②共射極 ③共集極 ④無法比較。

解析 電流增益 A_i，分別為 $\alpha < \beta < \gamma$，最大的是 γ，共集極放大。

( ) 88. 在電晶體放大電路中，下列哪一種組態的輸入阻抗最大？
①共基極 ②共射極 ③共集極 ④無法比較。

解析 輸入阻抗 Z_i，大小比較同 A_i，最大的是 CC 共集極放大電路。

答案	80. ④	81. ④	82. ②	83. ②	84. ③	85. ③	86. ③	87. ③	88. ③

(　　) 89. 在電晶體放大電路中，下列哪一種組態的輸出相位與輸入相位相反？
①共基極　②共射極　③共集極　④無法比較。

解析 輸出入相位相反的只有 *CE* 共射極放大。

(　　) 90. 理想的運算放大器，其電壓增益爲下列何者？
①0　②1　③2　④無窮大。

解析 理想的 OPA，開環路增益∞，輸入阻抗∞，頻寬∞，CMRR ∞，輸出阻抗 0，抵補電壓 0。

(　　) 91. 理想的運算放大器，其輸入阻抗爲下列何者？
①0　②1　③2　④無窮大。

解析 同上題解析。

(　　) 92. 理想的運算放大器，其頻帶寬度爲下列何者？
①0　②1　③2　④無窮大。

解析 同上題解析。

(　　) 93. 理想的運算放大器，其共模拒斥比 (CMRR) 爲下列何者？
①0　②1　③2　④無窮大。

解析 同上題解析。

(　　) 94. 理想的運算放大器，其輸出阻抗爲下列何者？
①0　②1　③2　④無窮大。

解析 同上題解析。

(　　) 95. 理想的運算放大器，其輸入抵補電壓爲下列何者？
①0　②1　③2　④無窮大。

解析 同上題解析。

(　　) 96. 在數位邏輯中，若所有輸入皆爲 1 時，輸出才是 1，則爲下列何種邏輯閘？
①或閘 (OR Gate)　②及閘 (AND Gate)
③反及閘 (NAND Gate)　④反或閘 (NOR Gate)。

解析 AND 閘，所有輸入爲 1，輸出才爲 1，有 0 必爲 0。

(　　) 97. 在數位邏輯中，若所有輸入皆爲 0 時，輸出才是 0，則爲下列何種邏輯閘？
①或閘 (OR Gate)　②及閘 (AND Gate)
③反及閘 (NAND Gate)　④反或閘 (NOR Gate)。

解析 OR 閘，所有輸入爲 0，輸出才爲 0，有 1 必爲 0。

答案	89. ②	90. ④	91. ④	92. ④	93. ④	94. ①	95. ①	96. ②	97. ①

( ) 98. 在數位邏輯中，若所有輸入皆為 0 時，輸出才是 1，則為下列何種邏輯閘？
①或閘 (OR Gate) ②及閘 (AND Gate)
③反及閘 (NAND Gate) ④反或閘 (NOR Gate)。

解析 將 (97) 題的結果反相，就是 NOR 閘。

( ) 99. 在數位邏輯中，若所有輸入皆為 1 時，輸出才是 0，則為下列何種邏輯閘？
①或閘 (OR Gate) ②及閘 (AND Gate)
③反及閘 (NAND Gate) ④反或閘 (NOR Gate)。

解析 將 (96) 題的結果反相，就是 NAND 閘。

( ) 100. 右圖電路中流過 2KΩ 電阻之電流 (I_L) 為下列何者？
① 0.6mA ② −0.6 mA
③ 1.2mA ④ −1.2 mA。

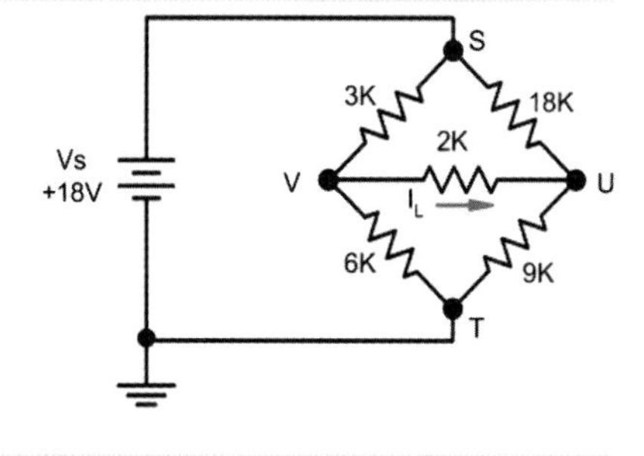

解析 利用戴維寧方法，將 2KΩ 移去，保持開路。從兩端看入。
①求出等效電壓 V_{TH} 及等效電阻 R_{TH}。
② $V_{TH}=V_V-V_U$，$V_V=18\times\dfrac{6}{3+6}=12\text{V}$，同理求出 $V_U=18\times\dfrac{9}{18+9}=6\text{V}$，$\therefore V_{TH}=6\text{V}$
③等效電阻：將電壓源短路，$R_{TH}=3//6+18//9=8\text{K}\Omega$，放回 2KΩ，與 8KΩ 串聯，
總電阻 10KΩ，故得電流 $=\dfrac{6}{10}=0.6\text{mA}$。

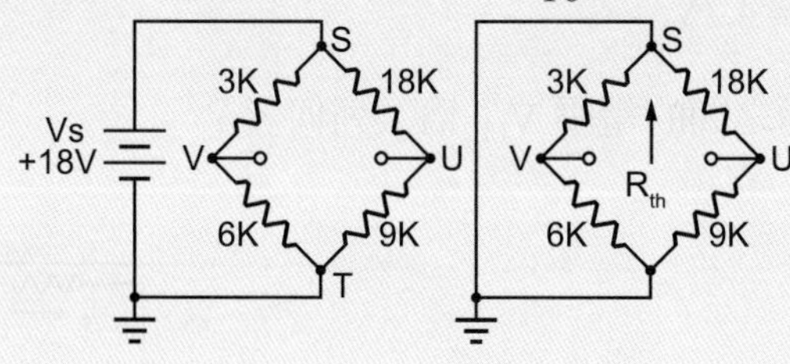

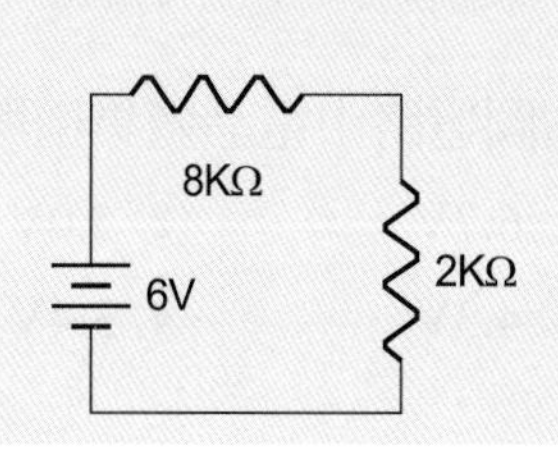

( ) 101. 下圖電路中流過 R3 電阻的電流為下列何者？

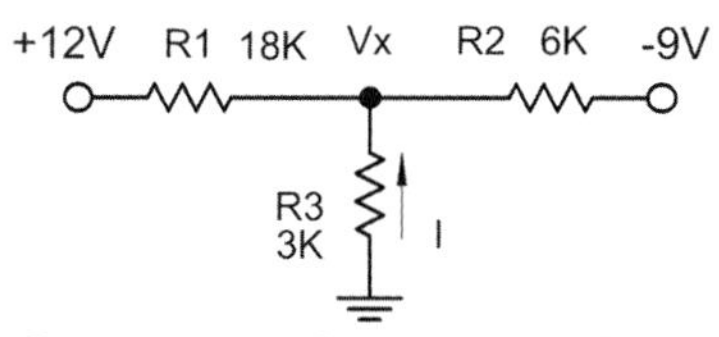

① 0.3mA ② 0.5mA ③ 1.2mA ④ 1.5mA。

答案 98. ④ 99. ③ 100. ① 101. ②

解析 利用戴維寧方法，將 3KΩ 移去，保持開路。從兩端看入。

①求出等效電壓 V_{TH} 及等效電阻 R_{TH}。

②重疊定理求 $V_{TH}=3-\dfrac{27}{4}=\dfrac{15}{4}=3.75\text{V}$。

③等效電阻：將電壓源短路，$R_{TH}=18//6=4.5\text{K}\Omega$，放回 3KΩ，與 4.5KΩ 串聯，總電阻 7.5KΩ，故得電流 = 0.5mA。

(　　) 102. 一輛使用 12V 電源之汽車，採用功率為 48W 之大燈，此大燈之燈絲內阻為多少歐姆？
① 10 歐姆　② 6 歐姆　③ 4 歐姆　④ 3 歐姆。

解析 $R=\dfrac{V^2}{P}=3\Omega$。

(　　) 103. 右圖電路中集極與射極之間的電壓 V_{CE} 為下列何者？
① 3.3V　② 3.8V
③ 4.7V　④ 5.3V。

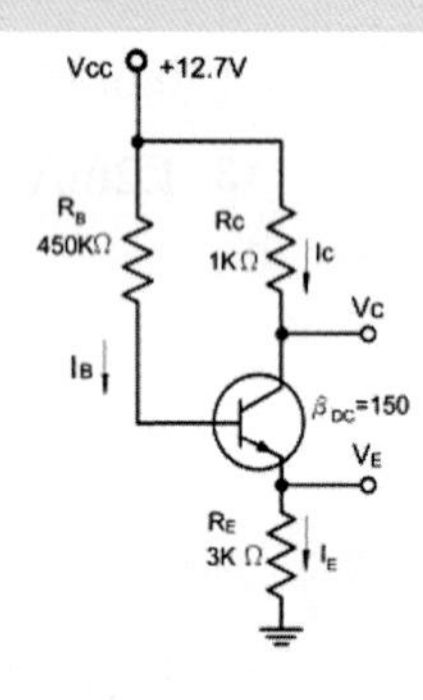

解析 電路為射極回授偏壓電路，從基極看射極電阻 R_E，記得乘上 $1+\beta\cong\beta$，求 V_{CE} 的步驟

①求出 $I_B=\dfrac{12.7-0.7}{450+150\times 3}=0.0133\text{mA}$

②求出 $I_C=\beta I_B=2\text{mA}$

③求出 $V_{CE}=V_{cc}-I_C(R_C+R_E)=4.7\text{V}$。

(　　) 104. 右圖電路中電晶體集極與射極之間的電壓 V_{CE} 為下列何者？
① 6.7V　② 5.0V
③ 4.3V　④ 3.4V。

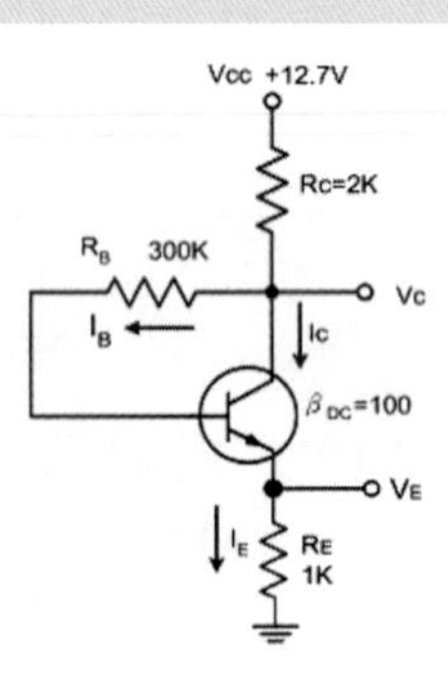

解析 電路為集極回授偏壓電路，R_C 與 R_E 流過的電流是 I_E，$I_E=(1+\beta)I_B$，記得倍數的轉換。

①求出 $I_B=\dfrac{12.7-0.7}{300+100\times 3}=0.02\text{mA}$

②求出 $I_C=\beta I_B=2\text{mA}$

③求出 $V_{CE}=V_{cc}-I_C(R_C+R_E)=12.7-2\times 3=6.7\text{V}$。

答案	102. ④　103. ③　104. ①

( ) 105. 右圖電路中電晶體集極與射極之間的電壓 V_{CE} 約為下列何者？

① 8.6V ② 10.7V

③ 11.3V ④ 12.8V。

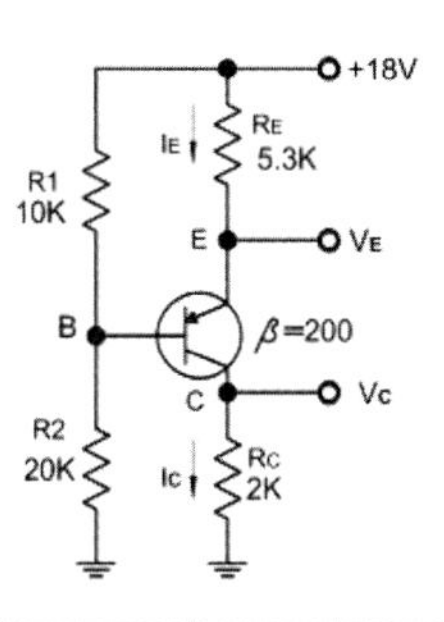

解析 電路為 PNP 基極分壓式偏壓電路，求出

$V_B = 18\times\dfrac{20}{30} = 12V$，$V_E = 12 + 0.7 = 12.7V$

①求出 $I_E = \dfrac{18-12.7}{5.3} = 1mA = I_C$

②求出 $V_{EC} = V_{cc} - I_C(R_C + R_E) = 18 - 1\times(5.3+2) = 10.7V$（注意：題目求 V_{CE} 應改為 V_{EC} 才有答案。）

( ) 106. 右圖電路在室溫下由基極 (Rin(base)) 看入的輸入阻抗約為多少歐姆？

① 0.94KΩ ② 1.25KΩ

③ 12.5KΩ ④ 24KΩ。

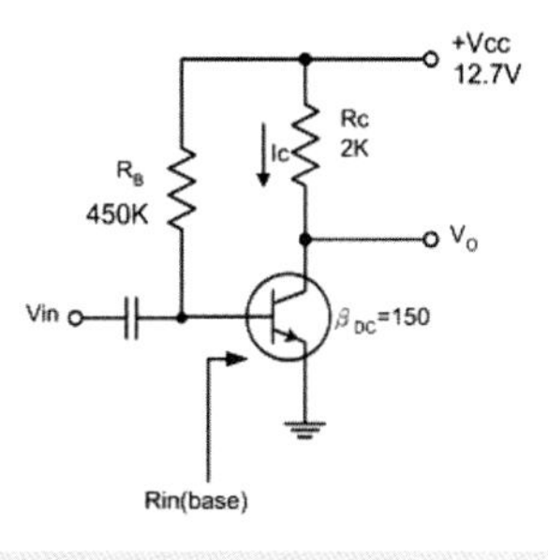

解析 $I_B = \dfrac{12.7}{450} = 26.6\mu A$。

由基極看入的阻抗 $= r_\pi = \dfrac{25}{I_B} = \dfrac{25}{26.6} = 0.94\ K\Omega$。

( ) 107. 右圖電路由 V_{in} 端看入的總輸入阻抗約為多少歐姆？

① 0.625KΩ ② 2KΩ

③ 2.4KΩ ④ 12KΩ。

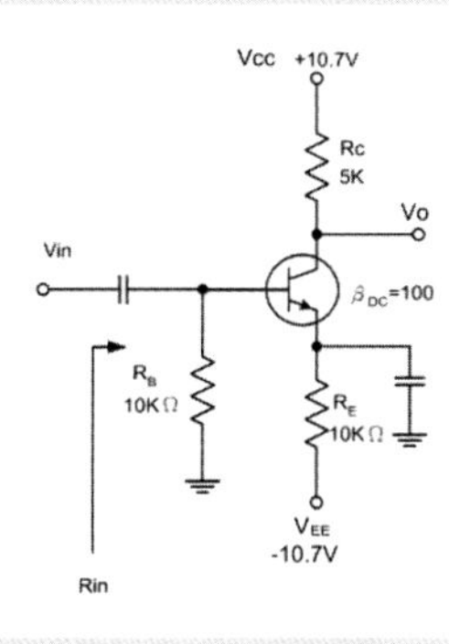

解析 $R_{in} = R_B // r_\pi$，

$I_B = \dfrac{10.7-0.7}{10+100\times10} = 0.01mA$，$r_\pi = \dfrac{25}{I_B} = \dfrac{25}{0.01} = 2.5K\Omega$

$R_{in} = 10//2.5 = 2K\Omega$。

答案	105. ② 106. ① 107. ②

(　　) 108. 右圖電路圖示中從基極看入的輸入電阻約為多少歐姆？
① 2.25KΩ　② 22KΩ
③ 124KΩ　④ 202KΩ。

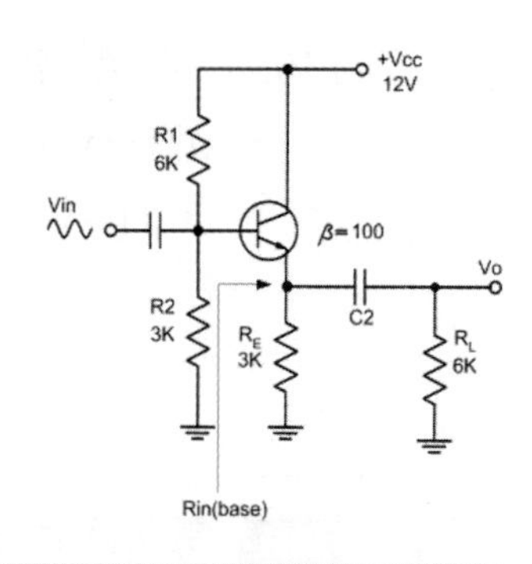

解析 $R_{in} = r_\pi + (1+\beta)\times(3//6) \cong 202K\Omega$。

(　　) 109. 右圖電路中小信號由基極加入 1mV，在輸出端 V_o 可獲得多少電壓？
① 98mV　② 108mV
③ 240mV　④ 276mV。

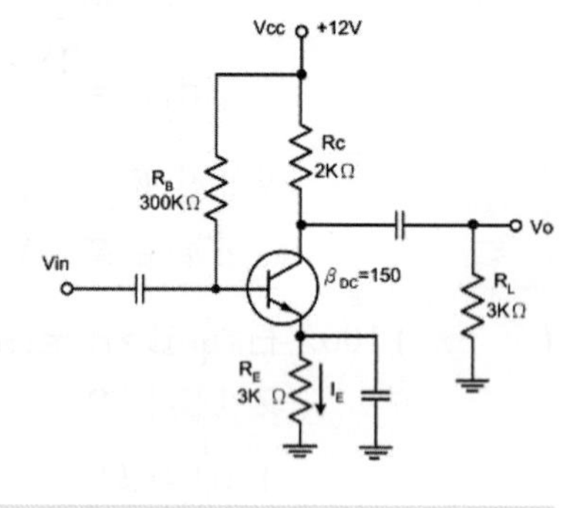

解析 已知V_{in}，輸出$=A_V\times V_{in}$，求解順序：I_B，r_π，r_e

$$I_B = \frac{12-0.7}{300+150\times3} = 0.015\text{mA}，r_\pi = \frac{25}{I_B} = \frac{25}{0.015} = 1.66K\Omega，r_e = \frac{r_\pi}{1+\beta} = 11$$

有 C_E 電容，$R_{L'} = 2//3 = 1.2K\Omega$

$$\therefore A_V = \frac{R_{L'}}{r_e} = \frac{1.2K\Omega}{11} = 108.8$$。

(　　) 110. 有關 LCR 串聯諧振電路中，下列敘述哪一個不正確？
①諧振頻率與電感有關　②諧振頻率與電容有關
③諧振頻率與電阻有關　④容抗與感抗相同。

解析 RLC 串聯諧振頻率 $f_o = \frac{1}{2\pi\sqrt{LC}}$，與電阻無關。

(　　) 111. 一個三級放大電路中，各級放大增益分別為 20、30、40，則電壓總增益為下列何者？
① 90　② 1800　③ 2400　④ 24000。

解析 電壓總增益為各級增益的乘積。

答案 108. ④　109. ②　110. ③　111. ④

( ) 112. 右圖電路為一個電壓調整器，調整後的 Vo 輸出電壓為下列何者？
① 5V ② 7.5V
③ 15V ④ 25V。

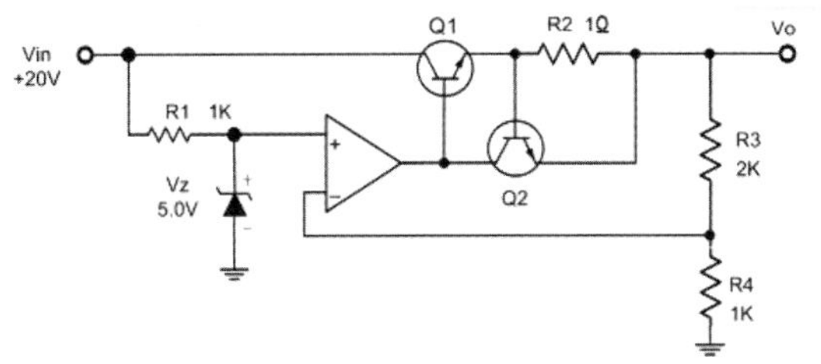

解析 OPA 因負回授具虛接地特性，R4 上的電壓 = 5V，
∴電流 = 5mA，∴ Vo = 5mA × (2 + 1) = 15V。

( ) 113. 電晶體線性放大電路工作點應選擇在下列哪一區？
①崩潰區 ②飽和區 ③截止區 ④工作區。

解析 電晶體線性放大，工作區在主動區。

( ) 114. 已知某一交流信號的週期是 2.5 秒，其頻率為下列何者？
① 4Hz ② 2.5Hz ③ 0.4Hz ④ 0.04Hz。

解析 頻率為週期倒數 = 0.4Hz。

( ) 115. 右圖所示電路為何種電路？
①低通電路 ②高通電路
③帶通電路 ④帶拒電路。

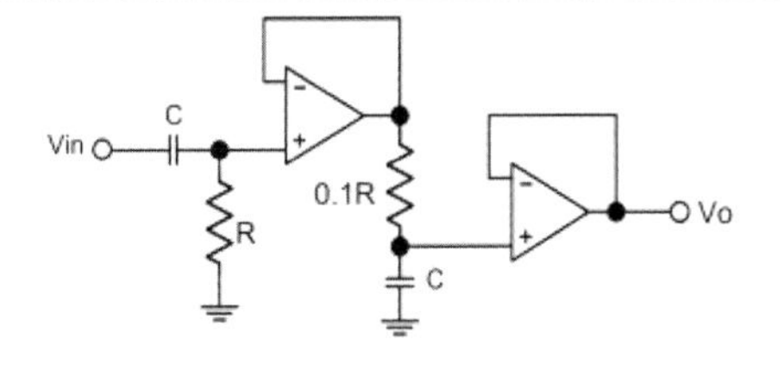

解析 第一級為高通，第二級為低通，合起來就是帶通濾波器。

( ) 116. 放大電路增益等於 1 時的頻率稱為
①單位增益頻率 ②中段範圍頻率
③角頻率 (Corner frequency) ④轉折頻率。

解析 ①單位增益頻率定義：放大電路增益等於 1 時的頻率。

( ) 117. 具有負回授的放大電路可以
①增加輸入和輸出的阻抗 ②增加輸入阻抗及頻寬
③減少輸出阻抗和頻寬 ④不影響輸入阻抗與頻寬。

解析 ①負回授的放大電路可以增加輸入阻抗及頻寬。

( ) 118. 電路採用負回授時，運算放大器增益與頻寬的乘積呈現下列何種關係？
①增加 ②減少 ③維持不變 ④不穩定。

解析 放大器增益頻寬積 = 常數。

答案	112. ③	113. ④	114. ③	115. ③	116. ①	117. ②	118. ③

( ) 119. 磁滯現象的比較器具有下列何種特徵？
①有一個觸發點 ②有兩個觸發點
③有一個可改變的觸發點 ④像一個有磁性的電路。

解析 樞密特觸發器就是一種比較器，通常有二個觸發點，當輸入大於高轉態電壓就轉態，小於低轉態電壓就轉態，磁滯電壓等於二個轉態電壓的差值。

( ) 120. 運算放大器的微分電路，其回授元件為下列何者？
①電阻器 ②電容器 ③稽納二極體 ④分壓器。

解析 微分器與積分器一樣，由 RC 元件構成，微分器回授元件是電阻器。

( ) 121. 運算放大器的微分電路加入三角波時，其輸出為
①反轉三角波 ②三角波的一階諧波 ③正弦波 ④方波。

解析 三角波經微分器變方波，方波經積分器變三角波。

( ) 122. 有關帶通頻率響應的敘述，下列哪一個正確？
①具有兩個臨界頻率 ②具有一個臨界頻率
③通帶是平坦的曲線 ④具有很寬的頻寬。

解析 帶通濾波器 BW = 高頻截止頻率 - 低頻截止頻率。

( ) 123. 帶通濾波器的品質因數 (Q) 是由下列何者決定？
①由頻寬單獨決定 ②由中心頻率以及頻寬決定
③只有中心頻率 ④臨界頻率。

解析 帶通濾波器品質因數 $Q = \dfrac{f}{BW}$ 。

( ) 124. 右圖 IC 555 組成的方波振盪電路，其輸出信號的工作週期為下列何者？
① 33.3% ② 50%
③ 66.67% ④ 75.0%。

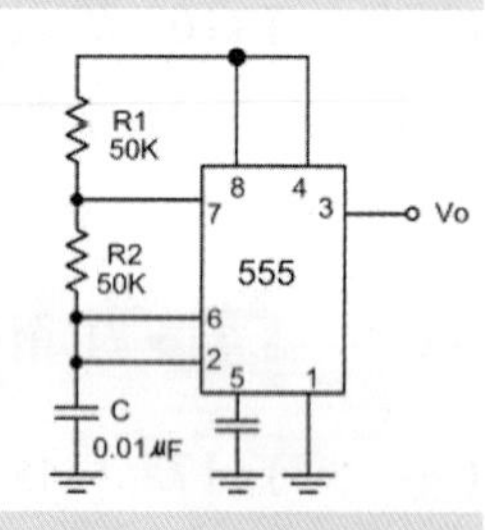

解析 IC 555 組成非穩態振盪電路，輸出的方波，高態的時間 $T_1 = 0.7(R_1 + R_2)C$ ，低態的時間 $T_2 = 0.7R_2C$ ， $T = T_1 + T_2 = 0.7(R_1 + 2R_2)C$ ，工作週期 $= \dfrac{T_1}{T_1 + T_2} = \dfrac{R_1 + R_2}{R_1 + 2R_2} = 66.7\%$ 。

答案 119. ② 120. ① 121. ④ 122. ① 123. ② 124. ③

(　　) 125. 右圖電路流過 R4 電阻 6KΩ 的電流為下列何者？

① 0.3mA　② 0.667mA

③ 1.20mA　④ 1.40mA。

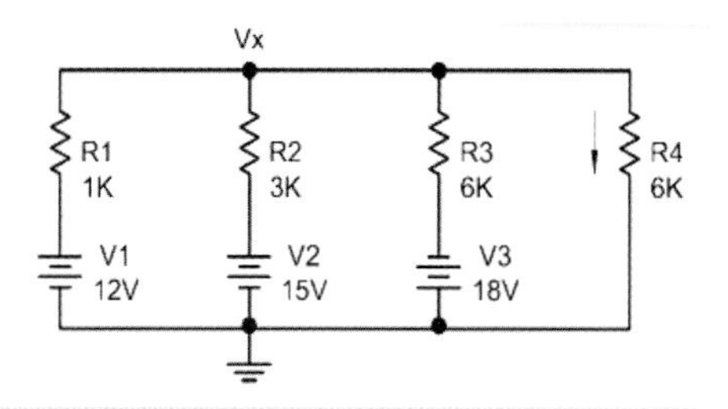

解析 任一節點的電流代數和 = 0，可求出節點電壓，即可求出電流。

$\frac{V-12}{1}+\frac{V-15}{3}+\frac{V+18}{6}+\frac{V}{6}=0$，可求出 V = 8.4V，電流 = 1.4mA。

(　　) 126. 下圖電路的輸入電壓假設為 10V，則下列敘述哪一個不正確？

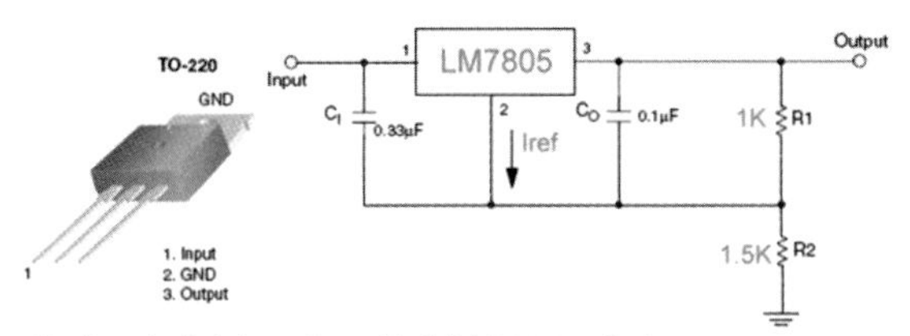

①本電路是一個電壓調整器電路

②假設 Iref 小到可以忽略，其輸出電壓約為 0V

③如果想要在輸出端獲得 +5V 電壓輸出，則要將 R2 短路

④將 R2 的電阻改用可變電阻則可以改變輸出的電壓。

解析 穩壓 IC7805 輸出 5V，因此 R_1 的電流 = 5mA，R_2 的電流 = $I_{ref}+5$，當 $I_{ref}=0$，R_2 的電流 = $I_{ref}+5=5$。

(　　) 127. 韋恩振盪器的正回授電路是由下列何者組成？

① LC 電路　②分壓器電路　③超前 – 滯後電路　④ RL 電路。

解析 韋恩電橋振盪器由 RC 元件構成，輸出低頻正弦波。

(　　) 128. 一個運算放大器，用來作為電壓放大時，共模放大率為 0.35，差動放大率為 3500，則其 CMRR 為下列何者？

① 1225　② 10000　③ 40db　④ 60db。

解析 CMRR = Ad/Ac = 3500/0.35 = 10000。

(　　) 129. 下列有關臨界頻率 (Critical frequency) 的敘述，哪一個不正確？

①臨界頻率又稱為截止頻率 (Cut off frequency)

②臨界頻率又稱為角頻率 (Corner frequency)

③輸出功率降低到中段功率 70.7% 的頻率

④輸出電壓增益下降到中段範圍電壓增益 –3db 的頻率。

解析 臨界頻率就是截止頻率，為增益降為中頻段增益的 0.707 處的頻率，或稱為半功率點。

答案　125. ④　126. ②　127. ③　128. ②　129. ③

( ) 130. 下列哪一項敘述不是理想運算放大器的特性？
①輸入阻抗無限大 (Zin = ∞) ②輸出阻抗趨近於零 (Zout = 0)
③開迴路增益無限大 (Ad = ∞) ④共模排斥比 (CMRR) 趨近於零。

解析 理想 OPA 特性，輸入阻抗∞，開迴路增益∞，CMRR ∞，輸出阻抗 0。

( ) 131. JFET 之工作原理是控制
①接面空乏區的厚度 ②通道中載子的濃度
③通道之導電係數 ④流過通道的電壓值。

解析 JFET 乃接面型 FET，利用接面的空乏區厚度控制 I_D 電流。

( ) 132. 右圖電路爲哪一型式的濾波電路？
①高通濾波器 ②低通濾波器
③帶通濾波器 ④帶拒濾波器。

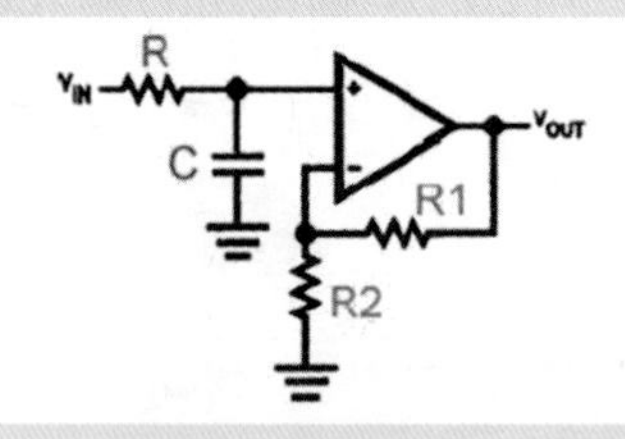

解析 注意電容器的位置，電容器對高頻會短路，可知電路爲低通濾波。

( ) 133. 有關右圖電路的敘述哪一個正確？
①一階高通濾波器其截止頻率爲 1.59MHz
②一階低通濾波器，其截止頻率爲 1.59KHz
③二階高通濾波器其截止頻率爲 1.59KHz
④二階低通濾波器，其截止頻率爲 1.59MHz。

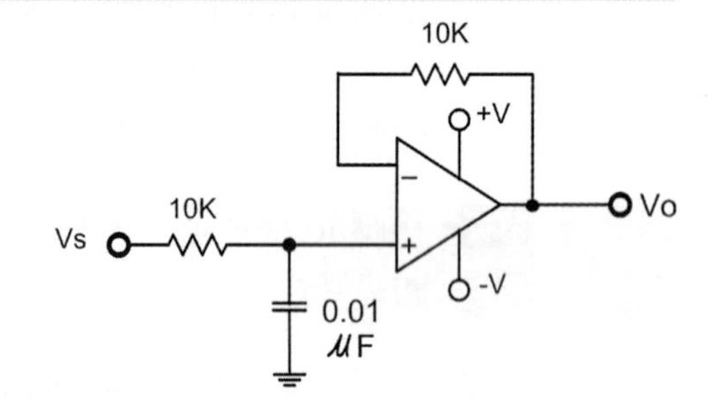

解析 爲低通濾波器，會有高頻截止，$f_H = \dfrac{1}{2\pi RC} = 1.59\text{KHz}$。

( ) 134. 下列振盪電路中，哪一個較適合產生高頻信號？
①哈特萊振盪器 ② RC 移相振盪器 ③韋恩振盪器 ④雙 T 型振盪器。

解析 高頻振盪器的主要元件爲 LC，如哈特萊，考畢子振盪器。

( ) 135. 運算放大器的積分電路，其回授元件爲下列何者？
①電阻器 ②電容器 ③稽納二極體 ④分壓器。

解析 積分電路回授元件是電容器，使輸出爲電容器的電壓。

( ) 136. 關於「零時差攻擊 (Zero-day Attack)」之敘述，下列何者正確？
①因爲是軟體程式出現漏洞，所以使用者無法做什麼事情來防止攻擊
②可以透過掃毒或防駭等軟體機制來確保攻擊不會發生
③使用者看到軟體官方網站或資安防治單位發佈警訊，應該儘快更新版本
④主要是針對原廠來不及提出修補程式弱點程式的時間差，進行資安攻擊。

答案	130. ④	131. ①	132. ②	133. ②	134. ①	135. ②	136. ③④

解析 ③④所述爲正確描述，主要是針對原廠來不及提出修補程式弱點程式的時間差，進行資安攻擊。

( ) 137. 下列何者爲使用即時通訊軟體應有的正確態度？
①對不認識的網友開啓視訊功能以示友好
②熟人傳過來的檔案立即開啓接收
③不任意安裝來路不明的程式
④不輕信陌生網友的話。

解析 ③④所述爲使用即時通訊軟體之正確態度。

( ) 138. 對於電腦病毒的防治方式，下列敘述何者正確？
①電腦上加裝防毒軟體 ②只要將被感染之程式刪除就不會再被感染
③定期更新病毒碼 ④不使用來路不明之軟體。

解析 錯誤的選項②只要將被感染之程式刪除就不會再被感染。

( ) 139. 有關網路防火牆之描述，下列何者正確？
①能有效避免員工將內部機密文件傳送出去
②經由封包過濾可阻擋來自特定來源 IP 的連線
③能阻擋外來的入侵者對內部網路的掃描
④必要時可以使用翻牆軟體。

解析 防火牆之主要功能
②經由封包過濾可阻擋來自特定來源 IP 的連線
③能阻擋外來的入侵者對內部網路的掃描。

( ) 140. 綠色電腦的主要特色包括？
①省電 ②低輻射 ③低污染 ④價廉與美觀。

解析 綠色電腦：省電、低輻射、低污染。

( ) 141. 檢查牆上之電源插座是否有電，下列選項中，何者爲不適當的方法？
①以電流表量其短路電流 ②以歐姆表量其接觸電阻
③以電壓表量其開路電壓 ④以三用電表之 DCV 檔測量。

解析 電源插座爲交流電壓，應使用 ACV 表量其電壓。

( ) 142. 下列何者可做爲過電流的保護裝置？
①保險絲 ②斷路器 ③積熱熔絲 ④銅線。

解析 前三者均可做爲過電流的保護。

答案 137. ③④ 138. ①③④ 139. ②③ 140. ①②③ 141. ①②④ 142. ①②③

(　　) 143. ISMS(Information Security Management System) 的管理責任包括？
①建立政策與目標　②建立資訊安全的權責
③決定資訊風險評估的方法　④執行管理審查。

解析 ISMS 資訊安全管理系統，無第 3 項決策的功能。

(　　) 144. 下列軟體中，何者具有簡報功能？
① Keynote　② Power Shell　③ Impress　④ Prezi。

解析 電腦簡報軟體如 134 選項，第 2 選項不是簡報軟體。

(　　) 145. 下列軟體中，何者具有繪圖功能？
① Notepad　② Picasa　③ Wmplayer　④ PhotoImpact。

解析 ①為記事本，③ Player 是播放軟體。

(　　) 146. 下列軟體中，何者具有檔案上傳功能？
① FileZilla　② FlashGet　③ Hangouts　④ Twitter。

解析 ③為即時通次體，④為社群軟體。

(　　) 147. 下列軟體中，何者具有影音編輯功能？
① FlashGet　② Adobe Premiere　③ Pascal　④ Windows Movie Make。

解析 ①為 FTP 軟體，③為程式語言。

(　　) 148. 下列軟體中，何者具有防毒解毒功能？
① PC-cillin　② NOD32　③ Notepad　④ Prezi。

解析 ③為記事本軟體，④為簡報軟體。

(　　) 149. 下列軟體中，何者具有電子試算表功能？
① Office 365　② Google+　③ Page maker　④ Linux Calc。

解析 ②為 Google 的社群網站，③為蘋果的桌面出版軟體。

(　　) 150. 下列軟體中，何者具有影音媒體播放功能？
① KMPlayer　② FlashGet　③ Wmplayer　④ RealPlayer。

解析 ②為 FTP 軟體。

(　　) 151. 下列軟體中，何者具有壓縮檔案功能？
① Winzip　② Winrar　③ Flash　④ Chrome。

解析 ③為動畫製作軟體，④為瀏覽器。

(　　) 152. 下列檔案格式中，何者屬於音樂型態？
① DOC　② MP3　③ WMA　④ RAR。

答案	143. ①②④	144. ①③④	145. ②④	146. ①②	147. ②④	148. ①②	149. ①④	150. ①③④
	151. ①②	152. ②③						

解析 ①為文件檔案　④為壓縮軟體。

(　　) 153. 下列檔案格式中，何者為 Adobe Reader 軟體可讀取之檔案格式？
① PDF　② AI　③ WMA　④ flv。

解析 ③④為影音相關的軟體。

(　　) 154. 下列檔案格式中，何者為 Windows Media Player 軟體可讀取之檔案格式？
① MP3　② WMA　③ WAV　④ ALAC。

解析 ④為蘋果的音頻壓縮格式。

(　　) 155. 下列檔案格式中，何者屬於壓縮後之檔案格式？
① MP4　② BMP　③ WAV　④ JPG。

解析 ②為無壓縮圖檔，③為無壓縮聲音檔。

(　　) 156. 下列微軟公司之作業系統軟體，何者不具有多點觸控功能？
① Windows XP　② Windows 7　③ Windows 8　④ Windo ws Server 2008。

解析 ①④均無觸控功能。

(　　) 157. 下列敘述何者正確？
①電腦設定 IP 後，就能連上網路，不須指定遮罩、路由
② DHCP 伺服器的功能，可以使網路中的電腦自動取得 IP 設定
③ DHCP 的租約期限是屬於可設定之選項
④在 Windows 中使用 ipconfig/all 無法看到 MAC 的資訊。

解析 DHCP 動態提供 IP 給自動取得 IP 的電腦，租約期可設定。

(　　) 158. 在 Linux 設定 DHCP，對於 dhcpd.conf 設定檔中，下列說明何者正確？
① option domain-name：設定 DNS 伺服器 IP
② option subnet-mask：設定給 client 的預設子網路遮罩
③ default-lease-time：DHCP 預設的租期，租期以分計算
④ ddns-update-style：設定是否支援 ddns 更新 IP。

解析 錯誤選項：
①設定 DNS 伺服器名稱，③ DHCP 租期以秒計算。

(　　) 159. 下列作業系統中，何者具有 DHCP 功能？
① Windows Phone　② Liunx　③ Windows 2008 Server　④ Chrom OS。

解析 ②③均是伺服器的軟體，才能具備 DHCP 功能。

答案　153. ①②　154. ①②③　155. ①④　156. ①④　157. ②③　158. ②④　159. ②③

(　　) 160. 下列敘述，何者正確？
①網域名稱系統 (DNS) 可將網域名稱轉換成對映的 TCP
②網域名稱系統 (DNS) 有兩種詢問原理，分為 Recursive 和 Interactive
③在 Windows 的命令提示字元模式下，可用 Ping 命令查知電腦的 MAC
④在 Windows 的命令提示字元模式下，可用 Tracert 命令查知電腦的路由狀況。

解析 錯誤選項：
①對應的 IP 才對　③ ping 可查知連線的狀況。

(　　) 161. 有關 DNS 之敘述，下列何者正確？
①網域名稱系統 (DNS)Interactive 詢問原理用於 DNS Server 間的查詢模式
②具有從主機名稱查到 IP 的流程，也可以從 IP 反查到主機名稱的方式
③從主機名稱查詢到 IP 的流程稱為：反解
④不管是正解還是反解，每個領域的紀錄就是一個區域 (zone)。

解析 錯誤選項③從主機名稱查詢到 IP 為正解。

(　　) 162. 有關命令執行之敘述，下列何者正確？
①在 Linux 中使用 ipconfig 可以手動啓動、觀察與修改網路介面的相關參數
②在 Windows 的執行功能，鍵入 CMD 可以啓動 MS-DOS 模式
③ telent 命令可以用於登入遠端主機
④ tracert 主要用於傳送檔案。

解析 錯誤選項① ipconfig 用於設定網路參數　④用以查詢連接到一主機各節點的路徑。

(　　) 163. 列選項中，何者為 Windows 7 作業系統所具有之功能？
①可以提供 DNS 服務　②具有動態資料交換 (DDE)
③具有物件連結與嵌入 (OLE)　④支援長檔名，檔案名稱可命名達 65536 字元。

解析 錯誤選項① WIN7 不具 DNS 功能　④支援長檔名，最長 256 字元。

(　　) 164. 下列選項中，何者為 Windows 2008 Server 作業系統所具有之功能？
①可以提供 DHCP 服務　②可以設定螢幕保護模式
③提供主動目錄服務 (AD)　④可作為手機之作業系統。

解析 錯誤選項④ Windows 伺服器無法當手機作業系統。

(　　) 165. 在安裝 Windows 2008 Server，如發現硬碟磁區損毀，下列處理方法何者正確？
①將不重要檔案放在該磁區
②利用磁碟檢查功能，檢查出磁區毀損處，安裝時避開
③將磁區格式化後，硬體損毀區就能恢復正常
④損毀區如過多，重新更換一個無損毀磁區之硬碟，再重新安裝。

答案　160. ②④　161. ①②④　162. ②③　163. ②③　164. ①②③　165. ②④

解析 錯誤選項①磁區損毀無法再使用③磁區損壞無法以格式化來修復。

( ) 166. Windows 7 作業系統檔案屬性中，無法顯示下列何者資訊？
①檔案大小 ②列印日期 ③中毒狀況 ④建檔日期。

解析 作業系統無法顯示列印日期、中毒狀況。

( ) 167. 下列軟體中，何者不屬於系統軟體？
①文書處理軟體 ②作業系統 ③資料庫軟體 ④會計軟體。

解析 ①③④項都是應用軟體。

( ) 168. 有關 TTL IC 74LS273 之敘述，下列何者正確？
①其內部共有 8 個 D 型正反器 (Flip-Flop)
②其時脈 (Clock) 腳位的動作訊號為正緣觸發
③其「清除」(Clear) 腳位為低準位動作，當此腳位為低準位時，則所有的輸出 Q 都變成「0」
④其腳位 (Pin) 共有 18 支。

解析 74273 內部為 8 個 D 正反器具栓鎖資料功能，採正緣觸發，清除為低態動作。

( ) 169. 有關 TTL IC 74LS244 之敘述，下列何者正確？
①主要功能是做為資料緩衝 ②其腳位 (Pin) 共有 18 支
③具有三態控制的功能 ④其內部共有 8 個緩衝器。

解析 74244 為 $20P_{in}$ 具有三態控制的資料緩衝器。

( ) 170. 有關 IC ATMEGA8-16PU 之敘述，下列何者正確？
①記憶體是採用僅讀記憶體 ROM(Read Only Memory) 的模式
②封裝方式可採用雙排並列包裝 (DIP)(Dual In line Package)
③ DIP 包裝的腳數為 28 支 (Pin)
④供應電源的最大電壓為 DC24V。

解析 ATMEGA8 為八位元的微控制器，DIP 包裝，腳數 28 支，電源電壓 5V。

( ) 171. 下列軟體中，何者屬於網頁伺服器軟體？
①微軟公司的 IIS ② Apache 軟體基金會的 Apache HTTP 伺服器
③ Nginx 公司的 Nginx ④微軟公司的 IE。

解析 錯誤選項④ IE 是網頁瀏覽器。

答案	166. ②③	167. ①③④	168. ①②③	169. ①③④	170. ②③	171. ①②③

工作項目 06 資訊安全措施（單選 25 題，複選 16 題）

(　　) 1. 依系統建立而得以自動化機器或其他非自動化方式檢索、整理之個人資料是屬於下列哪一個檔案之集合？
①個人資料　②公司資料　③團體資料　④政府資料。

解析 ①個人資料。

(　　) 2. 所謂綠色電腦是指
①環保署 (EPA) 所生產的電腦　②電腦設備是綠色的
③在電腦旁種植綠色植物　④低污染及可節省能源的電腦。

解析 綠色電腦低污染及節能。

(　　) 3. 下列哪一項是公務機關不應將其公開於電腦網站？
①個人資料檔案名稱　②個人資料檔案保有之依據及特定目的
③個人資料之內容　④保有機關名稱及聯絡方式。

解析 個資應受保護。

(　　) 4. 我國電工法規之中規定：移動式電源插座，其插座之額定電壓爲 250 伏以下者，其額定電流應不小於下列何者？
① 5　② 10　③ 15　④ 20　安培。

解析 依電工法規，移動式電源插座，250V/15A。

(　　) 5. 爲防止電擊或傷害，在裝修電腦之前，下列事項何者不正確
①關掉電腦電源
②關閉電源供應器
③關掉印表機和其他外設的電源，並從電腦上實體關閉它們
④開啓不斷電系統。

解析 裝修電腦之前要關閉電源。

(　　) 6. 人體靜電最可能危害下列哪一個電子元件？
① CMOS IC　②電阻　③電容　④發光二極體。

解析 CMOS 易受靜電影響。

(　　) 7. 常在視窗系統中出現的巨集病毒，其感染之對象是以附著在下列何種對象爲目的？
① CPU　②電腦螢幕　③文件檔案　④ BIOS。

解析 巨集病毒以文件檔案爲主。

答案	1. ①	2. ④	3. ③	4. ③	5. ④	6. ①	7. ③

(　　) 8. 下列何種不屬於電腦病毒感染可能之症狀？
①電腦執行速度比平常緩慢　②電源開關無法正常開關
③記憶體容量忽然大量減少　④磁碟可利用的空間突然減少。

解析 無法正常開關機不是病毒之症狀。

(　　) 9. 利用網路搜尋資料，下列敘述何者錯誤？
①網路上的資料有好有壞，所以不要下載和瀏覽不當的資訊內容
②利用網路搜尋資料很方便，網路上所有資訊都是可以瀏覽和下載的
③搜尋資料時，有時會連到令你作噁的網頁，這時候應立即關閉這個網頁
④使用網路搜尋資料作作業，可以請家長在旁陪同。

解析 網路上的資源共享，合理瀏覽，但有著作權不可隨意下載分享。

(　　) 10. (本題刪題)假冒公司的名義，發送偽造的網站連結，以騙取使用者登入並盜取個人資料，請問這種行為稱為？
①郵件炸彈　②網路釣魚　③阻絕攻擊　④網路謠言。

解析 假網站連結騙取個資是網路釣魚的手法。

(　　) 11. 有關電腦安裝過濾軟體，下列敘述何者正確？
①安裝過濾軟體後就可以保證連到安全的網站
②安裝過濾軟體後，仍不保證連到的網站都是安全的
③過濾軟體只有防毒的功能
④有了過濾軟體再加裝一個防毒軟體，電腦就萬無一失。

解析 過濾軟體並不能保證連的網站是安全的。

(　　) 12. 網路釣魚是電腦駭客進行網路詐騙的一種手法，以下何者不是網路釣魚的主要目的？
①詐領帳戶金額　②盜刷信用卡　③讓電腦中毒　④竊取個人資料。

解析 網路釣魚主要目的在獲取個資。

(　　) 13. 如果發現某銀行網站是偽造的，但是我已經輸入帳戶資料，我應該怎麼辦較適當？
①繼續使用信用卡，因為對方只知道信用卡資料，仍然無法盜刷
②繼續使用信用卡，因為盜刷的問題銀行會負責處理
③通知原發卡銀行我的信用卡資料外流，並停用該信用卡
④寫信告訴對方，我輸入的資料是錯的。

解析 應馬上通知原發卡銀行，停止銀行信用卡的作業。

答案 8.②　9.②　10.②　11.②　12.③　13.③

( ) 14. 如果收到一封電子郵件，內容說明只要連到這個網站，提供銀行帳號資料，就會有錢自動轉進銀行帳戶中，我應該如何處理？
①不要點選郵件中的連結，並將此信設爲垃圾信
②回信問清楚相關細節，再決定要不要提供我的資料
③連到該網站，輸入自己的資料，馬上就會有錢進來
④連到該網站，輸入父母的資料，幫父母賺錢。

解析 只要提到錢大都是詐騙的網站，不要點連結，並設爲垃圾信件。

( ) 15. 網路釣魚是電腦駭客進行詐騙的一種手法，下列敘述何者不正確？
①網路釣魚可以透過電子郵件來詐騙
②網路釣魚所用網址與原公司網址相同
③網路釣魚的電子郵件看起來像是合法的寄信者所發送
④網路釣魚郵件主要是要詐取使用者的金錢、帳號、密碼等個人資料。

解析 網路釣魚所用的網址看起來都一樣，其實一定不會是一樣。

( ) 16. 網路釣魚是電腦駭客進行詐騙的一種手法，關於網路釣魚之防範，下列敘述何者正確？
①發現某公司的網站，38 被釣魚網站假冒，應立刻通知該公司
②只要安裝反制網路釣魚的軟體，就可以避免連到不安全的網站
③搜尋引擎所查到的公司網址，一定是正確的
④只要電子郵件的寄件人我認識，就表示這封郵件是安全的。

解析 選項 1 是很正確的作法。

( ) 17. 架設釣魚網站，盜取他人帳號密碼等資料，會觸犯什麼罪？
①重製罪 ②詐欺罪 ③搶奪罪 ④沒有罪。

解析 假冒他人公司網站屬於詐欺罪。

( ) 18. 收到一封標題「你也可以當千萬富翁」的可疑電子郵件，我應該怎麼做較適當？
①將此信設定爲垃圾信，避免下次再收到
②將此信轉寄給好朋友，好康大家知
③回覆此信，告知對方我很想要致富
④打開此信，並照著信件中的方式做。

解析 只要提到錢大都是詐騙的網站，不要點連結，並設爲垃圾信件。

( ) 19. 安裝垃圾郵件過濾軟體後，下列敘述何者正確？
①絕對不會有垃圾信 ②垃圾信只會寄給其它不設定的人
③還是可能會有垃圾信 ④垃圾信全部都會被放在垃圾信件區。

解析 無法 100% 過濾。

答案	14. ①	15. ②	16. ①	17. ②	18. ①	19. ③

( ) 20. 收到朋友寄來的一封電子郵件，標題爲「收到此信後，一定要轉寄給 10 個人，否則會遭致惡運」，我應該怎麼辦？
①馬上轉寄給 10 個人，以免自己遭殃
②如果寄件人是我的好朋友，才轉寄給 10 個人
③不要打開，並將此信設爲垃圾信
④先打開看內容是什麼，再決定要不要轉寄。

解析 設爲垃報信，避免再收到。

( ) 21. 收到一封「膽小者勿開啓」的轉寄信，我應該如何處理？
①我不是膽小鬼，當然要打開看看 ②寄給不喜歡的人
③可能是病毒信，完全不予理會並刪除 ④只轉寄給一兩個朋友就好。

解析 激將法就是要你打開它。

( ) 22. 有關電腦病毒的描述，下列何者正確？
①電腦病毒是一種電腦程式，會在電腦中相互傳染
②電腦病毒是一種具有各種顏色的病毒，可以用顏色來分類
③電腦病毒是一種透過人與人接觸傳染的病毒
④電腦病毒是一種會造成身體疾病的病毒。

解析 電腦病毒可以複製再傳染。

( ) 23. 下列何者不屬於資訊系統安全之主要措施？
①測試 ②風險分析 ③稽核 ④備份。

( ) 24. 下列何者不是綠色電腦的特色？
①低幅射 ②省電 ③無污染 ④美觀。

( ) 25. 台灣電力公司提供的電力頻率爲多少赫芝 (Hz) ？
① 50 ② 60 ③ 110 ④ 220。

解析 我國的電力頻率爲 60Hz。

( ) 26. 關於「資訊之人員安全管理措施」中，下列何者適當？
①訓練操作人員 ②銷毀無用報表
③利用識別卡管制人員進出 ④每人均可操作每一台電腦。

( ) 27. 下列雙絞線規格，何者可提供 100Mbps 以上的頻寬？
① CAT.3 ② CAT.4 ③ CAT.5 ④ CAT.6。

解析 CAT.5 提供 100M，CAT.6 提供 1Gbps。

答案	20. ③	21. ③	22. ①	23. ①	24. ④	25. ②	26. ①②③	27. ③④

(　　) 28. 有關 WAP 之敘述，下列何者正確？
①所使用的語言為 HTML
②全名為無線應用協定
③開放式且標準式的軟體協定
④主要功能為提供手持式無線終端設備，能夠獲得類似網頁瀏覽器的功能。

解析 WAP(Wireless Application Protocol) 無線應用協定，使用的語言是 WML 無線標記語言。

(　　) 29. 有關傳輸媒介之敘述，下列何者正確？
①乙太網路 (Ethernet) 目前最常見的線材是同軸電纜
②二部電腦可透過 RS-232 介面結合 Modem 及電話線路，提供長距離資料傳輸
③乙太網路 (Ethernet)10BaseT，最後一字母 T 代表 T wisted-Pair，表示傳輸媒介為雙絞線
④雙絞線具有價錢低、重量輕、易安裝之優點，已成為電腦網路上常見的網路線材。

解析 錯誤選項①乙太網路線使用 UTP 雙絞線。

(　　) 30. 有關寬頻網路之敘述，下列何者正確？
① ADSL 之上傳與下載頻寬一樣
② Cable Modem 傳輸的特性是頻寬共享
③有線電視用戶也可利用有線電視數據機 (Cable Modem) 來連接網際網路
④ ADSL 傳輸的特性是頻寬共享。

解析 錯誤選項① ADSL 上傳 / 下載不一樣④ ADSL 為個人專用線路。

(　　) 31. 有關 TCP 協定之敘述，下列何者正確？
① TCP 發送端如果在某一預定的時間內沒有收到該確認封包，就會認定封包傳輸失敗，不會重送該封包
②常見的 http，其 port 是使用 70
③ TCP 屬於連線導向的傳輸協定
④ FTP 預設使用 21 埠號 (Port Number) 傳送資料。

解析 錯誤選項①失敗會重傳② HTTP 使用 80 埠傳輸。

(　　) 32. 有關 DNS(Domain Name System) 服務之敘述，下列何者正確？
① DNS 的設定是為了查詢網路主機名稱所對應之 IP 位址
② DNS 是一個階層式的分散式名稱對應系統，整體架構則為匯流排資料結構
③整個網際網路 (Internet) 上可以有很多個 DNS Server
④ DNS 伺服器可以把領域命名法則下的網站名稱轉換為 IP 位址表示法。

解析 錯誤選項③階層式為樹狀結構，不是匯流排。

答案 28. ②③④　29. ②③④　30. ②③　31. ③④　32. ①③④

( ) 33. 有關全球資訊網 (World Wide Web) 服務之敘述，下列何者錯誤？
①全球資訊網就是 Intranet
② WWW 全球資訊網 39 屬於一種主從式架構 (Client-Server) 的系統
③進入一個網站時所看到的第一個網頁，就是公告頁
④ Yahoo、PChome 網站屬於入口網站之一。

解析 錯誤選項① internet ③首頁。

( ) 34. 下列軟體中，何者屬於 P2P 軟體？
① eDonkey ② CuteFTP ③ foxy ④ BT。

解析 錯誤選項② CuteFTP 是檔案傳輸軟體，不是 P2P 軟體 (Peer to peer 點對點)。

( ) 35. 有關資料加密之敘述，下列何者正確？
①加密是資訊經過加密，得以避免遭攔截破解
②加密是將密文資料轉變爲明文資料之處理過程
③對稱式金鑰密碼系統，是加密端與解密端均要使用同一把金鑰
④非對稱式金鑰密碼系統有兩個不同金鑰，一個爲私密金鑰由擁有者自行保存，另一則爲公開金鑰可公諸大眾。

解析 錯誤選項②加密是將明文資料變成密文資料。

( ) 36. 資料傳遞時，爲避免資料被竊取或外洩，通常可採用何種保護措施？
①將資料解壓縮 ②將資料壓縮並加密碼保護 ③將資料加密 ④將資料解密。

解析 防止被竊應將資料壓縮並加密。

( ) 37. 有關電腦病毒之敘述，下列何者錯誤？
①載入某一程式的時間愈來愈長，可能是已感染電腦病毒
②唯讀式 CD-ROM 光碟片會受外來電腦病毒的侵入與破壞
③個人電腦如果沒有硬碟，就不會感染電腦病毒
④電腦只會感染一種病毒。

解析 ①載入時間超長異常可能是病毒在執行工作。

( ) 38. 網路釣魚是電腦駭客進行詐騙的一種手法，有關網路釣魚之防範，下列敘述何者錯誤？
①發現某公司的網站，被釣魚網站假冒，應立刻通知該公司
②只要安裝反制網路釣魚的軟體，就可以避免連到不安全的網站
③搜尋引擎所查到的公司網址，不一定是正確的
④只要電子郵件的寄件人是我認識的，就表示這封郵件是安全的。

解析 不是安裝了防制軟體就能避免不安全。

答案 33. ①③ 34. ①③④ 35. ①③④ 36. ②③ 37. ②③④ 38. ②④

(　　) 39. 有關加密技術 (Cryptography) 之敘述，下列何者錯誤？
①文件經過加密後，可以防止文件在網路傳輸時，除了所指定的文件接收者外，他人無法竊取該文件
②文件經過加密後，可以使文件接收者確知該文件在網路傳輸時，是否曾被修改過
③文件經過加密後，可以防止文件在網路傳輸時，不會誤傳到其它目的地
④文件經過加密後，可以使文件在網路傳輸時的速度變快。

解析 資料加密是在保護資料內容不被讀取，不是在防止被竊取。

(　　) 40. 有關電腦中心之安全防護措施，下列敘述何者正確？
①重要檔案定期備份
②不同部門的資料應相互交流，以便彼此支援合作
③設置防火設備
④隨時將資料備份至隨身碟並隨身攜帶以策安全。

解析 定期備份是積極的作法，設置防火牆是預防的作法。

(　　) 41. 有關系統安全措施之描述，下列何者正確？
①系統操作者統一保管密碼　②密碼定期變更
③密碼設定要複雜且永遠不要變更　④資料加密。

解析 密碼定期變更，資料加密可以增加資料被解密的難度。

答案 39. ①③④　40. ①③　41. ②④

資訊相關職類共同學科題庫

工作項目 01：電腦硬體架構 (共 20 題)

工作項目 02：網路概論與應用 (共 29 題)

工作項目 03：作業系統 (共 10 題)

工作項目 04：資訊運算思維 (共 20 題)

工作項目 05：資訊安全 (共 40 題)

工作項目 01 電腦硬體架構（共 20 題）

( ) 1. 在量販店內，商品包裝上所貼的「條碼 (Barcode)」係協助結帳及庫存盤點之用，則該條碼在此方面之資料處理作業上係屬於下列何者？
①輸入設備 ②輸入媒體 ③輸出設備 ④輸出媒體。

解析 ②條碼屬於輸入媒體。

( ) 2. 有關「CPU 及記憶體處理」之說明，下列何者「不正確」？
①控制單元負責指揮協調各單元運作 ② I/O 負責算術運算及邏輯運算
③ ALU 負責算術運算及邏輯運算 ④記憶單元儲存程式指令及資料。

解析 ② I/O 不負責運算。

( ) 3. 有關二進位數的表示法，下列何者「不正確」？
① 101 ② 1A ③ 1 ④ 11001。

解析 ②二進位沒有 A 符號。

( ) 4. 負責電腦開機時執行系統自動偵測及支援相關應用程式，具輸入輸出功能的元件為下列何者？
① DOS ② BIOS ③ I/O ④ RAM。

解析 ③ I/O, Input/Output。

( ) 5. 在處理器中位址匯流排有 32 條，可以定出多少記憶體位址？
① 512MB ② 1GB ③ 2GB ④ 4GB。

解析 ④ $2^{32} = 2^{2} \times 2^{30} = 4GB$。

( ) 6. 下列何者屬於揮發性記憶體？
① HardDisk ② Flash Memory ③ ROM ④ RAM。

解析 ④ RAM：電源關閉資料就不見了。

( ) 7. 下列技術何者為一個處理器中含有兩個執行單元，可以同時執行兩個並行執行緒，以提升處理器的運算效能與多工作業的能力？
①超執行緒 (Hyper Thread)
②雙核心 (Dual Core)
③超純量 (Super Scalar)
④單指令多資料 (Single Instruction Multiple Data)。

解析 ②雙核心 (Dual Core)：含 2 個執行單位。

答案	1. ②	2. ②	3. ②	4. ②	5. ④	6. ④	7. ②

(　　) 8. 下列技術何者為將一個處理器模擬成多個邏輯處理器，以提升程式執行之效能？
①超執行緒 (Hyper Thread)
②雙核心 (Dual Core)
③超純量 (Super Scalar)
④單指令多資料 (Single Instruction Multiple Data)。

解析 超執行緒 (Hyper Thread) 將一個處理器模擬成多個邏輯處理器，以提升程式執行之效能。

(　　) 9. 有關記憶體的敘述，下列何者「不正確」？
① CPU 中的暫存器執行速度比主記憶體快
②快取磁碟 (Disk Cache) 是利用記憶體中的快取記憶體 (Cache Memory) 來存放資料
③在系統軟體中，透過軟體與輔助儲存體來擴展主記憶體容量，使數個大型程式得以同時放在主記憶體內執行的技術是虛擬記憶體 (Virtual Memory)
④個人電腦上大都有 Level1(L1) 及 Level2(L2) 快取記憶體 (Cache Memory)，其中 L1 快取的速度較快，但容量較小。

解析 ②快取磁碟 (Disk Cache)：利用一塊記憶體來模擬磁碟的工作，提升效能。

(　　) 10. 有關電腦衡量單位之敘述，下列何者「不正確」？
①衡量印表機解析度的單位是 DPI(Dots Per Inch)
②磁帶資料儲存密度的單位是 BPI(Bytes Per Inch)
③衡量雷射印表機列印速度的單位是 PPM(Pages Per Minute)
④通訊線路傳輸速率的單位是 BPS(Bytes Per Second)。

解析 ④通訊線路傳輸速率的單位是小寫的 bps(bits per second)。

(　　) 11. 有關電腦儲存資料所需記憶體的大小排序，下列何者正確？
① 1TB ＞ 1GB ＞ 1MB ＞ 1KB　② 1KB ＞ 1GB ＞ 1MB ＞ 1TB
③ 1GB ＞ 1MB ＞ 1TB ＞ 1KB　④ 1TB ＞ 1KB ＞ 1MB ＞ 1GB。

解析 記憶體的大小排序如項目①所示。

(　　) 12. 以微控制器為核心並配合適當的周邊設備，以執行特定功能，主要是用來控制、監督或輔助特定設備的裝置，其架構仍屬於一種電腦系統 (包含處理器、記憶體、輸入與輸出等硬體元素)，目前最常見的應用有 PDA、手機及資訊家電，這種系統稱為下列何者？
①伺服器系統　②嵌入式系統　③分散式系統　④個人電腦系統。

解析 ②嵌入式系統：以微控制器為核心以執行特定功能，等同一小型的電腦系統。

答案 8. ①　9. ②　10. ④　11. ①　12. ②

( ) 13. 有 A, B 兩個大小相同的檔案，A 檔案儲存在硬碟連續的位置，而 B 檔案儲存在硬碟分散的位置，因此 A 檔案的存取時間比 B 檔案少，下列何者爲主要影響因素？
①CPU 執行時間 (Execution Time) ②記憶體存取時間 (Memory Access Time)
③傳送時間 (Transfer Time) ④搜尋時間 (Seek Time)。

解析 ④減少了搜尋時間 (Seek Time)，所以較快，這是磁碟重整的重要。

( ) 14. 有關資料表示，下列何者「不正確」？
① 1Byte = 8bits ② 1KB = 2^{10}Bytes ③ 1MB = 2^{15}Bytes ④ 1GB = 2^{30}Bytes。

解析 ③ 1MB = 2^{20}Bytes。

( ) 15. 有關資料儲存媒體之敘述，下列何者正確？
①儲存資料之光碟片，可以直接用餐巾紙沾水以同心圓擦拭，以保持資料儲存良好狀況
② MO(Magnetic Optical) 光碟機所使用的光碟片，外型大小及儲存容量均與 CD-ROM 相同
③ RAM 是一個經設計燒錄於硬體設備之記憶體
④可消除及可規劃之唯讀記憶體的縮寫爲 EPROM。

解析 ④可用紫外線來消除及可規劃之唯讀記憶體的縮寫爲 EPROM。

( ) 16. 下列何者爲 RAID(Redundant Array of Independent Disks) 技術的主要用途？
①儲存資料 ②傳輸資料 ③播放音樂 ④播放影片。

解析 RAID 稱爲磁碟陣列。

( ) 17. 硬碟的轉速會影響下列何者磁碟機在讀取檔案時所需花的時間？
①旋轉延遲 (Rotational Latency) ②尋找時間 (Seek Time)
③資料傳輸 (Transfer Time) ④磁頭切換 (Head Switching)。

解析 旋轉延遲：磁碟轉速大小會有影響。

( ) 18. 微處理器與外部連接之各種訊號匯流排，何者具有雙向流通性？
①控制匯流排 ②狀態匯流排 ③資料匯流排 ④位址匯流排。

解析 ③唯獨資料匯流排是雙向，其它是單向。

( ) 19. 下列何者是「美國標準資訊交換碼」的簡稱？
① IEEE ② CNS ③ ASCII ④ ISO。

解析 「美國標準資訊交換碼」的簡稱 ASCII。

( ) 20. 下列何者內建於中央處理器 (CPU) 做爲 CPU 暫存資料，以提升電腦的效能？
①快取記憶體 (Cache) ②快閃記憶體 (Flash Memory)
③靜態隨機存取記憶體 (SRAM) ④動態隨機存取記憶體 (DRAM)。

解析 快取記憶體 (Cache) 存在於 CPU 內部。

答案	13.④	14.③	15.④	16.①	17.①	18.③	19.③	20.①

工作項目 02 網路概論與應用 (共 29 題)

( ) 1. 下列何者為制定網際網路 (Internet) 相關標準的機構？
① IETF ② IEEE ③ ANSI ④ ISO。

解析 網際網路工程任務組 (英語：Internet Engineering Task Force，縮寫：IETF)。

( ) 2. 下列何者為專有名詞「WWW」之中文名稱？
①區域網路 ②網際網路 ③全球資訊網 ④社群網路。

解析 WWW：World Wide Web。

( ) 3. 下列何者不是合法的 IP 位址？
① 120.80.40.20 ② 140.92.1.50 ③ 192.83.166.5 ④ 258.128.33.24。

解析 ④ 258.XXX 網址最大數值 255。

( ) 4. 有關網際網路之敘述，下列何者「不正確」？
① IPv4 之子網路與 IPv6 之子網路只要兩端直接以傳輸線相連即可互相傳送資料
② IPv4 之位址可以被轉化為 IPv6 之位址
③ IPv6 之位址有 128 位元
④ IPv4 之位址有 32 位元。

解析 ① IPv4 與 IPv6 之格式相差甚大，無法直接連線。

( ) 5. 在 OSI (Open System Interconnection) 通信協定中，電子郵件的服務屬於下列哪一層？
①傳送層 (Tran sport Layer) ②交談層 (Session Layer)
③表示層 (Presentation Layer) ④應用層 (Application Layer)。

解析 電子郵件的服務屬於運用層。

( ) 6. 有關藍芽 (Bluetooth) 技術特性之敘述，下列何者「不正確」？
①傳輸距離約 10 公尺 ②低功率 ③使用 2.4GHz 頻段 ④傳輸速率約為 10Mbps。

解析 ④「傳統藍芽」，傳輸速度為 1 ～ 3Mbps，距離 10 米或 100 米。「高速藍芽」(Bluetooth HS)，速度最高可達 24Mbps，為傳統藍芽 8 倍。

( ) 7. 有關網際網路協定之敘述，下列何者「不正確」？
① TCP 是一種可靠傳輸 ② HTTP 是一種安全性的傳輸
③ HTTP 使用 TCP 來傳輸資料 ④ UDP 是一種不可靠傳輸。

解析 ② HTTPS 才是一種安全性的傳輸。

答案 1. ① 2. ③ 3. ④ 4. ① 5. ④ 6. ④ 7. ②

(　　) 8. 下列何者是較為安全的加密傳輸協定？
①SSH　②HTTP　③FTP　④SMTP。

解析 ①SSH：一種加密的傳輸協定。

(　　) 9. 物聯網 (IoT) 通訊物件通常具備移動性，為支援這樣的通訊特性，需求的網路技術主要為下列何者？
①分散式運算　②網格運算　③跨網域運算能力　④物件動態連結。

解析 ④物聯網：支援多種物件動態連結。

(　　) 10. 若電腦教室內的電腦皆以雙絞線連結至某一台集線器上，則此種網路架構為下列何者？
①星狀拓樸　②環狀拓樸　③匯流排拓樸　④網狀拓樸。

解析 ①星狀拓樸：最常見的架構。

(　　) 11. 下列設備，何者可以讓我們在只有一個 IP 的狀況下，提供多部電腦上網？
①集線器 (Hub)　② IP 分享器　③橋接器 (Bridge)　④數據機 (Modem)。

解析 ② IP 分享器：如裝置名稱將 IP 分享給其它的用戶端。

(　　) 12. 當一個區域網路過於忙碌，打算將其分開成兩個子網路時，此時應加裝下列何種裝置？
①路徑器 (Router)　②橋接器 (Bridge)
③閘道器 (Gateway)　④網路連接器 (Connector)。

解析 ②橋接器 (Bridge)：可橋接 2 張網卡。

(　　) 13. 下列何種電腦通訊傳輸媒體之傳輸速度最快？
①同軸電纜　②雙絞線　③電話線　④光纖。

解析 ④光纖：目前傳輸速率最快的介質。

(　　) 14. 下列何者為眞實的 MAC (Media Access Control) 位址？
① 00:05:J6:0D:91:K1　② 10.0.0.1-255.255.255.0
③ 00:05:J6:0D:91:B1　④ 00:D0:A0:5C:C1:B5。

解析 ④ 00:D0:A0:5C:C1:B5：MAC 由 6 組十六進位數值構成，共 48 位元。

(　　) 15. 下列何種 IEEE Wireless LAN 標準的傳輸速率最低？
① 802.11a　② 802.11b　③ 802.11g　④ 802.11n。

解析 802.11b：11Mbps，802.11a/g：54Mbps，802.11n：450Mbps。

答案	8. ①	9. ④	10. ①	11. ②	12. ②	13. ④	14. ④	15. ②

(　　) 16. NAT (Network Address Translation) 的用途爲下列何者？
①電腦主機與 IP 位址的轉換
② IP 位址轉換爲實體位址
③組織內部私有 IP 位址與網際網路合法 IP 位址的轉換
④封包轉送路徑選擇。

解析 NAT 使區域網路的電腦都能上網。

(　　) 17. 下列何種服務可將 Domain Name 對應爲 IP 位址？
① WINS　② DNS　③ DHCP　④ Proxy。

解析 ② DNS：將網域名稱對應到。

(　　) 18. 下列何者不是 NFC (Near Field Communication) 的功用？
①電子錢包　②電子票證　③行車導航　④資料交換。

解析 NFC (Near Field Communication) 的功用是近距離無線通訊，適合電子錢包等。

(　　) 19. 有關 xxx@abc.edu.tw 之敘述，下列何者「不正確」？
①它代表一個電子郵件地址　②若爲了方便，可以省略 @
③ xxx 代表一個電子郵件帳號　④ abc.edu.tw 代表某個電子郵件伺服器。

解析 @ 緊接郵件位址，不能省略。

(　　) 20. 有關 OTG (On-The-Go) 之敘述，下列何者正確？
①可以將兩個隨身碟連接複製資料
②可以提昇隨身碟資料傳送之速度
③可以將隨身碟連接到手機，讓手機存取隨身碟之資料
④可以讓隨身碟直接透過 WiFi 傳送資料到雲端。

解析 OTG 是手機版的 USB 電纜線，專用於手機資料傳送。

(　　) 21. 根據美國國家標準與技術研究院 (NIST) 對雲端的定義，下列何者「不是」雲端運算 (Cloud Computing) 之服務模式？
①內容即服務 (Content as a Service, CaaS)
②基礎架構即服務 (Infrastructure as a Service, Iaa S)
③平台即服務 (Platform as a Service, Paa S)
④軟體即服務 (Software as a Service, SaaS)。

解析 沒有 CaaS。

答案	16. ③	17. ②	18. ③	19. ②	20. ③	21. ①

(　　) 22. 下列何種雲端服務可供使用者開發應用軟體？
① Software as a Service (SaaS)　② Platform as a Service (Paa S)
③ Information as a Service (IaaS)　④ Infrastructure as a Service (IaaS)。

解析 使用平台即服務來開發應用軟體。

(　　) 23. 下列何者為「B2C」電子商務之交易模式？
①公司對公司　②客戶對公司　③客戶對客戶　④公司對客戶。

解析 Business to Consumer 是指企業對消費者。

(　　) 24. 下列何者為 Class A 網路的內定子網路遮罩？
① 255.0.0.0　② 255.255.0.0　③ 255.255.255.0　④ 255.255.255.255。

解析 ClassA 遮罩：255.0.0.0 可用的主機位址最多，總共是 224–2 (頭尾不能用)。

(　　) 25. IPv6 網際網路上的 IP address，每個 IP address 總共有幾個位元組？
① 4Bytes　② 8Bytes　③ 16Bytes　④ 20Bytes。

解析 IPV6 例：2001:0db8:86a3:08d3:1319:8a2e:0370:7344，共 8 組 × 2 位元組 = 128 位元。

(　　) 26. 下列何者為 DHCP 伺服器之功能？
①提供網路資料庫的管理功能　②提供檔案傳輸的服務
③提供網頁連結的服務　④動態的分配 IP 給使用者使用。

解析 ④ dhcp 功能：動態的分配 IP 給使用者使用。

(　　) 27. 有關乙太網路 (Ethernet) 之敘述，下列何者「不正確」？
①是一種區域網路　②採用 CSMA ／ CD 的通訊協定
③網路長度可至 2500 公尺　④傳送時不保證服務品質。

解析 ③網路線長度上限 100 公尺。

(　　) 28. 一個 Class C 類型網路可用的主機位址有多少個？
① 254　② 256　③ 128　④ 524。

解析 Class C 類型網路，遮罩 255.255.255.0，可用的主機位址有 28–2(頭尾不能用)
Class B 類型網路，遮罩 255.255.0.0，可用的主機位址有 216–2(頭尾不能用)。

(　　) 29. 下列何者為正確的 Internet 服務及相對應的預設通訊埠？
① TELNET：21　② FTP：23　③ STMP：25　④ HTTP：82。

解析 Telnet:23, FTP:21, Http:80, SMTP:25。

答案	22. ②	23. ④	24. ①	25. ③	26. ④	27. ③	28. ①	29. ③

工作項目 03 作業系統（共 10 題）

(　　) 1. 有關使用直譯程式 (Interpreter) 將程式翻譯成機器語言之敘述，下列何者正確？
①直譯程式 (Interpreter) 與編譯程式 (Compiler) 翻譯方式一樣
②直譯程式每次轉譯一行指令後即執行
③直譯程式先執行再翻譯成目的程式
④直譯程式先翻譯成目的程式，再執行之。

解析 ②直譯程式特色：立即執行結果。

(　　) 2. 編譯程式 (Compiler) 將高階語言翻譯至可執行的過程中，下列何者是連結程式 (Linker) 負責連結的標的？
①目的程式與所需之副程式　②原始程式與目的程式
③副程式與可執行程式　④原始程式與可執行程式。

解析 編譯程式 (Compiler) 將高階語言翻譯為 obj 檔，連結程式將 obj 檔連結所需副程式。

(　　) 3. Linux 是屬何種系統？
①應用系統 (Application Systems)　②作業系統 (Operation Systems)
③資料庫系統 (Database Systems)　④編輯系統 (Editor Systems)。

(　　) 4. 下列何種作業系統沒有圖形使用者操作介面？
① Linux　② Windows Server　③ Mac OS　④ MS-DOS。

解析 ④ MS-DOS 是早期的作業系統。

(　　) 5. 下列何者「不是」多人多工之作業系統？
① Linux　② Solaris　③ MS-DOS　④ Windows Server。

解析 ③ MS-DOS 是早期的作業系統。

(　　) 6. 下列何者為 Linux 作業系統之「系統管理者」的預設帳號？
① administrator　② manager　③ root　④ supervisor。

解析 ③ root 最高權限之管理員。

(　　) 7. Windows 登入時，若鍵入的密碼其「大小寫不正確」會導致下列何種結果？
①仍可以進入 Windows　②進入 Windows 的安全模式
③要求重新輸入密碼　④ Windows 將先關閉，並重新開機。

解析 密碼有分大小寫，不正確就無法登入。

答案　1. ②　2. ①　3. ②　4. ④　5. ③　6. ③　7. ③

(　　) 8. 下列何種技術是利用硬碟空間來解決主記憶體空間之不足？
①分時技術 (Time Sharing)　②同步記憶體 (Concurrent Memory)
③虛擬記憶體 (Virtual Memory)　④多工技術 (Multitasking)。

解析 ③虛擬記憶體：利用硬碟的空間彌補記憶體的不足。

(　　) 9. 電腦中負責資源管理的軟體是下列何種？
①編譯程式 (Compiler)　②公用程式 (Utility)
③應用程式 (Application)　④作業系統 (Operating System)。

解析 ④所述為作業系統 (Operating System) 的工作。

(　　) 10. 下列何者為 Linux 系統所採用的檔案系統？
① NTFS　② XFS　③ HTFS　④ vms。

解析 ① NTFS：Windows 系統格式
② XFS：Linux 系統格式。

答案	8. ③	9. ④	10. ②

工作項目 04 資訊運算思維（共 20 題）

(　　) 1. 右列流程圖所對應的 C/C++ 指令為何？
①do...while
②while
③switch...case
④if...then...else。

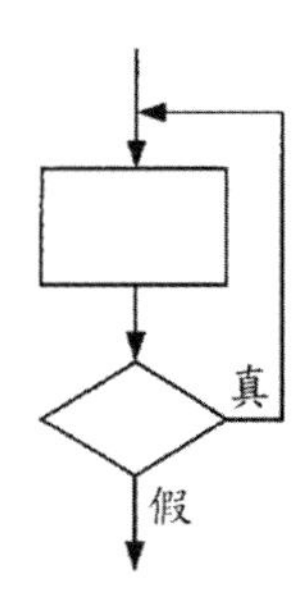

解析 ①do...while 先執行再判斷。(後測試)

(　　) 2. 右列流程圖所對應的 C/C++ 指令為何？
①do...while
②while
③switch...case
④if...then...else。

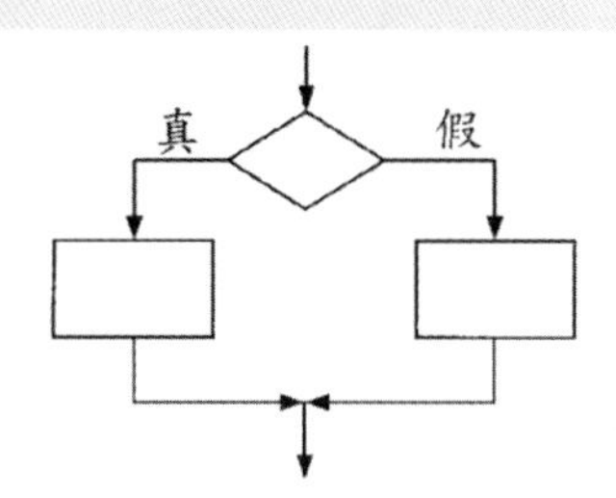

解析 ④if...then...else：成立時執行 A，不成立時執行 B。

(　　) 3. 右列流程圖所對應的 C/C++ 指令為何？
①do...while
②while
③switch...case
④if...then...else。

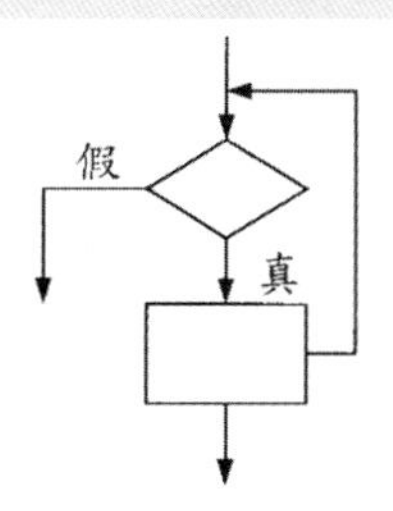

解析 ②while：成立時才執行。(前測試)

(　　) 4. 右列流程圖所對應的 C/C++ 程式為何？

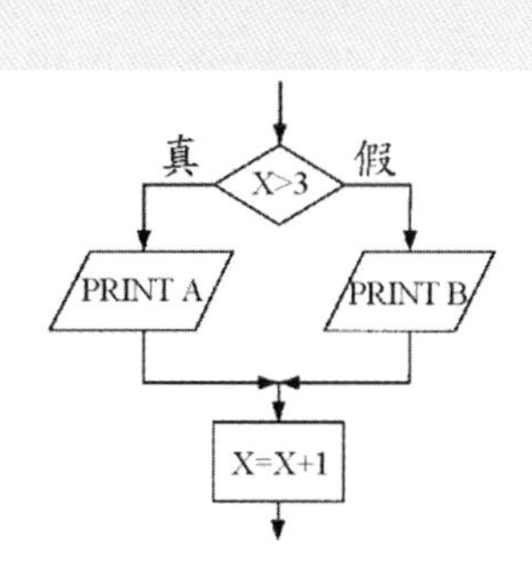

①while (X>3) cout<<A;
　cout<<B;
　X=X+1;
②if (X>3) cout<<A; else cout<<B;
　X=X+1;
③switch(X) {

　　case 1: cout<<A;
　　case 2: cout<<A;
　　case 3: cout<<A;
　　default: cout<<B;
④while (X>3) cout<<A;
　cout<<B;
　X=X+1;

答案	1.①	2.④	3.②	4.②

解析 VB 的 print 輸出指令，在 C++ 時爲 cout。

( ) 5. 下列 C/C++ 程式片段之敘述，何者正確？

```
int a,b,c;
cin>>a;
cin>>b;
c=a;
if (b>c)
    c=b;
cout<<"the output is:"<<C;
```

①輸入三個變數 ②找出輸入數值最小值
③找出輸入數值最大值 ④輸出結果爲 the output is:c。

解析 ③找出輸入數值最大值 C。

( ) 6. 下列何者「不是」C/C++ 語言基本資料型態？

① void ② int ③ main ④ char。

解析 void：空值，int：整數型態，main：主程式，char：字元型態。

( ) 7. 下列何者在 C/C++ 語言中視爲 false ？

① −100 ② −1 ③ 0 ④ 1。

解析 C/C++，true=1，false=0。

( ) 8. 有關 C/C++ 語言中變數及常數之敘述，下列何者「不正確」？

①變數用來存放資料，以利程式執行，可以是整數、浮點、字串的資料型態
②程式中可以操作、改變變數的值
③常數存放固定數值，可以是整數、浮點、字串的資料型態
④程式中可以操作、改變常數值。

解析 ④所謂常數就是固定不變的數，程式執行階段不容許改變。

( ) 9. 下列 C/C++ 程式片段，何者敘述正確？

```
While (sum <= 1000)
    sum = sum + 30;
```

①小括號應該改成大括號
② sum = sum +30 ; 必須使用大括號括起來
③ While 應該改成 while
④ While (sum ＜ =1000) 之後應該要有分號。

解析 ③ While 不應該有大寫。

答案	5. ③	6. ③	7. ③	8. ④	9. ③

(　　) 10. 有關 C/C++ 語言結構控制語法，下列何者正確？
① while (x ＞ 0) do {y=5;}
② for (x ＜ 10) {y=5;}
③ while (x ＞ 0 || x ＜ 5) {y=5;}
④ do (x ＞ 0) {y=5} while (x ＜ 1)。

解析 只有第 3 選項的語法正確。

(　　) 11. C/C++ 語言指令 switch 的流程控制變數「不可以」使用何種資料型態？
① char ② int ③ byte ④ double。

解析 C 程式指令 switch 的控制變數，不可以含小數。

(　　) 12. C/C++ 語言中限定一個主體區塊，使用下列何種符號？
① ( ) ② /* */ ③ " " ④ { }。

解析 C 程式的大括號 {} 內含一組程式序。

(　　) 13. 下列 C/C++ 程式片段，輸出結果何者正確？

```
int x = 3;
int a[] = {1,2,3,4};
int*z;
z = a;
z = z + x;
cout<<*z<<"\n";
```

① 1 ② 2 ③ 3 ④ 4。

解析 指標變數 z 指向 a[] 陣列之位址，z=z+3，指向第 4 筆資料 =4。

(　　) 14. 下列 C/C++ 程式片段，輸出結果何者正確？

```
int x = 3;
int a[] = {1,2,3,4};
int * z;
z = &x;
cout<< *z<<"\n";
```

① 1 ② 2 ③ 3 ④ 4。

解析 指標變數 z 指向 x 變數的位址，*x 取值 =3。

答案	10. ③	11. ④	12. ④	13. ④	14. ③

(　　) 15. 下列 C/C++ 程式片段，若 x=2，則 y 值爲何？

```
int y = !(12 < 5 || 3 <= 5 && 3 > x) ? 7 : 9;
```

①2　②3　③7　④9。

解析 優先權：算數 > 關係 > 邏輯，又邏輯運算：&&>||，所以先做 $3 \le 5$ && $3 > x$，結果 = 1(成立)，接著做 12 < 5，結果 = 0(不成立)，執行 0||1，結果 = 1，再執行 !，結果 = 0(false)，所以 y = 9 (因爲前面的判斷式 = false)。

(　　) 16. 下列 C/C++ 程式片段，其 x 之輸出結果何者正確？

```
int x;
x = (5 <= 3 && 'A' < 'F') ? 3 : 4
```

①2　②3　③4　④5。

解析 $5 \le 3$ 爲 0，A<F 爲 1，則 0&&1=0，不成立，結果 x=4。

(　　) 17. 下列 C/C++ 程式片段，執行後 x 值爲何？

```
int a=0, b=0, c=0;
int x = (a<b+4);
```

①0　②1　③2　④3。

解析 先做算術 b+4=4，a<4 爲 1(眞)，所以 x=1。

(　　) 18. 下列 C/C++ 程式片段，f(8, 3) 輸出爲何？

```
int f(int x, int y) {
   if (x == y) return 0;
   else return f(x-1, y) + 1;
}
```

①3　②5　③8　④11。

解析 此爲遞迴呼叫，當 x=y 回傳 0，否則繼續執行 f(x-1, y)+1;

所以 f(8,3) = f(7,3) + 1，f(7,3) = f(6,3) + 1，f(6,3) = f(5,3) + 1，

　　f(5,3) = f(4,3) + 1，f(4,3) = f(3,3) + 1 = 1

所以 f(8,3) = 1 + 1 + 1 + 1 + 1 = 5。

答案　15. ④　16. ③　17. ②　18. ②

(　　) 19. 對於下列 C/C++ 程式，何者敘述正確？

```
for (i=0;i<=m-1;i++){
    for (j=0;j<=p-1;j++){
        c[i][j]=0;
      for (k=0;k<=n-1;k++){
          c[i][j]=c[i][j]+a[i][k]*b[k][j];
      }
    }
}
```

①將 a 及 b 兩矩陣相加後，儲存至 c 矩陣

②若 a[2][2]={{1,2},{3,4}} 及 b[2][2] = {{1,0},{2,-3}}，執行結束後 c[2][2] = {{5,6},{11,12}}

③若 a 及 b 均為 2x2 矩陣，最內層 for 迴圈執行 8 次

④若 a 及 b 均為 2x2 矩陣，最外層 for 迴圈執行 4 次。

解析 最內層 a[i][k] × b[k][j] 表示兩矩陣相乘後存入 c 陣列，對 2 × 2 陣列，最內層執行 2 × 2 × 2=8 次，最外層執行 i=0，1 共 2 次。

(　　) 20. 對於下列 C/C++ 程式片段，何者敘述有誤？

```
x1=2;y1=4;
x2=6;y2=8;
a=y2-y1;
b=x2-x1;
c=-a*x1+b*y1;
cout<<a<<"x+"<<-b<<"y+"<<c<<"=0";
```

①程式輸出為 4x+-3y+8=0

②若 (x1,x2) 及 (y1,y2) 視為兩個二維平面座標，程式功能為計算直線方程式

③若 (x1,x2) 及 (y1,y2) 視為兩個二維平面座標，則直線方程式的斜率為 $\frac{-4}{3}$

④若 (x1,x2),(y1,y2) 及 (5,4) 視為三個二維平面座標，則會構成一個直角三角形。

解析 斜率 =(y2-y1)/(x2-x1)=4/3，所以直線方程式：ax+by+c=0，a=4, b=-3, c=8, 4x-3y+8=0 斜率 s=-b/a=4/3，注意：題目的程式有誤，x2=5 才是。

答案	19. ③　　20. ③

工作項目 05 資訊安全（共 40 題）

(　　) 1. 有關電腦犯罪之敘述，下列何者「不正確」？
①犯罪容易察覺　②採用手法較隱藏
③高技術性的犯罪活動　④與一般傳統犯罪活動不同。

解析 ①犯罪不容易察覺。

(　　) 2. 「訂定災害防治標準作業程序及重要資料的備份」是屬何種時期所做的工作
①過渡時期　②災變前　③災害發生時　④災變復原時期。

解析 ②災變前未雨綢繆。

(　　) 3. 下列何者為受僱來嘗試利用各種方法入侵系統，以發覺系統弱點的技術人員？
①黑帽駭客 (Black Hat Hacker)　②白帽駭客 (White Hat Hacker)
③電腦蒐證 (Collection of Evidence) 專家　④密碼學 (Cryptography) 專家。

解析 ②白帽駭客是合法雇用的技術人員。

(　　) 4. 下列何種類型的病毒會自行繁衍與擴散？
①電腦蠕蟲 (Worms)　②特洛伊木馬程式 (Trojan Horses)
③後門程式 (Trap Door)　④邏輯炸彈 (Time Bombs)。

解析 ①電腦蠕蟲 (Worms) 會自行繁衍與擴散。

(　　) 5. 有關對稱性加密法與非對稱性加密法的比較之敘述，下列何者「不正確」？
①對稱性加密法速度較快
②非對稱性加密法安全性較高
③ RSA 屬於對稱性加密法
④使用非對稱性加密法時，每個人各自擁有一對公開金匙與祕密金匙，欲提供認證性時，使用者將資料用自己的祕密金匙加密送給對方，對方再用相對的公開金匙解密。

解析 ③ RSA 屬於非對稱性加密法，特性如④選項所述。

(　　) 6. 下列何種資料備份方式只有儲存當天修改的檔案？
①完全備份　②遞增備份　③差異備份　④隨機備份。

解析 備份方式只有儲存當天修改的檔案稱為②遞增備份。

(　　) 7. 下列何種入侵偵測系統 (Intrusion Detection Systems) 是利用特徵 (Signature) 資料庫及事件比對方式，以偵測可能的攻擊或事件異常？
①主機導向 (Host-Based)　②網路導向 (Network-Based)
③知識導向 (Knowledge-Based)　④行為導向 (Behavior-Based)。

解析 ③知識導向的偵測方式：利用特徵資料庫與事件比對。

答案 1. ①　2. ②　3. ②　4. ①　5. ③　6. ②　7. ③

( ) 8. 下列何種網路攻擊手法是藉由傳遞大量封包至伺服器，導致目標電腦的網路或系統資源耗盡，服務暫時中斷或停止，使其正常用戶無法存取？
①偷窺 (Sniffers) ②欺騙 (Spoofing)
③垃圾訊息 (Spamming) ④阻斷服務 (Denial of Service)。

解析 ④阻斷服務攻擊：傳遞大量封包癱瘓伺服器。

( ) 9. 下列何種網路攻擊手法是利用假節點號碼取代有效來源或目的 IP 位址之行為？
①偷窺 (Sniffers) ②欺騙 (Spoofing)
③垃圾資訊 (Spamming) ④阻斷服務 (Denial of Service)。

解析 ②欺騙 (Spoofing)：網路攻擊的方法，利用假節點導向假的 IP 位址。

( ) 10. 有關數位簽章之敘述，下列何者「不正確」？
①可提供資料傳輸的安全性 ②可提供認證
③有利於電子商務之推動 ④可加速資料傳輸。

解析 錯誤選項：④數位簽章重在安全，無關加速資料傳輸。

( ) 11. 下列何者為可正確且及時將資料庫複製於異地之資料庫復原方法？
①異動紀錄 (Transaction Logging) ②遠端日誌 (Remote Journaling)
③電子防護 (Electronic Vaulting) ④遠端複本 (Remote Mirroring)。

解析 ④遠端複本：異地複製資料。

( ) 12. 字母 "B" 的 ASCII 碼以二進位表示為 "01000010"，若電腦傳輸內容為 "101000010"，以便檢查該字母的正確性，則下列敘述何者正確？
①使用奇數同位元檢查 ②使用偶數同位元檢查
③使用二進位數檢查 ④不做任何正確性的檢查。

解析 ①電腦傳輸的檢查，可檢查 1 的個數是否符合奇數做同位元檢查。

( ) 13. 下列何種方法「不屬於」資訊系統安全的管理？
①設定每個檔案的存取權限
②每個使用者執行系統時，皆會在系統中留下變動日誌 (Log)
③不同使用者給予不同權限
④限制每人使用時間。

解析 資訊安全的管理無關個人使用時間長短。

答案	8. ④	9. ②	10. ④	11. ④	12. ①	13. ④

(　　) 14. 有關資訊中心的安全防護措施之敘述，下列何者「不正確」？
①重要檔案每天備份三份以上，並分別存放
②加裝穩壓器及不斷電系統
③設置煙霧及熱度感測器等設備，以防止災害發生
④雖是不同部門，資料也可以任意交流，以便支援合作，順利完成工作。

解析 安全防護措施，資料不可隨意交流。

(　　) 15. 有關電腦中心的資訊安全防護措施之敘述，下列何者「不正確」？
①資訊中心的電源設備必須有穩壓器及不斷電系統
②機房應選用耐火、絕緣、散熱性良好的材料
③需要資料管制室，做爲原始資料的驗收、輸出報表的整理及其他相關資料保管
④所有備份資料應放在一起以防遺失。

解析 ④備份資料分開存放爲良策。

(　　) 16. 下列何種檔案類型較不會受到電腦病毒感染？
①含巨集之檔案　②執行檔　③系統檔　④純文字檔。

解析 ④純文字檔無病毒碼存放之處。

(　　) 17. 有關重要的電腦系統如醫療系統、航空管制系統、戰情管制系統及捷運系統，在設計時通常會考慮當機的回復問題。下列何種方式是一般最常用的做法？
①隨時準備當機時，立即回復人工作業，並時常加以演習
②裝設自動控制溫度及防災設備，最重要應有 UPS 不斷電配備
③同時裝設兩套或多套系統，以俾應變當機時之轉換運作
④與同機型之電腦使用單位或電腦中心訂立應變時之支援合約，以便屆時作支援作業。

解析 ③重要的資料應備份多套。

(　　) 18. 有關資料保護措施，下列敘述何者「不正確」？
①定期備份資料庫　②機密檔案由專人保管
③留下重要資料的使用紀錄　④資料檔案與備份檔案保存在同一磁碟機。

解析 備份檔案不可存放同一個窩。

(　　) 19. 如果一個僱員必須被停職，他的網路存取權應在何時關閉？
①停職後一週　②停職後二週　③給予他停職通知前　④不需關閉。

解析 停職前取消其權限，避免報復行爲搞破壞。

(　　) 20. 有關資訊系統安全措施，下列敘述何者「不正確」？
①加密保護機密資料　②系統管理者統一保管使用者密碼
③使用者不定期更改密碼　④網路公用檔案設定成「唯讀」。

答案	14. ④	15. ④	16. ④	17. ③	18. ④	19. ③	20. ②

解析 系統管理員統一管理使用者密碼，比較會產生監守自盜。

( ) 21. 下列何種動作進行時，重新開機可能會造成檔案被破壞？
①程式正在計算 ②程式等待使用者輸入資料
③程式從磁碟讀取資料 ④程式正在對磁碟寫資料。

解析 資料未儲存完畢，重新開機容易造成內容不完整。

( ) 22. 下列何者「不是」資訊安全所考慮的事項？
①確保資訊內容的機密性，避免被別人偷窺
②電腦執行速度
③定期做資料備份
④確保資料內容的完整性，防止資訊被竄改。

解析 電腦速度無關資訊安全。

( ) 23. 下列何者「不是」數位簽名的功能？
①證明信件的來源 ②做為信件分類之用
③可檢測信件是否遭竄改 ④發信人無法否認曾發過信件。

解析 數位簽名重在安全來源證明。

( ) 24. 在網際網路應用程式服務中，防火牆是一項確保資訊安全的裝置，下列何者「不是」防火牆檢查的對象？
①埠號 (Port Number) ②資料內容 ③來源端主機位址 ④目的端主機位址。

解析 資料內容不是防火牆檢查之對象。

( ) 25. 有關電腦病毒傳播方式，下列何者正確？
①只要電腦有安裝防毒軟體，就不會感染電腦病毒
②病毒不會透過電子郵件傳送
③不隨意安裝來路不明的軟體，以降低感染電腦病毒的風險
④病毒無法透過即時通訊軟體傳遞。

解析 病毒程式會隨安裝軟體進入電腦。

( ) 26. 有關電腦病毒之敘述，下列何者正確？
①電腦病毒是一種黴菌，會損害電腦組件
②電腦病毒入侵電腦之後，在關機之後，病毒仍會留在 CPU 及記憶體中
③使用偵毒軟體是避免感染電腦病毒的唯一途徑
④電腦病毒是一種程式，可經由隨身碟、電子郵件、網路散播。

解析 電腦病毒是一種程式，利於散播傳染。

答案 21. ④ 22. ② 23. ② 24. ② 25. ③ 26. ④

(　　) 27. 有關電腦病毒之特性，下列何者「不正確」？
①具有自我複製之能力　②病毒不須任何執行動作，便能破壞及感染系統
③病毒會破壞系統之正常運作　④病毒會寄生在開機程式。

解析 ②電腦病毒是一種程式，執行才能產生作用。

(　　) 28. 下列何種網路攻擊行為係假冒公司之名義發送偽造的網站連結，以騙取使用者登入並盜取個人資料？
①郵件炸彈　②網路釣魚　③阻絕攻擊　④網路謠言。

解析 假冒、誘騙、連結假網站騙取個人資料為網路釣魚。

(　　) 29. 下列何種密碼設定較安全？
①初始密碼如 9999　②固定密碼如生日　③隨機亂碼　④英文名字。

解析 隨機亂碼轉安全，不易猜到，但自已也要能記來才 OK。

(　　) 30. 有關資訊安全之概念，下列何者「不正確」？
①將檔案資料設定密碼保護，只有擁有密碼的人才能使用
②將檔案資料設定存取權限，例如允許讀取，不准寫入
③將檔案資料設定成公開，任何人都可以使用
④將檔案資料備份，以備檔案資料被破壞時，可以回存。

解析 ③將檔案資料設定成公開，任何人都可以使用，已違反安全概念。

(　　) 31. 下列何種技術可用來過濾並防止網際網路中未經認可的資料進入內部，以維護個人電腦或區域網路的安全？
①防火牆　②防毒掃描　③網路流量控制　④位址解析。

解析 ①防火牆能確保基本的安全功能。

(　　) 32. 網站的網址以「https://」開始，表示該網站具有何種機制？
①使用 SET 安全機制　②使用 SSL 安全機制
③使用 Small Business 機制　④使用 XOOPS 架設機制。

解析 ② https://，比一般的 http://，使用 SSL 安全機制。

(　　) 33. 下列何者「不屬於」電腦病毒的特性？
①電腦關機後會自動消失　②可隱藏一段時間再發作
③可附在正常檔案中　④具自我複製的能力。

解析 ①電腦關機後病毒不會自動消失。

答案	27. ②	28. ②	29. ③	30. ③	31. ①	32. ②	33. ①

( ) 34. 資訊安全定義之完整性 (Integrity) 係指文件經傳送或儲存過程中，必須證明其內容並未遭到竄改或偽造。下列何者「不是」完整性所涵蓋之範圍？
①可歸責性 (Accountability) ②鑑別性 (Authenticity)
③不可否認性 (Non-Repudiation) ④可靠性 (Reliability)。

解析 資訊安全定義之完整性 (Integrity) 指資料是否遭到修改破壞與可靠性無關。

( ) 35. 「設備防竊、門禁管制及防止破壞設備」是屬於下列何種資訊安全之要求？
①實體安全 ②資料安全 ③程式安全 ④系統安全。

解析 設備門禁等均為實體。

( ) 36. 「將資料定期備份」是屬於下列何種資訊安全之特性？
①可用性 ②完整性 ③機密性 ④不可否認性。

解析 資料定期備份確保資料可用性。

( ) 37. 有關非對稱式加解密演算法之敘述，下列何者「不正確」？
①提供機密性保護功能
②加解密速度一般較對稱式加解密演算法慢
③需將金鑰安全的傳送至對方，才能解密
④提供不可否認性功能。

解析 非對稱式加解密演算法就是不須將金鑰傳送至對方。

( ) 38. 下列何種機制可允許分散各地的區域網路，透過公共網路安全地連接在一起？
① WAN ② BAN ③ VPN ④ WSN。

解析 VPN：虛擬私有網路，允許使用者透過公用網路安全地瀏覽和存取個人資料。

( ) 39. 加密技術「不能」提供下列何種安全服務？
①鑑別性 ②機密性 ③完整性 ④可用性。

解析 資料加密在確保機密性、完整性、鑑別性，無關可用性。

( ) 40. 有關公開金鑰基礎建設 (Public Key Infrastructure, PKI) 之敘述，下列何者「不正確」？
①係基於非對稱式加解密演算法 ②公開金鑰必須對所有人保密
③可驗證身分及資料來源 ④可用私密金鑰簽署將公布之文件。

解析 公開金鑰密碼學 (Public-key cryptography) 也稱非對稱式密碼學 (Asymmetric cryptography) 是密碼學的一種演算法，它需要兩個金鑰，一個是公開金鑰，另一個是私有金鑰；公鑰用作加密，私鑰則用作解密。

答案	34. ④	35. ①	36. ①	37. ③	38. ③	39. ④	40. ②

共同學科題庫

工作項目 01：職業安全衛生 (共 100 題)

工作項目 02：工作倫理與職業道德 (共 100 題)

工作項目 03：環境保護 (共 100 題)

工作項目 04：節能減碳 (共 100 題)

工作項目 01 職業安全衛生

( ) 1. 對於核計勞工所得有無低於基本工資，下列敘述何者有誤？
①僅計入在正常工時內之報酬 ②應計入加班費
③不計入休假日出勤加給之工資 ④不計入競賽獎金。

( ) 2. 下列何者之工資日數得列入計算平均工資？
①請事假期間 ②職災醫療期間
③發生計算事由之前 6 個月 ④放無薪假期間。

( ) 3. 以下對於「例假」之敘述，何者有誤？
①每 7 日應休息 1 日 ②工資照給
③出勤時，工資加倍及補休 ④須給假，不必給工資。

( ) 4. 勞動基準法第 84 條之 1 規定之工作者，因工作性質特殊，就其工作時間，下列何者正確？
①完全不受限制 ②無例假與休假
③不另給予延時工資 ④勞雇間應有合理協商彈性。

( ) 5. 依勞動基準法規定，雇主應置備勞工工資清冊並應保存幾年？
① 1 年 ② 2 年 ③ 5 年 ④ 10 年。

( ) 6. 事業單位僱用勞工多少人以上者，應依勞動基準法規定訂立工作規則？
① 200 人 ② 100 人 ③ 50 人 ④ 30 人。

( ) 7. 依勞動基準法規定，雇主延長勞工之工作時間連同正常工作時間，每日不得超過多少小時？ ① 10 ② 11 ③ 12 ④ 15。

( ) 8. 依勞動基準法規定，下列何者屬不定期契約？
①臨時性或短期性的工作 ②季節性的工作
③特定性的工作 ④有繼續性的工作。

( ) 9. 依職業安全衛生法規定，事業單位勞動場所發生死亡職業災害時，雇主應於多少小時內通報勞動檢查機構？ ① 8 ② 12 ③ 24 ④ 48。

( ) 10. 事業單位之勞工代表如何產生？
①由企業工會推派之 ②由產業工會推派之
③由勞資雙方協議推派之 ④由勞工輪流擔任之。

( ) 11. 職業安全衛生法所稱有母性健康危害之虞之工作，不包括下列何種工作型態？
①長時間站立姿勢作業 ②人力提舉、搬運及推拉重物
③輪班及夜間工作 ④駕駛運輸車輛。

答案									
1. ②	2. ③	3. ④	4. ④	5. ③	6. ④	7. ③	8. ④	9. ①	10. ①
11. ④									

( ) 12. 依職業安全衛生法施行細則規定，下列何者非屬特別危害健康之作業？
①噪音作業 ②游離輻射作業 ③會計作業 ④粉塵作業。

( ) 13. 從事於易踏穿材料構築之屋頂修繕作業時，應有何種作業主管在場執行主管業務？
①施工架組配 ②擋土支撐組配 ③屋頂 ④模板支撐。

( ) 14. 以下對於「工讀生」之敘述，何者正確？
①工資不得低於基本工資之 80% ②屬短期工作者，加班只能補休
③每日正常工作時間得超過 8 小時 ④國定假日出勤，工資加倍發給。

( ) 15. 勞工工作時手部嚴重受傷，住院醫療期間公司應按下列何者給予職業災害補償？
①前 6 個月平均工資 ②前 1 年平均工資 ③原領工資 ④基本工資。

( ) 16. 勞工在何種情況下，雇主得不經預告終止勞動契約？
①確定被法院判刑 6 個月以內並諭知緩刑超過 1 年以上者
②不服指揮對雇主暴力相向者
③經常遲到早退者
④非連續曠工但 1 個月內累計達 3 日以上者。

( ) 17. 對於吹哨者保護規定，下列敘述何者有誤？
①事業單位不得對勞工申訴人終止勞動契約
②勞動檢查機構受理勞工申訴必須保密
③爲實施勞動檢查，必要時得告知事業單位有關勞工申訴人身分
④任何情況下，事業單位都不得有不利勞工申訴人之行爲。

( ) 18. 職業安全衛生法所稱有母性健康危害之虞之工作，係指對於具生育能力之女性勞工從事工作，可能會導致的一些影響。下列何者除外？
①胚胎發育 ②妊娠期間之母體健康
③哺乳期間之幼兒健康 ④經期紊亂。

( ) 19. 下列何者非屬職業安全衛生法規定之勞工法定義務？
①定期接受健康檢查 ②參加安全衛生教育訓練
③實施自動檢查 ④遵守安全衛生工作守則。

( ) 20. 下列何者非屬應對在職勞工施行之健康檢查？
①一般健康檢查 ②體格檢查
③特殊健康檢查 ④特定對象及特定項目之檢查。

( ) 21. 下列何者非爲防範有害物食入之方法？
①有害物與食物隔離 ②不在工作場所進食或飲水
③常洗手、漱口 ④穿工作服。

答案	12.③	13.③	14.④	15.③	16.②	17.③	18.④	19.③	20.②	21.④

( ) 22. 有關承攬管理責任，下列敘述何者正確？
①原事業單位交付廠商承攬，如不幸發生承攬廠商所僱勞工墜落致死職業災害，原事業單位應與承攬廠商負連帶補償及賠償責任
②原事業單位交付承攬，不需負連帶補償責任
③承攬廠商應自負職業災害之賠償責任
④勞工投保單位即爲職業災害之賠償單位。

( ) 23. 依勞動基準法規定，主管機關或檢查機構於接獲勞工申訴事業單位違反本法及其他勞工法令規定後，應爲必要之調查，並於幾日內將處理情形，以書面通知勞工？
① 14 ② 20 ③ 30 ④ 60。

( ) 24. 我國中央勞工行政主管機關爲下列何者？
①內政部 ②勞工保險局 ③勞動部 ④經濟部。

( ) 25. 對於勞動部公告列入應實施型式驗證之機械、設備或器具，下列何種情形不得免驗證？
①依其他法律規定實施驗證者 ②供國防軍事用途使用者
③輸入僅供科技研發之專用機 ④輸入僅供收藏使用之限量品。

( ) 26. 對於墜落危險之預防設施，下列敘述何者較爲妥適？
①在外牆施工架等高處作業應盡量使用繫腰式安全帶
②安全帶應確實配掛在低於足下之堅固點
③高度 2m 以上之邊緣開口部分處應圍起警示帶
④高度 2m 以上之開口處應設護欄或安全網。

( ) 27. 下列對於感電電流流過人體的現象之敘述何者有誤？
①痛覺 ②強烈痙攣
③血壓降低、呼吸急促、精神亢奮 ④顏面、手腳燒傷。

( ) 28. 下列何者非屬於容易發生墜落災害的作業場所？
①施工架 ②廚房 ③屋頂 ④梯子、合梯。

( ) 29. 下列何者非屬危險物儲存場所應採取之火災爆炸預防措施？
①使用工業用電風扇 ②裝設可燃性氣體偵測裝置
③使用防爆電氣設備 ④標示「嚴禁煙火」。

( ) 30. 雇主於臨時用電設備加裝漏電斷路器，可減少下列何種災害發生？
①墜落 ②物體倒塌、崩塌 ③感電 ④被撞。

( ) 31. 雇主要求確實管制人員不得進入吊舉物下方，可避免下列何種災害發生？
①感電 ②墜落 ③物體飛落 ④缺氧。

( ) 32. 職業上危害因子所引起的勞工疾病，稱爲何種疾病？
①職業疾病 ②法定傳染病 ③流行性疾病 ④遺傳性疾病。

答案	22. ①	23. ④	24. ③	25. ④	26. ④	27. ③	28. ②	29. ①	30. ③	31. ③
	32. ①									

( ) 33. 事業招人承攬時，其承攬人就承攬部分負雇主之責任，原事業單位就職業災害補償部分之責任爲何？
①視職業災害原因判定是否補償 ②依工程性質決定責任
③依承攬契約決定責任 ④仍應與承攬人負連帶責任。

( ) 34. 預防職業病最根本的措施爲何？
①實施特殊健康檢查 ②實施作業環境改善
③實施定期健康檢查 ④實施僱用前體格檢查。

( ) 35. 以下爲假設性情境:「在地下室作業，當通風換氣充分時，則不易發生一氧化碳中毒或缺氧危害」，請問「通風換氣充分」係指「一氧化碳中毒或缺氧危害」之何種描述？
①風險控制方法 ②發生機率 ③危害源 ④風險。

( ) 36. 勞工爲節省時間，在未斷電情況下清理機臺，易發生危害爲何？
①捲夾感電 ②缺氧 ③墜落 ④崩塌。

( ) 37. 工作場所化學性有害物進入人體最常見路徑爲下列何者？
①口腔 ②呼吸道 ③皮膚 ④眼睛。

( ) 38. 活線作業勞工應佩戴何種防護手套？
①棉紗手套 ②耐熱手套 ③絕緣手套 ④防振手套。

( ) 39. 下列何者非屬電氣災害類型？
①電弧灼傷 ②電氣火災 ③靜電危害 ④雷電閃爍。

( ) 40. 下列何者非屬於工作場所作業會發生墜落災害的潛在危害因子？
①開口未設置護欄 ②未設置安全之上下設備
③未確實配戴耳罩 ④屋頂開口下方未張掛安全網。

( ) 41. 在噪音防治之對策中，從下列哪一方面著手最爲有效？
①偵測儀器 ②噪音源 ③傳播途徑 ④個人防護具。

( ) 42. 勞工於室外高氣溫作業環境工作，可能對身體產生之熱危害，以下何者非屬熱危害之症狀？ ①熱衰竭 ②中暑 ③熱痙攣 ④痛風。

( ) 43. 以下何者是消除職業病發生率之源頭管理對策？
①使用個人防護具 ②健康檢查 ③改善作業環境 ④多運動。

( ) 44. 下列何者非爲職業病預防之危害因子？
①遺傳性疾病 ②物理性危害 ③人因工程危害 ④化學性危害。

( ) 45. 下列何者非屬使用合梯，應符合之規定？
①合梯應具有堅固之構造 ②合梯材質不得有顯著之損傷、腐蝕等
③梯腳與地面之角度應在 80 度以上 ④有安全之防滑梯面。

答案	33.④	34.②	35.①	36.①	37.②	38.③	39.④	40.③	41.②	42.④
	43.③	44.①	45.③							

( ) 46. 下列何者非屬勞工從事電氣工作，應符合之規定？
①使其使用電工安全帽 ②穿戴絕緣防護具
③停電作業應檢電掛接地 ④穿戴棉質手套絕緣。

( ) 47. 爲防止勞工感電，下列何者爲非？
①使用防水插頭 ②避免不當延長接線
③設備有金屬外殼保護即可免裝漏電斷路器 ④電線架高或加以防護。

( ) 48. 不當抬舉導致肌肉骨骼傷害或肌肉疲勞之現象，可稱之爲下列何者？
①感電事件 ②不當動作 ③不安全環境 ④被撞事件。

( ) 49. 使用鑽孔機時，不應使用下列何護具？
①耳塞 ②防塵口罩 ③棉紗手套 ④護目鏡。

( ) 50. 腕道症候群常發生於下列何種作業？
①電腦鍵盤作業 ②潛水作業 ③堆高機作業 ④第一種壓力容器作業。

( ) 51. 對於化學燒傷傷患的一般處理原則，下列何者正確？
①立即用大量清水沖洗
②傷患必須臥下，而且頭、胸部須高於身體其他部位
③於燒傷處塗抹油膏、油脂或發酵粉
④使用酸鹼中和。

( ) 52. 下列何者非屬防止搬運事故之一般原則？
①以機械代替人力 ②以機動車輛搬運
③採取適當之搬運方法 ④儘量增加搬運距離。

( ) 53. 對於脊柱或頸部受傷患者，下列何者不是適當的處理原則？
①不輕易移動傷患 ②速請醫師
③如無合用的器材，需 2 人作徒手搬運 ④向急救中心聯絡。

( ) 54. 防止噪音危害之治本對策爲下列何者？
①使用耳塞、耳罩 ②實施職業安全衛生教育訓練
③消除發生源 ④實施特殊健康檢查。

( ) 55. 安全帽承受巨大外力衝擊後，雖外觀良好，應採下列何種處理方式？
①廢棄 ②繼續使用 ③送修 ④油漆保護。

( ) 56. 因舉重而扭腰係由於身體動作不自然姿勢，動作之反彈，引起扭筋、扭腰及形成類似狀態造成職業災害，其災害類型爲下列何者？
①不當狀態 ②不當動作 ③不當方針 ④不當設備。

答案									
46. ④	47. ③	48. ②	49. ③	50. ①	51. ①	52. ④	53. ③	54. ③	55. ①
56. ②									

( ) 57. 下列有關工作場所安全衛生之敘述何者有誤？
①對於勞工從事其身體或衣著有被污染之虞之特殊作業時，應備置該勞工洗眼、洗澡、漱口、更衣、洗濯等設備
②事業單位應備置足夠急救藥品及器材
③事業單位應備置足夠的零食自動販賣機
④勞工應定期接受健康檢查。

( ) 58. 毒性物質進入人體的途徑，經由那個途徑影響人體健康最快且中毒效應最高？
①吸入 ②食入 ③皮膚接觸 ④手指觸摸。

( ) 59. 安全門或緊急出口平時應維持何狀態？
①門可上鎖但不可封死 ②保持開門狀態以保持逃生路徑暢通
③門應關上但不可上鎖 ④與一般進出門相同，視各樓層規定可開可關。

( ) 60. 下列何種防護具較能消減噪音對聽力的危害？
①棉花球 ②耳塞 ③耳罩 ④碎布球。

( ) 61. 勞工若面臨長期工作負荷壓力及工作疲勞累積，沒有獲得適當休息及充足睡眠，便可能影響體能及精神狀態，甚而較易促發下列何種疾病？
①皮膚癌 ②腦心血管疾病 ③多發性神經病變 ④肺水腫。

( ) 62. 「勞工腦心血管疾病發病的風險與年齡、吸菸、總膽固醇數値、家族病史、生活型態、心臟方面疾病」之相關性爲何？ ①無 ②正 ③負 ④可正可負。

( ) 63. 下列何者不屬於職場暴力？
①肢體暴力 ②語言暴力 ③家庭暴力 ④性騷擾。

( ) 64. 職場內部常見之身體或精神不法侵害不包含下列何者？
①脅迫、名譽損毀、侮辱、嚴重辱罵勞工
②強求勞工執行業務上明顯不必要或不可能之工作
③過度介入勞工私人事宜
④使勞工執行與能力、經驗相符的工作。

( ) 65. 下列何種措施較可避免工作單調重複或負荷過重？
①連續夜班 ②工時過長 ③排班保有規律性 ④經常性加班。

( ) 66. 減輕皮膚燒傷程度之最重要步驟爲何？
①儘速用清水沖洗 ②立即刺破水泡
③立即在燒傷處塗抹油脂 ④在燒傷處塗抹麵粉。

( ) 67. 眼內噴入化學物或其他異物，應立即使用下列何者沖洗眼睛？
①牛奶 ②蘇打水 ③清水 ④稀釋的醋。

答案										
	57. ③	58. ②	59. ③	60. ③	61. ②	62. ②	63. ③	64. ④	65. ③	66. ①
	67. ③									

(　　) 68. 石綿最可能引起下列何種疾病？
①白指症　②心臟病　③間皮細胞瘤　④巴金森氏症。

(　　) 69. 作業場所高頻率噪音較易導致下列何種症狀？
①失眠　②聽力損失　③肺部疾病　④腕道症候群。

(　　) 70. 廚房設置之排油煙機為下列何者？
①整體換氣裝置　②局部排氣裝置　③吹吸型換氣裝置　④排氣煙囪。

(　　) 71. 防塵口罩選用原則，下列敘述何者有誤？
①捕集效率愈高愈好　②吸氣阻抗愈低愈好
③重量愈輕愈好　④視野愈小愈好。

(　　) 72. 若勞工工作性質需與陌生人接觸、工作中需處理不可預期的突發事件或工作場所治安狀況較差，較容易遭遇下列何種危害？
①組織內部不法侵害　②組織外部不法侵害
③多發性神經病變　④潛涵症。

(　　) 73. 以下何者不是發生電氣火災的主要原因？
①電器接點短路　②電氣火花　③電纜線置於地上　④漏電。

(　　) 74. 依勞工職業災害保險及保護法規定，職業災害保險之保險效力，自何時開始起算，至離職當日停止？
①通知當日　②到職當日　③雇主訂定當日　④勞雇雙方合意之日。

(　　) 75. 依勞工職業災害保險及保護法規定，勞工職業災害保險以下列何者為保險人，辦理保險業務？
①財團法人職業災害預防及重建中心　②勞動部職業安全衛生署
③勞動部勞動基金運用局　④勞動部勞工保險局。

(　　) 76. 以下關於「童工」之敘述，何者正確？
①每日工作時間不得超過 8 小時　②不得於午後 8 時至翌晨 8 時之時間內工作
③例假日得在監視下工作　④工資不得低於基本工資之 70%。

(　　) 77. 事業單位如不服勞動檢查結果，可於檢查結果通知書送達之次日起 10 日內，以書面敘明理由向勞動檢查機構提出？　①訴願　②陳情　③抗議　④異議。

(　　) 78. 工作者若因雇主違反職業安全衛生法規定而發生職業災害、疑似罹患職業病或身體、精神遭受不法侵害所提起之訴訟，得向勞動部委託之民間團體提出下列何者？
①災害理賠　②申請扶助　③精神補償　④國家賠償。

(　　) 79. 計算平日加班費須按平日每小時工資額加給計算，下列敘述何者有誤？
①前 2 小時至少加給 1/3 倍　②超過 2 小時部分至少加給 2/3 倍
③經勞資協商同意後，一律加給 0.5 倍　④未經雇主同意給加班費者，一律補休。

答案										
	68. ③	69. ②	70. ②	71. ④	72. ②	73. ③	74. ②	75. ④	76. ①	77. ④
	78. ②	79. ④								

(　　) 80. 依職業安全衛生設施規則規定，下列何者非屬危險物？
①爆炸性物質　②易燃液體　③致癌物　④可燃性氣體。

(　　) 81. 下列工作場所何者非屬法定危險性工作場所？
①農藥製造　②金屬表面處理
③火藥類製造　④從事石油裂解之石化工業之工作場所。

(　　) 82. 有關電氣安全，下列敘述何者錯誤？
① 110 伏特之電壓不致造成人員死亡
②電氣室應禁止非工作人員進入
③不可以濕手操作電氣開關，且切斷開關應迅速
④ 220 伏特為低壓電。

(　　) 83. 依職業安全衛生設施規則規定，下列何者非屬於車輛系營建機械？
①平土機　②堆高機　③推土機　④鏟土機。

(　　) 84. 下列何者非為事業單位勞動場所發生職業災害者，雇主應於 8 小時內通報勞動檢查機構？
①發生死亡災害
②勞工受傷無須住院治療
③發生災害之罹災人數在 3 人以上
④發生災害之罹災人數在 1 人以上，且需住院治療。

(　　) 85. 依職業安全衛生管理辦法規定，下列何者非屬「自動檢查」之內容？
①機械之定期檢查　②機械、設備之重點檢查
③機械、設備之作業檢點　④勞工健康檢查。

(　　) 86. 下列何者係針對於機械操作點的捲夾危害特性可以採用之防護裝置？
①設置護圍、護罩　②穿戴棉紗手套　③穿戴防護衣　④強化教育訓練。

(　　) 87. 下列何者非屬從事起重吊掛作業導致物體飛落災害之可能原因？
①吊鉤未設防滑舌片致吊掛鋼索鬆脫　②鋼索斷裂
③超過額定荷重作業　④過捲揚警報裝置過度靈敏。

(　　) 88. 勞工不遵守安全衛生工作守則規定，屬於下列何者？
①不安全設備　②不安全行為　③不安全環境　④管理缺陷。

(　　) 89. 下列何者不屬於局限空間內作業場所應採取之缺氧、中毒等危害預防措施？
①實施通風換氣　②進入作業許可程序
③使用柴油內燃機發電提供照明　④測定氧氣、危險物、有害物濃度。

(　　) 90. 下列何者非通風換氣之目的？
①防止游離輻射　②防止火災爆炸　③稀釋空氣中有害物　④補充新鮮空氣。

答案										
	80. ③	81. ②	82. ①	83. ②	84. ②	85. ④	86. ①	87. ④	88. ②	89. ③
	90. ①									

(　　) 91. 已在職之勞工，首次從事特別危害健康作業，應實施下列何種檢查？
①一般體格檢查　②特殊體格檢查
③一般體格檢查及特殊健康檢查　④特殊健康檢查。

(　　) 92. 依職業安全衛生設施規則規定，噪音超過多少分貝之工作場所，應標示並公告噪音危害之預防事項，使勞工周知？ ① 75 ② 80 ③ 85 ④ 90。

(　　) 93. 下列何者非屬工作安全分析的目的？
①發現並杜絕工作危害　②確立工作安全所需工具與設備
③懲罰犯錯的員工　④作爲員工在職訓練的參考。

(　　) 94. 可能對勞工之心理或精神狀況造成負面影響的狀態，如異常工作壓力、超時工作、語言脅迫或恐嚇等，可歸屬於下列何者管理不當？
①職業安全 ②職業衛生 ③職業健康 ④環保。

(　　) 95. 有流產病史之孕婦，宜避免相關作業，下列何者爲非？
①避免砷或鉛的暴露　②避免每班站立 7 小時以上之作業
③避免提舉 3 公斤重物的職務　④避免重體力勞動的職務。

(　　) 96. 熱中暑時，易發生下列何現象？
①體溫下降 ②體溫正常 ③體溫上升 ④體溫忽高忽低。

(　　) 97. 下列何者不會使電路發生過電流？
①電氣設備過載 ②電路短路 ③電路漏電 ④電路斷路。

(　　) 98. 下列何者較屬安全、尊嚴的職場組織文化？
①不斷責備勞工
②公開在眾人面前長時間責罵勞工
③強求勞工執行業務上明顯不必要或不可能之工作
④不過度介入勞工私人事宜。

(　　) 99. 下列何者與職場母性健康保護較不相關？
①職業安全衛生法
②妊娠與分娩後女性及未滿十八歲勞工禁止從事危險性或有害性工作認定標準
③性別平等工作法
④動力堆高機型式驗證。

(　　) 100. 油漆塗裝工程應注意防火防爆事項，以下何者爲非？
①確實通風　②注意電氣火花
③緊密門窗以減少溶劑擴散揮發　④嚴禁煙火。

答案	91. ②	92. ④	93. ③	94. ③	95. ③	96. ③	97. ④	98. ④	99. ④	100. ③

工作項目 02 工作倫理與職業道德

( ) 1. 下列何者「違反」個人資料保護法？
①公司基於人事管理之特定目的，張貼榮譽榜揭示績優員工姓名
②縣市政府提供村里長轄區內符合資格之老人名冊供發放敬老金
③網路購物公司為辦理退貨，將客戶之住家地址提供予宅配公司
④學校將應屆畢業生之住家地址提供補習班招生使用。

( ) 2. 非公務機關利用個人資料進行行銷時，下列敘述何者「錯誤」？
①若已取得當事人書面同意，當事人即不得拒絕利用其個人資料行銷
②於首次行銷時，應提供當事人表示拒絕行銷之方式
③當事人表示拒絕接受行銷時，應停止利用其個人資料
④倘非公務機關違反「應即停止利用其個人資料行銷」之義務，未於限期內改正者，按次處新臺幣 2 萬元以上 20 萬元以下罰鍰。

( ) 3. 個人資料保護法規定為保護當事人權益，多少位以上的當事人提出告訴，就可以進行團體訴訟？
① 5 人 ② 10 人 ③ 15 人 ④ 20 人。

( ) 4. 關於個人資料保護法之敘述，下列何者「錯誤」？
①公務機關執行法定職務必要範圍內，可以蒐集、處理或利用一般性個人資料
②間接蒐集之個人資料，於處理或利用前，不必告知當事人個人資料來源
③非公務機關亦應維護個人資料之正確，並主動或依當事人之請求更正或補充
④外國學生在臺灣短期進修或留學，也受到我國個人資料保護法的保障。

( ) 5. 下列關於個人資料保護法的敘述，下列敘述何者錯誤？
①不管是否使用電腦處理的個人資料，都受個人資料保護法保護
②公務機關依法執行公權力，不受個人資料保護法規範
③身分證字號、婚姻、指紋都是個人資料
④我的病歷資料雖然是由醫生所撰寫，但也屬於是我的個人資料範圍。

( ) 6. 對於依照個人資料保護法應告知之事項，下列何者不在法定應告知的事項內？
①個人資料利用之期間、地區、對象及方式
②蒐集之目的
③蒐集機關的負責人姓名
④如拒絕提供或提供不正確個人資料將造成之影響。

( ) 7. 請問下列何者非為個人資料保護法第 3 條所規範之當事人權利？
①查詢或請求閱覽 ②請求刪除他人之資料
③請求補充或更正 ④請求停止蒐集、處理或利用。

答案	1.④	2.①	3.④	4.②	5.②	6.③	7.②

(　　) 8. 下列何者非安全使用電腦內的個人資料檔案的做法？
①利用帳號與密碼登入機制來管理可以存取個資者的人
②規範不同人員可讀取的個人資料檔案範圍
③個人資料檔案使用完畢後立即退出應用程式，不得留置於電腦中
④爲確保重要的個人資料可即時取得，將登入密碼標示在螢幕下方。

(　　) 9. 下列何者行爲非屬個人資料保護法所稱之國際傳輸？
①將個人資料傳送給經濟部　②將個人資料傳送給美國的分公司
③將個人資料傳送給法國的人事部門　④將個人資料傳送給日本的委託公司。

(　　) 10. 下列有關智慧財產權行爲之敘述，何者有誤？
①製造、販售仿冒註冊商標的商品不屬於公訴罪之範疇，但已侵害商標權之行爲
②以 101 大樓、美麗華百貨公司做爲拍攝電影的背景，屬於合理使用的範圍
③原作者自行創作某音樂作品後，即可宣稱擁有該作品之著作權
④著作權是爲促進文化發展爲目的，所保護的財產權之一。

(　　) 11. 專利權又可區分爲發明、新型與設計三種專利權，其中發明專利權是否有保護期限？期限爲何？
①有，5 年　②有，20 年　③有，50 年　④無期限，只要申請後就永久歸申請人所有。

(　　) 12. 受僱人於職務上所完成之著作，如果沒有特別以契約約定，其著作人爲下列何者？
①雇用人　②受僱人
③雇用公司或機關法人代表　④由雇用人指定之自然人或法人。

(　　) 13. 任職於某公司的程式設計工程師，因職務所編寫之電腦程式，如果沒有特別以契約約定，則該電腦程式重製之權利歸屬下列何者？
①公司　②編寫程式之工程師
③公司全體股東共有　④公司與編寫程式之工程師共有。

(　　) 14. 某公司員工因執行業務，擅自以重製之方法侵害他人之著作財產權，若被害人提起告訴，下列對於處罰對象的敘述，何者正確？
①僅處罰侵犯他人著作財產權之員工
②僅處罰雇用該名員工的公司
③該名員工及其雇主皆須受罰
④員工只要在從事侵犯他人著作財產權之行爲前請示雇主並獲同意，便可以不受處罰。

(　　) 15. 受僱人於職務上所完成之發明、新型或設計，其專利申請權及專利權如未特別約定屬於下列何者？
①雇用人　②受僱人　③雇用人所指定之自然人或法人　④雇用人與受僱人共有。

答案	8.④	9.①	10.①	11.②	12.②	13.①	14.③	15.①

( ) 16. 任職大發公司的郝聰明，專門從事技術研發，有關研發技術的專利申請權及專利權歸屬，下列敘述何者錯誤？
①職務上所完成的發明，除契約另有約定外，專利申請權及專利權屬於大發公司
②職務上所完成的發明，雖然專利申請權及專利權屬於大發公司，但是郝聰明享有姓名表示權
③郝聰明完成非職務上的發明，應即以書面通知大發公司
④大發公司與郝聰明之雇傭契約約定，郝聰明非職務上的發明，全部屬於公司，約定有效。

( ) 17. 有關著作權的下列敘述何者不正確？
①我們到表演場所觀看表演時，不可隨便錄音或錄影
②到攝影展上，拿相機拍攝展示的作品，分贈給朋友，是侵害著作權的行為
③網路上供人下載的免費軟體，都不受著作權法保護，所以我可以燒成大補帖光碟，再去賣給別人
④高普考試題，不受著作權法保護。

( ) 18. 有關著作權的下列敘述何者錯誤？
①撰寫碩博士論文時，在合理範圍內引用他人的著作，只要註明出處，不會構成侵害著作權
②在網路散布盜版光碟，不管有沒有營利，會構成侵害著作權
③在網路的部落格看到一篇文章很棒，只要註明出處，就可以把文章複製在自己的部落格
④將補習班老師的上課內容錄音檔，放到網路上拍賣，會構成侵害著作權。

( ) 19. 有關商標權的下列敘述何者錯誤？
①要取得商標權一定要申請商標註冊
②商標註冊後可取得 10 年商標權
③商標註冊後，3 年不使用，會被廢止商標權
④在夜市買的仿冒品，品質不好，上網拍賣，不會構成侵權。

( ) 20. 下列關於營業秘密的敘述，何者不正確？
①受雇人於非職務上研究或開發之營業秘密，仍歸雇用人所有
②營業秘密不得為質權及強制執行之標的
③營業秘密所有人得授權他人使用其營業秘密
④營業秘密得全部或部分讓與他人或與他人共有。

答案 16.④ 17.③ 18.③ 19.④ 20.①

(　　) 21. 甲公司將其新開發受營業秘密法保護之技術，授權乙公司使用，下列何者不得爲之？
①乙公司已獲授權，所以可以未經甲公司同意，再授權丙公司使用
②約定授權使用限於一定之地域、時間
③約定授權使用限於特定之內容、一定之使用方法
④要求被授權人乙公司在一定期間負有保密義務。

(　　) 22. 甲公司嚴格保密之最新配方產品大賣，下列何者侵害甲公司之營業秘密？
①鑑定人 A 因司法審理而知悉配方
②甲公司授權乙公司使用其配方
③甲公司之 B 員工擅自將配方盜賣給乙公司
④甲公司與乙公司協議共有配方。

(　　) 23. 故意侵害他人之營業秘密，法院因被害人之請求，最高得酌定損害額幾倍之賠償？
① 1 倍　② 2 倍　③ 3 倍　④ 4 倍。

(　　) 24. 受雇者因承辦業務而知悉營業秘密，在離職後對於該營業秘密的處理方式，下列敘述何者正確？
①聘雇關係解除後便不再負有保障營業秘密之責
②僅能自用而不得販售獲取利益
③自離職日起 3 年後便不再負有保障營業秘密之責
④離職後仍不得洩漏該營業秘密。

(　　) 25. 按照現行法律規定，侵害他人營業秘密，其法律責任爲：
①僅需負刑事責任
②僅需負民事損害賠償責任
③刑事責任與民事損害賠償責任皆須負擔
④刑事責任與民事損害賠償責任皆不須負擔。

(　　) 26. 企業內部之營業秘密，可以概分爲「商業性營業秘密」及「技術性營業秘密」二大類型，請問下列何者屬於「技術性營業秘密」？
①人事管理　②經銷據點　③產品配方　④客戶名單。

(　　) 27. 某離職同事請求在職員工將離職前所製作之某份文件傳送給他，請問下列回應方式何者正確？
①由於該項文件係由該離職員工製作，因此可以傳送文件
②若其目的僅爲保留檔案備份，便可以傳送文件
③可能構成對於營業秘密之侵害，應予拒絕並請他直接向公司提出請求
④視彼此交情決定是否傳送文件。

答案	21. ①	22. ③	23. ③	24. ④	25. ③	26. ③	27. ③

(　　) 28. 行爲人以竊取等不正當方法取得營業秘密，下列敘述何者正確？
①已構成犯罪
②只要後續沒有洩漏便不構成犯罪
③只要後續沒有出現使用之行爲便不構成犯罪
④只要後續沒有造成所有人之損害便不構成犯罪。

(　　) 29. 針對在我國境內竊取營業秘密後，意圖在外國、中國大陸或港澳地區使用者，營業秘密法是否可以適用？
①無法適用
②可以適用，但若屬未遂犯則不罰
③可以適用並加重其刑
④能否適用需視該國家或地區與我國是否簽訂相互保護營業秘密之條約或協定。

(　　) 30. 所謂營業秘密，係指方法、技術、製程、配方、程式、設計或其他可用於生產、銷售或經營之資訊，但其保障所需符合的要件不包括下列何者？
①因其秘密性而具有實際之經濟價值者　②所有人已採取合理之保密措施者
③因其秘密性而具有潛在之經濟價值者　④一般涉及該類資訊之人所知者。

(　　) 31. 因故意或過失而不法侵害他人之營業秘密者，負損害賠償責任該損害賠償之請求權，自請求權人知有行爲及賠償義務人時起，幾年間不行使就會消滅？
① 2 年　② 5 年　③ 7 年　④ 10 年。

(　　) 32. 公司負責人爲了要節省開銷，將員工薪資以高報低來投保全民健保及勞保，是觸犯了刑法上之何種罪刑？
①詐欺罪　②侵占罪　③背信罪　④工商秘密罪。

(　　) 33. A 受僱於公司擔任會計，因自己的財務陷入危機，多次將公司帳款轉入妻兒戶頭，是觸犯了刑法上之何種罪刑？
①洩漏工商秘密罪　②侵占罪　③詐欺罪　④僞造文書罪。

(　　) 34. 某甲於公司擔任業務經理時，未依規定經董事會同意，私自與自己親友之公司訂定生意合約，會觸犯下列何種罪刑？
①侵占罪　②貪污罪　③背信罪　④詐欺罪。

(　　) 35. 如果你擔任公司採購的職務，親朋好友們會向你推銷自家的產品，希望你要採購時，你應該
①適時地婉拒，說明利益需要迴避的考量，請他們見諒
②既然是親朋好友，就應該互相幫忙
③建議親朋好友將產品折扣，折扣部分歸於自己，就會採購
④可以暗中地幫忙親朋好友，進行採購，不要被發現有親友關係便可。

答案　28.①　29.③　30.④　31.①　32.①　33.②　34.③　35.①

(　　) 36. 小美是公司的業務經理，有一天巧遇國中同班的死黨小林，發現他是公司的下游廠商老闆。最近小美處理一件公司的招標案件，小林的公司也在其中，私下約小美見面，請求她提供這次招標案的底標，並馬上要給予幾十萬元的前謝金，請問小美該怎麼辦？
①退回錢，並告訴小林都是老朋友，一定會全力幫忙
②收下錢，將錢拿出來給單位同事們分紅
③應該堅決拒絕，並避免每次見面都與小林談論相關業務問題
④朋友一場，給他一個比較接近底標的金額，反正又不是正確的，所以沒關係。

(　　) 37. 公司發給每人一台平板電腦提供業務上使用，但是發現根本很少在使用，為了讓它有效的利用，所以將它拿回家給親人使用，這樣的行為是
①可以的，這樣就不用花錢買
②可以的，反正放在那裡不用它，也是浪費資源
③不可以的，因為這是公司的財產，不能私用
④不可以的，因為使用年限未到，如果年限到報廢了，便可以拿回家。

(　　) 38. 公司的車子，假日又沒人使用，你是鑰匙保管者，請問假日可以開出去嗎？
①可以，只要付費加油即可
②可以，反正假日不影響公務
③不可以，因為是公司的，並非私人擁有
④不可以，應該是讓公司想要使用的員工，輪流使用才可。

(　　) 39. 阿哲是財經線的新聞記者，某次採訪中得知 A 公司在一個月內將有一個大的併購案，這個併購案顯示公司的財力，且能讓 A 公司股價往上飆升。請問阿哲得知此消息後，可以立刻購買該公司的股票嗎？
①可以，有錢大家賺
②可以，這是我努力獲得的消息
③可以，不賺白不賺
④不可以，屬於內線消息，必須保持記者之操守，不得洩漏。

(　　) 40. 與公務機關接洽業務時，下列敘述何者「正確」？
①沒有要求公務員違背職務，花錢疏通而已，並不違法
②唆使公務機關承辦採購人員配合浮報價額，僅屬偽造文書行為
③口頭允諾行賄金額但還沒送錢，尚不構成犯罪
④與公務員同謀之共犯，即便不具公務員身分，仍可依據貪污治罪條例處刑。

(　　) 41. 與公務機關有業務往來構成職務利害關係者，下列敘述何者「正確」？
①將餽贈之財物請公務員父母代轉，該公務員亦已違反規定
②與公務機關承辦人飲宴應酬為增進基本關係的必要方法
③高級茶葉低價售予有利害關係之承辦公務員，有價購行為就不算違反法規
④機關公務員藉子女婚宴廣邀業務往來廠商之行為，並無不妥。

答案	36. ③	37. ③	38. ③	39. ④	40. ④	41. ①

(　　) 42. 廠商某甲承攬公共工程，工程進行期間，甲與其工程人員經常招待該公共工程委辦機關之監工及驗收之公務員喝花酒或招待出國旅遊，下列敘述何者正確？
①公務員若沒有收現金，就沒有罪
②只要工程沒有問題，某甲與監工及驗收等相關公務員就沒有犯罪
③因爲不是送錢，所以都沒有犯罪
④某甲與相關公務員均已涉嫌觸犯貪污治罪條例。

(　　) 43. 行(受)賄罪成立要素之一爲具有對價關係，而作爲公務員職務之對價有「賄賂」或「不正利益」，下列何者「不」屬於「賄賂」或「不正利益」？
①開工邀請公務員觀禮　②送百貨公司大額禮券
③免除債務　④招待吃米其林等級之高檔大餐。

(　　) 44. 下列有關貪腐的敘述何者錯誤？
①貪腐會危害永續發展和法治　②貪腐會破壞民主體制及價值觀
③貪腐會破壞倫理道德與正義　④貪腐有助降低企業的經營成本。

(　　) 45. 下列何者不是設置反貪腐專責機構須具備的必要條件？
①賦予該機構必要的獨立性
②使該機構的工作人員行使職權不會受到不當干預
③提供該機構必要的資源、專職工作人員及必要培訓
④賦予該機構的工作人員有權力可隨時逮捕貪污嫌疑人。

(　　) 46. 檢舉人向有偵查權機關或政風機構檢舉貪污瀆職，必須於何時爲之始可能給與獎金？
①犯罪未起訴前　②犯罪未發覺前　③犯罪未遂前　④預備犯罪前。

(　　) 47. 檢舉人應以何種方式檢舉貪污瀆職始能核給獎金？
①匿名　②委託他人檢舉　③以眞實姓名檢舉　④以他人名義檢舉。

(　　) 48. 我國制定何種法律以保護刑事案件之證人，使其勇於出面作證，俾利犯罪之偵查、審判？
①貪污治罪條例　②刑事訴訟法　③行政程序法　④證人保護法。

(　　) 49. 下列何者「非」屬公司對於企業社會責任實踐之原則？
①加強個人資料揭露　②維護社會公益　③發展永續環境　④落實公司治理。

(　　) 50. 下列何者「不」屬於職業素養的範疇？
①獲利能力　②正確的職業價值觀　③職業知識技能　④良好的職業行爲習慣。

(　　) 51. 下列何者符合專業人員的職業道德？
①未經雇主同意，於上班時間從事私人事務　②利用雇主的機具設備私自接單生產
③未經顧客同意，任意散佈或利用顧客資料　④盡力維護雇主及客戶的權益。

答案	42. ④	43. ①	44. ④	45. ④	46. ②	47. ③	48. ④	49. ①	50. ①	51. ④

(　　) 52. 身爲公司員工必須維護公司利益，下列何者是正確的工作態度或行爲？
①將公司逾期的產品更改標籤
②施工時以省時、省料爲獲利首要考量，不顧品質
③服務時首先考慮公司的利益，然後再考量顧客權益
④工作時謹守本分，以積極態度解決問題。

(　　) 53. 身爲專業技術工作人士，應以何種認知及態度服務客戶？
①若客戶不瞭解，就儘量減少成本支出，抬高報價
②遇到維修問題，儘量拖過保固期
③主動告知可能碰到問題及預防方法
④隨著個人心情來提供服務的內容及品質。

(　　) 54. 因爲工作本身需要高度專業技術及知識，所以在對客戶服務時應如何？
①不用理會顧客的意見
②保持親切、眞誠、客戶至上的態度
③若價錢較低，就敷衍了事
④以專業機密爲由，不用對客戶說明及解釋。

(　　) 55. 從事專業性工作，在與客戶約定時間應
①保持彈性，任意調整　　②儘可能準時，依約定時間完成工作
③能拖就拖，能改就改　　④自己方便就好，不必理會客戶的要求。

(　　) 56. 從事專業性工作，在服務顧客時應有的態度爲何？
①選擇最安全、經濟及有效的方法完成工作
②選擇工時較長、獲利較多的方法服務客戶
③爲了降低成本，可以降低安全標準
④不必顧及雇主和顧客的立場。

(　　) 57. 以下那一項員工的作爲符合敬業精神？
①利用正常工作時間從事私人事務　　②運用雇主的資源，從事個人工作
③未經雇主同意擅離工作崗位　　④謹守職場紀律及禮節，尊重客戶隱私。

(　　) 58. 小張獲選爲小孩學校的家長會長，這個月要召開會議，沒時間準備資料，所以，利用上班期間有空檔非休息時間來完成，請問是否可以？
①可以，因爲不耽誤他的工作
②可以，因爲他能力好，能夠同時完成很多事
③不可以，因爲這是私事，不可以利用上班時間完成
④可以，只要不要被發現。

答案	52. ④	53. ③	54. ②	55. ②	56. ①	57. ④	58. ③

( ) 59. 小吳是公司的專用司機，爲了能夠隨時用車，經過公司同意，每晚都將公司的車開回家，然而，他發現反正每天上班路線，都要經過女兒學校，就順便載女兒上學，請問可以嗎？
①可以，反正順路 ②不可以，這是公司的車不能私用
③可以，只要不被公司發現即可 ④可以，要資源須有效使用。

( ) 60. 彥江是職場上的新鮮人，剛進公司不久，他應該具備怎樣的態度
①上班、下班，管好自己便可
②仔細觀察公司生態，加入某些小團體，以做爲後盾
③只要做好人脈關係，這樣以後就好辦事
④努力做好自己職掌的業務，樂於工作，與同事之間有良好的互動，相互協助。

( ) 61. 在公司內部行使商務禮儀的過程，主要以參與者在公司中的何種條件來訂定順序？
①年齡 ②性別 ③社會地位 ④職位。

( ) 62. 一位職場新鮮人剛進公司時，良好的工作態度是
①多觀察、多學習，了解企業文化和價値觀
②多打聽哪一個部門比較輕鬆，升遷機會較多
③多探聽哪一個公司在找人，隨時準備跳槽走人
④多遊走各部門認識同事，建立自己的小圈圈。

( ) 63. 根據消除對婦女一切形式歧視公約 (CEDAW)，下列何者正確？
①對婦女的歧視指基於性別而作的任何區別、排斥或限制
②只關心女性在政治方面的人權和基本自由
③未要求政府需消除個人或企業對女性的歧視
④傳統習俗應予保護及傳承，即使含有歧視女性的部分，也不可以改變。

( ) 64. 某規範明定地政機關進用女性測量助理名額，不得超過該機關測量助理名額總數二分之一，根據消除對婦女一切形式歧視公約 (CEDAW)，下列何者正確？
①限制女性測量助理人數比例，屬於直接歧視
②土地測量經常在戶外工作，基於保護女性所作的限制，不屬性別歧視
③此項二分之一規定是爲促進男女比例平衡
④此限制是爲確保機關業務順暢推動，並未歧視女性。

答案	59. ②	60. ④	61. ④	62. ①	63. ①	64. ①

( ) 65. 根據消除對婦女一切形式歧視公約 (CEDAW) 之間接歧視意涵，下列何者錯誤？
①一項法律、政策、方案或措施表面上對男性和女性無任何歧視，但實際上卻產生歧視女性的效果
②察覺間接歧視的一個方法，是善加利用性別統計與性別分析
③如果未正視歧視之結構和歷史模式，及忽略男女權力關係之不平等，可能使現有不平等狀況更爲惡化
④不論在任何情況下，只要以相同方式對待男性和女性，就能避免間接歧視之產生。

( ) 66. 下列何者「不是」菸害防制法之立法目的？
①防制菸害 ②保護未成年免於菸害 ③保護孕婦免於菸害 ④促進菸品的使用。

( ) 67. 按菸害防制法規定，對於在禁菸場所吸菸會被罰多少錢？
①新臺幣 2 千元至 1 萬元罰鍰 ②新臺幣 1 千元至 5 千元罰鍰
③新臺幣 1 萬元至 5 萬元罰鍰 ④新臺幣 2 萬元至 10 萬元罰鍰。

( ) 68. 請問下列何者「不是」個人資料保護法所定義的個人資料？
①身分證號碼 ②最高學歷 ③職稱 ④護照號碼。

( ) 69. 有關專利權的敘述，何者正確？
①專利有規定保護年限，當某商品、技術的專利保護年限屆滿，任何人皆可免費運用該項專利
②我發明了某項商品，卻被他人率先申請專利權，我仍可主張擁有這項商品的專利權
③製造方法可以申請新型專利權
④在本國申請專利之商品進軍國外，不需向他國申請專利權。

( ) 70. 下列何者行爲會有侵害著作權的問題？
①將報導事件事實的新聞文字轉貼於自己的社群網站
②直接轉貼高普考考古題在 FACEBOOK
③以分享網址的方式轉貼資訊分享於社群網站
④將講師的授課內容錄音，複製多份分贈友人。

( ) 71. 下列有關著作權之概念，何者正確？
①國外學者之著作，可受我國著作權法的保護
②公務機關所函頒之公文，受我國著作權法的保護
③著作權要待向智慧財產權申請通過後才可主張
④以傳達事實之新聞報導的語文著作，依然受著作權之保障。

答案 65. ④ 66. ④ 67. ① 68. ③ 69. ① 70. ④ 71. ①

( ) 72. 某廠商之商標在我國已經獲准註冊，請問若希望將商品行銷販賣到國外，請問是否需在當地申請註冊才能主張商標權？
①是，因為商標權註冊採取屬地保護原則
②否，因為我國申請註冊之商標權在國外也會受到承認
③不一定，需視我國是否與商品希望行銷販賣的國家訂有相互商標承認之協定
④不一定，需視商品希望行銷販賣的國家是否為 WTO 會員國。

( ) 73. 下列何者「非」屬於營業秘密？
①具廣告性質的不動產交易底價 ②須授權取得之產品設計或開發流程圖示
③公司內部管制的各種計畫方案 ④不是公開可查知的客戶名單分析資料。

( ) 74. 營業秘密可分為「技術機密」與「商業機密」，下列何者屬於「商業機密」？
①程式 ②設計圖 ③商業策略 ④生產製程。

( ) 75. 某甲在公務機關擔任首長，其弟弟乙是某協會的理事長，乙為舉辦協會活動，決定向甲服務的機關申請經費補助，下列有關利益衝突迴避之敘述，何者正確？
①協會是舉辦慈善活動，甲認為是好事，所以指示機關承辦人補助活動經費
②機關未經公開公平方式，私下直接對協會補助活動經費新臺幣 10 萬元
③甲應自行迴避該案審查，避免瓜田李下，防止利益衝突
④乙為順利取得補助，應該隱瞞是機關首長甲之弟弟的身分。

( ) 76. 依公職人員利益衝突迴避法規定，公職人員甲與其小舅子乙 (二親等以內的關係人) 間，下列何種行為不違反該法？
①甲要求受其監督之機關聘用小舅子乙
②小舅子乙以請託關說之方式，請求甲之服務機關通過其名下農地變更使用申請案
③關係人乙經政府採購法公開招標程序，並主動在投標文件表明與甲的身分關係，取得甲服務機關之年度採購標案
④甲、乙兩人均自認為人公正，處事坦蕩，任何往來都是清者自清，不需擔心任何問題。

( ) 77. 大雄擔任公司部門主管，代表公司向公務機關投標，為使公司順利取得標案，可以向公務機關的採購人員為以下何種行為？
①為社交禮俗需要，贈送價值昂貴的名牌手錶作為見面禮
②為與公務機關間有良好互動，招待至有女陪侍場所飲宴
③為了解招標文件內容，提出招標文件疑義並請說明
④為避免報價錯誤，要求提供底價作為參考。

答案	72. ① 73. ① 74. ③ 75. ③ 76. ③ 77. ③

( ) 78. 下列關於政府採購人員之敘述，何者未違反相關規定？
①非主動向廠商求取，是偶發地收到廠商致贈價值在新臺幣 500 元以下之廣告物、促銷品、紀念品
②要求廠商提供與採購無關之額外服務
③利用職務關係向廠商借貸
④利用職務關係媒介親友至廠商處所任職。

( ) 79. 下列何者有誤？
①憲法保障言論自由，但散布假新聞、假消息仍須面對法律責任
②在網路或 Line 社群網站收到假訊息，可以敘明案情並附加截圖檔，向法務部調查局檢舉
③對新聞媒體報導有意見，向國家通訊傳播委員會申訴
④自己或他人捏造、扭曲、竄改或虛構的訊息，只要一小部分能證明是眞的，就不會構成假訊息。

( ) 80. 下列敘述何者正確？
①公務機關委託的代檢 (代驗) 業者，不是公務員，不會觸犯到刑法的罪責
②賄賂或不正利益，只限於法定貨幣，給予網路遊戲幣沒有違法的問題
③在靠北公務員社群網站，覺得可受公評且匿名發文，就可以謾罵公務機關對特定案件的檢查情形
④受公務機關委託辦理案件，除履行採購契約應辦事項外，對於蒐集到的個人資料，也要遵守相關保護及保密規定。

( ) 81. 下列有關促進參與及預防貪腐的敘述何者錯誤？
①我國非聯合國會員國，無須落實聯合國反貪腐公約規定
②推動政府部門以外之個人及團體積極參與預防和打擊貪腐
③提高決策過程之透明度，並促進公眾在決策過程中發揮作用
④對公職人員訂定執行公務之行爲守則或標準。

( ) 82. 爲建立良好之公司治理制度，公司內部宜納入何種檢舉人制度？
①告訴乃論制度 ②吹哨者 (whistleblower) 保護程序及保護制度
③不告不理制度 ④非告訴乃論制度。

( ) 83. 有關公司訂定誠信經營守則時，以下何者不正確？
①避免與涉有不誠信行爲者進行交易
②防範侵害營業秘密、商標權、專利權、著作權及其他智慧財產權
③建立有效之會計制度及內部控制制度
④防範檢舉。

答案	78. ①	79. ④	80. ④	81. ①	82. ②	83. ④

(　　) 84. 乘坐轎車時，如有司機駕駛，按照國際乘車禮儀，以司機的方位來看，首位應爲
①後排右側　②前座右側　③後排左側　④後排中間。

(　　) 85. 今天好友突然來電，想來個「說走就走的旅行」，因此，無法去上班，下列何者作法不適當？
①打電話給主管與人事部門請假
②用 LINE 傳訊息給主管，並確認讀取且有回覆
③發送 E-MAIL 給主管與人事部門，並收到回覆
④什麼都無需做，等公司打電話來卻認後，再告知即可。

(　　) 86. 每天下班回家後，就懶得再出門去買菜，利用上班時間瀏覽線上購物網站，發現有很多限時搶購的便宜商品，還能在下班前就可以送到公司，下班順便帶回家，省掉好多時間，請問下列何者最適當？
①可以，又沒離開工作崗位，且能節省時間
②可以，還能介紹同事一同團購，省更多的錢，增進同事情誼
③不可以，應該把商品寄回家，不是公司
④不可以，上班不能從事個人私務，應該等下班後再網路購物。

(　　) 87. 宜樺家中養了一隻貓，由於最近生病，獸醫師建議要有人一直陪牠，這樣會恢復快一點，因爲上班家裡都沒人，所以準備帶牠到辦公室一起上班，請問下列何者最適當？
①可以，只要我放在寵物箱，不要影響工作即可
②可以，同事們都答應也不反對
③可以，雖然貓會發出聲音，大小便有異味，只要處理好不影響工作即可
④不可以，建議送至專門機構照護，以免影響工作。

(　　) 88. 根據性別平等工作法，下列何者非屬職場性騷擾？
①公司員工執行職務時，客戶對其講黃色笑話，該員工感覺被冒犯
②雇主對求職者要求交往，作爲僱用與否之交換條件
③公司員工執行職務時，遭到同事以「女人就是沒大腦」性別歧視用語加以辱罵，該員工感覺其人格尊嚴受損
④公司員工下班後搭乘捷運，在捷運上遭到其他乘客偷拍。

(　　) 89. 根據性別平等工作法，下列何者非屬職場性別歧視？
①雇主考量男性賺錢養家之社會期待，提供男性高於女性之薪資
②雇主考量女性以家庭爲重之社會期待，裁員時優先資遣女性
③雇主事先與員工約定倘其有懷孕之情事，必須離職
④有未滿 2 歲子女之男性員工，也可申請每日六十分鐘的哺乳時間。

答案	84.①	85.④	86.④	87.④	88.④	89.④

( ) 90. 根據性別平等工作法，有關雇主防治性騷擾之責任與罰則，下列何者錯誤？
①僱用受僱者 30 人以上者，應訂定性騷擾防治措施、申訴及懲戒辦法
②雇主知悉性騷擾發生時，應採取立即有效之糾正及補救措施
③雇主違反應訂定性騷擾防治措施之規定時，處以罰鍰即可，不用公布其姓名
④雇主違反應訂定性騷擾申訴管道者，應限期令其改善，屆期未改善者，應按次處罰。

( ) 91. 根據性騷擾防治法，有關性騷擾之責任與罰則，下列何者錯誤？
①對他人為性騷擾者，如果沒有造成他人財產上之損失，就無需負擔金錢賠償之責任
②對於因教育、訓練、醫療、公務、業務、求職，受自己監督、照護之人，利用權勢或機會為性騷擾者，得加重科處罰鍰至二分之一
③意圖性騷擾，乘人不及抗拒而為親吻、擁抱或觸摸其臀部、胸部或其他身體隱私處之行為者，處 2 年以下有期徒刑、拘役或科或併科 10 萬元以下罰金
④對他人為權勢性騷擾以外之性騷擾者，由直轄市、縣 (市) 主管機關處 1 萬元以上 10 萬元以下罰鍰。

( ) 92. 根據性別平等工作法規範職場性騷擾範疇，下列何者為「非」？
①上班執行職務時，任何人以性要求、具有性意味或性別歧視之言詞或行為，造成敵意性、脅迫性或冒犯性之工作環境
②對僱用、求職或執行職務關係受自己指揮、監督之人，利用權勢或機會為性騷擾
③下班回家時被陌生人以盯梢、守候、尾隨跟蹤
④雇主對受僱者或求職者為明示或暗示之性要求、具有性意味或性別歧視之言詞或行為。

( ) 93. 根據消除對婦女一切形式歧視公約 (CEDAW) 之直接歧視及間接歧視意涵，下列何者錯誤？
①老闆得知小黃懷孕後，故意將小黃調任薪資待遇較差的工作，意圖使其自行離開職場，小黃老闆的行為是直接歧視
②某餐廳於網路上招募外場服務生，條件以未婚年輕女性優先錄取，明顯以性或性別差異為由所實施的差別待遇，為直接歧視
③某公司員工值班注意事項排除女性員工參與夜間輪值，是考量女性有人身安全及家庭照顧等需求，為維護女性權益之措施，非直接歧視
④某科技公司規定男女員工之加班時數上限及加班費或津貼不同，認為女性能力有限，且無法長時間工作，限制女性獲取薪資及升遷機會，這規定是直接歧視。

( ) 94. 目前菸害防制法規範，「不可販賣菸品」給幾歲以下的人？
① 20 ② 19 ③ 18 ④ 17。

答案	90. ③	91. ①	92. ③	93. ③	94. ①

(　　) 95. 按菸害防制法規定，下列敘述何者錯誤？
①只有老闆、店員才可以出面勸阻在禁菸場所抽菸的人
②任何人都可以出面勸阻在禁菸場所抽菸的人
③餐廳、旅館設置室內吸菸室，需經專業技師簽證核可
④加油站屬易燃易爆場所，任何人都可以勸阻在禁菸場所抽菸的人。

(　　) 96. 關於菸品對人體危害的敘述，下列何者「正確」？
①只要開電風扇、或是抽風機就可以去除菸霧中的有害物質
②指定菸品 (如：加熱菸) 只要通過健康風險評估，就不會危害健康，因此工作時如果想吸菸，就可以在職場拿出來使用
③雖然自己不吸菸，同事在旁邊吸菸，就會增加自己得肺癌的機率
④只要不將菸吸入肺部，就不會對身體造成傷害。

(　　) 97. 職場禁菸的好處不包括
①降低吸菸者的菸品使用量，有助於減少吸菸導致的健康危害
②避免同事因為被動吸菸而生病
③讓吸菸者菸癮降低，戒菸較容易成功
④吸菸者不能抽菸會影響工作效率。

(　　) 98. 大多數的吸菸者都嘗試過戒菸，但是很少自己戒菸成功。吸菸的同事要戒菸，怎樣建議他是無效的？
①鼓勵他撥打戒菸專線 0800-63-63-63，取得相關建議與協助
②建議他到醫療院所、社區藥局找藥物戒菸
③建議他參加醫院或衛生所辦理的戒菸班
④戒菸是自己意願的問題，想戒就可以戒了不用尋求協助。

(　　) 99. 禁菸場所負責人未於場所入口處設置明顯禁菸標示，要罰該場所負責人多少元？
① 2 千 -1 萬　② 1 萬 -5 萬　③ 1 萬 -25 萬　④ 20 萬 -100 萬。

(　　) 100. 目前電子煙是非法的，下列對電子煙的敘述，何者錯誤？
①跟吸菸一樣會成癮　②會有爆炸危險
③沒有燃燒的菸草，不會造成身體傷害　④可能造成嚴重肺損傷。

答案　95. ①　96. ③　97. ④　98. ④　99. ②　100. ③

工作項目 03 環境保護

(　　) 1. 世界環境日是在每一年的那一日？
①6 月 5 日 ②4 月 10 日 ③3 月 8 日 ④11 月 12 日。

(　　) 2. 2015 年巴黎協議之目的爲何？
①避免臭氧層破壞 ②減少持久性污染物排放
③遏阻全球暖化趨勢 ④生物多樣性保育。

(　　) 3. 下列何者爲環境保護的正確作爲？
①多吃肉少蔬食 ②自己開車不共乘 ③鐵馬步行 ④不隨手關燈。

(　　) 4. 下列何種行爲對生態環境會造成較大的衝擊？
①種植原生樹木 ②引進外來物種 ③設立國家公園 ④設立自然保護區。

(　　) 5. 下列哪一種飲食習慣能減碳抗暖化？
①多吃速食 ②多吃天然蔬果 ③多吃牛肉 ④多選擇吃到飽的餐館。

(　　) 6. 飼主遛狗時，其狗在道路或其他公共場所便溺時，下列何者應優先負清除責任？
①主人 ②清潔隊 ③警察 ④土地所有權人。

(　　) 7. 外食自備餐具是落實綠色消費的哪一項表現？
①重複使用 ②回收再生 ③環保選購 ④降低成本。

(　　) 8. 再生能源一般是指可永續利用之能源，主要包括哪些：A. 化石燃料 B. 風力 C. 太陽能 D. 水力？
① ACD ② BCD ③ ABD ④ ABCD。

(　　) 9. 依環境基本法第 3 條規定，基於國家長期利益，經濟、科技及社會發展均應兼顧環境保護。但如果經濟、科技及社會發展對環境有嚴重不良影響或有危害時，應以何者優先？
①經濟 ②科技 ③社會 ④環境。

(　　) 10. 森林面積的減少甚至消失可能導致哪些影響：A. 水資源減少 B. 減緩全球暖化 C. 加劇全球暖化 D. 降低生物多樣性？
① ACD ② BCD ③ ABD ④ ABCD。

(　　) 11. 塑膠爲海洋生態的殺手，所以政府推動「無塑海洋」政策，下列何項不是減少塑膠危害海洋生態的重要措施？
①擴大禁止免費供應塑膠袋 ②禁止製造、進口及販售含塑膠柔珠的清潔用品
③定期進行海水水質監測 ④淨灘、淨海。

(　　) 12. 違反環境保護法律或自治條例之行政法上義務，經處分機關處停工、停業處分或處新臺幣五千元以上罰鍰者，應接受下列何種講習？
①道路交通安全講習 ②環境講習 ③衛生講習 ④消防講習。

答案									
1. ①	2. ③	3. ③	4. ②	5. ②	6. ①	7. ①	8. ②	9. ④	10. ①
11. ③	12. ②								

(　　) 13. 下列何者爲環保標章？

① 　② 　③ 　④ 　。

(　　) 14. 「聖嬰現象」是指哪一區域的溫度異常升高？
①西太平洋表層海水　②東太平洋表層海水
③西印度洋表層海水　④東印度洋表層海水。

(　　) 15. 「酸雨」定義爲雨水酸鹼值達多少以下時稱之？ ① 5.0 ② 6.0 ③ 7.0 ④ 8.0。

(　　) 16. 一般而言，水中溶氧量隨水溫之上升而呈下列哪一種趨勢？
①增加 ②減少 ③不變 ④不一定。

(　　) 17. 二手菸中包含多種危害人體的化學物質，甚至多種物質有致癌性，會危害到下列何者的健康？
①只對 12 歲以下孩童有影響　②只對孕婦比較有影響
③只有 65 歲以上之民眾有影響　④全民皆有影響。

(　　) 18. 二氧化碳和其他溫室氣體含量增加是造成全球暖化的主因之一，下列何種飲食方式也能降低碳排放量，對環境保護做出貢獻：A. 少吃肉，多吃蔬菜；B. 玉米產量減少時，購買玉米罐頭食用；C. 選擇當地食材；D. 使用免洗餐具，減少清洗用水與清潔劑？
① AB ② AC ③ AD ④ ACD。

(　　) 19. 上下班的交通方式有很多種，其中包括：A. 騎腳踏車；B. 搭乘大眾交通工具；C. 自行開車，請將前述幾種交通方式之單位排碳量由少至多之排列方式爲何？
① ABC ② ACB ③ BAC ④ CBA。

(　　) 20. 下列何者「不是」室內空氣污染源？
①建材 ②辦公室事務機 ③廢紙回收箱 ④油漆及塗料。

(　　) 21. 下列何者不是自來水消毒採用的方式？
①加入臭氧 ②加入氯氣 ③紫外線消毒 ④加入二氧化碳。

(　　) 22. 下列何者不是造成全球暖化的元凶？
①汽機車排放的廢氣　②工廠所排放的廢氣
③火力發電廠所排放的廢氣　④種植樹木。

(　　) 23. 下列何者不是造成臺灣水資源減少的主要因素？
①超抽地下水 ②雨水酸化 ③水庫淤積 ④濫用水資源。

(　　) 24. 下列何者是海洋受污染的現象？
①形成紅潮 ②形成黑潮 ③溫室效應 ④臭氧層破洞。

答案										
	13. ①	14. ②	15. ①	16. ②	17. ④	18. ②	19. ①	20. ③	21. ④	22. ④
	23. ②	24. ①								

(　　) 25. 水中生化需氧量 (BOD) 愈高，其所代表的意義為下列何者？
①水為硬水　②有機污染物多　③水質偏酸　④分解污染物時不需消耗太多氧。

(　　) 26. 下列何者是酸雨對環境的影響？
①湖泊水質酸化　②增加森林生長速度　③土壤肥沃　④增加水生動物種類。

(　　) 27. 下列那一項水質濃度降低會導致河川魚類大量死亡？
①氨氮　②溶氧　③二氧化碳　④生化需氧量。

(　　) 28. 下列何種生活小習慣的改變可減少細懸浮微粒 (PM2.5) 排放，共同為改善空氣品質盡一份心力？
①少吃燒烤食物　②使用吸塵器　③養成運動習慣　④每天喝 500cc 的水。

(　　) 29. 下列哪種措施不能用來降低空氣污染？
①汽機車強制定期排氣檢測　②汰換老舊柴油車
③禁止露天燃燒稻草　④汽機車加裝消音器。

(　　) 30. 大氣層中臭氧層有何作用？
①保持溫度　②對流最旺盛的區域　③吸收紫外線　④造成光害。

(　　) 31. 小李具有乙級廢水專責人員證照，某工廠希望以高價租用證照的方式合作，請問下列何者正確？
①這是違法行為　②互蒙其利　③價錢合理即可　④經環保局同意即可。

(　　) 32. 可藉由下列何者改善河川水質且兼具提供動植物良好棲地環境？
①運動公園　②人工溼地　③滯洪池　④水庫。

(　　) 33. 台灣自來水之水源主要取自
①海洋的水　②河川或水庫的水　③綠洲的水　④灌溉渠道的水。

(　　) 34. 目前市面清潔劑均會強調「無磷」，是因為含磷的清潔劑使用後，若廢水排至河川或湖泊等水域會造成甚麼影響？
①綠牡蠣　②優養化　③秘雕魚　④烏腳病。

(　　) 35. 冰箱在廢棄回收時應特別注意哪一項物質，以避免逸散至大氣中造成臭氧層的破壞？
①冷媒　②甲醛　③汞　④苯。

(　　) 36. 下列何者不是噪音的危害所造成的現象？
①精神很集中　②煩躁、失眠　③緊張、焦慮　④工作效率低落。

(　　) 37. 我國移動污染源空氣污染防制費的徵收機制為何？
①依車輛里程數計費　②隨油品銷售徵收　③依牌照徵收　④依照排氣量徵收。

(　　) 38. 室內裝潢時，若不謹慎選擇建材，將會逸散出氣狀污染物。其中會刺激皮膚、眼、鼻和呼吸道，也是致癌物質，可能為下列哪一種污染物？
①臭氧　②甲醛　③氟氯碳化合物　④二氧化碳。

答案									
25. ②	26. ①	27. ②	28. ①	29. ④	30. ③	31. ①	32. ②	33. ②	34. ②
35. ①	36. ①	37. ②	38. ②						

(　　) 39. 高速公路旁常見有農田違法焚燒稻草，除易產生濃煙影響行車安全外，也會產生下列何種空氣污染物對人體健康造成不良的作用？
①懸浮微粒　②二氧化碳 (CO_2)　③臭氧 (O_3)　④沼氣。

(　　) 40. 都市中常產生的「熱島效應」會造成何種影響？
①增加降雨　②空氣污染物不易擴散　③空氣污染物易擴散　④溫度降低。

(　　) 41. 下列何者不是藉由蚊蟲傳染的疾病？
①日本腦炎　②瘧疾　③登革熱　④痢疾。

(　　) 42. 下列何者非屬資源回收分類項目中「廢紙類」的回收物？
①報紙　②雜誌　③紙袋　④用過的衛生紙。

(　　) 43. 下列何者對飲用瓶裝水之形容是正確的：A. 飲用後之寶特瓶容器爲地球增加了一個廢棄物；B. 運送瓶裝水時卡車會排放空氣污染物；C. 瓶裝水一定比經煮沸之自來水安全衛生？
① AB　② BC　③ AC　④ ABC。

(　　) 44. 下列哪一項是我們在家中常見的環境衛生用藥？
①體香劑　②殺蟲劑　③洗滌劑　④乾燥劑。

(　　) 45. 下列哪一種是公告應回收廢棄物中的容器類：A. 廢鋁箔包 B. 廢紙容器 C. 寶特瓶？
① ABC　② AC　③ BC　④ C。

(　　) 46. 小明拿到「垃圾強制分類」的宣導海報，標語寫著「分 3 類，好 OK」，標語中的分 3 類是指家戶日常生活中產生的垃圾可以區分哪三類？
①資源垃圾、廚餘、事業廢棄物
②資源垃圾、一般廢棄物、事業廢棄物
③一般廢棄物、事業廢棄物、放射性廢棄物
④資源垃圾、廚餘、一般垃圾。

(　　) 47. 家裡有過期的藥品，請問這些藥品要如何處理？
①倒入馬桶沖掉　②交由藥局回收　③繼續服用　④送給相同疾病的朋友。

(　　) 48. 台灣西部海岸曾發生的綠牡蠣事件是與下列何種物質污染水體有關？
①汞　②銅　③磷　④鎘。

(　　) 49. 在生物鏈越上端的物種其體內累積持久性有機污染物 (POPs) 濃度將越高，危害性也將越大，這是說明 POPs 具有下列何種特性？
①持久性　②半揮發性　③高毒性　④生物累積性。

答案										
	39. ①	40. ②	41. ④	42. ④	43. ①	44. ②	45. ①	46. ④	47. ②	48. ②
	49. ④									

( ) 50. 有關小黑蚊敘述下列何者為非？
①活動時間以中午十二點到下午三點為活動高峰期
②小黑蚊的幼蟲以腐植質、青苔和藻類為食
③無論雄性或雌性皆會吸食哺乳類動物血液
④多存在竹林、灌木叢、雜草叢、果園等邊緣地帶等處。

( ) 51. 利用垃圾焚化廠處理垃圾的最主要優點為何？
①減少處理後的垃圾體積 ②去除垃圾中所有毒物
③減少空氣污染 ④減少處理垃圾的程序。

( ) 52. 利用豬隻的排泄物當燃料發電，是屬於下列那一種能源？
①地熱能 ②太陽能 ③生質能 ④核能。

( ) 53. 每個人日常生活皆會產生垃圾，下列何種處理垃圾的觀念與方式是不正確的？
①垃圾分類，使資源回收再利用 ②所有垃圾皆掩埋處理，垃圾將會自然分解
③廚餘回收堆肥後製成肥料 ④可燃性垃圾經焚化燃燒可有效減少垃圾體積。

( ) 54. 防治蚊蟲最好的方法是
①使用殺蟲劑 ②清除孳生源 ③網子捕捉 ④拍打。

( ) 55. 室內裝修業者承攬裝修工程，工程中所產生的廢棄物應該如何處理？
①委託合法清除機構清運 ②倒在偏遠山坡地
③河岸邊掩埋 ④交給清潔隊垃圾車。

( ) 56. 若使用後的廢電池未經回收，直接廢棄所含重金屬物質曝露於環境中可能產生那些影響？ A. 地下水污染、B. 對人體產生中毒等不良作用、C. 對生物產生重金屬累積及濃縮作用、D. 造成優養化
① ABC ② ABCD ③ ACD ④ BCD。

( ) 57. 那一種家庭廢棄物可用來作為製造肥皂的主要原料？
①食醋 ②果皮 ③回鍋油 ④熟廚餘。

( ) 58. 世紀之毒「戴奧辛」主要透過何者方式進入人體？
①透過觸摸 ②透過呼吸 ③透過飲食 ④透過雨水。

( ) 59. 臺灣地狹人稠，垃圾處理一直是不易解決的問題，下列何種是較佳的因應對策？
①垃圾分類資源回收 ②蓋焚化廠 ③運至國外處理 ④向海爭地掩埋。

( ) 60. 購買下列哪一種商品對環境比較友善？
①用過即丟的商品 ②一次性的產品 ③材質可以回收的商品 ④過度包裝的商品。

( ) 61. 下列何項法規的立法目的為預防及減輕開發行為對環境造成不良影響，藉以達成環境保護之目的？
①公害糾紛處理法 ②環境影響評估法 ③環境基本法 ④環境教育法。

答案									
50. ③	51. ①	52. ③	53. ②	54. ②	55. ①	56. ①	57. ③	58. ③	59. ①
60. ③	61. ②								

(　　) 62. 下列何種開發行為若對環境有不良影響之虞者，應實施環境影響評估：A. 開發科學園區；B. 新建捷運工程；C. 採礦。
①AB ②BC ③AC ④ABC。

(　　) 63. 主管機關審查環境影響說明書或評估書，如認為已足以判斷未對環境有重大影響之虞，作成之審查結論可能為下列何者？
①通過環境影響評估審查 ②應繼續進行第二階段環境影響評估
③認定不應開發 ④補充修正資料再審。

(　　) 64. 依環境影響評估法規定，對環境有重大影響之虞的開發行為應繼續進行第二階段環境影響評估，下列何者不是上述對環境有重大影響之虞或應進行第二階段環境影響評估的決定方式？
①明訂開發行為及規模 ②環評委員會審查認定
③自願進行 ④有民眾或團體抗爭。

(　　) 65. 依環境教育法，環境教育之戶外學習應選擇何地點辦理？
①遊樂園 ②環境教育設施或場所
③森林遊樂區 ④海洋世界

(　　) 66. 依環境影響評估法規定，環境影響評估審查委員會審查環境影響說明書，認定下列對環境有重大影響之虞者，應繼續進行第二階段環境影響評估，下列何者非屬對環境有重大影響之虞者？
①對保育類動植物之棲息生存有顯著不利之影響
②對國家經濟有顯著不利之影響
③對國民健康有顯著不利之影響
④對其他國家之環境有顯著不利之影響。

(　　) 67. 依環境影響評估法規定，第二階段環境影響評估，目的事業主管機關應舉行下列何種會議？
①說明會 ②聽證會 ③辯論會 ④公聽會

(　　) 68. 開發單位申請變更環境影響說明書、評估書內容或審查結論，符合下列哪一情形，得檢附變更內容對照表辦理？
①既有設備提昇產能而污染總量增加在百分之十以下
②降低環境保護設施處理等級或效率
③環境監測計畫變更
④開發行為規模增加未超過百分之五。

答案	62.④	63.①	64.④	65.②	66.②	67.④	68.③

(　　) 69. 開發單位變更原申請內容有下列哪一情形，無須就申請變更部分，重新辦理環境影響評估？
①不降低環保設施之處理等級或效率　②規模擴增百分之十以上
③對環境品質之維護有不利影響　④土地使用之變更涉及原規劃之保護區。

(　　) 70. 工廠或交通工具排放空氣污染物之檢查，下列何者錯誤？
①依中央主管機關規定之方法使用儀器進行檢查
②檢查人員以嗅覺進行氨氣濃度之判定
③檢查人員以嗅覺進行異味濃度之判定
④檢查人員以肉眼進行粒狀污染物排放濃度之判定。

(　　) 71. 下列對於空氣污染物排放標準之敘述，何者正確：A. 排放標準由中央主管機關訂定；B. 所有行業之排放標準皆相同？ ①僅 A ②僅 B ③ AB 皆正確 ④ AB 皆錯誤。

(　　) 72. 下列對於細懸浮微粒 ($PM_{2.5}$) 之敘述何者正確：A. 空氣品質測站中自動監測儀所測得之數值若高於空氣品質標準，即判定爲不符合空氣品質標準；B. 濃度監測之標準方法爲中央主管機關公告之手動檢測方法；C. 空氣品質標準之年平均值爲 15 $\mu g/m^3$？
①僅 AB ②僅 BC ③僅 AC ④ ABC 皆正確。

(　　) 73. 機車爲空氣污染物之主要排放來源之一，下列何者可降低空氣污染物之排放量：A. 將四行程機車全面汰換成二行程機車；B. 推廣電動機車；C. 降低汽油中之硫含量？
①僅 AB ②僅 BC ③僅 AC ④ ABC 皆正確。

(　　) 74. 公眾聚集量大且滯留時間長之場所，經公告應設置自動監測設施，其應量測之室內空氣污染物項目爲何？ ①二氧化碳 ②一氧化碳 ③臭氧 ④甲醛。

(　　) 75. 空氣污染源依排放特性分爲固定污染源及移動污染源，下列何者屬於移動污染源？
①焚化廠 ②石化廠 ③機車 ④煉鋼廠。

(　　) 76. 我國汽機車移動污染源空氣污染防制費的徵收機制爲何？
①依牌照徵收 ②隨水費徵收 ③隨油品銷售徵收 ④購車時徵收

(　　) 77. 細懸浮微粒 ($PM_{2.5}$) 除了來自於污染源直接排放外，亦可能經由下列哪一種反應產生？ ①光合作用 ②酸鹼中和 ③厭氧作用 ④光化學反應。

(　　) 78. 我國固定污染源空氣污染防制費以何種方式徵收？
①依營業額徵收　②隨使用原料徵收
③按工廠面積徵收　④依排放污染物之種類及數量徵收。

(　　) 79. 在不妨害水體正常用途情況下，水體所能涵容污染物之量稱爲
①涵容能力 ②放流能力 ③運轉能力 ④消化能力。

(　　) 80. 水污染防治法中所稱地面水體不包括下列何者？
①河川 ②海洋 ③灌溉渠道 ④地下水。

答案									
69. ①	70. ②	71. ①	72. ②	73. ②	74. ①	75. ③	76. ③	77. ④	78. ④
79. ①	80. ④								

( ) 81. 下列何者不是主管機關設置水質監測站採樣的項目？
①水溫 ②氫離子濃度指數 ③溶氧量 ④顏色。

( ) 82. 事業、污水下水道系統及建築物污水處理設施之廢 (污) 水處理，其產生之污泥，依規定應作何處理？
①應妥善處理，不得任意放置或棄置 ②可作爲農業肥料
③可作爲建築土方 ④得交由清潔隊處理。

( ) 83. 依水污染防治法，事業排放廢 (污) 水於地面水體者，應符合下列哪一標準之規定？
①下水水質標準 ②放流水標準 ③水體分類水質標準 ④土壤處理標準。

( ) 84. 放流水標準，依水污染防治法應由何機關定之：A. 中央主管機關；B. 中央主管機關會同相關目的事業主管機關；C. 中央主管機關會商相關目的事業主管機關？
①僅 A ②僅 B ③僅 C ④ ABC。

( ) 85. 對於噪音之量測，下列何者錯誤？
①可於下雨時測量
②風速大於每秒 5 公尺時不可量測
③聲音感應器應置於離地面或樓板延伸線 1.2 至 1.5 公尺之間
④測量低頻噪音時，僅限於室內地點測量，非於戶外量測

( ) 86. 下列對於噪音管制法之規定何者敘述錯誤？
①噪音指超過管制標準之聲音
②環保局得視噪音狀況劃定公告噪音管制區
③人民得向主管機關檢舉使用中機動車輛噪音妨害安寧情形
④使用經校正合格之噪音計皆可執行噪音管制法規定之檢驗測定。

( ) 87. 製造非持續性但卻妨害安寧之聲音者，由下列何單位依法進行處理？
①警察局 ②環保局 ③社會局 ④消防局

( ) 88. 廢棄物、剩餘土石方清除機具應隨車持有證明文件且應載明廢棄物、剩餘土石方之：A 產生源；B 處理地點；C 清除公司
①僅 AB ②僅 BC ③僅 AC ④ ABC 皆是。

( ) 89. 從事廢棄物清除、處理業務者，應向直轄市、縣 (市) 主管機關或中央主管機關委託之機關取得何種文件後，始得受託清除、處理廢棄物業務？
①公民營廢棄物清除處理機構許可文件 ②運輸車輛駕駛證明
③運輸車輛購買證明 ④公司財務證明。

( ) 90. 在何種情形下，禁止輸入事業廢棄物：A. 對國內廢棄物處理有妨礙；B. 可直接固化處理、掩埋、焚化或海拋；C. 於國內無法妥善清理？
①僅 A ②僅 B ③僅 C ④ ABC。

答案	81. ④	82. ①	83. ②	84. ③	85. ①	86. ④	87. ①	88. ①	89. ①	90. ④

(　　) 91. 毒性化學物質因洩漏、化學反應或其他突發事故而污染運作場所周界外之環境，運作人應立即採取緊急防治措施，並至遲於多久時間內，報知直轄市、縣(市)主管機關？
①1小時　②2小時　③4小時　④30分鐘。

(　　) 92. 下列何種物質或物品，受毒性及關注化學物質管理法之管制？
①製造醫藥之靈丹　②製造農藥之蓋普丹
③含汞之日光燈　④使用青石綿製造石綿瓦

(　　) 93. 下列何行爲不是土壤及地下水污染整治法所指污染行爲人之作爲？
①洩漏或棄置污染物
②非法排放或灌注污染物
③仲介或容許洩漏、棄置、非法排放或灌注污染物
④依法令規定清理污染物

(　　) 94. 依土壤及地下水污染整治法規定，進行土壤、底泥及地下水污染調查、整治及提供、檢具土壤及地下水污染檢測資料時，其土壤、底泥及地下水污染物檢驗測定，應委託何單位辦理？
①經中央主管機關許可之檢測機構　②大專院校　③政府機關　④自行檢驗。

(　　) 95. 爲解決環境保護與經濟發展的衝突與矛盾，1992年聯合國環境發展大會(UN Conferenceon Environmentand Development, UNCED)制定通過：
①日內瓦公約　②蒙特婁公約　③21世紀議程　④京都議定書。

(　　) 96. 一般而言，下列那一個防治策略是屬經濟誘因策略？
①可轉換排放許可交易　②許可證制度　③放流水標準　④環境品質標準

(　　) 97. 對溫室氣體管制之「無悔政策」係指：
①減輕溫室氣體效應之同時，仍可獲致社會效益
②全世界各國同時進行溫室氣體減量
③各類溫室氣體均有相同之減量邊際成本
④持續研究溫室氣體對全球氣候變遷之科學證據。

(　　) 98. 一般家庭垃圾在進行衛生掩埋後，會經由細菌的分解而產生甲烷氣，請問甲烷氣對大氣危機中哪一些效應具有影響力？
①臭氧層破壞　②酸雨　③溫室效應　④煙霧(smog)效應。

(　　) 99. 下列國際環保公約，何者限制各國進行野生動植物交易，以保護瀕臨絕種的野生動植物？
①華盛頓公約　②巴塞爾公約　③蒙特婁議定書　④氣候變化綱要公約。

(　　) 100. 因人類活動導致「哪些營養物」過量排入海洋，造成沿海赤潮頻繁發生，破壞了紅樹林、珊瑚礁、海草，亦使魚蝦銳減，漁業損失慘重？
①碳及磷　②氮及磷　③氮及氯　④氯及鎂。

答案	91.④	92.④	93.④	94.①	95.③	96.①	97.①	98.③	99.①	100.②

工作項目 04 節能減碳

( ) 1. 依經濟部能源署「指定能源用戶應遵行之節約能源規定」，在正常使用條件下，公眾出入之場所其室內冷氣溫度平均值不得低於攝氏幾度？
①26 ②25 ③24 ④22。

( ) 2. 下列何者為節能標章？

① 
② 
③ 

④ 。

( ) 3. 下列產業中耗能佔比最大的產業為
①服務業 ②公用事業 ③農林漁牧業 ④能源密集產業。

( ) 4. 下列何者「不是」節省能源的做法？
①電冰箱溫度長時間設定在強冷或急冷
②影印機當 15 分鐘無人使用時，自動進入省電模式
③電視機勿背著窗戶，並避免太陽直射
④短程不開汽車，以儘量搭乘公車、騎單車或步行為宜。

( ) 5. 經濟部能源署的能源效率標示分為幾個等級？ ①1 ②3 ③5 ④7。

( ) 6. 溫室氣體排放量：指自排放源排出之各種溫室氣體量乘以各該物質溫暖化潛勢所得之合計量，以
①氧化亞氮 (N_2O) ②二氧化碳 (CO_2) ③甲烷 (CH_4) ④六氟化硫 (SF_6) 當量表示。

( ) 7. 國家溫室氣體長期減量目標為中華民國 139 年 (西元 2050 年) 溫室氣體排放量降為中華民國 94 年溫室氣體排放量的百分之多少以下？
①20 ②30 ③40 ④50。

( ) 8. 溫室氣體減量及管理法所稱主管機關，在中央為下列何單位？
①經濟部能源署 ②環境部 ③國家發展委員會 ④衛生福利部。

( ) 9. 溫室氣體減量及管理法中所稱：一單位之排放額度相當於允許排放多少的二氧化碳當量
①1 公斤 ②1 立方米 ③1 公噸 ④1 公升之二氧化碳當量。

( ) 10. 下列何者「不是」全球暖化帶來的影響？ ①洪水 ②熱浪 ③地震 ④旱災。

( ) 11. 下列何種方法無法減少二氧化碳？
①想吃多少儘量點，剩下可當廚餘回收 ②選購當地、當季食材，減少運輸碳足跡
③多吃蔬菜，少吃肉 ④自備杯筷，減少免洗用具垃圾量。

( ) 12. 下列何者不會減少溫室氣體的排放？
①減少使用煤、石油等化石燃料 ②大量植樹造林，禁止亂砍亂伐
③增高燃煤氣體排放的煙囪 ④開發太陽能、水能等新能源。

答案										
	1.①	2.②	3.④	4.①	5.③	6.②	7.④	8.②	9.③	10.③
	11.①	12.③								

(　　) 13. 關於綠色採購的敘述，下列何者錯誤？
①採購由回收材料所製造之物品
②採購的產品對環境及人類健康有最小的傷害性
③選購對環境傷害較少、污染程度較低的產品
④以精美包裝為主要首選。

(　　) 14. 一旦大氣中的二氧化碳含量增加，會引起那一種後果？
①溫室效應惡化　②臭氧層破洞　③冰期來臨　④海平面下降。

(　　) 15. 關於建築中常用的金屬玻璃帷幕牆，下列敘述何者正確？
①玻璃帷幕牆的使用能節省室內空調使用
②玻璃帷幕牆適用於臺灣，讓夏天的室內產生溫暖的感覺
③在溫度高的國家，建築物使用金屬玻璃帷幕會造成日照輻射熱，產生室內「溫室效應」
④臺灣的氣候濕熱，特別適合在大樓以金屬玻璃帷幕作為建材。

(　　) 16. 下列何者不是能源之類型？　①電力　②壓縮空氣　③蒸汽　④熱傳。

(　　) 17. 我國已制定能源管理系統標準為
① CNS 50001　② CNS 12681　③ CNS 14001　④ CNS 22000。

(　　) 18. 台灣電力股份有限公司所謂的三段式時間電價於夏月平日 (非週六日) 之尖峰用電時段為何？
① 9：00~16：00　② 9：00~24：00　③ 6：00~11：00　④ 16：00~22：00。

(　　) 19. 基於節能減碳的目標，下列何種光源發光效率最低，不鼓勵使用？
①白熾燈泡　② LED 燈泡　③省電燈泡　④螢光燈管。

(　　) 20. 下列的能源效率分級標示，哪一項較省電？　① 1　② 2　③ 3　④ 4。

(　　) 21. 下列何者「不是」目前台灣主要的發電方式？　①燃煤　②燃氣　③水力　④地熱。

(　　) 22. 有關延長線及電線的使用，下列敘述何者錯誤？
①拔下延長線插頭時，應手握插頭取下
②使用中之延長線如有異味產生，屬正常現象不須理會
③應避開火源，以免外覆塑膠熔解，致使用時造成短路
④使用老舊之延長線，容易造成短路、漏電或觸電等危險情形，應立即更換。

(　　) 23. 有關觸電的處理方式，下列敘述何者錯誤？
①立即將觸電者拉離現場　②把電源開關關閉
③通知救護人員　④使用絕緣的裝備來移除電源。

(　　) 24. 目前電費單中，係以「度」為收費依據，請問下列何者為其單位？
① kW　② kWh　③ kJ　④ kJh。

答案										
	13. ④	14. ①	15. ③	16. ④	17. ①	18. ④	19. ①	20. ①	21. ④	22. ②
	23. ①	24. ②								

( ) 25. 依據台灣電力公司三段式時間電價 (尖峰、半尖峰及離峰時段) 的規定，請問哪個時段電價最便宜？
①尖峰時段 ②夏月半尖峰時段 ③非夏月半尖峰時段 ④離峰時段。

( ) 26. 當用電設備遭遇電源不足或輸配電設備受限制時，導致用戶暫停或減少用電的情形，常以下列何者名稱出現？ ①停電 ②限電 ③斷電 ④配電。

( ) 27. 照明控制可以達到節能與省電費的好處，下列何種方法最適合一般住宅社區兼顧節能、經濟性與實際照明需求？
①加裝 DALI 全自動控制系統 ②走廊與地下停車場選用紅外線感應控制電燈
③全面調低照明需求 ④晚上關閉所有公共區域的照明。

( ) 28. 上班性質的商辦大樓爲了降低尖峰時段用電，下列何者是錯的？
①使用儲冰式空調系統減少白天空調用電需求
②白天有陽光照明，所以白天可以將照明設備全關掉
③汰換老舊電梯馬達並使用變頻控制
④電梯設定隔層停止控制，減少頻繁啓動。

( ) 29. 爲了節能與降低電費的需求，應該如何正確選用家電產品？
①選用高功率的產品效率較高
②優先選用取得節能標章的產品
③設備沒有壞，還是堪用，繼續用，不會增加支出
④選用能效分級數字較高的產品，效率較高，5 級的比 1 級的電器產品更省電。

( ) 30. 有效而正確的節能從選購產品開始，就一般而言，下列的因素中，何者是選購電氣設備的最優先考量項目？
①用電量消耗電功率是多少瓦攸關電費支出，用電量小的優先
②採購價格比較，便宜優先
③安全第一，一定要通過安規檢驗合格
④名人或演藝明星推薦，應該口碑較好。

( ) 31. 高效率燈具如果要降低眩光的不舒服，下列何者與降低刺眼眩光影響無關？
①光源下方加裝擴散板或擴散膜 ②燈具的遮光板
③光源的色溫 ④採用間接照明。

( ) 32. 用電熱爐煮火鍋，採用中溫 50% 加熱，比用高溫 100% 加熱，將同一鍋水煮開，下列何者是對的？
①中溫 50% 加熱比較省電 ②高溫 100% 加熱比較省電
③中溫 50% 加熱，電流反而比較大 ④兩種方式用電量是一樣的。

( ) 33. 電力公司爲降低尖峰負載時段超載的停電風險，將尖峰時段電價費率 (每度電單價) 提高，離峰時段的費率降低，引導用戶轉移部分負載至離峰時段，這種電能管理策略稱爲 ①需量競價 ②時間電價 ③可停電力 ④表燈用戶彈性電價。

答案 25. ④ 26. ② 27. ② 28. ② 29. ② 30. ③ 31. ③ 32. ④ 33. ②

(　　) 34. 集合式住宅的地下停車場需要維持通風良好的空氣品質，又要兼顧節能效益，下列的排風扇控制方式何者是不恰當的？
①淘汰老舊排風扇，改裝取得節能標章、適當容量的高效率風扇
②兩天一次運轉通風扇就好了
③結合一氧化碳偵測器，自動啟動 / 停止控制
④設定每天早晚二次定期啟動排風扇。

(　　) 35. 大樓電梯爲了節能及生活便利需求，可設定部分控制功能，下列何者是錯誤或不正確的做法？
①加感應開關，無人時自動關閉電燈與通風扇
②縮短每次開門 / 關門的時間
③電梯設定隔樓層停靠，減少頻繁啟動
④電梯馬達加裝變頻控制。

(　　) 36. 爲了節能及兼顧冰箱的保溫效果，下列何者是錯誤或不正確的做法？
①冰箱內上下層間不要塞滿，以利冷藏對流
②食物存放位置紀錄清楚，一次拿齊食物，減少開門次數
③冰箱門的密封壓條如果鬆弛，無法緊密關門，應儘速更新修復
④冰箱內食物擺滿塞滿，效益最高。

(　　) 37. 電鍋剩飯持續保溫至隔天再食用，或剩飯先放冰箱冷藏，隔天用微波爐加熱，就加熱及節能觀點來評比，下列何者是對的？
①持續保溫較省電　②微波爐再加熱比較省電又方便
③兩者一樣　④優先選電鍋保溫方式，因爲馬上就可以吃。

(　　) 38. 不斷電系統 UPS 與緊急發電機的裝置都是應付臨時性供電狀況；停電時，下列的陳述何者是對的？
①緊急發電機會先啟動，不斷電系統 UPS 是後備的
②不斷電系統 UPS 先啟動，緊急發電機是後備的
③兩者同時啟動
④不斷電系統 UPS 可以撐比較久。

(　　) 39. 下列何者爲非再生能源？
①地熱能　②焦煤　③太陽能　④水力能。

(　　) 40. 欲兼顧採光及降低經由玻璃部分侵入之熱負載，下列的改善方法何者錯誤？
①加裝深色窗簾　②裝設百葉窗　③換裝雙層玻璃　④貼隔熱反射膠片。

(　　) 41. 一般桶裝瓦斯 (液化石油氣) 主要成分爲丁烷與下列何種成分所組成？
①甲烷　②乙烷　③丙烷　④辛烷。

答案	34. ②	35. ②	36. ④	37. ②	38. ②	39. ②	40. ①	41. ③

( ) 42. 在正常操作，且提供相同暖氣之情形下，下列何種暖氣設備之能源效率最高？
①冷暖氣機 ②電熱風扇 ③電熱輻射機 ④電暖爐。

( ) 43. 下列何種熱水器所需能源費用最少？
①電熱水器 ②天然瓦斯熱水器 ③柴油鍋爐熱水器 ④熱泵熱水器。

( ) 44. 某公司希望能進行節能減碳，為地球盡點心力，以下何種作為並不恰當？
①將採購規定列入以下文字：「汰換設備時首先考慮能源效率 1 級或具有節能標章之產品」 ②盤查所有能源使用設備 ③實行能源管理 ④為考慮經營成本，汰換設備時採買最便宜的機種。

( ) 45. 冷氣外洩會造成能源之浪費，下列的入門設施與管理何者最耗能？
①全開式有氣簾 ②全開式無氣簾 ③自動門有氣簾 ④自動門無氣簾。

( ) 46. 下列何者「不是」潔淨能源？ ①風能 ②地熱 ③太陽能 ④頁岩氣。

( ) 47. 有關再生能源中的風力、太陽能的使用特性中，下列敘述中何者錯誤？
①間歇性能源，供應不穩定 ②不易受天氣影響
③需較大的土地面積 ④設置成本較高。

( ) 48. 有關台灣能源發展所面臨的挑戰，下列選項何者是錯誤的？
①進口能源依存度高，能源安全易受國際影響
②化石能源所占比例高，溫室氣體減量壓力大
③自產能源充足，不需仰賴進口
④能源密集度較先進國家仍有改善空間。

( ) 49. 若發生瓦斯外洩之情形，下列處理方法中錯誤的是？
①應先關閉瓦斯爐或熱水器等開關 ②緩慢地打開門窗，讓瓦斯自然飄散
③開啓電風扇，加強空氣流動 ④在漏氣止住前，應保持警戒，嚴禁煙火。

( ) 50. 全球暖化潛勢 (Global Warming Potential, GWP) 是衡量溫室氣體對全球暖化的影響，其中是以何者為比較基準？ ① CO_2 ② CH_4 ③ SF_6 ④ N_2O。

( ) 51. 有關建築之外殼節能設計，下列敘述中錯誤的是？
①開窗區域設置遮陽設備 ②大開窗面避免設置於東西日曬方位
③做好屋頂隔熱設施 ④宜採用全面玻璃造型設計，以利自然採光。

( ) 52. 下列何者燈泡的發光效率最高？
① LED 燈泡 ②省電燈泡 ③白熾燈泡 ④鹵素燈泡。

( ) 53. 有關吹風機使用注意事項，下列敘述中錯誤的是？
①請勿在潮濕的地方使用，以免觸電危險
②應保持吹風機進、出風口之空氣流通，以免造成過熱
③應避免長時間使用，使用時應保持適當的距離
④可用來作為烘乾棉被及床單等用途。

答案										
	42. ①	43. ④	44. ④	45. ②	46. ④	47. ②	48. ③	49. ③	50. ①	51. ④
	52. ①	53. ④								

( ) 54. 下列何者是造成聖嬰現象發生的主要原因？
①臭氧層破洞 ②溫室效應 ③霧霾 ④颱風。

( ) 55. 為了避免漏電而危害生命安全，下列「不正確」的做法是？
①做好用電設備金屬外殼的接地 ②有濕氣的用電場合，線路加裝漏電斷路器
③加強定期的漏電檢查及維護 ④使用保險絲來防止漏電的危險性。

( ) 56. 用電設備的線路保護用電力熔絲 (保險絲) 經常燒斷，造成停電的不便，下列「不正確」的作法是？
①換大一級或大兩級規格的保險絲或斷路器就不會燒斷了
②減少線路連接的電氣設備，降低用電量
③重新設計線路，改較粗的導線或用兩迴路並聯
④提高用電設備的功率因數。

( ) 57. 政府為推廣節能設備而補助民眾汰換老舊設備，下列何者的節電效益最佳？
①將桌上檯燈光源由螢光燈換為 LED 燈
②優先淘汰 10 年以上的老舊冷氣機為能源效率標示分級中之一級冷氣機
③汰換電風扇，改裝設能源效率標示分級為一級的冷氣機
④因為經費有限，選擇便宜的產品比較重要。

( ) 58. 依據我國現行國家標準規定，冷氣機的冷氣能力標示應以何種單位表示？
① kW ② BTU/h ③ kcal/h ④ RT。

( ) 59. 漏電影響節電成效，並且影響用電安全，簡易的查修方法為
①電氣材料行買支驗電起子，碰觸電氣設備的外殼，就可查出漏電與否
②用手碰觸就可以知道有無漏電
③用三用電表檢查
④看電費單有無紀錄。

( ) 60. 使用了 10 幾年的通風換氣扇老舊又骯髒，噪音又大，維修時採取下列哪一種對策最為正確及節能？
①定期拆下來清洗油垢
②不必再猶豫，10 年以上的電扇效率偏低，直接換為高效率通風扇
③直接噴沙拉脫清潔劑就可以了，省錢又方便
④高效率通風扇較貴，換同機型的廠內備用品就好了。

( ) 61. 電氣設備維修時，在關掉電源後，最好停留 1 至 5 分鐘才開始檢修，其主要的理由為下列何者？
①先平靜心情，做好準備才動手 ②讓機器設備降溫下來再查修
③讓裡面的電容器有時間放電完畢，才安全 ④法規沒有規定，這完全沒有必要。

答案	54. ②	55. ④	56. ①	57. ②	58. ①	59. ①	60. ②	61. ③

(　　) 62. 電氣設備裝設於有潮濕水氣的環境時，最應該優先檢查及確認的措施是？
①有無在線路上裝設漏電斷路器　②電氣設備上有無安全保險絲
③有無過載及過熱保護設備　④有無可能傾倒及生鏽。

(　　) 63. 為保持中央空調主機效率，每隔多久時間應請維護廠商或保養人員檢視中央空調主機？
①半年　② 1 年　③ 1.5 年　④ 2 年。

(　　) 64. 家庭用電最大宗來自於　①空調及照明　②電腦　③電視　④吹風機。

(　　) 65. 冷氣房內為減少日照高溫及降低空調負載，下列何種處理方式是錯誤的？
①窗戶裝設窗簾或貼隔熱紙
②將窗戶或門開啓，讓屋內外空氣自然對流
③屋頂加裝隔熱材、高反射率塗料或噴水
④於屋頂進行薄層綠化。

(　　) 66. 有關電冰箱放置位置的處理方式，下列何者是正確的？
①背後緊貼牆壁節省空間
②背後距離牆壁應有 10 公分以上空間，以利散熱
③室內空間有限，側面緊貼牆壁就可以了
④冰箱最好貼近流理台，以便存取食材。

(　　) 67. 下列何項「不是」照明節能改善需優先考量之因素？
①照明方式是否適當　②燈具之外型是否美觀
③照明之品質是否適當　④照度是否適當。

(　　) 68. 醫院、飯店或宿舍之熱水系統耗能大，要設置熱水系統時，應優先選用何種熱水系統較節能？　①電能熱水系統　②熱泵熱水系統　③瓦斯熱水系統　④重油熱水系統。

(　　) 69. 如右圖，你知道這是什麼標章嗎？
①省水標章
②環保標章
③奈米標章
④能源效率標示。

(　　) 70. 台灣電力公司電價表所指的夏月用電月份 (電價比其他月份高) 是為
① 4/1~7/31　② 5/1~8/31　③ 6/1~9/30　④ 7/1~10/31。

(　　) 71. 屋頂隔熱可有效降低空調用電，下列何項措施較不適當？
①屋頂儲水隔熱　②屋頂綠化
③於適當位置設置太陽能板發電同時加以隔熱　④鋪設隔熱磚。

(　　) 72. 電腦機房使用時間長、耗電量大，下列何項措施對電腦機房之用電管理較不適當？
①機房設定較低之溫度　②設置冷熱通道
③使用較高效率之空調設備　④使用新型高效能電腦設備。

答案										
	62. ①	63. ①	64. ①	65. ②	66. ②	67. ②	68. ②	69. ④	70. ③	71. ①
	72. ①									

( ) 73. 下列有關省水標章的敘述中正確的是？
①省水標章是環境部為推動使用節水器材，特別研定以作為消費者辨識省水產品的一種標誌 ②獲得省水標章的產品並無嚴格測試，所以對消費者並無一定的保障 ③省水標章能激勵廠商重視省水產品的研發與製造，進而達到推廣節水良性循環之目的
④省水標章除有用水設備外，亦可使用於冷氣或冰箱上。

( ) 74. 透過淋浴習慣的改變就可以節約用水，以下的何種方式正確？
①淋浴時抹肥皂，無需將蓮蓬頭暫時關上
②等待熱水前流出的冷水可以用水桶接起來再利用
③淋浴流下的水不可以刷洗浴室地板
④淋浴沖澡流下的水，可以儲蓄洗菜使用。

( ) 75. 家人洗澡時，一個接一個連續洗，也是一種有效的省水方式嗎？
①是，因為可以節省等待熱水流出之前所先流失的冷水
②否，這跟省水沒什麼關係，不用這麼麻煩
③否，因為等熱水時流出的水量不多
④有可能省水也可能不省水，無法定論。

( ) 76. 下列何種方式有助於節省洗衣機的用水量？
①洗衣機洗滌的衣物盡量裝滿，一次洗完
②購買洗衣機時選購有省水標章的洗衣機，可有效節約用水
③無需將衣物適當分類
④洗濯衣物時盡量選擇高水位才洗的乾淨。

( ) 77. 如果水龍頭流量過大，下列何種處理方式是錯誤的？
①加裝節水墊片或起波器 ②加裝可自動關閉水龍頭的自動感應器
③直接換裝沒有省水標章的水龍頭 ④直接調整水龍頭到適當水量。

( ) 78. 洗菜水、洗碗水、洗衣水、洗澡水等的清洗水，不可直接利用來做什麼用途？
①洗地板 ②沖馬桶 ③澆花 ④飲用水。

( ) 79. 如果馬桶有不正常的漏水問題，下列何者處理方式是錯誤的？
①因為馬桶還能正常使用，所以不用著急，等到不能用時再報修即可
②立刻檢查馬桶水箱零件有無鬆脫，並確認有無漏水
③滴幾滴食用色素到水箱裡，檢查有無有色水流進馬桶，代表可能有漏水
④通知水電行或檢修人員來檢修，徹底根絕漏水問題。

( ) 80. 水費的計量單位是「度」，你知道一度水的容量大約有多少？
① 2,000 公升 ② 3000 個 600cc 的寶特瓶
③ 1 立方公尺的水量 ④ 3 立方公尺的水量。

答案	73. ③	74. ②	75. ①	76. ②	77. ③	78. ④	79. ①	80. ③

(　　) 81. 臺灣在一年中什麼時期會比較缺水 (即枯水期)？
①6 月至 9 月　②9 月至 12 月　③11 月至次年 4 月　④臺灣全年不缺水。

(　　) 82. 下列何種現象「不是」直接造成台灣缺水的原因？
①降雨季節分佈不平均，有時候連續好幾個月不下雨，有時又會下起豪大雨
②地形山高坡陡，所以雨一下很快就會流入大海
③因爲民生與工商業用水需求量都愈來愈大，所以缺水季節很容易無水可用
④台灣地區夏天過熱，致蒸發量過大。

(　　) 83. 冷凍食品該如何讓它退冰，才是既「節能」又「省水」？
①直接用水沖食物強迫退冰　②使用微波爐解凍快速又方便
③烹煮前盡早拿出來放置退冰　④用熱水浸泡，每 5 分鐘更換一次。

(　　) 84. 洗碗、洗菜用何種方式可以達到清洗又省水的效果？
①對著水龍頭直接沖洗，且要盡量將水龍頭開大才能確保洗的乾淨
②將適量的水放在盆槽內洗濯，以減少用水
③把碗盤、菜等浸在水盆裡，再開水龍頭拼命沖水
④用熱水及冷水大量交叉沖洗達到最佳清洗效果。

(　　) 85. 解決台灣水荒 (缺水) 問題的無效對策是
①興建水庫、蓄洪 (豐) 濟枯　②全面節約用水
③水資源重複利用，海水淡化…等　④積極推動全民體育運動。

(　　) 86. 如右圖，你知道這是什麼標章嗎？
①奈米標章　②環保標章　③省水標章　④節能標章。

(　　) 87. 澆花的時間何時較爲適當，水分不易蒸發又對植物最好？
①正中午　②下午時段　③清晨或傍晚　④半夜十二點。

(　　) 88. 下列何種方式沒有辦法降低洗衣機之使用水量，所以不建議採用？
①使用低水位清洗　②選擇快洗行程
③兩、三件衣服也丟洗衣機洗　④選擇有自動調節水量的洗衣機。

(　　) 89. 有關省水馬桶的使用方式與觀念認知，下列何者是錯誤的？
①選用衛浴設備時最好能採用省水標章馬桶
②如果家裡的馬桶是傳統舊式，可以加裝二段式沖水配件
③省水馬桶因爲水量較小，會有沖不乾淨的問題，所以應該多沖幾次
④因爲馬桶是家裡用水的大宗，所以應該儘量採用省水馬桶來節約用水。

(　　) 90. 下列的洗車方式，何者「無法」節約用水？
①使用有開關的水管可以隨時控制出水　②用水桶及海綿抹布擦洗　③用大口徑強力水注沖洗　④利用機械自動洗車，洗車水處理循環使用。

答案	81.③	82.④	83.③	84.②	85.④	86.③	87.③	88.③	89.③	90.③

( ) 91. 下列何種現象「無法」看出家裡有漏水的問題？
①水龍頭打開使用時，水表的指針持續在轉動
②牆面、地面或天花板忽然出現潮濕的現象
③馬桶裡的水常在晃動，或是沒辦法止水
④水費有大幅度增加。

( ) 92. 蓮蓬頭出水量過大時，下列對策何者「無法」達到省水？
①換裝有省水標章的低流量 (5~10L/min) 蓮蓬頭
②淋浴時水量開大，無需改變使用方法
③洗澡時間盡量縮短，塗抹肥皂時要把蓮蓬頭關起來
④調整熱水器水量到適中位置。

( ) 93. 自來水淨水步驟，何者是錯誤的？ ①混凝 ②沉澱 ③過濾 ④煮沸。

( ) 94. 爲了取得良好的水資源，通常在河川的哪一段興建水庫？
①上游 ②中游 ③下游 ④下游出口。

( ) 95. 台灣是屬缺水地區，每人每年實際分配到可利用水量是世界平均值的約多少？
① 1/2 ② 1/4 ③ 1/5 ④ 1/6。

( ) 96. 台灣年降雨量是世界平均值的 2.6 倍，卻仍屬缺水地區，下列何者不是眞正缺水的原因？
①台灣由於山坡陡峻，以及颱風豪雨雨勢急促，大部分的降雨量皆迅速流入海洋
②降雨量在地域、季節分佈極不平均 ③水庫蓋得太少 ④台灣自來水水價過於便宜。

( ) 97. 電源插座堆積灰塵可能引起電氣意外火災，維護保養時的正確做法是？
①可以先用刷子刷去積塵
②直接用吹風機吹開灰塵就可以了
③應先關閉電源總開關箱內控制該插座的分路開關，然後再清理灰塵
④可以用金屬接點清潔劑噴在插座中去除銹蝕。

( ) 98. 溫室氣體易造成全球氣候變遷的影響，下列何者不屬於溫室氣體？
①二氧化碳 (CO_2) ②氫氟碳化物 (HFCs) ③甲烷 (CH_4) ④氧氣 (O_2)。

( ) 99. 就能源管理系統而言，下列何者不是能源效率的表示方式？
①汽車－公里 / 公升 ②照明系統－瓦特 / 平方公尺 (W/m^2)
③冰水主機－千瓦 / 冷凍噸 (kW/RT) ④冰水主機－千瓦 (kW)。

( ) 100. 某工廠規劃汰換老舊低效率設備，以下何種做法並不恰當？
①可考慮使用較高費用之高效率設備產品
②先針對老舊設備建立其「能源指標」或「能源基線」
③唯恐一直浪費能源，馬上將老舊設備汰換掉
④改善後需進行能源績效評估。

答案	91. ①	92. ②	93. ④	94. ①	95. ④	96. ③	97. ③	98. ④	99. ④	100. ③

學後評量

學後評量 第 1 回 工作項目 01

一、單選題：共 20 題

(　　) 1. 一個標示「紅紫橙金」色環的電阻，其值爲
①270Ω ②2.7KΩ ③27KΩ ④270KΩ。

(　　) 2. 二進位 1010001 轉換爲 8 進位等於 ①121 ②501 ③222 ④111。

(　　) 3. 拆卸電腦主機週邊時，爲預防硬碟電源接錯，其電源座應設計成哪一種形狀？
①A ②D ③E ④I。

(　　) 4. 網路施工採 TIA/EIA568A 接線，其第一對絞線爲
①白綠、綠 ②白藍、藍③白橘、橘 ④白棕、棕。

(　　) 5. 二個輸入均爲“1”，輸出才爲“1”的邏輯閘是

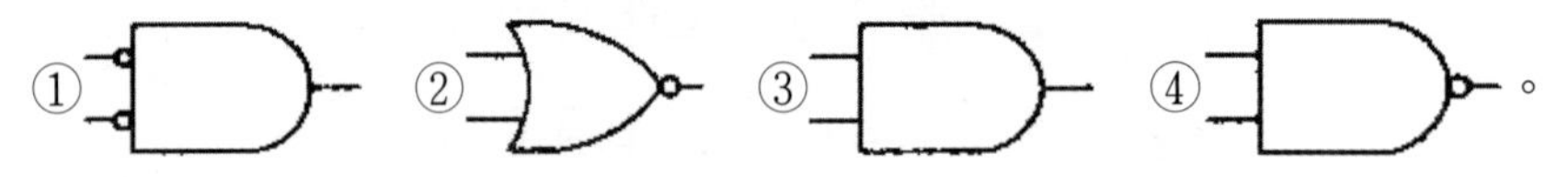

(　　) 6. 右列眞值表輸入爲 A、B，輸出爲 Y，表示何種邏輯閘？
①NOR ②NAND
③XOR ④XNOR。

A	B	Y
0	0	1
0	1	0
1	0	0
1	1	1

(　　) 7. 下圖爲電阻串聯電路，其等效電阻 Rt =

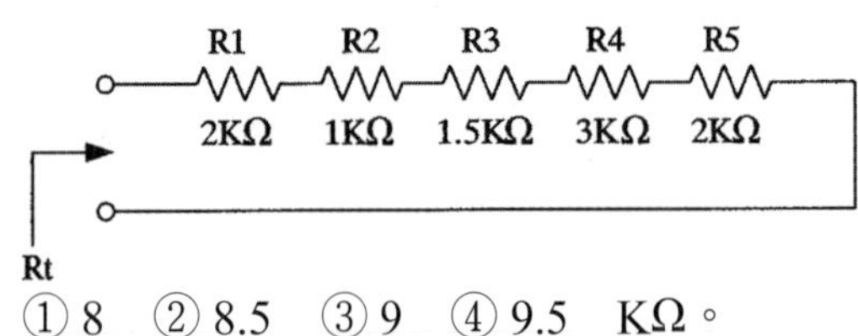

①8 ②8.5 ③9 ④9.5 KΩ。

(　　) 8. 右圖符號爲
①IEEE 1394a ②USB
③GPIB ④RS-232C。

(　　) 9. 右圖電子元件符號爲具有
①正緣觸發 ②負緣觸發
③正準位觸發 ④負準位觸發之 JK 正反器。

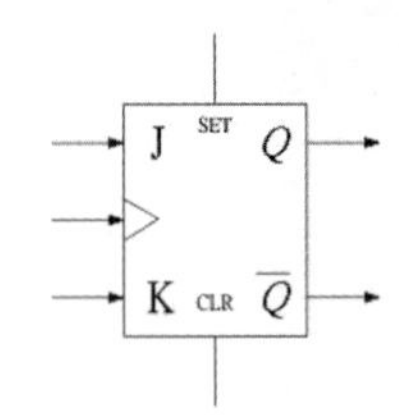

答案	1.③	2.①	3.②	4.①	5.③	6.④	7.④	8.②	9.①

( ) 10. 下圖為

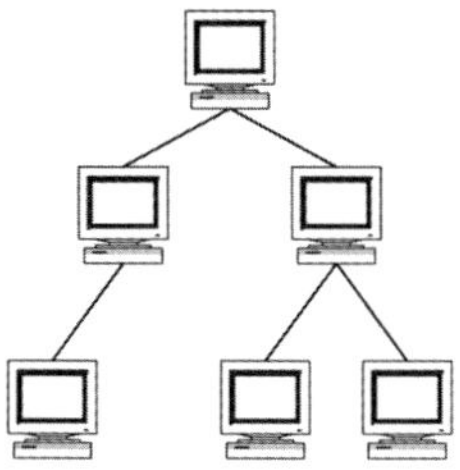

①樹狀 ②環狀 ③星狀 ④匯流排網路架構。

( ) 11. 繪製流程圖時，判斷符號最少情況可以有幾種流程
①1 ②2 ③3 ④4。

( ) 12. 下圖的電子符號是用來表示

①固定電阻器 ②可變電阻器 ③熱敏電阻器④光敏電阻器。

( ) 13. 下列哪一種圖片格式所佔檔案容量最大？
① gif ② bmp ③ jpg ④ tif。

( ) 14. 安裝電腦主機 CPU，如果使用 Socket7 插座，其第一腳位以何種圖示表示
①方形 ②圓形 ③三角形 ④菱形。

( ) 15. 電腦主機接線圖中，HDD 表示
①硬碟 ②光碟 ③軟碟 ④電源。

( ) 16. 下圖所示之邏輯電路，輸出 Y 為

A
B
Y

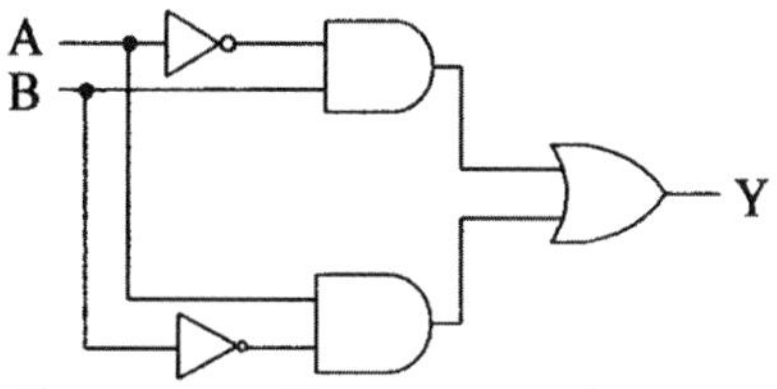

① A・B ② A ＋ B ③ A ⊕ B ④ A ⊙ B。

( ) 17. 下列 IC 何者為反及閘 (NAN DGate) ？
① 7400 ② 7402 ③ 7404 ④ 7432。

( ) 18. 右圖電阻並聯電路，其等效電阻 Rt =
①2 ②4
③6 ④8 KΩ。

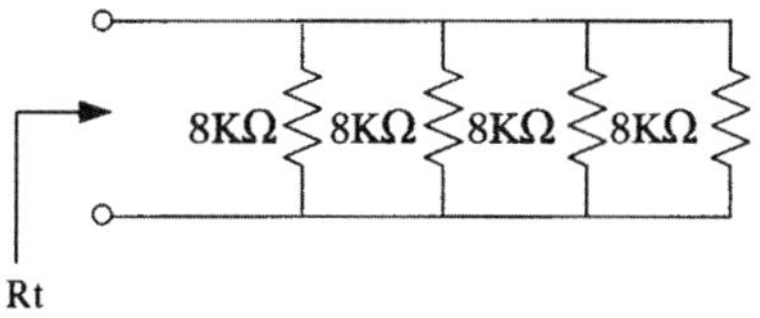

8KΩ 8KΩ 8KΩ 8KΩ
Rt

( ) 19. 19 吋液晶顯示器 (LCD) 表示螢幕之
①長為 19 吋 ②寬為 19 吋 ③長加寬為 19 吋 ④對角線為 19 吋。

( ) 20. 右圖之流程圖符號表示
①程序 ②顯示 ③程式開始與結束 ④列印。

答案									
10. ①	11. ②	12. ②	13. ②	14. ③	15. ①	16. ③	17. ①	18. ①	19. ④
20. ①									

二、複選題：共 5 題

(　　) 21. 有關右圖之敘述，下列何者正確？

①為 Serial Advanced Technology Attachment；SATA 接頭
②為 Universal Serial Bus；USB 接頭
③ 2.0 版本最大傳輸頻寬約為 3Gbps
④ 3.0 版本最大傳輸頻寬約為 6Gbps。

(　　) 22. 有關右圖之敘述，下列何者正確？

①為 Serial Advanced Technology Attachment；SATA
②為 Universal Serial Bus；USB
③ 3.0 版本最大傳輸頻寬約為 6Gbps
④支援熱交換特性。

(　　) 23. 下圖有關藍牙之敘述，下列何者正確？

Bluetooth®

①藍牙具有「低耗電藍牙」、「中耗電藍牙」和「高耗電藍牙」三種模式
②使用 2.4GHz 無線電頻率
③屬於無線應用
④低耗電藍牙 BLE(Bluetooth Low Energy) 傳輸距離小於 30M。

(　　) 24. 有關 USB 之敘述，下列何者正確？

① USB On-The-Go 通常縮寫為 USB OTG
②不支援熱拔插特性
③支援熱拔插特性
④ 2.0 版本最大傳輸頻寬約為 480Mbps。

(　　) 25. 有關右圖之敘述，下列何者正確？

①為 High Definition Multimedia Interface；HDMI 接頭
②為 Digital Visual Interface；DVI 接頭
③只可以傳送視訊信號
④可以同時傳送音訊和視訊信號。

答案	21. ①③④　22. ①③④　23. ②③④　24. ①③④　25. ①④

學後評量 第 2 回 工作項目 02

一、單選題：共 20 題

( ) 1. 資料傳輸使用同位元檢查做爲資料錯誤之檢查，若採奇同位資料錯誤檢查，下列資料中何者爲正確？ ① 011110100 ② 101110110 ③ 010100101 ④ 110011110。

( ) 2. Visual BASIC 是以何種方式來執行程式運作？
① Project ② Form ③ Object ④ Attribute。

( ) 3. Visual BASIC 程式 Frame 物件若要在框架上顯示文字，其屬性爲何？
① Font ② Text ③ Caption ④ Enable。

( ) 4. BASIC 語言 Print 5 OR 7 其值爲 ① 5 ② 7 ③ 12 ④ 2。

( ) 5. 以物件導向觀念，房子的顏色及外型是這房子的
①事件 ②屬性 ③類別 ④方法。

( ) 6. 下列哪一命令可以在 MS-DOS 模式下，分割硬碟磁區？
① Fixdisk ② Fdisk ③ Format ④ Chkdsk。

( ) 7. 光碟機的速度一般以倍數來計算，基本之 1 倍數的速度爲
① 50 ② 100 ③ 150 ④ 1000 KB/Sec。

( ) 8. Ultra ATA/33 表示最高的資料傳輸率爲 ① 33 ② 66 ③ 100 ④ 133 MB/Sec。

( ) 9. 16 輸入的多工器，須有幾條信號選擇線？ ① 2 ② 4 ③ 8 ④ 16 條。

( ) 10. 使用三用電表測量個人電腦電源供應器的輸出電壓，應選擇哪一個檔量測？
①歐姆檔 ② AC 電流檔 ③ AC 電壓檔 ④ DC 電壓檔。

( ) 11. 數位 IC 7474 是下列何種正反器？ ① D 型 ② J-K 型 ③ R-S 型 ④ T 型。

( ) 12. 右圖 OR 閘的 Y 輸出爲
① 1 ② 0
③ A ④ NOT A。

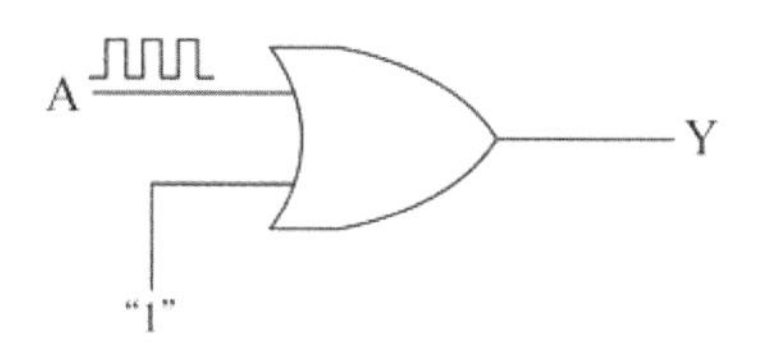

( ) 13. 右列卡諾圖化簡之最簡式爲
① ABCD ② A + B + C + D
③ B + C ④ B + D。

AB \ CD	00	01	11	10
00	0	1	1	0
01	1	1	1	1
11	1	1	1	1
10	0	1	1	0

( ) 14. 右圖邏輯符號的等效邏輯閘爲
① OR ② AND
③ NOR ④ NAND 閘。

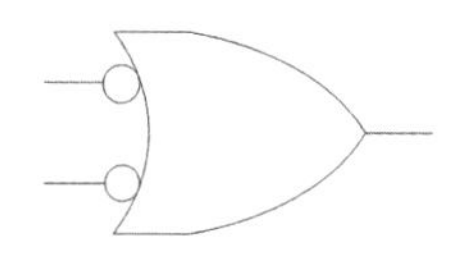

答案									
1. ①	2. ①	3. ③	4. ②	5. ②	6. ③	7. ③	8. ①	9. ②	10. ④
11. ①	12. ①	13. ④	14. ④						

(　　) 15. 若以 2Bytes 編碼，最多可以表示多少個不同的符號？
①32767　②16384　③32768　④65536。

(　　) 16. BASIC 清除螢幕的命令為　①NEW　②CLS　③CLEAR　④DELETE。

(　　) 17. Visual BASIC 程式 HscrollBar 物件，其捲軸最大值為？
①256　②1024　③32767　④65536。

(　　) 18. BASIC 語言下列哪一種運算最優先？
①邏輯運算　②關係運算　③算術運算　④比較運算。

(　　) 19. Visual BASIC 中，下列哪一個圖示表示文字標籤 (Label)？
①　②　③　④　。

(　　) 20. 下列哪些 IC 不屬於單晶片微電腦？　①8048　②8051　③8751　④8255。

二、複選題：共 5 題

(　　) 21. 有關「作業系統主要功能」之敘述，下列何者正確？
①管理電腦硬體資源　②做為應用程式的虛擬機器
③提供使用者操作介面　④提供電子試算表功能。

(　　) 22. 有關即時作業系統之敘述，下列何者正確？
①適合採用非強佔式 (Non-Preemptive)CPU 排程來提高效率
②有比較嚴格的回應時間要求
③可分為 Hard 和 Soft 兩種
④常應用於批次處理。

(　　) 23. 下列何者屬於作業系統對處理程序之管理目標？
①提供電子郵件寄送
②管理使用者和系統處理程序的建立與結束
③管理使用者和系統處理程序的暫停與再啓動
④提供處理程序間通訊的機制。

(　　) 24. 有關 Linux 之敘述，下列何者有誤？
①僅適用於個人電腦　②pwd 為顯示目前工作目錄路徑的指令
③屬於開放原始碼的作業系統　④只能作 Server 使用。

(　　) 25. 下列何者作業系統適合安裝在智慧型手機？
①Unix　②Windows Mobile　③Android　④iOS。

答案	15. ④	16. ②	17. ③	18. ③	19. ①	20. ④	21. ①②③	22. ②③
	23. ②③④	24. ①④	25. ②③④					

學後評量 第 3 回 工作項目 03

一、單選題：共 20 題

(　　) 1. 個人數位助理 (PDA) 與個人電腦相比較，下列何者不是 PDA 的特性？
①記憶體較小 ②處理器速度較慢 ③耗費系統資源較多 ④螢幕較小。

(　　) 2. 下列何者不是作業系統對磁碟的管理功能？
①磁碟的價格 ②磁碟的排班 ③可用的空間管理 ④記憶體的配置。

(　　) 3. 下列何者不歸屬於系統呼叫的行程控制 (Process Control) 分類之功能？
①等待事件 ②顯示事件 ③建立檔案 ④配置記憶體空間。

(　　) 4. 下列何種方式無法協助程式設計者進行程式偵錯？
①追蹤 (Trace) ②傾印 (Dump) ③單步 (Single step) ④加上防毒追蹤。

(　　) 5. 若您希望家裡小朋友在使用 IE 瀏覽器時，不會看到過於暴力的網站，你該如何做？
①啓動內容分級 ②限制使用時間
③設定受限制的站台區域 ④設定 proxy 伺服器。

(　　) 6. 10 的 12 次方稱爲 ① Micro ② Pico ③ Tera ④ Femto。

(　　) 7. 不正確的儀器使用，造成指示值讀取的偏差稱爲
①人爲誤差 ②系統誤差 ③無規誤差 ④散亂誤差。

(　　) 8. 一般示波器的電路架構可分爲 X、Y 和 Z 軸三部份，下面哪個電路是屬於 Z 軸部份？
①垂直電路 ②電源電路 ③ CRT 電路 ④水平電路。

(　　) 9. 有關五個色環的電阻，其顏色順序爲「紅紫黃橙棕」，以下的敘述何者正確？
①其電阻值爲 27.4KΩ ②它是精密電阻
③由左邊算起第 3 色環表倍數即爲 10 的 4 次方 ④其誤差 0.1%。

(　　) 10. 在 Linux 作業系統環境中，在指定之時間執行指令時，應下達下列何種內建指令？
① timer ② setcmd ③ execute ④ at。

(　　) 11. 在 Linux 作業系統環境中，啓動硬碟分割區工具程式時，應下達下列何種內建指令？
① diskman ② rdisk ③ spfdisk ④ sfdisk。

(　　) 12. 下列何者不是 Linux 作業系統環境中，所提供之內建文字編輯程式？
① vi ② ed ③ edit ④ joe。

(　　) 13. 邏輯筆可用來測出 ①數位訊號 ②類比訊號 ③無線訊號 ④載波訊號。

(　　) 14. 示波器可直接量測以下哪一種數值？ ①電壓 ②電流 ③電感 ④電功率。

(　　) 15. 網際網路的 www 主機網頁基本所使用的通訊協定埠爲
① 25 ② 80 ③ 23 ④ 11。

答案										
	1. ③	2. ①	3. ③	4. ④	5. ①	6. ③	7. ①	8. ③	9. ②	10. ④
	11. ④	12. ③	13. ①	14. ①	15. ②					

(　　) 16. 日常生活影像的模式為 H(Hue) S(Saturation) B(Brightness)，下列哪一個與 HSB 模式無關？ ①色相 ②彩度 ③解析度 ④明度。

(　　) 17. 下列哪一個演算法可以將 A，B 兩個值的內容互換？
① A = B:B = C:C = A　② C = B:A = B:B = C
③ A = B:B = A　④ C = A:A = B:B = C。

(　　) 18. 在 Visual BASIC 6.0 中，下列哪一個函數可以顯示資訊交談窗方塊？
① OptionButton ② MsgBox ③ Print ④ Text。

(　　) 19. BASIC 內建函數中，下列何者屬於字串函數？
① RIGHT ② VAL ③ NOW ④ FIX。

(　　) 20. 二進位 10000010 的 2 的補數，轉為 16 進位其值為何？
① 7E ② E7 ③ 82 ④ 7D。

二、複選題：共 5 題

(　　) 21. 對於網段 172.16.100.126/25 資訊，下列敘述何者正確？
① subnet mask 255.255.255.128　② broadcast 172.16.100.127
③與 172.16.100.130 同網段　④與 172.16.101.130 同網段。

(　　) 22. 在 Linux 系統中，uptime 可查詢何種系統資訊？
①系統平均負載　②已開機累計時間
③目前使用者人數　④上次軟體更新的時間。

(　　) 23. 有關 WiMAX 之敘述，下列何者正確？
①可由 3G 基地台升級　②可於行進間寬頻上網
③可支援 QoS　④提供無線寬頻傳輸。

(　　) 24. 有關雙軌跡的示波器之描述，下列何者正確？
① ALT 掃描方式較適用於高頻信號的觀測
② ALT 掃描方式較適用於低頻信號的觀測
③ CHOP 掃描方式較適用於高頻信號的觀測
④ CHOP 掃描方式較適用於低頻信號的觀測。

(　　) 25. 有關多工器之敘述，下列何者正確？
①利用五個 1 對 4 解多工器，可以設計成為一個 1 對 16 解多工器
②利用三個 1 對 2 解多工器，可以設計成為一個 1 對 4 解多工器
③一個 1 對 4 解多工器，至少需要四條來源選擇線
④一個 1 對 2 解多工器，至少需要二條來源選擇線。

答案							
16. ③	17. ④	18. ②	19. ①	20. ①	21. ①②	22. ①②③	23. ②③④
24. ①④	25. ①②						

學後評量　第 4 回　工作項目 04

一、單選題：共 20 題

(　　) 1. 全球資訊網 WWW 的 URL 敘述，下列何者才是正確的？
①http\:www.hello.net　②http/:/www.hello.net
③http://www.hello.net　④http//www.hello.net。

(　　) 2. 數位傳輸方式中傳輸速率是指什麼？
①傳輸線的粗細
②每秒傳輸多少個位元 (bps)
③頻道所能傳達的最高頻率和最低頻率的差
④傳輸媒體之截止頻率。

(　　) 3. 一般傳送出 E-Mail 的通訊協定是
①POP　②SMTP　③HTTP　④HDLC。

(　　) 4. Internet 之使用者將其個人電腦模擬爲終端機模式，以進入遠端伺服器系統，稱之爲何？
①E-Mail　②Telnet　③FTP　④WWW。

(　　) 5. 將網域名稱 (Domain Name) 對應爲 IP address 的服務是？
①Proxy　②DHCP　③DNS　④WINS。

(　　) 6. 網址名稱中 .com 表示是？
①公司行號　②政府機關　③國防軍事單位　④財團法人或組織單位。

(　　) 7. 製作 HTML 文件，下列何種工具功能較爲齊全？
①Word　②Excel　③Power Point　④Dreamweaver　。

(　　) 8. 某人的 e-mail 位址爲 super@ms.notme.edu.tw，其中 super 是指：
①提供服務的主機名稱　②該人的電子郵件帳號
③電子郵件的傳送方式　④電子郵件的撰寫方式。

(　　) 9. 使用 100 BaseT 連接線材與設備的網路，理論上其資料傳輸可達到多快的速度？
①100Kbps　②100KB/Sec　③100Mbps　④100MB/Sec。

(　　) 10. 雙絞線 (UTP：Unshield Twisted Pair) 之標準中，用於 100baseT 的規格需是
①Category 1　②Category 5　③Category 15　④Category 50。

(　　) 11. 每一個 IP 可分成哪 2 個部分？
①LAN 和 WAN　②Class 和 Type　③TCP 和 IP　④Network 和 Host。

(　　) 12. 在 Linux 中使用 vi 編輯器要複製一整列需按什麼鍵？
①yy　②dw　③dd　④cw。

答案									
1.③	2.②	3.②	4.②	5.③	6.①	7.④	8.②	9.③	10.②
11.④	12.①								

(　　) 13. 當我們在 Linux/Unix 環境中，想要新增使用者群組可使用下列哪一指令？
①useradd　②groupadd　③groups　④groupdel。

(　　) 14. 下列何者爲 Redhat Linux9.0 提供套件安裝管理程式？
①tarball　②rpm　③srpm　④install.sh。

(　　) 15. Telnet 是在連線遠端主機時非常好用的工具，在 OSI 7 層網路模型當中，它是扮演哪一層的角色？
①Physical　②Application　③Data Link　④Transport。

(　　) 16. 下列何者不包含於微處理機內部？
①輔助記憶體　②指令暫存器　③程式計數器　④算術 / 邏輯單元。

(　　) 17. 若 CPU 工作頻率爲 10MHz，則其時脈週期爲多少 μs
①100　②10　③1　④0.1。

(　　) 18. 定義一台 16 或 32 位元電腦，通常以何者位元數爲依據？
①資料匯流排　②位址匯流排　③控制匯流排　④主機板廠商自行制定。

(　　) 19. 下列哪一顆週邊晶片編號爲可程式規劃的中斷控制器？
①8237　②8251　③8254　④8259。

(　　) 20. 新購買之發光二極體 (LED)，在二支接腳中比較長的接腳，代表哪一極性？
①負極 (N)　②正極 (P)　③無極性　④可視情況自行定義。

二、複選題：共 5 題

(　　) 21. 下列何者不是 Windows 2008 Server 的檔案系統結構？
①網狀　②樹狀　③環狀　④串列狀。

(　　) 22. Windows 7 的 TCP/IP 設定，下列敘述何者爲誤？
①主要設定 TCP　②能設定自動取得 IP
③無提供 IPv4 功能　④提供慣用 DNS 設定。

(　　) 23. 下列何者爲使用於電腦主記憶體之同步動態隨機存取記憶 (Synchronous Dynamic Random-Access Memory，簡稱 SDRAM) ？
①GDDR　②DDR　③DDR2　④DDR3。

(　　) 24. 下列何者爲 SD 卡的傳輸速度規格？
①Class 10　②Class-A　③UHS-I　④UHS-II。

(　　) 25. 有關藍光光碟 (Blu-ray Disc，簡稱 BD) 讀取速度之敘述，下列何者正確？
①1x 速讀取速度爲 36Mbit/s　②2x 速讀取速度爲 64Mbit/s
③4x 速讀取速度爲 128Mbit/s　④6x 速讀取速度爲 216Mbit/s。

答案								
13.②	14.②	15.②	16.①	17.④	18.①	19.④	20.②	21.①③④
22.①③	23.②③④	24.①③④	25.①④					

學後評量 第 5 回 工作項目 05

一、單選題：共 20 題

( ) 1. 在 80×86CPU 的程式執行過程中，已知堆疊指標 SP = 2000H，且往較低位址存入 (PUSH) 資料，當執行三個 PUSH AX 與一個 POP BX 時，SP 指在
①2001H ②2002H ③1FFCH ④1FFDH。

( ) 2. Intel 80x86 CPU 內部暫存器 BX，CS，DS，SS 及 ES 的內容分別爲 1001H、3270H、2010H、1280H 及 1502H，指令 MOV [BX],AH 會將 AH 暫存器的內容寫入到哪一個記憶體位址？
①33701H ②13801H ③16021H ④21101H。

( ) 3. 位址匯流排 (Address Bus) 共有 21 條位址線，若有 8 條資料線，則可以有多少記憶定址能力？
①1MB ②2MB ③4MB ④8MB。

( ) 4. 在下列各項中斷中其優先順序最高的爲
①重置 (Reset) ②不可抑制中斷 (NMI) ③一般指令執行 ④可抑制性中斷 (INTR)。

( ) 5. RS-232C 界面是屬於
①類比信號傳輸 ②調變設備 ③串列傳輸 ④並列傳輸。

( ) 6. RS-232 界面邏輯狀態爲 "1" 時，其電壓値是
①+3V ～ +5V ②+3V ～ +15V ③−3 V ～−15 V ④−3 V ～−5 V。

( ) 7. 若要在 SVGA(Super VGA)，解析度爲 (800x600) 模式下顯示眞實色 (2 的 24 次方色)，其顯示記憶體 (VRAM) 至少需要
①1MB ②2MB ③3MB ④4MB。

( ) 8. 下列哪一種資料處理的方式是『先進先出』？
①佇列 ②堆疊 ③陣列 ④串列。

( ) 9. 微處理器使用中斷 I/O 時，其硬體介面電路必須要能
①產生中斷信號 ②產生 Time Out 信號
③接收中斷信號 ④做輸出 / 入的 handshake 控制。

( ) 10. 編號 2764 的 EPROM，其記憶容量爲
①2Kx8 bit ②4Kx8 bit ③8Kx8 bit ④64Kx8 bit。

( ) 11. 在 R-L-C 串聯諧振電路中，下列何者錯誤？
①有效功率值最大 ②總電抗等於 0 ③電流值最大 ④阻抗值最大。

答案									
1. ③	2. ④	3. ②	4. ①	5. ③	6. ③	7. ②	8. ①	9. ③	10. ③
11. ④									

( ) 12. 下列有關電腦記憶體之敘述，何者錯誤？
①關機後，RAM 的內容會消失　②輔助記憶體可補主記憶體之不足
③ ROM 所儲存之資料可自由讀取　④主記憶體含 RAM 與 ROM。

( ) 13. 在開環路增益等於 1 時的頻率稱為
①上臨界頻率　②截止頻率　③帶止頻率　④單位增益頻率。

( ) 14. OPA 抵補電壓的作用是
①將輸入誤差電壓歸零　②將輸出誤差電壓歸零
③降低增益防止失真　④等化輸入訊號。

( ) 15. 在 1 個封閉的迴路中，只串聯 1 個 6 伏特 (V) 的電池及 2 歐姆的電阻，則此迴路中的電流為多少安培？ ① 1/3　② 3　③ 12　④ 18。

( ) 16. 將 n 個電阻串聯，則其等效電阻等於個別電阻的下列何者運算關係？
①和　②差　③積　④商。

( ) 17. 在橋式整流電路中，輸出電壓之有效值 (Vrms) 約為下列何者？
① 0.318Vm(最大值)　② 0.5Vm(最大值)
③ 0.636Vm(最大值)　④ 0.707Vm(最大值)。

( ) 18. 在電晶體放大電路中，下列哪一種組態的電流增益最大？
①共基極　②共射極　③共集極　④無法比較。

( ) 19. 下圖電路中流過 2KΩ 電阻之電流 (I_L) 為下列何者？

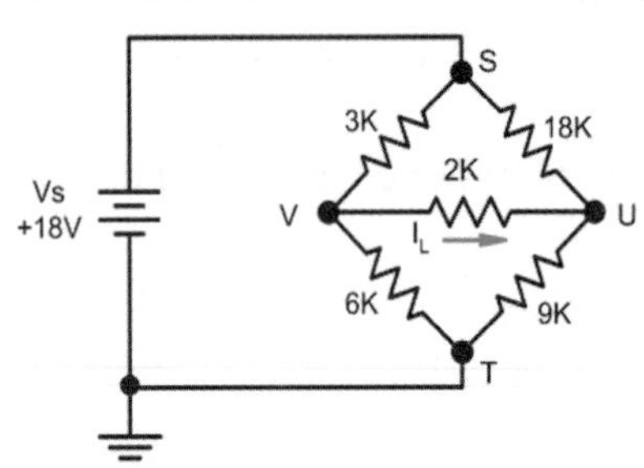

① 0.6mA　② −0.6 mA　③ 1.2mA　④ −1.2 mA。

( ) 20. 下圖電路中集極與射極之間的電壓 V_{CE} 為下列何者？

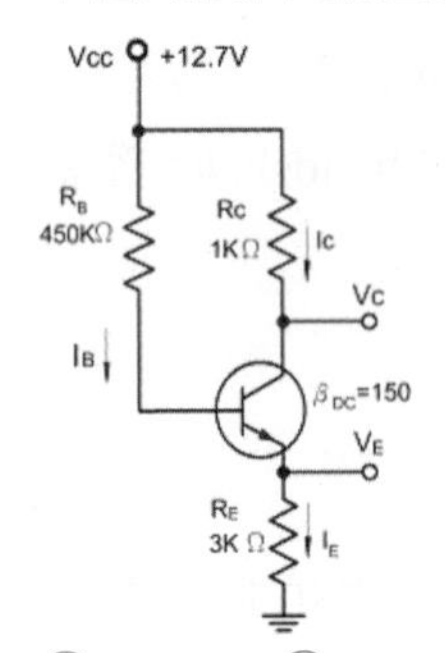

① 3.3V　② 3.8V　③ 4.7V　④ 5.3V。

答案	12. ④	13. ④	14. ②	15. ②	16. ①	17. ④	18. ③	19. ①	20. ③

二、複選題：共 5 題

( ) 21. 下列何者為使用即時通訊軟體應有的正確態度？
①對不認識的網友開啓視訊功能以示友好
②熟人傳過來的檔案立即開啓接收
③不任意安裝來路不明的程式
④不輕信陌生網友的話。

( ) 22. 下列何者可做為過電流的保護裝置？
①保險絲 ②斷路器 ③積熱熔絲 ④銅線。

( ) 23. 下列軟體中，何者具有影音編輯功能？
① FlashGet ② Adobe Premiere ③ Pascal ④ Windows Movie Make。

( ) 24. 下列檔案格式中，何者屬於音樂型態？
① DOC ② MP3 ③ WMA ④ RAR。

( ) 25. 下列敘述何者正確？
①電腦設定 IP 後，就能連上網路，不須指定遮罩、路由
② DHCP 伺服器的功能，可以使網路中的電腦自動取得 IP 設定
③ DHCP 的租約期限是屬於可設定之選項
④在 Windows 中使用 ipconfig/all 無法看到 MAC 的資訊。

答案 21. ③④ 22. ①②③ 23. ②④ 24. ②③ 25. ②③

學後評量 第6回 工作項目06

一、單選題：共20題

( ) 1. 依系統建立而得以自動化機器或其他非自動化方式檢索、整理之個人資料是屬於下列哪一個檔案之集合？
①個人資料 ②公司資料 ③團體資料 ④政府資料。

( ) 2. 下列哪一項是公務機關不應將其公開於電腦網站？
①個人資料檔案名稱 ②個人資料檔案保有之依據及特定目的
③個人資料之內容 ④保有機關名稱及聯絡方式。

( ) 3. 我國電工法規之中規定：移動式電源插座，其插座之額定電壓爲250伏以下者，其額定電流應不小於下列何者？
① 5 ② 10 ③ 15 ④ 20 安培。

( ) 4. 爲防止電擊或傷害，在裝修電腦之前，下列事項何者不正確
①關掉電腦電源
②關閉電源供應器
③關掉印表機和其他外設的電源，並從電腦上實體關閉它們
④開啓不斷電系統。

( ) 5. 常在視窗系統中出現的巨集病毒，其感染之對象是以附著在下列何種對象爲目的？
① CPU ②電腦螢幕 ③文件檔案 ④ BIOS。

( ) 6. 下列何種不屬於電腦病毒感染可能之症狀？
①電腦執行速度比平常緩慢 ②電源開關無法正常開關
③記憶體容量忽然大量減少 ④磁碟可利用的空間突然減少。

( ) 7. 假冒公司的名義，發送僞造的網站連結，以騙取使用者登入並盜取個人資料，請問這種行爲稱爲？
①郵件炸彈 ②網路釣魚 ③阻絕攻擊 ④網路謠言。

( ) 8. 網路釣魚是電腦駭客進行網路詐騙的一種手法，以下何者不是網路釣魚的主要目的？
①詐領帳戶金額 ②盜刷信用卡 ③讓電腦中毒 ④竊取個人資料。

( ) 9. 如果收到一封電子郵件，內容說明只要連到這個網站，提供銀行帳號資料，就會有錢自動轉進銀行帳戶中，我應該如何處理？
①不要點選郵件中的連結，並將此信設爲垃圾信
②回信問清楚相關細節，再決定要不要提供我的資料
③連到該網站，輸入自己的資料，馬上就會有錢進來
④連到該網站，輸入父母的資料，幫父母賺錢。

答案 1.① 2.③ 3.③ 4.④ 5.③ 6.② 7.② 8.③ 9.①

(　　) 10. 網路釣魚是電腦駭客進行詐騙的一種手法，下列敘述何者不正確？
①網路釣魚可以透過電子郵件來詐騙
②網路釣魚所用網址與原公司網址相同
③網路釣魚的電子郵件看起來像是合法的寄信者所發送
④網路釣魚郵件主要是要詐取使用者的金錢、帳號、密碼等個人資料。

(　　) 11. 網路釣魚是電腦駭客進行詐騙的一種手法，關於網路釣魚之防範，下列敘述何者正確？
①發現某公司的網站，38 被釣魚網站假冒，應立刻通知該公司
②只要安裝反制網路釣魚的軟體，就可以避免連到不安全的網站
③搜尋引擎所查到的公司網址，一定是正確的
④只要電子郵件的寄件人我認識，就表示這封郵件是安全的。

(　　) 12. 架設釣魚網站，盜取他人帳號密碼等資料，會觸犯什麼罪？
①重製罪　②詐欺罪　③搶奪罪　④沒有罪。

(　　) 13. 收到一封標題「你也可以當千萬富翁」的可疑電子郵件，我應該怎麼做較適當？
①將此信設定爲垃圾信，避免下次再收到
②將此信轉寄給好朋友，好康大家知
③回覆此信，告知對方我很想要致富
④打開此信，並照著信件中的方式做。

(　　) 14. 安裝垃圾郵件過濾軟體後，下列敘述何者正確？
①絕對不會有垃圾信　②垃圾信只會寄給其它不設定的人
③還是可能會有垃圾信　④垃圾信全部都會被放在垃圾信件區。

(　　) 15. 收到朋友寄來的一封電子郵件，標題爲「收到此信後，一定要轉寄給 10 個人，否則會遭致惡運」，我應該怎麼辦？
①馬上轉寄給 10 個人，以免自己遭殃
②如果寄件人是我的好朋友，才轉寄給 10 個人
③不要打開，並將此信設爲垃圾信
④先打開看內容是什麼，再決定要不要轉寄。

(　　) 16. 收到一封「膽小者勿開啓」的轉寄信，我應該如何處理？
①我不是膽小鬼，當然要打開看看　②寄給不喜歡的人
③可能是病毒信，完全不予理會並刪除　④只轉寄給一兩個朋友就好。

(　　) 17. 有關電腦病毒的描述，下列何者正確？
①電腦病毒是一種電腦程式，會在電腦中相互傳染
②電腦病毒是一種具有各種顏色的病毒，可以用顏色來分類
③電腦病毒是一種透過人與人接觸傳染的病毒
④電腦病毒是一種會造成身體疾病的病毒。

答案　10. ②　11. ①　12. ②　13. ①　14. ③　15. ③　16. ③　17. ①

(　　) 18. 下列何者不屬於資訊系統安全之主要措施？
①測試　②風險分析　③稽核　④備份。

(　　) 19. 下列何者不是綠色電腦的特色？
①低幅射　②省電　③無污染　④

(　　) 20. 台灣電力公司提供的電力頻率為多少赫芝 (Hz) ？
① 50　② 60　③ 110　④ 220。

二、複選題：共 5 題

(　　) 21. 關於「資訊之人員安全管理措施」中，下列何者適當？
①訓練操作人員　②銷毀無用報表
③利用識別卡管制人員進出　④每人均可操作每一台電腦。

(　　) 22. 有關 WAP 之敘述，下列何者正確？
①所使用的語言為 HTML
②全名為無線應用協定
③開放式且標準式的軟體協定
④主要功能為提供手持式無線終端設備，能夠獲得類似網頁瀏覽器的功能。

(　　) 23. 有關 TCP 協定之敘述，下列何者正確？
① TCP 發送端如果在某一預定的時間內沒有收到該確認封包，就會認定封包傳輸失敗，不會重送該封包
②常見的 http，其 port 是使用 70
③ TCP 屬於連線導向的傳輸協定
④ FTP 預設使用 21 埠號 (Port Number) 傳送資料。

(　　) 24. 下列軟體中，何者屬於 P2P 軟體？
① eDonkey　② CuteFTP　③ foxy　④ BT。

(　　) 25. 有關系統安全措施之描述，下列何者正確？
①系統操作者統一保管密碼　②密碼定期變更
③密碼設定要複雜且永遠不要變更　④資料加密。

答案　18. ①　19. ④　20. ②　21. ①②③　22. ②③④　23. ③④　24. ①③④　25. ②④

附錄

附錄 A　第二站 12000-102212 試題區域網路規劃與架設監評現場內容表

1.

項目	指定項目 (動作要求)	指　定　內　容
一	動作要求 (1-(2)-A)： 將 Client 實體機之硬式磁碟機或固態硬碟分割成兩個不同容量的 Partitions，應檢人可將 1000 MBytes 或 1024 MBytes 換算爲 1 GBytes。	指定之「Partitions」容量： (以下兩個 Partition 容量合計 110GBytes) Partition-1 容量：__85__GBytes Partition-2 容量：__25__GBytes
二	動作要求 (1-(2)-F-(B))： 設定 master、user1、user2 使用者密碼。	指定之「密碼」： (須以英文字母爲首，不可爲 master、user1 、user2，限 8 個字以內) ·master 密碼：__Md2255__ user1 密碼：__Md1144__ user2 密碼：__Md3366__
三	動作要求 (1-(2)-F-(H))： 設定 DNS。	Server 主機 DNS：__wdc__gov.tw 範例： Server 主機 DNS：labor.gov.tw
四	動作要求 (1-(2)-F-(I))： 將指定之檔案傳送至指定 Server 主機之 public 目錄，並可查詢或讀取。	指定傳送之「檔案」 檔案名稱：__Notepad.exe__
五	動作要求 (1-(2)-F-(L))： 設定主機 IP 位址及動態 IP 範圍。	Server 主機 IP：192.168.140.100/24 Client 端虛擬機電腦動態 IP 範圍 192.168.140.__150__~192.168.140.__170__/24 範例： Client 端虛擬機電腦動態 IP 範圍 192.168.140.150~192.168.140.170/24
六	動作要求 (1-(2)-F-(M))： 設定印表機伺服器。	印表機型號 A：Generic / Text Only 印表機型號 B：Microsoft MS-XPS Class Driver 2

2.

項目	指定項目(動作要求)	指 定 內 容
一	動作要求 (1-(2)-A)： 將 Client 實體機之硬式磁碟機或固態硬碟分割成兩個不同容量的 Partitions，應檢人可將 1000 MBytes 或 1024 MBytes 換算爲 1 GBytes。	指定之「Partitions」容量： (以下兩個 Partition 容量合計 110GBytes) Partition-1 容量：___60___GBytes Partition-2 容量：___50___GBytes
二	動作要求 (1-(2)-F-(B))： 設定 master、user1、user2 使用者密碼。	指定之「密碼」： (須以英文字母爲首，不可爲 master、user1、user2，限 8 個字以內) ·master 密碼：___Chi123___ user1 密碼：___Eng456___ user2 密碼：___Mat789___
三	動作要求 (1-(2)-F-(H))： 設定 DNS。	Server 主機 DNS：___apple___gov.tw 範例： Server 主機 DNS：labor.gov.tw
四	動作要求 (1-(2)-F-(I))： 將指定之檔案傳送至指定 Server 主機之 public 目錄，並可查詢或讀取。	指定傳送之「檔案」 檔案名稱：___ipconfig.exe___
五	動作要求 (1-(2)-F-(L))： 設定主機 IP 位址及動態 IP 範圍。	Server 主機 IP：192.168.140.100/24 Client 端虛擬機電腦動態 IP 範圍 192.168.140.___130___~192.168.140.___150___/24 範例： Client 端虛擬機電腦動態 IP 範圍 192.168.140.150~192.168.140.170/24
六	動作要求 (1-(2)-F-(M))： 設定印表機伺服器。	印表機型號 A：Generic IBM Grathics 9pin 印表機型號 B：Microsoft OpenXPS Class Driver

3.

項目	指定項目 (動作要求)	指 定 內 容
一	動作要求 (1-(2)-A)： 將 Client 實體機之硬式磁碟機或固態硬碟分割成兩個不同容量的 Partitions，應檢人可將 1000 MBytes 或 1024 MBytes 換算爲 1 GBytes。	指定之「Partitions」容量： (以下兩個 Partition 容量合計 110GBytes) Partition-1 容量：__80__GBytes Partition-2 容量：__30__GBytes
二	動作要求 (1-(2)-F-(B))： 設定 master、user1、user2 使用者密碼。	指定之「密碼」： (須以英文字母爲首，不可爲 master、user1、user2，限 8 個字以內) ·master 密碼：__Abc123__ user1 密碼：__Abc456__ user2 密碼：__Abc789__
三	動作要求 (1-(2)-F-(H))： 設定 DNS。	Server 主機 DNS：__labor__gov.tw 範例： Server 主機 DNS：labor.gov.tw
四	動作要求 (1-(2)-F-(I))： 將指定之檔案傳送至指定 Server 主機之 public 目錄，並可查詢或讀取。	指定傳送之「檔案」 檔案名稱：__Control.exe__
五	動作要求 (1-(2)-F-(L))： 設定主機 IP 位址及動態 IP 範圍。	Server 主機 IP：192.168.140.100/24 Client 端虛擬機電腦動態 IP 範圍 192.168.140.__160__~192.168.140.__180__/24 範例： Client 端虛擬機電腦動態 IP 範圍 192.168.140.150~192.168.140.170/24
六	動作要求 (1-(2)-F-(M))： 設定印表機伺服器。	印表機型號 A：Generic IBM Graphics 9pin wide 印表機型號 B：Microsoft PCL6 Class Driver

4.

項目	指定項目 (動作要求)	指　定　內　容
一	動作要求 (1-(2)-A)： 將 Client 實體機之硬式磁碟機或固態硬碟分割成兩個不同容量的 Partitions，應檢人可將 1000 MBytes 或 1024 MBytes 換算爲 1 GBytes。	指定之「Partitions」容量： (以下兩個 Partition 容量合計 110GBytes) Partition-1 容量：__40__GBytes Partition-2 容量：__70__GBytes
二	動作要求 (1-(2)-F-(B))： 設定 master、user1、user2 使用者密碼。	指定之「密碼」： (須以英文字母爲首，不可爲 master、user1、user2，限 8 個字以內) ·master 密碼：__Tb6699__ user1 密碼：__Mc5588__ user2 密碼：__Gh4477__
三	動作要求 (1-(2)-F-(H))： 設定 DNS。	Server 主機 DNS：__happy__gov.tw 範例： Server 主機 DNS：labor.gov.tw
四	動作要求 (1-(2)-F-(I))： 將指定之檔案傳送至指定 Server 主機之 public 目錄，並可查詢或讀取。	指定傳送之「檔案」 檔案名稱：__regedit.exe__
五	動作要求 (1-(2)-F-(L))： 設定主機 IP 位址及動態 IP 範圍。	Server 主機 IP：192.168.140.100/24 Client 端虛擬機電腦動態 IP 範圍 192.168.140.__145__~192.168.140.__165__/24 範例： Client 端虛擬機電腦動態 IP 範圍 192.168.140.150~192.168.140.170/24
六	動作要求 (1-(2)-F-(M))： 設定印表機伺服器。	印表機型號 A：__MS Publisher Color Printer__ 印表機型號 B：__Microsoft PS Class Driver__

5.

項目	指定項目(動作要求)	指定內容
一	動作要求(1-(2)-A)： 將Client實體機之硬式磁碟機或固態硬碟分割成兩個不同容量的Partitions，應檢人可將1000 MBytes或1024 MBytes換算爲1 GBytes。	指定之「Partitions」容量： (以下兩個Partition容量合計110GBytes) Partition-1容量：___35___GBytes Partition-2容量：___75___GBytes
二	動作要求(1-(2)-F-(B))： 設定master、user1、user2使用者密碼。	指定之「密碼」： (須以英文字母爲首，不可爲master、user1、user2，限8個字以內) ·master密碼：___Qw147___ user1密碼：___As258___ user2密碼：___Zx369___
三	動作要求(1-(2)-F-(H))： 設定DNS。	Server主機DNS：___edu2___gov.tw 範例： Server主機DNS：labor.gov.tw
四	動作要求(1-(2)-F-(I))： 將指定之檔案傳送至指定Server主機之public目錄，並可查詢或讀取。	指定傳送之「檔案」 檔案名稱：___ping.exe___
五	動作要求(1-(2)-F-(L))： 設定主機IP位址及動態IP範圍。	Server主機IP：192.168.140.100/24 Client端虛擬機電腦動態IP範圍 192.168.140.___120___~192.168.140.___140___/24 範例： Client端虛擬機電腦動態IP範圍 192.168.140.150~192.168.140.170/24
六	動作要求(1-(2)-F-(M))： 設定印表機伺服器。	印表機型號A：___MS Publisher Imagesetter___ 印表機型號B：___Microsoft XPS Class Driver___

附錄 B　第一站個人電腦介面卡製作及控制評審表

		總評審結果		□及格□不及格
檢定日期		站別	題號	12000-1022
術科測試編號		第一站	分站評審結果	□及格□不及格
應檢人姓名			總分	
工作崗位號碼		領取測試材料簽名處		

項目	評審標準	不及格	重大缺點應檢人簽名	備註
重大缺點	(一) 未能於規定時間內完成或提前棄權者。			
	(二) 成品評分時發生短路現象者。			
	(三) 成品未能正確完成試題動作要求(五)之 2~9 之任一功能者。			
	(四) 使用非檢定單位所規定之儀器、器材、個人電腦介面或零組件者。			
	(五) 蓄意毀損檢定單位之電腦、介面、儀器或器材者。			
	(六) 具有舞弊行為或其他重大錯誤，經監評人員在評分表內登記有具體事實，並經評審組認定者。			

以下各小項扣分標準依應檢人實作狀況予以評分，每項之扣分，不得超過最高扣分，本項採扣分方式，以 100 分為滿分，0 分為最低分，60 分（含）以上者為[及格]。

	扣分標準	每處扣分	最高扣分	實扣分數	備註
一般狀況	1. 成品動作不穩定或零組件鬆動者，每只零組件計算一處。	10 分	60 分		
	2. LED 顏色選用錯誤者，每只 LED 計算一處。	10 分	60 分		
	3. 檢查設備與材料時間之後，每更換一個零件計算一處。	10 分	60 分		
	4. 功能按鈕相對位置或文字敘述錯誤者，每一項計算一處。	10 分	60 分		
工作態度	1. 工作態度不當或行為影響他人，經糾正不改者。	20 分	40 分		
	2. 工作完成離開後，桌面凌亂不潔者。	20 分	20 分		
小計（累計扣分）					

第一站監評人員簽名	(請勿於測試結束前先行簽名)	監評長簽名	(請勿於測試結束前先行簽名)

使用說明	(1) 若有重大缺點不及格者，應在評審表之「重大缺點應檢人簽名處」具體列出錯誤項目。 (2) 重大缺點不及格者，務必請應檢人於「重大缺點應檢人簽名處」簽名確認。 (3) 第一站之總評審結果欄，需綜合兩站結果作綜合鑑定，兩站均「及格」者，總評為「及格」。 (4) 第一、二站兩表檢定評分時，印刷請列印於兩張不同顏色之 A4 紙張，以利監評時區隔。

附錄 C　第二站個人電腦故障檢測及區域網路規劃與架設評審表

檢定日期		站別	分站評審結果	□及格□不及格
術科測試編號		第二站	拆卸完成評審簽名	
應檢人姓名			總分	
工作崗位號碼		領取測試材料簽名處		
應檢人填寫故障零組件名稱代碼		監評人員填寫故障零組件名稱代碼		

項目	評審標準	不及格	重大缺點應檢人簽名處	備註
重大缺點	(一) 未能於規定時間內完成或提前棄權者。			
	(二) 未將指定零組件拆卸完成，或無法指出故障之零組件者。			
	(三) 組裝完成後，有任何一項設備不正常或毀損者。			
	(四) 未依規定將 Client 的硬碟分割及規劃成兩個指定不同容量之 Partitions 者。			
	(五) Client 無法以手動或自動與 Server 連接者。			
	(六) 使用非檢定單位所規定之儀器、器材、個人電腦介面或零組件者。			
	(七) 蓄意毀損電腦設備、儀器、器材、檢定單位光碟片或 USB 隨身碟者。			
	(八) 具有舞弊行為或其他重大錯誤者，經監評人員在評分表內登記有具體事實，並經評審組認定者。			

以下各小項扣分標準依應檢人實作狀況予以評分，每項之扣分，不得超過最高扣分，本項採扣分方式，以 100 分為滿分，0 分為最低分，60 分（含）以上者為[及格]。

	扣分標準	每處扣分	最高扣分	實扣分數	備註
一般狀況	1. 拆卸之零組件未依規定擺置，電腦設備或螺絲未依規定安裝者。	10 分	30 分		
	2. 每更換網路接頭一個或網路線製作未符合 EIA/TIA568A/B 規範者皆計算一處。	10 分	50 分		
	3. 未能正確完成試題動作要求第 1-(2)-F 項之(A)-(M)任一子功能者，每一功能計算一處。 □(A)建立使用者　□(B)使用者密碼　□(C)使用者權限 □(D)群組　□(E)分享公用目錄　□(F)user1目錄權限 □(G)user2目錄權限　□(H)DNS功能　□(I)FTP功能 □(J) WWW功能　□(K)網頁文字內容錯誤　□(L)DHCP設定 □(M)印表機伺服器設定　□(N)路由測試	25 分	100 分		
工作態度	1. 工作態度不當或行為影響他人，經糾正不改者。	20 分	40 分		
	2. 工作完成離開後，桌面凌亂不潔者。	20 分	20 分		
小計（累計扣分）					

第二站監評人員簽名	(請勿於測試結束前先行簽名)	監評長簽名	(請勿於測試結束前先行簽名)

使用說明	
	(1) 若有重大缺點不及格者，應在評審表之「重大缺點應檢人簽名處」具體列出錯誤項目。 (2) 重大缺點不及格者，務必請應檢人於「重大缺點應檢人簽名處」簽名確認。 (3) 第一站之總評審結果欄，需綜合兩站結果作綜合鑑定，兩站均「及格」者，總評為「及格」。 (4) 第一、二站兩表檢定評分時，印刷請列印於兩張不同顏色之 A4 紙張，以利監評時區隔。

附錄 D　vCSharp 程式說明

C# 程式說明

一、前置處理：加入 VisualBasic PowerPack

步驟 1

加入索引標籤

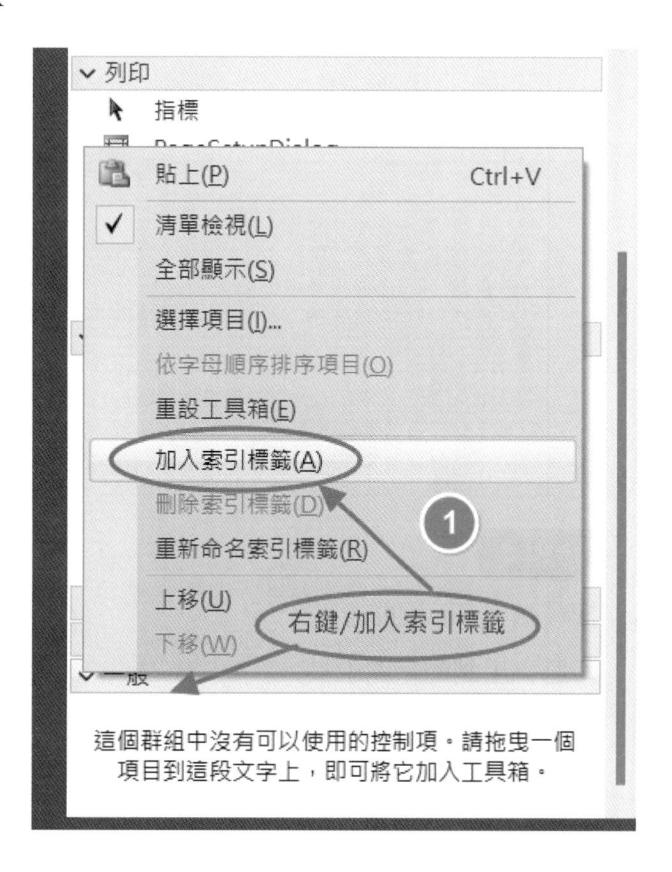

步驟 2

手動新增 PowerPack

步驟 3

右鍵 / 選擇項目

步驟 4

搜尋輸入 PowerPack

勾選會用到的繪圖工具。

檢定只用到 OvalShape 圓形。

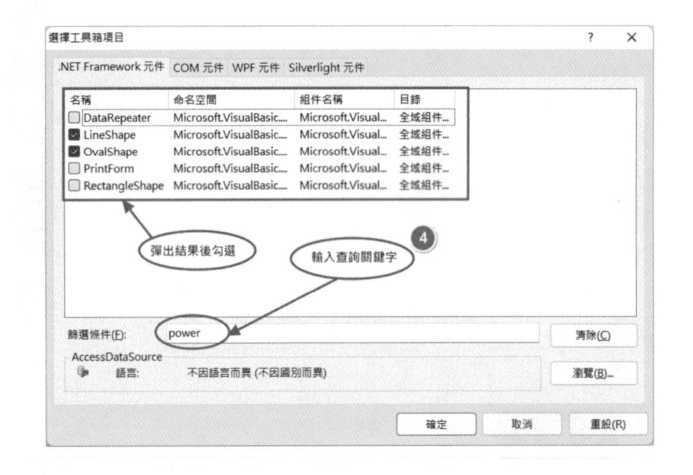

步驟 5

確定後，就可以看到有勾選的項目。

二、操作視窗說明

1. 程式開始之架構

```
Form1.cs*  Form1.cs [設計]*  錯誤清單
WindowsFormsApplication1.Form1
1  using System;
2  using System.Collections.Generic;
3  using System.ComponentModel;
4  using System.Data;
5  using System.Drawing;
6  using System.Linq;
7  using System.Text;
8  using System.Windows.Forms;
9
10 namespace WindowsFormsApplication1
11 {
12     public partial class Form1 : Form
13     {
14         public Form1()
15         {
16             InitializeComponent();
17         }
18
19     }
20 }
21
```

2. 完成後之程式，如書末 QRcode。

```
錯誤清單  Form1.cs  Form1.cs [設計]  vCSharp_電腦硬體裝修乙級2024
vCSharp_電腦硬體裝修乙級2024.Form1    Form1()
1  using System;
2  using System.Collections.Generic;
3  using System.ComponentModel;
4  using System.Data;
5  using System.Drawing;
6  using System.Linq;
7  using System.Text;
8  using System.Windows.Forms;
9  using Microsoft.VisualBasic.PowerPacks;      //外掛PowerPack，務必加入
10
11 namespace vCSharp_電腦硬體裝修乙級2024       //專案的名稱
12 {
13     public partial class Form1 : Form        //表單的名稱Form1
14     {
15         int a, rr, gg;                       //宣告公用變數
16         int[] r = new int[8];                //紅燈固定8種燈號
17         int[] g = new int[16];               //綠燈依題目最多16種燈號
18
19         public Form1()
20         {
21             InitializeComponent();
22         }
23         //-------------------------------------------------------
24         private void Form2_Load(object sender, EventArgs e)
25         {
26             timer1.Interval = 1000;          //計時器每秒更新
27             timer1.Enabled = true;           //啟動
28         }
29         //-------------------------------------------------------
30         private void button1_Click_1(object sender, EventArgs e)
31         {
32             a = 1; gg = 0;                   //按鈕1，a=1，gg綠燈陣列初值=0
33         }
34         //-------------------------------------------------------
```

3. 表單的製作，同 VB2010 作法。

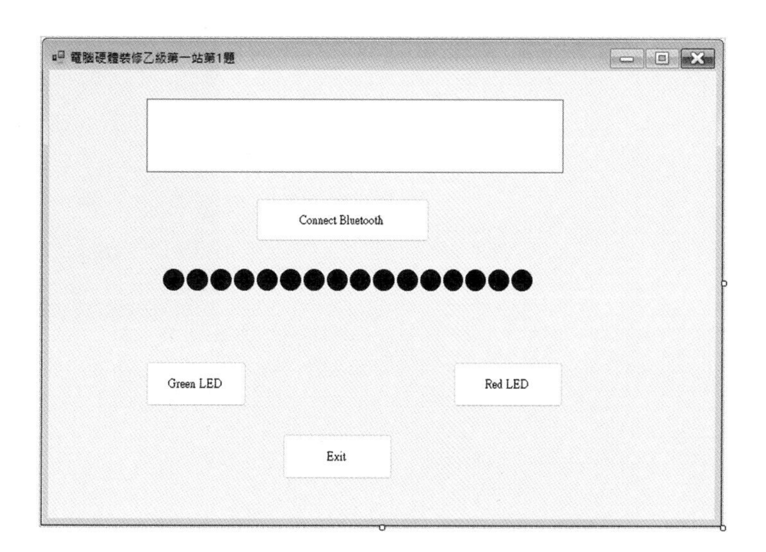

附錄 E　Fedora 的操作說明

Fedora 對於使用者而言，是一套功能完備、更新快速的免費作業系統，大約半年更新一個版本，最新的 Fedora 版本為 39，發布於 2023 年 11 月 7 日。筆者發現最新的 39 版本的諸多操作介面已和最高市佔率超過 5 成的 Ubuntu 相似，乙級檢定中最重要的網路設定之操作介面幾乎是一模一樣，使用上變得非常的簡便與順手。

國內的硬裝檢定場中使用最多的 Linux 系統軟體中以 Fedora 和 Ubuntu 最多，Ubuntu 更有超前的趨勢，為了能夠兼顧不同的學校教學與考場建置的不同，本書順應各方的需求，除了介紹以 Ubuntu18 版之外，另附加最新版本 Fedora39 的操作說明，因版本的不同可能無法兼顧所有不同的介面異動，然而以指令而言，變化就不大，檢定中會用到的指令就是幾個而已，而且都屬常用的指令，所以請老師及考生不用擔心。

硬體裝修乙級的 Linux 系統是建置在 Client 端的虛擬機上，它的功能任務只有 2 項：

(1) 設定 DHCP，自動取得 Windows Server 提供的動態 IP。

(2) 設定路由路徑，能與 Client 實體機雙向路由。

雙向路由是指，可由 A → B，亦可由 B → A 的意思。

依試題的要求，DHCP 的範圍由監評老師指定，網段為 192.168.X，而實體機的 IP 為 172.16.X 網段，兩者分屬不同的網段，是不可能相通的，當然也不能路由，為了能夠相通並能路由，必須架裝「橋接器」以因應需求，請務必記得不是選擇「內部網路」。

以下為 Fedora 相關的說明：

步驟 1 登入

試題並無指定使用者帳密，避免會忘記，建議以 Server 端指定的使用者帳密來建立。

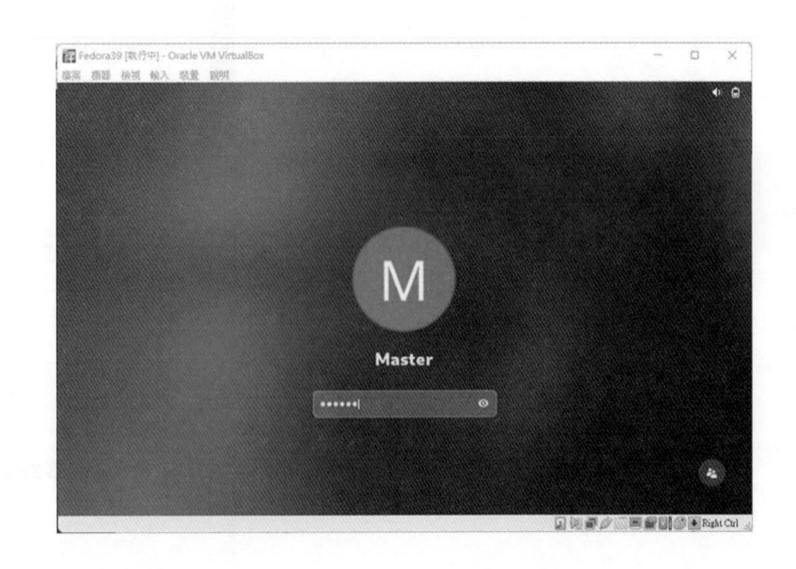

步驟 2 設定有線網路

(1) 右上角圖示點一下彈出視窗。

(2) 有線網路右側箭頭點一下，彈出視窗。

(3) 點選有線網路設定值，開啓設定視窗。

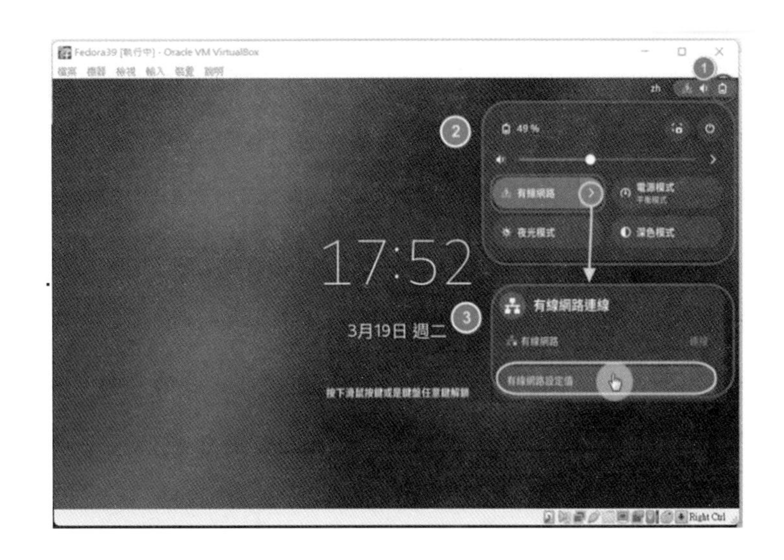

步驟 3 操作介面

(1) 開 / 關：網路的開啓 / 關閉。

(2) 設定：網路的 IP 設定。

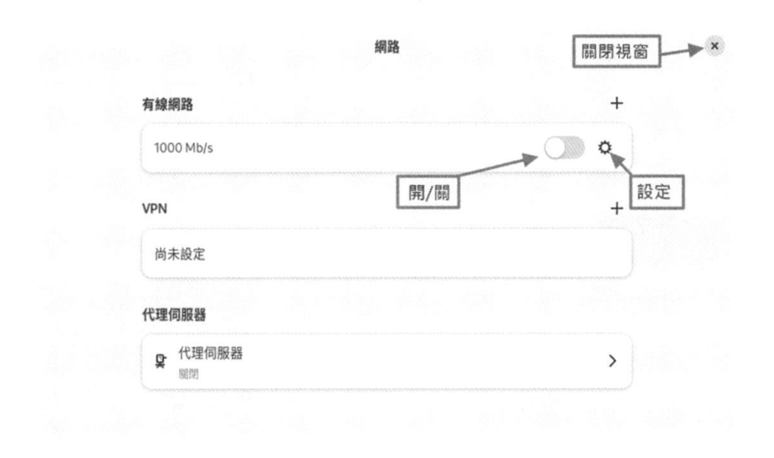

步驟 4 設定前的詳細資料

尚未正確的設定網路。

所以沒有相關的 IP 資料。

步驟 5 設定 IPV4

(1) 點選 IPV4。

(2) 點選自動 (DHCP), 來自動取得 DHCP 伺服器分配的 IP 資料。

(3) 輸入 DNS 伺服器的 IP。

(4) 套用。

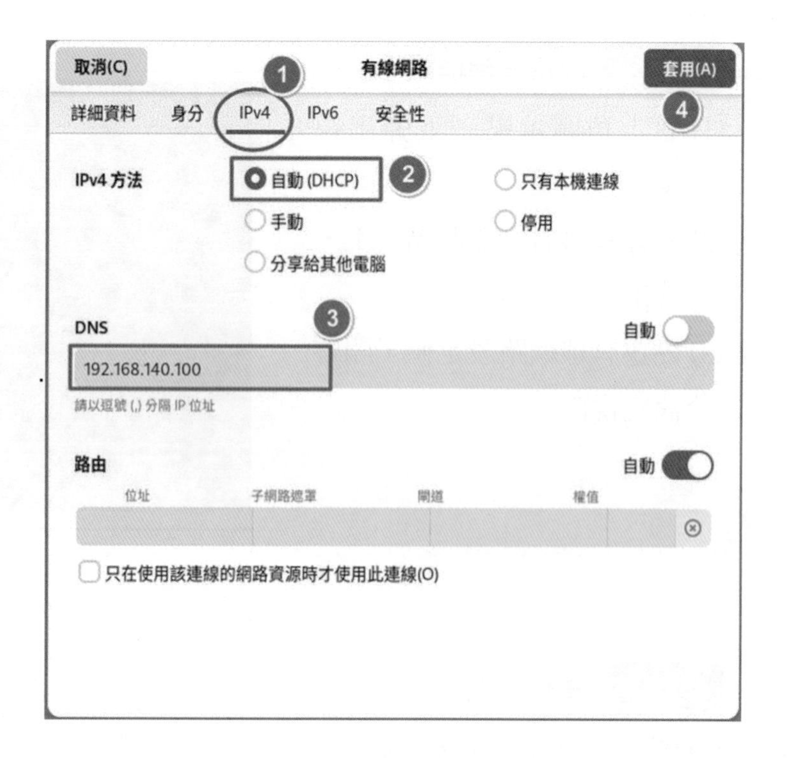

步驟 6 再看詳細資料

已自動取得 IP，IP 值由檢定監評人員當場指定。

詳細資料如圖所示。

步驟 7 開啓端機的步驟

開啓終端機來輸入命令。

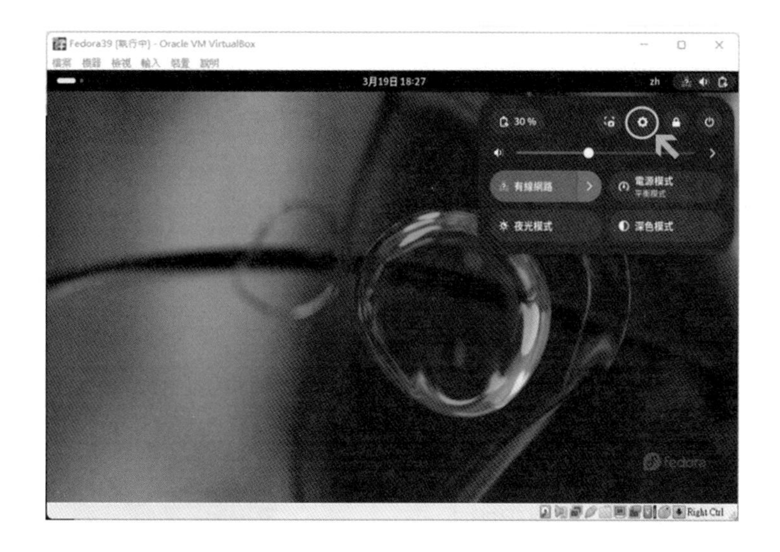

步驟 8

點選「終端機」。

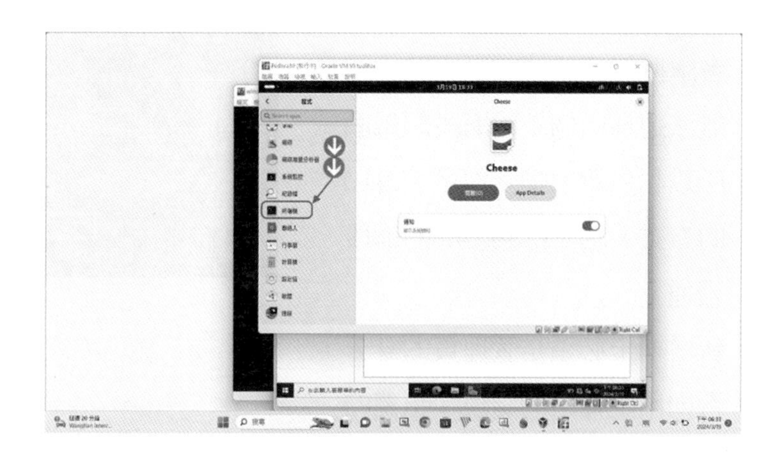

步驟 9 查詢 IP

指令：ifconfig

可查詢結果可知已自動取得

IP：192.168.140.151。

```
Fedora39 [執行中] - Oracle VM VirtualBox
3月19日 18:48
master@fedora:~
master@fedora:~$ ifconfig
enp0s3: flags=4163<UP,BROADCAST,RUNNING,MULTICAST>  mtu 1500
        inet 192.168.140.151  netmask 255.255.255.0  broadcast 192.168.140.255
        inet6 fe80::14e6:7c1d:4594:6035  prefixlen 64  scopeid 0x20<link>
        ether 08:00:27:d4:49:56  txqueuelen 1000  (Ethernet)
        RX packets 970  bytes 90370 (88.2 KiB)
        RX errors 0  dropped 0  overruns 0  frame 0
        TX packets 1742  bytes 173947 (169.8 KiB)
        TX errors 0  dropped 0 overruns 0  carrier 0  collisions 0

lo: flags=73<UP,LOOPBACK,RUNNING>  mtu 65536
        inet 127.0.0.1  netmask 255.0.0.0
        inet6 ::1  prefixlen 128  scopeid 0x10<host>
        loop  txqueuelen 1000  (Local Loopback)
        RX packets 44  bytes 4887 (4.7 KiB)
        RX errors 0  dropped 0  overruns 0  frame 0
        TX packets 44  bytes 4887 (4.7 KiB)
        TX errors 0  dropped 0 overruns 0  carrier 0  collisions 0

master@fedora:~$
```

步驟 10 測試網路連線

伺服器 IP = 192.168.140.100

同屬 192.168 網段，測試 OK。

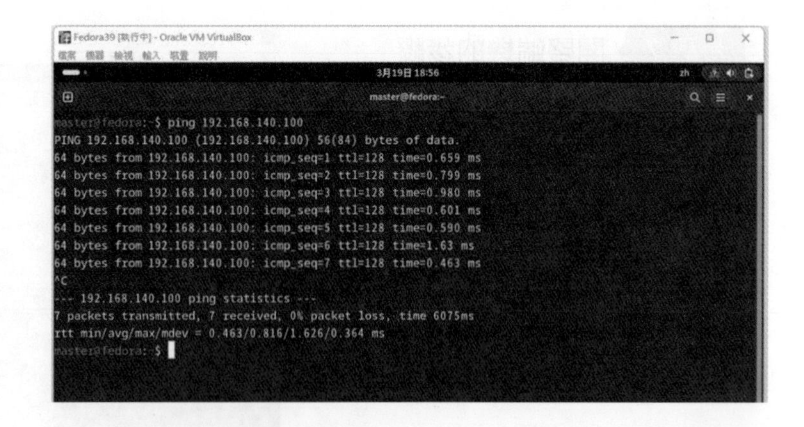

步驟 11 重要說明！

這個步驟是在家練習用三台虛擬機練習時才會使用，因為三台虛擬機都設成內部網路，是無法連通兩個不同網段的電腦。所以利用新增網卡別名 (Alias) 的方式，讓 172.16.140 的網段相通。

新增網卡必須是管理員的身分，否則出現權限的錯誤。正確的指令如圖所示，並輸入管理員的密碼就 ok。

```
master@fedora:~$ ifconfig enp0s3:1 172.16.140.200
SIOCSIFADDR: 此項操作並不被允許
SIOCSIFFLAGS: 此項操作並不被允許
master@fedora:~255$ sudo ifconfig enp0s3:1 172.16.140.200

我們相信您已經從本機系統管理員取得
日常注意事項。注意事項通常可以歸結為三件事情：

    #1) 尊重他人隱私。
    #2) 輸入指令前先三思。
    #3) 權力越大則責任越大。

考量到安全性因素，不會顯示您輸入的密碼。

[sudo] master 的密碼：
master@fedora:~$
```

輸入管理員密碼

步驟 12 重要說明！

同步驟 11 的說明，這也提供在家練習時，為了能夠練習路由，如圖所示，已新增了網卡別名：172.16.140.200。

如此一來，就能與伺服器 172.16 網段互通，也能與 Client 端實體機 172.16.140.1XX 電腦互通。

```
master@fedora:~$ ifconfig
enp0s3: flags=4163<UP,BROADCAST,RUNNING,MULTICAST>  mtu 1500
        inet 192.168.140.151  netmask 255.255.255.0  broadcast 192.168.140.255
        inet6 fe80::14e6:7c1d:4594:6035  prefixlen 64  scopeid 0x20<link>
        ether 08:00:27:d4:49:56  txqueuelen 1000  (Ethernet)
        RX packets 1143  bytes 104586 (102.1 KiB)
        RX errors 0  dropped 0  overruns 0  frame 0
        TX packets 2020  bytes 197069 (192.4 KiB)
        TX errors 0  dropped 0 overruns 0  carrier 0  collisions 0

enp0s3:1: flags=4163<UP,BROADCAST,RUNNING,MULTICAST>  mtu 1500
        inet 172.16.140.200  netmask 255.255.0.0  broadcast 172.16.255.255
        ether 08:00:27:d4:49:56  txqueuelen 1000  (Ethernet)

lo: flags=73<UP,LOOPBACK,RUNNING>  mtu 65536
        inet 127.0.0.1  netmask 255.0.0.0
        inet6 ::1  prefixlen 128  scopeid 0x10<host>
        loop  txqueuelen 1000  (Local Loopback)
        RX packets 44  bytes 4887 (4.7 KiB)
        RX errors 0  dropped 0  overruns 0  frame 0
        TX packets 44  bytes 4887 (4.7 KiB)
        TX errors 0  dropped 0 overruns 0  carrier 0  collisions 0

master@fedora:~$
```

註 如果不行，那一定是忘了關閉防火牆。

步驟 13 測試網路與路由

如圖所示，都能正確執行了。

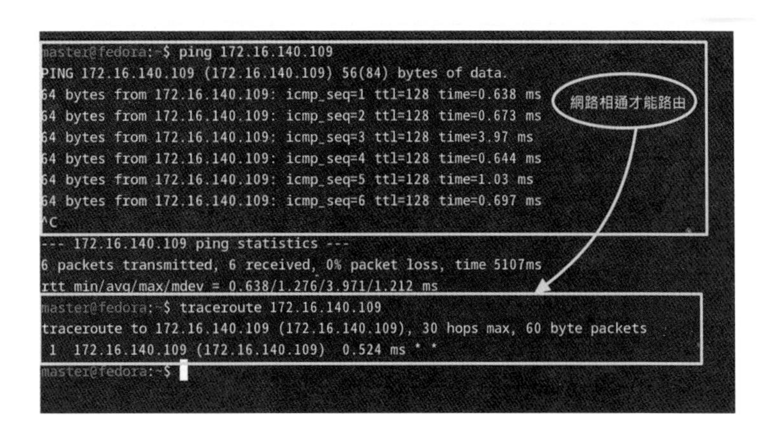

註 traceroute 路由查詢為什麼只出現 1 個躍點？因為我這是在家練習環境的測試，並沒有經過伺服器，因為我沒有架「橋接器」，在實體機中架設虛擬機時有了橋接器就能順利連通 2 個不同網段了。

步驟 14 終端機字體太小？

內定的字體大小有點小，視個人需求來改變大小。

(1)三條線

(2)偏好設定

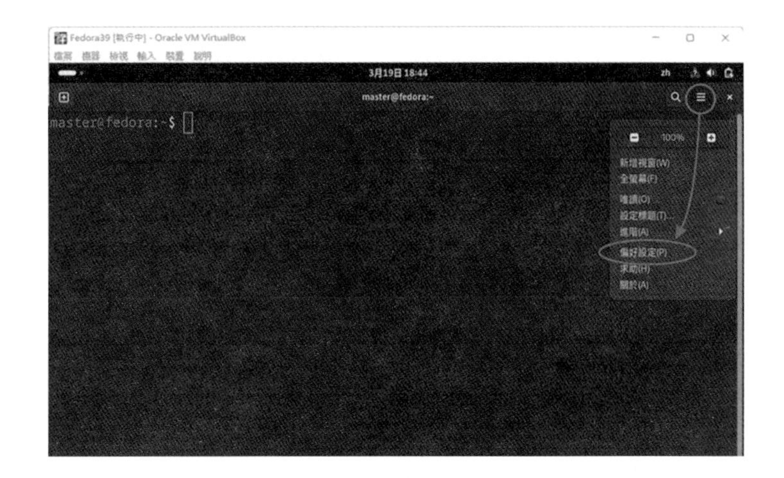

步驟 15

(1) 左側未命名點一下。

(2) 看到字體大小，點一下。

(3) 調整大小值。

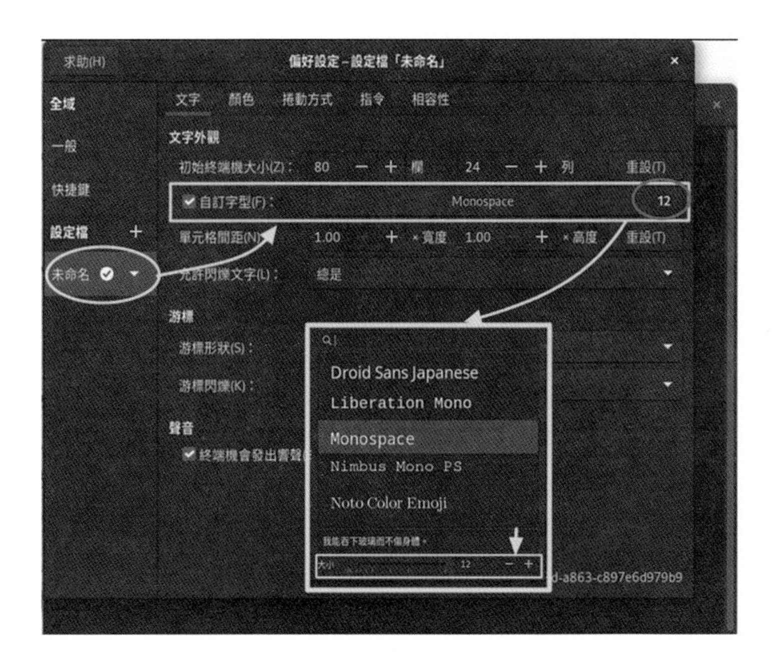